한국생산성본부 자격시험 대비서

한권으로 마스터하는

ITQ

Hangul 2020 +
Excel & Powerpoint 2016

KB133683

(주)교학사

01 시험 소개

→ ITQ시험 과목

(1) 응시자격 : 제한 없음

(2) 시험시간 : 60분

(3) 동일 회차에 아래한글/MS, 한글엑셀/엑셀, 한글액세스, 한글파워포인트/한쇼, 인터넷의 5개 과목 중 최대 3과목까지 응시가능

　단, 한글엑셀/한셀, 한글파워포인트/한쇼, 아래한글/MS워드는 동일 과목군으로 동일 회차에 응시 불가(자격증에는 "한글엑셀(한셀)", "한글파워포인트(한쇼)"로 표기되며 최상위등급이 기재됨)

(4) 한셀, 한쇼 시험일은 시험일정 참조

(5) 과목별 시험응시 가능한 시간

　– 1교시 : 아래한글, 한글엑셀, 한글파워포인트, MS워드, 한쇼

　– 2교시 : 아래한글, 한글엑셀, 한글파워포인트, 인터넷, 한글액세스, 한셀

　– 3교시 : 아래한글, 한글엑셀, 한글파워포인트, 인터넷

자격 종목(과목)		프로그램 및 버전		등급	시험 방식
		S/W	공식버전		
ITQ 정보기술자격	아래한글	한컴오피스	한글 2020 / NEO 2016 병행	A / B / C 등급	PBT (※Paper Based Testing : 시험지를 통한 문제를 해결하는 시험 방식)
	한셀				
	한쇼				
	MS워드	MS오피스	2016 버전		
	한글엑셀				
	한글액세스				
	한글파워포인트				
	인터넷	내장브라우저 IE8.0 이상			

→ 합격 기준

ITQ 시험은 500점 만점을 기준으로 A~C 등급까지 등급별 자격을 부여, 낮은 등급을 받은 응시자가 다음 시험에 다시 응시하여 높은 등급을 받아 업그레이드할 수 있습니다(단, 200점 미만은 불합격입니다.).

등급	점수	수준
A등급	400점 ~ 500점	주어진 과제의 80%~100%를 정확히 해결할 수 있는 능력
B등급	300점 ~ 399점	주어진 과제의 60%~79%를 정확히 해결할 수 있는 능력
C등급	200점 ~ 299점	주어진 과제의 40%~59%를 정확히 해결할 수 있는 능력

→ 응시료

구분	1과목	2과목	3과목
일반 접수	20,000원	38,000원	54,000원

02 ITQ 한글 출제기준

검정과목	문항	배점	출제기준
아래한글 – MS 워드	1. 스타일	50점	※ 한글/영문 텍스트 작성능력과 스타일 기능 능력을 평가 • 한글 / 영문 텍스트 작성 • 스타일 이름 / 문단 모양 / 글자 모양
	2. 표와 차트	100점	※ 표를 작성하고 이를 이용하여 간단한 차트를 작성할 수 있는 능력을 평가 • 표 내용 작성 / 정렬 / 셀 배경색 • 표 계산 기능 / 캡션 기능 / 차트 기능
	3. 수식편집기	40점	※ 수식편집기 사용 능력 평가 • 수식편집기를 이용한 수식 작성
	4. 그림/그리기	110점	※ 다양한 기능을 통합한 문제로 도형, 그림, 글맵시, 하이퍼링크 등 문서작성 시의 응용능력을 평가 • 도형 삽입 및 편집, 하이퍼링크 • 그림 / 글맵시(워드아트) 삽입 및 편집, 개체 배치 • 도형에 문자열 입력하기
	5. 문서작성능력	200점	※ 다문서작성을 위한 다양한 능력을 평가 • 문서작성 입력 및 편집(글자 모양 / 문단 모양), 한자변환, 들여쓰기 • 책갈피, 덧말, 문단 첫 글자장식, 문자표, 머리말, 쪽 번호, 각주 • 표 작성 및 편집, 그림 삽입 및 편집(자르기 등)

03 ITQ 엑셀 출제기준

검정과목	문항	배점	출제기준
한글 엑셀	1. 표 작성	100점	※ 《출력형태》의 표를 작성하고 조건에 따른 서식 변환 및 함수 사용 능력 평가 • 데이터 입력 및 셀 편집 • 도형을 이용한 제목 작성 및 편집 • 카메라, 이름 정의, 유효성 검사
		140점	• 함수(함수 출제 범위 참조)를 이용한 수식작성 • 조건부 서식
	2. 필터, 목표값 찾기, 자동서식	80점	※ [유형1] 필터 및 서식 : 기본 데이터를 이용한 데이터 필터 능력과 서식 작성 능력 평가 • 고급 필터 : 정확한 조건과 추출 위치 지정 • 자동 서식: 서식 적용 ※ [유형2] 목표값 찾기 및 필터 : 원하는 결과값을 구하기 위해 변경되는 값을 구하는 능력과 데이터 　　　　　　　　　　　　　　　필터 능력 평가 • 목표값 찾기 : 정확한 목표값 산출 • 고급필터 : 정확한 조건과 추출 위치 지정
	3. 부분합 / 피벗 테이블	80점	※ 부분합 : 기본 데이터를 이용하여 특정 필드에 대한 합계, 평균 등을 구하는 능력을 평가 • 항목의 종류별 정렬 / 부분합 조건과 추출결과 ※ 피벗 테이블 : 데이터 자료 중에서 필요한 필드를 추출하여 보기 쉬운 결과물을 만드는 능력을 평가 • 항목의 종류별 정렬 / 부분합 조건과 추출 결과
	4. 차트	100점	※ 기본 데이터를 이용하여 보기 쉽게 차트로 표현하는 능력을 평가 • 차트종류 • 차트 위치 및 서식 • 차트 옵션 변경

→ 함수 출제 범위

함수 구분	함수 출제 범위
날짜/시간 함수	DATE, HOUR, MONTH, TODAY, WEEKDAY, YEAR, DAY, MINUTE, NOW, SECOND, TIME
수학/삼각 함수	INT, MOD, PRODUCT, ROUND, ROUNDDOWN, ROUNDUP, SUM, SUMPRODUCT, SUMIF, TRUNC, ABS, CEILNG, ODD, PI, POWER, SUBTOTAL, TRIMMEAN
통계 함수	AVERAGE, COUNT, COUNTA, COUNTIF, LARGE, MAX, MEDIAN, MIN, RANK, COUNTBLANK, MODE, SMALL
찾기/참조 함수	CHOOSE, HLOOKUP, VLOOKUP, INDEX, MATCH, ADDRESS, OFFSET, TRANSPOSE
데이터베이스 함수	DAVERAGE, DCOUNT, DGET, DMAX, DMIN, DSUM, DCOUNTA, DVAR, DPRODUCT, DSTDEV
텍스트 함수	CONCATENATE, LEFT, MID, REPLACE, RIGHT, LEN, LOWER, PROPER, VALUE, WON, REPT
정보 함수	ISERROR
논리값 함수	AND, IF, OR, NOT, TRUE, FALSE

04 ITQ 파워포인트 출제기준

검정과목	문항	배점	출제기준
한글 파워포인트	전체구성	60점	※ 전체 슬라이드 구성 내용을 평가 • 슬라이드 크기, 슬라이트 개수 및 순서, 슬라이드번호, 그림 편집, 슬라이드 마스터 등 전체적인 구성 내용을 평가
	1. 표지 디자인	40점	※ 도형과 그림을 이용한 제목 슬라이드 작성 능력 평가 • 도형 편집 및 그림 삽입, 도형 효과 • 워드아트 • 로고삽입(투명색 설정 기능 사용)
	2. 목차 슬라이드	60점	※ 목차에 따른 하이퍼링크와 도형, 그림 배치 능력을 평가 • 도형 편집 및 효과 • 하이퍼링크 • 그림 편집
	3. 텍스트/ 동영상 슬라이드	60점	※ 텍스트 간의 조화로운 배치 능력 평가 • 텍스트 편집 / 목록 수준 조절 / 글머리 기호 / 내어쓰기 • 동영상 삽입
	4. 표 슬라이드	80점	※ 파워포인트 내에서의 표 작성 능력 평가 • 표 삽입 및 편집 • 도형 편집 및 효과
	5. 차트 슬라이드	100점	※ 프레젠테이션을 위한 차트를 작성할 수 있는 종합 능력 평가 • 차트 삽입 및 편집 • 도형 편집 및 효과
	6. 도형 슬라이드	100점	※ 도형을 이용한 슬라이드 작성 능력 평가 • 도형 및 스마트아트 이용 : 실무에 활용되는 다양한 도형 작성 • 그룹화/애니메이션 효과

05 미리보기

07 Section

문서작성 능력평가

문서 작성을 위한 다양한 문서 능력을 평가하는 문항입니다. 앞서 학습한 내용과 더불어 책갈피, 하이퍼링크, 머리말/꼬리말 삽입, 덧말 넣기, 각주, 쪽번호 등을 학습합니다.

책갈피 삽입하기

- 책갈피를 넣을 부분의 앞을 클릭한 후 [입력] 탭의 [책갈피]를 클릭하거나 [입력] 탭의 목록 단추를 클릭하여 [책갈피]를 클릭합니다.
- [책갈피] 대화상자의 '책갈피 이름'에 내용을 입력하고 [넣기]를 클릭합니다.
- 내용을 잘못 입력하였다면 '책갈피 이름 바꾸기'를 클릭하여 이름 수정이 가능하며, '삭제'를 클릭하여 삽입된 책갈피를 삭제할 수 있습니다.

책갈피 이름 바꾸기

─ 삭제

이론 설명

시험에 나오는 이론을 이해할 수 있도록 정리하였습니다.

하이퍼링크 삽입하기

- 하이퍼링크로 설정할 내용을 블록으로 설정하거나 개체를 선택한 다음 [입력] 탭의 [하이퍼링크]를 클릭하거나 [입력] 탭의 목록 단추를 클릭하여 [하이퍼링크]를 클릭합니다.
- [하이퍼링크] 대화상자에서 '책갈피'에 등록된 부분을 선택해 연결할 수도 있습니다.
- 하이퍼링크가 잘못 연결되었을 경우 연결된 개체를 선택하고 마우스 오른쪽 버튼의 [하이퍼링크]를 클릭하여 [하이퍼링크 고치기] 대화상자의 [연결 안함]을 클릭합니다.

머리말/꼬리말 삽입하기

- [쪽] 탭의 목록 단추를 클릭하여 [머리말/꼬리말]을 클릭하거나 [쪽] 탭의 [머리말]을 클릭하여 [머리말/꼬리말]을 클릭합니다.
- 머리말 또는 꼬리말을 삽입하면 화면은 쪽 윤곽으로 변경되며, 이 상태에서 머리말 영역과 꼬리말 영역을 더블 클릭하여 내용을 수정할 수 있습니다.
- 머리말과 꼬리말 입력이 끝나면 [머리말/꼬리말 닫기]를 클릭하여 본문 편집 상태로 돌아갈 수 있습니다.

한자와 특수 문자 입력하기

- 한자로 변환할 글자 뒤를 클릭하고 [한자] 또는 [F9]를 누른 다음 해당 한자를 선택하고, 입력 형식을 선택합니다.
- 특수 문자는 [입력] 탭의 목록 단추를 클릭하여 [문자표]를 클릭하거나 [Ctrl] + [F10]을 누릅니다.
- [한글(HNC)문자표] 탭의 '전각 기호(일반)' 문자 영역에서 해당 문자를 선택하여 삽입합니다.

글자 모양 설정하기

- 글자를 블록 설정한 후 서식 도구 상자를 이용하거나 [Alt] + [L] 또는 마우스 오른쪽 버튼을 눌러 [글자 모양]을 선택합니다.
- [글자 모양] 대화상자의 [기본] 탭에서 '글꼴', '크기', '장평', '자간', '속성' 등을 설정할 수 있습니다.
- [확장] 탭에서 '그림자', '밑줄', '외곽선 모양', '강조점'을 설정할 수 있습니다.

출력형태

글꼴 : 돋움, 18pt, 진하게, 가운데 정렬
책갈피이름 : 안전, 덧말 넣기

머리말 기능
궁서, 10pt, 오른쪽 정렬 — 어린이 안전

문단 첫글자장식 기능
글꼴 : 굴림, 면색 : 노랑

세이프 키즈 코리아
어린이 안전은 우리의 소중한 미래

그림위치(내 PC\문서\ITQ\Picture\그림4.jpg
자르기 기능 이용, 크기(40mm×35mm), 바깥여백 왼쪽 : 2mm

사고는 연령, 성별, 지역의 구분 없이 언제 어디서나 발생할 수 있지만, 어린이의 경
우 안전에 대한 지식이나 사고 대처 능력 또는 지각 능력이 부족하여 시고가 사망
으로 이어지는 일이 빈번하다. 우리나라에서도 매년 수많은 아동이 교통사고, 물놀이 사고,
화재 등 각종 안전사고로 목숨을 잃고 있다. 우리나라 1~9세 어린이 사망의 약 12.6%가
안전사고로 인해 발생하며, 전체 사망 원인 중 2위에 해당된다. 또한, 10~19세 어린이와 청
소년 사망의 18.1%가 안전사고로 인해 발생하였으며, 전체 사망 원인 중 2위에 해당된다.
따라서 세계적이고 지속적인 안전 대책(對策)이 반드시 마련되어야 한다.

각주
세이프 키즈는 1988년 미국의 국립 어린이 병원을 중심으로 창립(創立)되어 세계 23개국이 함께 어린이의 안전을
위해 활동하는 비영리 국제 어린이 안전 기구이다. 세이프 키즈 코리아는 세이프 키즈 월드와이드의 한국 법인으로
2001년 12월에 창립되었다. 국내 유일의 비영리 국제 어린이 안전 기구로서 어린이의 안전사고 유형 분석 및 유형별
예방법 제시, 각종 어린이 안전 캠페인 및 안전 교육 시행, 안전 교육 교재 개발 등을 통하여 어린이의 안전에 힘쓰
고 있다.

♠ **자전거 타기 안전 수칙**　　글꼴 : 궁서, 18pt, 하양
　　　　　　　　　　　　　　음영색 : 파랑

A. 자전거의 구조 알아두기
　1. 경음기 : 위험을 알릴 때 사용한다.
　2. 반사경 : 불빛에 반사되어 자전거가 잘 보이도록 한다.
B. 자전거 타기 안전습관
　1. 항상 자전거 안전모를 쓴다.
　2. 횡단보도를 건널 때에는 자전거에서 내려 걷는다.

문단 번호 기능 사용
1수준 : 20pt, 오른쪽 정렬,
2수준 : 30pt, 오른쪽 정렬,
줄 간격 : 180%

♠ **세이프 키즈 코리아 활동 모델**　글꼴 : 궁서,
　　　　　　　　　　　　　　　　밑줄,

구분	내용
예방 대책 프로그램	어린이 사고 관련 데이터의 질적 향상
	사고 예방 교육 자료 개발 및 교육 활동
현장 활동	실제 교육창에서의 어린이 안전 교육
	체험 실습 안전 교육 및 각종 교육 캠
행정적 협조	자료수집 및 교육과 협력의 활동을 수행하기 위

글꼴 : 굴림, 24pt, 진하게,
장평 : 105%, 오른쪽 정렬

각주 구분선 : 5cm

⑧ 자본의 이익을 추구하지 않는 대신 그 자본으로 특정 목적을 달성하는

Step 02. 제목 서식 지정과 덧말 넣기

01 제목을 블록 설정한 다음 서식 도구 상자를 이용하여 ❶글꼴을 '돋움', 글자 크기는 '18pt', 속성은 '진하게', '가운데 정렬'로 설정합니다.

02 글자 모양이 지정된 상태에서 블록을 해제하지 않고 ❶[입력] 탭의 목록 단추를 클릭하여 ❷[덧말 넣기]를 클릭합니다. [덧말 넣기] 대화상자에서 덧말에 ❸'세이프 키즈 코리아'라고 입력하고 덧말 위치를 ❹'위'로 선택한 다음 ❺[넣기]를 클릭합니다.

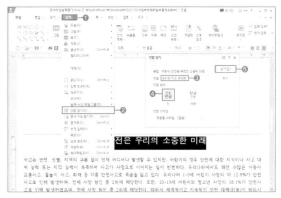

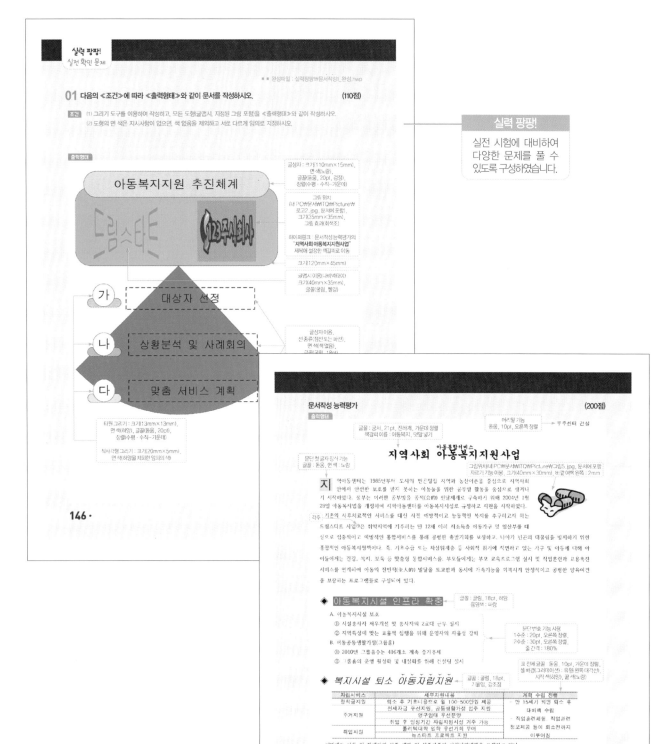

146 ·

(150점)

3. 다음 (1), (2)의 수식을 수식 편집기로 각각 입력하시오. (40점)

≪출력형태≫

(1) $\vec{F} = -\frac{4\pi^2 m}{T^2} + \frac{m}{T^3}$

(2) $\overline{AB} = \sqrt{(x_2 - x_1)^2 + (y_2 - y_1)^2}$

4. 다음의 ≪조건≫에 따라 ≪출력형태≫와 같이 문서를 작성하시오. (110점)

≪조건≫ (1) 그리기 도구를 이용하여 작성을 하고, 모든 도형(글맵시, 지정된 그림 포함)을 ≪출력형태≫와 같이 작성하시오.

(2) 도형의 면 색은 지시사항이 없으면 색 없음을 제외하고 서로 다르게 임의로 지정하시오.

≪출력형태≫

기출·예상문제

기능별로 학습한 이론을 실제 시험 형태로 풀 수 있도록 구성하였습니다.

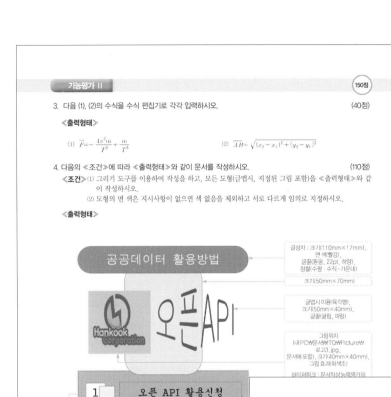

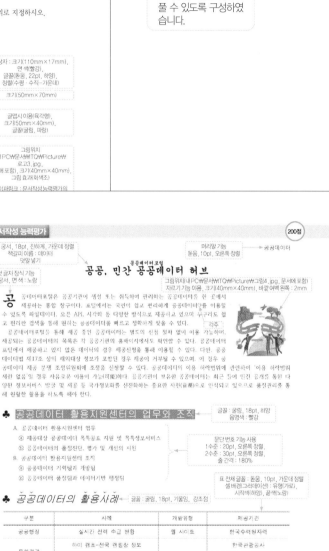

06 예제파일 다운로드 안내

01 교학사 홈페이지에 접속하여 [자료실]을 클릭합니다. 이 교재는 크롬 브라우저를 이용한 방법을 설명합니다.

02 [출판] 탭을 클릭하여 [단행본]에서 ITQ 종합 예제파일을 입력하고 [검색]을 클릭합니다.

03 검색 결과를 나타나면 해당 교재의 예제파일을 클릭합니다.

➡ 크롬 브라우저에서 다운로드 받은 파일은 [내 PC]–[다운로드] 폴더에 자동으로 저장됩니다.

04 [다운로드]를 클릭하여 예제파일을 다운로드합니다.

➡ 크롬 브라우저에서 다운로드 받은 파일은 [내 PC]–[다운로드] 폴더에 자동으로 저장됩니다.

05 [다운로드] 폴더에 다운로드 받은 예제파일이 저장되어 있습니다. 압축파일이므로 압축을 풀어야 사용 가능합니다. 압축파일을 바탕화면으로 드래그하여 이동한 후 압축 프로그램을 이용하여 파일 압축을 풀어줍니다.

➡ 압축파일을 풀기 전에 먼저, 압축 프로그램을 설치해야 합니다. 압축 프로그램은 포털 사이트(다음 또는 네이버)에서 '압축 프로그램'으로 검색한 후, 설치할 수 있습니다.

09 이 책의 목차

파워포인트 2016

ITQ 한글 2020 답안 작성요령

[공통 부문]

⊙ 글꼴에 대한 기본설정은 함초롬바탕, 10pt, 검정, 줄 간격은 160%, 양쪽정렬로 한다.

⊙ 색상은 조건의 색을 적용하고 색의 구분이 안될 경우에는 RGB 값을 적용한다(빨강 255, 0, 0 / 파랑 0, 0, 255 / 노랑 255, 255, 0).

⊙ 각 문항에 주어진 ≪조건≫에 따라 작성하고 언급하지 않은 조건은 ≪출력형태≫와 같이 작성한다.

⊙ 용지여백은 왼쪽 · 오른쪽 11mm, 위쪽 · 아래쪽 · 머리말 · 꼬리말 10mm, 제본은 0mm로 설정한다.

⊙ 그림 삽입 문제의 경우 「내 PC₩문서₩ITQ₩Picture」 폴더에서 지정된 파일을 선택하여 삽입한다.

⊙ 삽입한 그림은 반드시 문서에 포함하여 저장한다(미포함 시 감점 처리).

[기능평가1]

Trade exists due to the specialization and division of labor, in which most people concentrate on a small aspect of production, but use that output in trades for other products and needs.

초창기의 무역은 서로의 산물을 교환하는 것에 국한되었으나, 넓은 뜻의 무역은 단순한 상품의 교환같아 보이는 무역뿐만 아니라, 기술 및 용역, 자본의 이동까지도 포함한다.

⊙ 1 페이지에 스타일 내용을 입력하기 전에 문항번호 "1"을 입력한다.

⊙ 스타일 이름과 내용에 오타를 검사한다.

⊙ 한글과 영문의 글꼴 조건이 다르므로 주의한다.

골프용품 국가별 수입 현황(단위 : 백만 달러)

구분	2018년	2019년	2020년	2021년	평균
중국	68	80	91	118	
미국	50	67	82	96	
태국	41	47	48	43	
대만	21	23	23	27	

⊙ 1 페이지에 표를 작성하기 전에 "2"를 먼저 입력하고 표에 입력한 내용에 오타가 없어야 된다.

⊙ 합계 또는 평균은 표 계산 기능을 이용하여 작성해야 되며, 답안을 직접 입력할 경우 감점된다.

⊙ 표 테두리는 ≪출력형태≫와 같게 설정한다.

⊙ 캡션 번호는 표시되지 않도록 설정한다.

⊙ 차트의 글꼴은 각 요소마다 설정해야 된다.

⊙ 차트가 2페이지로 넘어가지 않도록 한다.

⊙ 차트의 큰 눈금선은 출력형태와 같아야 한다.

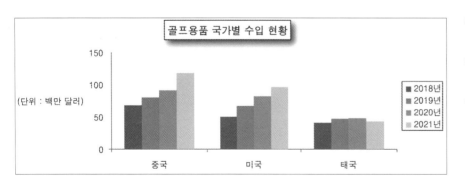

(1) $\dfrac{V_2}{V_1} = \dfrac{0.9 \times 10^3}{1.0 \times 10^2} = 0.8$ 　　　(2) $\sqrt{a+b+2\sqrt{ab}} = \sqrt{a} + \sqrt{b}\,(a>0, b>0)$

⊙ 2 페이지에 수식을 입력하기 전에 문항번호 "3"을 입력한다.

⊙ 수식에서 제공하고 있는 기호는 많으므로 반복 연습을 통해 출제된 문제를 빠르게 입력할 수 있도록 반복 연습이 필요하다.

⊙ 2 페이지에 도형을 삽입하기 전에 문항 번호 "4"를 입력한다.

⊙ 도형을 그룹으로 묶으면 0점 처리 되므로 주의한다.

⊙ 그림과 글맵시는 반드시 도형 위에 배치한다.

⊙ 도형의 채우기 색은 특별한 지시가 없으면 임의의 색으로 설정하되, 입력한 글자가 잘 보이는 색으로 설정하는 것이 좋다.

수험자 유의 사항

[문제작성 능력평가]

글꼴 : 궁서, 18pt, 진하게, 가운데 정렬
책갈피 이름 : 무역통계, 덧말넣기

머리말 기능
돋움, 10pt, 오른쪽 정렬 → 무역통계 서비스

한국무역통계진흥원
내 손안에 동행하는 무역 파트너

문단 첫글자장식 기능
글꼴 : 궁서, 면색 : 노랑

그림위치(내 PC₩문서₩ITQ₩Picture₩그림4.jpg, 문서에 포함)
자르기 기능 이용, 크기(40mm×40mm), 바깥 여백 왼쪽 : 2mm

세 계 경제의 불확실성 증가와 글로벌화가 지속(持續)되고 있고 우리나라 경제 성장에 무역이 차지하는 비중이 절대적임을 고려할 때, 경제주체들에게 무역 통계 정보 활용의 중요성은 더욱 커져가고 있다. 2015년 공식 개원한 한국무역통계진흥원은 관세청 '무역통계 작성 및 교부업무 대행기관'으로서 대민 무역통계 보급 및 이용 활성화를 위해 다양한 정보서비스를 제공하고 있는 무역통계 전문기관이다.

한국무역통계진흥원은 이러한 세계 경제 전략과 정책의 고도화를 요구하는 무역 환경의 변화에 따른 각 무역 주체들의 요구에 부응(副應)하기 위해 설립된 무역통계 전문기관으로서 날로 다양화되고 있는 무역통계정보 수요에 더욱 적극적으로 대처하고 있다. 또한 무역통계에 대한 일반 국민들의 정보 접근성 제고와 이용 활성화를 위한 다각적인 노력을 지속적으로 하고 있으며 특히 단순한 무역통계자료 제공을 넘어서 이를 정보화, 지식화하는 서비스 고도화 노력㉠을 통해 갈수록 치열해지는 세계무역환경에서 무역통계가 국내 기업들이 세계시장을 개척하고 이를 통해 국가경제를 성장시키는 가치 있는 정보로 널리 활용될 수 있도록 하는데 그 목적을 두고 있다.

각주

♣ 설립 목적 및 주요 사업

글꼴 : 굴림, 18pt, 하양
음영색 : 빨강

① 설립 목적

(ㄱ) 무역통계(정보) 교부 서비스 제공

(ㄴ) 무역통계에 관한 연구 분석 업무 수행원

② 주요 사업

(ㄱ) 무역통계서비스 관련 전산인프라 구축 및 운영 관리

(ㄴ) 수출입통관정보 DB 운영 및 관리, 시스템 운영

문단 번호 기능 사용
1수준 : 20pt, 오른쪽 정렬,
2수준 : 30pt, 오른쪽 정렬,
줄간격 : 180%

♣ *추진전략 및 핵심가치*

글꼴 : 굴림, 18pt,
기울임, 강조점

표 전체글꼴 : 돋움, 10pt, 가운데 정렬
셀 배경(그러데이션) : 유형(가로),
시작색(하양), 끝색(노랑)

추진전략	전문성 강화	지속가능경영 추구	비고
세부전략	전문인력 지속 육성	경영효율화 달성	국가무역통계 진흥
	새로운 IT, DT기술 접목	고객감동 윤리경영	
	정보 지식관계망 구축	사회적 책임 확대	
핵심가치	고객 만족, 그 이상의 고객 감동	정보제공, 그 이상의 가치 창출	
가치	상호신뢰, 고객 감동	전문역량, 가치혁신	

글꼴 : 굴림, 24pt, 진하게,
장평110%, 오른쪽 정렬

한국무역통계진흥원

각주 구분선 : 5cm

㉠ 2016년 5월 19일 빅데이터 기반의 무역통계정보분석서비스 개시

쪽 번호 매기기
5로 시작 → ⑤

제2회 정보기술자격(ITQ) 시험

과 목	코 드	문제유형	시험시간	수험번호	성 명
아래한글	1111	B	60분		

The Insight KPC
kpc 한국생산성본부

기본 문서 및 글꼴과 문단 서식 설정하기

한글 2020 프로그램을 실행하여 편집 용지의 용지 여백을 설정하고, 쪽을 나누는 등 문서 작성의 기본부터 글꼴과 문단의 서식을 설정하는 방법까지 ITQ 한글 답안 작성의 기본 설정에 대해 학습합니다.

● 편집 용지 설정하기

- [쪽] 탭의 목록 단추를 클릭하여 [편집 용지]를 선택하거나 [쪽] 탭의 [쪽 여백]에서 [쪽 여백 설정]을 클릭하여 편집 용지의 용지 종류와 용지 여백을 설정할 수 있습니다.
- F7 을 눌러 편집 용지를 설정할 수 있습니다.

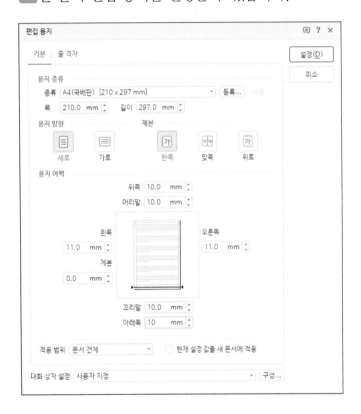

> **Tip**
>
> 편집 용지의 종류는 'A4(국배판) [210mm*297mm]', 방향은 '세로', 용지 여백은 위쪽·아래쪽·머리말·꼬리말은 '10mm', 왼쪽·오른쪽은 '11mm', 제본은 '0mm'로 설정합니다.

● 쪽 나누기

- [쪽] 탭의 목록 단추를 클릭하여 [쪽 나누기]를 선택하거나 [쪽] 탭의 [쪽 나누기]를 클릭합니다.
- Ctrl + Enter 를 눌러 쪽 나누기를 할 수 있습니다. 쪽을 나누면 빨간색으로 페이지 구분선이 나타납니다.
- 쪽 나누기를 실행한 자리 앞이나 뒤에서 Delete 나 Back Space 를 누르면 나누어진 쪽이 지워집니다.

1페이지	Ctrl + Enter
2페이지	

🔹 한글/한자로 바꾸기

- 한자로 변경할 글자 또는 단어 뒤에 커서를 위치시키고 [입력] 탭의 [한자 입력]에서 [한자로 바꾸기]를 클릭한 뒤, [한자로 바꾸기]를 선택합니다.

- 한자 또는 F9 를 눌러 한글을 한자로 변경할 수 있으며, 변경된 한자 뒤에 커서를 위치시키고 다시 한자 또는 F9 를 누르면 한자를 한글로 변경할 수 있습니다.

🔹 문자표 입력하기

- [입력] 탭의 목록 단추를 클릭하여 [문자표]를 선택하거나 [입력] 탭의 [문자표]를 클릭합니다.
- Ctrl + F10 을 눌러 [문자표] 대화상자에서 다양한 문자를 입력할 수 있습니다.

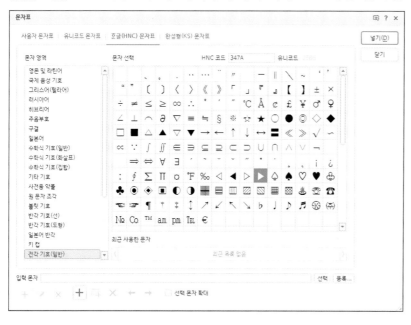

- [입력] 탭의 [문자표] 목록 단추를 클릭하면 최근에 삽입한 문자를 선택하여 입력할 수 있습니다.

🔵 블록 설정하기

- 글꼴이나 문단 서식이 적용될 범위를 블록으로 설정하여 편집할 수 있습니다.
- 블록을 설정할 글자 또는 단어 시작 위치에 마우스 포인터를 위치시킨 다음 클릭한 상태에서 원하는 위치까지 드래그하면 블록으로 설정할 수 있습니다.
- 블록을 설정할 시작 위치에 커서를 위치시킨 다음, **Shift** 를 누른 상태로 블록의 끝 위치를 클릭하면 커서가 위치한 곳부터 끝까지 블록을 설정할 수 있습니다.
- 블록을 설정할 단어를 더블 클릭하면 한 단어가 블록 설정됩니다.
- 블록을 설정할 단어를 세 번 클릭하면 한 문단이 블록 설정됩니다.
- [편집] 탭의 [모두 선택]을 클릭하거나 **Ctrl** + **A** 를 누르면 문서 전체가 블록으로 설정됩니다.

🔵 글꼴 서식 설정하기

- [서식] 탭의 목록 단추를 클릭하여 [글자 모양]을 선택하거나 [서식] 탭 또는 [편집] 탭의 [글자 모양]을 클릭합니다.
- **Alt** + **L** 을 눌러 [글자 모양] 대화상자를 불러올 수 있습니다.
- 서식 도구 상자에서 글꼴, 크기, 속성, 줄 간격 등을 설정할 수 있습니다.

- [글자 모양] 대화상자의 [기본] 탭에서 글자 크기, 글꼴, 글자 색 등을 설정할 수 있습니다.

Tip

색상은 조건에 있는 색상을 적용하고 색상이 구분이 되지 않을 경우는 RGB 값을 적용합니다.

(빨강 255, 0, 0 / 파랑 0, 0, 255 / 노랑 255, 255, 0)

- 속성

- [글자 모양] 대화상자의 [확장] 탭에서 ~, ·, °과 같은 강조점을 설정하여 문자 위에 표시할 수 있습니다.

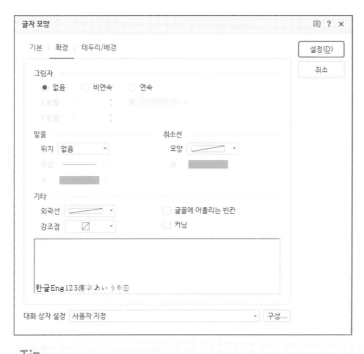

Tip

글자 속성 단축키

메뉴	진하게	기울임	밑줄	흰색 글자	빨간색 글자	노란색 글자	파란색 글자
단축키	Ctrl + B	Ctrl + I	Ctrl + U	Ctrl + M , W	Ctrl + M , R	Ctrl + M , Y	Ctrl + M , B

📌 문단 모양 설정하기

- [서식] 탭의 목록 단추를 클릭하여 [문단 모양]을 선택하거나 [서식] 탭 또는 [편집] 탭의 [문단 모양]을 클릭합니다.
- Alt + T 를 눌러 [문단 모양] 대화상자를 불러올 수 있습니다.
- [서식]에서 문단 정렬 및 문단 첫 글자 장식, 줄 간격, 왼쪽 여백 늘이기, 왼쪽 여백 줄이기 등을 설정할 수 있습니다.

- [문단 모양] 대화상자에서도 정렬 방식, 여백, 첫 줄 들여쓰기, 첫 줄 내어쓰기, 줄 간격 등을 설정할 수 있습니다.

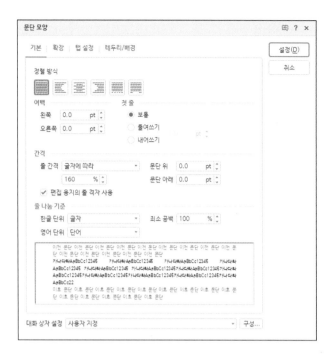

문단 첫 글자 장식 설정하기

- 첫 글자를 장식할 문단에 커서를 위치한 다음에 [서식] 탭의 목록 단추를 클릭하여 [문단 첫 글자 장식]을 선택하거나 [서식] 탭의 [문단 첫 글자 장식]을 클릭합니다.
- [문자 첫 글자 장식] 대화상자의 모양에서 2줄, 3줄, 여백으로 문단 첫 글자를 장식할 수 있습니다.

문단 번호 모양 설정하기

- [서식] 탭의 목록 단추를 클릭하여 [문단 번호 모양]을 선택하거나 [서식] 탭에서 [문단 번호]의 목록 단추를 클릭하여 [문단 번호 모양]을 클릭합니다.
- Ctrl + K , N 을 눌러 [글머리표 및 문단 번호] 대화상자를 불러올 수 있습니다.

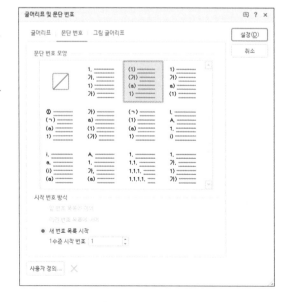

- [글머리표 및 문단 번호] 대화상자에서 [사용자 정의]를 클릭하면 [문단 번호 사용자 정의 모양] 대화상자가 나타납니다. 여기서 문단 번호의 모양을 수준에 따라 각각 다르게 설정할 수 있으며 문단 번호의 너비와 정렬을 설정할 수 있습니다.

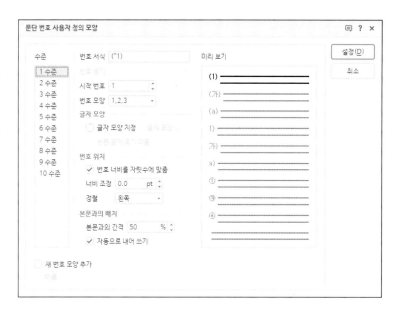

- [서식] 탭의 [한 수준 증가]를 클릭하면 문단 번호가 한 수준 증가하며, [한 수준 감소]를 클릭하면 문단 번호가 한 수준 감소합니다.

⬤ 모양 복사하기

- [편집] 탭의 목록 단추를 클릭하여 [모양 복사]를 선택하거나 [편집] 탭의 [모양 복사]를 클릭하여 커서 위치의 글자 모양이나 문단 모양, 스타일 등을 다른 곳으로 복사할 수 있습니다.
- Alt + C 를 눌러 [모양 복사] 대화상자를 불러올 수 있습니다.
- 특정한 모양을 반복적으로 설정해야 하는 경우에 편리한 기능입니다.
- 복사한 글자 모양이나 문단 모양을 적용하고 싶으면 원하는 내용을 블록으로 설정한 다음, Alt + C 를 누릅니다.

■ ■ 예제 : 출제유형₩기본문서.hwp

다음의 ≪조건≫에 따라 ≪출력형태≫와 같이 문서를 작성하시오.

공통 부문

(1) 파일명의 본인의 "수험번호-성명"으로 입력하여 답안폴더 [내 PC₩문서₩ITQ]에 저장하시오.

(2) 글꼴에 대한 기본설정은 함초롬바탕, 10포인트, 검정, 줄 간격 160%, 양쪽 정렬로 한다.

(3) 색상은 조건의 색을 적용하고 색의 구분이 안될 경우에는 RGB 값을 적용한다.

(빨강 255, 0, 0 / 파랑 0, 0, 255 / 노랑 255, 255, 0).

(4) 용지여백은 왼쪽 · 오른쪽 11mm, 위쪽 · 아래쪽 · 머리말 · 꼬리말 10mm, 제본은 0mm로 한다.

조건

(1) 문단 모양 – 왼쪽 여백 : 15pt, 문단 아래 간격 : 10pt

(2) 글자 모양 – 글꼴 : 한글(궁서)/영문(돋움), 크기 : 10pt, 장평 : 105%, 자간 : –5%

출력형태

As social welfare is realized by providing poor people with a minimal level of well-being, usually either a free supply of certain goods and social services, healthcare, education, vocational training.

나눔 활동은 가정 내의 빈곤과 가정해체로 인해 충분한 교육을 받지 모사는 아동들에게 재정적, 육체적, 정서적 지원을 제공하고 있으며 어린이들의 행복을 위해 노력하고 있습니다.

출력형태

문단첫글자장식 기능
글꼴 : 궁서, 면색 : 노랑

따뜻하고 활기찬 행복한 나눔

궁서, 21pt, 진하게, 가운데정렬

우리나라는 예로부터 어려운 사람에게 도움을 주는 뿌리 깊은 문화가 있었다. 눈부신 경제 발전(發展)에 힘입어 1인당 국민소득이 3만 달러를 넘어섰지만. 경제적 풍요를 누르고 있음에도 불구하고 여전히 어두운 그늘에서 소외된 삶을 이어 가는 이웃이 존재하고 있다. 힘겨운 환경에 처한 이웃에 대한 나눔 문화를 활성화해야 한다는 공감 대가 형성되고 있지만. 아직도 도움의 손길이 부족한 것이 현실이다. 힘든 상황에서도 서로 도와 평온한 미래를 개척 해 나갈 수 있도록 모두의 사랑과 배려가 필요한 시점이라 하겠다.
이에 국민의 사회복지에 대한 이해를 고취(鼓吹)하고 사회복지사업 종사자의 활동을 장려하기 위하여 매년 9월 7일이 사회복지의 날로 정해지고 그날부터 한 주간이 사회복지기간으로 제정되었다. 이 기간에 다채로운 행사를 개최하여 복지 증진의 계기를 마련하고 관련 유공자를 포상함으로써 사회복지인들의 사기를 복돋고 복지 활동의 전국적 확산을 도모하고 있다. 그 목적으로 실시되고 있는 나눔 실천 운동은 소회 계층에게 생계비, 자립, 재활. 치료비 등의 후원 프로그램을 제공하여 민관 협력의 범국민적 나눔 문화 실천 운동의 본보기가 되고 있다.

◉ 나눔 활동의 의의

글꼴 : 돋움, 18pt, 노랑
음영색 : 검정

A. 나눔의 정의
　가. 대가를 바라지 않고 금품. 용역, 부동산을 제공
　나. 자선이나 기부를 포괄하는 용어로 적극성. 계획성을 함축
B. 나눔 활동의 기대 효과
　가. 나눔을 통해 연대 의식. 신로와 상호 호혜라는 자본이 축적
　나. 참여자의 심리적 행복감과 신체 건강에 긍정적 영향

문단번호 기능 사용
1수준 : 20pt, 오른쪽 정렬,
2수준 : 30pt, 오른쪽 정렬,
줄 간격 : 180%

◉ 사회복지 증진 전략 과제

글꼴 : 돋움, 18pt, 기울임, 강조점

A. 사회 서비스 선진화 기여 : 사회복지 전달체계 정립과 효율성 제고 및 관리 시스템 개선
B. 나눔공동체 구축 : 나눔 정보 허브 구축과 나눔 문화 확산
C. 변화와 혁신 선도 : 사회복지시설과 기관 및 단체의 연대 협력 강화

왼쪽 여백 : 20pt,
줄 간격 : 180%

한국사회복지협의회

글꼴 : 궁서, 24pt, 진하게,
장평 : 105%, 가운데정렬

01 [쪽] 탭의 [편집 용지]를 클릭하거나 `F7`을 눌러 [편집 용지] 대화상자의 ❶[기본] 탭에서 ❷[용지 여백]을 위쪽 · 아래쪽 · 머리말 · 꼬리말은 '10mm', 왼쪽 · 오른쪽은 '11mm', 제본은 '0mm'으로 설정하고 ❸[설정]을 클릭합니다.

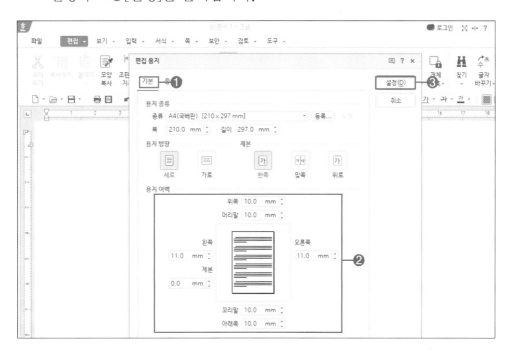

02 ≪출력형태≫와 같이 내용을 입력합니다. 입력한 내용을 블록으로 설정하고 ❶[서식] 탭의 ❷[글자 모양]을 클릭합니다. [글자 모양] 대화상자의 [기본] 탭에서 ❸언어를 '한글', 글꼴은 '궁서', 장평은 '105%', 자간은 '−5%'로 설정합니다.

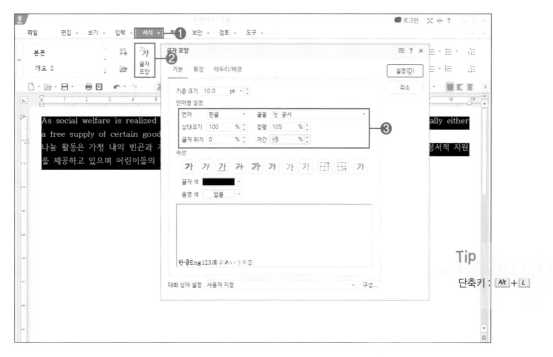

03 ❶언어를 '영문', 글꼴은 '돋움', 장평은 '105%', 자간은 '-5%'로 설정하고 ❷[설정]을 클릭합니다.

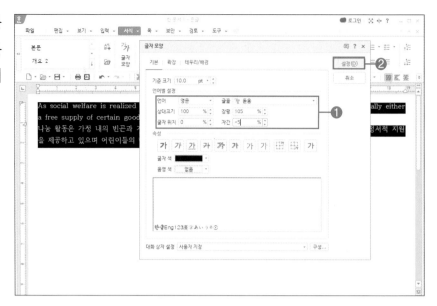

04 ❶[서식] 탭의 ❷[문단 모양]을 클릭합니다. [문단 모양] 대화상자의 ❸[기본] 탭에서 ❹왼쪽 여백은 '15pt', ❺문단 아래 간격은 '10pt'로 설정하고 ❻[설정]을 클릭합니다.

Tip

단축키 : Alt + T

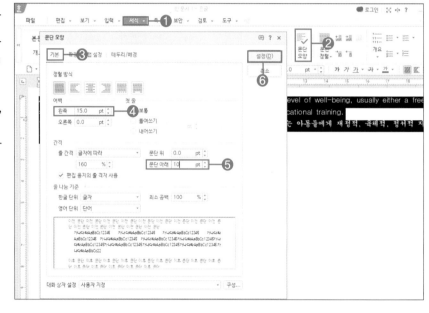

05 입력한 내용 마지막 줄 끝에 마우스 커서를 위치시킨 다음 [쪽 나누기]를 클릭하여 쪽(페이지)을 나눕니다. Ctrl + 1 을 눌러 스타일을 해제합니다.

Tip

단축키 : Ctrl + Enter

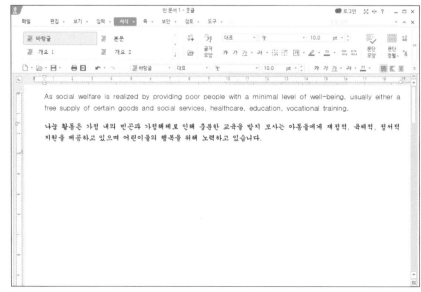

01 ≪출력형태≫와 같이 내용을 입력합니다. 제목을 블록으로 설정한 다음, 서식 도구 상자에서 ❶글꼴은 '궁서', 글자 크기는 '21pt', 속성은 '진하게', 정렬은 '가운데 정렬'로 설정합니다.

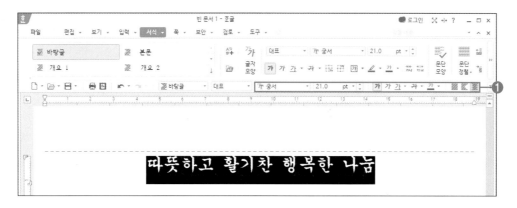

02 한자로 변환할 ❶'발전' 뒤에 커서를 위치시키고 [한자] 또는 [F9]를 누릅니다. [한자로 바꾸기] 대화상자의 한자 목록에서 ❷'發展'을 선택한 다음 입력 형식에서 ❸'한글(漢字)'로 선택하고 ❹[바꾸기]를 클릭합니다.

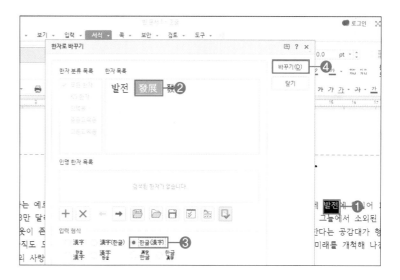

03 같은 방법으로 ❶'고취' 뒤에 커서를 위치시키고 [한자로 바꾸기] 대화상자의 한자 목록에서 ❷'鼓吹'를 선택하고 입력 형식에서 ❸'한글(漢字)'로 선택한 다음 ❸[바꾸기]를 클릭합니다.

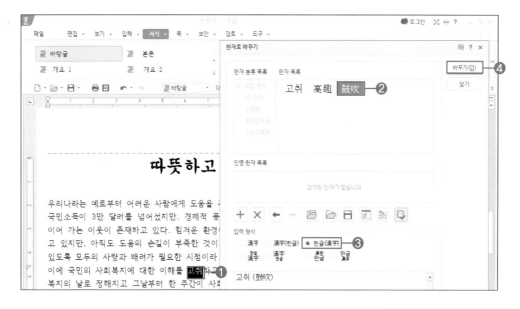

04 본문 시작인 '우' 앞에 커서를 위치시키고 ❶[서식] 탭의 ❷[문단 첫 글자 장식]을 클릭합니다. [문단 첫 글자 장식] 대화상자에서 ❸모양은 '2줄', ❹글꼴은 '궁서'로 설정합니다. ❺면 색의 목록 단추를 클릭하고 ❻색상 테마 목록 단추를 클릭하여 ❼'오피스'를 클릭합니다.

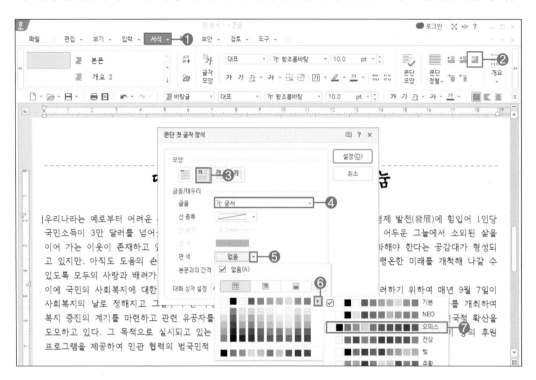

05 ❶'노랑'을 선택하고 ❷[설정]을 클릭합니다.

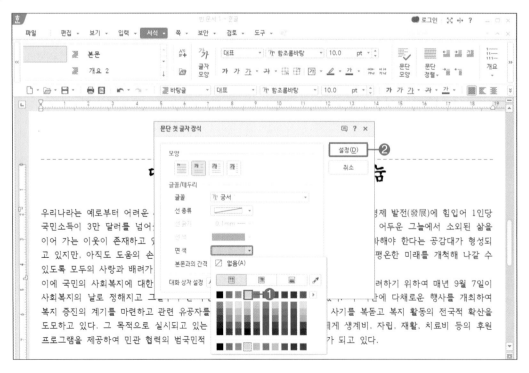

01 문자표를 입력할 위치에 커서를 위치시키고 *Ctrl* + *F10* 을 누릅니다. [문자표] 대화상자에서 ❶ [훈글(HNC) 문자표] 탭을 선택하고 문자 영역에서 ❷'전각 기호(일반)'를 선택합니다. 문자 선택에서 ❸'◉'을 선택하고 ❹[넣기]를 클릭합니다. ≪출력형태≫와 같이 다음 제목에도 문자표를 삽입합니다.

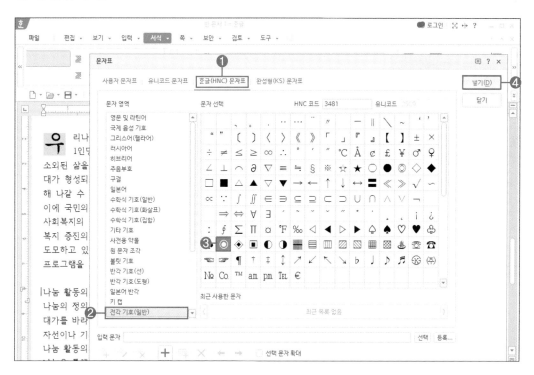

02 삽입된 문자표 뒤에 *Space Bar* 를 눌러 공백을 삽입한 후, 다음과 같이 블록을 설정하고 서식 도구 상자에서 ❶글꼴은 '돋움', 글자 크기는 '18pt'로 설정합니다.

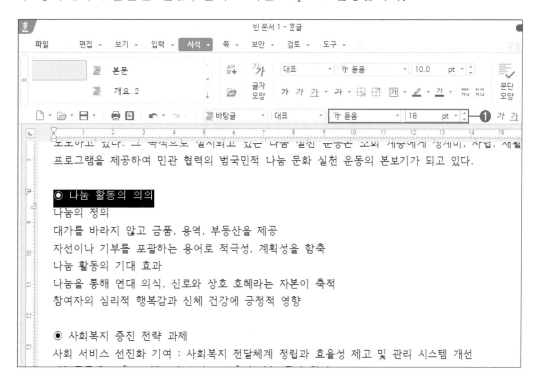

03 문자표를 제외한 내용을 블록으로 설정하고 ❶[서식] 탭의 ❷[글자 모양]을 클릭합니다. [글자 모양] 대화상자에서 ❸음영 색의 ❹색상 테마 목록 단추를 클릭하여 ❺'오피스'로 변경합니다.

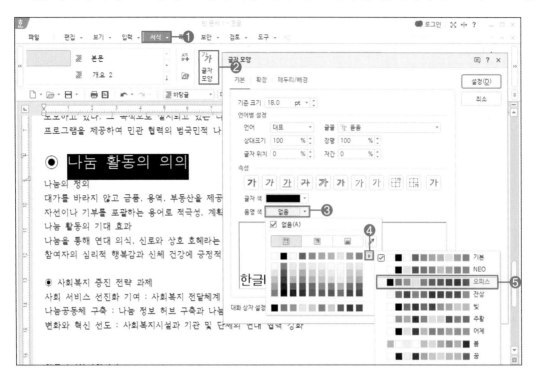

04 ❶음영 색을 '검정'으로 선택하고 ❷글자 색 목록 단추를 클릭하여 '오피스'로 변경합니다. 글자 색을 '노랑'으로 선택하고 ❸[설정]을 클릭합니다.

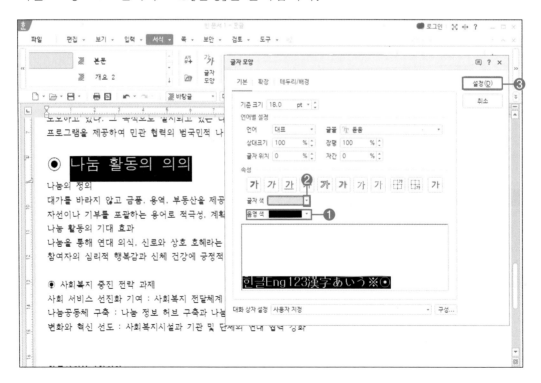

05 다음과 같이 두 번째 제목을 블록으로 설정하고 서식 도구 상자에서 ❶글꼴은 '돋움', 글자 크기는 '18pt'로 설정합니다.

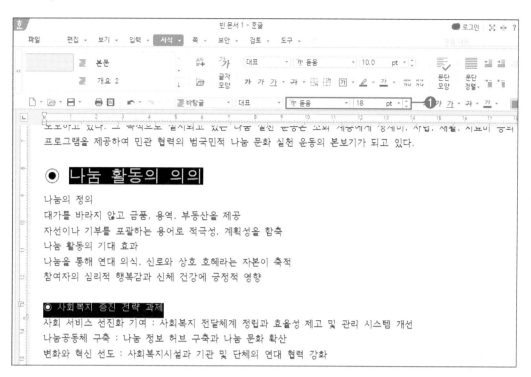

06 문자표를 제외한 내용을 블록으로 설정하고 ❶[서식] 탭의 ❷'기울임'을 클릭합니다.

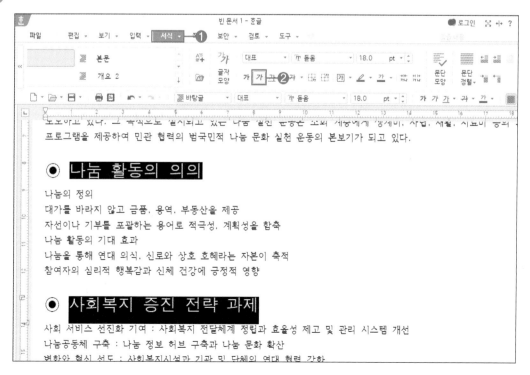

07 '사회복지'만 블록으로 설정하고 ❶[서식] 탭의 ❷[글자 모양]을 클릭합니다. [글자 모양] 대화상자의 ❸[확장] 탭에서 ❹강조점을 클릭하여 ❺≪출력형태≫와 같은 강조점을 선택하고 ❻[설정]을 클릭합니다.

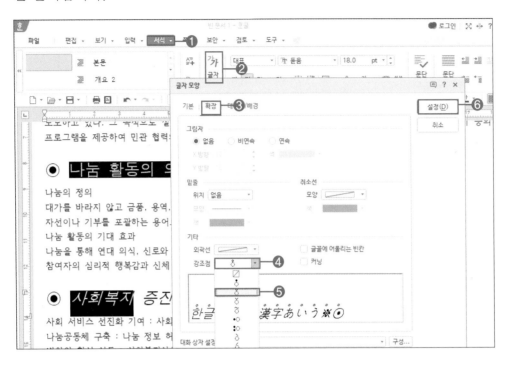

08 '한국사회복지협의회'를 블록으로 설정하고 ❶[서식] 탭의 ❷[글자 모양]을 클릭합니다. [글자 모양] 대화상자의 ❸[기본] 탭에서 ❹글꼴을 '궁서', 글자 크기는 '24pt', 장평은 '105%', 속성은 '진하게'로 설정하고 ❺[설정]을 클릭합니다. 마지막으로 서식 도구 상자에서 ❻'가운데 정렬'을 클릭합니다.

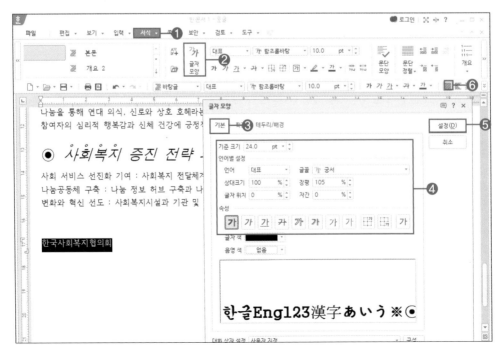

01 문단 번호를 설정할 내용을 블록으로 설정한 다음 ❶[서식] 탭의 ❷[문단 번호]의 목록 단추를 클릭하여 ❸[문단 번호 모양]을 클릭합니다. [글머리표 및 문단 번호] 대화상자의 [문단 번호] 탭에서 ❹≪출력형태≫와 비슷한 문단 번호를 선택하고 ❺[사용자 정의]를 클릭합니다.

02 [문단 번호 사용자 정의 모양] 대화상자에서 ❶'1 수준'을 선택하고 ❷너비 조정을 '20'으로 설정하고 ❸정렬을 '오른쪽'으로 선택합니다.

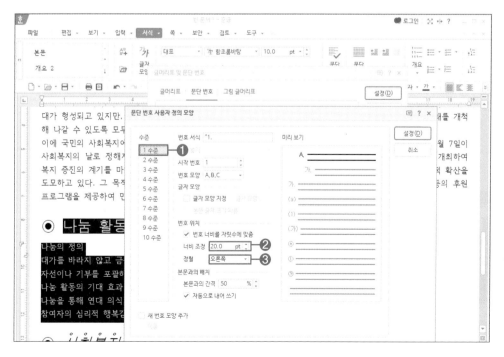

03 수준을 ❶'2 수준'으로 선택하고 ❷번호 모양을 클릭하여 '가, 나, 다'로 선택합니다.

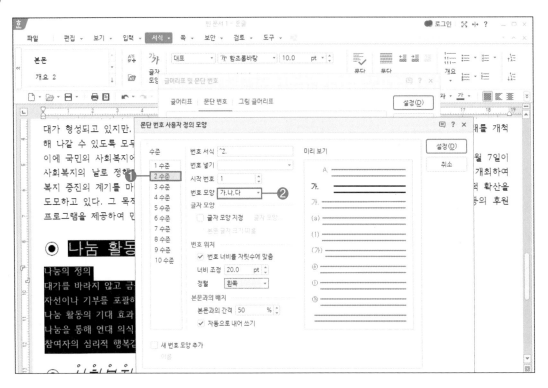

04 ❶너비 조정을 '30'으로 설정하고 ❷정렬을 '오른쪽'으로 선택하고 ❸[설정]을 클릭합니다. [글머리표 및 문단 번호] 대화상자의 첫 화면으로 돌아오면 ❹[설정]을 클릭합니다.

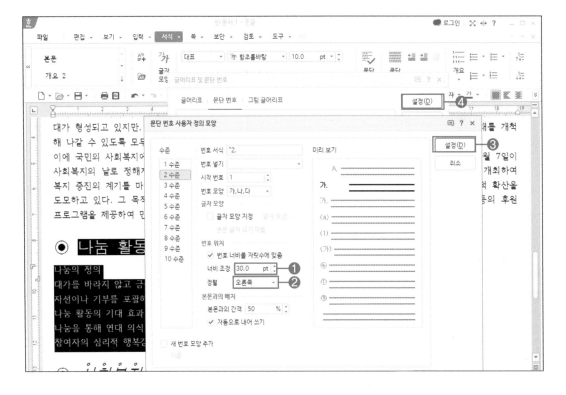

05 다음과 같이 2수준 내용을 블록으로 설정하고 ❶[한 수준 감소]를 클릭해 문단 번호의 수준을 한 수준 낮춥니다.

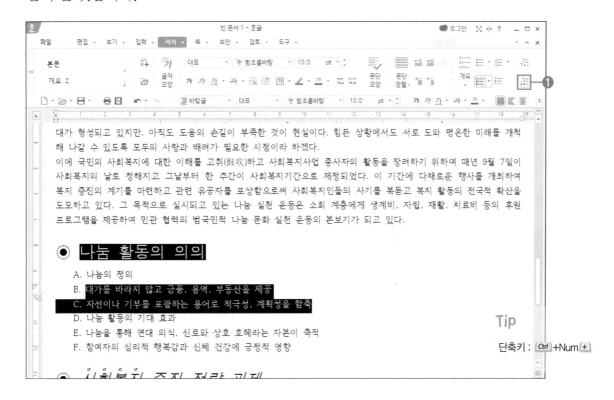

06 같은 방법으로 다음과 같이 블록 설정된 내용도 ❶[한 수준 감소]를 클릭해 문단 번호의 수준을 한 수준 낮춥니다.

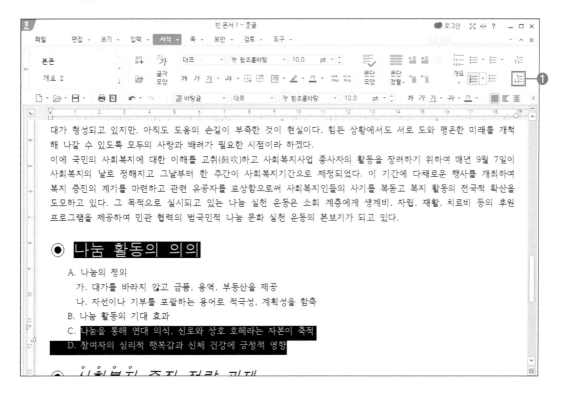

07 다음과 같이 블록을 설정하고 ❶줄 간격을 '180%'로 설정합니다.

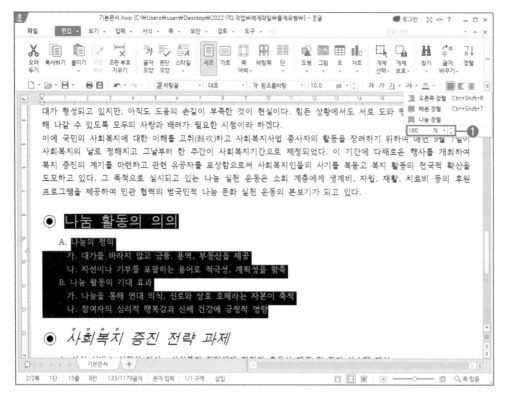

08 다음과 같이 내용을 블록 설정하고 ❶[서식] 탭의 ❷[문단 번호]의 목록 단추를 클릭하여 [문단 번호 모양]을 클릭합니다. [글머리표 및 문단 번호] 대화상자의 ❸[문단 번호] 탭에서 ❹앞에서 등록한 문단 번호를 선택하고 ❺[설정]을 클릭합니다.

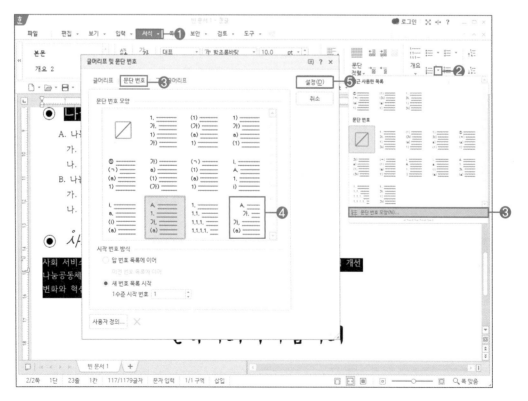

09 다음과 같이 블록 설정된 상태에서 ❶[서식] 탭의 ❷[문단 모양]을 클릭합니다. [문단 모양] 대화상자에서 ❸왼쪽 여백을 '20pt', ❹줄 간격을 '180%'로 설정하고 ❺[설정]을 클릭합니다.

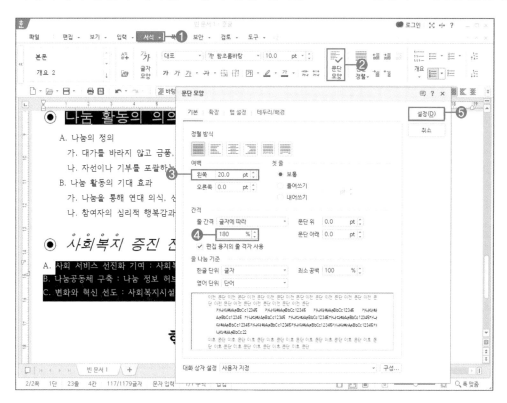

11 블록을 해제하고 문서를 저장하기 위해 [Alt]+[S]를 누릅니다. [다른 이름으로 저장하기] 대화상자에서 [내 PC\문서\ITQ] 폴더를 열어 파일 이름을 ❶'수험번호-이름' 형식으로 입력하고 ❷[저장]을 클릭합니다.

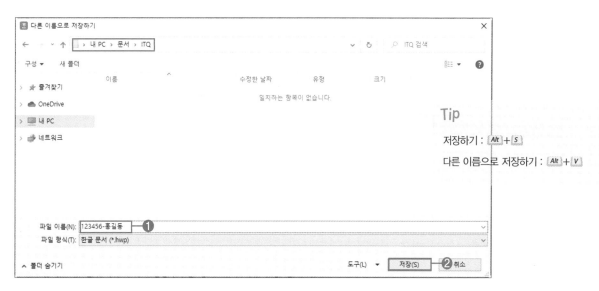

Tip

· ITQ 폴더는 내 PC에 답안용 폴더를 생성하여 저장하면 됩니다.

· 답안 문서 파일명이 '수험번호-이름'과 일치하지 않으면 실격 처리됩니다. 파일 저장 과정에서 답안 문서의 파일명이 틀렸을 경우 [파일] 탭의 [다른 이름으로 저장하기] 또는 [Alt]+[V]를 눌러 파일명을 정확하게 입력하고 다시 저장합니다.

■■ 준비파일 : 실력팡팡₩기본문서1.hwp / 완성파일 : 실력팡팡₩기본문서1_완성.hwp

01 다음의 ≪조건≫에 따라 ≪출력형태≫와 같이 문서를 작성하시오.

공통 부문

(1) 파일명의 본인의 "수험번호–성명"으로 입력하여 답안폴더 [내 PC₩문서₩ITQ]에 저장하시오.

(2) 글꼴에 대한 기본설정은 함초롬바탕, 10포인트, 검정, 줄 간격 160%, 양쪽 정렬로 한다.

(3) 색상은 조건의 색을 적용하고 색의 구분이 안될 경우에는 RGB 값을 적용한다(빨강 255, 0, 0 / 파랑 0, 0, 255 / 노랑 255, 255, 0).

(4) 용지여백은 왼쪽 · 오른쪽 11mm, 위쪽 · 아래쪽 · 머리말 · 꼬리말 10mm, 제본은 0mm로 한다.

조건

(1) 문단 모양 – 왼쪽 여백 : 15pt, 문단 아래 간격 : 10pt

(2) 글자 모양 – 글꼴 : 한글(굴림)/영문(돋움), 크기 : 10pt, 장평 : 110%, 자간 : 5%

출력형태

A genetically modified organism(GMO) or GEO is an organism whose genetic material has been altered using genetic engineering techniques.

유전자재조합이란 한 생물체의 유용한 유전자를 추출하여 다른 생물체에 이식함으로써 유용한 성질을 생성하는 기술을 말한다.

출력형태

문단 첫글자장식 기능
글꼴 : 궁서, 면색 : 노랑

유전자와 재조합기술의 이해

굴림, 24pt, 진하게, 가운데 정렬

생물체 각각의 유전 형질을 발현시키는 원인이 되는 고유한 형태, 색, 성질 등과 같은 인자를 유전자(遺傳子)라고 하며, 염색체 가운데 일정한 순서로 배열되어 생식 세포를 통해 자손에게 유전 정보를 전달한다. 세포 속에 들어 있는 유전자는 생명 현상의 가장 중요한 성분인 단백질을 만드는 데 필요한 유전 정보 단위이며, 본체는 DNA라 불리는 화합물로 구성되어 있다. 이 DNA의 염기 배열 순서에 따라 어떤 단백질이 만들어지는지가 결정되면서 생물의 모양이나 특성 등이 달라진다. 인간의 경우 세포 속에 약 3만여 개, 벼는 약 4만여 개의 유전자가 존재한다.

한 생물체의 유용한 유전자를 추출하여 다른 생물체에 이식(移植)함으로써 유용한 성질을 생형하는 기술을 유전자재조합이라고 한다. 이 기술에 의해 형질이 전환된 생물체를 GMO라고 하며 그 종류에 따라 유전자재조합농산물, 유전자재조합동물, 유전자재조합미생물로 분류된다. 식물이나 가축의 유전적 특성을 개선하여 보다 실용적인 개체를 개발하고자 유전공학의 힘을 이용하여 의도적인 품종 개량을 유도하는 유전자재조합기술은 복제기술, 조직배양기술, 생체대량배양기술과 더불어 대표적인 현대 생명공학기술이다.

◈ GMO 표시의 개요

글꼴 : 돋움, 18pt, 노랑
음영색 : 파랑

A. 시행 목적과 법적 근거
　① 시행 목적 : 소비자에게 올바른 정보 제공
　② 법적 근거 : 농산물품질 관리법에 따른 표시 요령
B. 표시 방법
　① 국내 식품 : 포장지에 인쇄
　② 수입 식품 : 스티커 부착 기능

문단 번호 기능 사용
1수준 : 20pt, 오른쪽 정렬,
2수준 : 30pt, 오른쪽 정렬,
줄 간격 : 180%

◈ *GM 식품의 표시 관리*

글꼴 : 돋움, 18pt, 기울임, 강조점

A. 한국의 비의도적 혼합치 : 3% 이하
B. 일본의 비의도적 혼합치 : 5% 이하

왼쪽 여백 : 15pt, 줄 간격 : 180%

글꼴 : 궁서, 25pt, 진하게,
장평 : 95%, 가운데 정렬

KFDA(식약청)

02 다음의 ≪조건≫에 따라 ≪출력형태≫와 같이 문서를 작성하시오.

공통 부문
(1) 파일명의 본인의 "수험번호-성명"으로 입력하여 답안폴더 [내 PC₩문서₩ITQ]에 저장하시오.
(2) 글꼴에 대한 기본설정은 함초롬바탕, 10포인트, 검정, 줄 간격 160%, 양쪽 정렬로 한다.
(3) 색상은 조건의 색을 적용하고 색의 구분이 안될 경우에는 RGB 값을 적용한다(빨강 255, 0, 0 / 파랑 0, 0, 255 / 노랑 255, 255, 0).
(4) 용지여백은 왼쪽 · 오른쪽 11mm, 위쪽 · 아래쪽 · 머리말 · 꼬리말 10mm, 제본은 0mm로 한다.

조건
(1) 문단 모양 – 첫 줄 들여쓰기 : 10pt, 문단 아래 간격 : 10pt
(2) 글자 모양 – 글꼴 : 한글(돋움)/영문(궁서), 크기 : 10pt, 장평 : 120%, 자간 : -5%

출력형태

A mobile operation system, mobile software platform, is the operating system that controls a mobile device or information appliance.

모바일 운영체제는 스마트폰, 태블릿 컴퓨터 및 정보 가전 등의 소프트웨어 플랫폼, 모바일 장치 또는 정보 기기를 제어하는 운영체제이다.

출력형태

운영체제(OS) 주도권 경쟁의 확산

돋움, 24pt, 진하게, 가운데 정렬

문단 첫글자 장식 기능
글꼴 : 굴림, 면색 : 노랑

스마트폰이 활성화되면서 MS가 주도해 온 운영체제(OS) 시장에서 애플과 구글이 부상하는 등 지각변동이 일어나고 있다. 2007년 애플의 아이폰이 출시되면서 스마트폰 OS 시장은 심비안이 몰락(沒落)하고 멀티터치 스크린과 외부 개발자 생태계 등을 지원하는 애플 iOS가 스마트폰 OS 경쟁을 촉발하여 그 대항마로 안드로이드가 급부상하면서 다자간 경쟁으로 전환되었다.

OS 주도권을 장악하기 위해 사활을 건 승부가 벌어지고 있는 까닭은 첫째, OS가 필요한 기기의 수가 폭증하고 있기 때문이다. 인터넷에 연결되어 다양한 애플리케이션을 활용할 수 있는 기기는 2010년 125억 대에서 2020년에는 500억 대로 늘어날 전망이다. 다양한 기기에 장착되는 OS를 장악한 기업은 관련 산업 자체를 자사에 유리한 방향으로 이끄는 등 막대한 이익을 향유하게 될 것이다. 둘째, 서버에 저장된 애플리케이션과 콘텐츠를 다양한 기기로 접속해 이용하는 클라우드 서비스가 확산되고 있기 때문이다. 클라우드 환경에서 필요한 OS는 PC 환경에서의 OS와 성격이 다르다. 따라서 향후 최대의 수익원으로 부상할 클라우드 서비스에서 수익을 극대화하기 위해 이에 최적화된 OS의 개발(開發) 경쟁이 전개되고 있다.

◑ 운영체제 주도권 경쟁의 확산

글꼴 : 굴림, 18pt, 하양
음영색 : 주황

가) 스마트화가 진행되는 TV 시장
  a) 애플 : 2012년 iOS를 탑재할 TV 출시 확정
  b) MS의 윈도 8 : 스마트폰, 태블릿 PC뿐만 아니라 TV에도 탑재
나) 자동차용 OS의 경쟁 동향
  a) 구글 : 2010년 GM과 안드로이드 기반 텔레매틱스 서비스 개발 협력
  b) RIM : 2011년 블랙베리와 QNX를 통합한 BBX 공개

문단 번호 기능 사용
1수준 : 20pt, 오른쪽 정렬,
2수준 : 30pt, 오른쪽 정렬,
줄 간격 : 180%

◑ *모바일 ÕS 비교*

글꼴 : 굴림, 18pt, 기울임, 강조점

가) 안드로이드 판매처 : 안드로이드 마켓
나) iOS 판매처 : 애플 스토어

왼쪽 여백 : 20pt, 줄 간격 : 180%

글꼴 : 궁서, 22pt, 진하게,
장평 : 115%, 오른쪽 정렬

모바일운영체제연구소

■ ■ 준비파일 : 실력팡팡₩기본문서3.hwp / 완성파일 : 실력팡팡₩기본문서3_완성.hwp

03 다음의 ≪조건≫에 따라 ≪출력형태≫와 같이 문서를 작성하시오.

공통 부문
(1) 파일명의 본인의 "수험번호-성명"으로 입력하여 답안폴더 [내 PC₩문서₩ITQ]에 저장하시오.
(2) 글꼴에 대한 기본설정은 함초롬바탕, 10포인트, 검정, 줄 간격 160%, 양쪽 정렬로 한다.
(3) 색상은 조건의 색을 적용하고 색의 구분이 안될 경우에는 RGB 값을 적용한다(빨강 255, 0, 0 / 파랑 0, 0, 255 / 노랑 255, 255, 0).
(4) 용지여백은 왼쪽·오른쪽 11mm, 위쪽·아래쪽·머리말·꼬리말 10mm, 제본은 0mm로 한다.

조건
(1) 문단 모양 – 왼쪽 여백 : 15pt, 문단 아래 간격 : 10pt
(2) 글자 모양 – 글꼴 : 한글(궁서)/영문(굴림), 크기 : 10pt, 장평 : 105%, 자간 : –5%

출력형태

After-school activity was included in the category of specialty and aptitude education. It was expected that after-school program could promote students good character and improve their creativity.

방과후학교 프로그램은 획일화된 정규 교과 위주의 교육에서 벗어나 21세기를 이끌어 갈 인재를 양성하고 학생들 개개인의 소질과 적성을 계발하기 위하여 도입되었다.

출력형태

문단 첫글자장식 기능
글꼴 : 돋움, 면색 : 노랑

방과후학교로 교육체제 혁신
궁서, 24pt, 진하게, 가운데 정렬

방과후학교는 기존의 특기적성 교육, 방과후교실, 수준별 보충학습 등을 통합하여 정규 교육과정 이외의 시간에 다양한 형태의 교육 프로그램으로 운영하는 교육체제를 말한다. 자율성, 다양성, 개방성이 확대된 혁신적(革新的) 교육체제를 표방하며 전국의 초중고교에 도입된 방과후학교는 획일화된 정규 교과 위주의 교육에서 벗어나 21세기를 이끌어 갈 인재를 양성하고 학생들 개개인의 소질과 적성을 계발하기 위하여 2005년 시범 운영을 거쳐 2006년에 전면 실시되었다.
본 제도는 다양한 학습과 보육의 욕구를 해소하여 사교육비를 경감하고 사회 양극화에 따른 교육 격차를 완화하여 교육복지를 구현하며 학교, 가정, 사회가 연계한 지역 교육문화의 발전을 꾀하고자 학생 보살핌, 청소년 보호선도, 자기주도적 학습력 신장, 인성 함양 등을 위한 다양한 프로그램이 개설되어 운영되고 있다. 창의력과 특기 적성 계발 등 학생들의 다양성(多樣性)이 교육과정에서 중요한 부분으로 부각되는 가운데 사교육이 아닌 공교육에서 이루어지는 방과후학교는 학생들과 학부모들로부터 큰 호응을 얻고 있으며 일선 학교 및 교육기부 단체의 적극적인 참여로 다양한 프로그램과 교육환경이 개선되고 있다.

■ 방과후학교 개요
글꼴 : 굴림, 18pt, 하양
음영색 : 빨강

　1. 운영 주체 및 지도 강사
　　가. 운영 주체 : 학교장, 대학, 비영리법인(단체)
　　나. 지도 강사 : 현직 교원, 관련 전문가, 지역사회 인사 등
　2. 교육 대상 및 교육 장소
　　가. 교육 대상 : 타교 학생 및 지역사회 성인까지 확대
　　나. 교육 장소 : 인근 학교 및 지역사회의 다양한 시설 활용

문단 번호 기능 사용
1수준 : 20pt, 오른쪽 정렬,
2수준 : 30pt, 오른쪽 정렬,
줄 간격 : 180%

■ *방과후학교 예능 강좌*
글꼴 : 굴림, 18pt, 기울임, 강조점

　1. 한지공예 : 한지를 이용하여 반짇고리, 찻상 등에 전통미를 불어넣는 공예
　2. 리본아트 : 리본을 이용하여 머리핀과 코르사주 등 생활용품 제작
　3. 비즈공예 : 진주처럼 구멍이 뚫린 구슬을 이용한 모든 공예

왼쪽 여백 : 20pt, 줄 간격 : 200%

글꼴 : 돋움, 20pt, 진하게,
장평 : 110%, 오른쪽 정렬

교육과학기술부

04 다음의 ≪조건≫에 따라 ≪출력형태≫와 같이 문서를 작성하시오.

공통 부문
(1) 파일명의 본인의 "수험번호–성명"으로 입력하여 답안폴더 [내 PC₩문서₩ITQ]에 저장하시오.
(2) 글꼴에 대한 기본설정은 함초롬바탕, 10포인트, 검정, 줄 간격 160%, 양쪽 정렬로 한다.
(3) 색상은 조건의 색을 적용하고 색의 구분이 안될 경우에는 RGB 값을 적용한다(빨강 255, 0, 0 / 파랑 0, 0, 255 / 노랑 255, 255, 0).
(4) 용지여백은 왼쪽 · 오른쪽 11mm, 위쪽 · 아래쪽 · 머리말 · 꼬리말 10mm, 제본은 0mm로 한다.

조건
(1) 문단 모양 – 왼쪽 여백 : 10pt, 문단 아래 간격 : 10pt
(2) 글자 모양 – 글꼴 : 한글(돋움)/영문(굴림), 크기 : 10pt, 장평 : 115%, 자간 : 5%

출력형태

Learn myself free personality tests provide the most interesting, accurate and fun means of learning about yourself.

다면인성검사는 미네소타 대학의 해서웨이와 맥킨리가 임상진단용으로 만든 성격검사로 임상 척도와 타당성 척도로 구성되어 있다.

출력형태

문단 첫글자장식 기능
글꼴 : 궁서, 면색 : 노랑

역학관계 연구
굴림, 22pt, 진하게, 가운데 정렬

집단 공동체의식의 피폐와 부재로 개인 및 집단의 이기(利己)와 기회주의가 만연하고 보편적 사회규범이 약화되면서 계층 간의 갈등과 도덕성 해이가 사회문제로 대두됨에 따라 공동체의식과 도덕성을 회복하고 준법, 참여, 민주와 같은 시민의식을 함양하기 위한 제도적 장치가 요구되고 있다. 학교 현장에서도 학생들의 공동체의식과 인성을 함양하여 집단 따돌림, 학원 폭력, 인터넷 중독 등을 예방하고 체계적인 상담과 지도를 위한 제도적 장치와 절차적 수단을 강구할 목적으로 다면인성검사도구가 개발되어 활용되고 있다.
다면인성검사도구는 개개인을 비롯하여 학생과 학생, 교사와 학생 등 학급 구성원 간에 일어나는 역학적 상호작용(相互作用)과 의식적 동기화 과정에 대한 이해 정도를 주관적 또는 객관적 방법으로 진단하고 평가하여 피드백을 꾀한다. 기존의 일반화된 성격검사 방법과 상호인식검사 방식을 결합하고 상위자 평가가 병행되며 피검 대상 및 관계, 검사 방법 및 절차 등의 표준화와 규준을 마련하고 있기 때문에 상호인식검사법 또는 다면인성검사 프로그램이라고도 하며 교육 현장에 적용할 때는 학생표준인성검사 프로그램이라고 부른다.

◉ 다면인성검사도구의 특징
글꼴 : 궁서, 18pt, 노랑
음영색 : 초록

　1) 목적 및 검사 대상
　　가) 목적 : 학원 폭력 및 집단 따돌림 예방과 인성 함양
　　나) 검사 대상 : 7인 이상으로 구성된 집단
　2) 기대효과
　　가) 긍정적 문답으로 인한 정적 강화 제고와 감성적 역기능 배제
　　나) 자기충족적 예언의 위험 해소, 자기효능감 기대효과 증진

문단 번호 기능 사용
1수준 : 20pt, 오른쪽 정렬,
2수준 : 30pt, 오른쪽 정렬,
줄 간격 : 180%

◉ 다면인성검사도구의 실제
글꼴 : 돋움, 18pt, 밑줄, 강조점

　1. 문제의 예 : 나는 분위기를 잘 파악한다.
　2. 평가 방법 : 5점 척도

왼쪽 여백 : 20pt, 줄 간격 : 160%

글꼴 : 돋움, 24pt, 진하게,
장평 : 105%, 가운데 정렬

한국무형자산연구소

기능평가 I - 스타일

한글과 영어 문서 작성 능력과 스타일 기능을 활용하는 능력을 평가합니다. 스타일 이름, 문단 모양과 글자 모양을 미리 설정하여 일관성있게 문서를 작성해 봅니다.

스타일 설정하기

- [서식] 탭의 목록 단추를 클릭하여 [스타일]을 선택하거나 [편집] 탭의 [스타일]을 클릭합니다.
- F6 을 눌러 [스타일] 대화상자를 불러올 수 있습니다.
- [스타일] 대화상자에서 [스타일 추가하기]를 클릭합니다.

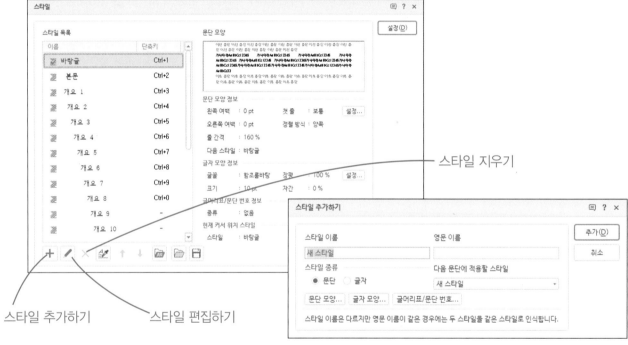

스타일 수정 및 삭제하기

- 스타일을 잘못 설정한 경우에는 [스타일 편집하기]를 클릭하여 '스타일 이름'과 '문단 모양'과 '글 자 모양' 등을 수정할 수 있습니다.
- 스타일을 삭제할 때는 [스타일 지우기]를 클릭하면 삭제할 수 있습니다.

스타일 해제하기

- 스타일이 해제가 되지 않으면 문서에서 작성한 스타일이 계속 적용되므로 다음 문단에서 해제하 고 싶다면 반드시 스타일을 [바탕글]로 선택합니다.
- Ctrl + 1 을 누르거나 서식 도구 상자의 [바탕글]을 선택하여 해제합니다.

■ ■ 준비파일 : 출제유형₩스타일.hwp / 완성파일 : 출제유형₩스타일_완성.hwp

다음의 ≪조건≫에 따라 스타일 기능을 적용하여 ≪출력형태≫와 같이 작성하시오. (50점)

조건
(1) 스타일 이름 – accident
(2) 문단 모양 – 왼쪽 여백 : 10pt, 문단 아래 간격 : 10pt
(3) 글자 모양 – 글꼴 : 한글(돋움)/영문(굴림), 크기 : 10pt, 장평 : 95%, 자간 : –5%

출력형태

1.

Accidental injury is a leading killer of children 14 and under wordwide. Most of these accidental injuries can be prevented by taking simple safety measures.

매년 안전사고에 의해 목숨을 잃거나 장애를 얻어 어린이가 늘고 있어 이에 대한 안전 대책이 체계적, 지속적으로 이루어질 수 있도록 많은 활동이 전개되고 있다.

Step 01. 스타일 설정하기

01 준비파일을 불러옵니다. 1 페이지 처음에 문제번호 '1.'을 입력하고 [Enter]를 눌러 다음 줄에 입력된 본문을 블록 설정합니다.

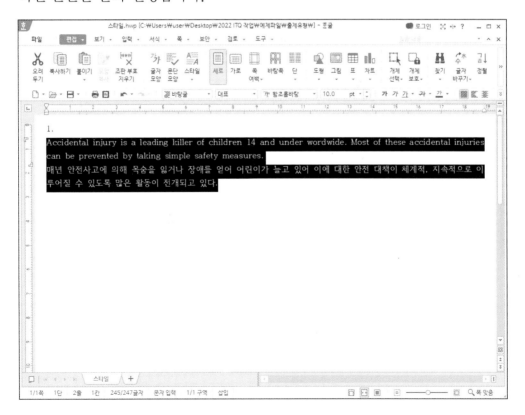

02 ❶[편집] 탭의 [스타일]을 클릭하거나 F6 을 눌러 [스타일]을 불러옵니다. [스타일] 대화상자에서 ❷[스타일 추가하기]를 클릭합니다.

03 [스타일 추가하기] 대화상자의 ❶스타일 이름에 'accident'를 입력하고 ❷[문단 모양]을 클릭합니다.

04 [문단 모양] 대화상자에서 ❶왼쪽 여백은 '15pt', ❷문단 아래 간격은 '10pt'로 설정하고 ❸[설정]을 클릭합니다.

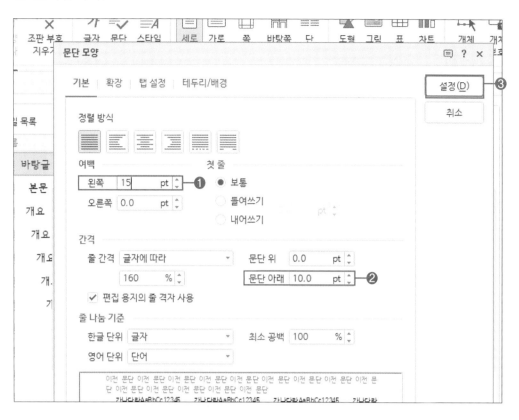

05 [스타일 추가하기] 대화상자에서 ❶[글자 모양]을 클릭합니다. [글자 모양] 대화상자가 나타나면 ❷언어는 '한글', 기준 크기는 '10pt', 글꼴은 '돋움', 장평은 '95%', 자간은 ' − 5%'로 설정합니다.

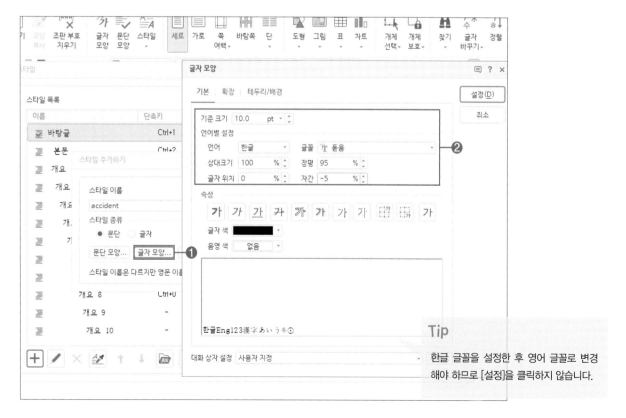

Tip
한글 글꼴을 설정한 후 영어 글꼴로 변경해야 하므로 [설정]을 클릭하지 않습니다.

06 이번에는 [글자 모양] 대화상자에서 ❶언어는 '영문', 기준 크기는 '10pt', 글꼴은 '궁서', 장평은 '95%', 자간은 '-5%'로 설정하고 ❷[설정]을 클릭합니다.

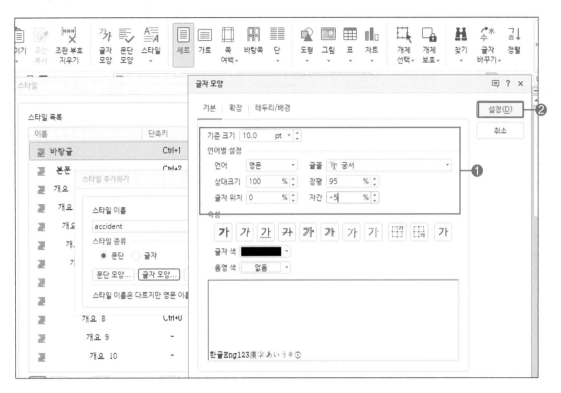

07 설정이 완료되었으면 ❶[추가]를 클릭하고 [스타일] 대화상자에서 ❷[설정]을 클릭합니다. 스타일이 적용된 것을 확인하고 문서의 빈 곳을 클릭하여 블록 지정을 해제합니다.

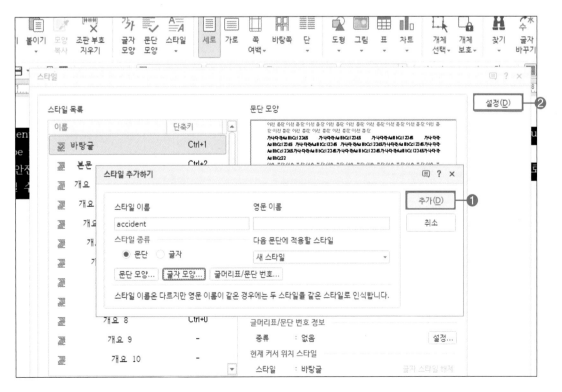

08 맨 마지막 줄에서 Enter 를 눌러 줄을 바꾸고 ❶[스타일] 목록 단추를 클릭하여 스타일을 ❷'바탕글'로 선택합니다.

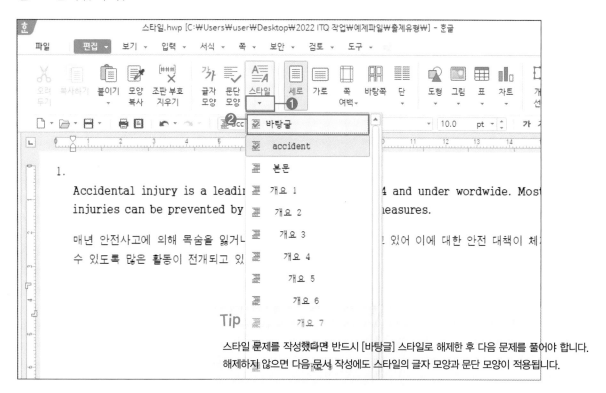

스타일 문제를 작성했다면 반드시 [바탕글] 스타일로 해제한 후 다음 문제를 풀어야 합니다.
해제하지 않으면 다음 문서 작성에도 스타일의 글자 모양과 문단 모양이 적용됩니다.

09 Alt + S 를 눌러 저장합니다. [다른 이름으로 저장하기] 대화상자의 [내 PC₩문서₩ITQ] 폴더에 ❶'수험번호-이름'으로 파일 이름을 입력하고 ❷[저장]을 클릭합니다.

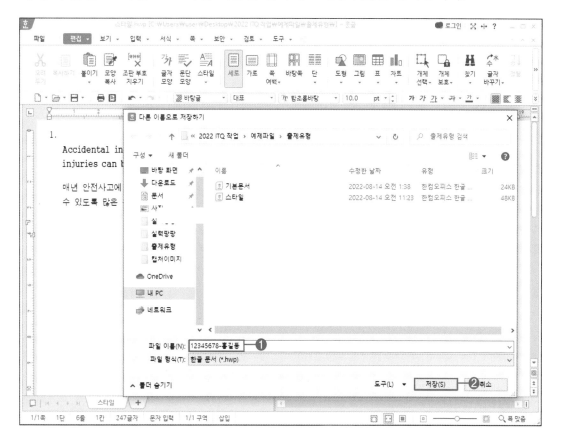

■ ■ 준비파일 : 실력팡팡₩스타일실력.hwp / 완성파일 : 실력팡팡₩스타일실력_완성.hwp

01 다음의 ≪조건≫에 따라 스타일 기능을 적용하여 ≪출력형태≫와 같이 작성하시오. (50점)

조건 (1) 스타일 이름 – achieve
(2) 문단 모양 – 왼쪽 여백 : 15pt, 문단 아래 간격 : 10pt
(3) 글자 모양 – 글꼴 : 한글(굴림)/영문(돋움), 크기 : 10pt, 장평 : 105%, 자간 : –5%

출력형태

1.

For a man to achieve all that is demanded of him, he must regard himself as greater than he is.

어떤 사람이 자신에게 주어진 모든 임무를 달성해내기 위해서는, 자기 자신을 본래의 자기보다 훨씬 더 위대하게 생각해야 한다.

02 다음의 ≪조건≫에 따라 스타일 기능을 적용하여 ≪출력형태≫와 같이 작성하시오. (50점)

조건 (1) 스타일 이름 – illiteate
(2) 문단 모양 – 왼쪽 여백 : 10pt, 문단 아래 간격 : 10pt
(3) 글자 모양 – 글꼴 : 한글(궁서)/영문(돋움), 크기 : 10pt, 장평 : 95%, 자간 : 10%

출력형태

1.

The illiterate of the 21st century will not be those who cannot read and write, but those who cannot learn, unlearn, and relearn(Alvin Toffler).

21세기의 문맹자는 글을 읽을 줄 모르는 사람이 아니라 학습하고, 교정하고 재학습하는 능력이 없는 사람이다(앨빈 토플러).

03 다음의 ≪조건≫에 따라 스타일 기능을 적용하여 ≪출력형태≫와 같이 작성하시오. (50점)

조건 (1) 스타일 이름 – brain
(2) 문단 모양 – 왼쪽 여백 : 15pt, 문단 위 간격 : 10pt
(3) 글자 모양 – 글꼴 : 한글(돋움)/영문(굴림), 크기 : 10pt, 장평 : 110%, 자간 : –5%

출력형태

1.

We are an intelligent species and the use of our intelligence quite properly gives us pleasure. In this respect the brain is like a muscle. When it is in use we feel very good. Understanding is joyous.

사람은 지성적 존재이므로 당연히 지성을 사용할 때 기쁨을 느낀다. 이런 의미에서 두뇌는 근육과 같은 성격을 갖는다. 두뇌를 사용할 때 우리는 기분이 매우 좋다. 이해한다는 것은 즐거운 일이다.

04 다음의 ≪조건≫에 따라 스타일 기능을 적용하여 ≪출력형태≫와 같이 작성하시오. (50점)

> **조건** (1) 스타일 이름 – choice
> (2) 문단 모양 – 왼쪽 여백 : 10pt, 문단 위 간격 : 10pt
> (3) 글자 모양 – 글꼴 : 한글(궁서)/영문(돋움), 크기 : 10pt, 장평 : 97%, 자간 : 5%

> **출력형태**

1.

For what is the best choice, for each individual is the highest it is possible for him to achieve.

개개인에 있어서 최고의 선택은 그 자신이 성취할 수 있는 곳에서 최고가 되는 것이다.

05 다음의 ≪조건≫에 따라 스타일 기능을 적용하여 ≪출력형태≫와 같이 작성하시오. (50점)

> **조건** (1) 스타일 이름 – heart
> (2) 문단 모양 – 첫 줄 들여쓰기 : 10pt, 문단 아래 간격 : 10pt
> (3) 글자 모양 – 글꼴 : 한글(굴림)/영문(궁서), 크기 : 10pt, 장평 : 120%, 자간 : 5%

> **출력형태**

1.

The best and most beautiful things in the world cannot be seen of even touched. They must be felt with the heart.

세상에서 가장 아름답고 소중한 것은 보이거나 만져지지 않는다. 단지 가슴으로만 느낄 수 있다.

06 다음의 ≪조건≫에 따라 스타일 기능을 적용하여 ≪출력형태≫와 같이 작성하시오. (50점)

> **조건** (1) 스타일 이름 – travel
> (2) 문단 모양 – 첫 줄 들여쓰기 : 10pt, 문단 위 간격 : 10pt
> (3) 글자 모양 – 글꼴 : 한글(궁서)/영문(굴림), 크기 : 10pt, 장평 : 95%, 자간 : –5%

> **출력형태**

1.

We are all travelling through time together, everyday of our lives. All we can do is do our best to relish this remarkable ride.

우리는 삶 곳의 매일을 여행하고 있다. 우리가 할 수 있는 것은 이 훌륭한 여행을 즐기기 위해 최선을 다하는 것이다.

기능평가 I – 표

표는 문서에서 중요한 역할을 합니다. 복잡한 문서를 보기 쉽게 정리할 수 있고 합계, 평균 등을 계산할 때 유용합니다. 표 내용을 작성하고, 보기 좋게 정렬하고, 디자인 요소를 더해 봅니다. 또한 표의 계산 기능과 캡션 기능을 학습해 봅니다.

표 삽입하기

- [입력] 탭의 목록 단추를 클릭하여 [표]를 선택하거나 [입력] 탭 또는 [편집] 탭의 [표]를 클릭해 표를 삽입합니다.
- Ctrl + N , T 를 눌러 '줄/칸' 수를 입력하여 표를 만들 수 있습니다.
- '글자처럼 취급'에 체크한 후 [만들기]를 클릭합니다.
- '글자처럼 취급'에 체크하면 표가 글자처럼 취급되어 내용 수정할 때 표의 위치가 변경됩니다.

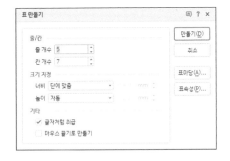

Tip

F5 를 한 번 누르면 하나의 셀이 블록 설정됩니다.

연속/비연속 셀 블록 설정하기

- 연속된 셀 블록을 설정하려면 마우스로 드래그하거나 셀 블록의 시작 셀을 클릭하고 Shift 를 누르고 마지막 셀을 클릭합니다.
- 떨어져 있는 셀 블록을 설정하려면 Ctrl 을 누르고 셀을 클릭합니다.

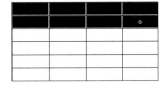
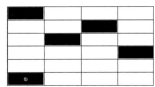

셀 크기 조절하기

- 마우스로 크기를 조절할 때는 가로선이나 세로선을 드래그하여 크기를 조절할 수 있습니다.
- 방향키를 이용할 때는 셀 블록을 설정하고 Ctrl +방향키로 선택된 셀을 포함하는 행과 열의 크기를 조절할 수 있으며 표의 전체 크기가 같이 조절됩니다.
- 셀 블록을 설정하고 Alt +방향키로 선택된 셀을 포함하는 행과 열의 크기를 조절할 수 있으며 표의 전체 크기는 조절되지 않습니다.
- 셀 블록을 설정하고 Shift +방향키를 누르면 선택된 셀의 높이나 너비가 조절됩니다. 표 전체 크기는 조절되지 않습니다.

셀 너비를 같게/셀 높이를 같게

- 셀 블록을 설정한 다음, 마우스 오른쪽 버튼을 눌러 [셀 너비를 같게]를 클릭하거나 [표] 탭의 [셀 너비를 같게]를 클릭하면 블록으로 설정한 셀의 너비가 같아집니다.

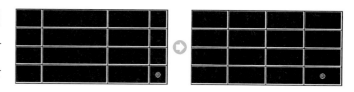

- 셀 블록을 설정한 다음, 마우스 오른쪽 버튼을 눌러 [셀 높이를 같게]를 클릭하거나 [표] 탭의 [셀 높이를 같게]를 클릭하면 블록으로 설정한 셀의 높이가 같아집니다.

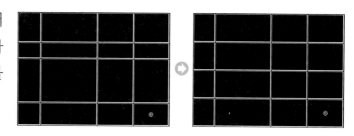

줄/칸 삽입과 삭제하기

- 줄이나 칸을 추가하려면 삽입될 위치에서 마우스 오른쪽 버튼을 눌러 [줄/칸 추가하기]를 클릭하여 원하는 위치에 줄이나 칸을 추가합니다.
- 행이나 열을 삭제하려면 삭제할 행이나 열에 커서를 위치한 후 마우스 오른쪽 버튼을 눌러 [줄/칸 지우기]를 클릭하여 칸 또는 줄을 지웁니다.

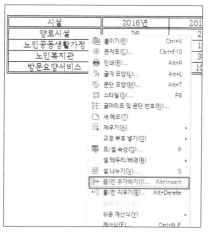

Tip

· 줄 삽입 단축키 : Ctrl + Enter
· 줄/칸 삽입 : Alt + Insert
· 줄/칸 삭제 : Alt + Delete

🔴 셀 합치기와 셀 나누기

- 셀을 합칠 때 합칠 셀을 블록으로 설정하고 마우스 오른쪽 버튼을 눌러 [셀 합치기]를 클릭하거나 M 을 누릅니다.
- 셀을 나눌 때 나눌 셀을 블록 설정하고 마우스 오른쪽 버튼을 눌러 [셀 나누기]를 선택하여 줄 또는 칸 수를 입력해 원하는 만큼 줄 또는 칸을 나눕니다. 또는 나눌 셀을 블록 설정해 S 를 눌러 셀 나누기를 할 수 있습니다.

🔴 셀 테두리 설정하기

- 테두리를 적용할 셀을 블록 설정한 후, 활성화된 [표] 탭의 목록 단추를 클릭하여 [셀 테두리/배경]의 [각 셀마다 적용]을 선택하거나 마우스 오른쪽 버튼을 눌러 [셀 테두리/배경]-[각 셀마다 적용]을 클릭합니다.
- [셀 테두리/배경] 대화상자의 [테두리] 탭에서 테두리 종류와 색을 선택하고 미리보기 창에서 적용될 테두리를 선택합니다.
- [셀 테두리/배경] 대화상자의 [대각선] 탭에서 대각선 방향을 선택할 수 있습니다.
- 테두리를 적용할 셀을 블록 설정해 L 을 눌러 셀 테두리나 배경을 설정할 수도 있습니다.

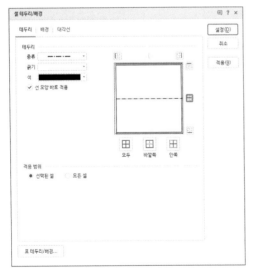

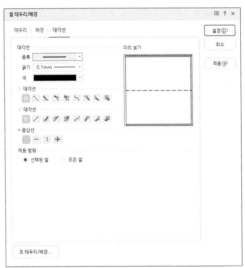

- 활성화된 [표] 탭에서 셀 테두리 및 테두리 색과 테두리 모양/굵기 등을 빠르게 선택할 수 있습니다.

셀 배경 설정하기

- 배경색을 적용할 셀을 블록 설정한 후, 활성화된 [표 레이아웃] 탭의 목록 단추를 클릭하여 [셀 테두리/배경]의 [각 셀마다 적용]을 선택하거나 마우스 오른쪽 버튼을 눌러 [셀 테두리/배경]-[각 셀마다 적용]을 클릭합니다.
- [셀 테두리/배경] 대화상자의 [배경] 탭에서 채우기 색을 선택하거나 그러데이션의 '시작 색'과 '끝 색', '유형' 등을 설정할 수 있습니다.
- 배경색을 적용할 셀을 블록 설정해 C를 눌러 셀 배경을 설정할 수도 있습니다.

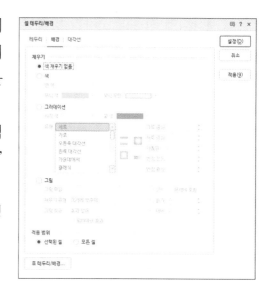

캡션 달기

- 표를 선택하고 마우스 오른쪽 버튼을 눌러 [캡션 넣기]를 클릭하거나 활성화된 [표] 탭의 [캡션]을 클릭합니다. 또는 Ctrl + N , C 를 눌러 캡션을 넣을 수도 있습니다.
- 캡션 내용을 입력하고 본문 영역을 클릭하거나 Shift + Esc 를 눌러 캡션 영역에서 나와야 캡션이 완성됩니다.
- 캡션을 삭제하려면 캡션 영역에서 마우스 오른쪽 버튼을 눌러 [캡션 없음]을 클릭하면 삭제됩니다.

캡션 수정하기

- 캡션을 수정할 때 캡션 영역을 클릭하면 내용을 수정할 수 있습니다.
- 표를 선택한 상태에서 마우스 오른쪽 버튼을 눌러 [개체 속성]을 클릭합니다. [표/셀 속성] 대화상자에서 [여백/캡션] 탭에서 캡션의 위치 등을 설정할 수 있습니다. 또는 Ctrl + N , K 를 눌러 [표/셀 속성] 대화상자의 [여백/캡션] 탭에서 캡션의 위치 등을 설정할 수 있습니다.

- 활성화된 [표] 탭의 [캡션]에서 위치를 수정할 수 있습니다.
- 캡션의 위치는 위, 왼쪽 위, 왼쪽 가운데, 왼쪽 아래, 오른쪽 위, 오른쪽 가운데, 오른쪽 아래, 아래 중에서 선택할 수 있습니다.

블록 계산식 적용하기

- 계산식에 사용할 숫자가 입력된 셀과 계산식의 결과 값이 들어갈 셀을 블록으로 설정하고 마우스 오른쪽 버튼을 눌러 [블록 계산식]의 하위 메뉴를 선택합니다.

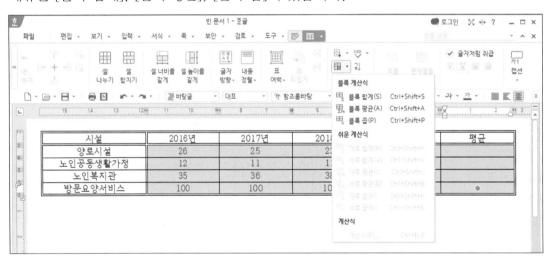

- 활성화된 [표] 탭의 [계산식]을 클릭해 하위 메뉴에서 원하는 블록 계산을 설정할 수 있으며 하위 메뉴는 [블록 합계], [블록 평균], [블록 곱]이 있습니다.

- 블록 계산식을 적용한 이후에 일부 셀에 입력된 값을 수정하면 그 값이 반영되어 자동으로 결과 값도 변경됩니다.

계산식 수정하기

- 계산식이 적용된 셀에서 마우스 오른쪽 버튼을 눌러 [계산식 고치기]를 클릭합니다.
- [계산식] 대화상자에서 형식의 목록 단추를 눌러 정수형이나 소수점 이하의 자릿 수를 설정할 수 있습니다.

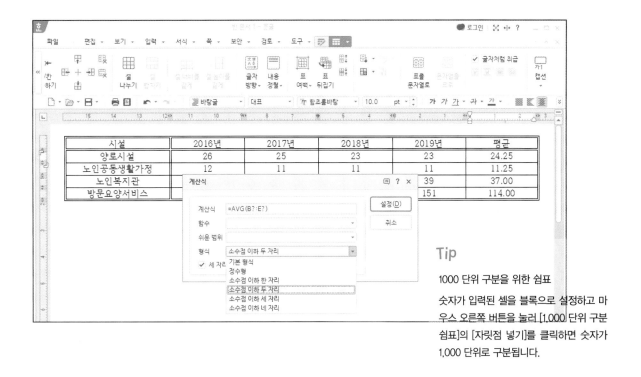

시설	2016년	2017년	2018년	2019년	평균
양로시설	26	25	23	23	24.25
노인공동생활가정	12	11	11	11	11.25
노인복지관				39	37.00
방문요양서비스				151	114.00

Tip

1000 단위 구분을 위한 쉼표

숫자가 입력된 셀을 블록으로 설정하고 마우스 오른쪽 버튼을 눌러 [1,000 단위 구분 쉼표]의 [자릿점 넣기]를 클릭하면 숫자가 1,000 단위로 구분됩니다.

출제유형 따라하기

■ ■ 완성파일 : 출제유형\표_완성.hwp

시험에서는 section04에서 다룰 '차트'와 함께 한 문제로 출제됩니다.

다음의 ≪조건≫에 따라 ≪출력형태≫와 같이 표를 작성하시오. (100점)

조건
(1) 표 전체(표, 캡션) – 굴림, 10pt
(2) 정렬 – 문자 : 가운데 정렬, 숫자 : 오른쪽 정렬
(3) 셀 배경(면 색) : 노랑
(4) 한글의 계산 기능을 이용하여 빈칸에 평균(소수점 두자리)을 구하고, 캡션 기능을 사용할 것
(5) 선 모양은 ≪출력형태≫와 동일하게 처리할 것

출력형태

가상증강현실 엑스포 연령별 참관객 현황(단위 : 십 명)

구분	첫째 날	둘째 날	셋째 날	넷째 날	평균
초중고 학생	98	102	88	91	
대학생	124	96	105	186	
직장인	105	125	135	142	
기타	121	84	164	146	

01 문제번호 '2.'를 입력하고 **Enter** 를 누른 다음 ❶[입력] 탭의 ❷[표]를 클릭합니다. [표 만들기] 대화상자에서 ❸줄 수는 '5', 칸 수는 '6'을 입력하고 기타의 ❹'글자처럼 취급'에 체크한 다음 ❺[만들기]를 클릭합니다.

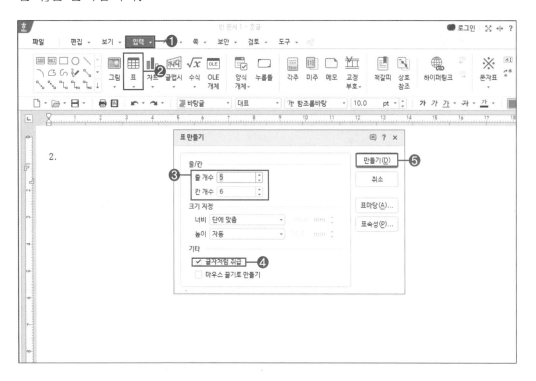

02 《출력형태》와 같이 표 안에 내용을 입력합니다. 숫자가 입력된 셀과 결과 값이 들어갈 셀을 블록으로 설정하고 마우스 오른쪽 버튼을 눌러 ❶[블록 계산식]의 ❷[블록 평균]을 클릭합니다.

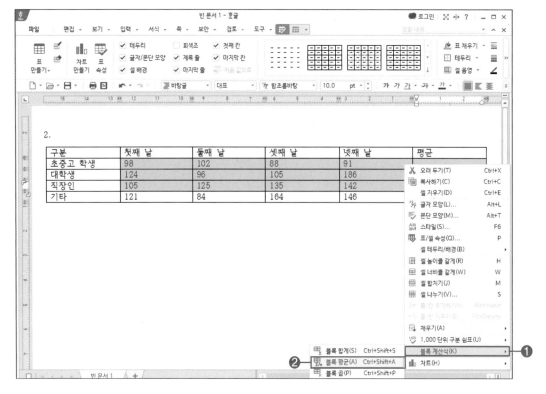

03 숫자가 입력되어 있는 셀을 블록 설정한 다음 서식 도구 상자에서 ❶글꼴은 '굴림', 글자 크기는 '10pt', 정렬 방식은 '오른쪽 정렬'로 설정합니다.

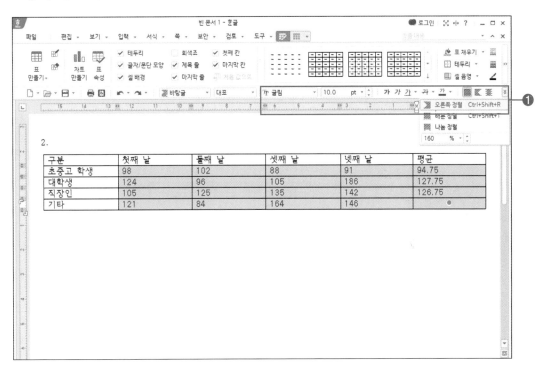

04 Ctrl 을 눌러 다음과 같이 셀을 블록 설정한 다음 ❶글꼴은 '굴림', 글자 크기는 '10pt', 정렬 방식은 '가운데 정렬'로 설정합니다.

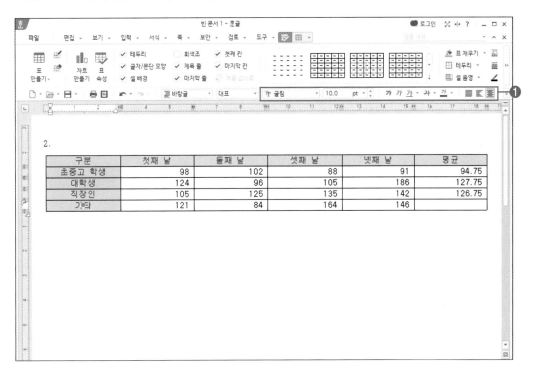

01 표 전체를 블록으로 설정하고 마우스 오른쪽 버튼을 눌러 ❶[셀 테두리/배경]-[각 셀마다 적용]을 클릭합니다.

Tip

블록이 설정된 다음 L 을 누르면 [셀 테두리/배경] 대화상자를 쉽게 불러올 수 있습니다.

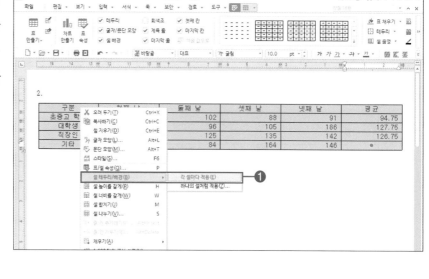

02 [셀 테두리/배경] 대화상자의 ❶[테두리] 탭에서 테두리의 ❷종류는 '이중 실선', ❸적용 위치를 '바깥쪽'으로 선택하고 ❹[설정]을 클릭합니다.

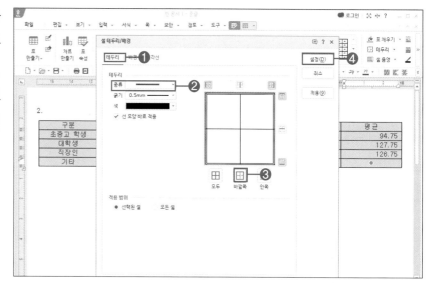

03 1행 전체를 블록으로 설정하고 마우스 오른쪽 버튼을 눌러 ❶[셀 테두리/배경]-[각 셀마다 적용]을 클릭합니다.

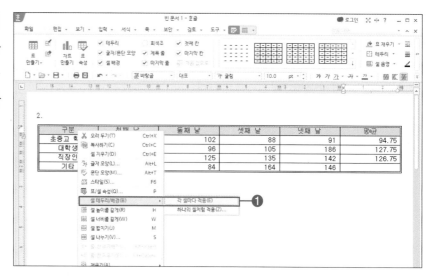

04 [셀 테두리/배경] 대화상자의 ❶[테두리] 탭에서 ❷테두리의 종류는 '이중 실선', ❸적용 위치를 '아래쪽'으로 선택하고 ❹[설정]을 클릭합니다.

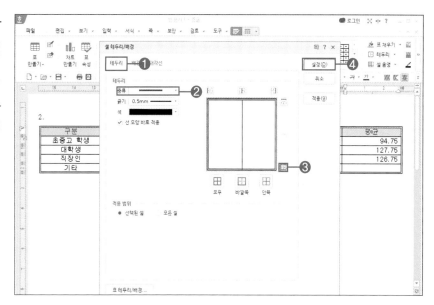

05 ≪출력형태≫와 같이 대각선을 넣기 위해 셀을 블록으로 설정한 후, 마우스 오른쪽 버튼을 눌러 ❶[셀 테두리/배경]의 [각 셀마다 적용]을 클릭합니다.

Tip

단축키 : F5

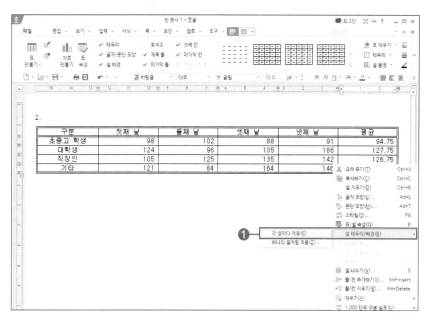

06 [셀 테두리/배경] 대화상자의 ❶[대각선] 탭에서 ≪출력형태≫와 같은 ❷대각선을 선택하고 ❸[설정]을 클릭합니다.

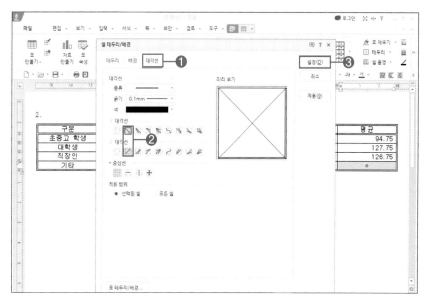

07 배경색을 설정할 셀을 블록으로 설정한 다음 마우스 오른쪽 버튼을 눌러 ❶[셀 테두리/배경]-[각 셀마다 적용]을 클릭합니다.

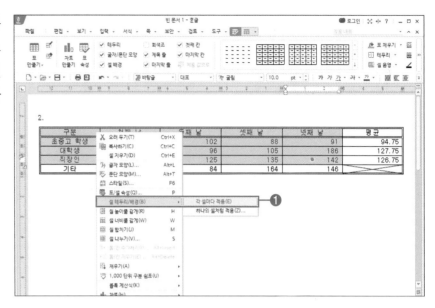

08 [셀 테두리/배경] 대화상자의 ❶[배경] 탭에서 ❷'색'을 클릭하고 ❸면 색의 목록 단추를 클릭하여 ❹색상 테마 버튼의 ❺'오피스'를 선택합니다.

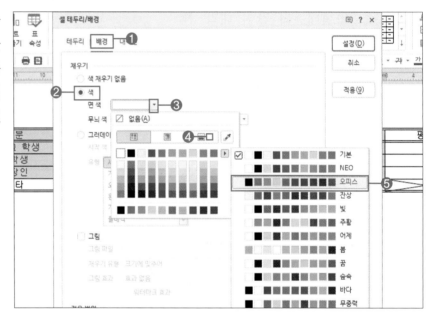

09 변경된 면 색의 색상 목록에서 ❶'노랑'을 선택하고 ❷[설정]을 클릭합니다.

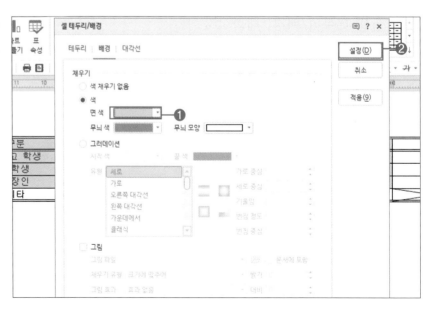

01 표를 선택한 다음, 활성화된 [표 레이아웃] 탭에서 ❶[캡션]의 목록 단추를 클릭하여 ❷[위]를 선택합니다.

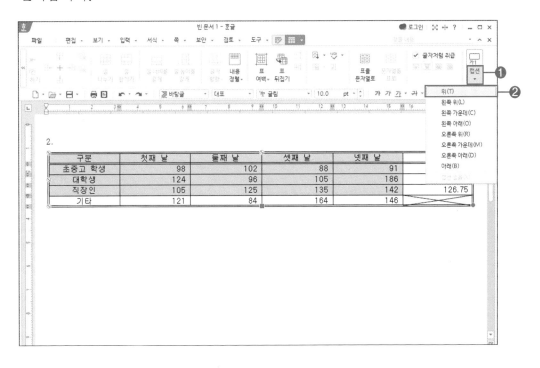

02 캡션 번호인 '표 1' 대신 ≪출력형태≫와 같이 내용을 입력합니다. 입력한 캡션 내용의 ❶글꼴은 '굴림', 글자 크기는 '10pt', 정렬은 '오른쪽 정렬'로 설정하고 본문 영역을 클릭하여 캡션 영역을 빠져나옵니다. 셀 크기를 적당히 조절하여 표를 완성합니다.

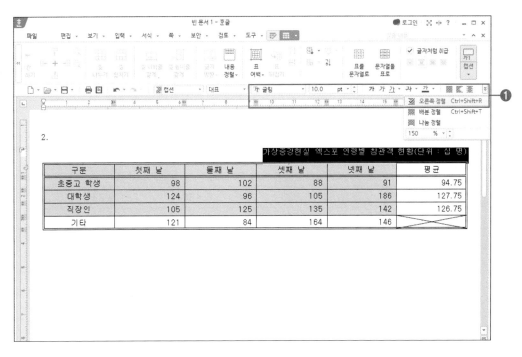

■ ■ 완성파일 : 실력팡팡₩표예제_완성.hwp

01 다음의 ≪조건≫에 따라 ≪출력형태≫와 같이 표를 작성하시오. (50점)

조건 (1) 표 전체(표, 캡션) – 궁서, 10pt
(2) 정렬 – 문자 : 가운데 정렬, 숫자 : 오른쪽 정렬
(3) 셀 배경(면 색) : 노랑
(4) 한글의 계산 기능을 이용하여 빈칸에 합계를 구하고, 캡션 기능을 사용할 것
(5) 선 모양은 ≪출력형태≫와 동일하게 처리할 것

출력형태

2.

부서별 출장내역서

구분	건축과	기획과	무역과	총무과	정보통신과
숙박비	200,000	100,000	250,000	120,000	180,000
교통비	300,000	275,000	220,000	330,000	235,000
식비	225,000	150,000	310,000	250,000	200,000
합계					

02 다음의 ≪조건≫에 따라 ≪출력형태≫와 같이 표를 작성하시오. (50점)

조건 (1) 표 전체(표, 캡션) – 돋움, 10pt
(2) 정렬 – 문자 : 가운데 정렬, 숫자 : 오른쪽 정렬
(3) 셀 배경(면 색) : 노랑
(4) 한글의 계산 기능을 이용하여 빈칸에 합계를 구하고, 캡션 기능을 사용할 것
(5) 선 모양은 ≪출력형태≫와 동일하게 처리할 것

출력형태

2.

학사원예마을 작물현황(단위 : 천)

작물 종류	2015년	2016년	2017년	2018년	2019년
근채류	5,500	6,820	5,430	9,040	9,150
과채류	2,300	3,000	4,330	5,070	6,500
엽채류	2,700	3,500	5,100	7,000	8,200
합계					

03 다음의 ≪조건≫에 따라 ≪출력형태≫와 같이 표를 작성하시오. (50점)

조건
(1) 표 전체(표, 캡션) - 굴림, 10pt
(2) 정렬 - 문자 : 가운데 정렬, 숫자 : 오른쪽 정렬
(3) 셀 배경(면 색) : 노랑
(4) 한글의 계산 기능을 이용하여 빈칸에 평균(소수점 두자리)을 구하고, 캡션 기능을 사용할 것
(5) 선 모양은 ≪출력형태≫와 동일하게 처리할 것

출력형태
2.

분기별 매출실적

지역	1분기	2분기	3분기	4분기	평균
서울	85	60	75	55	
경기	110	50	65	80	
김해	90	75	100	60	
광주	80	95	90	90	✕

04 다음의 ≪조건≫에 따라 ≪출력형태≫와 같이 표를 작성하시오. (50점)

조건
(1) 표 전체(표, 캡션) - 굴림, 10pt
(2) 정렬 - 문자 : 가운데 정렬, 숫자 : 오른쪽 정렬
(3) 셀 배경(면 색) : 노랑
(4) 한글의 계산 기능을 이용하여 빈칸에 평균(소수점 두자리)을 구하고, 캡션 기능을 사용할 것
(5) 선 모양은 ≪출력형태≫와 동일하게 처리할 것

출력형태
2.

OA 성적현황

이름	워드프로세서	스프레드시트	프레젠테이션	검색활용	평균
김화영	100	90	85	95	
고경운	90	100	100	85	
박재웅	90	82	100	90	✕
최자영	85	95	90	100	✕

기능평가 Ⅰ - 차트

표를 작성하고 이를 이용하여 간단한 차트를 작성할 수 있는 능력을 평가합니다. 차트를 구성하는 요소를 알아보고 차트 서식을 설정해 봅니다.

차트 만들기

- 차트로 만들 표의 셀을 블록 설정하고 [입력] 탭의 [차트]를 클릭합니다.
- 차트를 더블 클릭하면 차트를 편집할 수 있습니다.
- 삽입한 차트를 선택한 다음 활성화된 [차트] 탭에서 차트 속성, 차트 모양, 차트 색상, 차트 계열, 범례 등을 설정할 수 있는 서식이나 옵션을 선택할 수 있습니다.

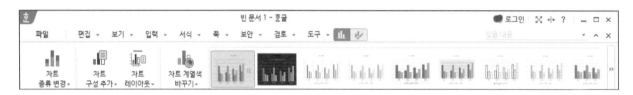

차트 구성 요소 알아보기

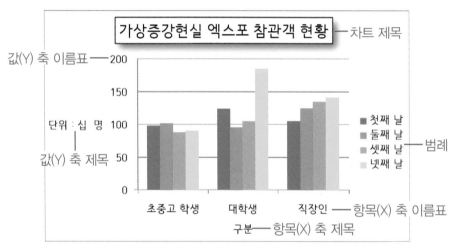

차트 데이터 편집하기

- 차트를 선택한 다음, 활성화된 [차트 디자인] 탭에서 [차트 데이터 편집]을 클릭하거나 차트를 클릭하여 차트 편집 상태로 만든 다음 마우스 오른쪽 버튼을 눌러 [데이터 편집]을 클릭하면 데이터를 입력하거나 수정할 수 있습니다.

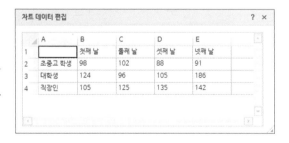

- 차트를 선택한 다음, 활성화된 [차트 디자인] 탭의 [줄/칸 전환]을 클릭하면 행과 열을 바꿀 수 있습니다.

차트 종류 변경하기

- 차트를 클릭하여 편집 상태로 만든 다음 [차트 디자인] 탭을 클릭합니다. [차트 종류 변경]을 클릭하여 차트의 종류를 선택합니다.

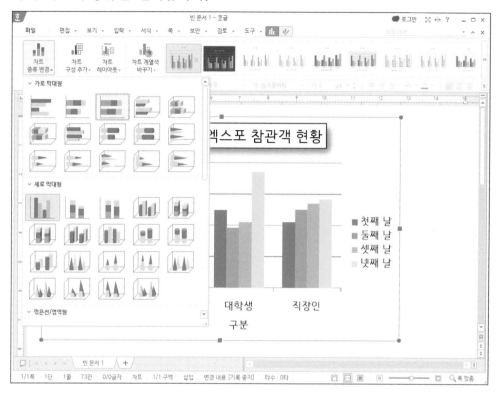

차트 제목 설정하기

- 차트 제목을 선택하고 마우스 오른쪽 버튼을 눌러 [제목 편집]을 클릭하여 차트 제목을 수정할 수 있습니다.
- 차트 제목을 더블 클릭하여 나타난 [개체 속성] 창에서 차트 제목의 배경색과 테두리, 글자 속성, 글자 효과, 크기 및 속성 등을 변경할 수 있습니다.
- [그리기 속성]의 [채우기]에서 차트 제목의 배경색과 테두리를 설정할 수 있습니다.
- [효과]의 [그림자]에서 차트 제목의 그림자를 설정할 수 있습니다.

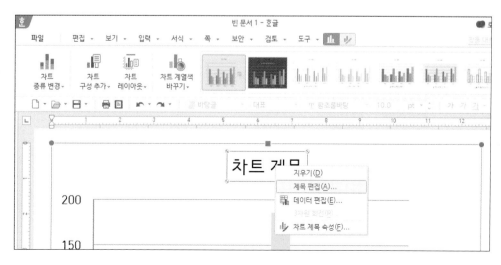

🌀 축 제목 모양 설정하기

- Y축 제목을 선택하고 마우스 오른쪽 버튼을 눌러 [제목 편집]을 클릭하여 축 제목을 설정할 수 있습니다.

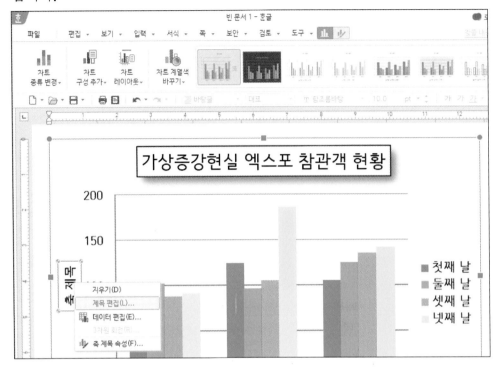

- 축 제목을 더블 클릭하여 나타난 오른쪽의 [개체 속성] 창에서 채우기와 테두리, 글자 방향을 변경할 수 있습니다.
- [크기 및 속성]을 클릭하여 글상자의 글자 방향을 변경할 수 있습니다.

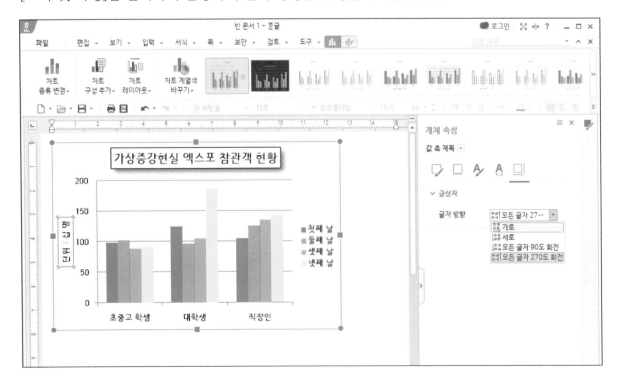

🔵 축 모양 설정하기

- 축 눈금선을 더블 클릭하거나 마우스 오른쪽 버튼을 눌러 [축]-[속성]을 선택합니다.
- [개체 속성] 창의 축 속성에서 축의 최솟값과 최댓값을 설정할 수 있습니다.
- [축 속성]의 [단위]의 [주]에서 눈금의 수를 설정할 수 있습니다.

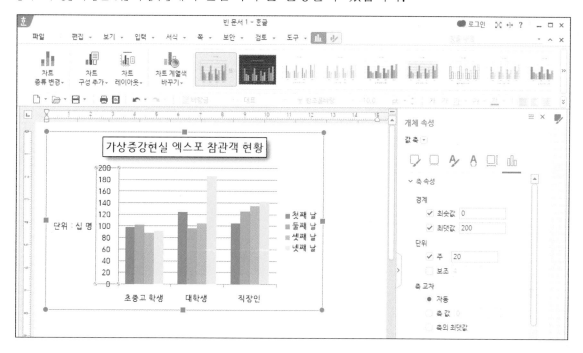

🔵 범례 설정하기

- 차트 편집 상태에서 범례를 더블 클릭하거나 마우스 오른쪽 버튼을 누르고 [범례 속성]을 클릭하여 범례를 설정할 수 있습니다.
- [개체 속성] 창에서 범례 속성의 범례 위치를 설정할 수 있습니다.

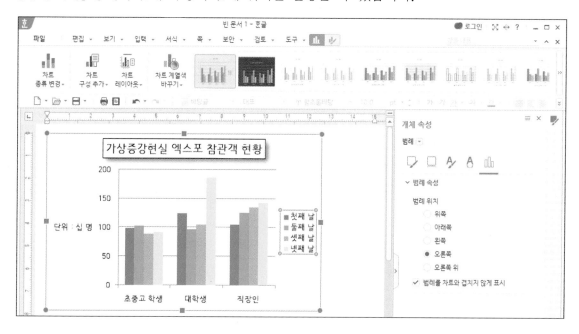

■ ■ 준비파일 : 출제유형₩차트.hwp / 완성파일 : 출제유형₩차트_완성.hwp

먼저 표를 작성하고 표 내용에 의해 차트를 작성하는 문제입니다. 차트 종류, 차트 서식 지정 등의 조건들을 지키며 차트를 완성시킵니다. 표와 차트 작성을 함께 묶어 배점은 100점입니다.

다음의 ≪조건≫에 따라 ≪출력형태≫와 같이 표와 차트를 작성하시오. (100점)

표 조건
    (1) 표 전체(표, 캡션) – 돋움, 10pt
    (2) 정렬 – 문자 : 가운데 정렬, 숫자 : 오른쪽 정렬
    (3) 셀 배경(면 색) : 노랑
    (4) 한글의 계산 기능을 이용하여 빈칸에 합계를 구하고, 캡션 기능 사용할 것
    (5) 선 모양은 ≪출력형태≫와 동일하게 처리할 것

출력형태

어린이 교통사고 건수(단위 : 건)

지역	2017년	2018년	2019년	2022년	합계
안양시	63	85	67	44	259
광명시	59	68	61	33	221
하남시	45	51	71	60	227
이천시	51	45	64	53	

차트 조건
    (1) 차트 데이터는 표 내용에서 연도별 안양시, 광명시, 하남시의 필요의 값만 이용할 것
    (2) 종류 – 〈묶은 세로 막대형〉으로 작업할 것
    (3) 제목 – 돋움, 진하게, 12pt, 속성 – 채우기(하양), 테두리, 그림자(대각선 오른쪽 아래)
    (4) 제목 이외의 전체 글꼴 – 돋움, 보통, 10pt
    (5) 축 제목과 범례는 ≪출력형태≫와 동일하게 처리할 것

출력형태

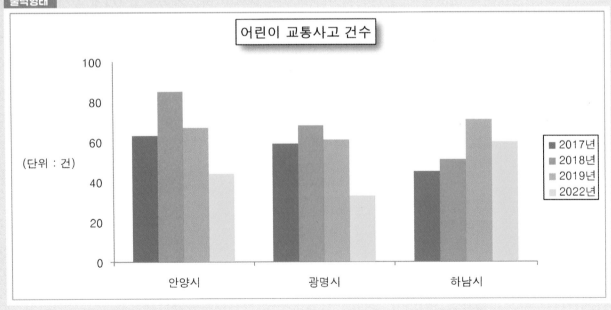

01 준비파일을 불러옵니다. 미리 작성된 표 위에 문제번호 '2.'를 입력하고 Enter 를 누릅니다. 표에서 차트에 사용할 ❶데이터 범위를 블록으로 지정하고 활성화된 ❷[표 디자인] 탭의 ❸[차트 만들기]를 클릭합니다.

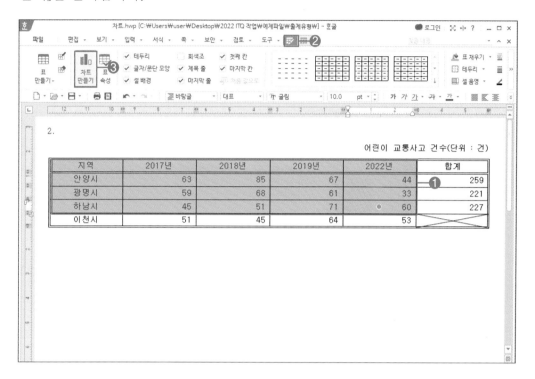

02 [차트 데이터 편집] 대화상자가 나타나면 ❶[닫기]를 클릭하여 창을 닫습니다.

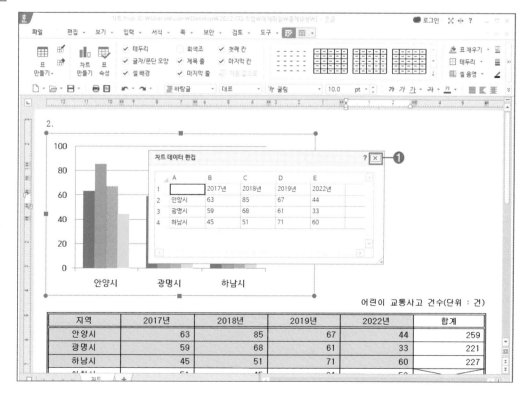

03 삽입된 차트를 선택하고 작성한 표 아래로 드래그하여 이동합니다.

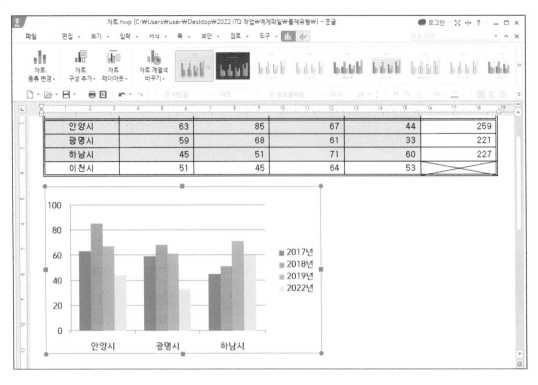

04 차트의 크기 조절점을 드래그하여 표의 크기와 비슷하게 조절합니다.

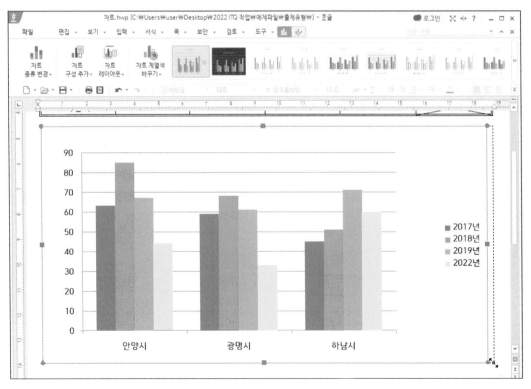

01 차트가 선택된 상태에서 ❶[차트 디자인] 탭의 ❷[차트 구성 추가]를 클릭합니다. ❸[차트 제목]의 ❹[위쪽]을 선택합니다.

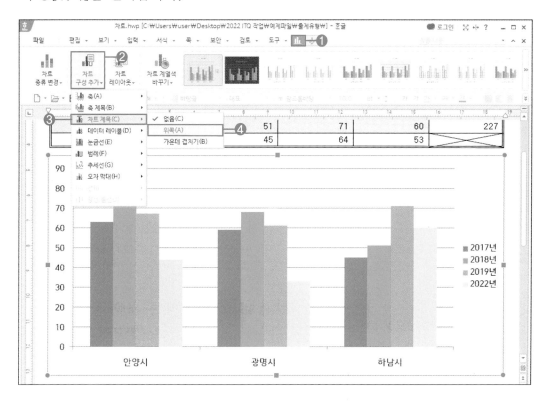

02 차트 제목이 삽입됩니다. 차트가 선택된 상태에서 차트 제목을 한번 더 클릭하고 마우스 오른쪽 버튼을 눌러 ❶[제목 편집]을 클릭합니다.

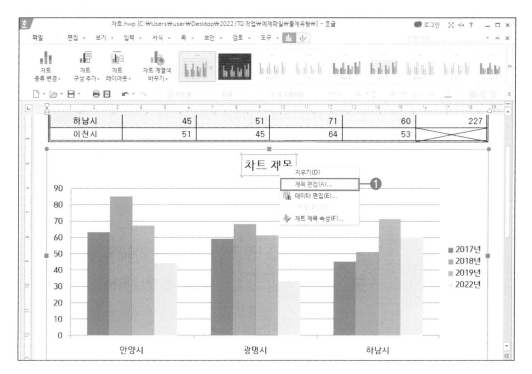

03 [차트 글자 모양] 대화상자가 나타나면 글자 내용에 ❶'어린이 교통사고 건수'를 입력합니다. 언어 별 설정에서 ❷한글 글꼴과 영어 글꼴을 '돋움', 속성에서 ❸'진하게'와 크기를 '12'로 입력하고 ❹ [설정]을 클릭합니다.

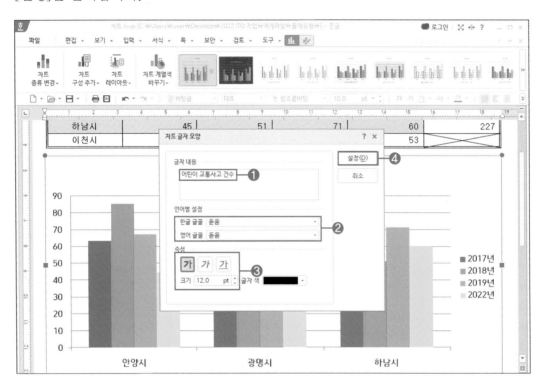

04 차트 제목을 다시 선택하고 마우스 오른쪽 버튼을 눌러 ❶[차트 제목 속성]을 클릭합니다.

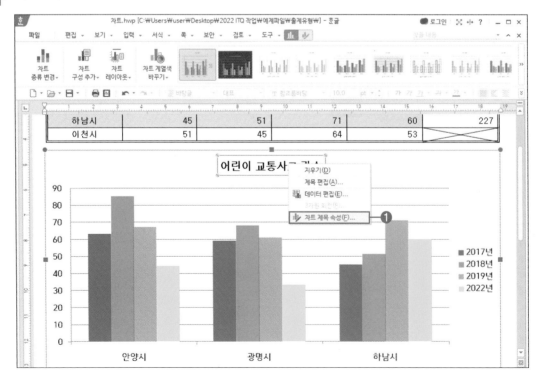

05 오른쪽에 [개체 속성] 창이 나타납니다. 차트 제목의 ❶[그리기 속성]에서 ❷[채우기]의 [밝은 색], ❸[선]은 [어두운 색]을 클릭합니다.

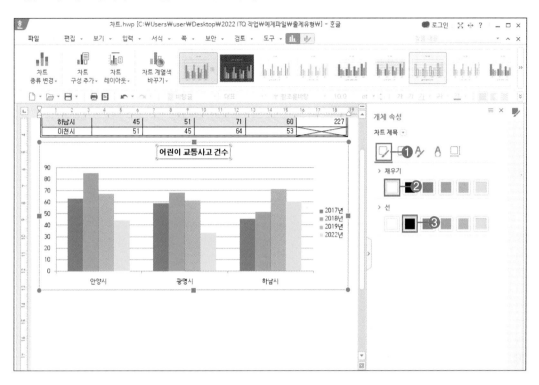

06 [개체 속성] 창에서 ❶[효과]를 클릭합니다. [그림자]에서 ❷[대각선 오른쪽 아래]를 선택하고 ❸ [개체 속성] 창을 닫습니다.

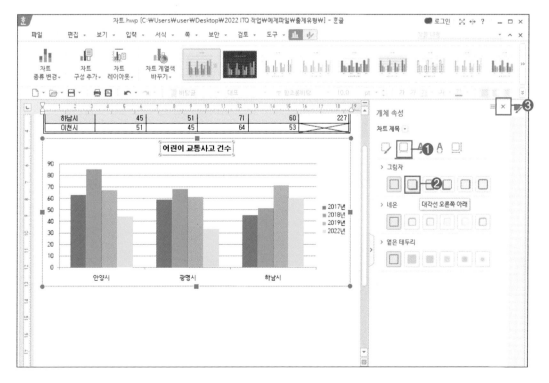

01 차트를 선택하고 활성화된 ❶[차트 디자인] 탭에서 ❷[차트 구성 추가]를 클릭하고 ❸[축 제목]의 ❹[기본 세로]를 선택합니다.

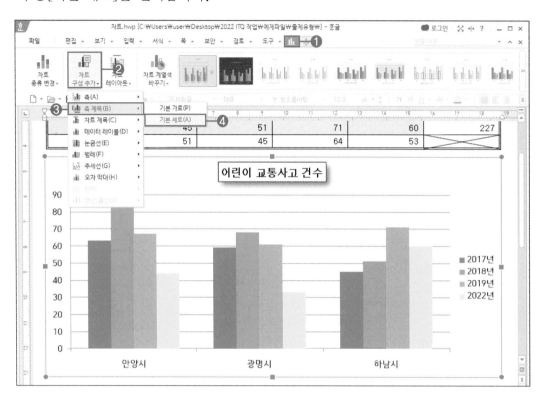

02 차트가 선택된 상태에서 삽입된 ❶[축 제목]을 한번 더 클릭합니다. 마우스 오른쪽 버튼을 눌러 ❷[제목 편집]을 선택합니다.

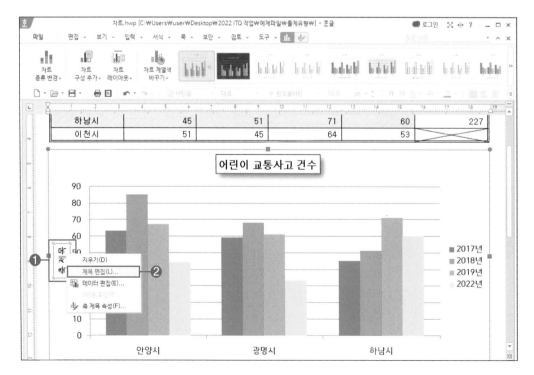

03 [차트 글자 모양] 대화상자가 나타나면 글자 내용에 ❶"(단위 :건)"을 입력합니다. 언어별 설정에서 ❷한글 글꼴과 영어 글꼴을 '돋움', ❸크기를 "10"으로 입력하고 ❹[설정]을 클릭합니다.

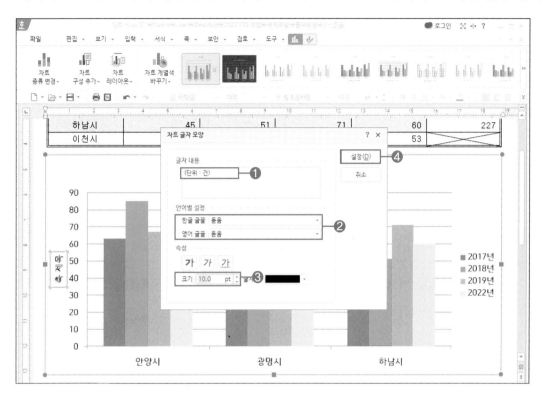

04 축 제목을 더블 클릭하거나 마우스 오른쪽 버튼을 눌러 [축 제목 속성]을 클릭합니다. [개체 속성] 창의 ❶[크기 및 속성]을 클릭하고 ❷[글상자]의 글자 방향을 [가로]로 선택합니다. ❸[개체 속성] 창을 닫습니다.

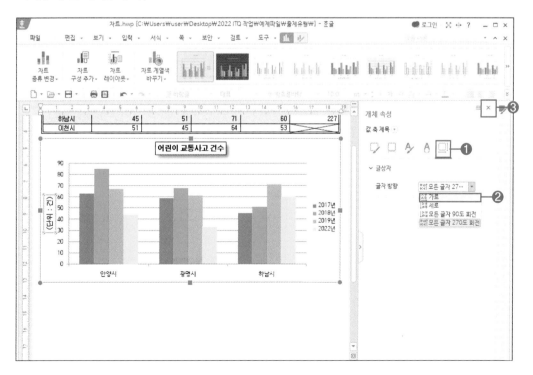

01 차트의 값 축을 클릭합니다. 마우스 오른쪽 버튼을 눌러 ❶[글자 모양 편집]을 선택합니다.

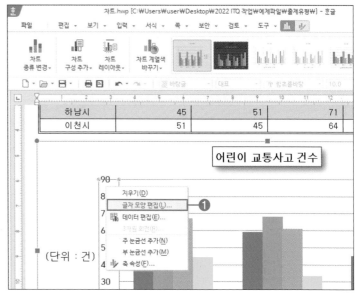

02 [차트 글자 모양] 대화상자가 나타나면 언어별 설정의 ❶한글 글꼴과 영어 글꼴을 조건에 맞게 '돋움'으로 선택하고 ❷크기를 "10"으로 입력하고 ❸[설정]을 클릭합니다.

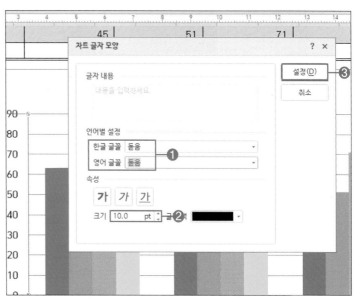

03 같은 방법으로 항목 축과 범례도 [글자 모양 편집]으로 ❶한글 글꼴과 영어 글꼴을 '돋움', ❷크기는 "10"으로 변경하고 ❸[설정]을 클릭합니다.

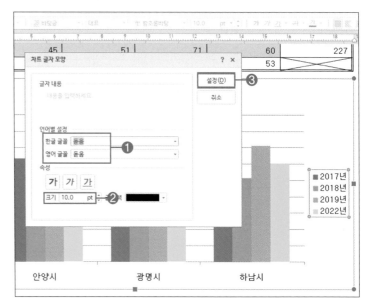

01 ❶범례를 선택하고 마우스 오른쪽 버튼을 눌러 ❷[범례 속성]을 클릭하거나 범례를 더블 클릭합니다.

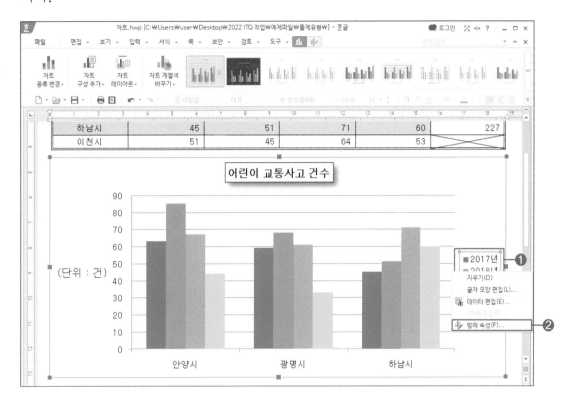

02 [개체 속성] 창이 나타나면 ❶[그리기 속성]의 [선]에서 ❷[어두운 색]을 클릭하고 ❸[개체 속성] 창을 닫습니다.

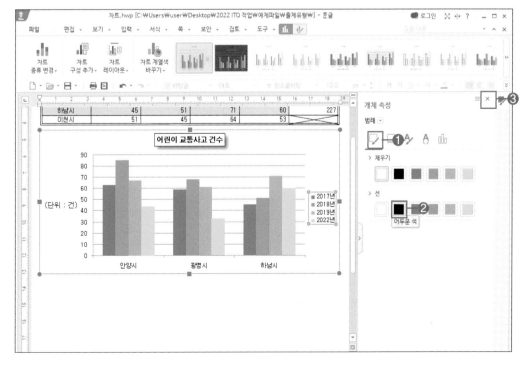

01 ❶차트를 선택하고 [항목 축]을 클릭합니다. 마우스 오른쪽 버튼을 눌러 ❷[축 속성]을 선택합니다.

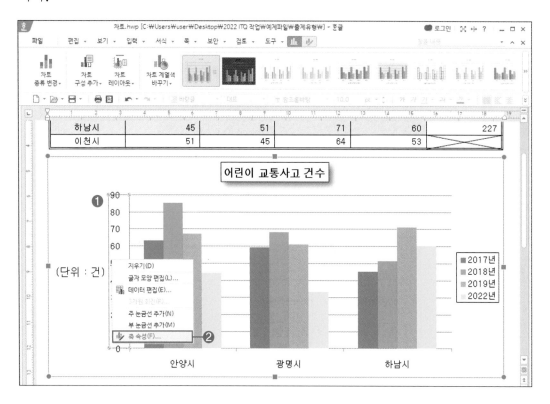

02 [개체 속성] 창의 [축 속성]이 나타나면 ❶최솟값은 "0", 최댓값을 "100"으로, 주 단위를 "20"으로 입력합니다.

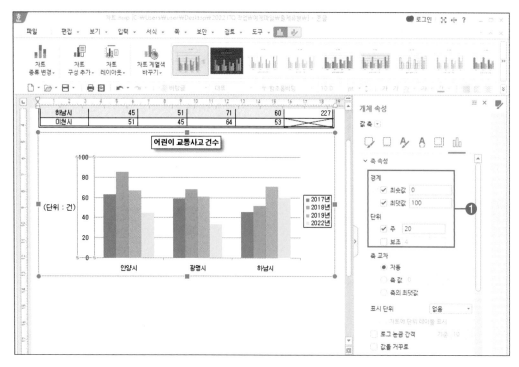

03 눈금선을 선택하고 마우스 오른쪽 버튼을 눌러 ❶[지우기]를 클릭하거나 <kbd>Delete</kbd>를 눌러 눈금선을 삭제합니다.

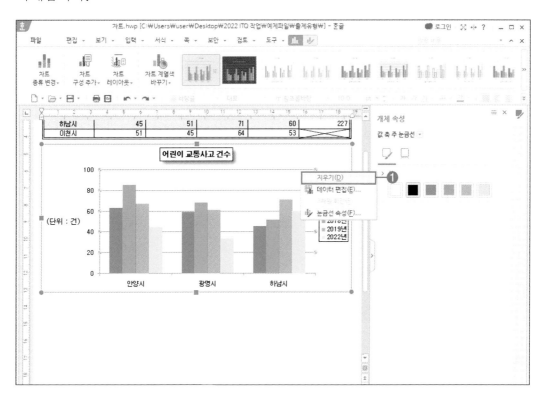

04 [개체 속성] 창을 닫습니다. ❶차트를 선택하고 ❷[차트 서식] 탭에서 ❸[글자처럼 취급]을 클릭하고 문서를 저장합니다.

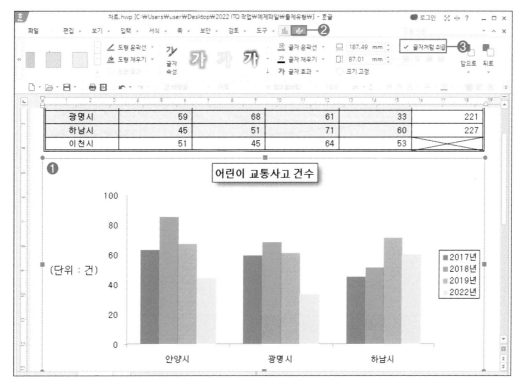

■ ■ 준비파일 : 실력팡팡₩차트예제.hwp / 완성파일 : 실력팡팡₩차트예제_완성.hwp

01 다음의 ≪조건≫에 따라 ≪출력형태≫와 같이 표와 차트를 작성하시오. (100점)

표 조건
(1) 표 전체(표, 캡션) – 궁서, 10pt
(2) 정렬 – 문자 : 가운데 정렬, 숫자 : 오른쪽 정렬
(3) 셀 배경(면 색) : 노랑
(4) 한글의 계산 기능을 이용하여 빈칸에 평균(소수점 두자리)을 구하고, 캡션 기능 사용할 것
(5) 선 모양은 ≪출력형태≫와 동일하게 처리할 것

출력형태

세계관광의 해 방문자 평균(단위 : 백)

지역	방문자	전년도방문객	금년예상방문객	평균
전라도	5,400	3,500	6,000	4,966.67
경상도	4,500	3,000	5,000	4,166.67
제주도	8,800	7,500	9,000	8,433.33
충청도	5,000	3,700	5,500	

차트 조건
(1) 차트 데이터는 표 내용에서 지역별 방문자, 전년도방문객의 값만 이용할 것
(2) 종류 – 〈꺾은선형〉으로 작업할 것
(3) 제목 – 돋움, 진하게, 12pt, 속성 – 채우기(하양), 테두리, 그림자(대각선 오른쪽 아래)
(4) 제목 이외의 전체 글꼴 – 돋움, 보통, 10pt
(5) 축 제목과 범례는 ≪출력형태≫와 동일하게 처리할 것

출력형태

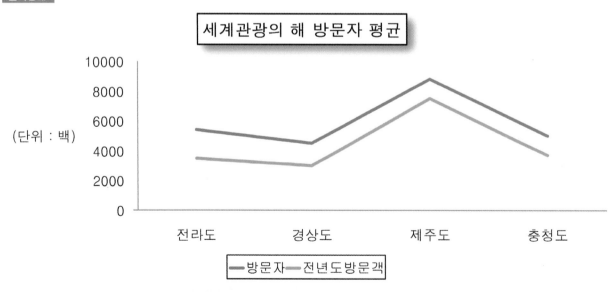

세계관광의 해 방문자 평균

(단위 : 백)

범례: 방문자 / 전년도방문객

02 다음의 ≪조건≫에 따라 ≪출력형태≫와 같이 표와 차트를 작성하시오.. (100점)

표 조건
(1) 표 전체(표, 캡션) – 돋움, 10pt
(2) 정렬 – 문자 : 가운데 정렬, 숫자 : 오른쪽 정렬
(3) 셀 배경(면 색) : 노랑
(4) 한글의 계산 기능을 이용하여 빈칸에 합계를 구하고, 캡션 기능 사용할 것
(5) 선 모양은 ≪출력형태≫와 동일하게 처리할 것

출력형태

찾아가는 행정교육서비스 신청자(단위 : 명)

기관명	프레젠테이션	기획문서작성	엑셀자동화	스마트폰활용	SNS마케팅
나눔복지관	15	20	20	25	30
지역아동센터	25	35	25	20	25
시민행동21	20	15	16	20	15
합계	60	70	61		

차트 조건
(1) 차트 데이터는 표 내용에서 기관명별 프레젠테이션, 기획문서작성, 엑셀자동화의 값만 이용할 것
(2) 종류 – 〈묶은 세로 막대형〉으로 작업할 것
(3) 제목 – 굴림, 진하게, 12pt, 속성 – 채우기(하양), 테두리, 그림자(오른쪽)
(4) 제목 이외의 전체 글꼴 – 돋움, 보통, 10pt
(5) 축 제목과 범례는 ≪출력형태≫와 동일하게 처리할 것

출력형태

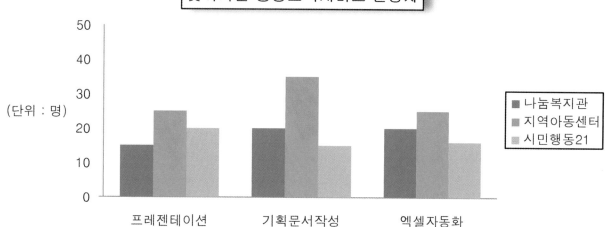

03 다음의 ≪조건≫에 따라 ≪출력형태≫와 같이 표와 차트를 작성하시오. (100점)

표 조건
(1) 표 전체(표, 캡션) - 굴림, 10pt
(2) 정렬 - 문자 : 가운데 정렬, 숫자 : 오른쪽 정렬
(3) 셀 배경(면 색) : 노랑
(4) 한글의 계산 기능을 이용하여 빈칸에 합계를 구하고, 캡션 기능 사용할 것
(5) 선 모양은 ≪출력형태≫와 동일하게 처리할 것

출력형태

연도별 국가 DB 이용 건수(단위 : 만 건)

구분	국가지식포털	과학기술	정보통신	교육학술	합계
2020년	384	791	106	315	1,596
2019년	263	727	117	217	1,324
2018년	120	713	151	160	1,144
2017년	57	416	30	97	

차트 조건
(1) 차트 데이터는 표 내용에서 2020년, 2019년, 2018년의 국가지식포털, 과학기술, 정보통신 값만 이용할 것
(2) 종류 - 〈묶은 세로 막대형〉으로 작업할 것
(3) 제목 - 굴림, 진하게, 12pt, 속성 - 채우기(하양), 테두리, 그림자(아래쪽)
(4) 제목 이외의 전체 글꼴 - 굴림, 보통, 10pt
(5) 축 제목과 범례는 ≪출력형태≫와 동일하게 처리할 것

출력형태

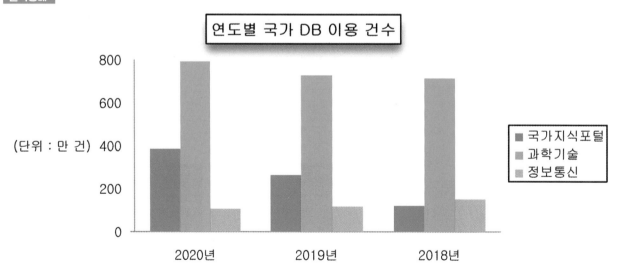

연도별 국가 DB 이용 건수

04 다음의 ≪조건≫에 따라 ≪출력형태≫와 같이 표와 차트를 작성하시오. (100점)

표 조건
(1) 표 전체(표, 캡션) – 굴림, 10pt
(2) 정렬 – 문자 : 가운데 정렬, 숫자 : 오른쪽 정렬
(3) 셀 배경(면 색) : 노랑
(4) 한글의 계산 기능을 이용하여 빈칸에 평균(소수점 두자리)을 구하고, 캡션 기능 사용할 것
(5) 선 모양은 ≪출력형태≫와 동일하게 처리할 것

출력형태

우리마트 제품판매현황(단위 : 대)

상품명	전년도판매수량	금년도계획수량	판매수량	초과판매수량	평균
냉장고	15,320	30,000	34,890	14,680	23,722.50
에어컨	18,950	22,000	19,000	3,050	15,750.00
홈시어터	5,480	7,000	6,200	1,520	5,050.00
오븐	3,950	5,000	9,500	1,050	

차트 조건
(1) 차트 데이터는 표 내용에서 냉장고, 에어컨, 홈시어터의 전년도판매수량, 금년도계획수량의 값만 이용할 것
(2) 종류 – 〈꺾은선형〉으로 작업할 것
(3) 제목 – 돋움, 진하게, 12pt, 속성 – 채우기(하양), 테두리, 그림자(대각선 오른쪽 아래)
(4) 제목 이외의 전체 글꼴 – 굴림, 보통, 10pt
(5) 축 제목과 범례는 ≪출력형태≫와 동일하게 처리할 것

출력형태

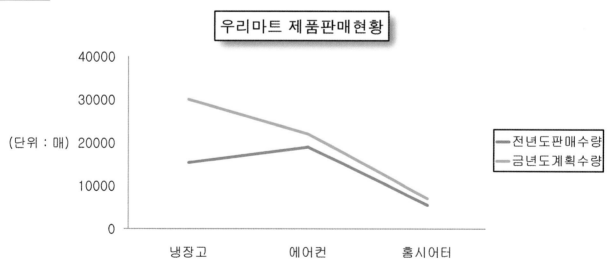

기능평가 II – 수식

수식 편집기를 이용해 간단한 산술식부터 복잡한 수식까지 어떠한 수학식도 쉽게 작성할 수 있도록 능력을 키워 봅니다.

수식 입력하기

- 수식을 입력할 때는 반드시 2페이지에 답안을 입력하며 문제번호를 입력하고 수식을 삽입합니다.
- [입력] 탭의 [수식] 또는 [입력] 탭의 목록 단추를 클릭하여 [개체]–[수식]으로도 삽입할 수 있습니다.
- Ctrl + N , M 을 눌러 수식을 삽입할 수 있습니다.
- [수식 편집기]에서 수식 도구를 선택하고 항목 간 이동을 할 때는 Tab 으로 이동하고 이전 항목으로 이동할 때는 Shift + Tab 으로 이동할 수 있습니다.

수식 도구 상자

❶ ❷ ❸❹❺ ❻ ❼ ❽❾❿ ⓫ ⓬ ⓭⓮⓯ ⓰⓱ ⓲⓳ ⓴ ㉑

A₁ ▾ A⃗ ▾ 吕 ∛ Σ ▾ ∫□ ▾ lim ▾ | 吕 吕 ² | 吕 ▾ (□) ▾ {吕 吕 吕 ▾ | & ↵ | ← → | ↪ ▾ | ⊣

❶ 첨자(Shift + —)

A¹ ¹A A₁ ₁A Å

❷ 장식 기호(Ctrl + D)

❸ 분수(Ctrl + O)
❹ 근호(Ctrl + R)
❺ 합(Ctrl + S)

❻ 적분(Ctrl + I)

❼ 극한(Ctrl + L)

❽ 세로 나눗셈
❾ 최소 공배수/최대 공약수
❿ 2진수로 변환
⓫ 상호관계(Ctrl + E)

⓬ 괄호(Ctrl + 9)

(□) [□] {□} 〈□〉 |□|

‖□‖ ⌈□⌉ ⌊□⌋ 吕 吕

⓭ 경우(Ctrl + 0)
⓮ 세로쌓기(Ctrl + P)
⓯ 행렬(Ctrl + M)
⓰ 줄맞춤
⓱ 줄바꿈(Enter)
⓲ 이전 항목
⓳ 다음 항목
⓴ 수식 형식 변경

MathML 파일 불러오기(O)...	Alt+M
MathML 파일로 저장하기(S)...	Alt+S

㉑ 넣기(Shift + Esc)

❶ 그리스 대문자

❷ 그리스 소문자

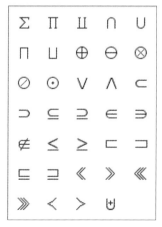

❸ 그리스 기호

❹ 합, 집합 기호

❺ 연산, 논리 기호

❻ 화살표

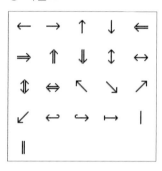

❼ 기타 기호

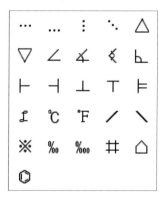

❽ 명령어 입력

❾ 수식 매크로

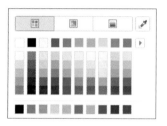

❿ 글자 단위 영역

⓫ 줄 단위 영역

⓬ 글꼴

⓭ 글자 크기

⓮ 글자 색

⓯ 화면 확대

■ ■ 완성파일 : 출제유형₩수식_완성.hwp

다음 (1), (2)의 수식을 수식 편집기로 각각 입력하시오. (40점)

출력형태

$$(1)\ U_a - U_b = \frac{GmM}{a} - \frac{GmM}{b} = \frac{GmM}{2R} \qquad (2)\ V = \frac{1}{R}\int_0^q qdq = \frac{1}{2}\frac{q^2}{R}$$

Step 01. 수식 (1) 작성하기

01 1페이지에서 Ctrl + Enter 를 눌러 2페이지로 이동해 문제 번호 '3.'을 입력하고 Enter 를 누릅니다. '(1)'을 입력한 후 ❶[입력] 탭의 ❷[수식]을 클릭합니다. [수식 편집기] 에서 ❸'U'를 입력하고 ❹ [첨자]의 [아래 첨자]를 클릭합니다.

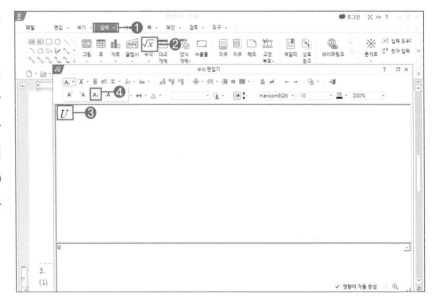

02 ❶'a'를 입력하고 Tab 을 눌러 다음 항목으로 넘어갑니다. ❷'−'를 입력하고 ❸'U'를 입력하고 ❹[첨자]의 [아래 첨자]를 클릭합니다.

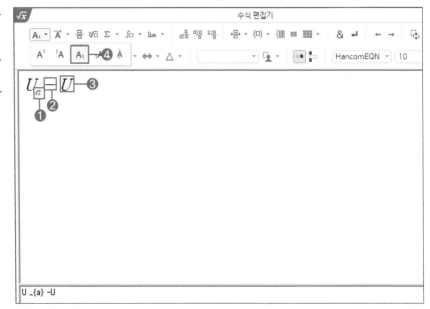

03 ❶'b'를 입력하고 Tab 을 눌러 다음 항목으로 넘어갑니다. ❷'='를 입력하고 ❸[분수]를 클릭합니다.

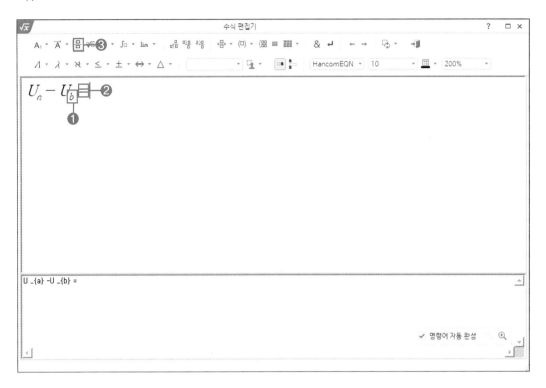

04 ❶'GmM'을 입력하고 Tab 을 눌러 다음 항목으로 넘어갑니다. ❷'a'를 입력하고 Tab 을 눌러 다음 항목으로 넘어갑니다.

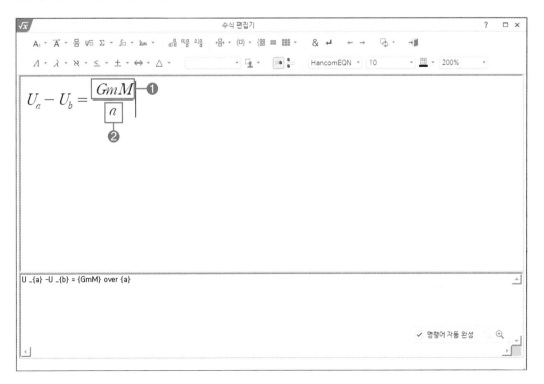

05 ❶'−'을 입력하고 ❷[분수]를 클릭합니다. ❸'GmM'을 입력하고 **Tab** 을 눌러 다음 항목으로 넘어갑니다

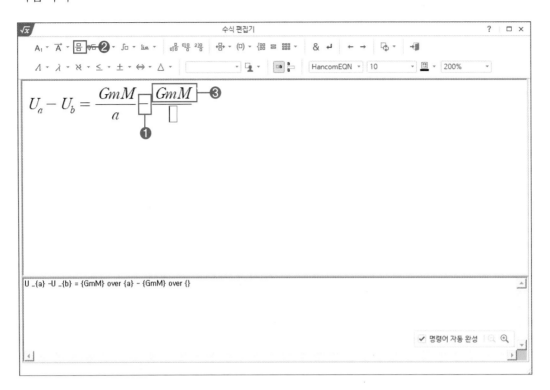

06 ❶'b'를 입력하고 **Tab** 을 눌러 다음 항목으로 넘어갑니다. ❷'='를 입력하고 ❸[분수]를 클릭합니다.

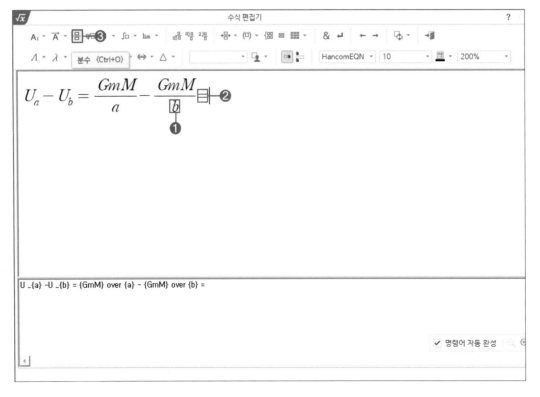

07 ❶'GmM'을 입력하고 **Tab**을 눌러 다음 항목으로 넘어갑니다. ❷'2R'을 입력하고 ❸[넣기]를 클릭하여 [수식 편집기] 창을 닫습니다.

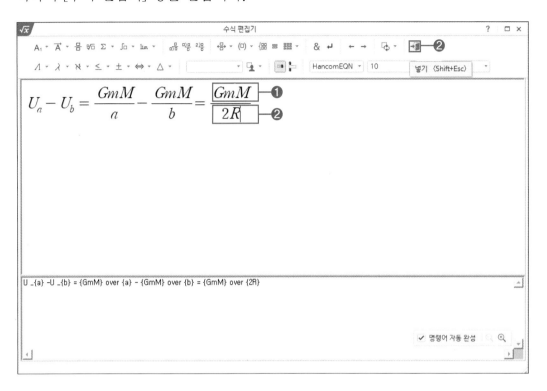

08 수식 (1)이 완성되 문서에 삽입되었습니다.

01 Space Bar 를 눌러 간격을 띄운 다음 '(2)'를 입력합니다. [입력] 탭의 [수식]을 클릭해 [수식 편집기]를 불러옵니다. ❶'V'를 입력하고 Tab 을 눌러 다음 항목으로 넘어갑니다.

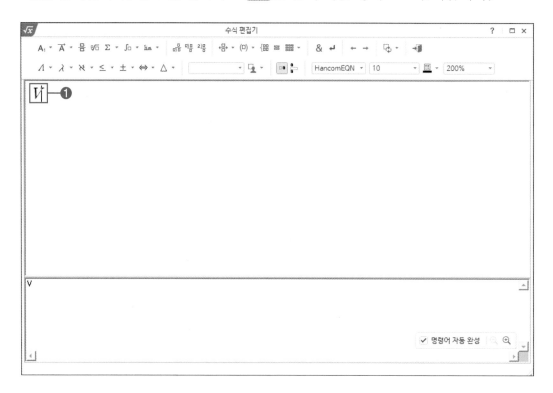

02 ❶'='를 입력하고 ❷[분수]를 클릭합니다. ❸'1'를 입력하고 Tab 을 눌러 다음 항목으로 넘어가고 ❹'R'을 입력합니다.

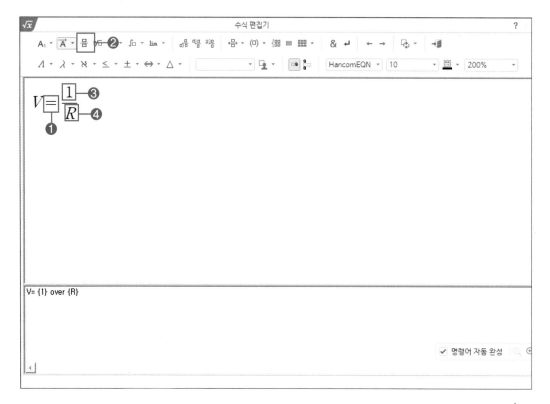

03 ❶ **Tab** 을 눌러 다음 항목으로 넘어가고 [적분]을 클릭하여 ≪출력형태≫와 같은 적분 모양을 클릭합니다.

04 ❶'0'을 입력하고 **Tab** 을 눌러 다음 항목으로 넘어갑니다. ❷'q'를 입력하고 **Tab** 을 눌러 다음 항목으로 넘어갑니다.

05 ❶‘qdq’를 입력하고 <kbd>Tab</kbd>을 눌러 다음 항목으로 넘어갑니다. ❷‘=’를 입력하고 ❸[분수]를 클릭합니다.

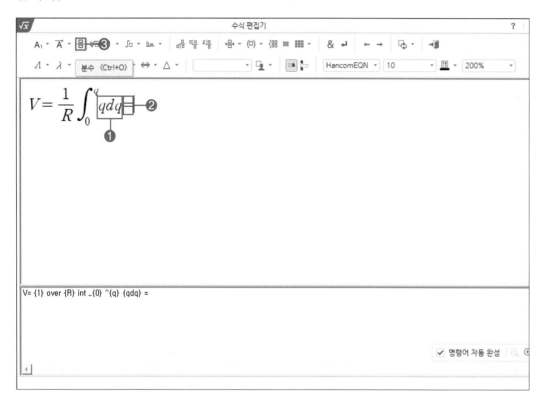

06 ❶‘1’을 입력하고 <kbd>Tab</kbd>을 눌러 다음 항목으로 넘어갑니다. ❷‘2’를 입력하고 ❸[분수]를 클릭합니다.

07 ❶'q'를 입력하고 ❷[첨자]를 클릭하여 [윗 첨자]를 클릭합니다.

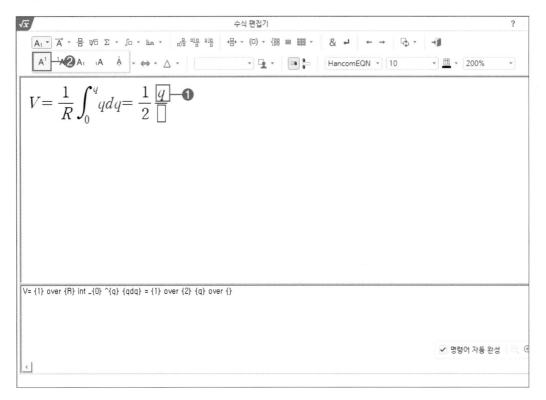

08 ❶'2'를 입력하고 **Tab** 을 두번 눌러 다음 항목으로 넘어갑니다. ❷'R'을 입력하고 ❸[넣기]를 클릭하여 [수식 편집기] 창을 닫고 문서를 저장합니다.

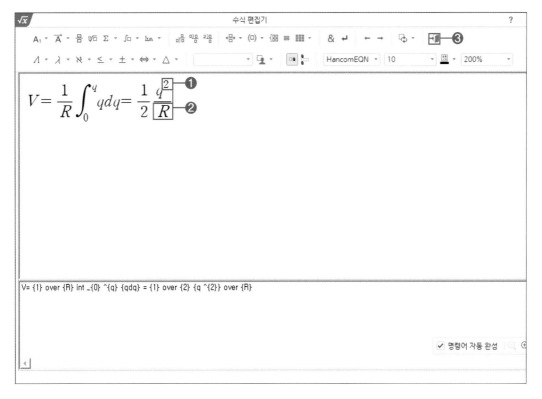

01 다음의 (1), (2)의 수식을 수식 편집기로 각각 입력하시오. (40점)

출력형태

(1) $h = \sqrt{k^2 - r^2}$, $M = \dfrac{1}{3}\pi r^2 h$

(2) $\dfrac{1}{\lambda} = 1.097 \times 10^5 \left(\dfrac{1}{2^2} - \dfrac{1}{n^2}\right)$

(1) $H_n = \dfrac{a(r^n - 1)}{r - 1} = \dfrac{a(1 + r^n)}{1 - r}(r \neq 1)$

(2) $f = \sqrt{\dfrac{2 \times 1.6 \times 10^{-19}}{9.1 \times 10^{-31}}} = 5.9 \times 10^5$

(1) $\displaystyle\int_0^3 \sqrt{6t^2 - 18t + 12}\,dt = 11$

(2) $\dfrac{x}{\sqrt{a} - \sqrt{b}} = \dfrac{x\sqrt{a} + x\sqrt{b}}{a - b}$

(1) $m = \dfrac{\Delta P}{K_a} = \dfrac{\Delta t_b}{K_b} = \dfrac{\Delta t_f}{K_f}$

(2) $V = \dfrac{1}{C}\displaystyle\int_t^q q\,dq = \dfrac{1}{2}\dfrac{q^2}{C}$

(1) $\vec{F} = \dfrac{m\vec{b_2} - m\vec{b_1}}{\Delta t}$

(2) $Y = \sqrt{\dfrac{gL}{2\pi}} = \dfrac{gT}{2\pi}$

(1) $K = \dfrac{a(1 + r)((1 + r)^n - 1)}{r}$

(2) $g = \dfrac{GM}{R^2} = \dfrac{6.67 \times 10^{-11} \times 6.0 \times 10^{24}}{(6.4 \times 10^7)^2}$

(1) $(a\ b\ c)\begin{pmatrix} p \\ q \\ r \end{pmatrix} = (ap + bq + cr)$

(2) $\begin{cases} x - 1 > 2x - 3 \\ x^2 \leq x + 2 \end{cases}$

(1) $\vec{F} = -\dfrac{4\pi^2 m}{T^2} + \dfrac{m}{T^3}$

(2) $f(x) = \dfrac{\dfrac{x}{2} - \sqrt{5} + 2}{\sqrt{1 - x^2}}$

(1) $\dfrac{t_A}{t_B} = \sqrt{\dfrac{d_B}{d_A}} = \sqrt{\dfrac{M_B}{M_A}}$

(2) $\dfrac{PV}{T} = \dfrac{1 \times 22.4}{273} \fallingdotseq 0.082$

02 다음의 (1), (2)의 수식을 수식 편집기로 각각 입력하시오. **(40점)**

출력형태

(1) $P_A = P \times \dfrac{V_A}{V} = P \times \dfrac{V_A}{V_A + V_B}$

(2) $G = 2 \int_{\frac{a}{2}}^{a} \dfrac{b}{a} \sqrt{a^2 - x^2} \, dx$

(1) $U_a - U_b = \dfrac{GmM}{a} - \dfrac{GmM}{b} = \dfrac{GmM}{2R}$

(2) $\vec{s} = \dfrac{\vec{r_2} - \vec{r_1}}{t_2 - t_1} = \dfrac{\Delta \vec{r}}{\Delta t}$

(1) $\int_a^b A(x-a)(x-b)dx = -\dfrac{A}{6}(b-a)^3$

(2) $E = \sqrt{\dfrac{GM}{R}} , \dfrac{R^3}{T^2} = \dfrac{GM}{4\pi^2}$

(1) $\dfrac{F}{h_2} = t_2 k_1 \dfrac{t_1}{d} = 2 \times 10^{-7} \dfrac{t_1 t_2}{d}$

(2) $\begin{Bmatrix} A \supset B, A \cup B = A \\ A \subset B, A \cup B = B \end{Bmatrix}$

(1) $s = d_{평균} \times t = \dfrac{1}{2}(d_{처음} + d_{나중})t$

(2) $\begin{pmatrix} a\ b\ c \\ d\ e\ f \end{pmatrix} \begin{pmatrix} x \\ y \\ z \end{pmatrix} = \begin{pmatrix} ax + by + cz \\ dx + ey + fz \end{pmatrix}$

(1) $E = E_{운동} - E_{위치} = \dfrac{1}{2}K\dfrac{e^2}{a} - K\dfrac{e^2}{a}$

(2) $\left(\dfrac{\overline{z_2}}{z_1} \right) = \left(\dfrac{\overline{z_2}}{z_1} \right)$

(1) $\int (\sin x + \dfrac{x}{2})^2 dx = \int \dfrac{1 + \sin x}{2} dx$

(2) $\begin{cases} 2\sin^2 \dfrac{A}{2} = 1 - \cos A \\ 2\cos^2 \dfrac{A}{2} = 1 + \cos A \end{cases}$

(1) $\sqrt{a^2} = a = \begin{cases} a & (a \geq 0) \\ -a & (a < 0) \end{cases}$

(2) $l = 2\pi r \times \dfrac{x}{360°} , S = \pi r^2 \times \dfrac{x}{360°}$

(1) $\lim_{n \to \infty}(a_1 + a_2 + a_3 + \cdots + a_n) = \lim_{n \to \infty} \sum_{k=1}^{n} ak$

(2) $\sqrt{\dfrac{\sqrt[3]{a}}{\sqrt[4]{a}}} \times \sqrt[4]{\dfrac{\sqrt{a}}{\sqrt[3]{a}}} = \sqrt[12]{a}$

기능평가 II – 도형, 그림, 글맵시

도형, 그림, 글맵시 등의 기능을 한글 문서를 작성할 때 유용하게 활용할 수 있는지를 평가합니다. 도형을 삽입하고 문자를 입력하거나 그림, 글맵시를 삽입하고 편집하는 방법을 학습합니다.

도형 삽입하기

- [입력] 탭에서 여러 가지 도형을 선택하여 문서에 삽입할 수 있습니다.

- [입력] 탭의 도형 목록 단추를 클릭하여 [다른 그리기 조각]을 클릭하면 [그리기 마당] 대화상자가 나타나며 '선택할 꾸러미' 목록에서 다양한 도형을 삽입할 수 있습니다.

 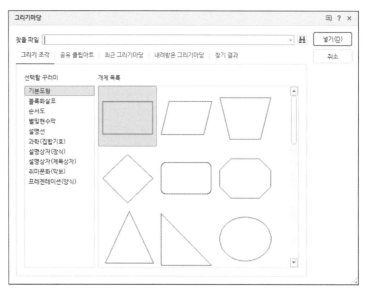

- 도형 목록에서 도형을 선택한 다음 Shift +드래그하면 정사각형, 정원 등을 그릴 수 있습니다.
- 도형 목록에서 도형을 선택한 다음 Ctrl +드래그하면 클릭한 곳을 도형의 중심으로 하여 삽입할 수 있습니다.
- 직사각형 또는 타원을 선택한 다음 도형이 그려질 위치를 클릭하면 너비와 높이가 각각 30mm인 도형이 삽입됩니다.
- 도형을 더블 클릭하거나 [서식] 탭의 목록 단추를 눌러 [개체 속성]을 클릭하면 [개체 속성] 대화상자가 나타납니다. 또는 도형을 선택한 후 [도형] 탭의 [개체 속성]을 클릭하여 [개체 속성] 대화상자를 열 수 있습니다.

- [개체 속성] 대화상자의 [기본] 탭에서 너비나 높이 값을 입력하여 도형의 크기를 정할 수 있으며, [선] 탭은 사각형 모서리 곡률이나 호의 테두리를 설정할 수 있습니다.

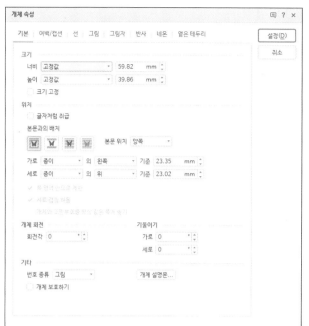 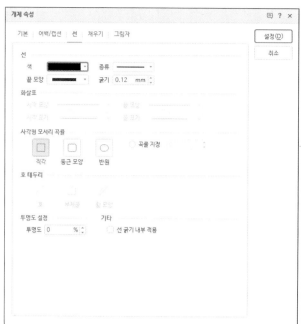

- 삽입한 도형을 선택하면 도형의 조절점이 나타납니다. 조절점을 드래그하여 도형의 크기를 직접 조절할 수 있습니다. Shift 를 누른 상태로 드래그하면 너비와 높이가 같은 비율로 조절됩니다.
- 활성화된 [도형] 탭에서 바로 도형의 크기를 입력할 수 있으며, '크기 고정'에 체크하면 도형의 크기가 지정한 값으로 고정됩니다.

- 삽입한 도형에 마우스 오른쪽 버튼을 눌러 [도형 안에 글자 넣기]를 클릭하면 원하는 내용을 입력할 수 있습니다.

🔵 도형 이동 또는 복사하기

- 도형을 여러 개 선택하려면 Shift 를 누른 상태로 도형을 클릭하면 됩니다.
- [도형] 탭에서 [개체 선택]을 클릭한 다음 드래그하면 드래그한 범위 안의 도형을 모두 선택할 수 있습니다.
- Shift 를 누른 상태로 도형을 드래그하면 수직 또는 수평으로 도형이 이동됩니다.
- Ctrl 을 누른 상태로 도형을 드래그하면 도형이 복사됩니다.
- 도형을 선택한 후 키보드의 방향키를 이용하면 도형이 0.2mm씩 미세하게 이동됩니다.

➡ 글상자 삽입하기

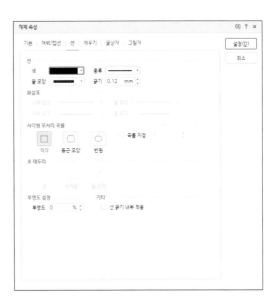

- [입력] 탭의 목록 단추를 클릭하고 [개체]의 [글상자]를 선택하거나 [입력] 탭의 도형 목록에서 [가로 글상자], [세로 글상자]를 클릭하여 삽입합니다.
- `Ctrl` + `N` , `B` 를 눌러 글상자를 삽입할 수도 있습니다.
- 글상자의 테두리를 더블 클릭하거나, 삽입된 글상자를 선택한 다음 마우스 오른쪽 버튼을 누르고 [개체 속성]을 클릭하면 [개체 속성] 대화상자가 나타납니다.
- [개체 속성] 대화상자에서 글상자의 속성을 변경할 수 있으며 [선] 탭에서 글상자의 사각형 모서리 곡률을 변경할 수 있습니다.

➡ 도형 서식 설정하기

- 활성화된 [도형] 탭에서 모양 속성, 선 스타일, 음영, 그림자, 크기, 정렬 등을 설정할 수 있습니다.

❶ 도형 속성 : 개체의 모양을 복사하거나 붙일 수 있습니다.

❷ 도형 윤곽선 : 선택한 도형의 선 색, 선 굵기, 선 종류를 설정할 수 있습니다.

❸ 도형 채우기 : 선택한 도형의 색과 투명도를 설정할 수 있습니다.

❹ 음영 : 도형의 음영을 증가시키거나 음영의 감소를 설정할 수 있습니다.

❺ 그림자 모양 : 도형의 그림자 효과를 지정할 수 있습니다.

❻ 그림자 이동 : 그림자 오른쪽으로 이동, 그림자 왼쪽으로 이동, 그림자 위로 이동, 그림자 아래로 이동, 그림자 원점으로 이동 등 그림자의 이동을 설정할 수 있고, 이동한 그림자를 원래대로 되돌릴 수도 있습니다.

❼ 크기 고정 : 개체의 너비나 높이를 고정합니다. 체크하면 크기가 고정이 되어 개체를 회전시킬 수 없습니다.

❽ 너비와 높이 : 도형의 너비와 높이를 직접 입력하여 지정할 수 있습니다.

❾ 같은 크기로 설정 : 너비를 같게, 높이를 같게, 너비/높이를 같게 등 선택한 도형들을 같은 크기로 설정할 수 있습니다.

❿ 글자처럼 취급 : 개체를 본문에 있는 글자와 같게 취급합니다. 어울림, 자리 차지, 글 앞으로, 글 뒤로 등으로 설정할 수 있습니다.

⓫ 그룹 : 여러 개의 개체를 묶거나 묶기 이전의 상태로 풀 수 있습니다.

⓬ 맨 앞으로 : 여러 개의 개체들이 순서 없이 겹쳐있을 때 선택한 개체를 맨 앞으로 이동시킬 수 있습니다.

⓭ 맨 뒤로 : 여러 개의 개체들이 순서 없이 겹쳐있을 때 선택한 개체를 맨 뒤로 이동시킬 수 있습니다.

⓮ 맞춤 : 선택한 여러 개의 개체들을 위쪽, 중간, 아래쪽, 왼쪽, 가운데, 오른쪽으로 맞추거나 가로, 세로 간격을 동일하게 배분시킬 수 있습니다.

⓯ 회전 : 개체를 회전시키거나 좌우상하 대칭, 오른쪽, 왼쪽으로 회전시킬 수 있습니다.

그림 삽입하기

- [입력] 탭에서 [그림]을 클릭하거나 [입력] 탭의 목록 단추를 클릭하여 [그림]-[그림] 을 클릭합니다.

- [그림 넣기] 대화상자의 체크 옵션에서 [문 서에 포함]을 체크하면 그림 파일이 문서 에 포함됩니다.

- [마우스로 크기 지정]에 체크하면 선택한 그림을 삽입될 위치에서 마우스로 드래그 하여 원하는 크기로 그림이 삽입할 수 있 습니다. [마우스로 크기 지정]을 체크하지 않으면 문서에 원본 크기의 그림이 삽입됩니다.

- 활성화된 [그림] 탭에서 그림 크기를 조절할 수 있으며 [자르기]를 클릭하여 그림을 자를 수 있습 니다.

- 활성화된 [그림] 탭에서 [색조 조정]의 목록 단추를 클릭하여 그림의 색조를 '회색조', '흑백', '워 터마크'로 설정할 수 있습니다.

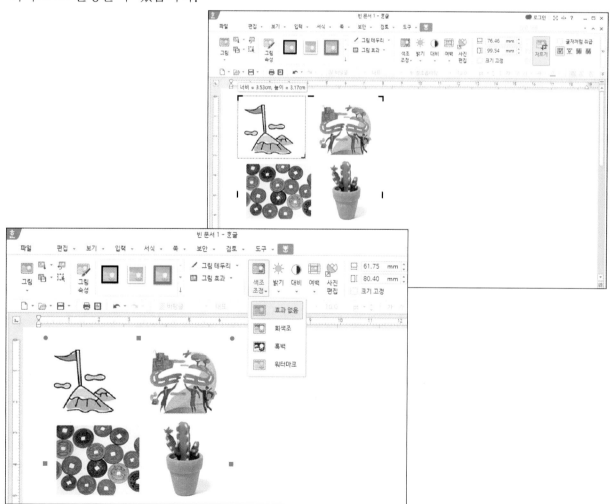

글맵시 삽입하기

- [입력] 탭의 [글맵시]를 클릭하거나 [입력] 탭에서 [글맵시]의 목록 단추를 클릭하여 [글맵시]를 클릭합니다.
- [글맵시]의 목록 단추를 클릭하면 원하는 글맵시 스타일을 선택할 수 있습니다.

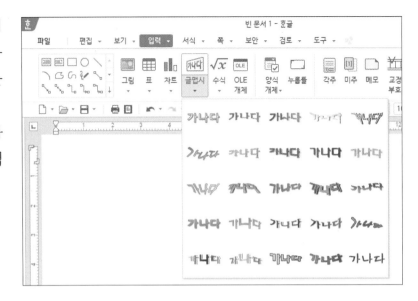

- 글맵시 스타일을 선택한 후, [글맵시 만들기] 대화상자에서 내용을 입력하고 글꼴과 글맵시 모양을 설정할 수 있습니다.
- '글맵시 모양'의 목록 단추를 클릭하여 글맵시 모양을 설정할 수 있습니다.

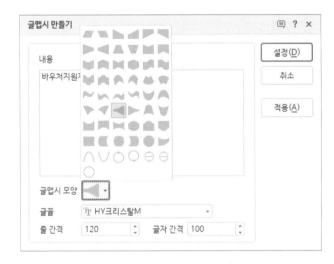

- 활성화된 [그림] 탭에서 글맵시의 채우기 색과 글맵시 모양을 변경할 수 있으며, [그림자 모양]의 목록 단추를 클릭하여 그림자의 색과 그림자 해지를 할 수 있습니다.

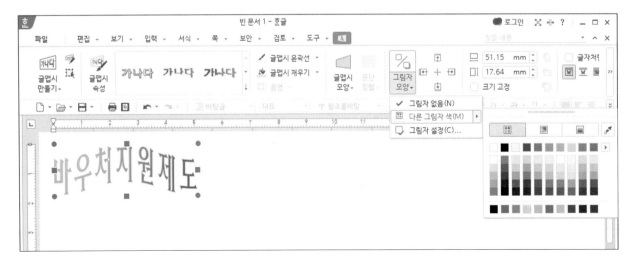

■ ■ 완성파일 : 출제유형₩도형_완성.hwp

시험에서는 Section07에서 다룰 책갈피와 하이퍼링크 기능이 포함된 문제가 출제됩니다.

다음의 ≪조건≫에 따라 ≪출력형태≫와 같이 문서를 작성하시오. (110점)

조건 (1) 그리기 도구를 이용하여 작성하고, 모든 도형(글맵시, 지정된 그림 포함)을 ≪출력형태≫와 같이 작성하시오.
(2) 도형의 면 색은 지시사항이 없으면, 색 없음을 제외하고 서로 다르게 임의로 지정하시오.

출력형태

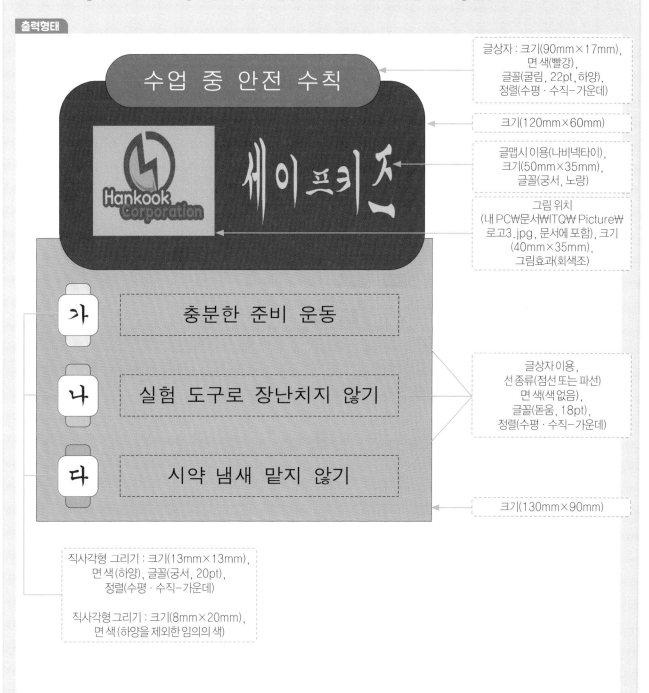

글상자 : 크기(90mm×17mm),
면 색(빨강),
글꼴(굴림, 22pt, 하양),
정렬(수평 · 수직-가운데)

크기(120mm×60mm)

글맵시 이용(나비넥타이),
크기(50mm×35mm),
글꼴(궁서, 노랑)

그림 위치
(내 PC₩문서₩ITQ₩Picture₩
로고3.jpg, 문서에 포함), 크기
(40mm×35mm),
그림효과(회색조)

글상자 이용,
선종류(점선 또는 파선)
면 색(색없음),
글꼴(돋움, 18pt),
정렬(수평 · 수직-가운데)

크기(130mm×90mm)

직사각형 그리기 : 크기(13mm×13mm),
면 색 (하양), 글꼴(궁서, 20pt),
정렬(수평 · 수직-가운데)

직사각형 그리기 : 크기(8mm×20mm),
면 색 (하양을 제외한 임의의 색)

01 3번 수식 문제 아래에 문제번호 '4.'를 입력하고 **Enter** 를 두 번 눌러 입력할 준비를 합니다. ❶[입력] 탭의 도형 목록에서 ❷'직사각형'을 클릭하여 ❸적당한 크기로 드래그하여 삽입합니다.

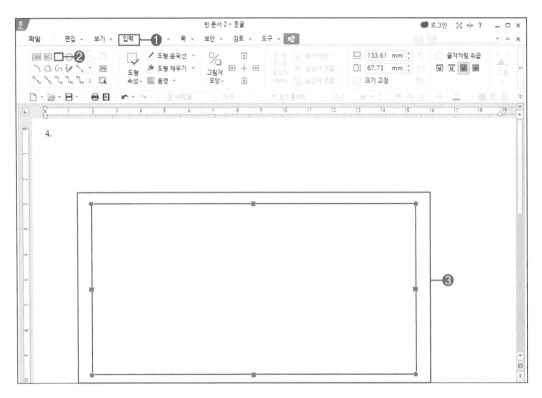

02 도형의 테두리를 마우스로 선택하고 마우스 오른쪽 버튼을 눌러 [개체 속성]을 클릭하거나 도형의 테두리를 더블 클릭하여 ❶[개체 속성]을 불러옵니다.

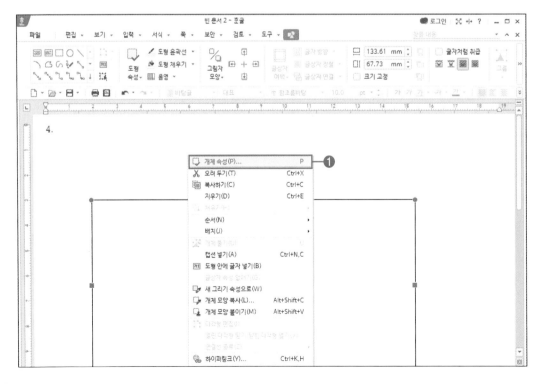

03 [개체 속성] 대화상자의 ❶[기본] 탭에서 ≪출력형태≫의 조건에 따라 ❷도형 크기의 '너비 : 120', '높이 : 60'를 입력하고 ❸'크기 고정'에 체크합니다.

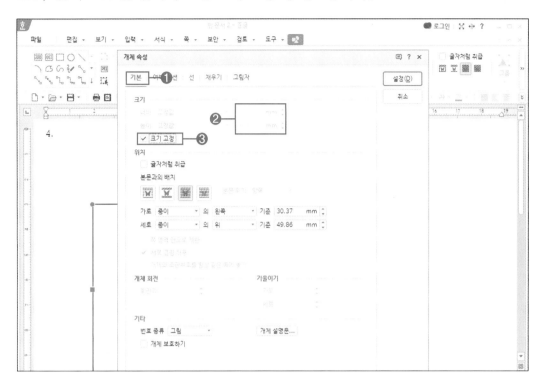

04 [개체 속성] 대화상자의 ❶[선] 탭을 클릭하고 '사각형 모서리 곡률'에서 ❷'둥근 모양'을 클릭합니다.

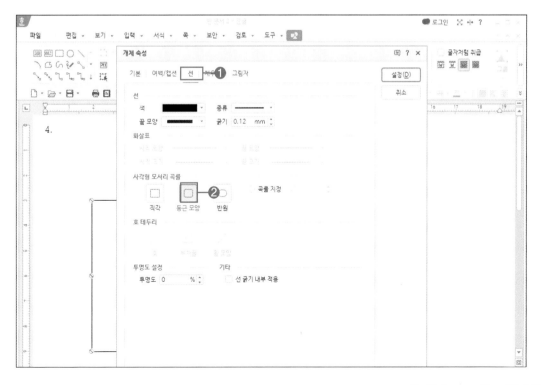

05 [개체 속성] 대화상자의 [채우기] 탭을 클릭하고 '면 색'의 목록 단추를 클릭하여 임의의 색을 선택한 후 [설정]을 클릭합니다.

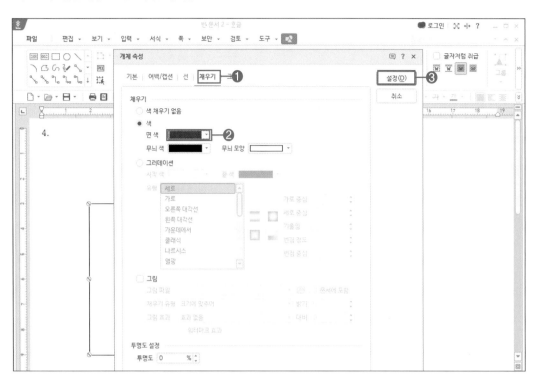

06 글상자를 삽입하기 위해 [입력] 탭의 도형 목록에서 '가로 글상자'를 클릭하고 ≪출력형태≫와 같이 드래그하여 글상자를 삽입합니다.

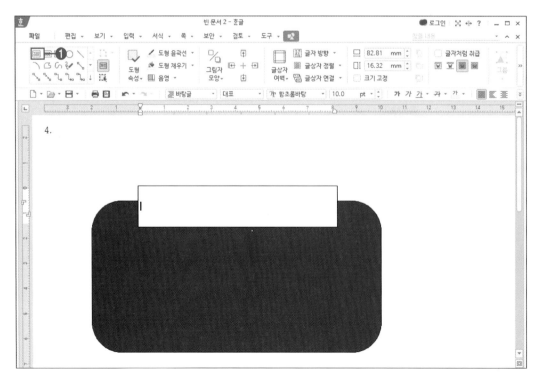

07 글상자 안에 커서가 깜빡거리면 '수업 중 안전 수칙'이라고 입력하고 글꼴은 '굴림', 글자 크기는 '22pt', 글자 색을 '하양'으로 선택하고 정렬은 '가운데 정렬'로 설정합니다.

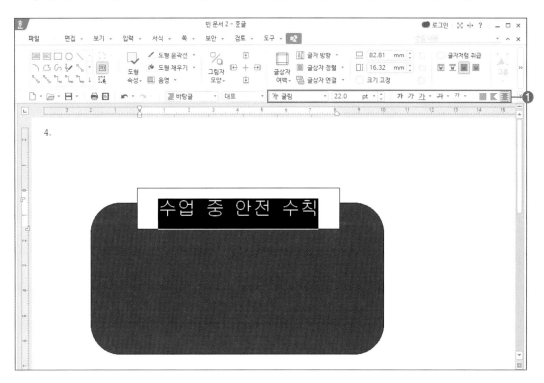

08 글상자의 테두리를 선택하고 마우스 오른쪽 버튼을 눌러 [개체 속성]을 클릭합니다. [기본] 탭에서 크기의 '너비 : 90', '높이 : 17'로 입력하고 '크기 고정'에 체크합니다.

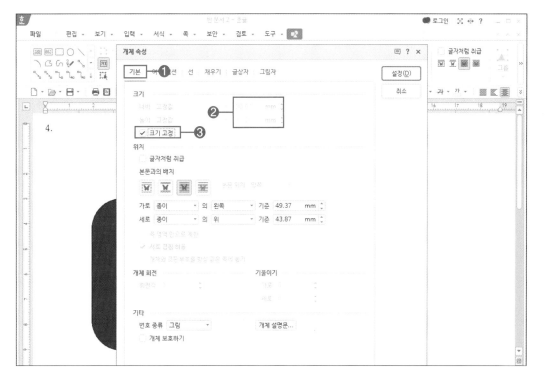

09 ❶[선] 탭에서 ❷'반원'을 클릭합니다.

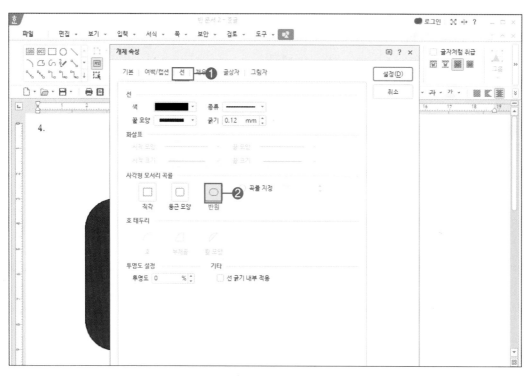

10 ❶[채우기] 탭에서 색의 ❷'면 색'을 '빨강'으로 선택합니다.

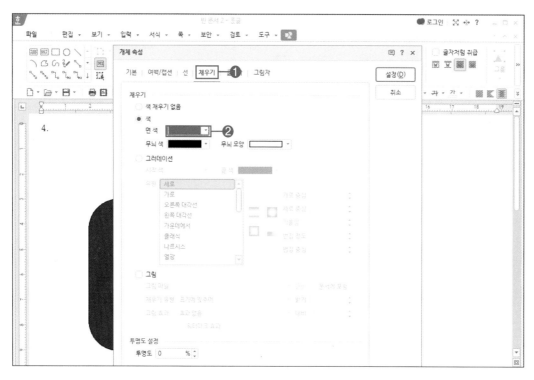

11 ❶[글상자] 탭의 속성에서 세로 정렬을 ❷'세로 가운데'로 선택하고 ❸[설정]을 클릭합니다. 글
상자의 위치가 처음에 삽입한 직사각형의 중앙에 위치하도록 마우스로 위치를 조절합니다.

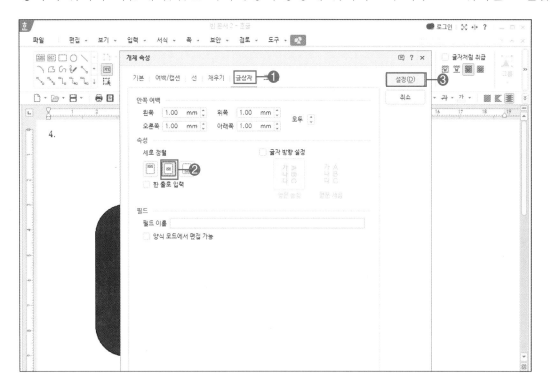

Tip

사각형 모서리 굴리기

• 사각형의 모서리가 둥근 정도에 따라 '직각', '둥근 모양', '반원'을 지정할 수 있습니다.

• 도형을 클릭하고 마우스 오른쪽 버튼을 눌러 [개체 속성]을 클릭하여 [선] 탭의 [사각형 모
서리 곡률]에서 설정합니다.

호/부채꼴/활 모양 만들기

• [입력] 탭의 도형 목록에서 '호'를 선택하고, 드래그 한 도형을 선택한 후 마우스 오른쪽 버
튼을 눌러 [개체 속성]을 클릭합니다.

• [개체 속성] 대화상자에서 [선] 탭의 '호', '부채꼴', '활 모양'을 설정합니다.

01 ❶[입력] 탭의 ❷[글맵시]를 클릭하여 [글맵시 만들기] 대화상자의 내용에 ❸'세이프키즈'를 입력하고 ❹글꼴을 '궁서'로 설정합니다. [글맵시 모양]에서 ❺'나비넥타이'를 선택하고 ❻[설정]을 클릭합니다.

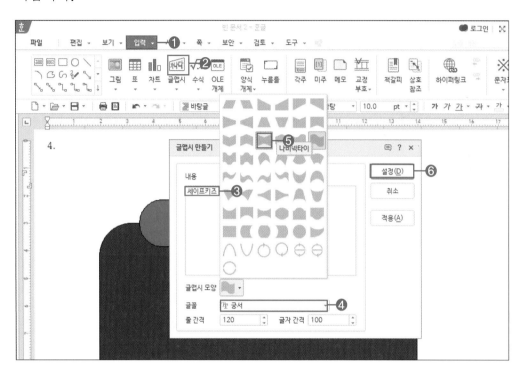

02 글맵시가 선택되어 있는 상태에서 마우스 오른쪽 버튼을 눌러 [개체 속성]을 클릭합니다. [개체 속성] 대화상자의 ❶[기본] 탭에서 ❷너비를 '50', 높이를 '35'로 입력하고 ❸'크기 고정'을 체크합니다.

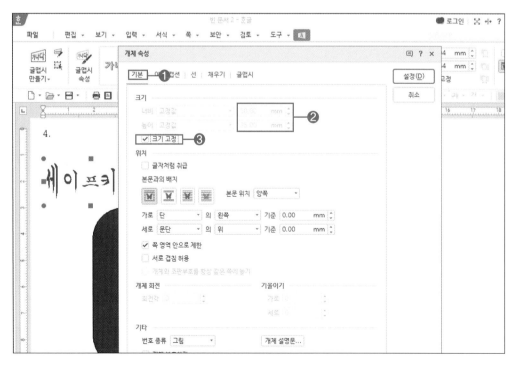

03 글맵시가 도형 뒤에 배치되어 있는 경우 본문과의 배치를 ❶'글 앞으로'로 선택합니다.

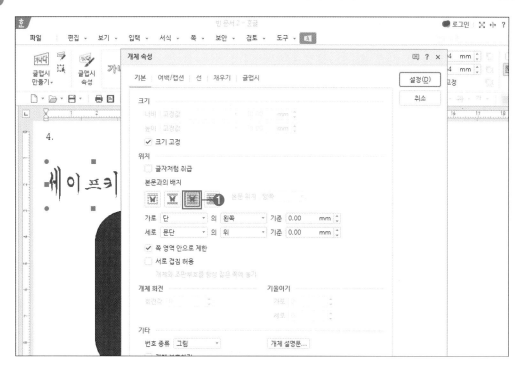

04 ❶[채우기] 탭에서 면 색을 ❷'노랑'으로 선택하고 ❸[설정]을 클릭합니다. 삽입된 글맵시를 ≪출력형태≫와 같은 위치로 이동합니다.

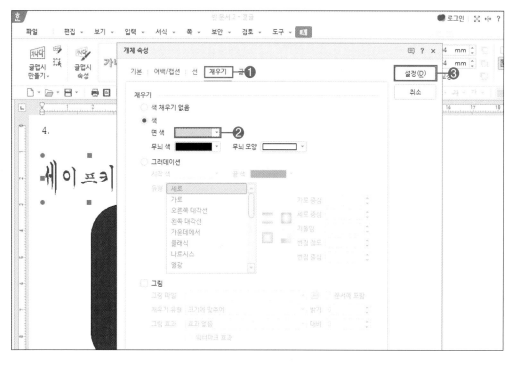

01 ❶[입력] 탭의 ❷[그림]을 클릭하여 [그림 넣기] 대화상자에서 ❸[내 PC₩문서₩ITQ₩Picture]
에서 '로고3.jpg'를 선택한 다음 ❹[열기]를 클릭합니다.

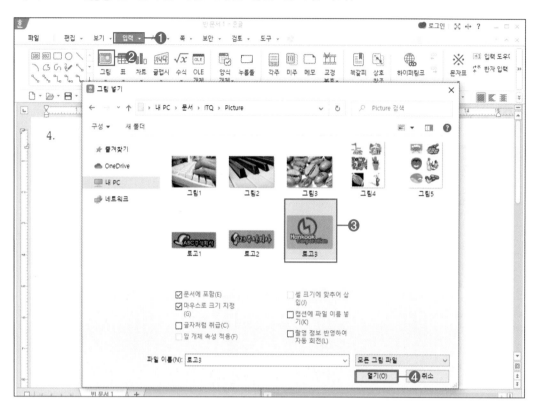

02 원하는 위치에 드래그하여 그림을 삽입합니다. 그림이 선택된 상태에서 마우스 오른쪽 버튼을
눌러 [개체 속성]을 클릭합니다. ❶[기본] 탭에서 너비를 '40', 높이를 '35'로 입력하고 ❷'크기 고
정'에 체크합니다.

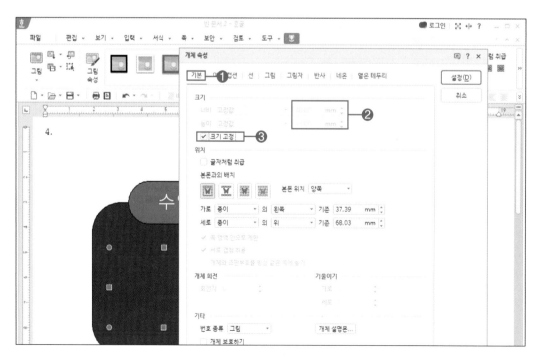

03 [개체 속성] 대화상자에서 본문과의 배치를 ❶'글 앞으로'로 클릭합니다.

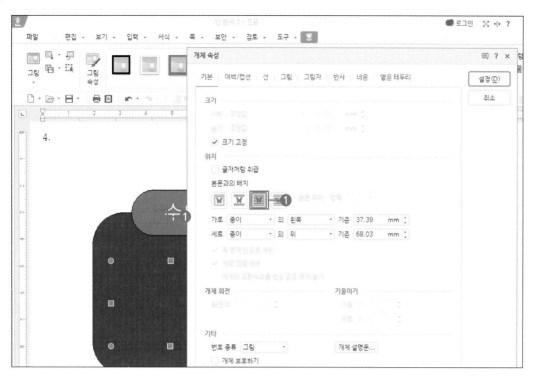

04 ❶[그림] 탭의 그림 효과에서 ❷'회색조'를 선택하고 ❸[설정]을 클릭합니다. 삽입된 그림을 ≪출력형태≫와 같은 위치로 이동합니다.

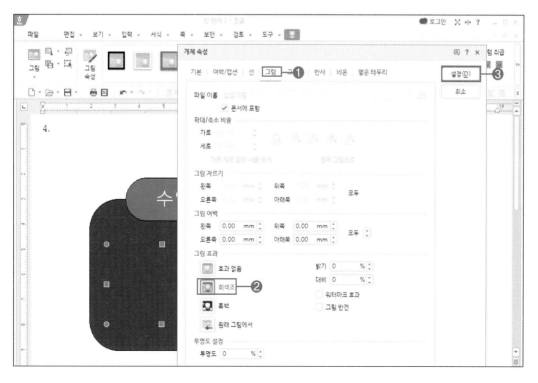

01 [입력] 탭에서 도형 목록의 '직사각형'을 클릭하고 문서에 ❶드래그하여 적당한 크기로 도형을 삽입합니다.

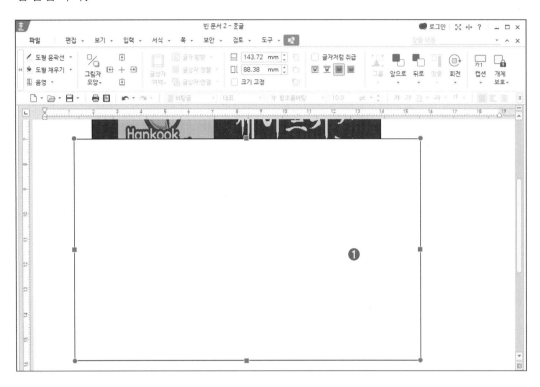

02 마우스 오른쪽 버튼을 눌러 [개체 속성]을 클릭하거나 도형의 테두리를 더블 클릭하여 ❶[개체 속성] 대화상자를 불러옵니다.

03 [개체 속성] 대화상자의 ❶[기본] 탭에서 ≪출력형태≫의 조건인 도형 크기를 ❷'너비 : 130'. '높이 : 90'으로 입력하고 ❸'크기 고정'을 클릭합니다.

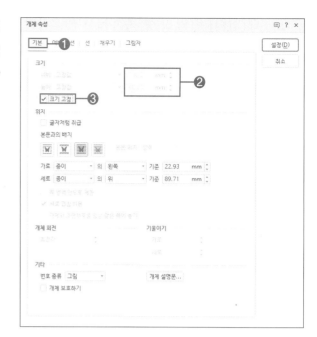

04 ❶[채우기] 탭에서 ❷면 색의 목록 단추를 클릭하여 임의의 색을 선택하고 ❸[설정]을 클릭합니다.

05 활성화된 ❶[도형] 탭에서 ❷'뒤로'의 목록 단추를 클릭하여 ❸'맨 뒤로'를 선택하고 ≪출력형태≫와 같은 위치로 이동합니다.

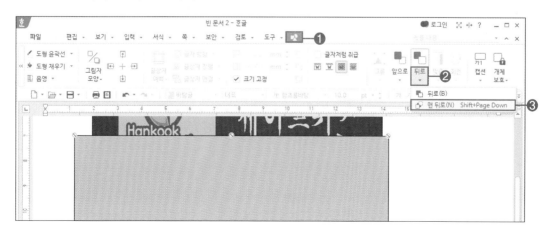

06 ❶[입력] 탭의 도형 목록에서 ❷직사각형을 선택하여 드래그한 다음 마우스 오른쪽 버튼을 눌러 ❸[개체 속성]을 클릭합니다.

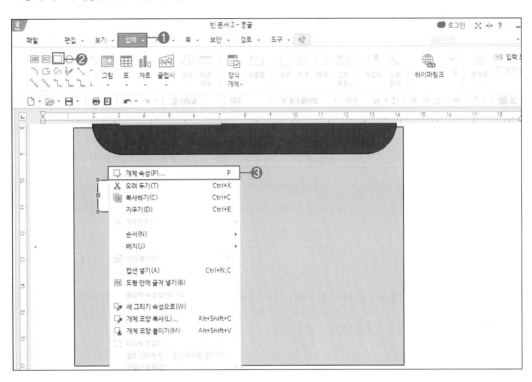

07 [개체 속성] 대화상자의 ❶[기본] 탭에서 ❷'너비 : 8', '높이 : 20'을 입력하고 ❸'크기 고정'에 체크합니다.

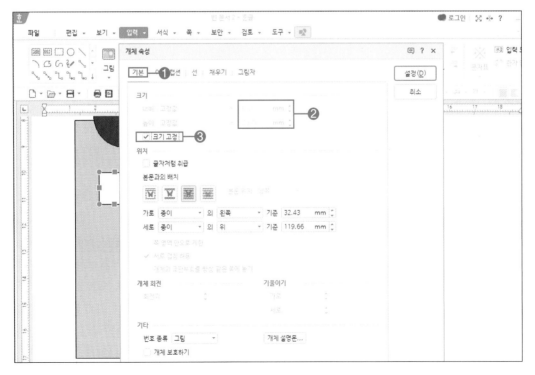

08 사각형의 모서리를 둥글게 설정하기 위해 ❶[선] 탭에서 사각형 모서리 곡률'을 ❷'둥근 모양'으로 선택합니다.

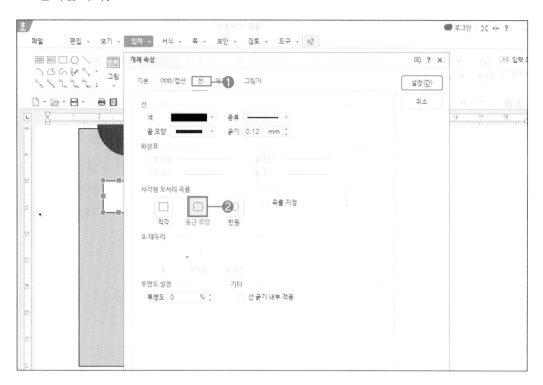

09 도형의 색을 채우기 위해 ❶[채우기] 탭에서 ❷면 색을 임의의 색으로 선택한 후 ❸[설정]을 클릭합니다.

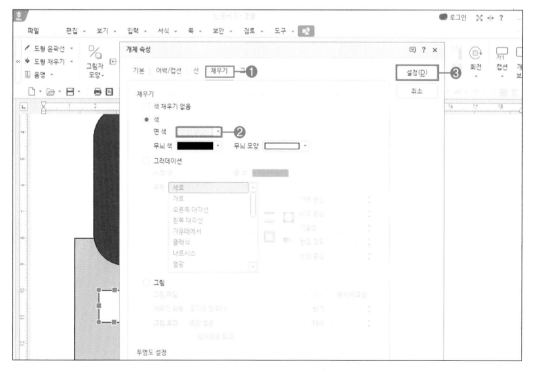

10 [입력] 탭의 도형 목록에서 직사각형을 선택하여 드래그한 다음 마우스 오른쪽 버튼을 눌러 [개체 속성]을 클릭합니다.

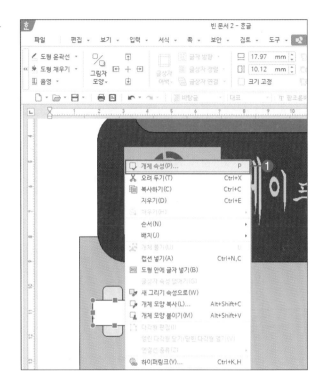

11 [개체 속성] 대화상자의 ❶[기본] 탭에서 ❷'너비 : 13', '높이 : 13'을 입력하고 ❸'크기 고정'에 체크합니다.

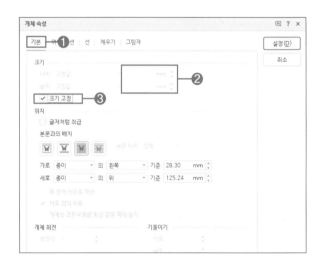

12 사각형의 모서리를 둥글게 설정하기 위해 ❶[선] 탭에서 '사각형 모서리 곡률'을 ❷'둥근 모양'으로 선택합니다.

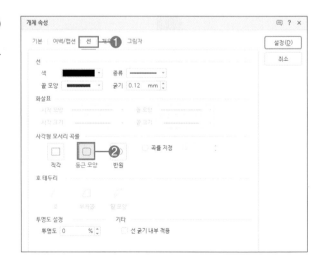

13 도형의 색을 채우기 위해 ❶[채우기] 탭에서 ❶면 색을 '하양'으로 선택한 후 [설정]을 클릭합니다.

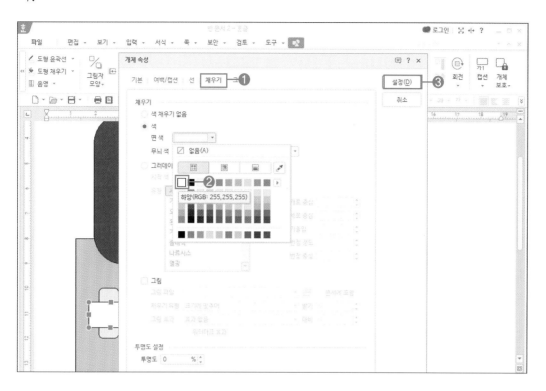

14 도형을 ≪출력형태≫와 같은 위치로 이동시킵니다. 도형 안에 내용을 입력하기 위해 마우스 오른쪽 버튼을 눌러 ❶[도형 안에 글자 넣기]를 클릭합니다.

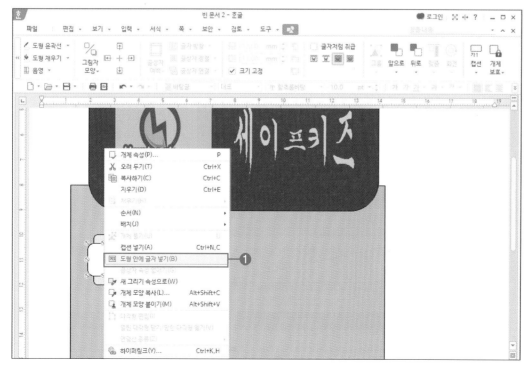

15 커서가 위치한 곳에서 '가'를 입력하고 글꼴은 '궁서', 글자 크기는 '20pt', 정렬을 '가운데 정렬'로
설정합니다.

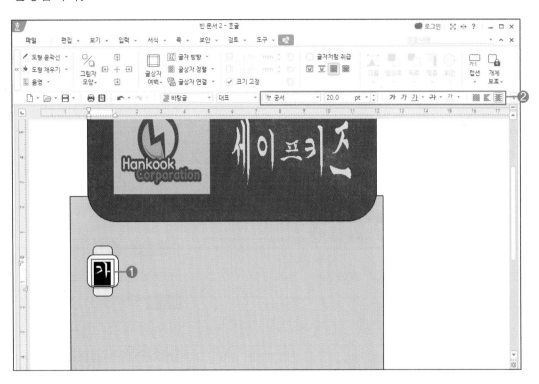

16 글상자를 작성하기 위해 [입력] 탭의 도형 목록에서 '가로 글상자'를 클릭하여 드래그합니다.

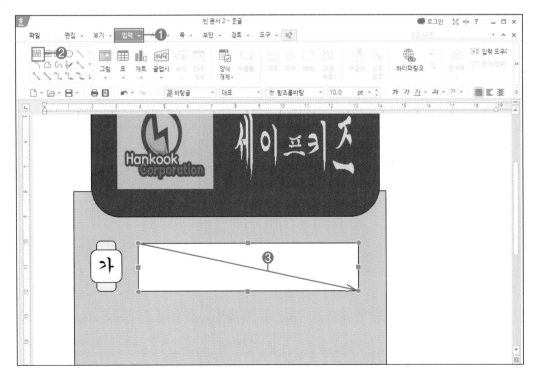

17 커서가 위치한 곳에 ❶'충분한 준비 운동'을 입력하고 ❷글꼴을 '돋움', 글자 크기는 '18pt', 정렬을 '가운데 정렬'로 설정합니다.

18 글상자를 선택한 후 활성화된 ❶[도형] 탭의 ❷'도형 윤곽선'의 목록 단추를 클릭합니다. ❸'선 종류'에서 ❹'파선'을 클릭합니다.

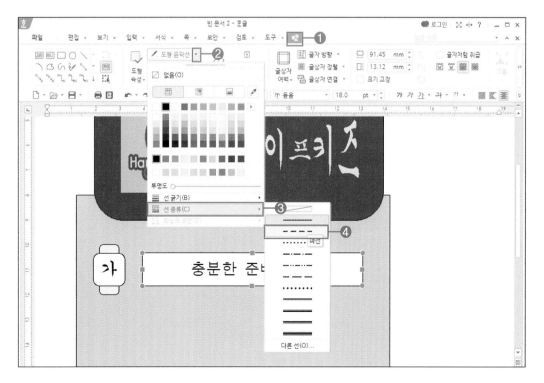

19 ❶[도형] 탭의 ❷'도형 채우기'의 목록 단추를 클릭하여 ❸'없음'을 클릭합니다.

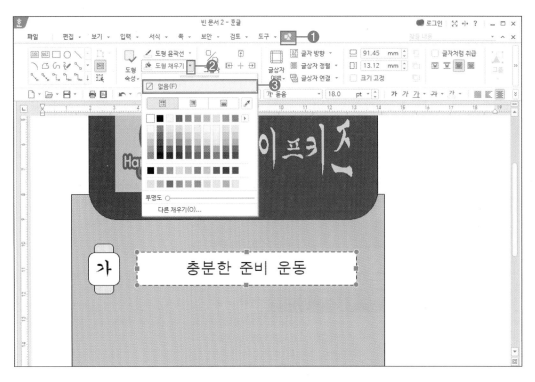

20 삽입한 여러 도형을 선택하기 위해 ***Ctrl*** + ***Shift*** 를 누른 상태로 다음과 같이 도형을 클릭합니다.

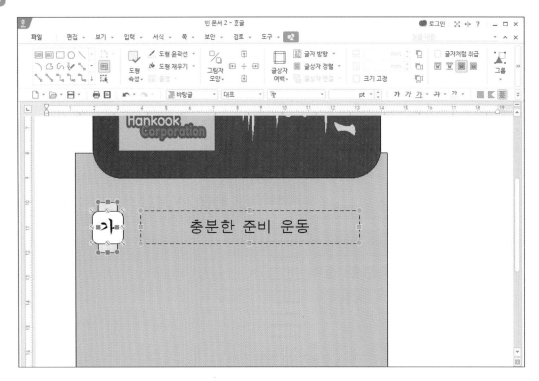

21 도형들이 선택되면 `Ctrl` + `Shift` 를 계속 누른 상태로 ≪출력형태≫와 같은 위치에 도형을 아래로 드래그하여 두 개를 수직·수평 복사합니다.

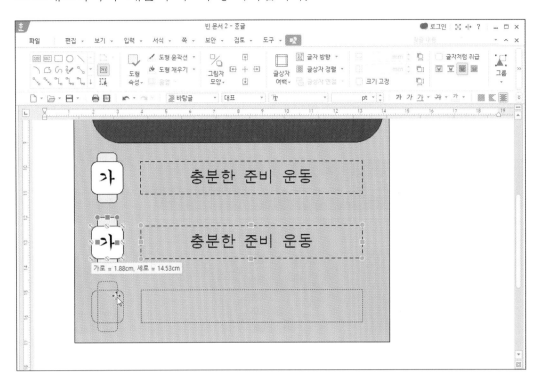

22 글상자의 텍스트를 수정하고 각 도형의 색상을 임의의 색으로 수정합니다. 입력이 끝나면 저장하여 완성합니다.

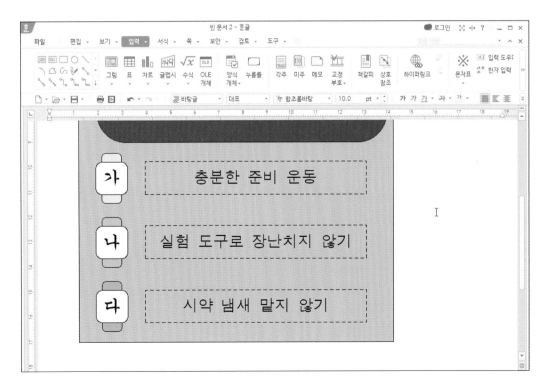

■ ■ 완성파일 : 실력팡팡₩도형예제_완성.hwp

01 다음의 ≪조건≫에 따라 ≪출력형태≫와 같이 문서를 작성하시오. (110점)

조건
(1) 그리기 도구를 이용하여 작성하고, 모든 도형(글맵시, 지정된 그림 포함)을 ≪출력형태≫와 같이 작성하시오.
(2) 도형의 면 색은 지시사항이 없으면, 색 없음을 제외하고 서로 다르게 임의로 지정하시오.

출력형태

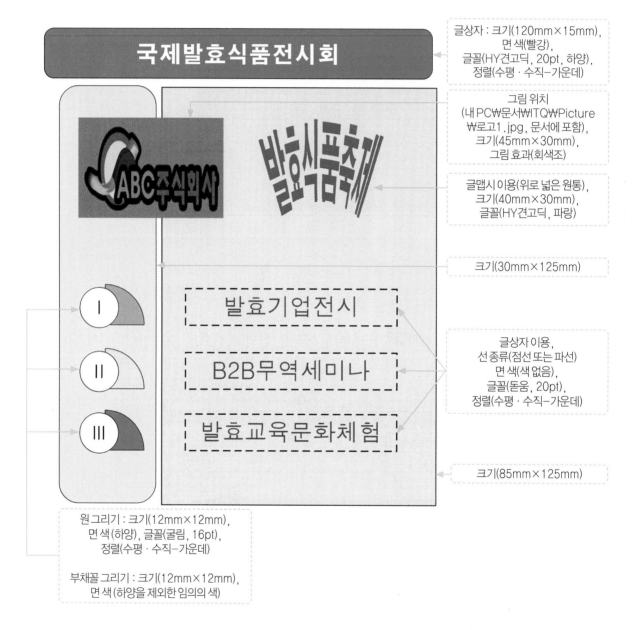

글상자 : 크기(120mm×15mm),
면 색(빨강),
글꼴(HY견고딕, 20pt, 하양),
정렬(수평 · 수직-가운데)

그림 위치
(내 PC₩문서₩ITQ₩Picture
₩로고1.jpg, 문서에 포함),
크기(45mm×30mm),
그림 효과(회색조)

글맵시 이용(위로 넓은 원통),
크기(40mm×30mm),
글꼴(HY견고딕, 파랑)

크기(30mm×125mm)

글상자 이용,
선 종류(점선 또는 파선)
면 색(색 없음),
글꼴(돋움, 20pt),
정렬(수평 · 수직-가운데)

크기(85mm×125mm)

원 그리기 : 크기(12mm×12mm),
면 색 (하양), 글꼴(굴림, 16pt),
정렬(수평 · 수직-가운데)

부채꼴 그리기 : 크기(12mm×12mm),
면 색 (하양을 제외한 임의의 색)

조건 (1) 그리기 도구를 이용하여 작성하고, 모든 도형(글맵시, 지정된 그림 포함)을 ≪출력형태≫와 같이 작성하시오.
(2) 도형의 면 색은 지시사항이 없으면, 색 없음을 제외하고 서로 다르게 임의로 지정하시오.

출력형태

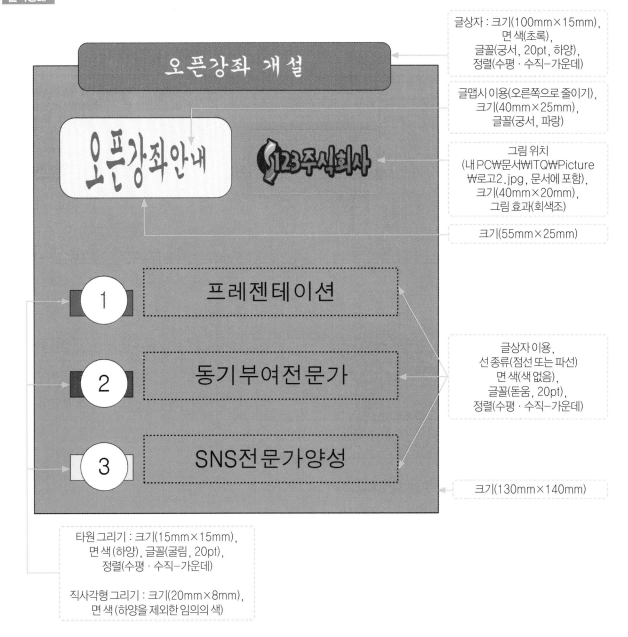

글상자 : 크기(100mm×15mm),
면 색(초록),
글꼴(궁서, 20pt, 하양),
정렬(수평 · 수직−가운데)

글맵시 이용(오른쪽으로 줄이기),
크기(40mm×25mm),
글꼴(궁서, 파랑)

그림 위치
(내 PC₩문서₩ITQ₩Picture
₩로고2.jpg, 문서에 포함),
크기(40mm×20mm),
그림 효과(회색조)

크기(55mm×25mm)

글상자 이용,
선 종류(점선 또는 파선)
면 색(색 없음),
글꼴(돋움, 20pt),
정렬(수평 · 수직−가운데)

크기(130mm×140mm)

타원 그리기 : 크기(15mm×15mm),
면 색(하양), 글꼴(굴림, 20pt),
정렬(수평 · 수직−가운데)

직사각형 그리기 : 크기(20mm×8mm),
면 색 (하양을 제외한 임의의 색)

03 다음의 ≪조건≫에 따라 ≪출력형태≫와 같이 문서를 작성하시오. (110점)

조건
(1) 그리기 도구를 이용하여 작성하고, 모든 도형(글맵시, 지정된 그림 포함)을 ≪출력형태≫와 같이 작성하시오.
(2) 도형의 면 색은 지시사항이 없으면, 색 없음을 제외하고 서로 다르게 임의로 지정하시오.

출력형태

글상자 : 크기(110mm×15mm),
면 색(초록),
글꼴(돋움, 20pt, 하양),
정렬(수평·수직-가운데)

글맵시 이용(두줄 원형),
크기(45mm×25mm),
글꼴(굴림, 파랑)

그림 위치
(내 PC\문서\ITQ\Picture
\로고2.jpg, 문서에 포함),
크기(40mm×30mm),
그림 효과(회색조)

크기(120mm×45mm)

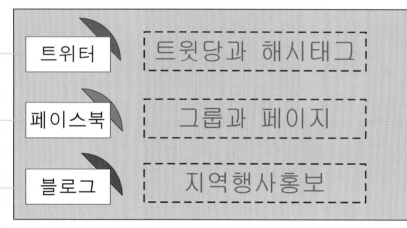

글상자 이용,
선 종류(점선 또는 파선)
면 색(색 없음),
글꼴(굴림, 20pt),
정렬(수평·수직-가운데)

크기(120mm×60mm)

직사각형 그리기 : 크기(25mm×10mm),
면 색(하양), 글꼴(돋움, 16pt),
정렬(수평·수직-가운데)

활모양 그리기 : 크기(12mm×12mm),
면 색(하양을 제외한 임의의 색)

조건 (1) 그리기 도구를 이용하여 작성하고, 모든 도형(글맵시, 지정된 그림 포함)을 《출력형태》와 같이 작성하시오.

(2) 도형의 면 색은 지시사항이 없으면, 색 없음을 제외하고 서로 다르게 임의로 지정하시오.

출력형태

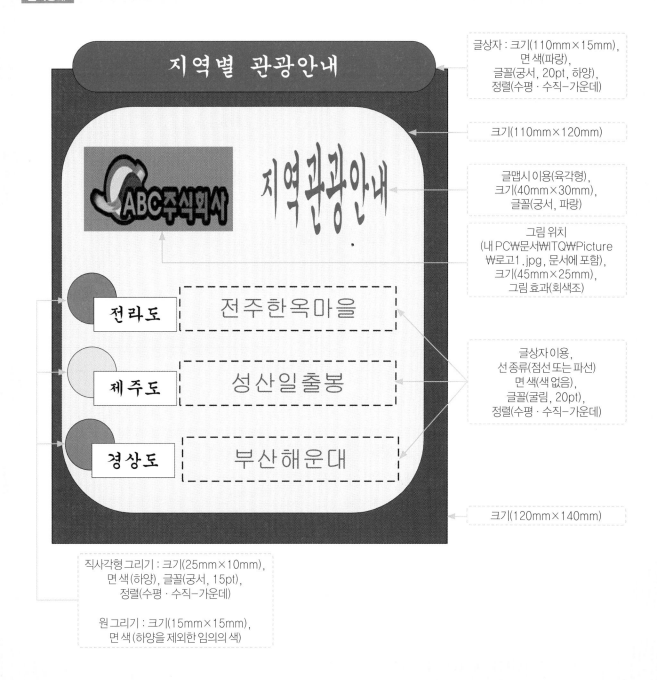

글상자 : 크기(110mm×15mm),
면 색(파랑),
글꼴(궁서, 20pt, 하양),
정렬(수평 · 수직-가운데)

크기(110mm×120mm)

글맵시 이용(육각형),
크기(40mm×30mm),
글꼴(궁서, 파랑)

그림 위치
(내 PC₩문서₩ITQ₩Picture
₩로고1.jpg, 문서에 포함),
크기(45mm×25mm),
그림 효과(회색조)

글상자 이용,
선 종류(점선 또는 파선)
면 색(색 없음),
글꼴(굴림, 20pt),
정렬(수평 · 수직-가운데)

크기(120mm×140mm)

직사각형 그리기 : 크기(25mm×10mm),
면 색(하양), 글꼴(궁서, 15pt),
정렬(수평 · 수직-가운데)

원 그리기 : 크기(15mm×15mm),
면 색(하양을 제외한 임의의 색)

문서작성 능력평가

문서 작성을 위한 다양한 문서 능력을 평가하는 문항입니다. 앞서 학습한 내용과 더불어 책갈피, 하이퍼링크, 머리말/꼬리말 삽입, 덧말 넣기, 각주, 쪽 번호 등을 학습합니다.

책갈피 삽입하기

- 책갈피를 넣을 부분의 앞을 클릭한 후 [입력] 탭의 [책갈피]를 클릭하거나 [입력] 탭의 목록 단추를 클릭하여 [책갈피]를 클릭합니다.
- [책갈피] 대화상자의 '책갈피 이름'에 내용을 입력하고 [넣기]를 클릭합니다.
- 내용을 잘못 입력하였다면 '책갈피 이름 바꾸기'를 클릭하여 이름 수정이 가능하며, '삭제'를 클릭하여 삽입된 책갈피를 삭제할 수 있습니다.

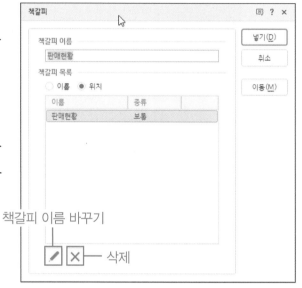

하이퍼링크 삽입하기

- 하이퍼링크로 설정할 내용을 블록으로 설정하거나 개체를 선택한 다음 [입력] 탭의 [하이퍼링크]를 클릭하거나 [입력] 탭의 목록 단추를 클릭하여 [하이퍼링크]를 클릭합니다.
- [하이퍼링크] 대화상자에서 '책갈피'에 등록된 부분을 선택해 연결할 수도 있습니다.
- 하이퍼링크가 잘못 연결되었을 경우 연결된 개체를 선택하고 마우스 오른쪽 버튼의 [하이퍼링크]를 클릭하여 [하이퍼링크 고치기] 대화상자의 [연결 안 함]을 클릭합니다.

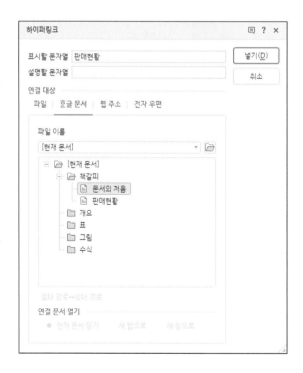

머리말/꼬리말 삽입하기

- [쪽] 탭의 목록 단추를 클릭하여 [머리말/꼬리말]을 클릭하거나 [쪽] 탭의 [머리말]을 클릭하여 [머리말/꼬리말]을 클릭합니다.
- 머리말 또는 꼬리말을 삽입하면 화면은 쪽 윤곽으로 변경되며, 이 상태에서 머리말 영역과 꼬리말 영역을 더블 클릭하여 내용을 수정할 수 있습니다.
- 머리말과 꼬리말 입력이 끝나면 [머리말/꼬리말 닫기]를 클릭하여 본문 편집 상태로 돌아갈 수 있습니다.

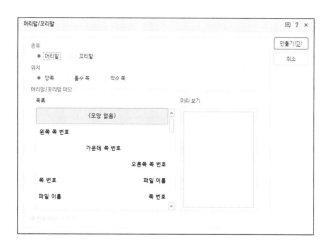

한자와 특수 문자 입력하기

- 한자로 변환할 글자 뒤를 클릭하고 [한자] 또는 [F9]를 누른 다음 해당 한자를 선택하고, 입력 형식을 선택합니다.
- 특수 문자는 [입력] 탭의 목록 단추를 클릭하여 [문자표]를 클릭하거나 [Ctrl]+[F10]을 누릅니다.
- [한글(HNC)문자표] 탭의 '전각 기호(일반)' 문자 영역에서 해당 문자를 선택하여 삽입합니다.

글자 모양 설정하기

- 글자를 블록 설정한 후 서식 도구 상자를 이용하거나 [Alt]+[L] 또는 마우스 오른쪽 버튼을 눌러 [글자 모양]을 선택합니다.
- [글자 모양] 대화상자의 [기본] 탭에서 '글꼴', '크기', '장평', '자간', '속성' 등을 설정할 수 있습니다.
- [확장] 탭에서 '그림자', '밑줄', '외곽선 모양', '강조점'을 설정할 수 있습니다.

 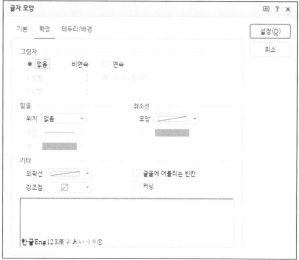

🔵 문단 모양 설정하기

- [서식] 또는 [편집] 탭에서 [문단 모양]을 클릭하거나 또는 마우스 오른쪽 버튼을 눌러 [문단 모양]을 클릭합니다.
- [문단 모양] 대화상자의 [기본] 탭에서 '정렬 방식', '여백', '들여쓰기/내어쓰기', '줄 간격', '문단 간격' 등을 설정할 수 있습니다.

🔵 덧말 넣기

- 덧말을 넣을 부분을 블록 설정하고 [입력] 탭의 목록 단추를 클릭해 [덧말 넣기]를 선택합니다.
- [덧말 넣기] 대화상자의 [덧말]에 내용을 입력하고 '덧말 위치'를 선택합니다. 덧말의 글자 크기와 색은 자동으로 설정되며 덧말 스타일을 설정할 수도 있습니다.
- 덧말을 수정하려면 덧말이 삽입된 내용 앞에 커서를 위치시키고 마우스 오른쪽 버튼을 눌러 [덧말 고치기]를 클릭하거나 덧말을 더블 클릭하면 [덧말 편집] 대화상자에서 수정할 수 있습니다.
- 덧말을 삭제하려면 덧말이 삽입된 내용 앞에 커서를 위치시키고 마우스 오른쪽 버튼을 눌러 [덧말 지우기]를 클릭합니다.

🔵 문단 첫 글자 장식하기

- 문단의 첫 글자를 클릭하고 [서식] 탭의 [문단 첫 글자 장식]을 클릭합니다.
- [문단 첫 글자 장식] 대화상자에서 '모양', '글꼴', '테두리', '선 종류', '면 색' 등을 설정할 수 있습니다.
- 문단 첫 글자 장식을 해제하려면 [문단 첫 글자 장식] 대화상자의 '모양'에서 '없음'을 선택합니다.

🍥 각주 삽입하기

- 각주를 넣을 단어의 뒤를 클릭하고 [입력] 탭의 [각주]를 클릭합니다.
- 페이지 하단의 각주 영역에 내용을 입력합니다.
- 주석 도구 모음에서 [번호 모양]을 클릭하면 각주 번호 모양을 변경할 수 있습니다.

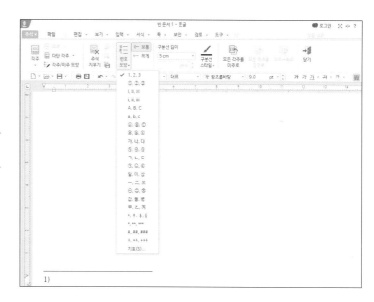

🍥 문단 번호 설정하기

- 문단 번호 설정은 [서식] 탭의 [문단 번호]의 목록 단추를 클릭하여 [문단 번호 모양]을 클릭합니다.
- 문단 번호와 글머리표, 그림 글머리표를 설정할 수 있습니다.
- [문단 번호/글머리표] 대화상자에서 [사용자 정의]를 클릭하면 문단 번호의 모양을 수준에 따라 각각 다르게 설정할 수 있습니다.

🍥 쪽 번호와 새 번호 넣기

- [쪽] 탭의 [쪽 번호 매기기]를 클릭합니다.
- [쪽 번호 매기기] 대화상자에서 '번호 위치'와 '번호 모양'을 선택할 수 있습니다.
- [쪽] 탭의 [새 번호로 시작]을 클릭하여 [새 번호로 시작] 대화상자에서 '시작 번호'를 변경할 수도 있습니다.

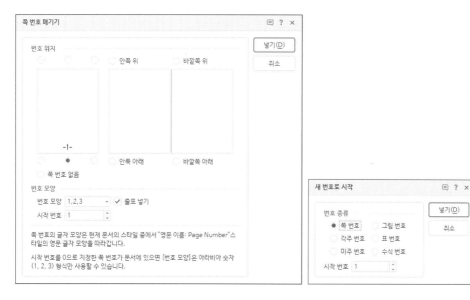

■ ■ 준비파일 : 출제유형\문서작성능력.hwp / 완성파일 : 출제유형\문서작성능력_완성.hwp

책갈피 기능과 하이퍼링크 기능을 활용하여 기능평가II와 문서작성 능력평가를 완성시킬 수 있어야 합니다.

다음의 ≪조건≫에 따라 ≪출력형태≫와 같이 문서를 작성하시오. (110점)

조건

(1) 그리기 도구를 이용하여 작성하고, 모든 도형(글맵시, 지정된 그림 포함)을 ≪출력형태≫와 같이 작성하시오.

(2) 도형의 면 색은 지시사항이 없으면, 색 없음을 제외하고 서로 다르게 임의로 지정하시오.

출력형태

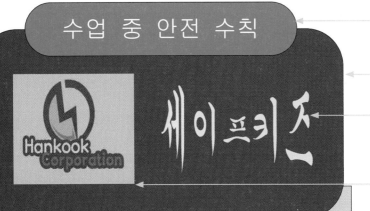

글상자 : 크기(90mm×17mm),
면 색(빨강),
글꼴(굴림, 22pt, 하양),
정렬(수평 · 수직-가운데)

크기(120mm×60mm)

글맵시 이용(나비넥타이),
크기(50mm×35mm),
글꼴(궁서, 노랑)

그림 위치(내 PC\문서\ITQ\
Picture\로고3.jpg, 문서에 포
함), 크기(40mm×35mm),
그림효과(회색조)

하이퍼링크 : 문서작성 능력평가의
"어린이 안전은 우리의 소중한 미래"
제목에 설정한 책갈피로 이동

 충분한 준비 운동

 실험 도구로 장난치지 않기

다 시약 냄새 맡지 않기

글상자 이용,
선종류(점선 또는 파선)
면 색(색 없음),
글꼴(돋움, 18pt),
정렬(수평 · 수직-가운데)

크기(130mm×90mm)

직사각형 그리기 : 크기(13mm×13mm),
면 색(하양), 글꼴(궁서, 20pt),
정렬(수평 · 수직-가운데)

직사각형 그리기 : 크기(8mm×20mm),
면 색(하양을 제외한 임의의 색)

출력형태

글꼴 : 돋움, 18pt, 진하게, 가운데정렬
책갈피 이름 : 안전, 덧말넣기

머리말 기능
궁서, 10pt, 오른쪽정렬 ➜ 어린이 안전

세이프 키즈 코리아
어린이 안전은 우리의 소중한 미래

문단 첫글자 장식 기능
글꼴 : 굴림, 면색 : 노랑

그림위치(내PC￦문서￦ITQ￦Picture￦그림4.jpg
자르기 기능 이용, 크기(40mm×35mm), 바깥여백 왼쪽 : 2mm

사고는 연령, 성별, 지역의 구분 없이 언제 어디서나 발생할 수 있지만, 어린이의 경우 안전에 대한 지식이나 사고 대처 능력 또는 지각 능력이 부족하여 사고가 사망으로 이어지는 일이 빈번하다. 우리나라에서도 매년 수많은 아동이 교통사고, 물놀이 사고, 화재 등 각종 안전사고로 목숨을 잃고 있다. 우리나라 1~9세 어린이 사망의 약 12.6%가 안전사고로 인해 발생하며, 전체 사망 원인 중 2위에 해당한다. 또한, 10~19세 어린이와 청소년 사망의 18.1%가 안전사고로 인해 발생하였으며, 전체 사망 원인 중 2위에 해당한다. 따라서 체계적이고 지속적인 안전 대책(對策)이 반드시 마련되어야 한다.

각주
세이프 키즈는 1988년 미국의 국립 어린이 병원을 중심으로 창립(創立)되어 세계 23개국이 함께 어린이의 안전을 위해 활동하는 비영리ⓐ 국제 어린이 안전 기구이다. 세이프 키즈 코리아는 세이프 키즈 월드와이드의 한국 법인으로 2001년 12월에 창립되었다. 국내 유일의 비영리 국제 어린이 안전 기구로서 어린이의 안전사고 유형 분석 및 유형별 예방법 제시, 각종 어린이 안전 캠페인 및 안전 교육 시행, 안전 교육 교재 개발 등을 통하여 어린이의 안전에 힘쓰고 있다.

♠ 자전거 타기 안전 수칙

글꼴 : 궁서, 18pt, 하양
음영색 : 파랑

　A. 자전거의 구조 알아두기
　　1. 경음기 : 위험을 알릴 때 사용한다.
　　2. 반사경 : 불빛에 반사되어 자전거가 잘 보이도록 한다.
　B. 자전거 타기 안전습관
　　1. 항상 자전거 안전모를 쓴다.
　　2. 횡단보도를 건널 때에는 자전거에서 내려 걷는다.

문단 번호 기능 사용
1수준 : 20pt, 오른쪽정렬,
2수준 : 30pt, 오른쪽정렬,
줄 간격 : 180%

♠ 세이프 키즈 코리아 활동 모델

글꼴 : 궁서, 18pt,
밑줄, 강조점

표 전체글꼴 : 돋움, 10pt, 가운데정렬,
셀 배경(그러데이션) : 유형(세로),
시작 색(하양), 끝 색(노랑)

구분	내용	비고
예방 대책 프로그램	어린이 사고 관련 데이터의 질적 향상	교통, 학교, 놀이, 화재, 전기, 가스, 식품, 약물 등 관련 사항
예방 대책 프로그램	사고 예방 교육 자료 개발 및 교육 활동 전략	교통, 학교, 놀이, 화재, 전기, 가스, 식품, 약물 등 관련 사항
현장 활동	실제 교육장에서의 어린이 안전 교육	교통, 학교, 놀이, 화재, 전기, 가스, 식품, 약물 등 관련 사항
현장 활동	체험 실습 안전 교육 및 각종 교육 캠페인	교통, 학교, 놀이, 화재, 전기, 가스, 식품, 약물 등 관련 사항
행정적 협조	자료수집 및 교육과 캠페인 활동을 수행하기 위한 행정협조	교통, 학교, 놀이, 화재, 전기, 가스, 식품, 약물 등 관련 사항

글꼴 : 굴림, 24pt, 진하게,
장평 : 105%, 오른쪽정렬

세이프키즈코리아

각주 구분선 : 5cm

ⓐ 자본의 이익을 추구하지 않는 대신 그 자본으로 특정 목적을 달성하는 것

쪽번호 매기기
5으로 시작 ➜ - 5 -

01 2페이지에 커서를 위치한 후 문단 번호를 제외하고 다음과 같이 문서를 입력합니다.

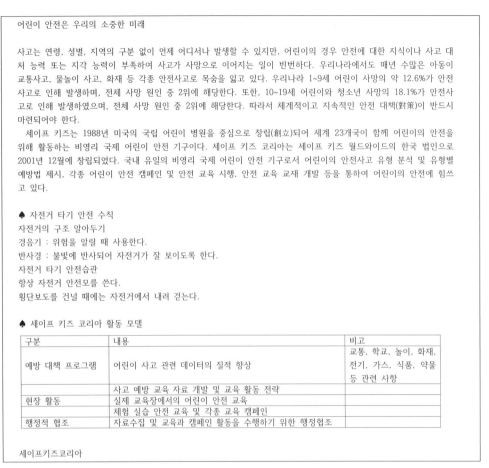

어린이 안전은 우리의 소중한 미래

사고는 연령, 성별, 지역의 구분 없이 언제 어디서나 발생할 수 있지만, 어린이의 경우 안전에 대한 지식이나 사고 대처 능력 또는 지각 능력이 부족하여 사고가 사망으로 이어지는 일이 빈번하다. 우리나라에서도 매년 수많은 아동이 교통사고, 물놀이 사고, 화재 등 각종 안전사고로 목숨을 잃고 있다. 우리나라 1~9세 어린이 사망의 약 12.6%가 안전 사고로 인해 발생하며, 전체 사망 원인 중 2위에 해당한다. 또한, 10~19세 어린이와 청소년 사망의 18.1%가 안전사고로 인해 발생하였으며, 전체 사망 원인 중 2위에 해당한다. 따라서 체계적이고 지속적인 안전 대책(對策)이 반드시 마련되어야 한다.

　세이프 키즈는 1988년 미국의 국립 어린이 병원을 중심으로 창립(創立)되어 세계 23개국이 함께 어린이의 안전을 위해 활동하는 비영리 국제 어린이 안전 기구이다. 세이프 키즈 코리아는 세이프 키즈 월드와이드의 한국 법인으로 2001년 12월에 창립되었다. 국내 유일의 비영리 국제 어린이 안전 기구로서 어린이의 안전사고 유형 분석 및 유형별 예방법 제시, 각종 어린이 안전 캠페인 및 안전 교육 시행, 안전 교육 교재 개발 등을 통하여 어린이의 안전에 힘쓰고 있다.

♠ 자전거 타기 안전 수칙
자전거의 구조 알아두기
경음기 : 위험을 알릴 때 사용한다.
반사경 : 불빛에 반사되어 자전거가 잘 보이도록 한다.
자전거 타기 안전습관
항상 자전거 안전모를 쓴다.
횡단보도를 건널 때에는 자전거에서 내려 걷는다.

♠ 세이프 키즈 코리아 활동 모델

구분	내용	비고
예방 대책 프로그램	어린이 사고 관련 데이터의 질적 향상	교통, 학교, 놀이, 화재, 전기, 가스, 식품, 약물 등 관련 사항
현장 활동	사고 예방 교육 자료 개발 및 교육 활동 전략	
	실제 교육장에서의 어린이 안전 교육	
행정적 협조	체험 실습 안전 교육 및 각종 교육 캠페인	
	자료수집 및 교육과 캠페인 활동을 수행하기 위한 행정협조	

세이프키즈코리아

02 책갈피를 삽입하기 위해 제목 앞에 커서를 두고 ❶[입력] 탭의 ❷[책갈피]를 클릭합니다. [책갈피] 대화상자에서 책갈피 이름에 ❸'안전'이라고 입력한 다음 ❹[넣기]를 클릭합니다.

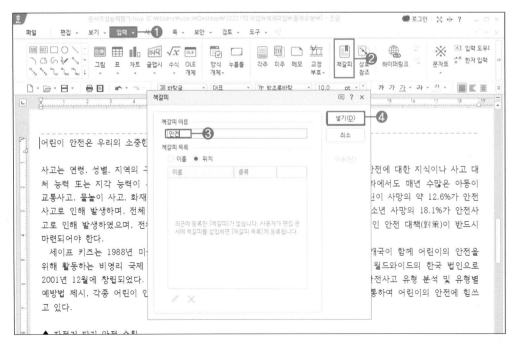

03 1페이지에서 하이퍼링크가 삽입될 ❶그림을 선택하고 ❷[입력] 탭의 [하이퍼링크]를 클릭합니다.

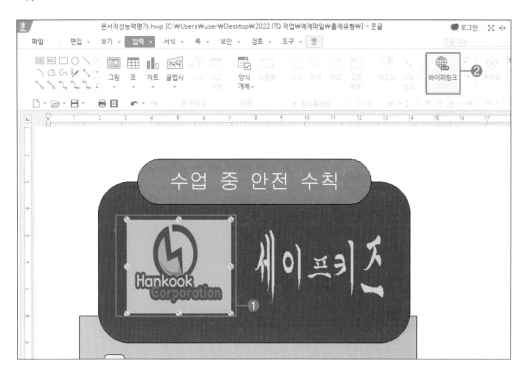

04 [하이퍼링크] 대화상자에서 ❶[한글 문서] 탭을 클릭하고 ❷'안전'을 선택하고 ❸[넣기]를 클릭합니다.

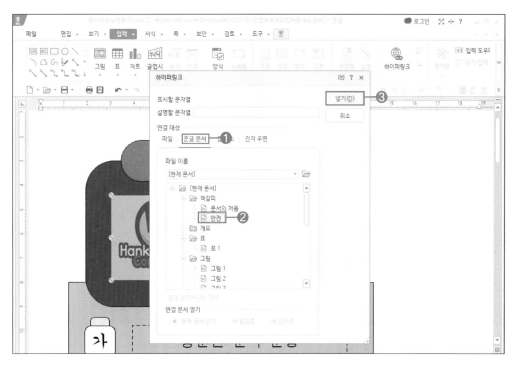

01 제목을 블록 설정한 다음 서식 도구 상자를 이용하여 ❶글꼴은 '돋움', 글자 크기는 '18pt', 속성은 '진하게', '가운데 정렬'로 설정합니다.

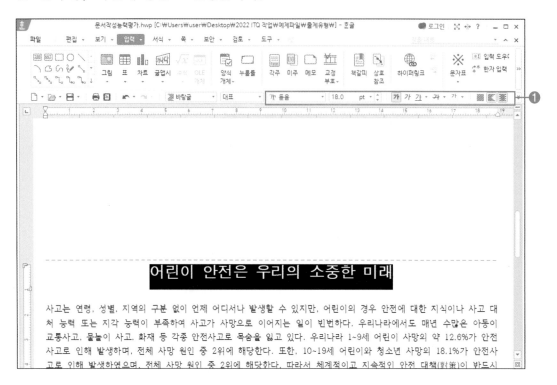

02 글자 모양이 지정된 상태에서 블록을 해제하지 않고 ❶[입력] 탭의 목록 단추를 클릭하여 ❷[덧말 넣기]를 클릭합니다. [덧말 넣기] 대화상자에서 덧말에 ❸'세이프 키즈 코리아'라고 입력하고 덧말 위치를 ❹'위'로 선택한 다음 ❺[넣기]를 클릭합니다.

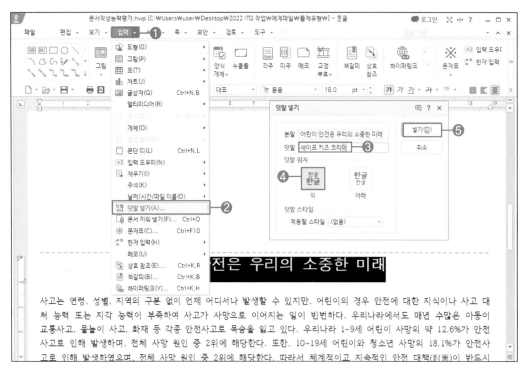

01 첫 번째 문단의 첫 글자 '사' 앞에 커서를 위치시키고 ❶[서식] 탭의 ❷[문단 첫 글자 장식]을 클릭합니다.

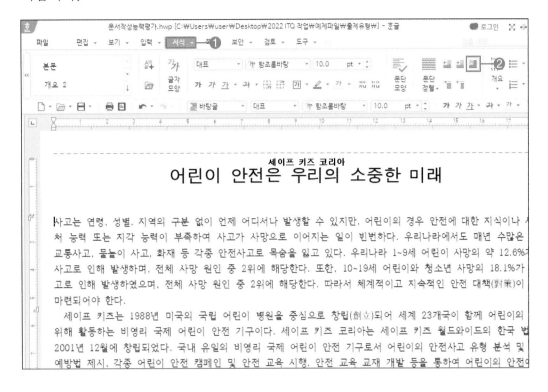

02 [문단 첫 글자 장식] 대화상자에서 ❶모양은 '2줄', ❷글꼴은 '굴림', ❸면 색은 '노랑'으로 지정하고 ❹[설정]을 클릭합니다.

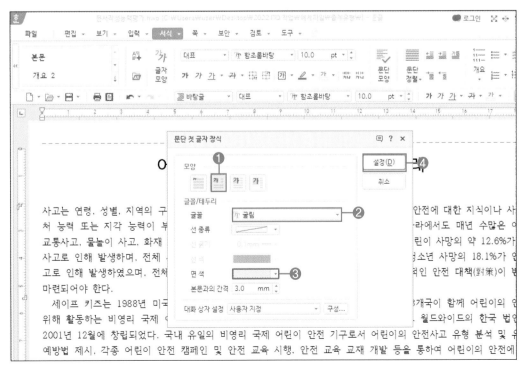

01 각주를 넣을 단어 ❶'비영리' 뒤에 커서를 놓고 [입력] 탭의 ❷[각주]를 클릭합니다.

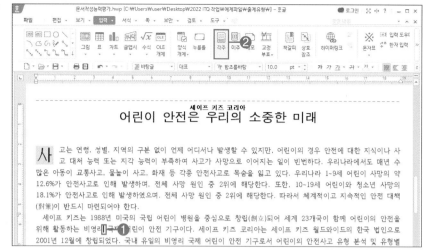

02 페이지 하단에 각주 영역이 자동으로 설정됩니다. 각주 영역에 ❶'자본의 이익을 추가하지 않는 대신 그 자본으로 특정 목적을 달성하는 것'이라고 입력한 다음 각주 도구 모음에서 ❷'번호 모양'을 'ⓐ, ⓑ, ⓒ'로 바꿉니다.

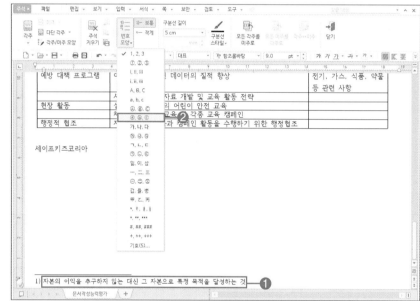

03 각주 내용에 블록을 설정한 후 ❶글꼴은 '함초롬바탕', 크기를 '10pt'로 변경한 후 ❷[닫기]를 클릭하거나 본문 영역을 클릭해도 됩니다.

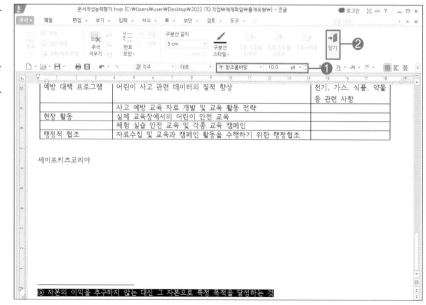

01 문서에 그림을 삽입하기 위해 ❶[입력] 탭의 ❷[그림]을 클릭합니다. [그림 넣기] 대화상자에서 [내 PC₩문서₩ITQ₩Picture] 폴더의 ❸'그림4.jpg' 파일을 선택한 다음 ❹'문서에 포함'과 '마우스로 크기 지정'에 체크하고 ❺[열기]를 클릭합니다.

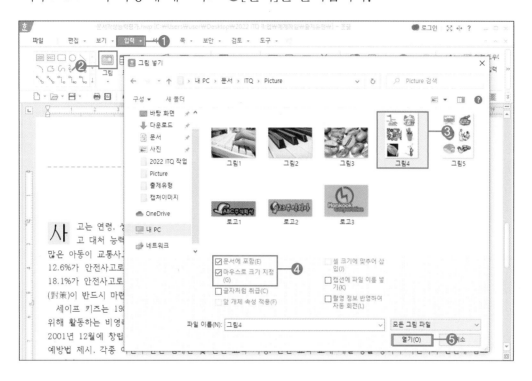

02 드래그하여 그림을 삽입하고 활성화된 [그림] 탭에서 ❶[자르기]를 클릭합니다. 테두리가 표시되면 마우스를 올려놓은 다음 ❷드래그하여 그림을 《출력형태》와 같이 자릅니다.

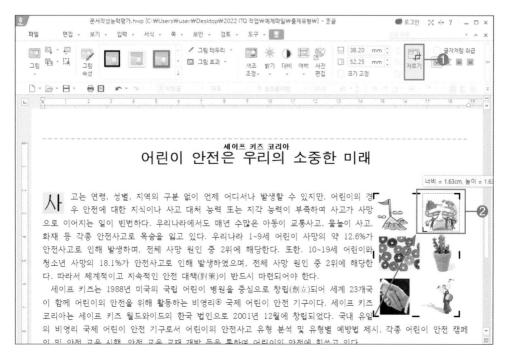

03 ❶그림을 더블 클릭하여 [개체 속성] 대화상자가 나타나면 ❷[기본] 탭의 크기에 ❸너비를 '40mm', 높이를 '35mm'로 입력하고 ❹'크기 고정'에 체크합니다. 본문과의 배치는 ❺'어울림'으로 선택합니다.

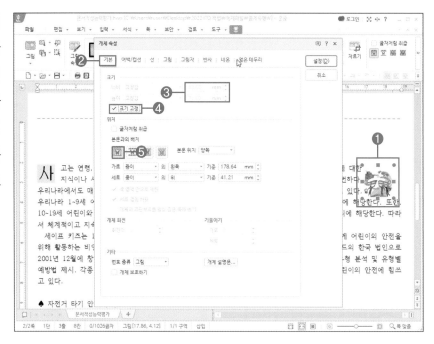

04 ❶[여백/캡션] 탭에서 바깥 여백 왼쪽에 ❷'2mm'로 입력한 다음 ❸[설정]을 클릭합니다.

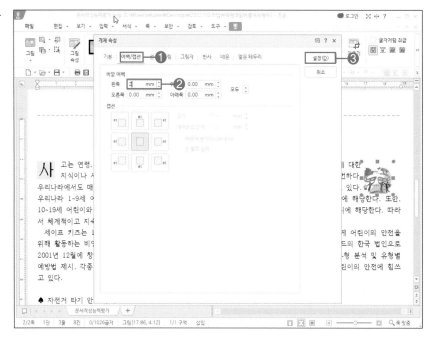

05 그림을 《출력형태》와 동일한 위치에 배치합니다.

세이프 키즈 코리아
어린이 안전은 우리의 소중한 미래

사고는 연령, 성별, 지역의 구분 없이 언제 어디서나 발생할 수 있지만, 어린이의 경우 안전에 대한 지식이나 사고 대처 능력 또는 지각 능력이 부족하여 사고가 사망으로 이어지는 일이 빈번하다. 우리나라에서도 매년 수많은 아동이 교통사고, 물놀이 사고, 화재 등 각종 안전사고로 목숨을 잃고 있다. 우리나라 1~9세 어린이 사망의 약 12.6%가 안전사고로 인해 발생하며, 전체 사망 원인 중 2위에 해당한다. 또한, 10~19세 어린이와 청소년 사망의 18.1%가 안전사고로 인해 발생하였으며, 전체 사망 원인 중 2위에 해당한다. 따라서 체계적이고 지속적인 안전 대책(對策)이 반드시 마련되어야 한다.

세이프 키즈는 1988년 미국의 국립 어린이 병원을 중심으로 창립(創立)되어 세계 23개국이 함께 어린이의 안전을 위해 활동하는 비영리ⓐ 국제 어린이 안전 기구이다. 세이프 키즈 코리아는 세이프 키즈 월드와이드의 한국 법인으로 2001년 12월에 창립되었다. 국내 유일의 비영리 국제 어린이 안전 기구로서 어린이의 안전사고 유형 분석 및 유형별 예방법 제시, 각종 어린이 안전 캠페인 및 안전 교육 시행, 안전 교육 교재 개발 등을 통하여 어린이의 안전에 힘쓰고 있다.

01 중간 제목을 블록 설정한 후 서식 도구 상자에서 ❶글꼴은 '궁서', 크기는 '18pt'로 지정합니다.

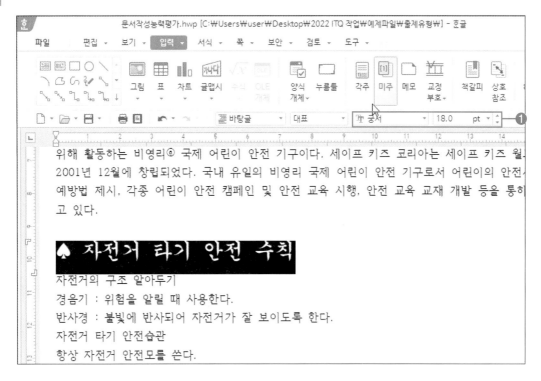

02 특수 문자를 제외한 중간 제목을 블록으로 지정한 다음 ❶[서식] 탭의 ❷[글자 모양]을 클릭합니다. [글자 모양] 대화상자에서 ❸[기본] 탭의 글자 색은 '하양', 음영 색은 '파랑'으로 지정하고 ❹ [설정]을 클릭합니다.

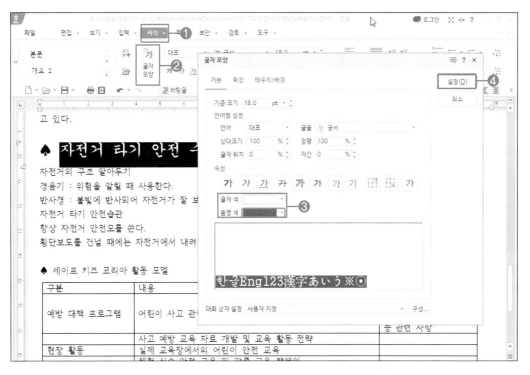

03 문단 번호를 지정할 범위를 블록 설정한 다음 ❶[서식] 탭의 ❷[문단 번호]의 목록 단추를 클릭하여 ❸[문단 번호 모양]을 클릭합니다.

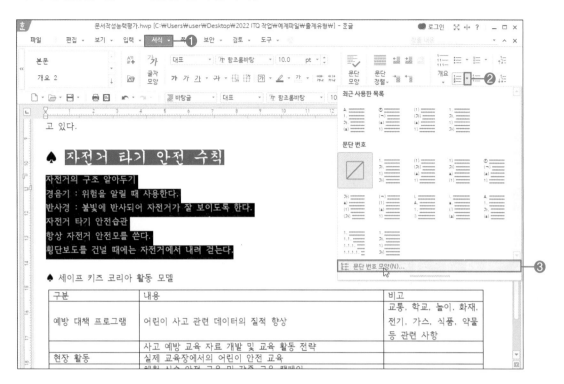

04 [글머리표 및 문단 번호] 대화상자에서 [문단 번호] 탭의 문단 번호 모양에서 ≪출력형태≫와 비슷한 ❶'A,1,가,(a)..'를 선택하고 ❷[사용자 정의]를 클릭합니다.

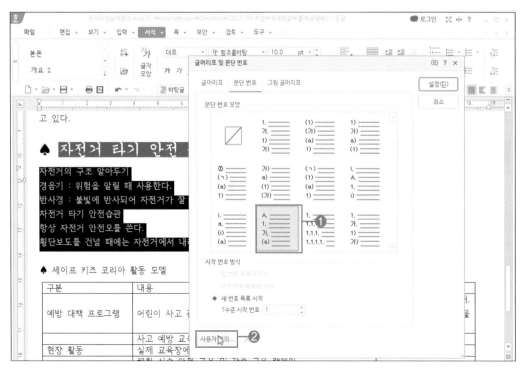

05 [문단 번호 사용자 정의 모양] 대화상자에서 1수준의 ❶너비를 '20'으로 지정하고 ❷정렬을 '오른쪽'으로 설정합니다.

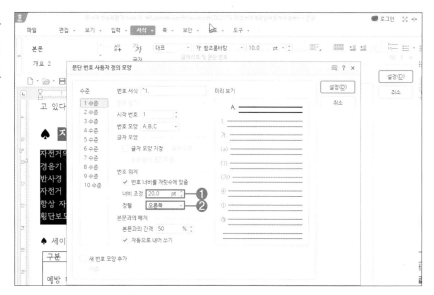

06 [문단 번호 사용자 정의 모양] 대화상자에서 수준을 ❶'2수준'으로 선택하고 현재 번호 모양을 클릭하여 ❷'1,2,3'로 선택합니다.

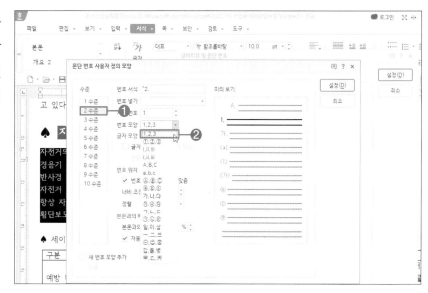

07 '2수준'의 너비를 ❶'30'으로 지정하고 ❷정렬을 '오른쪽'으로 설정하고 ❸[설정]을 클릭합니다.

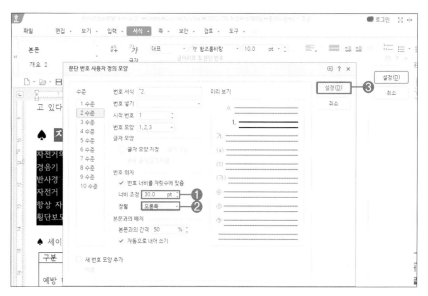

08 ❶등록한 문단 번호를 선택하고 [글머리표 및 문단 번호] 대화상자에서 ❷[설정]을 클릭합니다.

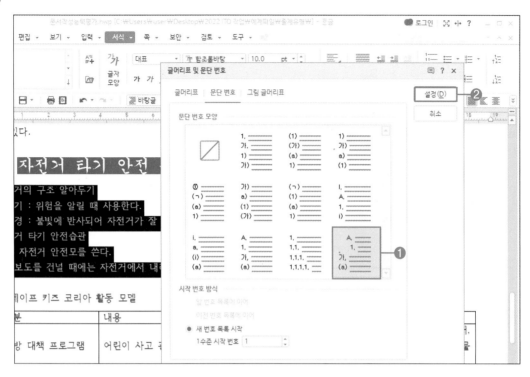

09 두 번째 단락의 2수준을 넣기 위해 다음과 같이 블록으로 범위를 지정한 후 ❶[서식] 탭의 ❷[한 수준 감소]를 클릭하여 문단 수준을 감소합니다.

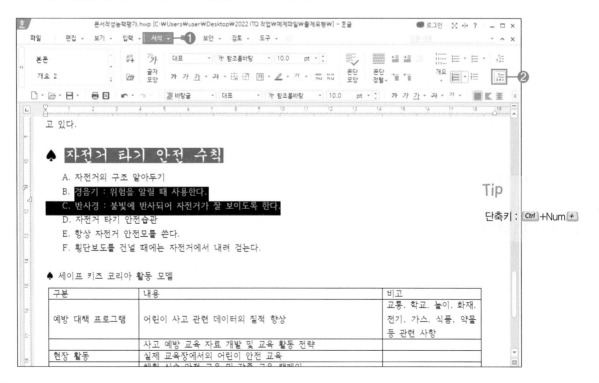

Tip

단축키 : Ctrl +Num +

10 같은 방법으로 아래에도 블록으로 설정한 다음 ❶[서식] 탭의 ❷[한 수준 감소]를 클릭하여 문단 수준을 감소합니다.

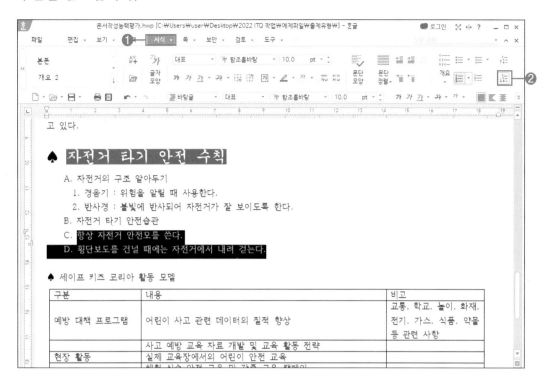

11 다음과 같이 블록을 설정하고 서식 도구 상자에 ❶줄 간격을 '180%'으로 설정합니다.

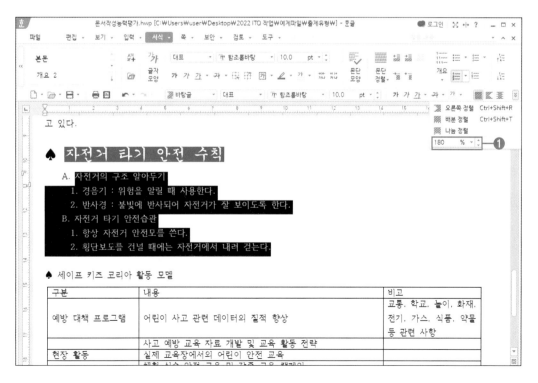

01 중간 제목을 블록 설정한 후 서식 도구 상자에서 ❶글꼴 은 '궁서', 크기는 '18pt'로 지정합니다.

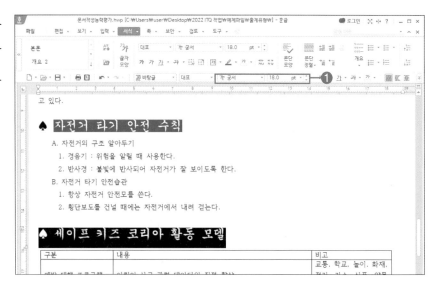

02 특수 문자를 제외한 중간 제목을 블록 설정한 다음 ❶[서식] 탭의 ❷[글자 모양]을 클릭합니다. [글자 모양] 대화상자에서 [기본] 탭에서 ❸속성을 '밑줄'로 선택하고 ❹[설정]을 클릭합니다.

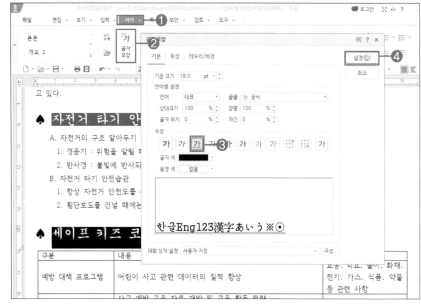

03 강조점을 넣을 범위를 블록 설정한 다음 ❶[서식] 탭의 ❷[글자 모양]을 클릭합니다. [글자 모양] 대화상자의 [확장] 탭에서 ≪출력형태≫ 와 같은 ❸강조점을 선택하고 ❹[설정]을 클릭합니다.

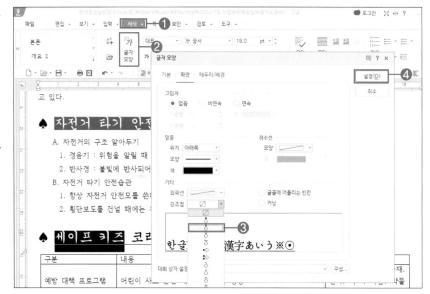

04 표 안을 전체 드래그하여 서식 도구 상자에서 ❶글꼴을 '돋움', 글자 크기를' 10pt', 정렬은 '가운데 정렬'로 설정합니다.

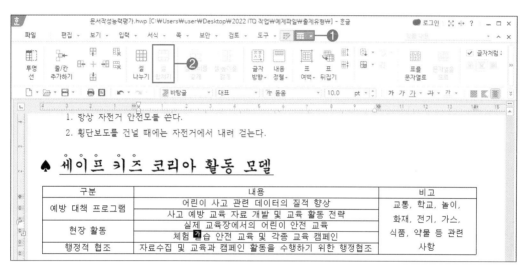

05 셀을 블록 설정한 후 [표 레이아웃] 탭의 [셀 합치기]를 클릭하여 ≪출력형태≫와 같이 셀을 병합합니다.

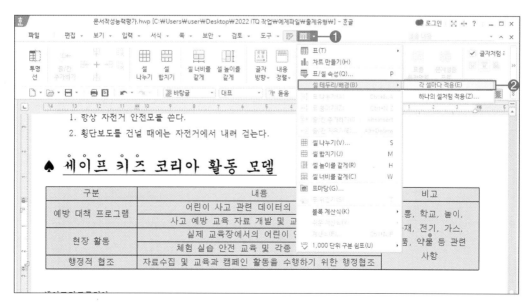

06 셀을 블록 설정한 후 셀 높이를 적당히 조절한 다음, ❶[표 레이아웃] 탭 목록 단추를 클릭하여 ❷'셀 테두리/배경'-'각 셀마다 적용'을 클릭합니다.

07 [셀 테두리/배경] 대화상자의 [테두리] 탭에서 테두리 종류를 ❶'이중 실선'으로 선택하고 적용 위치는 ❷'바깥쪽'을 선택하고 ❸[적용]을 클릭합니다.

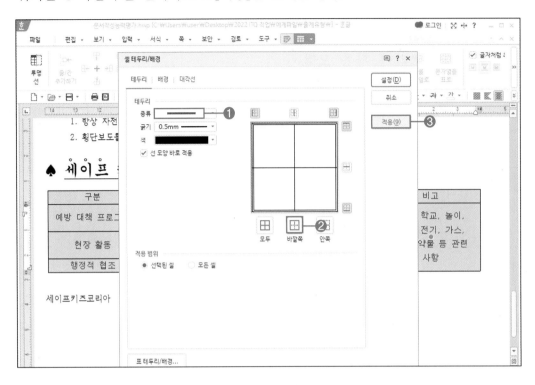

08 양쪽 옆 테두리를 투명으로 하기 위해 다시 테두리 종류에서 ❶'선 없음'을 선택하고 적용 위치를 ❷'왼쪽'과 '오른쪽'을 클릭한 다음 ❸[설정]을 클릭합니다.

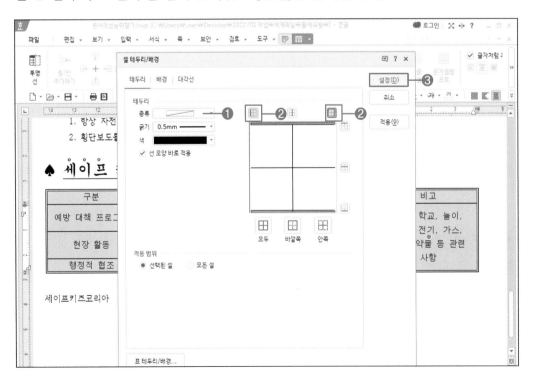

09 첫 행을 드래그하여 블록 설정한 다음 마우스 오른쪽 버튼을 눌러 ❶[셀 테두리/배경]의 ❷[각 셀마다 적용]을 클릭합니다.

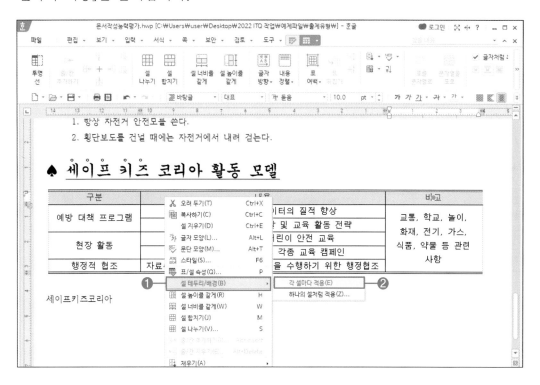

10 [셀 테두리/배경] 대화상자의 [테두리] 탭에서 테두리 종류를 ❶'이중 실선'으로 선택하고 적용 위치는 ❷'아래쪽'을 선택한 후 ❸[배경] 탭을 클릭합니다.

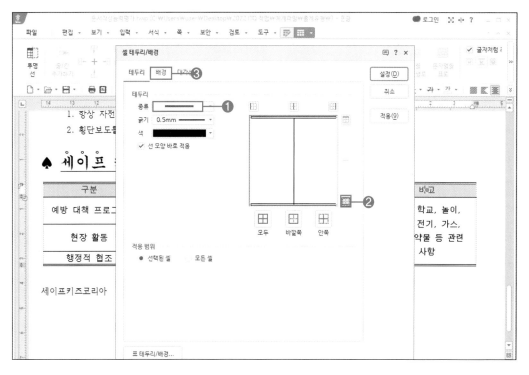

11 [배경] 탭에서 ❶'그러데이션'에 체크하고 ❷시작 색을 '하양', 끝 색을 '노랑', 유형을 ❸'세로'로 설정하고 ❹[설정]을 클릭합니다.

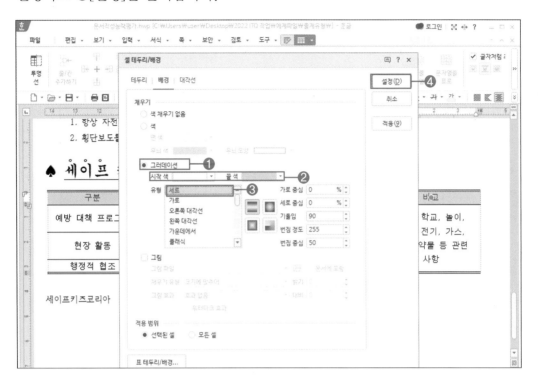

12 문서 마지막 ❶'세이프키즈코리아'를 블록 설정한 후 서식 도구 상자에서 정렬을 ❷'가운데 정렬'로 지정합니다. 문서의 마지막 기관명에 장평과 자간을 지정하기 위해 ❸[서식] 탭의 ❹[글자 모양]을 클릭합니다. [기본] 탭에서 ❺글꼴을 '굴림', 크기를 '24pt', 장평은 '105%', 속성은 '진하게'로 설정한 다음 ❻[설정]을 클릭합니다.

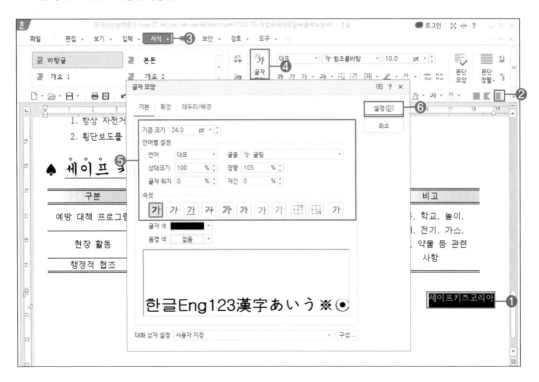

01 제목 앞에 커서를 위치시키고 ❶[쪽] 탭의 ❷[머리말]을 클릭한 후 ❸[머리말/꼬리말]을 선택합니다.

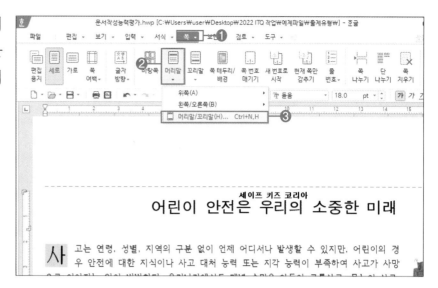

02 [머리말/꼬리말] 대화상자에서 ❶종류를 '머리말'로 선택하고 ❷[만들기]를 클릭합니다.

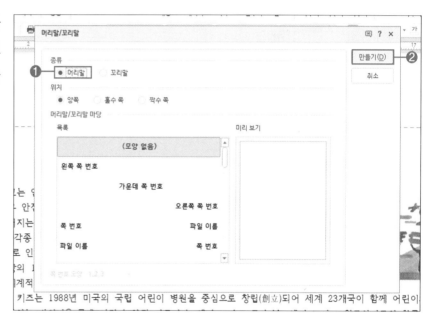

03 머리말(양쪽) 영역에 ≪출력형태≫와 같이 '어린이 안전'이라고 입력한 다음 블록 설정합니다. 서식 도구 상자에서 ❶글꼴은 '궁서', 크기는 '10pt', 정렬은 '오른쪽 정렬'로 지정한 다음 ❷[머리말/꼬리말 닫기]를 클릭합니다.

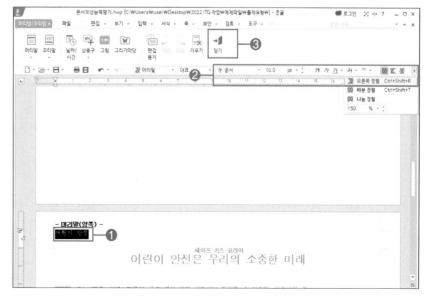

01 ❶[쪽] 탭의 ❷[쪽 번호 매기기]를 클릭합니다. [쪽 번호 매기기] 대화상자의 ❸번호 위치를 '오른쪽 아래', ❹번호 모양을 '1, 2, 3'으로 선택하고 ❺[넣기]를 클릭합니다.

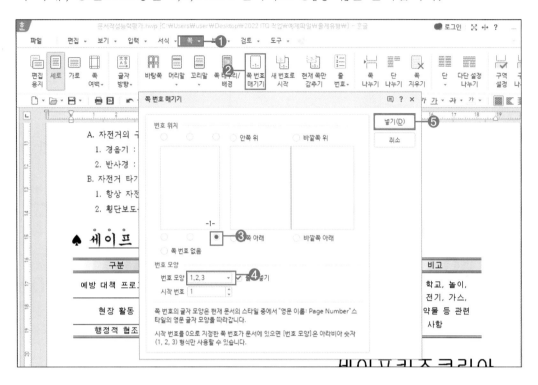

02 쪽 번호를 수정하기 위해 ❶[쪽] 탭의 ❷[새 번호로 시작]을 클릭합니다. [새 번호로 시작] 대화상자에서 ❸시작 번호를 '5'로 수정한 후 ❹[넣기]를 클릭합니다.

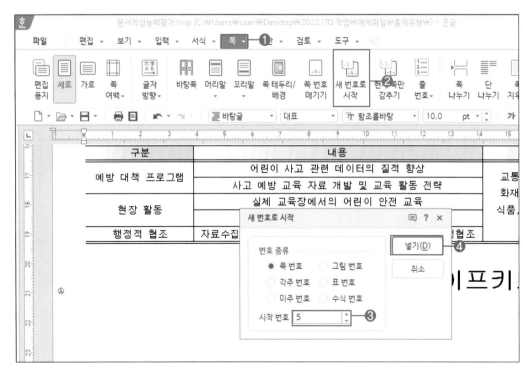

03 1페이지의 쪽 번호를 숨기기 위해 커서를 1페이지로 이동합니다. ❶[쪽] 탭의 ❷[현재 쪽만 감추기]를 클릭합니다. [감추기] 대화상자에서 ❸'쪽 번호'에 체크하고 ❹[설정]을 클릭합니다.

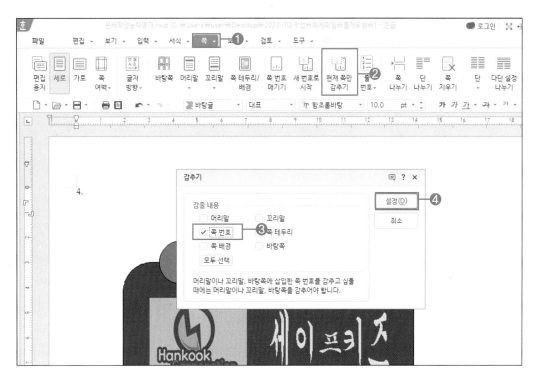

04 완성된 문서를 Alt + S 를 눌러 저장합니다.

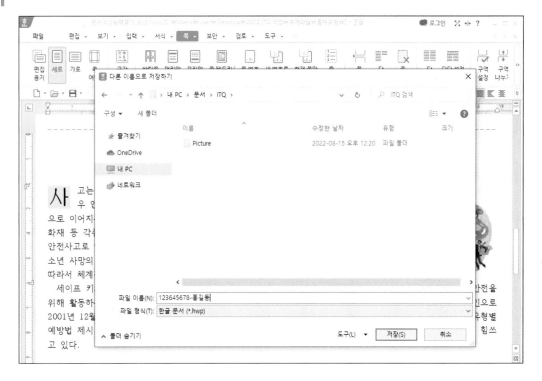

■ ■ 완성파일 : 실력팡팡₩문서작성1_완성.hwp

01 다음의 ≪조건≫에 따라 ≪출력형태≫와 같이 문서를 작성하시오. (110점)

조건 (1) 그리기 도구를 이용하여 작성하고, 모든 도형(글맵시, 지정된 그림 포함)을 ≪출력형태≫와 같이 작성하시오.
(2) 도형의 면 색은 지시사항이 없으면, 색 없음을 제외하고 서로 다르게 임의로 지정하시오.

출력형태

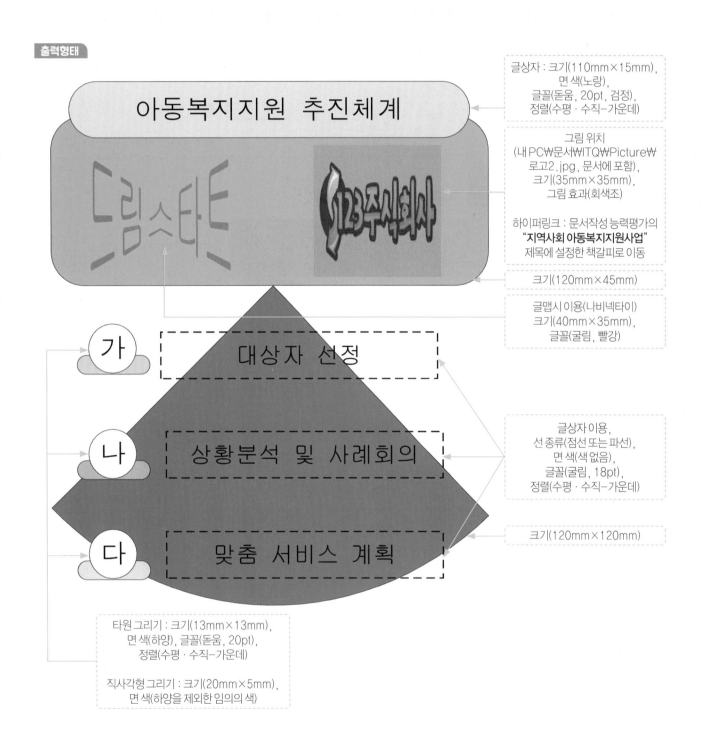

글상자 : 크기(110mm×15mm),
면 색(노랑),
글꼴(돋움, 20pt, 검정),
정렬(수평 · 수직–가운데)

그림 위치
(내 PC₩문서₩ITQ₩Picture₩
로고2.jpg, 문서에 포함),
크기(35mm×35mm),
그림 효과(회색조)

하이퍼링크 : 문서작성 능력평가의
"지역사회 아동복지지원사업"
제목에 설정한 책갈피로 이동

크기(120mm×45mm)

글맵시 이용(나비넥타이)
크기(40mm×35mm),
글꼴(굴림, 빨강)

글상자 이용,
선 종류(점선 또는 파선),
면 색(색 없음),
글꼴(굴림, 18pt),
정렬(수평 · 수직–가운데)

크기(120mm×120mm)

타원 그리기 : 크기(13mm×13mm),
면 색(하양), 글꼴(돋움, 20pt),
정렬(수평 · 수직–가운데)

직사각형 그리기 : 크기(20mm×5mm),
면 색(하양을 제외한 임의의 색)

글꼴 : 궁서, 21pt, 진하게, 가운데 정렬
책갈피이름 : 아동복지, 덧말넣기

머리말 기능
돋움, 10pt, 오른쪽 정렬 → 우주센터 건설

아동통합서비스
지역사회 아동복지지원사업

문단 첫글자 장식 기능
글꼴 : 돋움, 면색 : 노랑

그림위치(내 PC₩문서₩ITQ₩Picture₩그림5.jpg, 문서에 포함
자르기 기능 이용, 크기(40mm×30mm), 바깥 여백 왼쪽 : 2mm

지역아동센터는 1985년부터 도시의 빈곤밀집 지역과 농산어촌을 중심으로 지역사회 안에서 안전한 보호를 받지 못하는 아동들을 위한 공부방 활동을 중심으로 생겨나기 시작하였다. 정부는 이러한 공부방을 공적(公的) 전달체계로 구축하기 위해 2004년 1월 29일 아동복지법을 개정하여 지역아동센터를 아동복지시설로 규정하고 지원을 시작하였다.

각주 기존의 사후치료적인 서비스를 대신 사전 예방적이고 능동적인 복지를 추구하고자 하는 드림스타트 사업㉮은 취약지역에 거주하는 만 12세 이하 저소득층 아동가구 및 임산부를 대상으로 집중적이고 예방적인 통합서비스를 통해 공평한 출발기회를 보장하고, 나아가 빈곤의 대물림을 방지하기 위한 종합적인 아동복지정책이다. 즉, 기초수급 또는 차상위계층 등 사회적 위기에 직면하고 있는 가구 및 아동에 대해 아이들에게는 건강, 복지, 보육 등 맞춤형 통합서비스를, 부모들에게는 부모 교육프로그램 실시 및 직업훈련과 고용촉진 서비스를 연계하여 아동의 전인적(全人的) 발달을 도모함과 동시에 가족기능을 회복시켜 안정적이고 공평한 양육여건을 보장하는 프로그램들로 구성되어 있다.

◆ 아동복지시설 인프라 확충

글꼴 : 굴림, 18pt, 하양
음영색 : 파랑

　A. 아동복지시설 보호
　　① 시설종사자 처우개선 및 종사자의 2교대 근무 실시
　　② 지역특성에 맞는 효율적 집행을 위해 운영자의 자율성 강화
　B. 아동공동생활가정(그룹홈)
　　① 2010년 그룹홈수는 416개소 계속 증가추세
　　② 그룹홈의 운영 활성화 및 내실화를 위해 컨설팅 실시

문단 번호 기능 사용
1수준 : 20pt, 오른쪽 정렬,
2수준 : 30pt, 오른쪽 정렬,
줄 간격 : 180%

◆ 복지시설 퇴소 아동자립지원

글꼴 : 굴림, 18pt,
기울임, 강조점

표 전체글꼴 : 돋움, 10pt, 가운데 정렬,
셀 배경(그러데이션) : 유형(왼쪽 대각선),
시작 색(하양), 끝 색(노랑)

자립서비스	세부지원내용	계획 수립 진행
정착금지원	퇴소 후 기초비용으로 월 100-500만원 제공	- 만 15세가 되면 퇴소 후
주거지원	전세자금 우선지원, 공동생활가정 입주 지원	대비책 수립
	영구임대 우선분양	- 직업훈련체험, 직업관련
	취업 후 일정기간 자립지원시설 거주 가능	정보제공 등이 퇴소전까지
취업지원	폴리텍대학 입학 우선기회 부여	이루어짐
	뉴스타트 프로젝트 지원	

- 이밖에도 아동 및 장애인의 실종 예방 및 실종가족의 지원마련대책을 모색하고 있다.

아동복지정책지원국

글꼴 : 돋움, 25pt, 진하게,
장평 : 110%, 가운데 정렬

각주 구분선 : 5cm

㉮ 2012년 현재 전국 232개 지역에서 사업진행 중으로 계속 확대해 나갈 예정

쪽번호 매기기
2로 시작

■ ■ 완성파일 : 실력팡팡₩문서작성3_완성.hwp

02 다음의 ≪조건≫에 따라 ≪출력형태≫와 같이 문서를 작성하시오. (110점)

조건 (1) 그리기 도구를 이용하여 작성하고, 모든 도형(글맵시, 지정된 그림 포함)을 ≪출력형태≫와 같이 작성하시오.

(2) 도형의 면 색은 지시사항이 없으면, 색 없음을 제외하고 서로 다르게 임의로 지정하시오.

출력형태

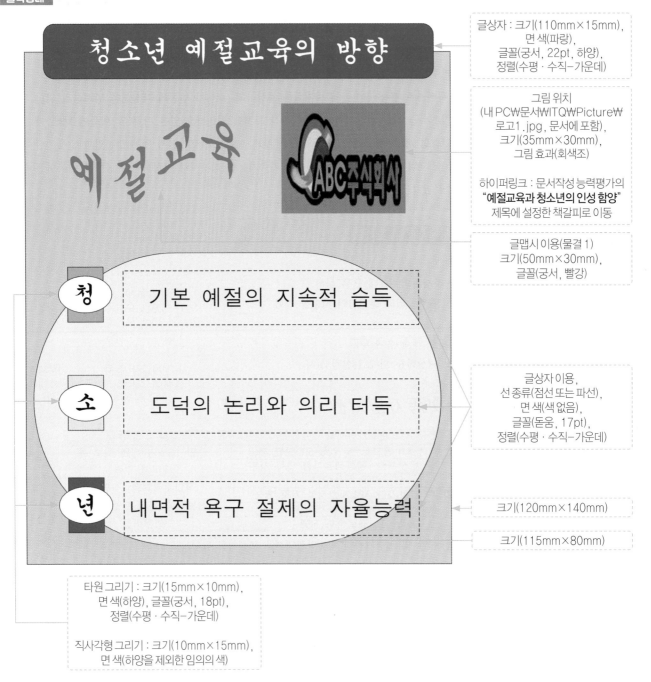

글상자 : 크기(110mm×15mm),
면 색(파랑),
글꼴(궁서, 22pt, 하양),
정렬(수평 · 수직−가운데)

그림 위치
(내 PC₩문서₩ITQ₩Picture₩
로고1.jpg, 문서에 포함),
크기(35mm×30mm),
그림 효과(회색조)

하이퍼링크 : 문서작성 능력평가의
"예절교육과 청소년의 인성 함양"
제목에 설정한 책갈피로 이동

글맵시 이용(물결 1)
크기(50mm×30mm),
글꼴(궁서, 빨강)

글상자 이용,
선종류(점선 또는 파선),
면 색(색없음),
글꼴(돋움, 17pt),
정렬(수평 · 수직−가운데)

크기(120mm×140mm)

크기(115mm×80mm)

타원 그리기 : 크기(15mm×10mm),
면 색(하양), 글꼴(궁서, 18pt),
정렬(수평 · 수직−가운데)

직사각형 그리기 : 크기(10mm×15mm),
면 색(하양을 제외한 임의의 색)

출력형태

글꼴 : 궁서, 20pt, 진하게, 가운데 정렬
책갈피 이름 : 예절교육, 덧말넣기

문단 첫글자 장식 기능
글꼴 : 돋움, 면색 : 노랑

예절캠페인
예절교육과 청소년의 인성 함양

그림위치(내 PC\문서\ITQ\Picture\그림4.jpg, 문서에 포함
자르기 기능 이용, 크기(40mm×30mm), 바깥여백 왼쪽 : 2mm

청소년은 미래의 주인공이라는 사실은 아무리 강조해도 지나치지 않을 것이다. 이렇듯 우리나라는 물론 세계를 이끌어 갈 바람직한 인재를 육성하기 위해 학교 교육과 더불어 바른 인성을 함양하고 건강한 정서를 형성할 수 있는 제도적 장치가 필요하다 하겠다. 요즘처럼 세계화의 흐름 속에서 청소년들이 외래문화(外來文化)의 무분별한 유입으로 발생하는 정서적인 불안정이나 문화적인 갈등을 극복하기 위해서는 가정과 학교 그리고 사회에서 반드시 필요한 예절과 규범 등의 체계적인 교육이 수반되어야 한다. 일례로 학교 폭력을 예방하고 문제 청소년을 교화하는 등 인성 회복과 인간관계의 근본적인 이해에 역점을 두어야 한다. 아울러 다양한 예절교육 프로그램을 시행하여 올바른 사고와 가치관을 정립시켜 나눔을 실천하는 긍정적이고 미래지향적인 개체로 거듭나도록 지도해야 할 것이다.

각주

이와 함께 전통과 현대의 조화를 위한 예절교육 프로그램을 통해 소외된 결손가정Ⓐ의 아이들에게 예절과 공중도덕을 체계적으로 교육해야 한다. 산업화와 정보화 등으로 의사소통이 단절되어 가는 삭막한 사회에서 조상(祖上)의 예절문화를 청소년들에게 교육함으로써 인격과 예의 그리고 건전한 풍속의 기초를 다지고자 한다.

▶ 예절교육의 기본 내용

글꼴 : 돋움, 18pt, 하양
음영색 : 빨강

가) 교육 내용
　　a) 예절의 기원 : 동방예의지국, 한국의 예의 문화
　　b) 가정예절, 학교예절, 전통예절, 사회예절, 질서와 환경
나) 예절 캠페인 실시
　　a) 올바른 질서의식 함양을 위한 예절교육
　　b) 교육 후 예절 실천운동의 필요성을 알리는 캠페인 실시

문단 번호 기능 사용
1수준 : 15pt, 오른쪽 정렬,
2수준 : 25pt, 오른쪽 정렬,
줄 간격 : 180%

▶ 청소년 예절교육 프로그램 개요

글꼴 : 돋움, 18pt,
밑줄, 강조점

표 전체글꼴 : 굴림, 10pt, 가운데 정렬,
셀 배경(그러데이션) : 유형(수평),
시작 색(노랑), 끝 색(하양)

과목	내용	시간	과목	내용	시간
가정예절	부모를 향한 효도	4시간	학교예절	스승을 향한 존경심	5시간
	형제자매 간의 예절			급우와 이성 간의 예절	
	뿌리 찾기			수업 중 예절	
전통예절	한복 바로 입기	7시간	질서와 환경	함께 사는 지구	2시간
	올바른 절하기			질서 준수	
	관혼상제 예절			자연과 환경 보호	

- 본 프로그램은 전국 초등학교와 중학교의 강당이나 별도의 시설에서 실시됩니다.

청소년예절문화원

글꼴 : 궁서, 24pt, 진하게,
장평 : 120%, 가운데 정렬

각주 구분선 : 5cm

Ⓐ 부모의 한쪽 또는 양쪽이 부재하여 미성년인 자녀를 제대로 돌보지 못하는 가정

쪽 번호 매기기
5로 시작

- E -

■ ■ 완성파일 : 실력팡팡₩문서작성3_완성.hwp

03 다음의 ≪조건≫에 따라 ≪출력형태≫와 같이 문서를 작성하시오. (110점)

조건 (1) 그리기 도구를 이용하여 작성하고, 모든 도형(글맵시, 지정된 그림 포함)을 ≪출력형태≫와 같이 작성하시오.
(2) 도형의 면 색은 지시사항이 없으면, 색 없음을 제외하고 서로 다르게 임의로 지정하시오.

출력형태

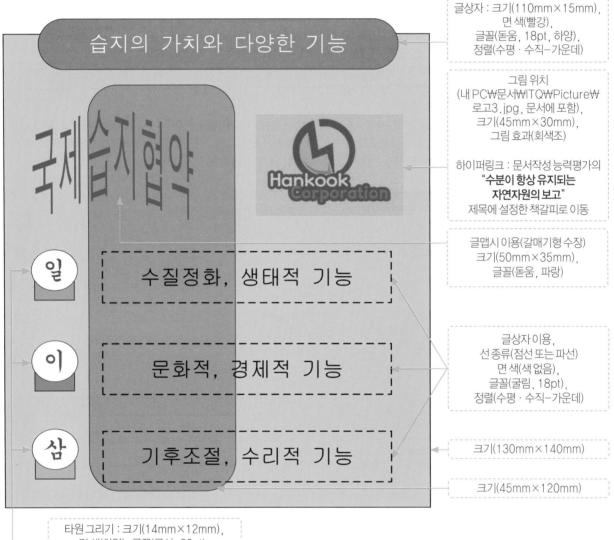

출력형태

수분이 항상 유지되는 자연자원의 보고

습지는 물이 흐르다 불투수성 내지는 흐름이 정체되어 오랫동안 고이는 과정을 통하여 생성된 지역으로서 생산과 소비의 균형(均衡)을 갖추고 다양한 생명체를 키우는 완벽한 하나의 생태계이다. 많은 생명체에게 서식처를 제공하고 더불어 습지의 생명체들은 생태계를 안정된 수준으로 유지하는 역할을 한다. 습지는 자연적인 것도 인공적인 것도 포함하며, 또한 영속적인 것이나 일시적인 것이나, 물이 체류하고 있거나 흐르고 있거나, 혹은 담수이건 기수이건 염수이건 간에 습원이나 소택지, 이탄지, 혹은 하천이나 호소 등의 수역으로, 수심이 간조 시에 6m를 넘지 않는 해역을 포함한다.

이러한 습지㉠(濕地)는 지구의 수많은 물리, 화학, 유전인자의 원천이자 저장소이며 변화의 산실로서 인류에게 매우 중요한 환경이다. 습지는 자연현상 및 인간의 활동으로 발생한 유기질과 무기질을 변화시키고, 수문, 수리, 화학적 순환 과정에서 자연적으로 수질을 정화한다. 습지는 홍수와 해안 침식 방지, 지하수 충전을 통한 지하수량 조절의 역할을 담당하며, 다양한 종류의 동식물군이 아름답고도 특이한 심미적 경관을 만들어 낸다.

● 습지에 관한 람사협약

가) 람사협약(Ramsar Convention) 가입 필요성
　a) 물새 서식지 및 야생조수 보호를 위한 국제적 노력에 동참
　b) 자료수집, 정보교류, 공동연구 등의 사무국 및 체약국 간 협조 용이
나) 람사협약 가입 당사국의 의무
　a) 가입국은 협약 가입 시 1개 이상의 국내 습지 지정
　b) 람사습지로 지정된 습지의 추가 또는 축소 시 사무국에 통보

● 습지의 분류

분류	아계	장소	분류	아계	장소
연안습지	연안	도서지방 조간대	내륙습지	하천	하구를 제외한 강의 주변
	하구	바다로 흐르는 강의 하구		호소	저수지
	호소/소택	석호		소택	배후습지 및 고산습지
	만조 때 물에 잠기고 간조 때 드러나는 지역			육지 또는 섬 안에 있는 호소와 하구	

- 출처 : 국립환경연구원. 습지의 이해. 2001

세계 습지의 날

㉠ 하천, 연못, 늪으로 둘러싸인 습한 땅으로 자연적인 환경에 의해 항상 수분이 유지되는 곳

- ⑥ -

기출 · 예상 문제 15회

Hangul 2C

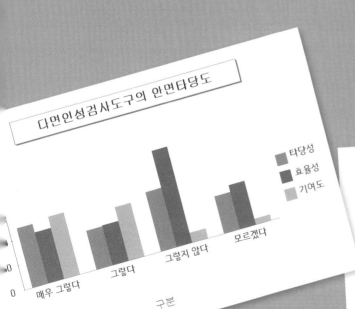

다면인성검사도구의 안면타당도

연도별 S/W 판매 현황(단위 : 천

구분	2015년	2016년	2017년	2018년	2019년
					4,900
오피스	2,600	4,400	6,900	8,200	7,900
그래픽	500	760	800	900	3,900
전산회계	1,400	2,200	3,500	5,700	
합계	4,500	7,360	11,200	14,800	

The best and most beautiful things in the world cannot be seen of even touched. They must be felt with the heart.

세상에서 가장 아름답고 소중한 것은 보이거나 만져지지 않는다. 단지 가슴으로만 느낄 수 있다.

20

습지의 기능
수분이 항상 유지되는 자연자원의 보고

습 지는 물이 흐르다 불투수성 내지는 흐름이 정체되어 오랫동안 고이는 과정을 통하여 생성된 지역으로서 생산과 소비의 균형(均衡)을 갖추고 다양한 생명체를 기 명체들은 생태계를 안정된 영속적인 수준으로 유지하는 역할을 한다. 습지는 자연적인 것이나 인공 르고 있거나, 혹은 담수이건 기수이건 염수이건 간에 6m를 넘지 않는 해역을 포함한다. 적인 것도 포함하며, 또한 일시적인 것이나, 습원이나 소택지, 이탄지, 혹은 하 하여 완벽한 하나의 생태계를 갖추고 생명체에게 서식처를 제공하고 자연적인 것도 인공 천이나 호소 등의 수역으로, 수심이 수많은 물리, 화학, 유전인자의 원천이자 저장소이며 변화의 산실로서 인류에게 매우 이러한 습지(여기 地)는 지구의 수많은 물리, 화학, 유전인자의 원천이자 무기질을 변화시키고, 수문, 수리, 화학적 순 중요한 환경이다. 습지는 자연적으로 수질을 정화한다. 습지는 홍수의 해안 침식 방지, 지하수 충전을 통한 지하수량 조절의 역할 환 과정에서 자연적으로 수질을 정화한다. 습지는 홍수의 해안 침식 방지, 특이한 심미적 경관을 만들어 낸다. 을 담당하며, 다양한 종류의 동식물군이 어울림고도 특이한 심미적 경관을 만들어 낸다.

습지에 관한 람사협약
● 람사협약(Ramsar Convention) 가입 필요성
및 야생조류 보호를 위한 국제적 노력에 동참
공동연구 등의 사무국 및 체약국 간 협조 용이
습지 지정

국제발효식품전시회
ABC주식회사
발효식품제

제1회 정보기술자격(ITQ) 시험

과 목	코 드	문제유형	시험시간	수험번호	성 명
아래한글	1111	A	60분		

수험자 유의사항

- 수험자는 문제지를 받는 즉시 문제지와 **수험표상의 시험과목(프로그램)이 동일한지 반드시 확인**하여야 합니다.
- 파일명은 본인의 "수험번호-성명"으로 입력하여 답안폴더(내 PC₩문서₩ITQ)에 하나의 파일로 저장해야 하며, 답안문서 파일명이 "수험번호-성명"과 일치하지 않거나, 답안파일을 전송하지 않아 미제출로 처리될 경우 실격 처리합니다 (예 : 12345678-홍길동.hwp).
- 답안 작성을 마치면 파일을 저장하고, '답안 전송' 버튼을 선택하여 감독위원 PC로 답안을 전송하십시오. 수험생 정보와 저장한 파일명이 다를 경우 전송되지 않으므로 주의하시기 바랍니다.
- 답안 작성 중에도 **주기적으로 저장하고, '답안 전송'**하여야 문제 발생을 줄일 수 있습니다. 작업한 내용을 저장하지 않고 전송할 경우 이전에 저장된 내용이 전송되오니 이점 유의하시기 바랍니다.
- 답안문서는 지정된 경로 외의 다른 보조기억장치에 저장하는 경우, 지정된 시험 시간 외에 작성된 파일을 활용할 경우, 기타 통신수단(이메일, 메신저, 네트워크 등)을 이용하여 타인에게 전달 또는 외부 반출하는 경우는 부정 처리합니다.
- 시험 중 부주의 또는 고의로 시스템을 파손한 경우는 수험자가 변상해야 하며, 〈수험자 유의사항〉에 기재된 방법대로 이행하지 않아 생기는 불이익은 수험생 당사자의 책임임을 알려 드립니다.
- 문제의 조건은 한컴오피스 2020 버전으로 설정되어 있으니 유의하시기 바랍니다.
- 시험을 완료한 수험자는 답안파일이 전송되었는지 확인한 후 감독위원의 지시에 따라 문제지를 제출하고 퇴실합니다.

답안 작성요령

온라인 답안 작성 절차
수험자 등록 ⇒ 시험 시작 ⇒ 답안파일 저장 ⇒ 답안 전송 ⇒ 시험 종료

공통 부문
- 글꼴에 대한 기본설정은 함초롬바탕, 10포인트, 검정, 줄간격 160%, 양쪽정렬로 합니다.
- 색상은 조건의 색을 적용하고 색의 구분이 안 될 경우에는 RGB 값을 적용하십시오(빨강 255, 0, 0 / 파랑 0, 0, 255 / 노랑 255, 255, 0).
- 각 문항에 주어진 ≪조건≫에 따라 작성하고 언급하지 않은 조건은 ≪출력형태≫와 같이 작성합니다.
- 용지여백은 왼쪽 · 오른쪽 11mm, 위쪽 · 아래쪽 · 머리말 · 꼬리말 10mm, 제본 0mm로 합니다.
- 그림 삽입 문제의 경우 「내 PC₩문서₩ITQ₩Picture」 폴더에서 지정된 파일을 선택하여 삽입하십시오.
- 삽입한 그림은 반드시 문서에 포함하여 저장해야 합니다(미포함 시 감점 처리).
- 각 항목은 지정된 페이지에 출력형태와 같이 정확히 작성하시기 바라며, 그렇지 않을 경우에 해당 항목은 0점 처리됩니다.
  - ※ 페이지구분 : 1 페이지 – 기능평가 I (문제번호 표시 : 1. 2.),
  -             2페이지 – 기능평가 II (문제번호 표시 : 3. 4.),
  -             3페이지 – 문서작성 능력평가

기능평가
- 문제와 ≪조건≫은 입력하지 않으며 문제번호와 답(≪출력형태≫)만 작성합니다.
- 4번 문제는 묶기를 했을 경우 0점 처리됩니다.

문서작성 능력평가
- A4 용지(210mm×297mm) 1매 크기, 세로 서식 문서로 작성합니다.
- ⬭ 표시는 문서작성에 대한 지시사항이므로 작성하지 않습니다.

The Insight KPC
kpc 한국생산성본부

1. 다음의 ≪조건≫에 따라 스타일 기능을 적용하여 ≪출력형태≫와 같이 작성하시오.   (50점)

≪조건≫   (1) 스타일 이름 – data
          (2) 문단 모양 – 왼쪽 여백 : 15pt, 문단 아래 간격 : 10pt
          (3) 글자 모양 – 글꼴 : 한글(궁서)/영문(돋움), 크기 : 10pt, 장평 : 105%, 자간 : −5%

≪출력형태≫

Open Government Data is data that is generated from information and material provided by all public sector organizations. All data owned by these organizations is shared among the public.

공공데이터는 데이터베이스 전자화된 파일 등 공공기관이 법령 등에서 정하는 목적을 위하여 생성 또는 취득하여 관리하는 전자적 방식으로 처리된 자료 또는 정보이다.

2. 다음의 ≪조건≫에 따라 ≪출력형태≫와 같이 표와 차트를 작성하시오.   (100점)

≪표 조건≫ (1) 표 전체(표, 캡션) – 굴림, 10pt
           (2) 정렬 – 문자 : 가운데 정렬, 숫자 : 오른쪽 정렬
           (3) 셀 배경(면 색) : 노랑
           (4) 한글의 계산 기능을 이용하여 빈칸에 합계를 구하고, 캡션 기능 사용할 것
           (5) 선 모양은 ≪출력형태≫와 동일하게 처리할 것

≪출력형태≫   업종별 공공데이터 확보 방법(단위 : 건)

구분	제조	도/소매	기술 서비스	정보 서비스	합계
다운로드	93	39	91	184	
API 연동	68	45	94	175	
이메일 이용	17	5	16	26	
기타	5	3	6	15	

≪차트 조건≫ (1) 차트 데이터는 표 내용에서 구분별 다운로드, API 연동, 이메일 이용의 값만 이용할 것
            (2) 종류 – 〈묶은 세로 막대형〉으로 작업할 것
            (3) 제목 – 돋움, 진하게, 12pt, 속성 – 채우기(하양), 테두리, 그림자(대각선 오른쪽 아래)
            (4) 제목 이외의 전체 글꼴 – 돋움, 보통, 10pt
            (5) 축제목과 범례는 ≪출력형태≫와 동일하게 처리할 것

≪출력형태≫

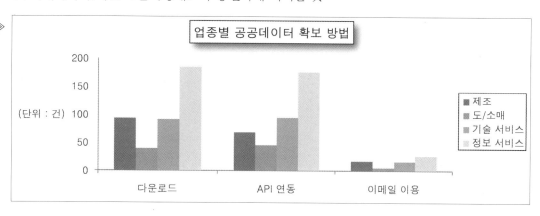

3. 다음 (1), (2)의 수식을 수식 편집기로 각각 입력하시오. (40점)

≪출력형태≫

(1) $\vec{F} = -\dfrac{4\pi^2 m}{T^2} + \dfrac{m}{T^3}$

(2) $\overline{AB} = \sqrt{(x_2 - x_1)^2 + (y_2 - y_1)^2}$

4. 다음의 ≪조건≫에 따라 ≪출력형태≫와 같이 문서를 작성하시오. (110점)

　≪조건≫　(1) 그리기 도구를 이용하여 작성을 하고, 모든 도형(글맵시, 지정된 그림 포함)을 ≪출력형태≫와 같이 작성하시오.

　　　　　(2) 도형의 면 색은 지시사항이 없으면 색 없음을 제외하고 서로 다르게 임의로 지정하시오.

≪출력형태≫

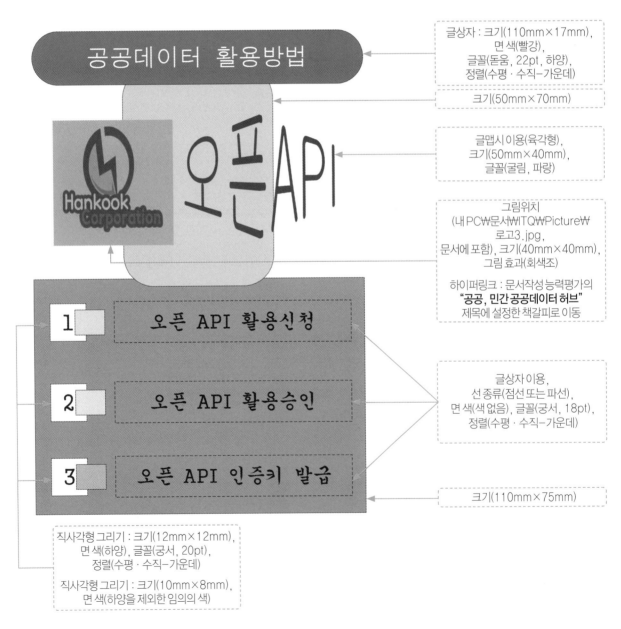

글꼴 : 궁서, 18pt, 진하게, 가운데 정렬
책갈피 이름 : 데이터
덧말 넣기

머리말 기능
돋움, 10pt, 오른쪽 정렬 → 공공데이터

공공데이터포털
공공, 민간 공공데이터 허브

문단 첫글자 장식 기능
글꼴 : 궁서, 면색 : 노랑

그림위치(내 PC₩문서₩ITQ₩Picture₩그림4.jpg, 문서에 포함)
자르기 기능 이용, 크기(40mm×40mm), 바깥 여백 왼쪽 : 2mm

공공데이터포털은 공공기관이 생성 또는 취득하여 관리하는 공공데이터를 한 곳에서 제공하는 통합 창구이다. 포털에서는 국민이 쉽고 편리하게 공공데이터를 이용할 수 있도록 파일데이터, 오픈 API, 시각화 등 다양한 방식으로 제공하고 있으며 누구라도 쉽고 편리한 검색을 통해 원하는 공공데이터를 빠르고 정확하게 찾을 수 있다.

각주

공공데이터포털을 통해 제공 중인 공공데이터는 별도의 신청 절차 없이 이용 가능하며, 제공되는 공공데이터의 목록은 각 공공기관의 홈페이지에서도 확인할 수 있다. 공공데이터 포털에서 제공하고 있지 않은 데이터의 경우 제공신청을 통해 이용할 수 있다. 다만, 공공데이터법 제17조 상의 제외대상 정보가 포함된 경우 제공이 거부될 수 있으며, 이 경우 공공데이터 제공 분쟁 조정위원회에 조정을 신청할 수 있다. 공공데이터의 이용 허락범위에 관련하여 '이용 허락범위 제한 없음'일 경우 자유로운 이용이 가능(可能)하다. 공공기관이 보유한 공공데이터는 최근 들어 민간 공개를 통한 다양한 정보서비스 발굴 및 제공 등 국가정보화를 선진화하는 중요한 자원(資源)으로 인식되고 있으므로 품질관리를 통해 원활한 활용을 하도록 해야 한다.

♣ 공공데이터 활용지원센터의 업무와 조직

글꼴 : 굴림, 18pt, 하양
음영색 : 빨강

A. 공공데이터 활용지원센터 업무

　ⓐ 제공대상 공공데이터 목록공표 지원 및 목록정보서비스

　ⓑ 공공데이터의 품질진단, 평가 및 개선의 지원

B. 공공데이터 활용지원센터 조직

　ⓐ 공공데이터 기획팀과 개방팀

　ⓑ 공공데이터 품질팀과 데이터기반 행정팀

문단 번호 기능 사용
1수준 : 20pt, 오른쪽 정렬,
2수준 : 30pt, 오른쪽 정렬,
줄 간격 : 180%

표 전체글꼴 : 돋움, 10pt, 가운데 정렬
셀 배경(그러데이션) : 유형(가로),
시작색(하양), 끝색(노랑)

♣ *공공데이터의 활용사례*

글꼴 : 굴림, 18pt, 기울임, 강조점

구분	사례	개발유형	제공기관
공공행정	실시간 전력 수급 현황	웹 사이트	한국수력원자력
문화관광	하이 캠프-전국 캠핑장 정보	모바일앱	한국관광공사
	전주시 문화 관광정보 서비스		전라북도 전주시
보건의료	이 병원 어디야		건강보험심사평가원
국토관리	전국 아파트 매매 실거래가 정보	웹 사이트	국토교통부

글꼴 : 굴림, 24pt, 진하게
장평 120%, 오른쪽 정렬

공공데이터포털

각주 구분선 : 5cm

ⓐ 설치 및 운영 근거 : 공공데이터의 제공 및 이용 활성화에 관한 법률 제21조

쪽 번호 매기기
4로 시작 → ④

제2회 정보기술자격(ITQ) 시험

과 목	코 드	문제유형	시험시간	수험번호	성 명
아래한글	1111	B	60분		

1. 다음의 ≪조건≫에 따라 스타일 기능을 적용하여 ≪출력형태≫와 같이 작성하시오. (50점)

   ≪조건≫
   (1) 스타일 이름 – trade
   (2) 문단 모양 – 왼쪽 여백 : 15pt, 문단 아래 간격 : 10pt
   (3) 글자 모양 – 글꼴 : 한글(궁서)/영문(돋움), 크기 : 10pt, 장평 : 105%, 자간 : –5%

   ≪출력형태≫

   Trade exists due to the specialization and division of labor, in which most people concentrate on a small aspect of production, but use that output in trades for other products and needs.

   초창기의 무역은 서로의 산물을 교환하는 것에 국한되었으나, 넓은 뜻의 무역은 단순한 상품의 교환같아 보이는 무역 뿐만 아니라, 기술 및 용역, 자본의 이동까지도 포함한다.

2. 다음의 ≪조건≫에 따라 ≪출력형태≫와 같이 표와 차트를 작성하시오. (100점)

   ≪표 조건≫
   (1) 표 전체(표, 캡션) – 굴림, 10pt
   (2) 정렬 – 문자 : 가운데 정렬, 숫자 : 오른쪽 정렬
   (3) 셀 배경(면 색) : 노랑
   (4) 한글의 계산 기능을 이용하여 빈칸에 평균(소수점 두자리)을 구하고, 캡션 기능 사용할 것
   (5) 선 모양은 ≪출력형태≫와 동일하게 처리할 것

   ≪출력형태≫

   골프용품 국가별 수입 현황(단위 : 백만 달러)

구분	2018년	2019년	2020년	2021년	평균
중국	68	80	91	118	
미국	50	67	82	96	
태국	41	47	48	43	
대만	21	23	23	27	

   ≪차트 조건≫
   (1) 차트 데이터는 표 내용에서 연도별 중국, 미국, 태국의 값만 이용할 것
   (2) 종류 – 〈묶은 세로 막대형〉으로 작업할 것
   (3) 제목 – 돋움, 진하게, 12pt, 속성 – 채우기(하양), 테두리, 그림자(대각선 오른쪽 아래)
   (4) 제목 이외의 전체 글꼴 – 돋움, 보통, 10pt
   (5) 축제목과 범례는 ≪출력형태≫와 동일하게 처리할 것

   ≪출력형태≫

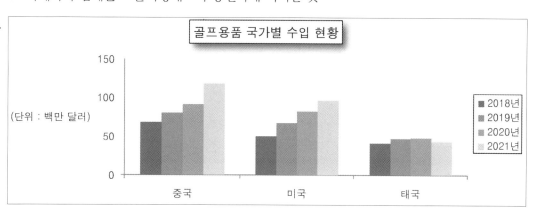

3. 다음 (1), (2)의 수식을 수식 편집기로 각각 입력하시오.

(40점)

≪출력형태≫

(1) $\dfrac{V_2}{V_1} = \dfrac{0.9 \times 10^3}{1.0 \times 10^2} = 0.8$

(2) $\sqrt{a+b+2\sqrt{ab}} = \sqrt{a} + \sqrt{b}\,(a>0, b>0)$

4. 다음의 ≪조건≫에 따라 ≪출력형태≫와 같이 문서를 작성하시오.

(110점)

≪조건≫　(1) 그리기 도구를 이용하여 작성하고, 모든 도형(글맵시, 지정된 그림)을 포함 ≪출력형태≫와 같이 작성하시오.

(2) 도형의 면 색은 지시사항이 없으면 색 없음을 제외하고 서로 다르게 임의로 지정하시오.

≪출력형태≫

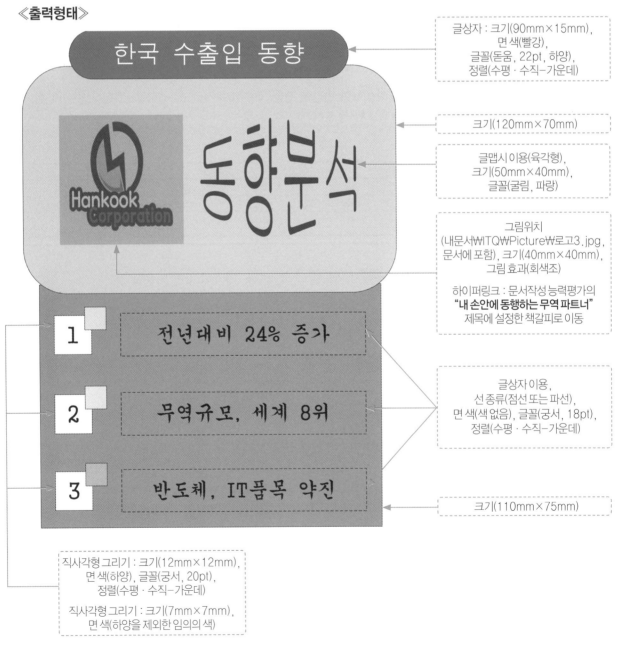

글상자 : 크기(90mm×15mm),
면 색(빨강),
글꼴, 돋움, 22pt, 하양),
정렬(수평 · 수직-가운데)

크기(120mm×70mm)

글맵시 이용(육각형),
크기(50mm×40mm),
글꼴(굴림, 파랑)

그림위치
(내문서₩ITQ₩Picture₩로고3.jpg,
문서에 포함), 크기(40mm×40mm),
그림 효과(회색조)

하이퍼링크 : 문서작성능력평가의
"내 손안에 동행하는 무역 파트너"
제목에 설정한 책갈피로 이동

글상자 이용,
선종류(점선 또는 파선),
면 색(색없음), 글꼴(궁서, 18pt),
정렬(수평 · 수직-가운데)

크기(110mm×75mm)

직사각형 그리기 : 크기(12mm×12mm),
면 색(하양), 글꼴(궁서, 20pt),
정렬(수평 · 수직-가운데)

직사각형 그리기 : 크기(7mm×7mm),
면 색(하양을 제외한 임의의 색)

글꼴 : 궁서, 18pt, 진하게, 가운데 정렬
책갈피 이름 : 무역통계, 덧말넣기

머리말 기능
돋움, 10pt, 오른쪽 정렬 ➔무역통계 서비스

한국무역통계진흥원
내 손안에 동행하는 무역 파트너

문단 첫글자장식 기능
글꼴 : 궁서, 면색 : 노랑

그림위치(내 PC₩문서₩ITQ₩Picture₩그림4.jpg, 문서에 포함)
자르기 기능 이용, 크기(40mm×40mm), 바깥 여백 왼쪽 : 2mm

세 계 경제의 불확실성 증가와 글로벌화가 지속(持續)되고 있고 우리나라 경제 성장에 무역이 차지하는 비중이 절대적임을 고려할 때, 경제주체들에게 무역 통계 정보 활용의 중요성은 더욱 커져가고 있다. 2015년 공식 개원한 한국무역통계진흥원은 관세청 '무역통계 작성 및 교부업무 대행기관'으로서 대민 무역통계 보급 및 이용 활성화를 위해 다양한 정보서비스를 제공하고 있는 무역통계 전문기관이다.

한국무역통계진흥원은 이러한 세계 경제 전략과 정책의 고도화를 요구하는 무역 환경의 변화에 따른 각 무역 주체들의 요구에 부응(副應)하기 위해 설립된 무역통계 전문기관으로서 날로 다양화되고 있는 무역통계정보 수요에 더욱 적극적으로 대처하고 있다. 또한 무역통계에 대한 일반 국민들의 정보 접근성 제고와 이용 활성화를 위한 다각적인 노력을 지속적으로 하고 있으며 특히 단순한 무역통계자료 제공을 넘어서 이를 정보화, 지식화하는 서비스 고도화 노력㉠을 통해 갈수록 치열해지는 세계무역환경에서 무역통계가 국내 기업들이 세계시장을 개척하고 이를 통해 국가경제를 성장시키는 가치 있는 정보로 널리 활용될 수 있도록 하는데 그 목적을 두고 있다.

각주

♣ **설립 목적 및 주요 사업**

글꼴 : 굴림, 18pt, 하양
음영색 : 빨강

① 설립 목적
　(ㄱ) 무역통계(정보) 교부 서비스 제공
　(ㄴ) 무역통계에 관한 연구 분석 업무 수행원
② 주요 사업
　(ㄱ) 무역통계서비스 관련 전산인프라 구축 및 운영 관리
　(ㄴ) 수출입통관정보 DB 운영 및 관리, 시스템 운영

문단 번호 기능 사용
1수준 : 20pt, 오른쪽 정렬,
2수준 : 30pt, 오른쪽 정렬,
줄 간격 : 180%

♣ *추진전략 및 핵심가치*

글꼴 : 굴림, 18pt,
기울임, 강조점

표 전체글꼴 : 돋움, 10pt, 가운데 정렬
셀 배경(그러데이션) : 유형(가로),
시작색(하양), 끝색(노랑)

추진전략	전문성 강화	지속가능경영 추구	비고
세부전략	전문인력 지속 육성	경영효율화 달성	국가무역통계 진흥
	새로운 IT, DT기술 접목	고객감동 윤리경영	
	정보 지식관계망 구축	사회적 책임 확대	
핵심가치	고객 만족, 그 이상의 고객 감동	정보제공, 그 이상의 가치 창출	
가치	상호신뢰, 고객 감동	전문역량, 가치혁신	

글꼴 : 굴림, 24pt, 진하게,
장평110%, 오른쪽 정렬 ➔ **한국무역통계진흥원**

각주 구분선 : 5cm

㉠ 2016년 5월 19일 빅데이터 기반의 무역통계정보분석서비스 개시

쪽 번호 매기기
5로 시작 ➔⑤

제3회 정보기술자격(ITQ) 시험

과 목	코 드	문제유형	시험시간	수험번호	성 명
아래한글	1111	C	60분		

수험자 유의사항

- 수험자는 문제지를 받는 즉시 문제지와 **수험표상의 시험과목(프로그램)이 동일한지 반드시 확인**하여야 합니다.
- 파일명은 본인의 "수험번호–성명"으로 입력하여 답안폴더(내 PC₩문서₩ITQ)에 하나의 파일로 저장해야 하며, 답안문서 파일명이 "수험번호–성명"과 일치하지 않거나, 답안파일을 전송하지 않아 미제출로 처리될 경우 실격 처리합니다 (예 : 12345678–홍길동.hwp).
- 답안 작성을 마치면 파일을 저장하고, '답안 전송' 버튼을 선택하여 감독위원 PC로 답안을 전송하십시오. 수험생 정보와 저장한 파일명이 다를 경우 전송되지 않으므로 주의하시기 바랍니다.
- 답안 작성 중에도 **주기적으로 저장하고, '답안 전송'**하여야 문제 발생을 줄일 수 있습니다. 작업한 내용을 저장하지 않고 전송할 경우 이전에 저장된 내용이 전송되오니 이점 유의하시기 바랍니다.
- 답안문서는 지정된 경로 외의 다른 보조기억장치에 저장하는 경우, 지정된 시험 시간 외에 작성된 파일을 활용할 경우, 기타 통신수단(이메일, 메신저, 네트워크 등)을 이용하여 타인에게 전달 또는 외부 반출하는 경우는 부정 처리합니다.
- 시험 중 부주의 또는 고의로 시스템을 파손한 경우는 수험자가 변상해야 하며, 〈수험자 유의사항〉에 기재된 방법대로 이행하지 않아 생기는 불이익은 수험생 당사자의 책임임을 알려 드립니다.
- 문제의 조건은 한컴오피스 2020 버전으로 설정되어 있으니 유의하시기 바랍니다.
- 시험을 완료한 수험자는 답안파일이 전송되었는지 확인한 후 감독위원의 지시에 따라 문제지를 제출하고 퇴실합니다.

답안 작성요령

온라인 답안 작성 절차
수험자 등록 ⇒ 시험 시작 ⇒ 답안파일 저장 ⇒ 답안 전송 ⇒ 시험 종료

공통 부문
- 글꼴에 대한 기본설정은 함초롬바탕, 10포인트, 검정, 줄간격 160%, 양쪽정렬로 합니다.
- 색상은 조건의 색을 적용하고 색의 구분이 안 될 경우에는 RGB 값을 적용하십시오(빨강 255, 0, 0 / 파랑 0, 0, 255 / 노랑 255, 255, 0).
- 각 문항에 주어진 《조건》에 따라 작성하고 언급하지 않은 조건은 《출력형태》와 같이 작성합니다.
- 용지여백은 왼쪽 · 오른쪽 11mm, 위쪽 · 아래쪽 · 머리말 · 꼬리말 10mm, 제본 0mm로 합니다.
- 그림 삽입 문제의 경우 「내 PC₩문서₩ITQ₩Picture」 폴더에서 지정된 파일을 선택하여 삽입하십시오.
- 삽입한 그림은 반드시 문서에 포함하여 저장해야 합니다(미포함 시 감점 처리).
- 각 항목은 지정된 페이지에 출력형태와 같이 정확히 작성하시기 바라며, 그렇지 않을 경우에 해당 항목은 0점 처리됩니다.
  ※ 페이지구분 : 1 페이지 – 기능평가 I (문제번호 표시 : 1. 2.),
  　　　　　　　 2페이지 – 기능평가 II (문제번호 표시 : 3. 4.),
  　　　　　　　 3페이지 – 문서작성 능력평가

기능평가
- 문제와 《조건》은 입력하지 않으며 문제번호와 답(《출력형태》)만 작성합니다.
- 4번 문제는 묶기를 했을 경우 0점 처리됩니다.

문서작성 능력평가
- A4 용지(210mm×297mm) 1매 크기, 세로 서식 문서로 작성합니다.
- ◯표시는 문서작성에 대한 지시사항이므로 작성하지 않습니다.

The Insight KPC
kpc 한국생산성본부

1. 다음의 ≪조건≫에 따라 스타일 기능을 적용하여 ≪출력형태≫와 같이 작성하시오. (50점)

≪조건≫ (1) 스타일 이름 – heritage
(2) 문단 모양 – 왼쪽 여백 : 15pt, 문단 아래 간격 : 10pt
(3) 글자 모양 – 글꼴 : 한글(굴림)/영문(돋움), 크기 : 10pt, 장평 : 95%, 자간 : 5%

≪출력형태≫

Korea is a powerhouse of documentary heritage, and has the world's oldest woodblock print, Mugu jeonggwang dae daranigyeong, and the first metal movable type, Jikji.

우리나라는 세계적으로 인정받는 기록유산의 강국으로 세계에서 가장 오래된 목판 인쇄물인 무구정광대다라니경 과 최초의 금속활자본인 직지를 보유한 나라이다.

2. 다음의 ≪조건≫에 따라 ≪출력형태≫와 같이 표와 차트를 작성하시오. (100점)

≪표 조건≫ (1) 표 전체(표, 캡션) – 굴림, 10pt
(2) 정렬 – 문자 : 가운데 정렬, 숫자 : 오른쪽 정렬
(3) 셀 배경(면 색) : 노랑
(4) 한글의 계산 기능을 이용하여 빈칸에 평균(소수점 두자리)을 구하고, 캡션 기능 사용할 것
(5) 선 모양은 ≪출력형태≫와 동일하게 처리할 것

≪출력형태≫

조선왕조실록 유네스코 신청 현황(단위 : 책 수)

구분	세종	성종	중종	선조	평균
정족산본	154	150	102	125	
태백산본	67	47	53	116	
오대산본	0	9	50	15	
권수	163	297	105	221	

≪차트 조건≫ (1) 차트 데이터는 표 내용에서 구분별 정족산본, 태백산본, 오대산본의 값만 이용할 것
(2) 종류 – ⟨묶은 세로 막대형⟩으로 작업할 것
(3) 제목 – 궁서, 진하게, 12pt, 속성 – 채우기(하양), 테두리, 그림자(아래쪽)
(4) 제목 이외의 전체 글꼴 – 궁서, 보통, 10pt
(5) 축제목과 범례는 ≪출력형태≫와 동일하게 처리할 것

≪출력형태≫

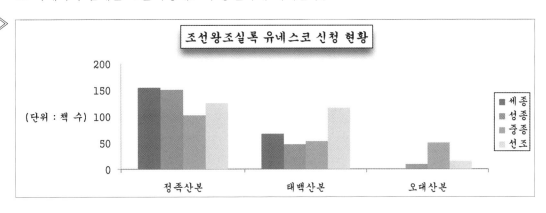

3. 다음 (1), (2)의 수식을 수식 편집기로 각각 입력하시오. (40점)

≪**출력형태**≫

(1) $\dfrac{F}{h_2} = t_2 k_1 \dfrac{t_1}{d} = 2 \times 10^{-7} \dfrac{t_1 t_2}{d}$

(2) $\displaystyle\int_a^b A(x-a)(x-b)dx = -\dfrac{A}{6}(b-a)^3$

4. 다음의 ≪조건≫에 따라 ≪출력형태≫와 같이 문서를 작성하시오. (110점)

≪**조건**≫ (1) 그리기 도구를 이용하여 작성하고, 모든 도형(글맵시, 지정된 그림)을 포함 ≪출력형태≫와 같이 작성하시오.

(2) 도형의 면 색은 지시사항이 없으면 색 없음을 제외하고 서로 다르게 임의로 지정하시오.

≪**출력형태**≫

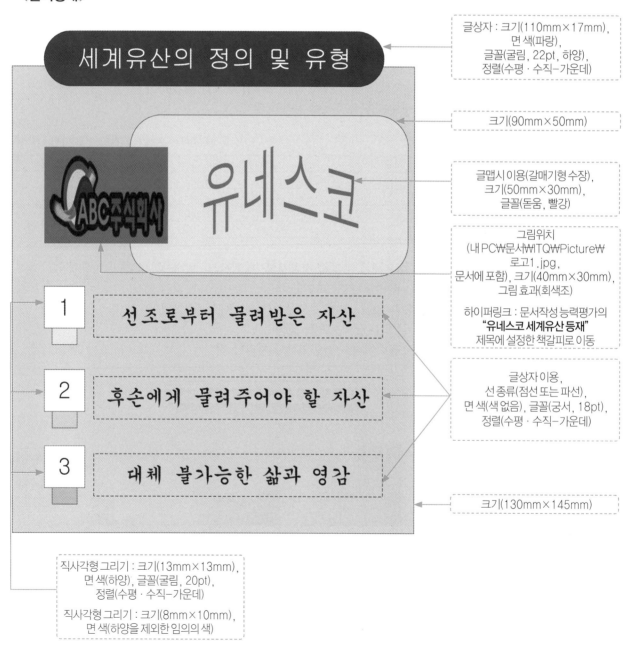

글상자 : 크기(110mm×17mm), 면 색(파랑), 글꼴(굴림, 22pt, 하양), 정렬(수평 · 수직-가운데)

크기(90mm×50mm)

글맵시 이용(갈매기형 수장), 크기(50mm×30mm), 글꼴(돋움, 빨강)

그림위치 (내 PC₩문서₩ITQ₩Picture₩ 로고1.jpg, 문서에 포함), 크기(40mm×30mm), 그림 효과(회색조)

하이퍼링크 : 문서작성능력평가의 **"유네스코 세계유산 등재"** 제목에 설정한 책갈피로 이동

글상자 이용, 선 종류(점선 또는 파선), 면 색(색 없음), 글꼴(궁서, 18pt), 정렬(수평 · 수직-가운데)

크기(130mm×145mm)

직사각형 그리기 : 크기(13mm×13mm), 면 색(하양), 글꼴(굴림, 20pt), 정렬(수평 · 수직-가운데)

직사각형 그리기 : 크기(8mm×10mm), 면 색(하양을 제외한 임의의 색)

글꼴 : 궁서, 18pt, 진하게, 가운데정렬
책갈피이름 : 유산, 덧말 넣기

문단 첫글자 장식 기능
글꼴 : 돋움, 면색 : 노랑

각주

한국의 갯벌
유네스코 세계유산 등재

그림위치(내PC\문서\ITQ\Picture\그림4.jpg, 문서에 포함)
자르기기능 이용, 크기(35mm×40mm), 바깥 여백 왼쪽 : 2mm

제 44차 유네스코Ⓐ 세계유산위원회는 한국의 갯벌을 세계유산목록에 등재(登載)할 것을 결정하였다. 한국의 갯벌은 서천 갯벌(충남 서천), 고창 갯벌(전북 고창), 신안 갯벌(전남 신안), 보성-순천 갯벌(전남 보성, 순천) 등 5개 지자체에 걸쳐 있는 4개 갯벌로 구성되어 있다. 세계유산위원회 자문기구인 국제자연보존연맹은 애초 한국의 갯벌에 대해 유산구역 등이 충분하지 않다는 이유로 반려를 권고하였으나, 세계유산센터 및 세계유산위원국을 대상으로 적극적인 외교교섭 활동을 전개한 결과, 등재가 성공리에 이루어졌다. 당시 실시된 등재 논의에서 세계유산위원국인 키르기스스탄이 제안한 등재 수정안에 대해 총 21개 위원국 중 13개국이 공동서명하고, 17개국이 지지 발언하여 의견일치로 등재 결정되었다.

이번 한국(韓國) 갯벌의 세계유산 등재는 현재 우리나라가 옵서버인 점, 온라인 회의로 현장 교섭이 불가한 점 등 여러 제약 조건 속에서도 외교부와 문화재청 등 관계부처 간 전략적으로 긴밀히 협업하여 일구어낸 성과로 평가된다. 특히 외교부는 문화재청, 관련 지자체, 전문가들과 등재 추진 전략을 협의하고, 주 유네스코 대표부를 중심으로 21개 위원국 주재 공관들의 전방위 지지 교섭을 총괄하면서 성공적인 등재에 이바지하였다.

♣ ## 등재 기준 부합성의 지형지질 특징

글꼴 : 돋움, 18pt, 하양
음영색 : 빨강

가. 두꺼운 펄 갯벌 퇴적층

    ㉮ 육성 기원 퇴적물의 지속적이고 안정적인 공급

    ㉯ 암석 섬에 의한 보호와 수직부가 퇴적으로 25m 이상 형성

나. 지질 다양성과 계절변화

    ㉮ 집중 강우와 강한 계절풍으로 외부 침식, 내부 퇴적

    ㉯ 모래갯벌, 혼합갯벌, 암반, 사구, 특이 퇴적 등

문단 번호 기능 사용
1수준 : 20pt, 오른쪽 정렬,
2수준 : 30pt, 오른쪽 정렬,
줄 간격 : 180%

표 전체글꼴 : 굴림, 10pt, 가운데 정렬
셀 배경(그러데이션) : 유형(가운데에서),
시작색(하양), 끝색(노랑)

♣ ## 한국 갯벌의 특징

글꼴 : 돋움, 18pt, 기울임, 강조점

구분	지역별 특징	유형	비고
서천 갯벌	펄, 모래, 혼합갯벌, 사구	하구형	사취 발달
고창 갯벌	뚜렷한 계절변화로 인한 특이 쉐니어 형성	개방형	점토, 진흙
신안 갯벌	해빈 사구, 사취 등 모래 자갈 선형체	다도해형	40m 퇴적층
보성, 순천 갯벌	펄 갯벌 및 넓은 염습지 보유	반폐쇄형	염분 변화

쉐니어 : 모래 크기의 입자들로 구성되며 점토나 진흙 위에 형성된 해빈 언덕

글꼴 : 궁서, 24pt, 진하게,
장평105%, 오른쪽 정렬

세계유산위원회

각주 구분선 : 5cm

Ⓐ 교육, 과학, 문화를 통하여 국가 간의 협력을 촉진하기 위한 역할을 하는 국제연합기구

쪽 번호 매기기
7로 시작 →⑦

제4회 정보기술자격(ITQ) 시험

과 목	코 드	문제유형	시험시간	수험번호	성 명
아래한글	1111	A	60분		

수험자 유의사항

○ 수험자는 문제지를 받는 즉시 문제지와 **수험표상의 시험과목(프로그램)이 동일한지 반드시 확인**하여야 합니다.

○ 파일명은 본인의 "수험번호–성명"으로 입력하여 답안폴더(내 PC\문서\ITQ)에 하나의 파일로 저장해야 하며, 답안문서 파일명이 "수험번호–성명"과 일치하지 않거나, 답안파일을 전송하지 않아 미제출로 처리될 경우 실격 처리합니다 (예 : 12345678–홍길동.hwp).

○ 답안 작성을 마치면 파일을 저장하고, '답안 전송' 버튼을 선택하여 감독위원 PC로 답안을 전송하십시오. 수험생 정보와 저장한 파일명이 다를 경우 전송되지 않으므로 주의하시기 바랍니다.

○ 답안 작성 중에도 **주기적으로 저장하고, '답안 전송'**하여야 문제 발생을 줄일 수 있습니다. 작업한 내용을 저장하지 않고 전송할 경우 이전에 저장된 내용이 전송되오니 이점 유의하시기 바랍니다.

○ 답안문서는 지정된 경로 외의 다른 보조기억장치에 저장하는 경우, 지정된 시험 시간 외에 작성된 파일을 활용할 경우, 기타 통신수단(이메일, 메신저, 네트워크 등)을 이용하여 타인에게 전달 또는 외부 반출하는 경우는 부정 처리합니다.

○ 시험 중 부주의 또는 고의로 시스템을 파손한 경우는 수험자가 변상해야 하며, 〈수험자 유의사항〉에 기재된 방법대로 이행하지 않아 생기는 불이익은 수험생 당사자의 책임임을 알려 드립니다.

○ 문제의 조건은 한컴오피스 2020 버전으로 설정되어 있으니 유의하시기 바랍니다.

○ 시험을 완료한 수험자는 답안파일이 전송되었는지 확인한 후 감독위원의 지시에 따라 문제지를 제출하고 퇴실합니다.

답안 작성요령

○ 온라인 답안 작성 절차

수험자 등록 ⇒ 시험 시작 ⇒ 답안파일 저장 ⇒ 답안 전송 ⇒ 시험 종료

○ 공통 부문

  ○ 글꼴에 대한 기본설정은 함초롬바탕, 10포인트, 검정, 줄간격 160%, 양쪽정렬로 합니다.
  ○ 색상은 조건의 색을 적용하고 색의 구분이 안 될 경우에는 RGB 값을 적용하십시오(빨강 255, 0, 0 / 파랑 0, 0, 255 / 노랑 255, 255, 0).
  ○ 각 문항에 주어진 《조건》에 따라 작성하고 언급하지 않은 조건은 《출력형태》와 같이 작성합니다.
  ○ 용지여백은 왼쪽 · 오른쪽 11mm, 위쪽 · 아래쪽 · 머리말 · 꼬리말 10mm, 제본 0mm로 합니다.
  ○ 그림 삽입 문제의 경우 「내 PC\문서\ITQ\Picture」 폴더에서 지정된 파일을 선택하여 삽입하십시오.
  ○ 삽입한 그림은 반드시 문서에 포함하여 저장해야 합니다(미포함 시 감점 처리).
  ○ 각 항목은 지정된 페이지에 출력형태와 같이 정확히 작성하시기 바라며, 그렇지 않을 경우에 해당 항목은 0점 처리됩니다.
      ※ 페이지구분 : 1 페이지 – 기능평가Ⅰ(문제번호 표시 : 1. 2.),
                    2페이지 – 기능평가Ⅱ(문제번호 표시 : 3. 4.),
                    3페이지 – 문서작성 능력평가

○ 기능평가

  ○ 문제와 《조건》은 입력하지 않으며 문제번호와 답(《출력형태》)만 작성합니다.
  ○ 4번 문제는 묶기를 했을 경우 0점 처리됩니다.

○ 문서작성 능력평가

  ○ A4 용지(210mm×297mm) 1매 크기, 세로 서식 문서로 작성합니다.
  ○ ◯◯◯◯ 표시는 문서작성에 대한 지시사항이므로 작성하지 않습니다.

1. 다음의 ≪조건≫에 따라 스타일 기능을 적용하여 ≪출력형태≫와 같이 작성하시오. (50점)

≪조건≫　　(1) 스타일 이름 – trade
　　　　　　(2) 문단 모양 – 왼쪽 여백 : 15pt, 문단 아래 간격 : 10pt
　　　　　　(3) 글자 모양 – 글꼴 : 한글(굴림)/영문(돋움), 크기 : 10pt, 장평 : 95%, 자간 : 5%

≪출력형태≫

The WFTO is the global community of social enterprises that fully practice Fair Trade. Spread across 76 countries, all members exist to serve marginalised communities.

공정무역은 대화와 투명성, 생산자와 소비자의 상호존중에 기반하여 개발도상국 생산자와 노동자를 보호하며 공정한 가격을 지불받도록 하는 사회 운동이다.

2. 다음의 ≪조건≫에 따라 ≪출력형태≫와 같이 표와 차트를 작성하시오. (100점)

≪표 조건≫　(1) 표 전체(표, 캡션) – 굴림, 10pt
　　　　　　(2) 정렬 – 문자 : 가운데 정렬, 숫자 : 오른쪽 정렬
　　　　　　(3) 셀 배경(면 색) : 노랑
　　　　　　(4) 한글의 계산 기능을 이용하여 빈칸에 평균(소수점 두자리)을 구하고, 캡션 기능 사용할 것
　　　　　　(5) 선 모양은 ≪출력형태≫와 같이 동일하게 처리할 것

≪출력형태≫

아름다운 가게 정기수익 수도권 나눔 현황(단위 : 십만 원)

구분	교육지원비	의료비	주거개선비	학비	평균
남양주	74	89	23	40	
부천	103	143	132	25	
성남	234	150	115	36	
하남	68	65	25	41	

≪차트 조건≫　(1) 차트 데이터는 표 내용에서 구분별 남양주, 부천, 성남의 값만 이용할 것
　　　　　　(2) 종류 – 〈묶은 세로 막대형〉으로 작업할 것
　　　　　　(3) 제목 – 궁서, 진하게, 12pt, 속성 – 채우기(하양), 테두리, 그림자(아래쪽)
　　　　　　(4) 제목 이외의 전체 글꼴 – 궁서, 보통, 10pt
　　　　　　(5) 축제목과 범례는 ≪출력형태≫와 같이 동일하게 처리할 것

≪출력형태≫

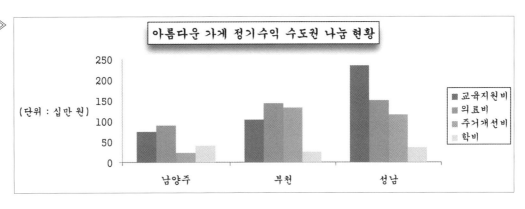

3. 다음 (1), (2)의 수식을 수식 편집기로 각각 입력하시오. (40점)

≪출력형태≫

(1) $\dfrac{k_x}{2h} \times (-2mk_x) = -\dfrac{n}{}$

(2) $\displaystyle\int_a^b xf(x)dx = \dfrac{1}{b-a}\int_a^b xdx = \dfrac{a+b}{2}$

4. 다음의 ≪조건≫에 따라 ≪출력형태≫와 같이 문서를 작성하시오. (110점)

≪조건≫ (1) 그리기 도구를 이용하여 작성하고, 모든 도형(글맵시, 지정된 그림)을 포함 ≪출력형태≫와 같이 작성하시오.

(2) 도형의 면 색은 지시사항이 없으면 색 없음을 제외하고 서로 다르게 임의로 지정하시오.

≪출력형태≫

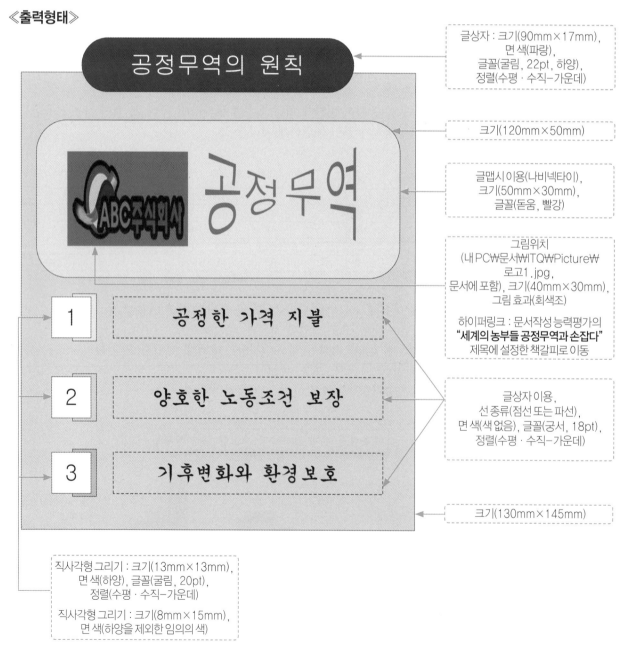

글상자 : 크기(90mm×17mm),
면 색(파랑),
글꼴(굴림, 22pt, 하양),
정렬(수평·수직-가운데)

크기(120mm×50mm)

글맵시 이용(나비넥타이),
크기(50mm×30mm),
글꼴(돋움, 빨강)

그림위치
(내 PC₩문서₩ITQ₩Picture₩
로고1.jpg,
문서에 포함), 크기(40mm×30mm),
그림 효과(회색조)

하이퍼링크 : 문서작성능력평가의
"세계의 농부들 공정무역과 손잡다"
제목에 설정한 책갈피로 이동

글상자 이용,
선종류(점선 또는 파선),
면 색(색 없음), 글꼴(궁서, 18pt),
정렬(수평·수직-가운데)

크기(130mm×145mm)

직사각형 그리기 : 크기(13mm×13mm),
면 색(하양), 글꼴(굴림, 20pt),
정렬(수평·수직-가운데)

직사각형 그리기 : 크기(8mm×15mm),
면 색(하양을 제외한 임의의 색)

글꼴 : 궁서, 18pt, 진하게, 가운데 정렬
책갈피이름 : 공정무역, 덧말넣기

머리말 기능
굴림, 10pt, 오른쪽 정렬 → 아름다운 가게

불평등 해소
세계의 농부들 공정무역과 손잡다

문단 첫글자 장식 기능
글꼴 : 돋움, 면색 : 노랑

그림위치(내PCW문서WITQWPictureW그림4.jpg, 문서에 포함)
자르기 기능 이용, 크기(35mm×40mm), 바깥 여백 왼쪽 : 2mm

매 년 5월 둘째 주 토요일은 공정무역을 널리 알리기 위해 전 세계적으로 동시에 진행되는 공정무역 캠페인의 날로 세계의 생산품들이 모두 공정한 대가를 받고 판매되기를 기원하는 날이다. 공정무역은 경제발전의 혜택(惠澤)으로부터 소외된 저개발국가㉠에서 생산자와 노동자들에게 더 나은 거래 조건을 제공하고 그들의 권리를 보호함으로써 지속 가능한 발전에 이바지한다. 공정무역은 대화와 투명성, 존중에 기초하여 국제 무역에서 더욱 공평하고 정의로운 관계를 추구하는 거래 기반의 동반자 관계이다. 또한 공정무역은 가격을 고정하기보다는 최저 가격을 두어서 시장가격이 이 수준 이하로 떨어질 때도 농민들이 지속 가능한 생산을 위한 비용을 지불받을 수 있도록 보장해준다.

각주

유럽과 북미의 경우 1950년대에 공정무역 운동을 시작하였으며 우리나라는 '아름다운 가게'가 2003년에 아시아의 수공예품을 수입(輸入)하여 판매하기 시작하고 2006년에 네팔의 커피를 수입, 판매하며 공정무역 커피 브랜드 '히말라야의 선물'을 런칭하였다. 아름다운 가게뿐 아니라 2008년부터 공정무역단체들을 중심으로 세계 공정무역의 날 한국 페스티벌을 개최하고 있다.

♠ 공정무역 키워드

글꼴 : 돋움, 18pt, 하양
음영색 : 빨강

  i. 공정한 가격
    a. 생산비용, 생활비용 등 공정무역 기준을 충족시키는 비용 포함
    b. 최종 가격은 시장가격과 공정가격 중에 높은 쪽으로 결정
  ii. 공정한 임금
    a. 노동자가 자유롭게 협상에 참여하여 상호 합의하여 결정
    b. 공정한 임금을 위한 지역 생활 임금 고려

문단 번호 기능 사용
1수준 : 20pt, 오른쪽 정렬,
2수준 : 30pt, 오른쪽 정렬,
줄 간격 : 180%

표 전체 글꼴 : 돋움, 10pt, 가운데 정렬
셀 배경(그러데이션) : 유형(가운데에서),
시작색(하양), 끝색(노랑)

♠ 공정무역 다큐멘터리 영상 자료

글꼴 : 돋움, 18pt,
기울임, 강조점

국가	작품명	제작 단체	연도
일본	패션이 빈곤을 구한다	동경TV	2004년
	아이에게 공정무역을 알리다	NHK	2004년
	종이의 천으로 희망을 허락한다	네팔리 바자로	2006년
한국	웃는 얼굴로 거래하다	울림기획	2006년
	이영돈 PD의 소비자 고발 37회	KBS	2008년

글꼴 : 궁서, 24pt, 진하게,
장평105%, 오른쪽 정렬

한국공정무역협의회

각주 구분선 : 5cm

㉠ 산업 발달이 거의 이루어지지 않은, 농업과 같은 1차 산업이 주요 산업인 국가

쪽 번호 매기기
7로 시작 → G

제5회 정보기술자격(ITQ) 시험

과 목	코 드	문제유형	시험시간	수험번호	성 명
아래한글	1111	B	60분		

수험자 유의사항

- 수험자는 문제지를 받는 즉시 문제지와 **수험표상의 시험과목(프로그램)이 동일한지 반드시 확인**하여야 합니다.

- 파일명은 본인의 "수험번호–성명"으로 입력하여 답안폴더(내 PC₩문서₩ITQ)에 하나의 파일로 저장해야 하며, 답안문서 파일명이 "수험번호–성명"과 일치하지 않거나, 답안파일을 전송하지 않아 미제출로 처리될 경우 실격 처리합니다 (예 : 12345678–홍길동.hwp).

- 답안 작성을 마치면 파일을 저장하고, '답안 전송' 버튼을 선택하여 감독위원 PC로 답안을 전송하십시오. 수험생 정보와 저장한 파일명이 다를 경우 전송되지 않으므로 주의하시기 바랍니다.

- 답안 작성 중에도 **주기적으로 저장하고, '답안 전송'**하여야 문제 발생을 줄일 수 있습니다. 작업한 내용을 저장하지 않고 전송할 경우 이전에 저장된 내용이 전송되오니 이점 유의하시기 바랍니다.

- 답안문서는 지정된 경로 외의 다른 보조기억장치에 저장하는 경우, 지정된 시험 시간 외에 작성된 파일을 활용할 경우, 기타 통신수단(이메일, 메신저, 네트워크 등)을 이용하여 타인에게 전달 또는 외부 반출하는 경우는 부정 처리합니다.

- 시험 중 부주의 또는 고의로 시스템을 파손한 경우는 수험자가 변상해야 하며, 〈수험자 유의사항〉에 기재된 방법대로 이행하지 않아 생기는 불이익은 수험생 당사자의 책임임을 알려 드립니다.

- 문제의 조건은 한컴오피스 2020 버전으로 설정되어 있으니 유의하시기 바랍니다.

- 시험을 완료한 수험자는 답안파일이 전송되었는지 확인한 후 감독위원의 지시에 따라 문제지를 제출하고 퇴실합니다.

답안 작성요령

- ### 온라인 답안 작성 절차

  수험자 등록 ⇒ 시험 시작 ⇒ 답안파일 저장 ⇒ 답안 전송 ⇒ 시험 종료

- ### 공통 부문

  ○ 글꼴에 대한 기본설정은 함초롬바탕, 10포인트, 검정, 줄간격 160%, 양쪽정렬로 합니다.
  ○ 색상은 조건의 색을 적용하고 색의 구분이 안 될 경우에는 RGB 값을 적용하십시오(빨강 255, 0, 0 / 파랑 0, 0, 255 / 노랑 255, 255, 0).
  ○ 각 문항에 주어진 《조건》에 따라 작성하고 언급하지 않은 조건은 《출력형태》와 같이 작성합니다.
  ○ 용지여백은 왼쪽 · 오른쪽 11mm, 위쪽 · 아래쪽 · 머리말 · 꼬리말 10mm, 제본 0mm로 합니다.
  ○ 그림 삽입 문제의 경우 「내 PC₩문서₩ITQ₩Picture」 폴더에서 지정된 파일을 선택하여 삽입하십시오.
  ○ 삽입한 그림은 반드시 문서에 포함하여 저장해야 합니다(미포함 시 감점 처리).
  ○ 각 항목은 지정된 페이지에 출력형태와 같이 정확히 작성하시기 바라며, 그렇지 않을 경우에 해당 항목은 0점 처리됩니다.
    ※ 페이지구분 : 1 페이지 – 기능평가 I (문제번호 표시 : 1, 2.),
           2페이지 – 기능평가 II (문제번호 표시 : 3, 4.),
           3페이지 – 문서작성 능력평가

- ### 기능평가

  ○ 문제와 《조건》은 입력하지 않으며 문제번호와 답(《출력형태》)만 작성합니다.
  ○ 4번 문제는 묶기를 했을 경우 0점 처리됩니다.

- ### 문서작성 능력평가

  ○ A4 용지(210mm×297mm) 1매 크기, 세로 서식 문서로 작성합니다.
  ○ ⬭표시는 문서작성에 대한 지시사항이므로 작성하지 않습니다.

The Insight KPC
kpc 한국생산성본부

1. 다음의 ≪조건≫에 따라 스타일 기능을 적용하여 ≪출력형태≫와 같이 작성하시오. (50점)

≪조건≫ (1) 스타일 이름 – dental
(2) 문단 모양 – 왼쪽 여백 : 15pt, 문단 아래 간격 : 10pt
(3) 글자 모양 – 글꼴 : 한글(돋움)/영문(궁서), 크기 : 10pt, 장평 : 95%, 자간 : −5%

≪출력형태≫

The purpose of this study is to explore the socio-cultural function of dental system and suggest the improvement of limitations of the current system format.

네트워크 치과란 명칭과 브랜드를 공유하는 치과로서 브랜드를 통한 광고 효과와 체계적인 경영 시스템을 통한 비용 절감으로 기존 치과와 비교하여 강점을 지닌다.

2. 다음의 ≪조건≫에 따라 ≪출력형태≫와 같이 표와 차트를 작성하시오. (100점)

≪표 조건≫ (1) 표 전체(표, 캡션) – 굴림, 10pt
(2) 정렬 – 문자 : 가운데 정렬, 숫자 : 오른쪽 정렬
(3) 셀 배경(면 색) : 노랑
(4) 한글의 계산 기능을 이용하여 빈칸에 합계를 구하고, 캡션 기능 사용할 것
(5) 선 모양은 ≪출력형태≫와 동일하게 처리할 것

≪출력형태≫

보건소 구강사업 지난 실적 현황(단위 : 천 건)

구분	2013년	2015년	2017년	2019년	합계
구강 보건교육	58	81	72	84	
스케일링	7	4	5	5	
불소 도포	41	37	29	34	
불소양치 사업	66	86	186	129	

≪차트 조건≫ (1) 차트 데이터는 표 내용에서 연도별 구강 보건교육, 스케일링, 불소 도포의 값만 이용할 것
(2) 종류 – 〈묶은 세로 막대형〉으로 작업할 것
(3) 제목 – 돋움, 진하게, 12pt, 속성 – 채우기(하양), 테두리, 그림자(대각선 오른쪽 아래)
(4) 제목 이외의 전체 글꼴 – 돋움, 보통, 10pt
(5) 축제목과 범례는 ≪출력형태≫와 동일하게 처리할 것

≪출력형태≫

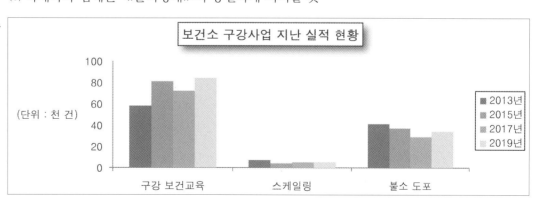

3. 다음 (1), (2)의 수식을 수식 편집기로 각각 입력하시오. (40점)

≪출력형태≫

$$(1)\ H_n = \frac{a(r^n - 1)}{r - 1} = \frac{a(1 + r^n)}{1 - r}\ (r \neq 1) \qquad (2)\ L = \frac{m + M}{m}\ V = \frac{m + M}{m}\ \sqrt{2gh}$$

4. 다음의 ≪조건≫에 따라 ≪출력형태≫와 같이 문서를 작성하시오. (110점)

≪조건≫ (1) 그리기 도구를 이용하여 작성하고, 모든 도형(글맵시, 지정된 그림)을 포함 ≪출력형태≫와 같이 작성하시오.

(2) 도형의 면 색은 지시사항이 없으면 색 없음을 제외하고 서로 다르게 임의로 지정하시오.

≪출력형태≫

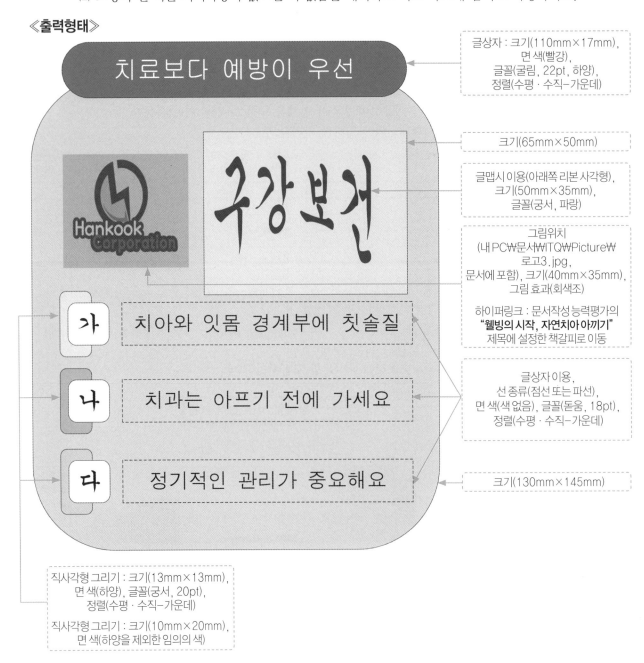

글상자 : 크기(110mm×17mm), 면 색(빨강), 글꼴(굴림, 22pt, 하양), 정렬(수평ㆍ수직–가운데)

크기(65mm×50mm)

글맵시 이용(아래쪽 리본 사각형), 크기(50mm×35mm), 글꼴(궁서, 파랑)

그림위치 (내PC₩문서₩ITQ₩Picture₩ 로고3.jpg, 문서에 포함), 크기(40mm×35mm), 그림 효과(회색조)

하이퍼링크 : 문서작성능력평가의 **"웰빙의 시작, 자연치아 아끼기"** 제목에 설정한 책갈피로 이동

글상자 이용, 선 종류(점선 또는 파선), 면 색(색 없음), 글꼴(돋움, 18pt), 정렬(수평ㆍ수직–가운데)

크기(130mm×145mm)

직사각형 그리기 : 크기(13mm×13mm), 면 색(하양), 글꼴(궁서, 20pt), 정렬(수평ㆍ수직–가운데)

직사각형 그리기 : 크기(10mm×20mm), 면 색(하양을 제외한 임의의 색)

글꼴 : 돋움, 18pt, 진하게, 가운데 정렬
책갈피 이름 : 치아, 덧말 넣기

머리말 기능
궁서, 10pt, 오른쪽 정렬　→　국민의 구강건강

문단 첫글자 장식 기능
글꼴 : 굴림, 면색 : 노랑

치아의 날
웰빙의 시작, 자연치아 아끼기

그림위치(내 PC₩문서₩ITQ₩Picture₩그림5.jpg, 문서에 포함)
자르기 기능 이용, 크기(35mm×40mm), 바깥 여백 왼쪽 : 2mm

세 살 버릇 여든까지 간다고 하는 속담은 어린이들의 나쁜 습관①을 교정하려 할 때 자주 언급된다. 어린이의 구강 습관은 오랫동안 치과 의사, 소아청소년과 의사, 심리학자, 많은 부모님의 관심거리가 되어왔다. 좋지 않은 습관이 장기간 지속되면 치아의 위치와 교합이 비정상적으로 될 수 있다. 어린이에게 해로운 습관을 일으키는 원인으로는 변형된 골 성장, 치아(齒牙)의 위치 부정, 잘못된 호흡 습관 등이 있다.

각주

치아 관리는 젖니 때부터 해야 한다. 세 살 이하의 아이는 스스로 칫솔질을 할 수 없으므로 자신이 스스로 칫솔질을 할 수 있을 때까지 부모가 이를 닦아준다. 특히 어린이의 올바른 구강 건강관리를 위해서는 아이에게 이를 닦는 습관(習慣)을 지니게 하는 것이 가장 중요하다. 따라서 부모님들이 아이들에게 관심을 가지고 모범을 보여 주어야 한다. 우리나라 치과 진료의 지식과 기술 수준은 세계적 수준이나 실제로 국민 구강건강 수준은 보건복지부의 발표에 따르면 아직도 후진국 수준이다. 이는 실제로 우리나라의 대다수 치과 진료 과정에서 예방 진료를 무시한 채 치료와 재활만을 주력했기 때문이라고 생각되기에 정기적으로 치과에 내원하여 검사를 받고 필요한 예방치료를 받는 것이 중요하다.

♥ 어린이의 올바른 구강 건강관리

글꼴 : 궁서, 18pt, 하양
음영색 : 파랑

　A. 어린이를 위한 맞춤 칫솔질
　　ⓐ 칫솔을 치아의 옆면에 대고 수평으로 좌우를 문지른다.
　　ⓑ 씹는 면과 안쪽 면도 닦고 끝으로 혀도 닦아야 한다.
　B. 치아가 건강해지는 식습관
　　ⓐ 만 1세가 되면 모유나 우유병 사용은 자제한다.
　　ⓑ 앞니가 나면 빠는 근육이 아닌, 씹는 근육을 사용하게 한다.

문단 번호 기능 사용
1수준 : 20pt, 오른쪽 정렬,
2수준 : 30pt, 오른쪽 정렬,
줄 간격 : 180%

♥ 치아 구강보건 4가지 방법

글꼴 : 궁서, 18pt,
밑줄, 강조점

표 전체 글꼴 : 돋움, 10pt, 가운데 정렬
셀 배경(그러데이션) : 유형(세로),
시작색(하양), 끝색(노랑)

구분	충치 원인균 제거	치아를 강하게	충치 원인균 활동 제거	정기적 치과 검진
대처 방법	칫솔질은 충치를 예방	식후 설탕 섭취 금지	치아 홈 메우기	6개월 간격으로 치과 방문
	식후 양치는 필수	불소치약 사용		
	치실, 치간 칫솔 사용	3개월간 불소 겔 바르기	채소나 과일 먹기	조기 발견, 조기 치료
	치아랑 잇몸 경계 닦기	수돗물 불소는 안전		

글꼴 : 굴림, 24pt, 진하게,
장평 105%, 오른쪽 정렬　→　## 대한예방치과학회

각주 구분선 : 5cm

① 어떤 행위를 오랫동안 되풀이하는 과정에서 저절로 익혀진 행동 방식

쪽번호 매기기
5로 시작　→　E

제6회 정보기술자격(ITQ) 시험

과 목	코 드	문제유형	시험시간	수험번호	성 명
아래한글	1111	C	60분		

수험자 유의사항

- 수험자는 문제지를 받는 즉시 문제지와 **수험표상의 시험과목(프로그램)이 동일한지 반드시 확인**하여야 합니다.
- 파일명은 본인의 "수험번호-성명"으로 입력하여 답안폴더(내 PC₩문서₩ITQ)에 하나의 파일로 저장해야 하며, 답안문서 파일명이 "수험번호-성명"과 일치하지 않거나, 답안파일을 전송하지 않아 미제출로 처리될 경우 실격 처리합니다 (예 : 12345678-홍길동.hwp).
- 답안 작성을 마치면 파일을 저장하고, '답안 전송' 버튼을 선택하여 감독위원 PC로 답안을 전송하십시오. 수험생 정보와 저장한 파일명이 다를 경우 전송되지 않으므로 주의하시기 바랍니다.
- 답안 작성 중에도 **주기적으로 저장하고, '답안 전송'**하여야 문제 발생을 줄일 수 있습니다. 작업한 내용을 저장하지 않고 전송할 경우 이전에 저장된 내용이 전송되오니 이점 유의하시기 바랍니다.
- 답안문서는 지정된 경로 외의 다른 보조기억장치에 저장하는 경우, 지정된 시험 시간 외에 작성된 파일을 활용할 경우, 기타 통신수단(이메일, 메신저, 네트워크 등)을 이용하여 타인에게 전달 또는 외부 반출하는 경우는 부정 처리합니다.
- 시험 중 부주의 또는 고의로 시스템을 파손한 경우는 수험자가 변상해야 하며, 〈수험자 유의사항〉에 기재된 방법대로 이행하지 않아 생기는 불이익은 수험생 당사자의 책임임을 알려 드립니다.
- 문제의 조건은 한컴오피스 2020 버전으로 설정되어 있으니 유의하시기 바랍니다.
- 시험을 완료한 수험자는 답안파일이 전송되었는지 확인한 후 감독위원의 지시에 따라 문제지를 제출하고 퇴실합니다.

답안 작성요령

- **온라인 답안 작성 절차**

  수험자 등록 ⇒ 시험 시작 ⇒ 답안파일 저장 ⇒ 답안 전송 ⇒ 시험 종료

- **공통 부문**
  - ○ 글꼴에 대한 기본설정은 함초롬바탕, 10포인트, 검정, 줄간격 160%, 양쪽정렬로 합니다.
  - ○ 색상은 조건의 색을 적용하고 색의 구분이 안 될 경우에는 RGB 값을 적용하십시오(빨강 255, 0, 0 / 파랑 0, 0, 255 / 노랑 255, 255, 0).
  - ○ 각 문항에 주어진 ≪조건≫에 따라 작성하고 언급하지 않은 조건은 ≪출력형태≫와 같이 작성합니다.
  - ○ 용지여백은 왼쪽·오른쪽 11mm, 위쪽·아래쪽·머리말·꼬리말 10mm, 제본 0mm로 합니다.
  - ○ 그림 삽입 문제의 경우 「내 PC₩문서₩ITQ₩Picture」 폴더에서 지정된 파일을 선택하여 삽입하십시오.
  - ○ 삽입한 그림은 반드시 문서에 포함하여 저장해야 합니다(미포함 시 감점 처리).
  - ○ 각 항목은 지정된 페이지에 출력형태와 같이 정확히 작성하시기 바라며, 그렇지 않을 경우에 해당 항목은 0점 처리됩니다.
    ※ 페이지구분 : 1 페이지 – 기능평가 I (문제번호 표시 : 1. 2.),
    　　　　　　　2페이지 – 기능평가 II (문제번호 표시 : 3. 4.),
    　　　　　　　3페이지 – 문서작성 능력평가

- **기능평가**
  - ○ 문제와 ≪조건≫은 입력하지 않으며 문제번호와 답(≪출력형태≫)만 작성합니다.
  - ○ 4번 문제는 묶기를 했을 경우 0점 처리됩니다.

- **문서작성 능력평가**
  - ○ A4 용지(210mm×297mm) 1매 크기, 세로 서식 문서로 작성합니다.
  - ○ ⬭표시는 문서작성에 대한 지시사항이므로 작성하지 않습니다.

The Insight KPC
kpc 한국생산성본부

1. 다음의 ≪조건≫에 따라 스타일 기능을 적용하여 ≪출력형태≫와 같이 작성하시오. (50점)

≪조건≫
(1) 스타일 이름 – exhibition
(2) 문단 모양 – 왼쪽 여백 : 15pt, 문단 아래 간격 : 10pt
(3) 글자 모양 – 글꼴 : 한글(돋움)/영문(궁서), 크기 : 10pt, 장평 : 95%, 자간 : −5%

≪출력형태≫

As the only Korean photovoltaic exhibition representing Asia, the EXPO Solar 2022/PV Korea is to be held in KINTEX from June 29(Wed) to July 1(Fri), 2022.

아시아를 대표하는 대한민국 유일의 태양광 전문 전시회인 2022 세계 태양에너지 엑스포가 2022년 6월 29일부터 7월 1일까지 3일간의 일정으로 킨텍스에서 개최된다.

2. 다음의 ≪조건≫에 따라 ≪출력형태≫와 같이 표와 차트를 작성하시오. (100점)

≪표 조건≫
(1) 표 전체(표, 캡션) – 굴림, 10pt
(2) 정렬 – 문자 : 가운데 정렬, 숫자 : 오른쪽 정렬
(3) 셀 배경(면 색) : 노랑
(4) 한글의 계산 기능을 이용하여 빈칸에 합계를 구하고, 캡션 기능 사용할 것
(5) 선 모양은 ≪출력형태≫와 같이 동일하게 처리할 것

≪출력형태≫

직종별 참관객 현황(단위 : 백 명)

직종	1일차	2일차	3일차	4일차	합계
마케팅	14	15	16	17	
엔지니어링 관리	13	14	15	16	
연구 및 개발	9	10	12	13	
구매 관리	8	9	10	12	

≪차트 조건≫
(1) 차트 데이터는 표 내용에서 일차별 마케팅, 엔지니어링 관리, 연구 및 개발의 값만 이용할 것
(2) 종류 – 〈묶은 세로 막대형〉으로 작업할 것
(3) 제목 – 돋움, 진하게, 12pt, 속성 – 채우기(하양), 테두리, 그림자(대각선 오른쪽 아래)
(4) 제목 이외의 전체 글꼴 – 돋움, 보통, 10pt
(5) 축제목과 범례는 ≪출력형태≫와 같이 동일하게 처리할 것

≪출력형태≫

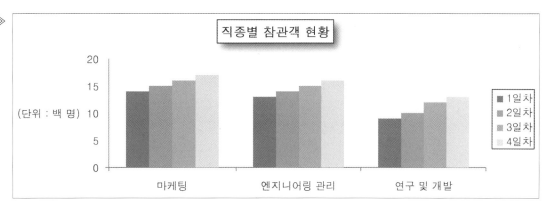

3. 다음 (1), (2)의 수식을 수식 편집기로 각각 입력하시오.   (40점)

≪출력형태≫

(1) $f = \sqrt{\dfrac{2 \times 1.6 \times 10^{-7}}{9.1 \times 10^{-3}}} = 5.9 \times 10^5$ (2) $\lambda = \dfrac{h}{mh} = \dfrac{h}{\sqrt{2me\,V}}$

4. 다음의 ≪조건≫에 따라 ≪출력형태≫와 같이 문서를 작성하시오.   (110점)

≪조건≫   (1) 그리기 도구를 이용하여 작성하고, 모든 도형(글맵시, 지정된 그림)을 포함 ≪출력형태≫와 같이 작성하시오.

           (2) 도형의 면 색은 지시사항이 없으면 색 없음을 제외하고 서로 다르게 임의로 지정하시오.

≪출력형태≫

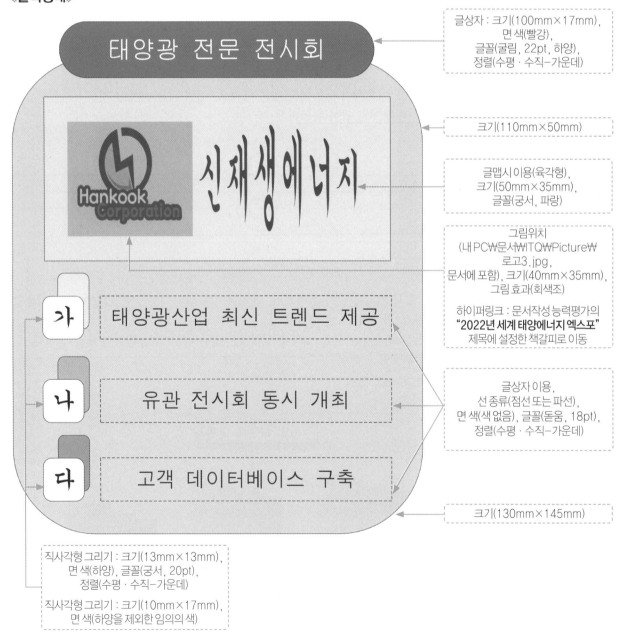

글상자 : 크기(100mm×17mm), 면 색(빨강), 글꼴(굴림, 22pt, 하양), 정렬(수평·수직-가운데)

크기(110mm×50mm)

글맵시 이용(육각형), 크기(50mm×35mm), 글꼴(궁서, 파랑)

그림위치 (내 PC₩문서₩ITQ₩Picture₩ 로고3.jpg, 문서에 포함), 크기(40mm×35mm), 그림 효과(회색조)

하이퍼링크 : 문서작성능력평가의 **"2022년 세계 태양에너지 엑스포"** 제목에 설정한 책갈피로 이동

글상자 이용, 선 종류(점선 또는 파선), 면 색(색없음), 글꼴(돋움, 18pt), 정렬(수평·수직-가운데)

크기(130mm×145mm)

직사각형 그리기 : 크기(13mm×13mm), 면 색(하양), 글꼴(궁서, 20pt), 정렬(수평·수직-가운데)

직사각형 그리기 : 크기(10mm×17mm), 면 색(하양을 제외한 임의의 색)

글꼴 : 돋움, 18pt, 진하게, 가운데 정렬
책갈피 이름 : 태양광, 덧말 넣기

머리말 기능
궁서, 10pt, 오른쪽 정렬 → 태양광 전문 전시회

친환경 에너지
2022 세계 태양에너지 엑스포

문단 첫글자 장식 기능
글꼴 : 굴림, 면색 : 노랑

그림위치(내 PCW문서WITQWPictureW그림4.jpg, 문서에 포함)
자르기 기능 이용, 크기(40mm×35mm), 바깥 여백 왼쪽 : 2mm

신 기후체제 출범과 함께 온실가스감축, 기후변화 적응 기술이 그 핵심으로 떠오르면서 우리나라에서는 친환경에너지 비중 확대를 위해 태양광, 풍력 등의 신재생에너지 보급 확대를 위한 계획을 수립하여 추진(推進) 중이다. 아시아는 최근 중국과 일본을 비롯해 동남아시아의 태양광 발전 산업 지원을 위한 FIT 및 RPSⒶ 정책 강화로 세계의 관심이 집중되고 있다. 아시아 태양광 산업의 허브이자 아시아 태양광 시장진출의 게이트웨이로 충실한 역할을 수행해 온 세계 태양에너지 엑스포는 글로벌 추세의 변화와 국내 태양광 시장 확대에 맞춰 공급자와 사용자가 소통할 수 있는 장이 되고 있다.

각주
  태양광 산업의 발전과 온실가스 감축을 위한 솔루션을 제시하는 세계 태양에너지 엑스포는 전 세계 국제전시회 인증기관인 국제전시연합회와 산업통상자원부의 우수 전시회 국제 인증 획득(獲得)으로 해외 출품기업체와 해외 바이어 참관객 수에서 국제 전시회로서의 자격과 요건을 확보해가고 있다. 올해로 13회째 열리는 2022 세계 태양에너지 엑스포에서는 출품기업과 참관객에게 태양광 관련 최신 기술 정보와 시공 및 설계 관련 다양한 기술 노하우를 무료로 전수할 수 있는 국제 PV 월드 포럼이 동시에 개최된다.

※ 2022 세계 태양에너지 엑스포 개요

글꼴 : 궁서, 18pt, 하양
음영색 : 파랑

  1) 일시 및 장소

    가) 일시 : 2022년 6월 29일(수) ~ 7월 1일(금) 10:00 ~ 17:00

    나) 장소 : 킨텍스 제1전시장

  2) 주관 및 후원

    가) 주관 : 녹색에너지연구원, 한국태양에너지학회 등

    나) 후원 : 한국에너지기술평가원, 한국신재생에너지협회 등

문단 번호 기능 사용
1수준 : 20pt, 오른쪽 정렬,
2수준 : 30pt, 오른쪽 정렬,
줄 간격 : 180%

※ 전시장 구성 및 동시 개최 행사

글꼴 : 궁서, 18pt,
밑줄, 강조점

표 전체 글꼴 : 돋움, 10pt, 가운데 정렬
셀 배경(그러데이션) : 유형(세로),
시작색(하양), 끝색(노랑)

전시장 구성		동시 개최 행사	전시 품목
상담관	해외 바이어 수출 및 구매	2022 국제 PV 월드 포럼	태양광 셀과 모듈, 소재 및 부품
	태양광 사업 금융지원	태양광 시장 동향 및 수출 전략 세미나	
홍보관	지자체 태양광 기업	태양광 산업 지원 정책 및 발전 사업 설명회	전력 및 발전설비
	솔라 리빙관, 에너지 저장 시스템	해외 바이어 초청 수출 및 구매 상담회	

글꼴 : 굴림, 24pt, 진하게
장평 105%, 오른쪽 정렬 → 엑스포솔라전시사무국

각주 구분선 : 5cm

Ⓐ 대규모 발전 사업자에게 신재생에너지를 이용한 발전을 의무화한 제도

쪽 번호 매기기
5로 시작 → ⑤

제7회 정보기술자격(ITQ) 시험

과 목	코 드	문제유형	시험시간	수험번호	성 명
아래한글	1111	A	60분		

수험자 유의사항

- 수험자는 문제지를 받는 즉시 문제지와 **수험표상의 시험과목(프로그램)이 동일한지 반드시 확인**하여야 합니다.
- 파일명은 본인의 "수험번호-성명"으로 입력하여 답안폴더(내 PC₩문서₩ITQ)에 하나의 파일로 저장해야 하며, 답안문서 파일명이 "수험번호-성명"과 일치하지 않거나, 답안파일을 전송하지 않아 미제출로 처리될 경우 실격 처리합니다 (예 : 12345678-홍길동.hwp).
- 답안 작성을 마치면 파일을 저장하고, '답안 전송' 버튼을 선택하여 감독위원 PC로 답안을 전송하십시오. 수험생 정보와 저장한 파일명이 다를 경우 전송되지 않으므로 주의하시기 바랍니다.
- 답안 작성 중에도 **주기적으로 저장하고, '답안 전송'**하여야 문제 발생을 줄일 수 있습니다. 작업한 내용을 저장하지 않고 전송할 경우 이전에 저장된 내용이 전송되오니 이점 유의하시기 바랍니다.
- 답안문서는 지정된 경로 외의 다른 보조기억장치에 저장하는 경우, 지정된 시험 시간 외에 작성된 파일을 활용할 경우, 기타 통신수단(이메일, 메신저, 네트워크 등)을 이용하여 타인에게 전달 또는 외부 반출하는 경우는 부정 처리합니다.
- 시험 중 부주의 또는 고의로 시스템을 파손한 경우는 수험자가 변상해야 하며, 〈수험자 유의사항〉에 기재된 방법대로 이행하지 않아 생기는 불이익은 수험생 당사자의 책임임을 알려 드립니다.
- 문제의 조건은 한컴오피스 2020 버전으로 설정되어 있으니 유의하시기 바랍니다.
- 시험을 완료한 수험자는 답안파일이 전송되었는지 확인한 후 감독위원의 지시에 따라 문제지를 제출하고 퇴실합니다.

답안 작성요령

온라인 답안 작성 절차

수험자 등록 ⇒ 시험 시작 ⇒ 답안파일 저장 ⇒ 답안 전송 ⇒ 시험 종료

공통 부문

- ○ 글꼴에 대한 기본설정은 함초롬바탕, 10포인트, 검정, 줄간격 160%, 양쪽정렬로 합니다.
- ○ 색상은 조건의 색을 적용하고 색의 구분이 안 될 경우에는 RGB 값을 적용하십시오(빨강 255, 0, 0 / 파랑 0, 0, 255 / 노랑 255, 255, 0).
- ○ 각 문항에 주어진 《조건》에 따라 작성하고 언급하지 않은 조건은 《출력형태》와 같이 작성합니다.
- ○ 용지여백은 왼쪽 · 오른쪽 11mm, 위쪽 · 아래쪽 · 머리말 · 꼬리말 10mm, 제본 0mm로 합니다.
- ○ 그림 삽입 문제의 경우 「내 PC₩문서₩ITQ₩Picture」 폴더에서 지정된 파일을 선택하여 삽입하십시오.
- ○ 삽입한 그림은 반드시 문서에 포함하여 저장해야 합니다(미포함 시 감점 처리).
- ○ 각 항목은 지정된 페이지에 출력형태와 같이 정확히 작성하시기 바라며, 그렇지 않을 경우에 해당 항목은 0점 처리됩니다.
  - ※ 페이지구분 : 1 페이지 - 기능평가 I (문제번호 표시 : 1. 2.).
  - 2페이지 - 기능평가 II (문제번호 표시 : 3. 4.).
  - 3페이지 - 문서작성 능력평가

기능평가

- ○ 문제와 《조건》은 입력하지 않으며 문제번호와 답(《출력형태》)만 작성합니다.
- ○ 4번 문제는 묶기를 했을 경우 0점 처리됩니다.

문서작성 능력평가

- ○ A4 용지(210mm×297mm) 1매 크기, 세로 서식 문서로 작성합니다.
- ○ ◯ 표시는 문서작성에 대한 지시사항이므로 작성하지 않습니다.

1. 다음의 ≪조건≫에 따라 스타일 기능을 적용하여 ≪출력형태≫와 같이 작성하시오. (50점)

≪조건≫ (1) 스타일 이름 – exhibition
(2) 문단 모양 – 첫 줄 들여쓰기 : 15pt, 문단 아래 간격 : 10pt
(3) 글자 모양 – 글꼴 : 한글(돋움)/영문(굴림), 크기 : 10pt, 장평 : 95%, 자간 : 5%

≪출력형태≫

KAFF is held annually to promote the development of the architectural and cultural industry and to exchange information between architects and to hold business, harmony, and festivals.

한국건축산업대전은 건축문화산업의 발전을 도모하고 건축인들 간의 정보교류와 비즈니스 및 화합과 축제의 장으로 매년 개최된다.

2. 다음의 ≪조건≫에 따라 ≪출력형태≫와 같이 표와 차트를 작성하시오. (100점)

≪표 조건≫ (1) 표 전체(표, 캡션) – 돋움, 10pt
(2) 정렬 – 문자 : 가운데 정렬, 숫자 : 오른쪽 정렬
(3) 셀 배경(면 색) : 노랑
(4) 한글의 계산 기능을 이용하여 빈칸에 합계를 구하고, 캡션 기능 사용할 것
(5) 선 모양은 ≪출력형태≫와 동일하게 처리할 것

≪출력형태≫

2021 한국건축산업대전 관람객 현황(단위 : 백 명)

구분	1일차	2일차	3일차	4일차	합계
30대	94	100	103	112	
40대	143	152	164	178	
50대	126	136	145	154	
60대 이상	85	89	94	92	

≪차트 조건≫ (1) 차트 데이터는 표 내용에서 일차별 30대, 40대, 50대의 값만 이용할 것
(2) 종류 – 〈꺾은선형〉으로 작업할 것
(3) 제목 – 굴림, 진하게, 12pt, 속성 – 채우기(하양), 테두리, 그림자(오른쪽)
(4) 제목 이외의 전체 글꼴 – 굴림, 보통, 10pt
(5) 축제목과 범례는 ≪출력형태≫와 동일하게 처리할 것

≪출력형태≫

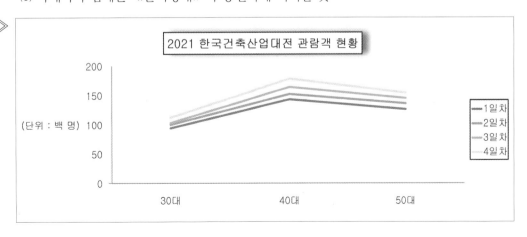

3. 다음 (1), (2)의 수식을 수식 편집기로 각각 입력하시오. (40점)

≪출력형태≫

(1) $\dfrac{F}{h_2} = t_2 k_1 \dfrac{t_1}{d} = 2 \times 10^{-7} \dfrac{t_1 t_2}{d}$

(2) $\displaystyle \int_a^b A(x-a)(x-b)dx = -\dfrac{A}{6}(b-a)^3$

4. 다음의 ≪조건≫에 따라 ≪출력형태≫와 같이 문서를 작성하시오. (110점)

　≪**조건**≫ (1) 그리기 도구를 이용하여 작성하고, 모든 도형(글맵시, 지정된 그림)을 포함 ≪출력형태≫와 같이 작성하시오.

　　　　(2) 도형의 면 색은 지시사항이 없으면 색 없음을 제외하고 서로 다르게 임의로 지정하시오.

≪출력형태≫

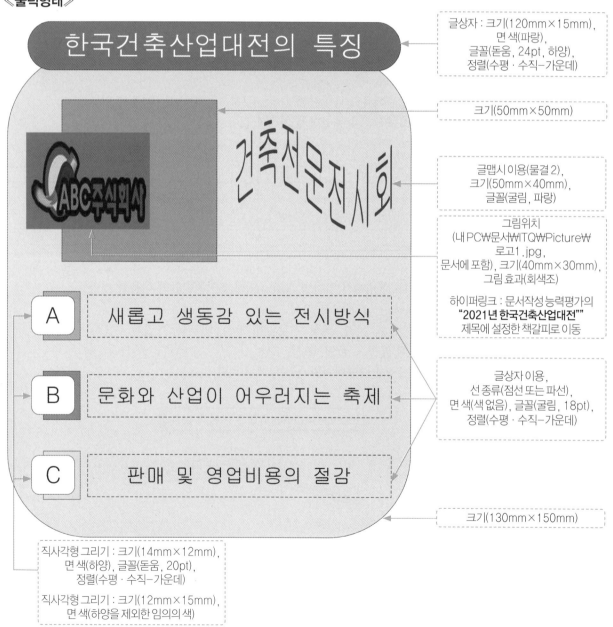

글상자 : 크기(120mm×15mm), 면 색(파랑), 글꼴(돋움, 24pt, 하양), 정렬(수평·수직-가운데)

크기(50mm×50mm)

글맵시 이용(물결 2), 크기(50mm×40mm), 글꼴(굴림, 파랑)

그림위치
(내 PC\문서\ITQ\Picture\
로고1.jpg,
문서에 포함), 크기(40mm×30mm),
그림 효과(회색조)

하이퍼링크 : 문서작성능력평가의
"2021년 한국건축산업대전""
제목에 설정한 책갈피로 이동

글상자 이용,
선 종류(점선 또는 파선),
면 색(색 없음), 글꼴(굴림, 18pt),
정렬(수평·수직-가운데)

크기(130mm×150mm)

직사각형 그리기 : 크기(14mm×12mm),
면 색(하양), 글꼴(돋움, 20pt),
정렬(수평·수직-가운데)

직사각형 그리기 : 크기(12mm×15mm),
면 색(하양을 제외한 임의의 색)

글꼴 : 돋움, 18pt, 진하게, 가운데 정렬
책갈피 이름 : 건축축제, 덧말 넣기

머리말 기능 ▶종합전시회
굴림, 10pt, 오른쪽 정렬

건축사와 함께하는
2021 한국건축산업대전

문단 첫글자 장식 기능
글꼴 : 궁서, 면색 : 노랑

각주

그림위치(내PC\문서\ITQ\Picture\그림4.jpg, 문서에 포함)
자르기 기능 이용, 크기(40mm×35mm), 바깥 여백 왼쪽 : 2mm

한 국건축산업대전은 B2B, B2G® 형태로 이루어지는 국내 유일의 건축 전문전시회로 건축산업의 흐름을 한눈에 확인할 수 있는 정보교류의 장이다. 2006년부터 시작해 올해로 16회를 맞이하고 있는 한국건축산업대전은 국내 최대의 건축전문전시회로 건축산업 발전에 초석(礎石)을 이루고 있다. 한국건축산업대전은 건축사, 건축 자재 업체, 건축 서비스 수요자인 모든 국민이 공감할 수 있는 전시회로 건축사의 전문성, 공공성을 바탕으로 다양한 콘텐츠, 프리미엄 친환경 제품, 신공법 및 신기술 그리고 정부, 공공기관, 민간과의 정보교류 등을 통해 건축의 변화와 발전을 몸소 체험할 기회를 제공하고 있다.

　한국건축산업대전은 건축의 미래 트렌드를 도모하고 관련 업계 파이를 키우는 데 기여하고 있으며, 나아가 국민, 기업, 지자체의 원활한 소통(疏通)을 통한 주거복지와 지역경제 활성화에 이바지하고 있다. 한국건축산업대전은 우수 건축자재 및 건설장비, 조경, 신재생에너지, IT, 고효율 에너지 절약기기 등이 함께 전시되어 행사의 다양성을 높이고 건축사, 건축 관련 종사자, 일반 관람자가 참가하여 대한민국 건축의 현주소와 미래를 알 수 있는 축제의 한마당으로 운영된다.

♣ 2021 한국건축산업대전 개요

글꼴 : 궁서, 18pt, 하양
음영색 : 파랑

　I. 기간 및 장소
　　① 기간 : 2021.10.20.(수) - 2021.10.23.(토) 4일간
　　② 장소 : 코엑스 D홀
　II. 주관 및 후원
　　① 주관 : 대한건축사협회, 코엑스 외 다수
　　② 후원 : 국가건축정책위원회, 산업통상자원부 외 다수

문단 번호 기능 사용
1수준 : 20pt, 오른쪽 정렬,
2수준 : 30pt, 오른쪽 정렬,
줄 간격 : 180%

♣ 동시 개최 및 부대행사

글꼴 : 궁서, 18pt,
밑줄, 강조점

표 전체글꼴 : 돋움, 10pt, 가운데 정렬
셀 배경(그러데이션) : 유형(왼쪽 대각선),
시작색(하양), 끝색(노랑)

구분	내용	주최	주관
기념식	한국건축문화대상 시상식	국토교통부, 대한건축사협회	대한건축사협회
문화전시회	한국건축문화대상 작품 전시		코엑스
	서울국제건축영화제 영화상영		대한건축학회
교육	건축사 실무교육		서울경제신문
세미나	건축 관련 세미나		한국건설기술연구원

글꼴 : 굴림, 24pt, 진하게
장평 105%, 오른쪽 정렬 ▶ # 건축산업대전사무국

각주 구분선 : 5cm

ⓐ 기업과 정부 기관이 전자상거래를 이용하여 물건을 거래하거나 정보를 주고받는 것

쪽번호 매기기
6으로 시작 ▶ vi

제8회 정보기술자격(ITQ) 시험

과 목	코 드	문제유형	시험시간	수험번호	성 명
아래한글	1111	B	60분		

1. 다음의 ≪조건≫에 따라 스타일 기능을 적용하여 ≪출력형태≫와 같이 작성하시오. (50점)

≪조건≫
(1) 스타일 이름 – florist
(2) 문단 모양 – 왼쪽 여백 : 15pt, 문단 아래 간격 : 10pt
(3) 글자 모양 – 글꼴 : 한글(돋움)/영문(굴림), 크기 : 10pt, 장평 : 95%, 자간 : 5%

≪출력형태≫

Floral art is the art of creating flower arrangements in vases, bowls, baskets or making bouquets and compositions from cut flowers, herbs, ornamental grasses and other plant materials.

플로리스트는 라틴어 '플로스'와 '이스트'의 합성어로, 디자인 감각을 살려 꽃을 아름다운 형태로 만들어 고객에게 제공하는 사람을 말한다.

2. 다음의 ≪조건≫에 따라 ≪출력형태≫와 같이 표와 차트를 작성하시오. (100점)

≪표 조건≫
(1) 표 전체(표, 캡션) – 돋움, 10pt
(2) 정렬 – 문자 : 가운데 정렬, 숫자 : 오른쪽 정렬
(3) 셀 배경(면 색) : 노랑
(4) 한글의 계산 기능을 이용하여 빈칸에 평균(소수점 두자리)을 구하고, 캡션 기능 사용할 것
(5) 선 모양은 ≪출력형태≫와 같이 동일하게 처리할 것

≪출력형태≫

압화 장식 소품 유통 정보(단위 : 십 원, 속)

구분	열쇠고리	카드	목걸이	손거울	평균
최고가	550	320	620	550	
최저가	300	180	230	130	
평균가	350	205	250	250	
거래량	430	127	270	170	

≪차트 조건≫
(1) 차트 데이터는 표 내용에서 구분별 최고가, 최저가, 평균가의 값만 이용할 것
(2) 종류 – 〈꺾은선형〉으로 작업할 것
(3) 제목 – 굴림, 진하게, 12pt, 속성 – 채우기(하양), 테두리, 그림자(아래쪽)
(4) 제목 이외의 전체 글꼴 – 굴림, 보통, 10pt
(5) 축제목과 범례는 ≪출력형태≫와 동일하게 처리할 것

≪출력형태≫

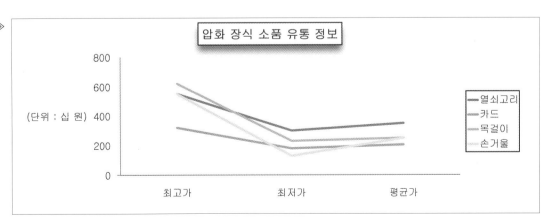

3. 다음 (1), (2)의 수식을 수식 편집기로 각각 입력하시오. (40점)

≪출력형태≫

(1) $\dfrac{k_x}{2h} \times (-2mk_x) = -\dfrac{mk^2}{h}$　　　　(2) $\overline{AB} = \sqrt{(x_2 - x_1)^2 + (y_2 - y_1)^2}$

4. 다음의 ≪조건≫에 따라 ≪출력형태≫와 같이 문서를 작성하시오. (110점)

≪조건≫　　(1) 그리기 도구를 이용하여 작성하고, 모든 도형(글맵시, 지정된 그림)을 포함 ≪출력형태≫와 같이 작성하시오.

　　　　　　(2) 도형의 면 색은 지시사항이 없으면 색 없음을 제외하고 서로 다르게 임의로 지정하시오.

≪출력형태≫

글상자 : 크기(120mm×15mm),
면 색(빨강),
글꼴(돋움, 24pt, 하양),
정렬(수평 · 수직–가운데)

크기(120mm×50mm)

글맵시 이용(물결 2),
크기(50mm×40mm),
글꼴(굴림, 파랑)

그림위치
(내 PC₩문서₩ITQ₩Picture₩
로고1.jpg,
문서에 포함), 크기(40mm×30mm),
그림 효과(회색조)

하이퍼링크 : 문서작성능력평가의
"독창적인 아름다움 프레스 플라워"
제목에 설정한 책갈피로 이동

글상자 이용,
선 종류(점선 또는 파선),
면 색(색 없음), 글꼴(굴림, 18pt),
정렬(수평 · 수직–가운데)

크기(130mm×150mm)

직사각형 그리기 : 크기(14mm×12mm),
면 색(하양), 글꼴(돋움, 20pt),
정렬(수평 · 수직–가운데)

직사각형 그리기 : 크기(12mm×20mm),
면 색(하양을 제외한 임의의 색)

글꼴 : 돋움, 18pt, 진하게, 가운데 정렬
책갈피 이름 : 누름꽃, 덧말 넣기

머리말 기능
굴림, 10pt, 오른쪽 정렬 → 꽃과 공예

누름꽃
독창적인 아름다움 프레스 플라워

문단 첫글자 장식 기능
글꼴 : 궁서, 면색 : 노랑

그림위치(내 PC\문서\ITQ\Picture\그림4.jpg, 문서에 포함)
자르기 기능 이용, 크기(40mm×40mm), 바깥 여백 왼쪽 : 2mm

자연의 아름다움 중에서 으뜸이라고 할 수 있는 꽃은 그 찬란함에 비해 계절적이고 순간적인 생명체이다. 이렇듯 짧은 생명력을 지닌 식물체의 꽃이나 잎, 줄기 등을 물리적 방법이나 약품으로 처리하는 등의 인공적 기술로 누름 건조시킨 후 회화적인 느낌을 강조하여 구성(構成)한 것을 압화 또는 자연화라고 하며, 영문으로 프레스 플라워라고 한다. 예로부터 창호지 문에 말린 나뭇잎이나 국화 꽃잎으로 문양(文樣)을 넣어 장식했으며, 희귀하거나 기념이 될 만한 식물을 오랫동안 보관하거나 장식용으로 이용해 왔다. 일반적으로는 액자로 만들어 장식하는데, 테이블 위에 아름답게 배치한 다음 판유리를 깔거나 투명한 유리병 속에 넣어 장식해도 훌륭한 인테리어 용품이 된다. 또 프레스 플라워를 활용하여 축하 카드나 장식용 전등을 만들기도 한다.

프레스 플라워에 대한 최초의 연구는 1551년 이탈리아의 식물학자인 키네가 학술 연구를 목적으로 식물 표본을 제작한 것으로 기록되어 있다. 프레스 플라워는 19세기 후반 빅토리아 여왕[①] 시대부터 본격적으로 발달하기 시작하여 그 기법이 다양해지면서 플라워 디자인의 한 분야로 발전되었다.

각주

♥ **2021 부케 만들기 클래스**

글꼴 : 궁서, 18pt, 하양
음영색 : 파랑

가) 일시 및 장소

　a) 일시 : 2021.10.16.(토) 13:00-15:00

　b) 장소 : 중앙공원

나) 대상 및 내용

　a) 대상 : 부부 및 연인 40팀(총 80명)

　b) 내용 : 부부와 연인이 서로 사랑과 감사의 마음을 담은 부케 만들기

문단 번호 기능 사용
1수준 : 20pt, 오른쪽 정렬,
2수준 : 30pt, 오른쪽 정렬,
줄 간격 : 180%

♥ **꽃 박람회 체험행사**

글꼴 : 궁서, 18pt,
밑줄, 강조점

표 전체글꼴 : 돋움, 10pt, 가운데 정렬
셀 배경(그러데이션) : 유형(왼쪽 대각선),
시작색(하양), 끝색(노랑)

체험	내용	비용	장소
보타니컬 아트 체험	꽃그림 엽서 및 카드 만들기	1,000원	D-450
듀센미소 체험존	한복방향제, 한복거울 만들기	2,000원	D-580
	수경꽃꽂이, 캐주얼 꽃다발 만들기	3,000원	D-582
압화 만들기 체험	누름꽃 열쇠고리 및 부채 만들기	2,000원	H-630
	누름꽃 목걸이 및 손거울 만들기	5,000원	H-730

글꼴 : 굴림, 24pt, 진하게
장평 105%, 오른쪽 정렬 → **프레스플라워협회**

각주 구분선 : 5cm

① 영국의 왕(재위 1837-1901)으로 영국의 전성기를 이룸

쪽 번호 매기기
7로 시작 → vii

제9회 정보기술자격(ITQ) 시험

과 목	코 드	문제유형	시험시간	수험번호	성 명
아래한글	1111	C	60분		

수험자 유의사항

- 수험자는 문제지를 받는 즉시 문제지와 **수험표상의 시험과목(프로그램)이 동일한지 반드시 확인**하여야 합니다.

- 파일명은 본인의 "수험번호−성명"으로 입력하여 답안폴더(내 PC₩문서₩ITQ)에 하나의 파일로 저장해야 하며, 답안문서 파일명이 "수험번호−성명"과 일치하지 않거나, 답안파일을 전송하지 않아 미제출로 처리될 경우 실격 처리합니다 (예 : 12345678−홍길동.hwp).

- 답안 작성을 마치면 파일을 저장하고, '답안 전송' 버튼을 선택하여 감독위원 PC로 답안을 전송하십시오. 수험생 정보와 저장한 파일명이 다를 경우 전송되지 않으므로 주의하시기 바랍니다.

- 답안 작성 중에도 **주기적으로 저장하고, '답안 전송'**하여야 문제 발생을 줄일 수 있습니다. 작업한 내용을 저장하지 않고 전송할 경우 이전에 저장된 내용이 전송되오니 이점 유의하시기 바랍니다.

- 답안문서는 지정된 경로 외의 다른 보조기억장치에 저장하는 경우, 지정된 시험 시간 외에 작성된 파일을 활용할 경우, 기타 통신수단(이메일, 메신저, 네트워크 등)을 이용하여 타인에게 전달 또는 외부 반출하는 경우는 부정 처리합니다.

- 시험 중 부주의 또는 고의로 시스템을 파손한 경우는 수험자가 변상해야 하며, 〈수험자 유의사항〉에 기재된 방법대로 이행하지 않아 생기는 불이익은 수험생 당사자의 책임임을 알려 드립니다.

- 문제의 조건은 한컴오피스 2020 버전으로 설정되어 있으니 유의하시기 바랍니다.

- 시험을 완료한 수험자는 답안파일이 전송되었는지 확인한 후 감독위원의 지시에 따라 문제지를 제출하고 퇴실합니다.

답안 작성요령

온라인 답안 작성 절차

수험자 등록 ⇒ 시험 시작 ⇒ 답안파일 저장 ⇒ 답안 전송 ⇒ 시험 종료

공통 부문

- 글꼴에 대한 기본설정은 함초롬바탕, 10포인트, 검정, 줄간격 160%, 양쪽정렬로 합니다.
- 색상은 조건의 색을 적용하고 색의 구분이 안 될 경우에는 RGB 값을 적용하십시오(빨강 255, 0, 0 / 파랑 0, 0, 255 / 노랑 255, 255, 0).
- 각 문항에 주어진 ≪조건≫에 따라 작성하고 언급하지 않은 조건은 ≪출력형태≫와 같이 작성합니다.
- 용지여백은 왼쪽 · 오른쪽 11mm, 위쪽 · 아래쪽 · 머리말 · 꼬리말 10mm, 제본 0mm로 합니다.
- 그림 삽입 문제의 경우 「내 PC₩문서₩ITQ₩Picture」 폴더에서 지정된 파일을 선택하여 삽입하십시오.
- 삽입한 그림은 반드시 문서에 포함하여 저장해야 합니다(미포함 시 감점 처리).
- 각 항목은 지정된 페이지에 출력형태와 같이 정확히 작성하시기 바라며, 그렇지 않을 경우에 해당 항목은 0점 처리됩니다.
    - ※ 페이지구분 : 1 페이지 – 기능평가 I (문제번호 표시 : 1. 2.),
        2페이지 – 기능평가 II (문제번호 표시 : 3. 4.),
        3페이지 – 문서작성 능력평가

기능평가

- 문제와 ≪조건≫은 입력하지 않으며 문제번호와 답(≪출력형태≫)만 작성합니다.
- 4번 문제는 묶기를 했을 경우 0점 처리됩니다.

문서작성 능력평가

- A4 용지(210mm×297mm) 1매 크기, 세로 서식 문서로 작성합니다.
- ▢ 표시는 문서작성에 대한 지시사항이므로 작성하지 않습니다.

The Insight KPC
kpc 한국생산성본부

1. 다음의 ≪조건≫에 따라 스타일 기능을 적용하여 ≪출력형태≫와 같이 작성하시오.   (50점)

≪조건≫
(1) 스타일 이름 – manhwa
(2) 문단 모양 – 왼쪽 여백 : 15pt, 문단 아래 간격 : 10pt
(3) 글자 모양 – 글꼴 : 한글(돋움)/영문(굴림), 크기 : 10pt, 장평 : 95%, 자간 : 5%

≪출력형태≫

Korea Manhwa Museum opened in 2001. All collections are open to the public by various exhibitions. Museum also runs variety of experiential activities related Manhwa.

디지털 미디어 시대에서 만화는 웹툰으로 탈바꿈했고, 이제 웹툰은 만화라는 어머니를 삼켜버린 절대적 용어가 되었다고 해도 과언이 아니다.

2. 다음의 ≪조건≫에 따라 ≪출력형태≫와 같이 표와 차트를 작성하시오.   (100점)

≪표 조건≫
(1) 표 전체(표, 캡션) – 돋움, 10pt
(2) 정렬 – 문자 : 가운데 정렬, 숫자 : 오른쪽 정렬
(3) 셀 배경(면 색) : 노랑
(4) 한글의 계산 기능을 이용하여 빈칸에 평균(소수점 두자리)을 구하고, 캡션 기능 사용할 것
(5) 선 모양은 ≪출력형태≫와 동일하게 처리할 것

≪출력형태≫

연령별 만화산업 종사자 현황(단위 : 명)

구분	29세 이하	30-34세	35-39세	40-45세	평균
만화출판업	578	739	689	497	
온라인 만화 제작	288	338	262	183	
만화책 임대업	529	1164	566	350	
만화 도소매업	353	245	215	550	

≪차트 조건≫
(1) 차트 데이터는 표 내용에서 연령별 만화출판업, 온라인 만화 제작, 만화책 임대업의 값만 이용할 것
(2) 종류 –〈꺾은선형〉으로 작업할 것
(3) 제목 – 굴림, 진하게, 12pt, 속성– 채우기(하양), 테두리, 그림자(대각선 오른쪽 아래)
(4) 제목 이외의 전체 글꼴 – 굴림, 보통, 10pt
(5) 축제목과 범례는 ≪출력형태≫와 동일하게 처리할 것

≪출력형태≫

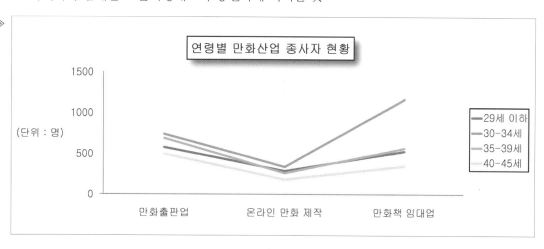

3. 다음 (1), (2)의 수식을 수식 편집기로 각각 입력하시오. (40점)

≪출력형태≫

(1) $E = \sqrt{\dfrac{GM}{R}}$, $\dfrac{R^3}{T^2} = \dfrac{GM}{4\pi^2}$

(2) $H_n = \dfrac{a(r^n - 1)}{r - 1} = \dfrac{a(1 + r^n)}{1 - r}(r \neq 1)$

4. 다음의 ≪조건≫에 따라 ≪출력형태≫와 같이 문서를 작성하시오. (110점)

≪조건≫ (1) 그리기 도구를 이용하여 작성하고, 모든 도형(글맵시, 지정된 그림)을 포함 ≪출력형태≫와 같이
작성하시오.
(2) 도형의 면 색은 지시사항이 없으면 색 없음을 제외하고 서로 다르게 임의로 지정하시오.

≪출력형태≫

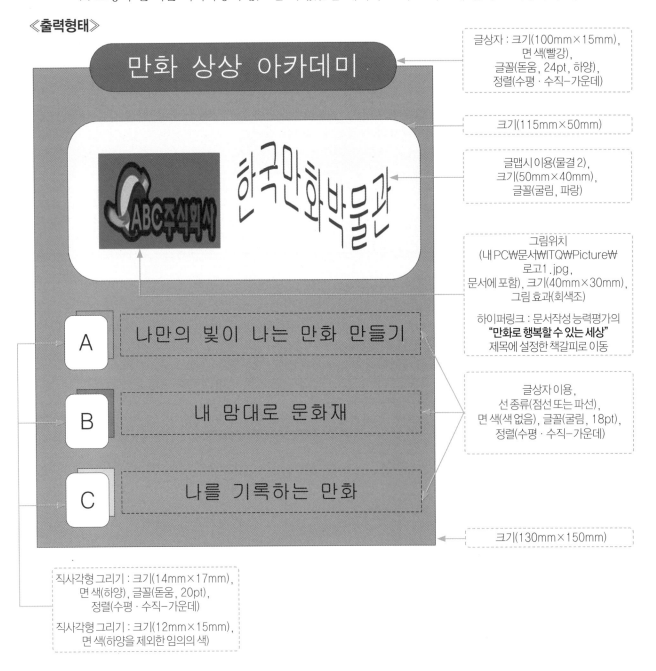

글꼴 : 돋움, 18pt, 진하게, 가운데 정렬
책갈피 이름 : 만화, 덧말넣기

머리말 기능
굴림, 10pt, 오른쪽 정렬　　→ 만화규장각

문단 첫글자 장식 기능
글꼴 : 궁서, 면색 : 노랑

시대를 담는 만화
만화로 행복할 수 있는 세상

그림위치(내 PC\문서\ITQ\Picture\그림4.jpg, 문서에 포함)
자르기 기능 이용, 크기(40mm×40mm), 바깥 여백 왼쪽 : 2mm

만화백과사전에서 모리스 혼은 "그 안에 완성된 하나의 생각을 하는 그림은 어떤 것이라도 만화라 불릴 수 있다."고 말했다. 만화는 인간이 지닌 원초적인 창조력을 바탕으로 세상의 모든 이야기를 담아내는 매체(媒體)다. 만화는 한 칸으로 세상을 풍자하기도 하고 여러 페이지를 통해 세상에 존재하지 않는 세계를 만들기도 한다. 만화는 아주 간단한 선만으로 완성되기도 하고 세밀한 선과 복잡한 채색이 동원되기도 한다.

이런 만화는 놀랍게도 작가 1인의 창의적 힘에 기대고 있는 매체이다. 만화는 근대 이후 주로 자국의 출판시스템을 기반(基盤)으로 발전했다. 그런데 21세기를 맞이해 격렬한 변화와 마주하게 되었다. 만화는 디지털 미디어로 확장되었고 종이 미디어 시대와 비교해 더 자유롭게 국경을 넘나들기 시작했다. 또한 만화는 영화, 드라마, 게임, 애니메이션, 광고, 캐릭터 등 다양한 미디어로 확산, 활용되고 있다. 만화산업을 둘러싼 지형은 예전의 단순한 관계에 비해 더 복잡해졌고 참여하는 사람들도 많아졌다. 만화@는 급변하는 미디어 환경과 진화하는 융복합콘텐츠 시대에서 끊임없이 변화와 혁신을 거듭하며 당당하게 글로벌 한류의 중심에 서 있다.

각주

글꼴 : 궁서, 18pt, 하양
음영색 : 파랑

◆ 인스타툰 공모전

A. 응모 기간 및 응모대상
　1. 응모 기간 : 2021.10.20.(수) - 2021.10.31.(일) 17:00까지
　2. 응모대상 : 웹툰 제작 및 작가에 관심 있는 누구나
B. 심사 일정
　1. 1차 심사 : 2021.11.5.(금) / Top 10 작품 선정
　2. 최종 심사 : 2021.11.13.(토) / 심사위원 및 온라인 투표 진행

문단 번호 기능 사용
1수준 : 20pt, 오른쪽 정렬,
2수준 : 30pt, 오른쪽 정렬,
줄 간격 : 180%

글꼴 : 궁서, 18pt,
밑줄, 강조점

◆ 국제 만화가대회 역대 개최지

표 전체 글꼴 : 굴림, 10pt, 가운데 정렬
셀 배경(그러데이션) : 유형(왼쪽 대각선),
시작색(하양), 끝색(노랑)

개최연도	시기	개최지	주제
2013년	11월	홍콩 완차이	만화창작의 새로운 방향
2014년		대만 카오슝	세계 각국 만화가의 디지털 창작 현황
2015년	10월	한국 대전	내 목소리
2018년	6월	대만 신베이시	디지털만화의 발전과 미래
2019년	11월-12월	일본 기타큐슈	만화 아카이브 - 만화의 보존과 전승

글꼴 : 굴림, 24pt, 진하게
장평 105%, 오른쪽 정렬　→ ## 한국만화영상진흥원

각주 구분선 : 5cm

ⓐ 이야기 따위를 간결하고 익살스럽게 그린 그림으로 대화를 삽입하여 나타냄

쪽 번호 매기기
8로 시작　→ viii

제10회 정보기술자격(ITQ) 시험

과 목	코 드	문제유형	시험시간	수험번호	성 명
아래한글	1111	C	60분		

1. 다음의 ≪조건≫에 따라 스타일 기능을 적용하여 ≪출력형태≫와 같이 작성하시오. (50점)

≪조건≫
(1) 스타일 이름 – fire
(2) 문단 모양 – 왼쪽 여백 : 15pt, 문단 아래 간격 : 10pt
(3) 글자 모양 – 글꼴 : 한글(돋움)/영문(궁서), 크기 : 10pt, 장평 : 105%, 자간 : -5%

≪출력형태≫

The fire evacuation application design began as a part of an attempt to save precious lives more efficiently and smarter through the evolving internet.

화재 대피 애플리케이션 디자인은 5G 기술과 더불어 발전하는 중인 사물인터넷을 통해 효율적이고 더 스마트하게 소중한 인명을 구하려는 시도의 일환으로 시작되었습니다.

2. 다음의 ≪조건≫에 따라 ≪출력형태≫와 같이 표와 차트를 작성하시오. (100점)

≪표 조건≫
(1) 표 전체(표, 캡션) – 돋움, 10pt
(2) 정렬 – 문자 : 가운데 정렬, 숫자 : 오른쪽 정렬
(3) 셀 배경(면 색) : 노랑
(4) 한글의 계산 기능을 이용하여 빈칸에 합계를 구하고, 캡션 기능 사용할 것
(5) 선 모양은 ≪출력형태≫와 같이 동일하게 처리할 것

≪출력형태≫

화재 대피 도면의 유효 정보량(단위 : %)

정보량	앞면 섹터	옆면 섹터	윗면 섹터	단면 섹터	합계
전체도면	14.48	20.92	13.19	11.43	
확대영역 1	0.79	23.16	16.65	21.07	
확대영역 2	12.08	17.62	5.13	0.58	
확대영역 3	7.43	13.81	13.03	5.72	

≪차트 조건≫
(1) 차트 데이터는 표 내용에서 섹터별 전체도면, 확대영역 1, 확대영역 2의 값만 이용할 것
(2) 종류 – 〈묶은 가로 막대형〉으로 작업할 것
(3) 제목 – 굴림, 진하게, 12pt, 속성 – 채우기(하양), 테두리, 그림자(오른쪽)
(4) 제목 이외의 전체 글꼴 – 굴림, 보통, 10pt
(5) 축제목과 범례는 ≪출력형태≫와 동일하게 처리할 것

≪출력형태≫

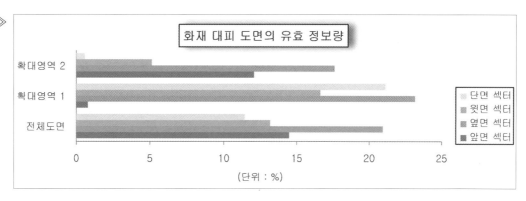

3. 다음 (1), (2)의 수식을 수식 편집기로 각각 입력하시오.   (40점)

≪출력형태≫

(1) $\displaystyle\int_a^b xf(x)dx = \frac{1}{b-a}\int_a^b xdx = \frac{a+b}{2}$ (2) $\displaystyle\sum_{k=1}^{n}(k^4+1) - \sum_{k=3}^{n}(k^4+1) = 19$

4. 다음의 ≪조건≫에 따라 ≪출력형태≫와 같이 문서를 작성하시오.   (110점)

≪조건≫   (1) 그리기 도구를 이용하여 작성하고, 모든 도형(글맵시, 지정된 그림)을 포함 ≪출력형태≫와 같이 작성하시오.

            (2) 도형의 면 색은 지시사항이 없으면 색 없음을 제외하고 서로 다르게 임의로 지정하시오.

≪출력형태≫

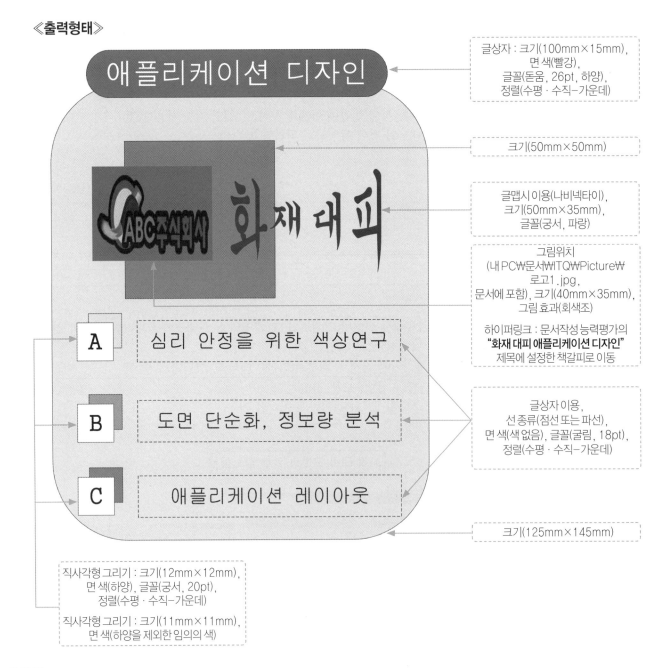

글꼴 : 굴림, 18pt, 진하게, 가운데 정렬
책갈피 이름 : 대피, 덧말 넣기

머리말 기능
돋움, 10pt, 오른쪽 정렬 → 화재 대피 동선 안내

화재 경보
화재 대피 애플리케이션 디자인 개발

문단 첫글자 장식 기능
글꼴 : 궁서, 면색 : 노랑

각주

그림위치(내 PCW문서WITQWPictureW그림4.jpg, 문서에 포함)
자르기 기능 이용, 크기(40mm×40mm), 바깥여백 왼쪽 : 2mm

모바일 애플리케이션의 디자인 가이드로 가장 널리 알려진 것은 구글에서 제안(提案)하는 머티리얼 디자인®이다. 머티리얼 디자인의 가이드는 세세한 부분까지 제안하고 있다. 그러나 재난 상황에서 사용하는 애플리케이션이라는 점과 콘텐츠를 최대한 단순화하여 사용성을 높인 점을 고려해야 한다. 따라서 많은 내용과 기능을 담은 애플리케이션의 복잡함을 단순하게 디자인하고 표준화하려는 해당 가이드의 의미를 이해하고, 애플리케이션 디자인에 필요한 부분 일부만을 참고(參考)한다.

머티리얼 디자인의 가이드 구조는 디자인 가이드와 컴포넌트들로 이루어져 있다. 디자인 가이드에 포함되는 대표적인 요소로는 레이아웃, 내비게이션, 색상, 폰트, 아이콘, 모션, 인터랙션 등이 있다. 컴포넌트에 해당하는 것들은 디자인 가이드의 구체적인 디자인 내용으로 버튼, 카드, 리스트, 메뉴, 탭, 툴팁, 픽커 등 여러 디자인이 존재한다. 머티리얼 디자인의 레이아웃에 포함되는 여백과 폰트를 중점적으로 참고하여 화재 대피 애플리케이션에 맞게 디자인하기로 한다. 유니버설 디자인의 관점에서 재난 시에 일어날 수 있는 심리요인 등을 고려하여, 시각적 불편함이 없는 내에서 기존의 가이드보다 넉넉한 마진과 거터 값을 선정한다.

♠ ## 모바일 애플리케이션의 그리드시스템 ◄

글꼴 : 굴림, 18pt, 하양
음영색 : 파랑

가. 전통적인 편집 디자인 요소

　㉠ 스크롤링이 가능하므로 그리드의 세로 즉, 칼럼이 더 중요

　㉡ 칼럼과 칼럼 사이 여백을 거터라 하며 모바일의 터치 오류 방지

나. 그리드시스템 핵심 요소

　㉠ 칼럼, 거터, 마진의 적정 크기 결정

　㉡ 콘텐츠의 크기가 작아지지 않게 시각적 불편 요소 체크

문단 번호 기능 사용
1수준 : 20pt, 오른쪽 정렬,
2수준 : 30pt, 오른쪽 정렬,
줄 간격 : 180%

표 전체글꼴 : 굴림, 10pt, 가운데 정렬
셀배경(그러데이션) : 유형(가로),
　　　　　　시작색(하양), 끝색(노랑)

♠ ## *애플리케이션 디자인 문자 가이드* ◄

글꼴 : 굴림, 18pt,
기울임, 강조점

운영체제	문자 단위	해설 및 가이드
안드로이드	dp	밀도 독립 픽셀로 디바이스 디스플레이의 크기와 해상도에 따라 가변적
	sp	dp단위와 마찬가지로 디바이스 크기에 따라 가변적
iOS	pt	픽셀이 점과 같다는 의미에서 sp단위와 마찬가지로 가변적
웹	rem	기존 웹의 em크기가 상대적으로 변한 것
모바일에서 문자		디바이스 특성상 웹에 비해 작은 경향

글꼴 : 굴림, 24pt, 진하게
장평 105%, 오른쪽 정렬 → ## 화재안전대책본부

각주 구분선 : 5cm

ⓐ 애플리케이션 디자인의 표준화를 위한 오픈소스. 아이콘. 디자인 등의 가이드 제안

쪽번호 매기기
5로 시작 → 마

제11회 정보기술자격(ITQ) 시험

과 목	코 드	문제유형	시험시간	수험번호	성 명
아래한글	1111	A	60분		

수험자 유의사항

- 수험자는 문제지를 받는 즉시 문제지와 **수험표상의 시험과목(프로그램)이 동일한지 반드시 확인**하여야 합니다.
- 파일명은 본인의 "수험번호–성명"으로 입력하여 답안폴더(내 PC₩문서₩ITQ)에 하나의 파일로 저장해야 하며, 답안문서 파일명이 "수험번호–성명"과 일치하지 않거나, 답안파일을 전송하지 않아 미제출로 처리될 경우 실격 처리합니다 (예 : 12345678–홍길동.hwp).
- 답안 작성을 마치면 파일을 저장하고, '답안 전송' 버튼을 선택하여 감독위원 PC로 답안을 전송하십시오. 수험생 정보와 저장한 파일명이 다를 경우 전송되지 않으므로 주의하시기 바랍니다.
- 답안 작성 중에도 **주기적으로 저장하고, '답안 전송'**하여야 문제 발생을 줄일 수 있습니다. 작업한 내용을 저장하지 않고 전송할 경우 이전에 저장된 내용이 전송되오니 이점 유의하시기 바랍니다.
- 답안문서는 지정된 경로 외의 다른 보조기억장치에 저장하는 경우, 지정된 시험 시간 외에 작성된 파일을 활용할 경우, 기타 통신수단(이메일, 메신저, 네트워크 등)을 이용하여 타인에게 전달 또는 외부 반출하는 경우는 부정 처리합니다.
- 시험 중 부주의 또는 고의로 시스템을 파손한 경우는 수험자가 변상해야 하며, 〈수험자 유의사항〉에 기재된 방법대로 이행하지 않아 생기는 불이익은 수험생 당사자의 책임임을 알려 드립니다.
- 문제의 조건은 한컴오피스 2020 버전으로 설정되어 있으니 유의하시기 바랍니다.
- 시험을 완료한 수험자는 답안파일이 전송되었는지 확인한 후 감독위원의 지시에 따라 문제지를 제출하고 퇴실합니다.

답안 작성요령

온라인 답안 작성 절차

수험자 등록 ⇒ 시험 시작 ⇒ 답안파일 저장 ⇒ 답안 전송 ⇒ 시험 종료

공통 부문

- 글꼴에 대한 기본설정은 함초롬바탕, 10포인트, 검정, 줄간격 160%, 양쪽정렬로 합니다.
- 색상은 조건의 색을 적용하고 색의 구분이 안 될 경우에는 RGB 값을 적용하십시오(빨강 255, 0, 0 / 파랑 0, 0, 255 / 노랑 255, 255, 0).
- 각 문항에 주어진 ≪조건≫에 따라 작성하고 언급하지 않은 조건은 ≪출력형태≫와 같이 작성합니다.
- 용지여백은 왼쪽 · 오른쪽 11mm, 위쪽 · 아래쪽 · 머리말 · 꼬리말 10mm, 제본 0mm로 합니다.
- 그림 삽입 문제의 경우 「내 PC₩문서₩ITQ₩Picture」 폴더에서 지정된 파일을 선택하여 삽입하십시오.
- 삽입한 그림은 반드시 문서에 포함하여 저장해야 합니다(미포함 시 감점 처리).
- 각 항목은 지정된 페이지에 출력형태와 같이 정확히 작성하시기 바라며, 그렇지 않을 경우에 해당 항목은 0점 처리됩니다.
  - ※ 페이지구분 : 1 페이지 – 기능평가 I (문제번호 표시 : 1. 2.),
    - 2페이지 – 기능평가 II (문제번호 표시 : 3. 4.),
    - 3페이지 – 문서작성 능력평가

기능평가

- 문제와 ≪조건≫은 입력하지 않으며 문제번호와 답(≪출력형태≫)만 작성합니다.
- 4번 문제는 묶기를 했을 경우 0점 처리됩니다.

문서작성 능력평가

- A4 용지(210mm×297mm) 1매 크기, 세로 서식 문서로 작성합니다.
- ⬭ 표시는 문서작성에 대한 지시사항이므로 작성하지 않습니다.

The Insight KPC
kpc 한국생산성본부

1. 다음의 《조건》에 따라 스타일 기능을 적용하여 《출력형태》와 같이 작성하시오. (50점)

《조건》 (1) 스타일 이름 – sultriness
(2) 문단 모양 – 첫 줄 들여쓰기 : 10pt, 문단 아래 간격 : 10pt
(3) 글자 모양 – 글꼴 : 한글(돋움)/영문(궁서), 크기 : 10pt, 장평 : 105%, 자간 : −5%

《출력형태》

It will be able to immediately deal with heat wave warnings or emergencies by knowing the criteria for heat wave and common sense of disease in advance.

폭염은 열사병, 열경련 등의 온열질환을 유발할 수 있으며, 심하면 사망에 이르게 된다. 또한 수산물 폐사 등의 재산피해와 여름철 전력 급증 등으로 생활의 불편을 초래하기도 한다.

2. 다음의 《조건》에 따라 《출력형태》와 같이 표와 차트를 작성하시오. (100점)

《표 조건》 (1) 표 전체(표, 캡션) – 돋움, 10pt
(2) 정렬 – 문자 : 가운데 정렬, 숫자 : 오른쪽 정렬
(3) 셀 배경(면 색) : 노랑
(4) 한글의 계산 기능을 이용하여 빈칸에 평균(소수점 두자리)을 구하고, 캡션 기능 사용할 것
(5) 선 모양은 《출력형태》와 같이 동일하게 처리할 것

《출력형태》

계절별 기온 변화 현황(단위 : 도)

구분	2017	2018	2019	2020	평균
봄	13.09	13.12	12.71	12.23	
여름	24.51	25.37	24.10	24.21	
가을	14.24	13.76	15.38	14.36	
겨울	−0.80	1.33	3.05	1.21	

《차트 조건》 (1) 차트 데이터는 표 내용에서 연도별 봄, 여름, 가을의 값만 이용할 것
(2) 종류 – 〈묶은 세로 막대형〉으로 작업할 것
(3) 제목 – 굴림, 진하게, 12pt, 속성 – 채우기(하양), 테두리, 그림자(아래쪽)
(4) 제목 이외의 전체 글꼴 – 굴림, 보통, 10pt
(5) 축제목과 범례는 《출력형태》와 동일하게 처리할 것

《출력형태》

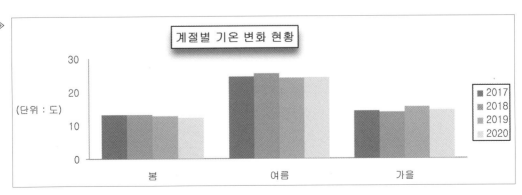

3. 다음 (1), (2)의 수식을 수식 편집기로 각각 입력하시오. (40점)

≪출력형태≫

(1) $\int_0^1 (\sin x + \frac{x}{2})dx = \int_0^1 \frac{1+\sin x}{2}dx$ (2) $\lambda = \frac{h}{mh} = \frac{h}{\sqrt{2meV}}$

4. 다음의 ≪조건≫에 따라 ≪출력형태≫와 같이 문서를 작성하시오. (110점)

≪조건≫
 (1) 그리기 도구를 이용하여 작성하고, 모든 도형(글맵시, 지정된 그림)을 포함 ≪출력형태≫와 같이 작성하시오.
 (2) 도형의 면 색은 지시사항이 없으면 색 없음을 제외하고 서로 다르게 임의로 지정하시오.

≪출력형태≫

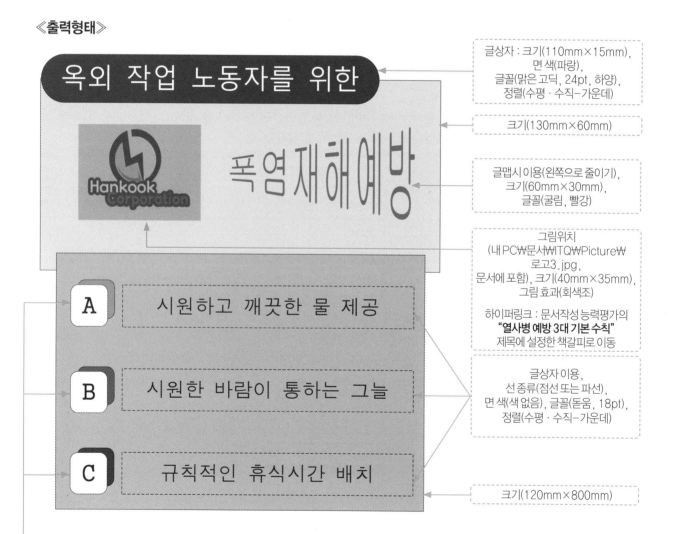

글꼴 : 굴림, 18pt, 진하게, 가운데정렬
책갈피 이름 : 폭염, 덧말 넣기

머리말 기능
돋움, 10pt, 오른쪽 정렬 → 산업재해 예방

물, 그늘, 휴식
열사병 예방 3대 기본수칙

문단 첫글자장식 기능
글꼴 : 돋움, 면색 : 노랑

그림위치(내 PC\문서\ITQ\Picture\그림5.jpg, 문서에 포함)
자르기 기능 이용, 크기(40mm×40mm), 바깥여백 왼쪽 : 2mm

낮 온도가 연일 35도를 웃돌며 여름철 전국 대부분 지역에 폭염 특보가 발효됐다. 폭염 특보가 발효되는 낮 시간에 건설현장 등에서 옥외 작업을 강행하면 사고가 나기 쉽다. 고용노동부에 따르면 최근 5년간 여름철 폭염으로 열사병 등 온열질환자[a]가 총 156명 발생했고, 이 중 26명이 사망했다. 이런 상황에서 고용노동부는 취약 사업장 지도감독 및 3대 기본수칙 전파(傳播) 및 홍보를 통해 노동자 건강을 관리한다는 방침이다.

각주

기상청에 따르면 여름철 평균기온은 매해 지속해서 상승 추세를 보인다. 여름철 폭염 대비 노동 현장 건강과 관련한 대책이 더 강조돼야 하는 이유이다. 고용노동부가 폭염으로 인한 노동자 건강보호를 위해 강조하는 3대 기본수칙에 따르면 노동자가 일하는 공간에선 시원하고 깨끗한 물을 제공하고 규칙적으로 충분한 수분 섭취를 할 수 있도록 조치해야 한다. 또한 옥외 작업장과 가까운 곳에 햇빛을 완벽히 가리고 시원한 바람이 통할 수 있는 충분한 공간의 그늘도 제공(提供)해야 한다. 폭염 특보 발령 시 시간당 10-15분씩 규칙적인 휴식시간을 배치하고 근무시간을 탄력적으로 조정하는 등 무더위 시간대 옥외 작업을 최소화해야 한다. 한편, 작업자가 건강상의 이유로 작업 중지를 요청하면 사업주는 이에 즉시 조치해야 한다.

※ 폭염 시 질병관리

글꼴 : 굴림, 18pt, 하양
음영색 : 빨강

I. 온열질환 예방하기
   A. 증상 : 어지러움, 두통, 빠른 심장박동, 구토 등
   B. 응급처치 : 시원한 곳으로 옮겨, 체온을 식히고 시원한 물로 몸을 적심
II. 온열질환 예방과 함께 냉방병도 조심
   A. 실내 적정 온도 26도 유지(실내외 온도차 5-6도 유지)
   B. 2-4시간 마다 창문을 열어 환기하기

문단 번호 기능 사용
1수준 : 20pt, 오른쪽 정렬,
2수준 : 30pt, 오른쪽 정렬,
줄 간격 : 180%

표 전체글꼴 : 돋움, 10pt, 가운데 정렬
셀 배경(그러데이션) : 유형(가로),
시작색(하양), 끝색(노랑)

※ 폭염 위험단계별 대응요령

글꼴 : 굴림, 18pt,
밑줄, 강조점

관심	주의	경고	위험
체감온도 31도 이상	체감온도 33도 이상	체감온도 35도 이상	체감온도 38도 이상
작업자가 쉴 수 있는 그늘 준비	매시간 마다 10분씩 그늘에서 휴식	매시간 마다 15분씩 그늘에서 휴식	매시간 마다 15분 이상씩 그늘에서 휴식
온열질환 민감군 사전확인	14-17시 작업시간 조정	14-17시 불가피한 경우를 제외하고 옥외작업 중지	
	온열질환 민감군 휴식시간 추가 배정	온열질환 민감군 옥외 작업 제한	

글꼴 : 궁서, 24pt, 진하게,
장평 110%, 오른쪽 정렬

고용노동부

각주 구분선 : 5cm

[a] 대부분 옥외 작업 빈도가 높은 건설업, 환경미화 등 서비스업에서 발생

쪽 번호 매기기
5로 시작 → ⑤

제12회 정보기술자격(ITQ) 시험

과 목	코 드	문제유형	시험시간	수험번호	성 명
아래한글	1111	B	60분		

수험자 유의사항

○ 수험자는 문제지를 받는 즉시 문제지와 **수험표상의 시험과목(프로그램)이 동일한지 반드시 확인**하여야 합니다.

○ 파일명은 본인의 "수험번호-성명"으로 입력하여 답안폴더(내 PC\문서\ITQ)에 하나의 파일로 저장해야 하며, 답안문서 파일명이 "수험번호-성명"과 일치하지 않거나, 답안파일을 전송하지 않아 미제출로 처리될 경우 실격 처리합니다 (예 : 12345678-홍길동.hwp).

○ 답안 작성을 마치면 파일을 저장하고, '답안 전송' 버튼을 선택하여 감독위원 PC로 답안을 전송하십시오. 수험생 정보와 저장한 파일명이 다를 경우 전송되지 않으므로 주의하시기 바랍니다.

○ 답안 작성 중에도 **주기적으로 저장하고, '답안 전송'**하여야 문제 발생을 줄일 수 있습니다. 작업한 내용을 저장하지 않고 전송할 경우 이전에 저장된 내용이 전송되오니 이점 유의하시기 바랍니다.

○ 답안문서는 지정된 경로 외의 다른 보조기억장치에 저장하는 경우, 지정된 시험 시간 외에 작성된 파일을 활용할 경우, 기타 통신수단(이메일, 메신저, 네트워크 등)을 이용하여 타인에게 전달 또는 외부 반출하는 경우는 부정 처리합니다.

○ 시험 중 부주의 또는 고의로 시스템을 파손한 경우는 수험자가 변상해야 하며, 〈수험자 유의사항〉에 기재된 방법대로 이행하지 않아 생기는 불이익은 수험생 당사자의 책임임을 알려 드립니다.

○ 문제의 조건은 한컴오피스 2020 버전으로 설정되어 있으니 유의하시기 바랍니다.

○ 시험을 완료한 수험자는 답안파일이 전송되었는지 확인한 후 감독위원의 지시에 따라 문제지를 제출하고 퇴실합니다.

답안 작성요령

○ 온라인 답안 작성 절차

수험자 등록 ⇒ 시험 시작 ⇒ 답안파일 저장 ⇒ 답안 전송 ⇒ 시험 종료

○ 공통 부문

○ 글꼴에 대한 기본설정은 함초롬바탕, 10포인트, 검정, 줄간격 160%, 양쪽정렬로 합니다.
○ 색상은 조건의 색을 적용하고 색의 구분이 안 될 경우에는 RGB 값을 적용하십시오(빨강 255, 0, 0 / 파랑 0, 0, 255 / 노랑 255, 255, 0).
○ 각 문항에 주어진 ≪조건≫에 따라 작성하고 언급하지 않은 조건은 ≪출력형태≫와 같이 작성합니다.
○ 용지여백은 왼쪽·오른쪽 11mm, 위쪽·아래쪽·머리말·꼬리말 10mm, 제본 0mm로 합니다.
○ 그림 삽입 문제의 경우 「내 PC\문서\ITQ\Picture」 폴더에서 지정된 파일을 선택하여 삽입하십시오.
○ 삽입한 그림은 반드시 문서에 포함하여 저장해야 합니다(미포함 시 감점 처리).
○ 각 항목은 지정된 페이지에 출력형태와 같이 정확히 작성하시기 바라며, 그렇지 않을 경우에 해당 항목은 0점 처리됩니다.
  ※ 페이지구분 : 1 페이지 – 기능평가 I (문제번호 표시 : 1. 2.),
       2페이지 – 기능평가 II (문제번호 표시 : 3. 4.),
       3페이지 – 문서작성 능력평가

○ 기능평가

○ 문제와 ≪조건≫은 입력하지 않으며 문제번호와 답(≪출력형태≫)만 작성합니다.
○ 4번 문제는 묶기를 했을 경우 0점 처리됩니다.

○ 문서작성 능력평가

○ A4 용지(210mm×297mm) 1매 크기, 세로 서식 문서로 작성합니다.
○ ◯◯◯ 표시는 문서작성에 대한 지시사항이므로 작성하지 않습니다.

150점

1. 다음의 《조건》에 따라 스타일 기능을 적용하여 《출력형태》와 같이 작성하시오. (50점)

　　《조건》　　(1) 스타일 이름 – region
　　　　　　　　(2) 문단 모양 – 왼쪽 여백 : 15pt, 문단 아래 간격 : 10pt
　　　　　　　　(3) 글자 모양 – 글꼴 : 한글(돋움)/영문(궁서), 크기 : 10pt, 장평 : 105%, 자간 : −5%

　《출력형태》

Region is an area or division, part of a country or the world having definable characteristics and is classified in geography as formal and functional.

지역이란 전체를 특징에 따라 나눈 일정한 공간 영역을 일컫는다. 지역은 다양한 방법으로 구분할 수 있는데 우리나라는 오래전부터 행정을 중심으로 지역을 나누어 왔다.

2. 다음의 《조건》에 따라 《출력형태》와 같이 표와 차트를 작성하시오. (100점)

　《표 조건》　(1) 표 전체(표, 캡션) – 돋움, 10pt
　　　　　　　　(2) 정렬 – 문자 : 가운데 정렬, 숫자 : 오른쪽 정렬
　　　　　　　　(3) 셀 배경(면 색) : 노랑
　　　　　　　　(4) 한글의 계산 기능을 이용하여 빈칸에 평균(소수점 두 자리)을 구하고, 캡션 기능 사용할 것
　　　　　　　　(5) 선 모양은 《출력형태》와 같이 동일하게 처리할 것

　《출력형태》　　　　　　　　　　　　　　　　　　　　　　　　　지역별 인구 현황(단위 : 천 명)

지역	2017년	2018년	2019년	2020년	평균
부산	3,470	3,441	3,414	3,392	
대구	2,475	2,462	2,438	2,418	
인천	2,948	2,955	2,957	2,943	
광주	1,463	1,459	1,456	1,450	

　《차트 조건》(1) 차트 데이터는 표 내용에서 연도별 부산, 대구, 인천의 값만 이용할 것
　　　　　　　　(2) 종류 – 〈묶은 가로 막대형〉으로 작업할 것
　　　　　　　　(3) 제목 – 굴림, 진하게, 12pt, 속성 – 채우기(하양), 테두리, 그림자(가운데)
　　　　　　　　(4) 제목 이외의 전체 글꼴 – 굴림, 보통, 10pt
　　　　　　　　(5) 축제목과 범례는 《출력형태》와 같이 동일하게 처리할 것

　《출력형태》

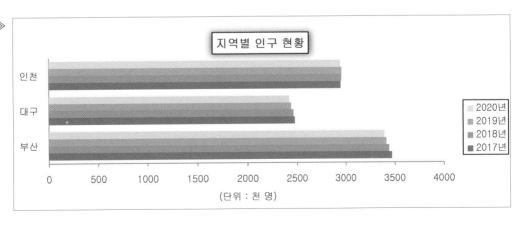

3. 다음 (1), (2)의 수식을 수식 편집기로 각각 입력하시오. (40점)

≪출력형태≫

(1) $U_a - U_b = \dfrac{GmM}{a} - \dfrac{GmM}{b} = \dfrac{GmM}{2R}$

(2) $V = \dfrac{1}{R}\displaystyle\int_0^q qdq = \dfrac{1}{2}\dfrac{q^2}{R}$

4. 다음의 ≪조건≫에 따라 ≪출력형태≫와 같이 문서를 작성하시오. (110점)

≪조건≫ (1) 그리기 도구를 이용하여 작성하고, 모든 도형(글맵시, 지정된 그림)을 포함 ≪출력형태≫와 같이 작성하시오.

(2) 도형의 면 색은 지시사항이 없으면 색 없음을 제외하고 서로 다르게 임의로 지정하시오.

≪출력형태≫

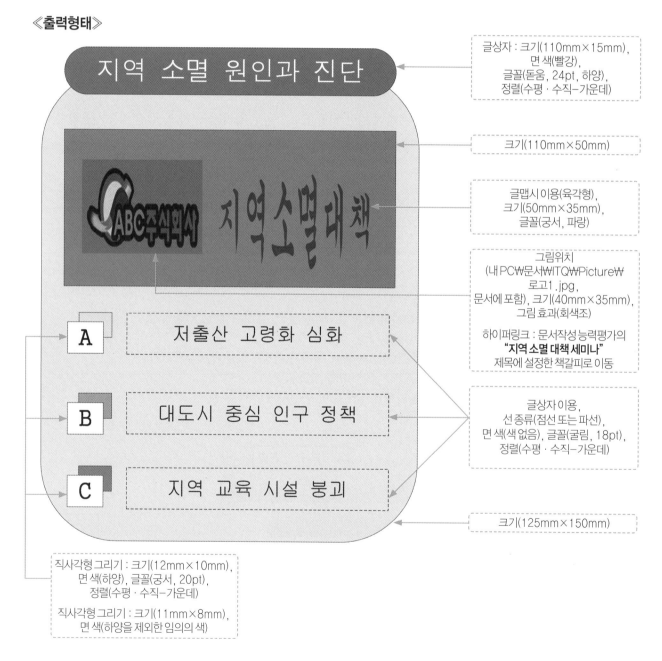

글상자 : 크기(110mm×15mm), 면 색(빨강), 글꼴(돋움, 24pt, 하양), 정렬(수평·수직-가운데)

크기(110mm×50mm)

글맵시이용(육각형), 크기(50mm×35mm), 글꼴(궁서, 파랑)

그림위치 (내 PC₩문서₩ITQ₩Picture₩ 로고1.jpg, 문서에 포함), 크기(40mm×35mm), 그림 효과(회색조)

하이퍼링크 : 문서작성능력평가의 **"지역 소멸 대책 세미나"** 제목에 설정한 책갈피로 이동

글상자 이용, 선 종류(점선 또는 파선), 면 색(색 없음), 글꼴(굴림, 18pt), 정렬(수평·수직-가운데)

크기(125mm×150mm)

직사각형 그리기 : 크기(12mm×10mm), 면 색(하양), 글꼴(궁서, 20pt), 정렬(수평·수직-가운데)

직사각형 그리기 : 크기(11mm×8mm), 면 색(하양을 제외한 임의의 색)

지역 소멸 위기
지역 소멸 대책 세미나

저 출산 고령화 현상이 지속함에 따라 우리나라 전체 인구구조 변화와 인구감소는 지역에 따라서 상당한 차이를 보이고 있다. 고령사회에 이미 진입한 광역자치단체의 일부 군 지역에서는 지역 인구가 지속적으로 감소하면서 지역이 사라질 수 있다는 우려가 커지고 있으며 행정안전부는 전국 89개 시, 군을 인구감소지역으로 지정 고시했다. 이에 지방 분권[a]과 지역 교육 및 공동체 복원 방안 논의를 위하여 중앙 정부 차원의 세미나를 개최하기로 하였다. 우리나라의 경우 2017년 고령화 사회에서 고령사회로 이미 진입하였으며 2026년 무렵에는 초고령화 사회로 진입할 것으로 예상하고 있는 가운데 인구 격감에 따른 지역의 소멸이 국가적 위기로 다가오고 있다. 2017년 신생아 수가 역대 최저인 35만 명 수준이고 합계출산율이 1.05명으로 전 세계에서 가장 낮은 수치를 보였다.

　정부는 지역 소멸의 위험성을 인식하고 '지역 공동체 복원'이라는 주제로 지역 소멸 대책 세미나를 기획(企劃)하고 있다. 국가교육회의와 저출산고령화위원회가 공동 기획한 본 행사는 저출산 고령화로 인해 지역의 교육과 공동체가 소멸하게 되는 악순환의 고리를 벗어나 지속 성장(成長)할 수 있고 온 국민이 행복한 대한민국을 만드는데 일조할 의미 있는 행사로 진행될 예정이다.

◆ **지역 소멸 대책 세미나 개요**

i. 주제 및 기간
　a. 주제 : 한국의 지역 소멸, 원인과 대책
　b. 기간 : 2021.11.17.(수) - 2021.11.20.(토)
ii. 주최 및 장소
　a. 주최 : 국가교육회의, 저출산고령화위원회
　b. 장소 : 서울정부청사 컨벤션홀

◆ *지역 소멸 대책 세미나 주제*

일자	주제	비고
11월 17일(수)	지역 소멸의 원인과 극복 방안	기타 자세한 사항은 센터 홈페이지를 참고하기 바랍니다.
11월 18일(목)	저출산 고령화 사회의 그늘	
11월 19일(금)	초고령화 사회 독일, 일본의 지역 소멸 방지 정책 소개	
	한국의 지역 소멸 위험 지수 분석	
11월 20일(토)	지역 교육 및 공동체 복원을 통한 지역 활성화 방안 논의	

→ # 국가교육회의

[a] 의사결정의 권한이 지방 또는 하급기관에도 주어진 것

제13회 정보기술자격(ITQ) 시험

과 목	코 드	문제유형	시험시간	수험번호	성 명
아래한글	1111	C	60분		

수험자 유의사항

- 수험자는 문제지를 받는 즉시 문제지와 **수험표상의 시험과목(프로그램)이 동일한지 반드시 확인**하여야 합니다.
- 파일명은 본인의 "수험번호-성명"으로 입력하여 답안폴더(내 PC₩문서₩ITQ)에 하나의 파일로 저장해야 하며, 답안문서 파일명이 "수험번호-성명"과 일치하지 않거나, 답안파일을 전송하지 않아 미제출로 처리될 경우 실격 처리합니다 (예 : 12345678-홍길동.hwp).
- 답안 작성을 마치면 파일을 저장하고, '답안 전송' 버튼을 선택하여 감독위원 PC로 답안을 전송하십시오. 수험생 정보와 저장한 파일명이 다를 경우 전송되지 않으므로 주의하시기 바랍니다.
- 답안 작성 중에도 **주기적으로 저장하고, '답안 전송'**하여야 문제 발생을 줄일 수 있습니다. 작업한 내용을 저장하지 않고 전송할 경우 이전에 저장된 내용이 전송되오니 이점 유의하시기 바랍니다.
- 답안문서는 지정된 경로 외의 다른 보조기억장치에 저장하는 경우, 지정된 시험 시간 외에 작성된 파일을 활용할 경우, 기타 통신수단(이메일, 메신저, 네트워크 등)을 이용하여 타인에게 전달 또는 외부 반출하는 경우는 부정 처리합니다.
- 시험 중 부주의 또는 고의로 시스템을 파손한 경우는 수험자가 변상해야 하며, 〈수험자 유의사항〉에 기재된 방법대로 이행하지 않아 생기는 불이익은 수험생 당사자의 책임임을 알려 드립니다.
- 문제의 조건은 한컴오피스 2020 버전으로 설정되어 있으니 유의하시기 바랍니다.
- 시험을 완료한 수험자는 답안파일이 전송되었는지 확인한 후 감독위원의 지시에 따라 문제지를 제출하고 퇴실합니다.

답안 작성요령

온라인 답안 작성 절차

수험자 등록 ⇒ 시험 시작 ⇒ 답안파일 저장 ⇒ 답안 전송 ⇒ 시험 종료

공통 부문

- 글꼴에 대한 기본설정은 함초롬바탕, 10포인트, 검정, 줄간격 160%, 양쪽정렬로 합니다.
- 색상은 조건의 색을 적용하고 색의 구분이 안 될 경우에는 RGB 값을 적용하십시오(빨강 255, 0, 0 / 파랑 0, 0, 255 / 노랑 255, 255, 0).
- 각 문항에 주어진 ≪조건≫에 따라 작성하고 언급하지 않은 조건은 ≪출력형태≫와 같이 작성합니다.
- 용지여백은 왼쪽·오른쪽 11mm, 위쪽·아래쪽·머리말·꼬리말 10mm, 제본 0mm로 합니다.
- 그림 삽입 문제의 경우 「내 PC₩문서₩ITQ₩Picture」 폴더에서 지정된 파일을 선택하여 삽입하십시오.
- 삽입한 그림은 반드시 문서에 포함하여 저장해야 합니다(미포함 시 감점 처리).
- 각 항목은 지정된 페이지에 출력형태와 같이 정확히 작성하시기 바라며, 그렇지 않을 경우에 해당 항목은 0점 처리됩니다.
  - ※ 페이지구분 : 1 페이지 – 기능평가 I (문제번호 표시 : 1. 2.),
  - 2페이지 – 기능평가 II (문제번호 표시 : 3. 4.),
  - 3페이지 – 문서작성 능력평가

기능평가

- 문제와 ≪조건≫은 입력하지 않으며 문제번호와 답(≪출력형태≫)만 작성합니다.
- 4번 문제는 묶기를 했을 경우 0점 처리됩니다.

문서작성 능력평가

- A4 용지(210mm×297mm) 1매 크기, 세로 서식 문서로 작성합니다.
- ◯ 표시는 문서작성에 대한 지시사항이므로 작성하지 않습니다.

The Insight KPC
kpc 한국생산성본부

1. 다음의 ≪조건≫에 따라 스타일 기능을 적용하여 ≪출력형태≫와 같이 작성하시오. (50점)

≪조건≫
(1) 스타일 이름 – metaverse
(2) 문단 모양 – 첫 줄 들여쓰기 : 10pt, 문단 아래 간격 : 10pt
(3) 글자 모양 – 글꼴 : 한글(궁서)/영문(굴림), 크기 : 10pt, 장평 : 105%, 자간 : –5%

≪출력형태≫

Metaverse refers to a world in which virtual and reality interact and co-evolve, and social, economic, and cultural activities take place within them to create value.

메타버스는 구현되는 공간이 현실 중심인지, 가상 중심인지, 구현되는 정보가 외부 환경정보 중심인지, 개인, 개체 중심인지에 따라 4가지 유형으로 구분된다.

2. 다음의 ≪조건≫에 따라 ≪출력형태≫와 같이 표와 차트를 작성하시오. (100점)

≪표 조건≫
(1) 표 전체(표, 캡션) – 굴림, 10pt
(2) 정렬 – 문자 : 가운데 정렬, 숫자 : 오른쪽 정렬
(3) 셀 배경(면 색) : 노랑
(4) 한글의 계산 기능을 이용하여 빈칸에 합계를 구하고, 캡션 기능 사용할 것
(5) 선 모양은 ≪출력형태≫와 동일하게 처리할 것

≪출력형태≫

AR 콘텐츠 시장 규모 및 전망(단위 : 천만 달러)

구분	2020년	2021년	2022년	2023년	합계
하드웨어	103	201	659	1,363	
게임	234	484	926	1,514	
전자상거래	71	198	417	845	
테마파크	172	192	375	574	

≪차트 조건≫
(1) 차트 데이터는 표 내용에서 연도별 하드웨어, 게임, 전자상거래의 값만 이용할 것
(2) 종류 – ⟨꺾은선형⟩으로 작업할 것
(3) 제목 – 돋움, 진하게, 12pt, 속성– 채우기(하양), 테두리, 그림자(대각선 오른쪽 아래)
(4) 제목 이외의 전체 글꼴 – 돋움, 보통, 10pt
(5) 축제목과 범례는 ≪출력형태≫와 동일하게 처리할 것

≪출력형태≫

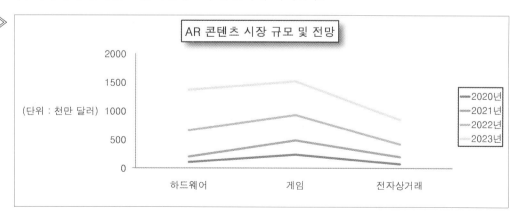

3. 다음 (1), (2)의 수식을 수식 편집기로 각각 입력하시오. (40점)

≪**출력형태**≫

(1) $E = mr^2 = \dfrac{nc^2}{\sqrt{1 - \dfrac{r^2}{d^2}}}$

(2) $Q = \lim_{\triangle t \to 0} \dfrac{\triangle s}{\triangle t} = \dfrac{d^2 s}{dt^2} + 1$

4. 다음의 ≪조건≫에 따라 ≪출력형태≫와 같이 문서를 작성하시오. (110점)

≪**조건**≫ (1) 그리기 도구를 이용하여 작성하고, 모든 도형(글맵시, 지정된 그림)을 포함 ≪출력형태≫와 같이 작성하시오.

(2) 도형의 면 색은 지시사항이 없으면 색 없음을 제외하고 서로 다르게 임의로 지정하시오.

≪**출력형태**≫

글상자 : 크기(110mm×15mm), 면 색(파랑), 글꼴(돋움, 24pt, 하양), 정렬(수평 · 수직–가운데)

크기(110mm×130mm)

글맵시이용(물결 1), 크기(50mm×30mm), 글꼴(궁서, 빨강)

그림위치 (내 PC₩문서₩ITQ₩Picture₩ 로고3.jpg, 문서에 포함), 크기(40mm×40mm), 그림 효과(회색조)

하이퍼링크 : 문서작성능력평가의 **"새로운 시대의 미래상 메타버스"** 제목에 설정한 책갈피로 이동

글상자 이용, 선 종류(점선 또는 파선), 면 색(색 없음), 글꼴(굴림, 18pt), 정렬(수평 · 수직–가운데)

크기(55mm×145mm)

직사각형 그리기 : 크기(13mm×13mm), 면 색(하양), 글꼴(궁서, 20pt), 정렬(수평 · 수직–가운데)

직사각형 그리기 : 크기(7mm×10mm), 면 색(하양을 제외한 임의의 색)

글꼴 : 굴림, 18pt, 진하게, 가운데 정렬
책갈피이름 : 메타버스, 덧말넣기

머리말 기능
굴림, 10pt, 오른쪽 정렬 ───▶ 로그인 메타버스

포스트 인터넷 시대
새로운 시대의 미래상 메타버스

문단 첫글자 장식 기능
글꼴 : 궁서, 면색 : 노랑

그림위치(내 PC\문서\ITQ\Picture\그림4.jpg, 문서에 포함)
자르기 기능 이용, 크기(40mm×40mm), 바깥여백 왼쪽 : 2mm

메타버스란 가상과 현실이 상호작용하며 공진화하고 그 속에서 사회, 경제, 문화 활동이 이루어지면서 가치를 창출하는 세상을 뜻한다. 최근 새로운 시대의 미래상으로 메타버스를 주목 중이며 관련 시장도 급성장할 전망(展望)이다.

메타버스는 3가지 측면에서 혁명적인 변화라고 할 수 있다. 먼저 편의성, 상호작용 방식, 화면 또는 공간 확장성 측면에서 기존 PC, 모바일 기반의 인터넷 시대와 메타버스 시대는 차이가 존재한다. AR 글라스 등 기존 휴대에서 착용의 시대로 전환되면서 편의성이 증대하였고, 상호작용은 음성, 동작, 시선 등 오감(五感)을 활용하는 것으로 발전하고 있다. 2D 웹 화면에서 화면의 제약이 사라진 3D 공간 웹으로 진화 중인 것이다. 두 번째는 기술적 측면이다. 메타버스를 구현하는 핵심기술은 범용기술의 복합체인 확장현실이다. 메타버스는 다양한 범용기술이 복합 적용되어 구현되며 이를 통해 현실과 가상의 경계가 소멸되고 있다. 세 번째는 경제적 측면이다. 메타버스 시대의 경제 패러다임으로 가상융합경제가 부상하고 있다. 메타버스Ⓐ는 기술 진화의 개념을 넘어 사회경제 전반의 혁신적 변화를 초래하고 있다.
각주

◆ # 메타버스와 가상융합경제

글꼴 : 돋움, 18pt, 하양
음영색 : 파랑

　A. 경제 패러다임으로 가상융합경제에 주목
　　Ⓐ 기술 진화의 개념을 넘어, 사회경제 전반의 혁신적 변화를 초래
　　Ⓑ 실감경제, 가상융합경제의 개념이 대두
　B. 가상융합경제는 경험경제가 고도화된 개념
　　Ⓐ 경험 가치는 오프라인, 온라인, 가상융합 형태로 점차 고도화
　　Ⓑ 소비자들은 개인화된 경험에 대한 지불 의사가 높음

문단 번호 기능 사용
1수준 : 20pt, 오른쪽 정렬,
2수준 : 30pt, 오른쪽 정렬,
줄간격 : 180%

표 전체글꼴 : 굴림, 10pt, 가운데 정렬
셀 배경(그러데이션) : 유형(가로),
시작색(하양), 끝색(노랑)

◆ # 포스트 인터넷 혁명, 메타버스

글꼴 : 돋움, 18pt,
밑줄, 강조점

구분	1990년대 이전	1990년대 – 2020년대	2020년대 이후
정의	네트워크에 접속하지 않은 세계	네트워크 장치의 상호작용 세계	가상과 실재가 공존하는 세계
주요 특징	대면 만남 중심, 높은 보안	편리성 증대, 시간과 비용 절감	경험 확장 및 현실감 극대화
경제	오프라인 경제	온라인 중심 확장 경제	가상과 현실의 결합
비고	오프라인에서 온라인 확장으로	온라인 확장에서 가상 융합 확장으로	

글꼴 : 궁서, 24pt, 진하게,
장평 95%, 오른쪽 정렬 ───▶ **소프트웨어정책연구소**

────────────────────
각주 구분선 : 5cm

Ⓐ 그리스어 메타(초월, 그 이상)와 유니버스(세상, 우주)의 합성어

쪽 번호 매기기
5로 시작 ───▶ 마

제14회 정보기술자격(ITQ) 시험

과 목	코 드	문제유형	시험시간	수험번호	성 명
아래한글	1111	A	60분		

1. 다음의 ≪조건≫에 따라 스타일 기능을 적용하여 ≪출력형태≫와 같이 작성하시오. (50점)

≪조건≫   (1) 스타일 이름 – family
              (2) 문단 모양 – 첫 줄 들여쓰기 : 10pt, 문단 아래 간격 : 10pt
              (3) 글자 모양 – 글꼴 : 한글(궁서)/영문(돋움), 크기 : 10pt, 장평 : 105%, 자간 : –5%

≪출력형태≫

    Korean Institute for Healthy Family (KIHF) aims to improve the quality of life for various types of families, including single-parent and multicultural families.

    한국건강가정진흥원은건강한 가정과 가족 친화적 사회 분위기 조성에 기여하고, 국민들에게 보다 체계적인 가족 서비스를 제공할 수 있도록 그 역할에 충실하겠습니다.

2. 다음의 ≪조건≫에 따라 ≪출력형태≫와 같이 표와 차트를 작성하시오. (100점)

≪표 조건≫   (1) 표 전체(표, 캡션) – 굴림, 10pt
               (2) 정렬 – 문자 : 가운데 정렬, 숫자 : 오른쪽 정렬
               (3) 셀 배경(면 색) : 노랑
               (4) 한글의 계산 기능을 이용하여 빈칸에 평균(소수점 두 자리)을 구하고, 캡션 기능 사용할 것
               (5) 선 모양은 ≪출력형태≫와 같이 동일하게 처리할 것

≪출력형태≫

유아 종일제 돌봄 건강보험료 본인 부담금(단위 : 천 원)

구분	3인	4인	5인	6인	평균
직장	73	84	92	101	
지역	80	97	110	122	
혼합	73	84	95	102	
소득 기준	2,530	2,930	3,270	3,580	✕

≪차트 조건≫   (1) 차트 데이터는 표 내용에서 구분별 직장, 지역, 혼합의 값만 이용할 것
               (2) 종류 – 〈묶은 세로 막대형〉으로 작업할 것
               (3) 제목 – 돋움, 진하게, 12pt, 속성 – 채우기(하양), 테두리, 그림자(오른쪽)
               (4) 제목 이외의 전체 글꼴 – 돋움, 보통, 10pt
               (5) 축제목과 범례는 ≪출력형태≫와 같이 동일하게 처리할 것

≪출력형태≫

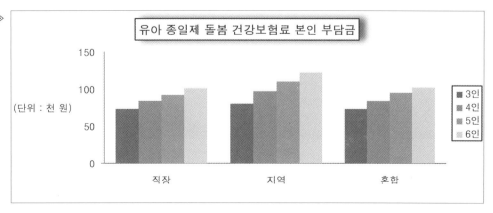

3. 다음 (1), (2)의 수식을 수식 편집기로 각각 입력하시오. (40점)

≪출력형태≫

(1) $Y = \sqrt{\dfrac{gL}{2\pi}} = \dfrac{gT}{2\pi}$

(2) $\dfrac{a^4}{T^2} - 1 = \dfrac{G}{4\pi^2}(M+m)$

4. 다음의 ≪조건≫에 따라 ≪출력형태≫와 같이 문서를 작성하시오. (110점)

≪조건≫ (1) 그리기 도구를 이용하여 작성하고, 모든 도형(글맵시, 지정된 그림)을 포함 ≪출력형태≫와 같이 작성하시오.
(2) 도형의 면 색은 지시사항이 없으면 색 없음을 제외하고 서로 다르게 임의로 지정하시오.

≪출력형태≫

- 글상자 : 크기(80mm×15mm), 면 색(파랑), 글꼴(돋움, 24pt, 하양), 정렬(수평 · 수직–가운데)
- 크기(110mm×140mm)
- 글맵시이용(물결1), 크기(50mm×30mm), 글꼴(궁서, 빨강)
- 그림위치 (내 PC₩문서₩ITQ₩Picture₩ 로고3.jpg, 문서에 포함), 크기(40mm×40mm), 그림 효과(회색조)
- 하이퍼링크 : 문서작성 능력평가의 **"가족이 웃을 수 있는 세상"** 제목에 설정한 책갈피로 이동
- 글상자 이용, 선종류(점선 또는 파선), 면 색(색 없음), 글꼴(굴림, 18pt), 정렬(수평 · 수직–가운데)
- 크기(120mm×145mm)
- 직사각형 그리기 : 크기(13mm×13mm), 면 색(하양), 글꼴(궁서, 20pt), 정렬(수평 · 수직–가운데)
- 직사각형 그리기 : 크기(7mm×7mm), 면 색(하양을 제외한 임의의 색)

글꼴 : 굴림, 18pt, 진하게, 가운데정렬
책갈피이름 : 가족, 덧말넣기

머리말 기능
굴림, 10pt, 오른쪽정렬 → 가족 사랑

가족의 행복
가족이 웃을 수 있는 세상

문단 첫글자장식 기능
글꼴 : 궁서, 면색 : 노랑

그림위치(내 PC\문서\ITQ\Picture\그림4.jpg, 문서에 포함)
자르기 기능 이용, 크기(40mm×40mm), 바깥여백 왼쪽 : 2mm

아동봄 지원사업은 부모의 맞벌이 등으로 양육 공백이 발생한 가정의 만 12세 이하의 아동을 대상으로 아이돌보미가 찾아가는 돌봄서비스를 제공(提供)하여 부모의 양육부담을 경감하고 시설보육의 사각지대를 보완하고자 하는 정부 정책 사업입니다. 한국건강가정진흥원에서는 아이돌봄 지원사업의 원활한 서비스 운영을 위해 아이돌봄서비스 개발, 조사, 담당자 교육, 광역거점기관 및 서비스제공기관 지원ⓐ, 평가, 컨설팅 등을 운영하고 있습니다. 개별가정 특성 및 아동발달을 고려하여 아동의 집에서 돌봄서비스를 제공하며 야간, 주말 등 틈새 시간에 '일시돌봄', '영아종일돌봄' 등 수요자가 원하는 서비스를 확충(擴充)해 나아가고 있습니다.

각주

아이돌봄서비스는 전 국민이 이용할 수 있는 전국 단위의 사업이지만 지역 또는 기관의 특성에 의해 동일한 서비스를 제공받지 못하는 상황이 발생할 수 있습니다. 따라서 한국건강가정진흥원에서는 각 기관 간의 사업운영 격차를 해소하고 담당자의 전문성을 강화하여 모든 수행기관에서 표준화된 품질의 서비스를 제공할 수 있도록 기관 및 광역거점 담당자를 대상으로 직무 교육을 실시하고 있습니다.

♥ 기업 방문형 가족친화 직장교육

글꼴 : 돋움, 18pt, 하양
음영색 : 파랑

i. 교육 기업에 맞춤화된 진행 방법
　a. 전문 강사가 기업으로 직접 찾아가 진행하는 대면교육
　b. 실시간 화상교육 시스템으로 진행하는 비대면 화상교육
ii. 직원과 기업 모두에 도움을 줄 수 있는 교육 내용
　a. 조화로운 삶을 향한 일, 가정, 생활의 균형
　b. 출산, 양육친화적인 직장문화 조성을 위한 조직 차원의 전략

문단 번호 기능 사용
1수준 : 20pt, 오른쪽 정렬,
2수준 : 30pt, 오른쪽 정렬,
줄 간격 : 180%

표 전체글꼴 : 굴림, 10pt, 가운데정렬
셀 배경(그러데이션) : 유형(가로),
시작색(하양), 끝색(노랑)

♥ 가족친화 경영 컨설팅 운영 형태

글꼴 : 돋움, 18pt,
밑줄, 강조점

유형	방법	컨설팅단 구성	신청 대상	비고
집단 컨설팅	그룹 워크숍	기업 4-5개를 1개 그룹으로 구성	제반 정보 희망 기업(관)	인증 전
자문 컨설팅	방문 컨설팅	기업 규모 및 컨설팅 내용에 따라 컨설턴트 1-2인 방문	제도 재검토 및 보완 필요 기업(관)	인증 전
		컨설턴트 1-2인 방문	가족친화 조직문화 조성 희망하는 인증 기업(관)	인증 후

글꼴 : 궁서, 24pt, 진하게,
장평 95%, 오른쪽정렬 → **한국건강가정진흥원**

각주 구분선 : 5cm

ⓐ 서비스 제공기관의 서비스 질 향상 도모를 위해 사업현황 점검과 평가를 수행

쪽 번호 매기기
5로 시작 → ⑤

제15회 정보기술자격(ITQ) 시험

과 목	코 드	문제유형	시험시간	수험번호	성 명
아래한글	1111	B	60분		

수험자 유의사항

◉ 수험자는 문제지를 받는 즉시 문제지와 **수험표상의 시험과목(프로그램)이 동일한지 반드시 확인**하여야 합니다.

◉ 파일명은 본인의 "수험번호−성명"으로 입력하여 답안폴더(내 PC₩문서₩ITQ)에 하나의 파일로 저장해야 하며, 답안문서 파일명이 "수험번호−성명"과 일치하지 않거나, 답안파일을 전송하지 않아 미제출로 처리될 경우 실격 처리합니다 (예 : 12345678−홍길동.hwp).

◉ 답안 작성을 마치면 파일을 저장하고, '답안 전송' 버튼을 선택하여 감독위원 PC로 답안을 전송하십시오. 수험생 정보와 저장한 파일명이 다를 경우 전송되지 않으므로 주의하시기 바랍니다.

◉ 답안 작성 중에도 **주기적으로 저장하고, '답안 전송'**하여야 문제 발생을 줄일 수 있습니다. 작업한 내용을 저장하지 않고 전송할 경우 이전에 저장된 내용이 전송되오니 이점 유의하시기 바랍니다.

◉ 답안문서는 지정된 경로 외의 다른 보조기억장치에 저장하는 경우, 지정된 시험 시간 외에 작성된 파일을 활용할 경우, 기타 통신수단(이메일, 메신저, 네트워크 등)을 이용하여 타인에게 전달 또는 외부 반출하는 경우는 부정 처리합니다.

◉ 시험 중 부주의 또는 고의로 시스템을 파손한 경우는 수험자가 변상해야 하며, 〈수험자 유의사항〉에 기재된 방법대로 이행하지 않아 생기는 불이익은 수험생 당사자의 책임임을 알려 드립니다.

◉ 문제의 조건은 한컴오피스 2020 버전으로 설정되어 있으니 유의하시기 바랍니다.

◉ 시험을 완료한 수험자는 답안파일이 전송되었는지 확인한 후 감독위원의 지시에 따라 문제지를 제출하고 퇴실합니다.

답안 작성요령

◉ 온라인 답안 작성 절차

수험자 등록 ⇒ 시험 시작 ⇒ 답안파일 저장 ⇒ 답안 전송 ⇒ 시험 종료

◉ 공통 부문

○ 글꼴에 대한 기본설정은 함초롬바탕, 10포인트, 검정, 줄간격 160%, 양쪽정렬로 합니다.

○ 색상은 조건의 색을 적용하고 색의 구분이 안 될 경우에는 RGB 값을 적용하십시오(빨강 255, 0, 0 / 파랑 0, 0, 255 / 노랑 255, 255, 0).

○ 각 문항에 주어진 ≪조건≫에 따라 작성하고 언급하지 않은 조건은 ≪출력형태≫와 같이 작성합니다.

○ 용지여백은 왼쪽 · 오른쪽 11mm, 위쪽 · 아래쪽 · 머리말 · 꼬리말 10mm, 제본 0mm로 합니다.

○ 그림 삽입 문제의 경우 「내 PC₩문서₩ITQ₩Picture」 폴더에서 지정된 파일을 선택하여 삽입하십시오.

○ 삽입한 그림은 반드시 문서에 포함하여 저장해야 합니다(미포함 시 감점 처리).

○ 각 항목은 지정된 페이지에 출력형태와 같이 정확히 작성하시기 바라며, 그렇지 않을 경우에 해당 항목은 0점 처리됩니다.
　※ 페이지구분 : 1 페이지 – 기능평가 I (문제번호 표시 : 1. 2.),
　　　　　　　　 2페이지 – 기능평가 II (문제번호 표시 : 3. 4.),
　　　　　　　　 3페이지 – 문서작성 능력평가

◉ 기능평가

○ 문제와 ≪조건≫은 입력하지 않으며 문제번호와 답(≪출력형태≫)만 작성합니다.

○ 4번 문제는 묶기를 했을 경우 0점 처리됩니다.

◉ 문서작성 능력평가

○ A4 용지(210mm×297mm) 1매 크기, 세로 서식 문서로 작성합니다.

○ ◯◯◯ 표시는 문서작성에 대한 지시사항이므로 작성하지 않습니다.

The Insight KPC
kpc 한국생산성본부

1. 다음의 ≪조건≫에 따라 스타일 기능을 적용하여 ≪출력형태≫와 같이 작성하시오. (50점)

≪조건≫
(1) 스타일 이름 – future
(2) 문단 모양 – 첫 줄 들여쓰기 : 10pt, 문단 아래 간격 : 10pt
(3) 글자 모양 – 글꼴 : 한글(궁서)/영문(굴림), 크기 : 10pt, 장평 : 105%, 자간 : –5%

≪출력형태≫

The purpose of this report is to analyze the major issues that our society faces in the present so that we can brace ourselves for the future by understanding the significance.

미래는 현재와 공유될 때 구체적인 현실로 창조되고 다음 세대에게 공유될 때 구현 가능한 현실로 다시 태어날 것이므로 마음이 미래에 닿아 있는 우리에게 흥미로운 자극제가 되길 바란다.

2. 다음의 ≪조건≫에 따라 ≪출력형태≫와 같이 표와 차트를 작성하시오. (100점)

≪표 조건≫
(1) 표 전체(표, 캡션) – 굴림, 10pt
(2) 정렬 – 문자 : 가운데 정렬, 숫자 : 오른쪽 정렬
(3) 셀 배경(면 색) : 노랑
(4) 한글의 계산 기능을 이용하여 빈칸에 평균(소수점 두자리)을 구하고, 캡션 기능 사용할 것
(5) 선 모양은 ≪출력형태≫와 동일하게 처리할 것

≪출력형태≫

세계 에너지 수요 전망(단위 : 백만 톤)

구분	2010년	2020년	2030년	2040년	평균
수력	321	394	471	542	
신재생	142	313	586	923	
원자력	642	855	1,052	1,211	
석유	4,194	4,491	4,692	4,764	

≪차트 조건≫
(1) 차트 데이터는 표 내용에서 연도별 수력, 신재생, 원자력의 값만 이용할 것
(2) 종류 – 〈묶은 가로 막대형〉으로 작업할 것
(3) 제목 – 돋움, 진하게, 12pt, 속성 – 채우기(하양), 테두리, 그림자(대각선 오른쪽 아래)
(4) 제목 이외의 전체 글꼴 – 돋움, 보통, 10pt
(5) 축제목과 범례는 ≪출력형태≫와 동일하게 처리할 것

≪출력형태≫

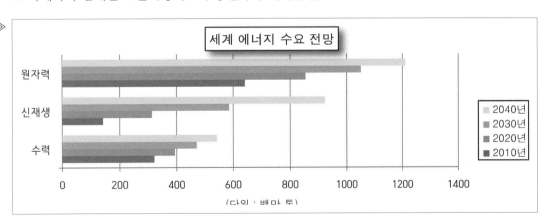

3. 다음 (1), (2)의 수식을 수식 편집기로 각각 입력하시오. (40점)

≪출력형태≫

(1) $E = \sqrt{\dfrac{GM}{R}}, \dfrac{R^3}{T^2} = \dfrac{GM}{4\pi^2}$

(2) $\displaystyle\sum_{k=1}^{n} k^3 = \dfrac{n(n+1)}{2}$

4. 다음의 ≪조건≫에 따라 ≪출력형태≫와 같이 문서를 작성하시오. (110점)

≪조건≫ (1) 그리기 도구를 이용하여 작성하고, 모든 도형(글맵시, 지정된 그림)을 포함 ≪출력형태≫와 같이 작성하시오.

(2) 도형의 면 색은 지시사항이 없으면 색 없음을 제외하고 서로 다르게 임의로 지정하시오.

≪출력형태≫

글상자 : 크기(115mm×15mm),
면 색(파랑),
글꼴(돋움, 24pt, 하양),
정렬(수평 · 수직−가운데)

크기(110mm×60mm)

글맵시 이용(물결1),
크기(50mm×30mm),
글꼴(궁서, 빨강)

그림위치
(내 PC₩문서₩ITQ₩Picture₩
로고3.jpg,
문서에 포함), 크기(40mm×30mm),
그림 효과(회색조)

하이퍼링크 : 문서작성능력평가의
"창조적 밑거름, 국가미래전략"
제목에 설정한 책갈피로 이동

글상자 이용,
선 종류(점선 또는 파선),
면 색(색 없음), 글꼴(굴림, 18pt),
정렬(수평 · 수직−가운데)

크기(120mm×145mm)

직사각형 그리기 : 크기(15mm×13mm),
면 색(하양), 글꼴(궁서, 20pt),
정렬(수평 · 수직−가운데)

직사각형 그리기 : 크기(11mm×7mm),
면 색(하양을 제외한 임의의 색)

글꼴 : 돋움, 18pt, 진하게, 가운데 정렬
책갈피이름 : 미래, 덧말넣기

머리말 기능
굴림, 10pt, 오른쪽 정렬 → 미래전략보고서

위기 극복을 위한
창조적 밑거름, 국가미래전략

문단 첫글자장식 기능
글꼴 : 궁서, 면색 : 노랑

그림위치(내 PC₩문서₩ITQ₩Picture₩그림4.jpg, 문서에 포함)
자르기 기능 이용, 크기(40mm×40mm), 바깥 여백 왼쪽 : 2mm

코로나19의 전 세계적 확산은 인간이 야생동물 서식지를 훼손(毁損)한 것이 하나의 원인이라는 지적이 나오고 있다. 이렇게 생태계의 파괴와 무분별한 사용에 따른 부작용은 부메랑이 되어 인간에게 되돌아오고 있다. 환경 생태의 중요성이 새삼 커지고 있는 가운데, 첨단기술이 환경 생태 분야에 적용될 경우 생물다양성, 기후변화, 생태계 서비스, 생태 복지 등에도 긍정적 영향을 끼칠 것이다. 환경의 변화가 기후변화를 가져오고, 다시 기후변화가 환경 변화를 일으키는 양방향의 상관관계에 대한 고찰을 통해 국토의 생태적 기능 증진, 생활환경 관련 이슈 해결 그리고 환경 변화에 대응한 회복력 확보 전략이 필요하다. 향후 대한민국 국민들이 경쟁주의와 경제성장 중심의 사고에서 벗어나 보다 물질적 풍요로움과 정신적 행복을 함께 추구하는 삶을 위해 노력해야 한다. 각주

　개인의 건강과 여가의 다양한 활용(活用)은 삶의 질을 중시하는 사회가 필수적으로 가져야 할 덕목이라는 점에는 이견이 없다. 환경과 에너지 측면에서 깨끗하고 청정한 사회, 범죄와 재난의 위험으로부터 안전한 사회가 삶의 질을 담보한다는 데도 이견은 없다. 그리고 이를 위한 미래전략Ⓐ은 필수이다.

♣ 미래전략 및 중점 과제

글꼴 : 돋움, 18pt, 하양
음영색 : 파랑

　I. 다양성 존중 및 지속 가능한 공존 사회 실현
　　A. 개인화 및 가족 형태 다양화에 따른 존중 문화 형성
　　B. 환경적 지속 가능성을 동반한 미래지향적 가치 추구
　II. 미래사회 삶의 질 인프라 선진화
　　A. 쾌적한 생활환경 인프라 조성
　　B. 안전하고 편리한 사회 구축 및 인프라 확충

문단 번호 기능 사용
1수준 : 20pt, 오른쪽 정렬,
2수준 : 30pt, 오른쪽 정렬,
줄간격 : 180%

표 전체글꼴 : 굴림, 10pt, 가운데 정렬
셀 배경(그러데이션) : 유형(가로),
시작색(하양), 끝색(노랑)

♣ <u>과학기술 기반 가치 체계</u>

글꼴 : 돋움, 18pt,
밑줄, 강조점

정보통신 기술		생명공학 기술	
감성공학 로봇	웨어러블 디바이스	질병 예측 기술	인공장기
빅 데이터	스마트 카	줄기세포	유전자 치료
AI 공통플랫폼	교통예측, 가상비서	유전형질 변환	메모리 임플란트
소프트웨어 기술을 이용하여 정보를 수집, 생산, 가공, 보존, 활용하는 모든 방법		생물체의 기능을 이용하여 유용물질을 생산하는 등 인류 사회에 공헌하는 과학기술	

글꼴 : 궁서, 24pt, 진하게
장평 95%, 오른쪽 정렬

과학기술정보통신부

──────────
각주 구분선 : 5cm

Ⓐ 양적 성장의 시대를 지나 삶의 질을 중시하는 라이프 스타일의 시대로 도약

쪽 번호 매기기
5로 시작 → E

memo

ITQ

Excel 2016

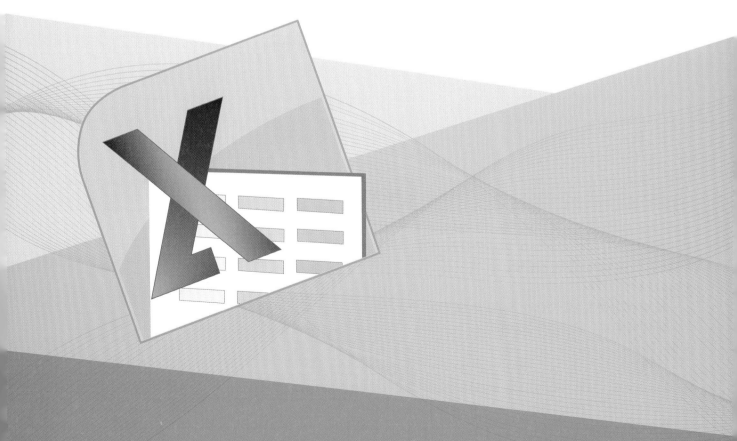

ITQ 엑셀 2016 답안 작성요령

[제1작업]

참가번호	성명	구분	참가지역	인터넷 선호도	ARS 투표수	심사위원 점수	순위	성별

트로트드림 오디션 현황

확인	담당	대리	과장

참가번호	성명	구분	참가지역	인터넷 선호도	ARS 투표수	심사위원 점수	순위	성별
D-25712	허민지	대학생	부산	7.6%	5,128,602	314	(1)	(2)
P-24531	최용철	일반	서울	9.4%	4,370,520	246	(1)	(2)
G-01401	김진성	청소년	부산	11.5%	4,875,340	267	(1)	(2)
Z-15702	허서영	일반	광주	19.4%	5,294,678	325	(1)	(2)
S-45342	양서연	일반	서울	18.7%	4,680,251	231	(1)	(2)
S-72811	문현진	대학생	인천	16.7%	4,858,793	297	(1)	(2)
S-82471	김승모	청소년	인천	16.8%	3,278,457	215	(1)	(2)
T-20252	이다경	대학생	천안	9.3%	3,029,752	198	(1)	(2)
대학생 부문 ARS 투표수 평균			(3)		허서영 인기차트			(5)
심사위원 점수 최대값			(4)		성명	허민지	ARS 투표수	(6)

⊙ 모든 작업 시트의 [A] 열의 열 너비 간격은 '1'로 설정한다(나머지 열은 적당하게 조절한다.).

⊙ 작업 시트의 테두리는 ≪출력형태≫와 같아야 한다.

⊙ 답안 시트명은 "제1작업"으로 설정한다.

⊙ 오타 없이 데이터를 입력하고, 셀 서식은 조건과 동일하게 설정한다.

⊙ 임의의 셀에 작성한 결재란은 반드시 삭제한다.

⊙ 함수는 다양하게 출제되므로, 반복적인 연습으로 제시한 함수를 빨리 파악하여 문제를 해결할 수 있도록 한다.

[제2작업]

⊙ 모든 작업 시트의 [A] 열의 열 너비 간격은 '1'로 설정한다(나머지 열은 적당하게 조절한다.).

⊙ 제1작업 시트에서 데이터를 복사하여 "제2작업"을 작성한다.

⊙ 답안 시트명은 "제2작업"으로 설정한다.

⊙ 목표값 찾기

   – 조건에서 지시한 함수를 이용하여 목표값 찾기를 한다.

   – 테두리 및 정렬도 조건에 따라 설정한다.

⊙ 필터 및 서식

   – 고급 필터의 조건과 위치는 조건에서 지시한 셀에 정확하게 위치한다.

   – 고급 필터 조건은 OR, AND, NOT으로 출제되고 있으므로, 조건 입력 방법을 숙지해야 한다.

[제3작업]

참가번호	성명	구분	참가지역	인터넷 선호도	ARS 투표수	심사위원 점수
G-01401	김진성	청소년	부산	11.5%	4,875,340	267점
S-82471	김승모	청소년	인천	16.8%	3,278,457	215점
		청소년 평균			4,076,899	
	2	청소년 개수				
P-24531	최용철	일반	서울	9.4%	4,370,520	246점
Z-15702	허서영	일반	광주	19.4%	5,294,678	325점
S-45342	양서연	일반	서울	18.7%	4,680,251	231점
		일반 평균			4,781,816	
	3	일반 개수				
D-25712	허민지	대학생	부산	7.6%	5,128,602	314점
S-72811	문현진	대학생	인천	16.7%	4,858,793	297점
T-20252	이다경	대학생	천안	9.3%	3,029,752	198점
		대학생 평균			4,339,049	
	3	대학생 개수				
		전체 평균			4,439,549	
	8	전체 개수				

⊙ 모든 작업 시트의 [A] 열의 너비 간격은 '1'로 설정한다(나머지 열은 적당하게 조절한다.).

⊙ 답안 시트명은 "제3작업"으로 설정한다.

⊙ 제3작업에는 정렬 및 부분합과 피벗테이블이 출제되고 있다.

⊙ 정렬 및 부분합
 − 데이터를 ≪출력형태≫와 같이 그룹화할 부분을 기준으로 정렬한다.
 − 윤곽선은 지우기로 출제되고 있다.

⊙ 피벗테이블
 − 조건에서 지시한 내용을 꼼꼼히 살펴 작성한다.
 − 피벗테이블 옵션에서 레이블이 있는 셀 병합 및 가운데 맞춤을 설정한다.
 − 데이터 명과 정렬은 ≪출력형태≫와 같게 작성한다.

[제4작업]

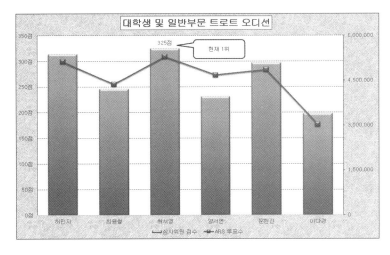

⊙ 제1작업 시트에서 ≪출력형태≫와 같이 데이터를 정확하게 선택한다.

⊙ 차트 시트의 위치는 제3작업 시트 뒤로 이동시킨다.

⊙ 차트의 계열이나 요소 서식은 다양하게 출제되므로 차트 조건을 꼼꼼히 살핀다.

⊙ 범례의 유무 및 위치는 ≪출력형태≫와 동일하게 작성해야 한다.

시험 후 check 사항

⊙ 제1작업부터 제4작업까지 구성되어 있으며 반드시 제1작업부터 순서대로 작성하고 조건대로 작성한다.

⊙ 작업 시트명을 "제1작업", "제2작업", "제3작업", "제4작업"으로 설정하였는지 확인하고, 답안 시트 이외의 모든 시트는 삭제한다.

⊙ 모든 작업 시트의 [A] 열의 너비 간격은 '1'로 설정되었는지 확인한다.

⊙ 파일명은 본인의 수험번호−성명으로 입력하여 답안 폴더(내 PC₩문서₩ITQ)에 정확하게 저장되었는지 확인한다(예 : 12345678−홍길동.xlsx).

표 서식 작성

Section 01

엑셀을 이용하여 데이터를 입력하고 셀 테두리와 셀 배경, 행/열 너비 조정, 워크시트 이름 변경 등 기본 문서를 작성하는 방법을 학습합니다.

워크시트의 이해

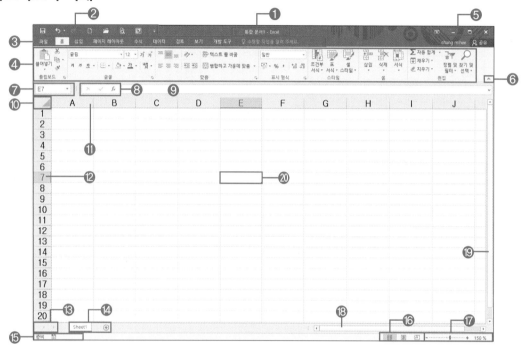

① 제목 표시줄 : 현재 실행 중인 파일 이름이 표시되며, 지정하지 않으면 'Book1', 'Book2'로 표시됩니다.

② 빠른 실행 단추 : 자주 사용하는 단추들의 모음과 개인 설정이 가능합니다.

③ 메뉴 탭 : 엑셀에서 사용되는 메뉴 그룹이 표시됩니다.

④ 리본 메뉴 : 메뉴의 탭을 누르면 선택된 탭 메뉴의 자주 사용되는 메뉴가 표시되며, 메뉴 그룹의 '자세히'를 누르면 세부 명령 설정이 가능합니다.

⑤ 리본 메뉴 표시 옵션과 창 조절 메뉴

⑥ 리본 메뉴 축소 : 리본 메뉴를 축소하여 탭 메뉴만 표시하여 화면을 넓게 사용할 수 있습니다. 다시 표시하려면 리본 메뉴의 표시 옵션을 클릭합니다.

⑦ 이름 상자 : 현재 셀 포인터를 표시하거나 블록 지정한 범위에 이름 정의를 할 수 있습니다.

⑧ 취소, 입력, 함수 삽입

⑨ 수식입력줄 : 셀 포인터에 입력한 내용이 표시되거나, 수식 표시와 수식을 수정, 직접 입력이 가능합니다.

⑩ 전체 선택 셀 : 시트 전체의 범위를 설정할 수 있습니다.

⑪ 열 머리글 : 열 이름이 표시되는 곳으로 A열부터 XFD열까지 16,384열이 표시됩니다.

⑫ 행 머리글 : 행 이름이 표시되는 곳으로 1행부터 1,048,576행까지 표시됩니다.

⑬ 시트 이동 단추 : 시트간 이동 시 사용합니다.

⑭ 시트 탭 : 현재 사용되고 있는 시트가 표시되며, 255개의 시트 탭을 사용할 수 있습니다.

⑮ 상태 표시줄 : 현재 작업 상태를 표시합니다.

⑯ 보기모드 : 보기 모드로 기본, 레이아웃, 페이지 나누기 미리보기를 선택할 수 있습니다.

⑰ 확대/축소 슬라이더 : 시트 화면을 확대하거나 축소할 수 있습니다.

⑱ 가로 슬라이더 막대

⑲ 세로 슬라이더 막대

⑳ 셀 포인터 : 현재 클릭되어진 셀

워크시트 편집하기

- A열의 열 너비를 조절하기 위해 A열을 선택하고 [홈] 탭의 [셀] 그룹에서 [서식]을 클릭하여 [열 너비]/[행 높이]에서 너비와 높이를 조절합니다. 마우스 오른쪽 버튼을 눌러 바로가기 메뉴에서도 설정할 수 있습니다.

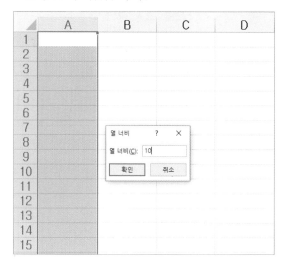 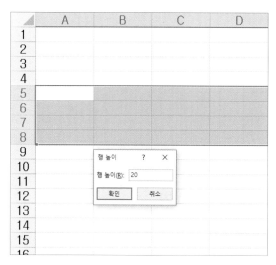

- 워크시트를 추가하려면 시트 탭 끝의 ⊕ 를 클릭하거나 마우스 오른쪽 버튼을 눌러 바로가기 메뉴에서 [삽입]을 클릭합니다.
- 이름을 변경하려면 해당 시트를 더블클릭하거나, 시트 위에서 마우스 오른쪽 버튼을 눌러 바로가기 메뉴에서 [이름 바꾸기]를 클릭하여 변경할 수 있으며 [삭제], [시트 보호], [탭 색], [숨기기] 등을 할 수 있습니다.

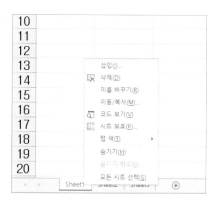

- 연속된 워크시트를 선택하려면 Shift 를 누르고 마지막 시트를 선택합니다.
- 원하는 워크시트를 선택하려면 Ctrl 을 누른 채 시트를 선택하며, 시트 해제는 선택되지 않은 시트를 클릭하면 해제됩니다.

문자 데이터와 한 셀에 두 줄 입력하기

- 문자 데이터는 셀의 왼쪽을 기준으로 입력되며 숫자와 문자를 함께 입력할 수 있습니다.
- 하나의 셀에 두 줄 이상 입력할 때는 첫 줄 입력 후 Alt + Enter 를 누르고 다음 줄을 입력합니다.

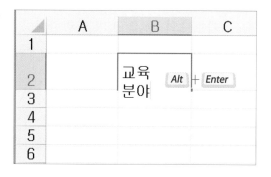

- 범위로 설정한 모든 셀에 동일한 데이터를 입력할 때는 블록을 먼저 설정하고, 데이터를 입력한 다음 `Ctrl` + `Enter` 를 누릅니다.

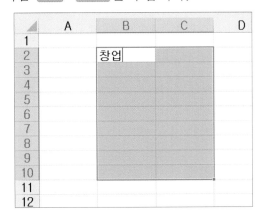 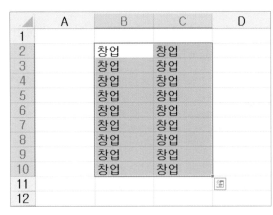

숫자 데이터 입력하기

- 숫자를 문자열로 입력하는 경우는 (')를 숫자 앞에 입력합니다.
- 숫자 데이터는 오른쪽을 기준으로 입력됩니다.
- 숫자로 사용될 수 있는 문자에는 0부터 9까지의 수와 +, −, ( ), /, \$, %, Ee가 있습니다.
- 분수의 경우 중간에 공백을 입력합니다(1/2 → 0 1/2).
- 음수 앞에는 '−'를 입력하거나 '괄호( )'로 묶습니다(−123, (123)).
- 입력한 숫자가 열 너비보다 길면 지수 형식 '1.2347E+11'이나 '#####'으로 표시되며 열 너비를 늘리면 정상적으로 숫자가 표시됩니다.

날짜와 시간 입력하기

- 날짜는 '년/월/일' 또는 '년-월-일'로 '/'나 '−'으로 구분해서 입력합니다(2013-9-8, 2013/9/8).
- 시간은 시, 분, 초의 형식은 '시:분:초'로 ':'처럼 구분해서 입력합니다(13:45:33).
- 시간과 날짜를 같이 입력하려면 날짜를 입력한 후 한 칸 띄우고 시간을 입력합니다(2013-9-8 13:45:33).

특수 문자 입력하기

- 키보드에 없는 특수 문자의 기호는 한글의 자음을 누르고 키보드의 `한자`를 눌러 입력합니다.
- [삽입] 탭의 [기호] 그룹에서 [기호]를 클릭하여 입력할 수 있습니다.

🔹 한자 입력하기

- 한글 뒤에 커서를 두고 [한자]를 눌러 [한글/한자 변환] 대화 상자에서 해당하는 한자를 선택합니다. 입력 형태는 세 가지로 해당하는 입력 형태를 선택합니다.

🔹 자동 채우기

- 문자를 입력하고 첫 번째 셀의 오른쪽 하단에 마우스를 올려놓고 검정 십자가 모양의 채우기 핸들이 표시되면 아래로 드래그합니다.

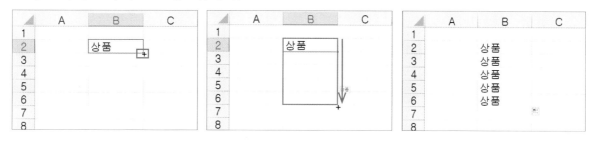

- 숫자 데이터는 붙여넣기 옵션에서 '연속 데이터 채우기'를 하거나 [Ctrl]을 누르고 채우기 핸들을 드래그하면 1씩 증가됩니다.
- 일정한 간격의 숫자 데이터를 채우기 핸들로 입력하려면 초기 값과 증가 값을 입력한 후 두 셀을 범위 설정 후 채우기 핸들을 드래그하면 일정한 간격으로 채울 수 있습니다.
- 문자와 숫자를 혼합하면 문자는 복사되고 숫자는 증가합니다.

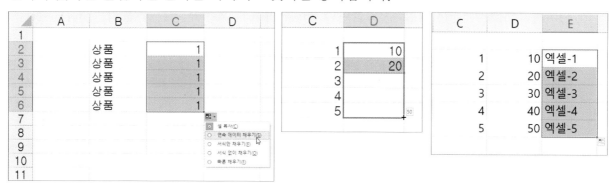

- [사용자 지정목록]에 등록된 데이터는 자동 채우기가 가능합니다.
- 날짜와 시간을 채우기 핸들로 드래그하면 날짜는 1일, 시간은 1시간씩 증가되며 [자동 채우기 옵션]을 이용해 '평일' 단위, '월' 단위, '년' 단위로 채울 수 있습니다.

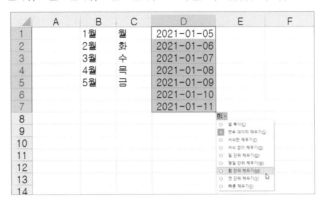

데이터의 수정

- 입력된 데이터를 수정하려면 F2를 누르거나, 해당 셀을 더블클릭 또는 수식입력 줄을 클릭하여 수정할 수 있습니다.
- 데이터를 삭제하려면 [홈] 탭의 [편집] 그룹에서 [내용 지우기] 또는 Delete, Back Space, Space Bar를 누르고 삭제합니다. 하지만 셀에 입력된 서식은 그대로 두고 내용만 삭제됩니다.

- 셀 서식까지 삭제하려면 [홈] 탭의 [편집] 그룹에서 [지우기]-[서식 지우기]를 클릭합니다.
- 셀의 서식과 내용 또는 메모 등을 모두 삭제하려면 [홈] 탭의 [편집] 그룹에서 [지우기]-[모두 지우기]를 클릭합니다.

[홈] 탭의 서식 설정

- 자주 사용하는 메뉴는 [홈] 탭에 있습니다. 복사, 잘라내기, 붙여넣기, 글꼴, 맞춤, 표시 형식, 셀 서식과 스타일 등을 지정할 수 있습니다. 또는 마우스 오른쪽 버튼을 눌러 나오는 '빠른 메뉴'에서 서식 설정이 가능합니다.

셀 서식 설정

- 일반 : 모든 표시의 형식을 삭제하고 기본 표시의 형식을 설정합니다.
- 숫자 : 소수점 이하 자릿수, 천 단위 구분 기호, 음수 표시의 형식을 지정합니다.
- 통화 : 소수점 이하 자릿수, 통화 기호, 음수 표기의 형식을 설정합니다.

- 회계 : 소수점 이하 자릿수의 통화 기호를 설정합니다.
- 분수 : 셀에 입력된 소수를 분수로 표시합니다.
- 텍스트 : 입력한 숫자를 텍스트로 적용합니다.
- 기타 : 우편번호, 전화번호, 주민등록번호 등의 표시를 설정할 수 있습니다.
- 사용자 지정 : 기존의 형식을 직접 정의하여 생성할 수 있습니다.

사용자 지정 서식 코드

#	자릿수 표시, 해당 자리에 숫자가 없을 경우는 빈칸으로 표시
0	자릿수 표시, 해당 자리에 숫자가 없을 경우는 0을 표시
?	소수점 이하의 자릿수 정렬하거나 분수 서식 설정
,	천 단위 구분 기호 표시
%	백분율 표시
@	현재 문자열에 특정한 문자를 붙여 표시
연도(yy/yyyy)	연도 두 자리와 연도 네 자리 표시
월(m/mm/mmmm/mmmm)	월을 한 자리 / 두 자리 / 영문 세 자리 / 영문 전체 표시
일(d/dd/ddd/dddd)	일을 한 자리 / 두 자리 / 영문 세 자리 / 영문 전체 표시
요일(aaa/aaaa)	요일 한 자리 / 요일 전체 표시

셀 서식 [맞춤] 탭 설정

- 텍스트 가로/세로 맞춤과 텍스트 조정, 텍스트 방향 등을 설정할 수 있습니다.
- 텍스트 줄 바꿈 : 셀의 내용이 한 줄로 모두 표시되지 않을 경우 여러 줄로 나누어 표시할 수 있습니다.
- 셀에 맞춤 : 셀의 내용을 현재 셀 크기에 맞춰 표시합니다.
- 셀 병합 : 선택한 셀을 하나의 셀로 병합합니다.

셀 서식 [글꼴] 탭 설정

- 선택한 텍스트의 글꼴 종류, 스타일, 크기 및 색 밑줄 등을 설정할 수 있습니다.
- [홈] 탭의 [글꼴] 그룹이나 마우스 오른쪽 버튼을 누르면 빠른 메뉴에서 설정할 수 있습니다.

셀 서식 [테두리] 탭 설정

- 선택한 셀의 선 스타일, 선 색, 테두리를 지정할 수 있습니다.
- 선의 스타일과 선 색을 지정한 후 미리 설정 또는 테두리에서 선택할 수 있습니다.
- [홈] 탭의 [글꼴] 그룹에서 테두리 설정이 가능합니다.

셀 서식 [채우기] 탭 설정

- 선택한 셀의 배경에 색 또는 무늬를 적용합니다.
- '배경색' 항목에서 셀에 채울 색을 선택할 수 있습니다.
- '채우기 효과'는 그라데이션과 음영 스타일 등을 지정할 수 있습니다.
- 다른 색은 RGB 값을 입력하거나 색상 팔레트에서 색을 지정할 수 있습니다.

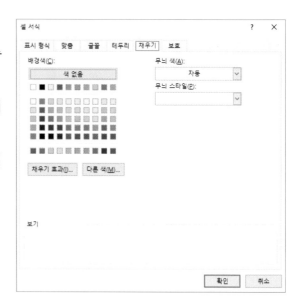

📥 도형 삽입

- [삽입] 탭의 [일러스트레이션] 그룹에서 [도형]을 클릭하여 해당하는 도형을 선택합니다.
- 도형을 선택하면 흰색 조절점은 도형의 크기를 변경하며, 노란 조절점은 모양 변형, 회전 화살표는 도형을 회전합니다.
- 도형을 선택하면 [그리기 도구]–[서식] 탭에서 도형 스타일을 변경할 수 있습니다.

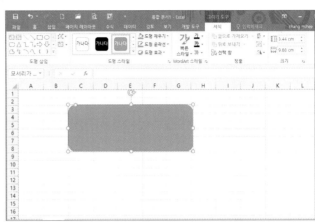

📥 그림 복사 기능

- 그림 복사 기능은 셀 범위를 설정하고 [홈] 탭의 [클립보드] 그룹에서 [복사]–[그림으로 복사]를 클릭합니다.
- [그림 복사] 대화상자에서 모양의 '화면에 표시된 대로', 형식의 '그림'을 선택하고 [확인]을 클릭합니다.
- 그림을 붙여넣을 셀을 클릭하고 Ctrl + V 를 누릅니다.

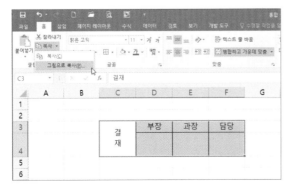
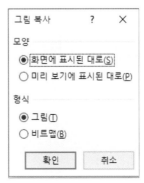

☺ 이름 정의

- 셀 범위에 이름을 지정하여 수식 등에 사용합니다.
- 이름을 정의할 부분을 범위 설정하고 [수식] 탭의 [정의된 이름] 그룹에서 [이름 정의]를 클릭하고, [새 이름] 대화상자에서 '이름' 항목에 셀 이름을 입력한 후 [확인]을 클릭합니다.
- 또는 셀 범위를 선택하고 '이름 상자' 영역에 이름을 입력하고 Enter 를 누릅니다.
- 셀 범위가 잘못되어 수정하거나 삭제를 하려면 [수식] 탭의 [정의된 이름] 그룹에서 [이름 관리자]를 클릭하여 편집합니다.

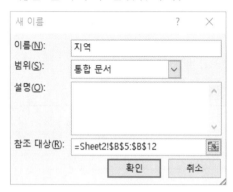 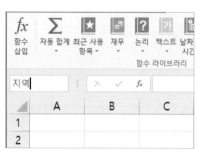

☺ 유효성 검사

- 유효성 데이터는 정수, 목록, 날짜, 텍스트 길이 등을 설정합니다.
- 유효성 검사를 목록으로 작성할 경우 적용할 셀을 선택하거나 범위 설정 후 [데이터] 탭의 [데이터 도구] 그룹에서 [데이터 유효성 검사]를 클릭하여 [데이터 유효성] 대화상자의 '유효성 조건'을 '목록'으로 지정하고 '원본'에 데이터 영역을 범위 설정합니다.
- 원본 영역에 데이터를 ','를 이용해 직접 데이터를 입력합니다.
- 이름 정의된 데이터 영역을 넣을 때는 원본에 '=정의한 이름'을 입력합니다.
- 데이터 유효성 검사를 삭제하려면 [데이터 유효성] 대화상자의 왼쪽 하단의 [모두 지우기]를 클릭합니다.

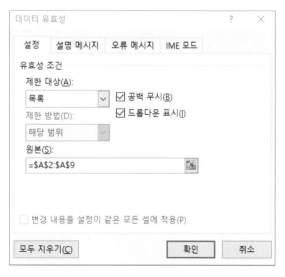 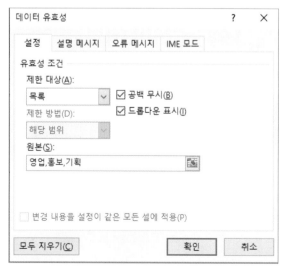

■ ■ 예제 : 기출유형₩1.셀서식완성.xlsx

표 작성 따라하기

엑셀의 기본 데이터 입력과 서식기능을 이용하여 표를 작성하고 조건에 맞는 셀 서식 변환 및 함수 사용 능력을 평가합니다.

[제1작업] 표 서식 및 값 계산   (240점)

☞ 다음은 '효림상사 지점별 판매 현황'에 대한 자료이다. 자료를 입력하고 조건에 맞도록 작업하시오.

출력형태

	효림상사 지점별 판매 현황					결재	담당	팀장	부장
제품코드	상품명	판매 지점	판매 개시일	할인율 (%)	정상가	판매량 (단위:개)	판매량 (순위)	비고	
C1-JU01	노트북	전주시	06-01	10%	1,250천원	202개			
H2-BS03	화장품	부산시	04-09	5%	350천원	502개			
M2-SU05	화장품	서울시	03-24	6%	270천원	652개			
C2-JU03	건강식품	전주시	01-17	15%	750천원	375개			
R4-CW03	노트북	창원시	01-15	25%	1,850천원	1,265개			
M5-DJ07	건강식품	대전시	07-07	10%	275천원	551개			
H3-BS02	육류가공품	부산시	02-10	20%	170천원	605개			
R2-CW05	농산품	창원시	05-20	10%	80천원	1,545개			
전주지역의 판매량(단위:개)의 평균						판매량이 600개 이하인 상품의 수			
세번째로 큰 판매량(단위:개)						제품코드	M5-DJ07	판매량	

조건
- 모든 데이터의 서식에는 글꼴(굴림, 11pt), 정렬은 숫자 및 회계 서식은 오른쪽 정렬, 나머지 서식은 가운데 정렬로 작성하며 예외적인 것은 ≪출력형태≫를 참조하시오.
- 제 목 ⇒ 도형(기본도형 : 모서리가 둥근 사각형)과 그림자(오프셋 오른쪽)를 이용하여 작성하고 "효림상사 지점별 판매 현황"을 입력한 후 다음 서식을 적용하시오(글꼴-굴림, 24pt, 검정, 굵게, 채우기-노랑).
- 임의의 셀에 결제란을 작성하여 그림으로 복사 기능을 이용하여 붙이기 하시오(단, 원본 삭제).
- 「B4:J4, G14, I14」 영역은 '주황'으로 채우시오.
- 유효성 검사를 이용하여 「H14」 셀에 제품코드(「B5:B12」 영역)가 선택 표시되도록 하시오.
- 셀 서식 ⇒ 「D5:D12」 영역에 셀 서식을 이용하여 글자 뒤에 '시'를 표시하시오(예 : 전주시).
   「G5:G12」 영역에 셀 서식을 이용하여 숫자 뒤에 '천원'을 표시하시오(예 : 1,500천원).
   「H5:H12」 영역에 셀 서식을 이용하여 글자 뒤에 '개'를 표시하시오(예 : 1,500개).
- 「H5:H12」 영역에 대해 '판매량'으로 이름정의를 하시오.

KEY POINT
- 워크시트를 그룹 지정하여 글꼴과 열 너비를 지정
- 시트 이름을 변경하고 시트는 반드시 '제3작업'까지의 시트만 있어야 하며 나머지 시트는 삭제
- 저장하기를 하여 '내 PC₩문서₩ITQ₩수험번호-이름'으로 저장
- 표 내용을 입력하고 셀 서식 적용
- 조건 순서대로 진행
- 작성하면서 수시로 재 저장하기(Ctrl + S)

01 엑셀을 시작하고 새 워크시트를 엽니다. *Ctrl* 을 누른 채 마우스 휠을 위 아래로 드래그하여 작업하기 좋은 화면으로 확대/축소를 합니다.

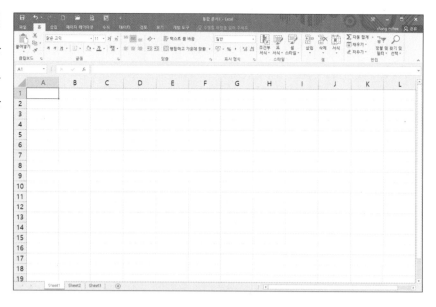

02 ❶임의의 시트를 선택하고 마우스 오른쪽 버튼을 눌러 바로가기 메뉴의 ❷[모든 시트 선택]을 클릭하여 전체 시트를 선택합니다.

Tip

[Sheet1]을 클릭한 후 *Shift* 를 누르고 [Sheet3]을 선택할 수 있습니다.

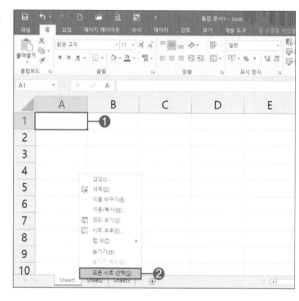

03 시트의 열 너비를 조절하기 위해 시트가 그룹화된 상태에서 ❶'A' 열을 클릭하고 마우스 오른쪽 버튼의 바로가기 메뉴에서 ❷[열 너비]를 선택합니다. ❸[열 너비] 대화상자에 열 너비를 '1'로 입력한 후 ❹[확인]을 클릭합니다.

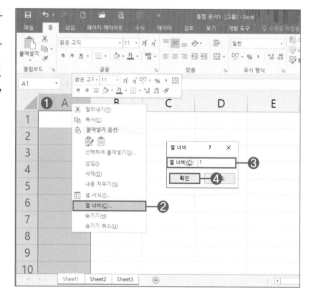

04 행과 열의 교차되는 ❶'전체 선택' 영역을 클릭하여 시트 전체를 블록 설정하고 ❷[홈] 탭의 ❸[글꼴] 그룹에서 조건에 제시된 '글꼴(굴림, 11pt)'로 설정합니다.

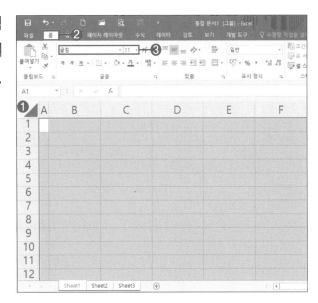

05 그룹으로 묶어진 시트를 해제하기 위해, 임의의 시트 이름 위에 마우스 오른쪽 버튼을 눌러 바로가기 메뉴에서 ❶[시트 그룹 해제]를 클릭합니다.

Tip

임의의 시트를 클릭하여 시트 그룹을 해제할 수 있습니다.

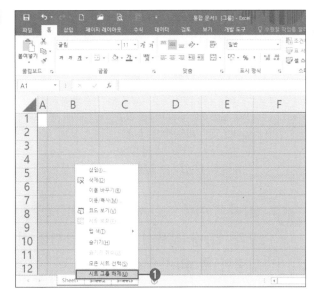

06 ❶첫 번째 시트 이름을 더블클릭합니다.

Tip

마우스 오른쪽 버튼을 눌러 바로가기 메뉴에서 [이름 바꾸기]를 클릭합니다.

07 '제1작업'으로 입력한 후 `Enter` 를 누릅니다. 나머지 시트에 '제2작업', '제3작업'으로 시트의 이름을 바꿉니다.

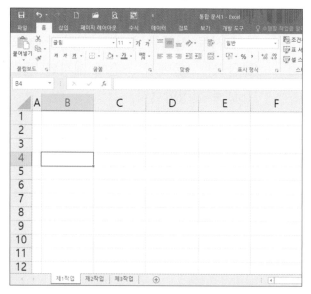

08 현재 작업을 저장하기 위해 ❶왼쪽 상단의 빠른 메뉴에서 '저장하기'를 누릅니다.

Tip

저장 폴더 또는 파일 이름을 잘못 입력한 경우 [파일]-[다른 이름으로 저장]에서 '저장 경로'와 '파일 이름'을 다시 저장할 수 있습니다.

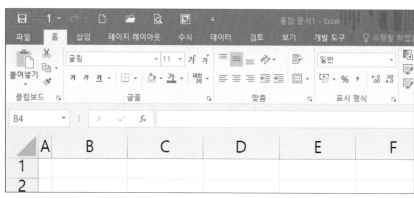

09 ❶[다른 이름으로 저장]의 ❷'이 PC'를 더블클릭합니다. [다른 이름으로 저장] 대화상자의 왼쪽 창의 ❸[내 PC\문서\ITQ] 폴더를 선택하여 저장 폴더를 확인하고 ❹'수험번호−이름.xlsx'을 입력한 후 ❺[저장]을 클릭합니다. 작업한 내용을 수시로 '저장하기' 또는 `Ctrl`+`S` 를 눌러 재저장합니다.

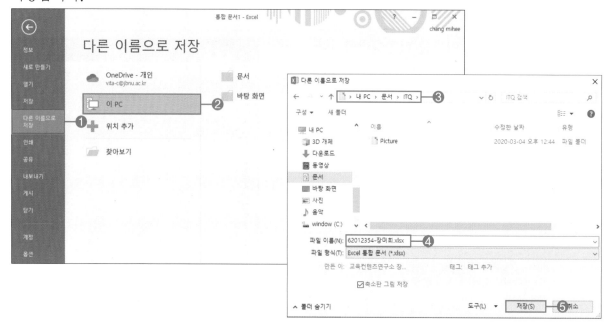

01 ❶'1행'에서 '3행'까지 드래그하여 블록을 설정한 후 행과 행 사이의 경계선에 마우스를 올려 놓은 후 '↕'이 될 때 아래로 드래그하여 행 높이를 넓혀줍니다. 행 높이는 제목 도형을 삽입할 높이만큼 임의로 조절합니다.

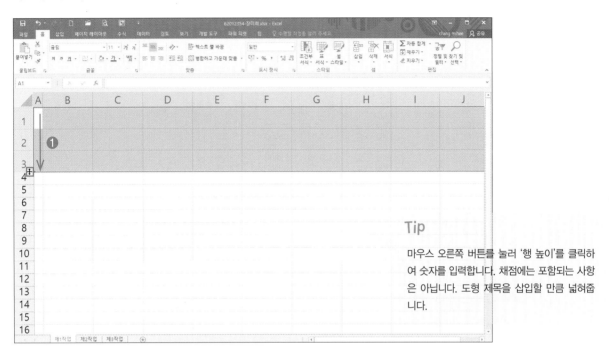

Tip

마우스 오른쪽 버튼를 눌러 '행 높이'를 클릭하여 숫자를 입력합니다. 채점에는 포함되는 사항은 아닙니다. 도형 제목을 삽입할 만큼 넓혀줍니다.

02 [B4] 셀부터 [J4] 셀까지 '제품코드, 상품명, 판매지점, 판매개시일, 할인율(%), 정상가, 판매량(단위:개), 판매량(순위), 비고'를 입력합니다. 한 셀에 두 줄을 입력할 경우 `Alt` + `Enter`를 누릅니다. [D4] 셀에 '판매'를 입력한 후 `Alt` + `Enter`를 누른 후 다음 줄에 '지점'을 입력합니다.

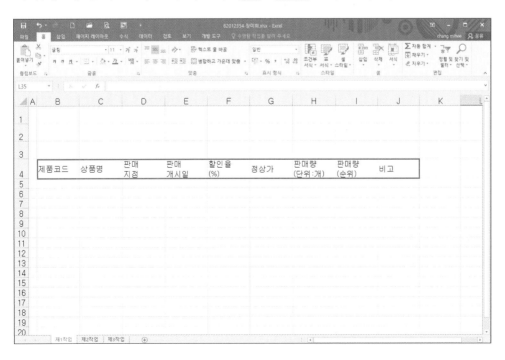

03 《출력형태》를 보고 나머지 데이터를 모두 입력합니다. 판매개시일은 '6-1' 형태로 입력하고 할인율은 소수점으로 입력합니다. 원 단위나 숫자 뒤에 붙는 문자는 입력하지 않습니다.

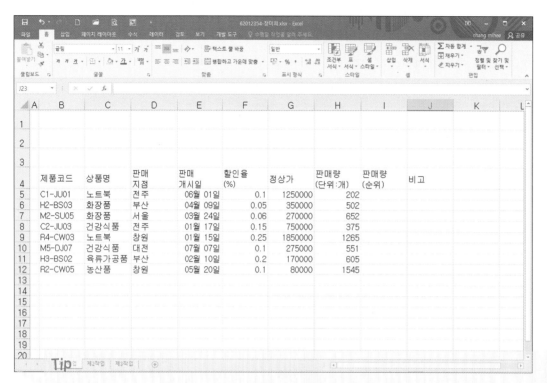

날짜는 년-월-일 형태로 입력합니다. '6-1'로 입력한 후 셀 서식에서 표시형식을 변경합니다. 백분율은 직접 '10%', '5%'로 입력해도 됩니다.

04 ❶[B13:D14] 셀까지 마우스로 드래그하여 영역을 설정한 다음 ❷ Ctrl 을 누르고 [G13:I13] 셀까지 영역을 설정합니다. ❸[홈] 탭의 [맞춤] 그룹에서 '병합하고 가운데 맞춤'의 목록 단추를 누른 후 ❹[전체 병합]을 클릭하여 행 단위 병합을 합니다.

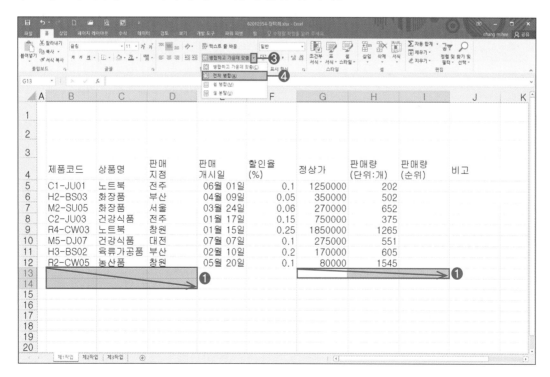

05 ❶[F13:F14] 셀까지 드래그하여 범위를 설정하고, ❷[홈] 탭의 [맞춤] 그룹에서 '병합하고 가운데 맞춤'을 클릭합니다.

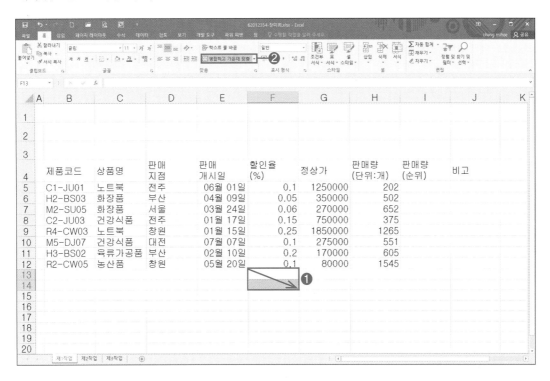

06 ❶[B13:B14] 셀과 [G13:G14] 셀, [G14] 셀, [I14] 셀에 내용을 입력한 후 ❷빠른 메뉴의 [저장]을 클릭하거나 Ctrl + S 를 눌러 재 저장합니다.

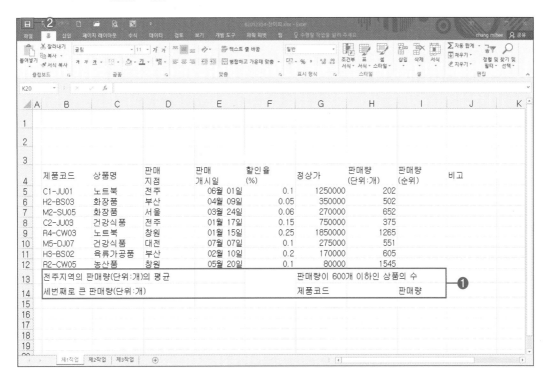

07 열 너비와 행 높이를 ≪출력형태≫에 맞춰 조절합니다. 'A' 열은 '1'입니다. ❶셀에 테두리를 지정하기 위해 [B4:J14] 셀 영역을 드래그하여 범위를 설정합니다. ❷[홈] 탭의 [글꼴] 그룹에서 ❸'테두리'의 목록 단추를 누르고 ❹'모든 테두리'를 선택하여 표 전체에 테두리를 적용합니다.

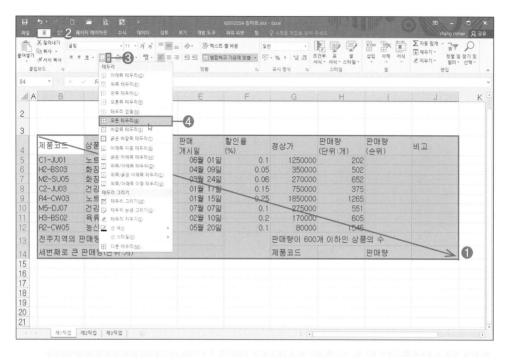

Tip

A열의 너비는 반드시 '1'로 설정해야 합니다. 설정 방법은 22쪽을 참고하세요.

08 바깥쪽 테두리를 넣기 위해 ❶[홈] 탭의 ❷[글꼴] 그룹에서 ❸'테두리'의 목록 단추를 눌러 '굵은 바깥쪽 테두리'를 선택합니다.

09 안쪽 셀에 테두리를 설정하기 위해 ❶[B5:J12] 셀 영역을 드래그하여 범위를 설정합니다. ❷ [홈] 탭의 [글꼴] 그룹에서 ❸'테두리'의 목록 단추를 누르고 ❹'굵은 바깥쪽 테두리'를 선택하여 테두리를 적용합니다.

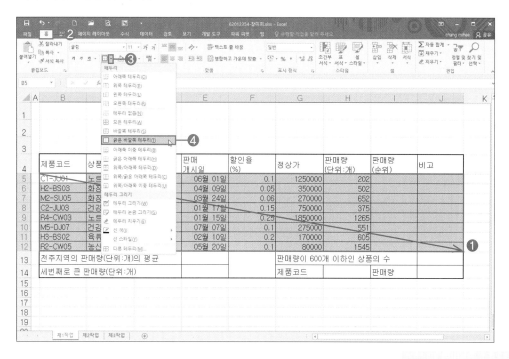

Tip

F4 를 누르면 직전의 명령이 재 실행됩니다.

10 ❶[F13] 셀에 클릭하고 대각선을 넣기 위해 ❷[홈] 탭의 [글꼴] 그룹에서 [글꼴 설정]을 클릭합니다. ❸[셀 서식] 대화상자의 [테두리] 탭에서 ❹왼쪽 대각선과 ❺오른쪽 대각선을 선택한 후 ❻[확인]을 선택합니다.

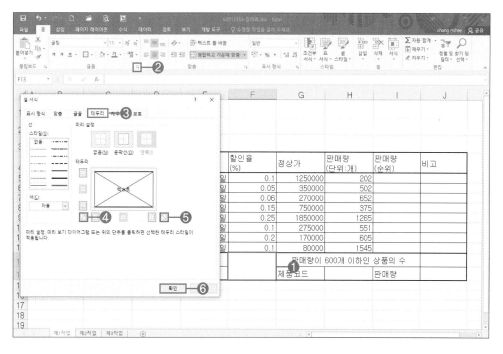

11 입력된 데이터를 정렬하기 위해 ❶[B4:J14] 셀 영역을 드래그하여 범위를 설정합니다. [홈] 탭의 [맞춤] 그룹에서 ❷'세로 가운데 맞춤'과 '가로 가운데 맞춤'을 클릭합니다.

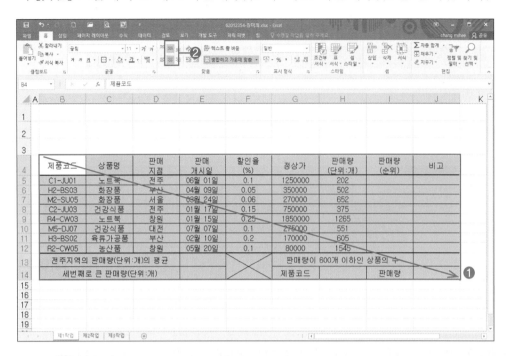

Tip

데이터가 있는 영역에 셀 포인터를 위치한 후 `Ctrl` + `A` 를 누르면 전체 선택이 됩니다.

12 숫자 또는 회계 형식은 오른쪽 정렬을 하기 위해 ❶[F5:H12] 셀 영역을 드래그하여 범위를 설정합니다. [홈] 탭의 [맞춤] 그룹에서 ❷'오른쪽 맞춤'을 클릭합니다. `Ctrl` + `S` 를 눌러 재 저장합니다. 함수식 부분은 함수 계산을 완료한 후 숫자인 경우는 오른쪽 정렬, 문자인 경우는 가운데 정렬을 합니다.

01 제목 도형을 삽입하기 위해 ❶[삽입] 탭의 [일러스트레이션] 그룹에서 [도형]을 클릭하여 ❷'사 각형'의 '모서리가 둥근 직사각형'을 선택합니다.

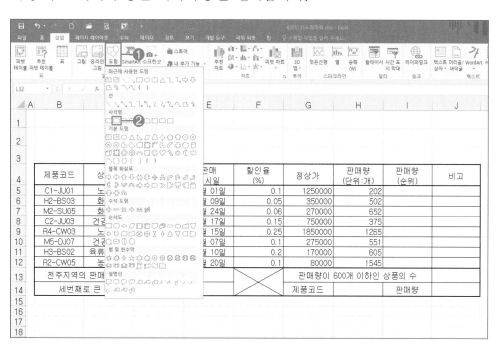

02 ❶[B1] 셀에서 [G3] 셀까지 ≪출력형태≫에 맞춰 대각선으로 드래그하여 도형을 그린 후 ❷왼 쪽 상단의 노란색 조절점을 오른쪽으로 드래그하여 도형 모양을 변형합니다.

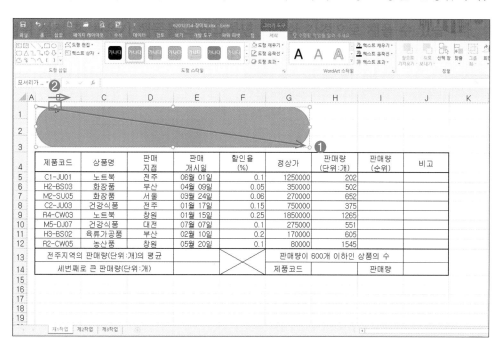

03 도형이 선택된 상태에서 '효림상사 지점별 판매 현황'을 입력한 후 도형을 클릭하여 도형 전체를 선택합니다.

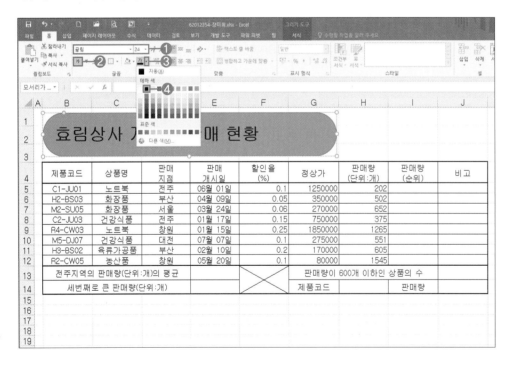

04 도형이 선택된 상태에서 ❶[홈] 탭의 [글꼴] 그룹에서 '굴림, 24pt'를 선택하고 ❷글자 속성은 '굵게'를 클릭합니다. ❸'글자 색'의 목록 단추를 클릭하여 ❹'검정'을 선택합니다.

05 도형에 색을 채우기 위해 ❶[홈] 탭의 [글꼴] 그룹에서 ❷'채우기'의 목록 단추를 누른 후 ❸'표준 색'의 '노랑'을 선택합니다. ❹도형 안의 텍스트를 정렬하기 위해 [맞춤] 그룹에서 '세로 가운데 맞춤'과 '가운데 정렬'을 선택합니다.

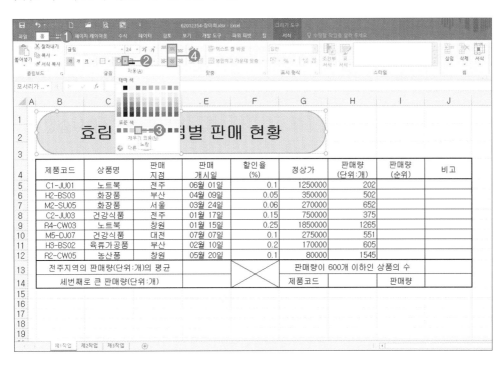

06 도형에 그림자를 적용합니다. ❶[그리기 도구]-[서식] 탭의 [도형 스타일] 그룹에서 ❷[도형 효과]를 클릭합니다. ❸'그림자'의 ❹'오프셋 오른쪽'을 선택합니다.

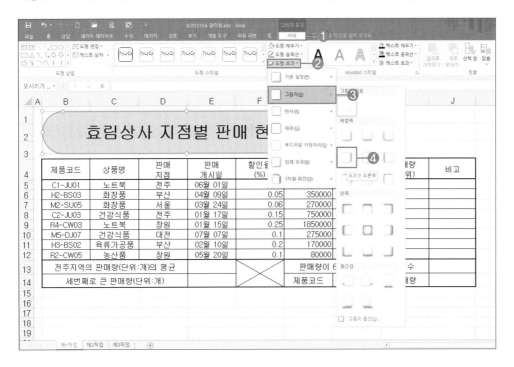

07 결재란을 작성하기 위해 입력된 본문의 행이나 열에 영향을 주지 않는 셀 부분에 그림과 같이 ❶'결재, 담당, 팀장, 부장'을 입력하고 그림과 같이 블록 설정합니다. [홈] 탭의 [글꼴] 그룹에서 ❷'테두리'의 목록 단추를 클릭한 후 ❸'모든 테두리'를 선택합니다. ❹[홈] 탭의 [맞춤] 그룹에서 '세로 가운데 정렬'과 '가로 가운데 정렬'을 선택하고 행과 열의 높이와 너비를 조절합니다.

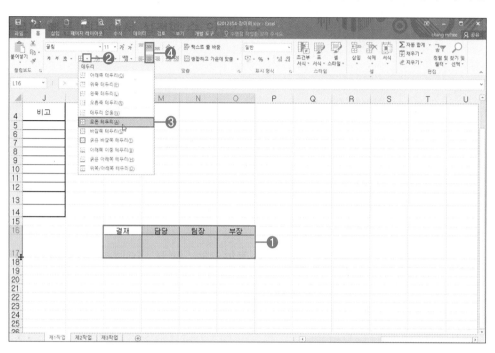

08 ❶[L16:L17] 셀을 블록 설정한 후 ❷[홈] 탭의 [맞춤] 그룹에서 '병합하고 가운데 맞춤'을 클릭합니다. 텍스트를 세로로 변경하기 위해 ❸[방향]의 ❹'세로쓰기'를 선택합니다.

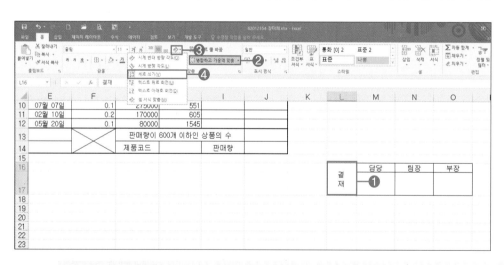

Tip

Alt + Enter 를 이용해 '결재'를 입력하거나, [홈] 탭의 [맞춤] 그룹에서 [방향]의 '텍스트 줄 바꿈'을 할 수 있습니다.

09 ❶[L16:O17] 셀까지 영역을 블록 설정하고 [홈] 탭의 [클립보드] 그룹에서 ❷'복사'의 목록 단추를 클릭하여 ❸'그림으로 복사'를 선택합니다.

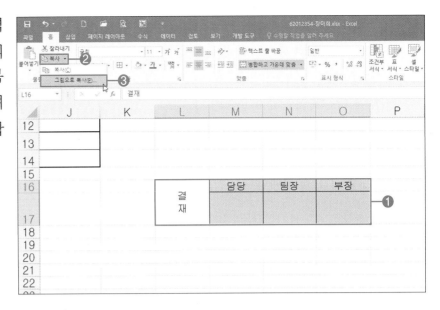

10 [그림 복사] 대화상자에서 ❶'화면에 표시된 대로', ❷'그림'으로 선택되었다면 ❸[확인]을 클릭합니다.

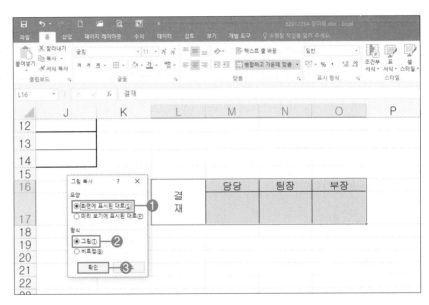

11 [H1] 셀을 클릭한 후 Ctrl + V 를 누릅니다. 복사된 결재란을 《출력형식》에 맞춰 이동한 후 셀에 맞추어 크기를 조절합니다.

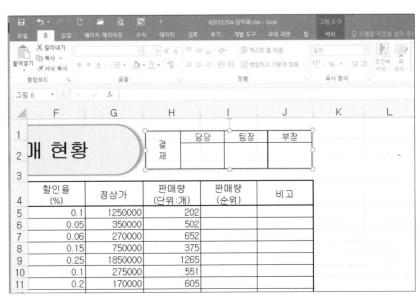

12 투명 설정된 결재란의 배경 색을 '흰색'으로 설정합니다. ❶복사된 '결재란'을 클릭한 후 ❷[홈] 탭의 [글꼴] 그룹에서 '채우기 색'의 목록 단추를 클릭하여 ❸'흰색, 배경 1'을 선택합니다.

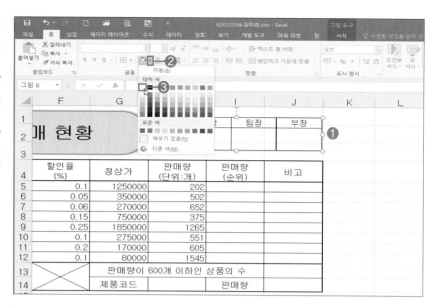

13 결재란의 원본은 삭제합니다. 원본이 있는 ❶'L'열 위에 마우스를 올려놓고 'L:O' 열까지 드래그하여 영역 설정한 후 ❷마우스 오른쪽 버튼의 바로가기 메뉴에서 [삭제]를 클릭하여 원본을 삭제합니다.

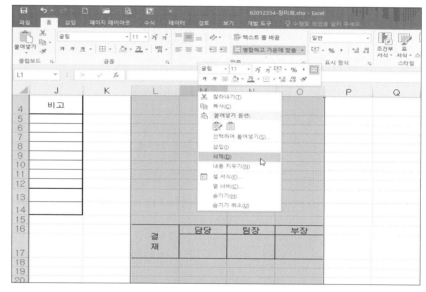

14 제목 도형과 결재란을 완성한 후 **Ctrl** + **S** 를 눌러 재저장합니다.

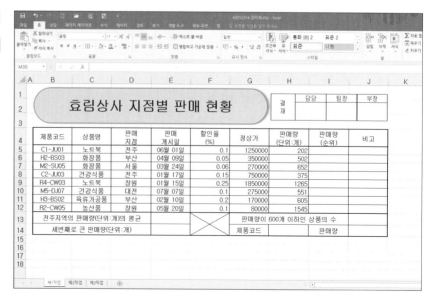

01 ≪조건≫에 있는 셀 색을 설정하기 위해 ❶[B4:J4] 셀 영역을 드래그하여 블록 설정한 후 ❷
Ctrl 을 누르고 [G14] 셀과 [I14] 셀을 클릭합니다.

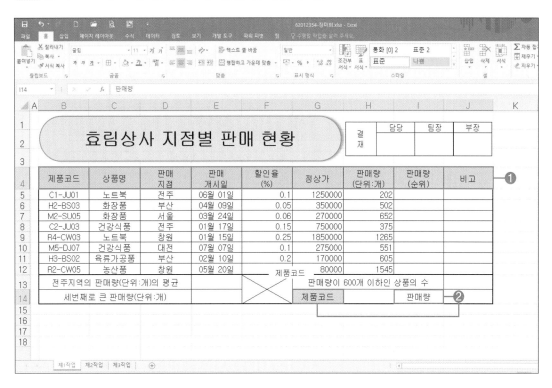

02 [홈] 탭의 [글꼴] 그룹에서 ❶'채우기 색'의 목록 단추를 클릭하여 '표준 색'의 ❷'주황'을 선택합
니다.

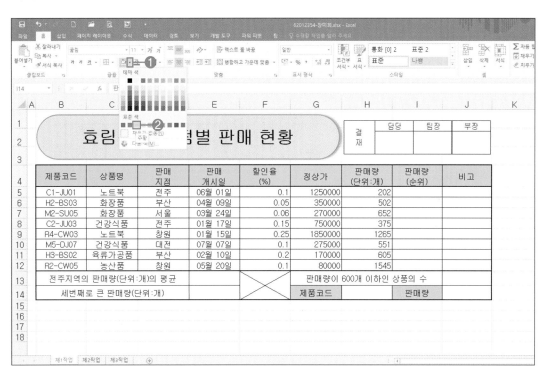

03 유효성 검사규칙을 설정합니다. ❶[H14] 셀을 클릭하고 ❷[데이터] 탭의 [데이터 도구] 그룹에서 ❸[데이터 유효성 검사] 아이콘을 클릭합니다.

04 [데이터 유효성] 대화상자의 [설정] 탭에서 ❶'제한 대상'을 '목록'으로 선택하고, ❷'원본(S)'의 입력란을 클릭합니다. 본문의 ❸[B5:B12] 셀까지 드래그하여 범위를 지정한 후 ❹[확인]을 클릭합니다.

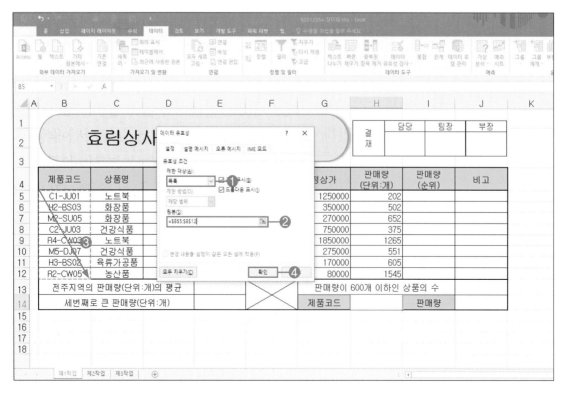

05 [H14] 셀에 유효성 검사가 적용되었으면 ❶목록 단추를 눌러 ❷해당하는 목록을 선택합니다.

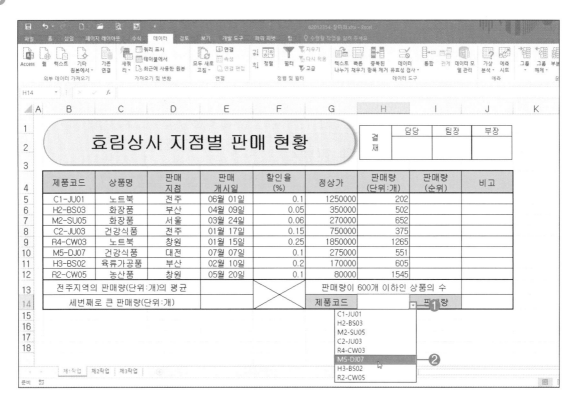

06 유효성 검사를 완성하고 `Ctrl` + `S` 를 눌러 재 저장합니다.

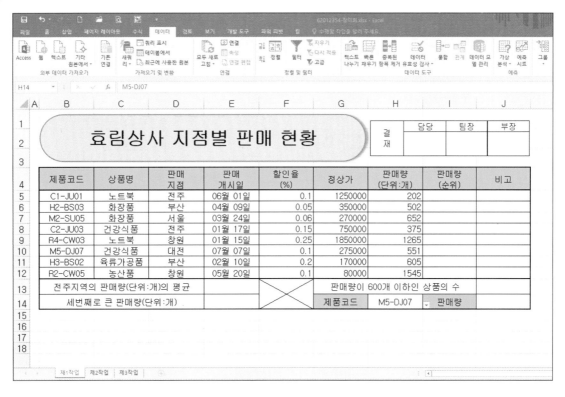

07 ≪조건≫에 있는 셀 서식 표시를 하기 위해 ❶[D5:D12] 셀까지 영역 지정한 후 [홈] 탭에서 [표시 형식] 그룹의 ❷'표시 형식'을 클릭합니다. 단축키 Ctrl + 1 을 눌러도 됩니다.

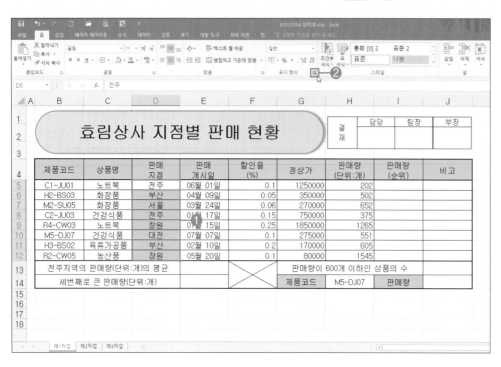

08 문자 앞/뒤에 텍스트를 삽입합니다. [셀 서식] 대화상자에서 [표시 형식] 탭의 ❶'범주'에서 '사용자 지정'을 선택합니다. ❷'형식' 입력란에 '@"시"'를 입력한 후 ❸[확인]을 클릭합니다.

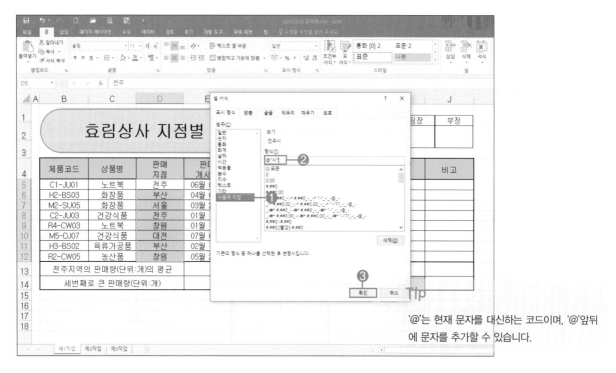

Tip

'@'는 현재 문자를 대신하는 코드이며, '@'앞뒤에 문자를 추가할 수 있습니다.

09 입력된 날짜형식을 ≪출력형태≫에 따라 변경합니다. ❶[E5:E12] 셀까지 영역 지정한 후 [홈]
탭에서 [표시 형식] 그룹의 ❷'표시 형식'을 클릭합니다. [셀 서식] 대화상자에서 [표시 형식]탭
의 ❸'범주'에서 '사용자 지정'을 선택합니다. ❹'형식' 입력란에 'mm-dd'를 입력한 후 ❺[확인]
을 클릭합니다.

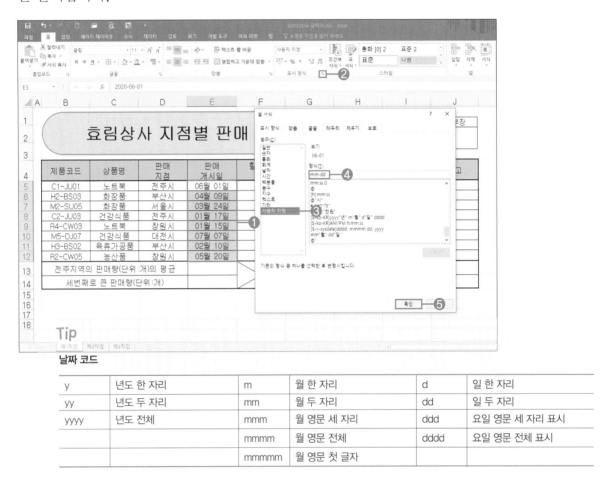

날짜 코드

y	년도 한 자리	m	월 한 자리	d	일 한 자리
yy	년도 두 자리	mm	월 두 자리	dd	일 두 자리
yyyy	년도 전체	mmm	월 영문 세 자리	ddd	요일 영문 세 자리 표시
		mmmm	월 영문 전체	dddd	요일 영문 전체 표시
		mmmmm	월 영문 첫 글자		

10 ❶[F5:F12] 셀까지 영역 지정을 한 후 [홈] 탭의 [표시 형식] 그룹에서 ❷백분율 '%'를 클릭합니
다.

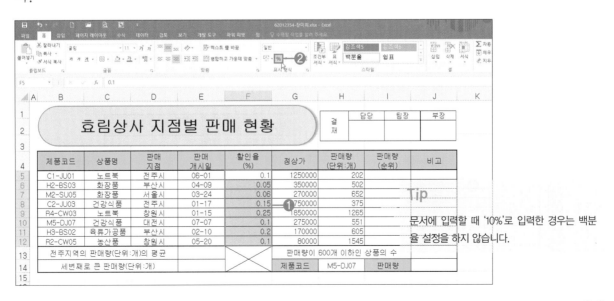

11 천단위 자리를 절삭하고 단위를 변경합니다. ❶[G5:G12] 셀까지 범위 지정을 한 후 [홈] 탭의 [표시 형식] 그룹에서 ❷'표시 형식'을 클릭한 후 [셀 서식] 대화상자가 표시되면 [표시 형식] 탭의 ❸'범주'에서 '사용자 지정'을 선택합니다. ❹'형식'의 목록에서 '#,##0'을 선택한 후, ❺'"천원"'을 뒤에 입력한 후 ❻[확인]을 클릭합니다.

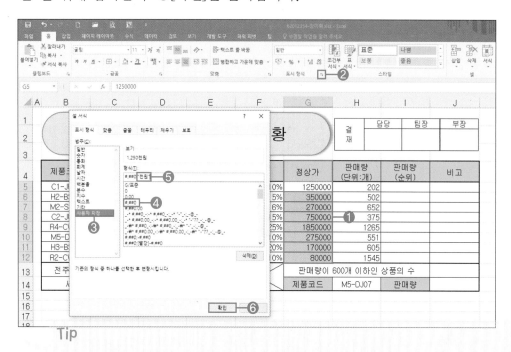

Tip

#,##0 : 천 단위마다 ','를 표시합니다.(예 45000 → #,##0원 서식 적용 후 45,000원)

#,##0, : #,##0 뒤에 ','를 추가할 때마다 천 단위가 절삭됩니다.(예 4500000 → #,##0,천원 서식 적용 후 4500천원)

12 숫자에 문자를 추가하기 위해 ❶[H5:H12] 셀까지 영역을 범위 지정한 후 [홈] 탭의 [표시 형식] 그룹에서 ❷'표시 형식'을 클릭합니다. [셀 서식] 대화상자에서 [표시 형식] 탭의 '범주'에서 ❸'사용자 지정'을 선택합니다. ❹'형식'의 목록에서 '#,##0'을 선택한 후, ❺'"개"'를 뒤에 입력한 후 ❻[확인]을 클릭합니다.

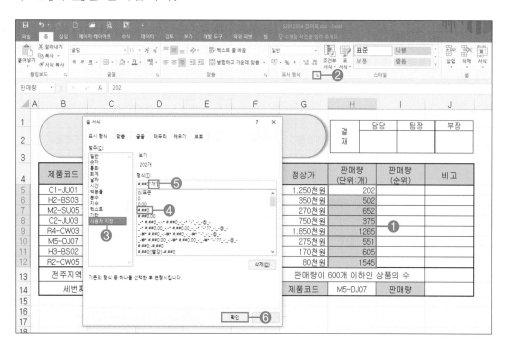

13 셀 서식을 완료합니다.

효림상사 지점별 판매 현황

제품코드	상품명	판매 지점	판매 개시일	할인율 (%)	정상가	판매량 (단위:개)	판매량 (순위)	비고
C1-JU01	노트북	전주시	06-01	10%	1,250천원	202개		
H2-BS03	화장품	부산시	04-09	5%	350천원	502개		
M2-SU05	화장품	서울시	03-24	6%	270천원	652개		
C2-JU03	건강식품	전주시	01-17	15%	750천원	375개		
R4-CW03	노트북	창원시	01-15	25%	1,850천원	1,265개		
M5-DJ07	건강식품	대전시	07-07	10%	275천원	551개		
H3-BS02	육류가공품	부산시	02-10	20%	170천원	605개		
R2-CW05	농산품	창원시	05-20	10%	80천원	1,545개		
전주지역의 판매량(단위:개)의 평균					판매량이 600개 이하인 상품의 수			
세번째로 큰 판매량(단위:개)					제품코드	M5-DJ07	판매량	

Tip

셀 서식을 이용하여 숫자에 문자를 추가하는 경우는 숫자로 오른쪽 정렬을 하며, 함수식에 문자를 연결한 경우는 문자로 가운데 정렬을 합니다.

Level UP!

○ 숫자와 문자 셀 서식 유형

내용	데이터	표시 형식	결과
세 자리마다 천 단위 표시하고 "원" 표시	15000	#,##0원	15,000원
천 단위 자리 절삭하고 단위 바꾸기	1450000	#,##0,원	1,450천원
문자 뒤에 "님" 추가	김희정	@님	김희정님

○ 시험에 사용하면 편리한 단축키

단축키	설명	단축키	설명
F2	셀의 내용 수정하기	Ctrl + A	데이터 셀 영역 모두 선택
F4	상대 참조-혼합 참조 - 절대 참조 설정	Ctrl + Shift + ← → ↑ ↓	셀 포인터를 기준으로 데이터가 있는 셀의 마지막 까지 영역 설정
Alt + Enter	한 셀에 여러 줄 입력	Ctrl + 1	셀 서식
Ctrl + ← → ↑ ↓	데이터가 입력되어 있는 셀의 첫 셀, 마지막 셀로 이동	Ctrl + S	선택하여 붙여넣기
Ctrl + Home	A1 셀로 바로 이동	Ctrl + Shift + V	재 실행
Ctrl + Z	실행 취소	Ctrl + Y	다시 실행

01 이름 정의를 하기 위해 본
문의 ❶[H5:H12] 영역을
드래그한 후 ❷[이름상자]
부분에 '판매량'을 입력한
후 Enter 를 누릅니다.

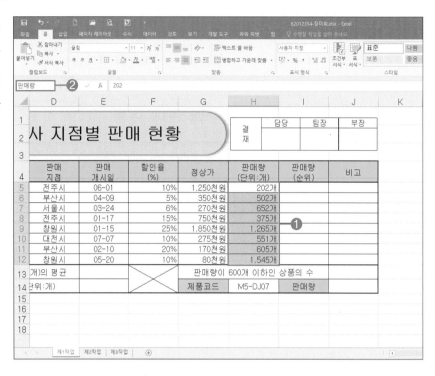

02 이름 정의의 범위를 잘못
설정하거나 정의한 이름을
삭제할 때는 ❶[수식] 탭의
[정의된 이름] 그룹의 ❷[이
름 관리자]를 선택합니다.

03 [이름 관리자] 대화상자에서 수정할 이
름 정의를 클릭하고, 대화상자 하단의
'참조 대상'에 범위를 다시 설정합니다.
정의한 이름을 삭제할 때에는 대화상
자 윗 부분의 [삭제]를 클릭합니다.

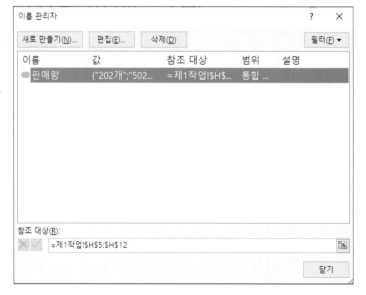

유효성 검사 편집하기

❶ 유효성 검사를 잘못 설정한 경우에는 유효성 검사를 적용할 셀을 클릭한 후 [데이터] 탭의 [데이터 도구] 그룹에서 [데이터 유효성 검사]를 클릭합니다. [데이터 유효성] 대화상자에서 '원본' 입력란을 클릭하여 범위를 다시 설정합니다.

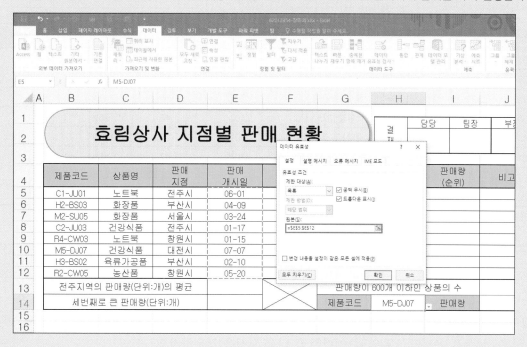

❷ 유효성 검사를 지우려면 [데이터 유효성] 대화상자에서 [모두 지우기]를 클릭합니다.

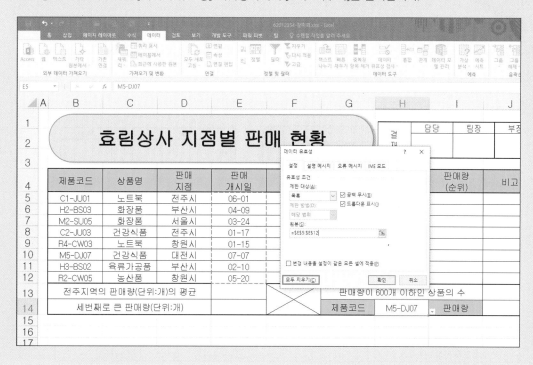

■ ■ 완성파일 : 실력팡팡₩도형1완성.xlsx

01 ☞ 다음은 '캐릭터 상품 재고 및 주문 현황'에 대한 자료이다. 자료를 입력하고 조건에 맞도록 작업하시오.

높은 음자리 교육원

	담당	팀장	부장
결재			

강사코드	담당강사	교육구분	프로그램명	전년도 지원현황	금년도 지원현황	재수강율 (단위:%)	순위	비고
SS003	우주원	자격증과정	SNS마케팅	100	85	30%		
SS005	이예슬	취미반	프랑스자수	80	55	15%		
SA012	최민아	창업교육	닥종이인형	50	55	35%		
TS030	서인정	취미반	우쿨렐레	40	40	75%		
TA100	정서연	창업교육	한식조리사	50	35	120%		
AS101	민지혜	창업교육	창업떡만들기	30	37	55%		
AS102	유나희	자격증과정	숲해설사	100	113	32%		
TA200	표민수	취미반	생활도예	100	100	26%		
취미반의 금년도 지원현황의 합계					재수강율(단위:%)의 중간값			
창업교육 모집인원 합계					담당강사	정서연	재수강율	

조건
- 모든 데이터의 서식에는 글꼴(굴림, 11pt), 정렬은 숫자 및 회계 서식은 오른쪽 정렬, 나머지 서식은 가운데 정렬로 작성하며 예외적인 것은 ≪출력형태≫를 참조하시오.
- 제 목 ⇒ 도형(사각형 : 양쪽 모서리가 잘린 사각형)과 그림자(오프셋 아래쪽)를 이용하여 작성하고 "높은 음자리 교육원"을 입력한 후 다음 서식을 적용하시오 (글꼴–굴림, 24pt, 검정, 굵게, 채우기–노랑).
- 임의의 셀에 결재란을 작성하여 그림으로 복사 기능을 이용하여 붙이기 하시오(단, 원본 삭제).
- 「B4:J4, G14, I14」 영역은 '주황'으로 채우시오.
- 유효성 검사를 이용하여 「H14」 셀에 담당강사(「C5:C12」 영역)가 선택 표시되도록 하시오.
- 셀 서식 ⇒ 「F5:G12」 영역에 셀 서식을 이용하여 숫자 뒤에 '명'을 표시하시오(예 : 10명).
- 「H5:H12」 영역에 대해 '재수강율'로 이름정의를 하시오.

출력형태

높은 음자리 교육원

	담당	팀장	부장
결재			

강사코드	담당강사	교육구분	프로그램명	전년도 지원현황	금년도 지원현황	재수강율 (단위:%)	순위	비고
SS003	우주원	자격증과정	SNS마케팅	100명	85명	30%		
SS005	이예슬	취미반	프랑스자수	80명	55명	15%		
SA012	최민아	창업교육	닥종이인형	50명	55명	35%		
TS030	서인정	취미반	우쿨렐레	40명	40명	75%		
TA100	정서연	창업교육	한식조리사	50명	35명	120%		
AS101	민지혜	창업교육	창업떡만들기	30명	37명	55%		
AS102	유나희	자격증과정	숲해설사	100명	113명	32%		
TA200	표민수	취미반	생활도예	100명	100명	26%		
취미반의 금년도 지원현황의 합계					재수강율(단위:%)의 중간값			
창업교육 모집인원 합계					담당강사	정서연	재수강율	

02 ☞ 다음은 '제5회 바리스타 경연대회 결과'에 대한 자료이다. 자료를 입력하고 조건에 맞도록 작업하시오.

수험번호	지원자	지원 종목	태도	맛과 향	총점 (200점 만점)	평가	순위
제5회 바리스타 경연대회 결과						결재 담당 / 팀장 / 부장	
C3-0706	노형일	카푸치노	93	92.5	281.2		
E1-S078	두리안	에소프레소	87.7	89.1	265.5		
R3-A094	최미숙	카푸치노	91.7	91.6	275.8		
B3-U098	김순옥	블랜딩	89.9	92.3	272.1		
C3-A119	정은유	카푸치노	94.5	92.4	284.1		
R4-U073	강나연	로스팅	88.4	88.5	270.4		
C3-A040	정서연	카푸치노	93.1	90.5	276.1		
E1-A079	나나무	에소프레소	100	87.2	262.3		
두 번째로 높은 맛과 향의 점수				카푸치노의 총점의 평균			
카푸치노의 태도의 평균			지원자	노형일		평가	

조건
- 모든 데이터의 서식에는 글꼴(돋움, 11pt), 정렬은 숫자 및 회계 서식은 오른쪽 정렬, 나머지 서식은 가운데 정렬로 작성하며 예외적인 것은 《출력형태》를 참조하시오.
- 제 목 ⇒ 도형(기본 도형 : 평행 사변형)과 그림자(오프셋 오른쪽)를 이용하여 작성하고 "제5회 바리스타 경연대회 결과"을 입력한 후 다음 서식을 적용하시오 (글꼴-돋움, 24pt, 검정, 굵게, 채우기-노랑).
- 임의의 셀에 결재란을 작성하여 그림으로 복사 기능을 이용하여 붙이기 하시오(단, 원본 삭제).
- 「B4:J4, F14, H14」 영역은 '연한 녹색'으로 채우시오.
- 유효성 검사를 이용하여 「G14」 셀에 지원자('C5:C12」 영역)가 선택 표시되도록 하시오.
- 셀 서식 ⇒ 「G5:G12」 영역에 셀 서식을 이용하여 숫자 앞에 '총'을 표시하시오(예 : 총281.1).
- 「E5:E12」 영역에 대해 '태도'로 이름정의를 하시오.

출력형태

수험번호	지원자	지원 종목	태도	맛과 향	총점 (200점 만점)	평가	순위
제5회 바리스타 경연대회 결과						결재 담당 / 팀장 / 부장	
C3-0706	노형일	카푸치노	93	92.5	총281.2		
E1-S078	두리안	에소프레소	87.7	89.1	총265.5		
R3-A094	최미숙	카푸치노	91.7	91.6	총275.8		
B3-U098	김순옥	블랜딩	89.9	92.3	총272.1		
C3-A119	정은유	카푸치노	94.5	92.4	총284.1		
R4-U073	강나연	로스팅	88.4	88.5	총270.4		
C3-A040	정서연	카푸치노	93.1	90.5	총276.1		
E1-A079	나나무	에소프레소	100	87.2	총262.3		
두 번째로 높은 맛과 향의 점수				카푸치노의 총점의 평균			
카푸치노의 태도의 평균			지원자	노형일		평가	

■ ■ 완성파일 : 실력팡팡₩도형3완성.xlxs

03 ☞ **다음은 '문화관광 지원사업 결과'에 대한 자료이다. 자료를 입력하고 조건에 맞도록 작업하시오.**

문화관광 지원사업 결과

지원코드	사업자	사업장주소	사업개업연도	지원분야	교육시간	지원총액(단위:천원)	지원비율(단위:%)	비고
C3-0706	장미희	소대배기로 18-13		정보화교육	1	50000	50%	
E1-S078	이은나	문학로 11-8		문화예술	3	45000	45%	
R1-A094	최대정	백제로 25-3		마케팅	3	65000	65%	
B3-U098	이민정	서곡로 19-1		환경개선	2	100000	100%	
C5-A119	김희정	와룡로 12-5		문화예술	4	35000	35%	
R4-U073	정은유	효자로 6-5		문화예술	5	40000	40%	
C2-A040	정서연	기린로 55-8		환경개선	2	60000	60%	
E1-A079	노형원	한벽로 12-9		전통문화	2	55000	55%	

결재 담당 부장 원장

최대 지원총액(단위:천원) / 폐강 수
교육시간에 따른 운영비 총 합계 / 지원코드 B3-U098 사업개업년도

조건
○ 모든 데이터의 서식에는 글꼴(굴림, 11pt), 정렬은 숫자 및 회계 서식은 오른쪽 정렬, 나머지 서식은 가운데 정렬로 작성하며 예외적인 것은 ≪출력형태≫를 참조하시오.
○ 제 목 ⇒ 도형(기본 도형 : 육각형)과 그림자(오프셋 대각선 왼쪽 아래)를 이용하여 작성하고 "문화관광 지원사업 결과"를 입력한 후 다음 서식을 적용하시오 (글꼴-굴림, 24pt, 검정, 굵게, 채우기-노랑).
○ 임의의 셀에 결재란을 작성하여 그림으로 복사 기능을 이용하여 붙이기 하시오(단, 원본 삭제).
○ 「B4:J4, G14, I14」 영역은 '연한 녹색'으로 채우시오.
○ 유효성 검사를 이용하여 「H14」 셀에 지원자(「B5:B12」 영역)가 선택 표시되도록 하시오.
○ 셀 서식 ⇒ 「H5:H12」 영역에 셀 서식을 이용하여 숫자 뒤에 '천원'을 표시하시오(예 : 1,500천원).
○ 「G5:G12」 영역에 대해 '교육시간'으로 이름정의를 하시오.

출력형태

문화관광 지원사업 결과

지원코드	사업자	사업장주소	사업개업연도	지원분야	교육시간	지원총액(단위:천원)	지원비율(단위:%)	비고
C3-0706	장미희	소대배기로 18-13		정보화교육	1	50천원	50%	
E1-S078	이은나	문학로 11-8		문화예술	3	45천원	45%	
R1-A094	최대정	백제로 25-3		마케팅	3	65천원	65%	
B3-U098	이민정	서곡로 19-1		환경개선	2	100천원	100%	
C5-A119	김희정	와룡로 12-5		문화예술	4	35천원	35%	
R4-U073	정은유	효자로 6-5		문화예술	5	40천원	40%	
C2-A040	정서연	기린로 55-8		환경개선	2	60천원	60%	
E1-A079	노형원	한벽로 12-9		전통문화	2	55천원	55%	

결재 담당 부장 원장

최대 지원총액(단위:천원) / 폐강 수
교육시간에 따른 운영비 총 합계 / 지원코드 B3-U098 사업개업년도

04 ☞ **다음은 '교육공간 이룸 매출 실적'에 대한 자료이다. 자료를 입력하고 조건에 맞도록 작업하시오.**

사원코드	사원	부서	입사일	5월매출	6월매출	7월매출	입사요일	총근무년수
						결재 담당 부장 원장		
		교육공간 이룸 매출 실적						
P-0302	노형일	영업부	2012-03-02	80	100	80		
M-0604	임샛별	홍보부	2009-06-04	90	85	75		
E-0901	김신우	영업부	2008-09-01	85	100	100		
P-0601	최민아	기획부	2011-06-01	100	95	95		
M-0901	박종철	홍보부	2007-09-01	95	75	75		
S-0601	이민영	관리부	2012-06-01	80	80	80		
P-0301	정신정	기획부	2007-03-01	85	75	90		
E-0302	윤지안	영업부	2006-03-02	100	90	85		
홍보부의 6월 매출 평균					기획부서의 7월매출의 합계			
영업부의 5월매출의 합계				사원코드	P-0601	입사일		

조건
○ 모든 데이터의 서식에는 글꼴(돋움, 11pt), 정렬은 숫자 및 회계 서식은 오른쪽 정렬, 나머지 서식은 가운데 정렬로 작성하며 예외적인 것은 ≪출력형태≫를 참조하시오.
○ 제 목 ⇒ 도형(기본 도형 : 배지)과 그림자(오프셋 오른쪽)를 이용하여 작성하고 "교육공간 이룸 매출 실적"을 입력한 후 다음 서식을 적용하시오(글꼴-굴림, 24pt, 검정, 굵게, 채우기-노랑).
○ 임의의 셀에 결재란을 작성하여 그림으로 복사 기능을 이용하여 붙이기 하시오(단, 원본 삭제).
○ 「B4:J4, G14, I14」 영역은 '주황'으로 채우시오.
○ 유효성 검사를 이용하여 「H14」셀에 사원코드(「B5:B12」 영역)가 선택 표시되도록 하시오.
○ 셀 서식 ⇒ 「H5:H12」 영역에 셀 서식을 이용하여 숫자 뒤에 'GOAL'을 표시하시오(예 : 281GOAL).
○ 「G5:G12」 영역에 대해 '매출'로 이름정의를 하시오.

함수

미리 정의해 놓은 수식을 불러와 계산의 결과 값을 얻는 것을 말합니다. 엑셀의 큰 장점은 복잡한 계산식을 함수를 이용해 계산을 하고 재 계산합니다.

🔷 수식의 이해

- 수식은 등호와 연산자로 이루어진 계산식입니다.
- 산술 연산자로는 '+, −, *, /'를 사용합니다.
- 수식은 '='을 먼저 입력하고 수식을 작성하고, 셀 값을 직접 입력하는 것이 아니라 셀을 클릭하여 수식을 작성합니다.
- 셀에 있는 값을 수정하면 입력된 값은 자동 계산됩니다.

◢	A	B	C	D	E	F
1			덧셈	뺄셈	곱셈	나눗셈
2		50	=B2+B3	=B2-B3	=B2*B3	=B2/B3
3		20				
4						

- 여러 셀 값을 계산할 때에는 셀 하나만 계산한 후 채우기 핸들을 이용해 수식을 복사합니다.

C3	▼	× ✓ fx	=B3+C3	
◢	A	B	C	D	E
1					
2		국어	영어	합계	
3		90	95	=B3+C3	
4		75	75		
5		80	80		
6		100	90		
7		95	100		
8					

D3	▼	× ✓ fx	=B3+C3	
◢	A	B	C	D	E
1					
2		국어	영어	합계	
3		90	95	185	
4		75	75		
5		80	80		
6		100	90		
7		95	100		
8				+	

- 관계식을 이용해 수식을 함께 작성합니다.

⟩	크다(초과)	=	같다
⟨	작다(미만)	⟨⟩	같지 않다
⟩=	크거나 같다(이상)	⟨=	작거나 같다(이하)

- 연결 연산자로 두 개의 수식이나 데이터를 연결하여 표시하는 '&'가 있습니다.

&	=	=LEFT(F4,2)&RIGTH(F4,2)

참조 방식의 이해

- 수식을 입력하고 채우기 핸들을 이용해 수식을 복사하여 셀 주소가 바뀌면 상대 참조, 셀이 고정되면 절대 참조, 열이나 행 둘 중 하나만 고정되면 혼합참조라고 합니다.
- 셀에 '$'를 표시하여 고정하며, 셀을 클릭하여 참조할 때에는 셀을 클릭하고 **F4**로 참조 형태를 표시합니다.
- 셀을 클릭하여 입력하고 **F4**를 누르면 $ 표시가 자동으로 생성되며, 한 번씩 누를 때마다 참조 형태가 바뀌게 됩니다.

F4 한 번	절대 참조($G$5)
F4 두 번	혼합 참조, 행 고정(G$5)
F4 세 번	혼합 참조, 행 고정(G$5)
F4 네 번	상대 참조(G5)

- 합계 값에 가산점을 더하여 최종 점수를 구하려고 할 때 '=D3+G2'를 하고, 수식을 복사하면 오류 또는 값이 다르게 나옵니다.
- 수식 입력 줄에서 오류의 원인을 알 수 있습니다. 또는 **Ctrl** + **,** 를 누르면 수식을 표시합니다.

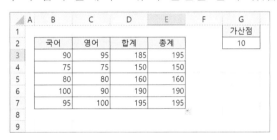 

- 입력된 수식을 보면 가산점은 매번 사용되는 값이므로 절대 참조가 되어 있어야 하나 수식이 증가됨을 알 수 있습니다.
- 'E5' 셀에 '=D3+'를 클릭하고, 'G2'를 클릭한 다음, **F4**를 한 번 누르고, **Enter**를 누른 후, 채우기 핸들을 이용 해 수식을 복사합니다.
- 수식을 보면 'G2'가 고정되었습니다.

기본 수식 따라하기

☞ 다음 조건에 따라 주어진 함수를 이용하여 '수식연습' 시트에 값을 구하시오.

출력형태

	A	B	C	D	E	F	G
2							
3						계약금비율	20%
4							
5		공사현장	공사대금	부 가 세	계약금	합계금액	잔액
6		경기 광주	2,500,000	(1)	(2)	(3)	(4)
7		전북 전주	3,500,000	(1)	(2)	(3)	(4)
8		강원 원주	3,500,000	(1)	(2)	(3)	(4)
9		경남 창원	7,500,000	(1)	(2)	(3)	(4)
10		부산 사직	3,580,000	(1)	(2)	(3)	(4)
11		충남 대전	6,500,000	(1)	(2)	(3)	(4)
12		제주도	2,400,000	(1)	(2)	(3)	(4)
13		서울 서부	8,200,000	(1)	(2)	(3)	(4)
14		경기 수원	4,500,000	(1)	(2)	(3)	(4)
15		충북 제천	9,500,000	(1)	(2)	(3)	(4)
16		경남 진주	3,800,000	(1)	(2)	(3)	(4)
17							
18							
19							

수식연습 | 기본함수 | 통계함수 | 수학함수 | 논리함수 | 찾기참조 | 데이터베이스함수 ⊕

조건

(1) 부가세는 공사대금의 10%를 곱한 값을 구하시오.

(2) 계약금은 공사대금에 계약금 비율(G3)값을 곱하여 구하시오

(3) 합계금액은 공사대금에 부가세를 더한 값을 구하시오.

(4) 잔액은 합계 금액에서 계약금 뺀 값을 구하시오.

KEY POINT

① [D6] 셀에 '=C6*0.1'을 입력한 다음 Enter 를 누릅니다. 채우기 핸들을 이용해 수식을 복사합니다.

② 계약금 [E6] 셀에는 '=C6*G3'을 입력한 다음 F4 를 눌러 '$G$3'은 절대참조를 합니다.

③ 합계금액 [F6] 셀에는 '=C6+D6'을 입력합니다.

④ 잔액 [G6] 셀에는 '=F6–E6'을 입력합니다.

	A	B	C	D	E	F	G
1			상반기 공사대금 내역서				
2							
3						계약금비율	20%
4							
5		공사현장	공사대금	부 가 세	계약금	합계금액	잔액
6		경기 광주	2,500,000	250,000	500,000	2,750,000	2,250,000
7		전북 전주	3,500,000	350,000	700,000	3,850,000	3,150,000
8		강원 원주	3,500,000	350,000	700,000	3,850,000	3,150,000
9		경남 창원	7,500,000	750,000	1,500,000	8,250,000	6,750,000
10		부산 사직	3,580,000	358,000	716,000	3,938,000	3,222,000
11		충남 대전	6,500,000	650,000	1,300,000	7,150,000	5,850,000
12		제주도	2,400,000	240,000	480,000	2,640,000	2,160,000
13		서울 서부	8,200,000	820,000	1,640,000	9,020,000	7,380,000
14		경기 수원	4,500,000	450,000	900,000	4,950,000	4,050,000
15		충북 제천	9,500,000	950,000	1,900,000	10,450,000	8,550,000
16		경남 진주	3,800,000	380,000	760,000	4,180,000	3,420,000
17							

통계 함수의 이해

함수	설명	사용 예	결과
AVERAGE(범위)	인수들의 평균	AVERAGE(50,90,100)	80
MAX(범위)	인수들 중 가장 큰 값	MAX(50,90,100,60)	100
MIN(범위)	인수들 중 가장 작은 값	MIN(50,90,100,60)	50
COUNT(범위)	숫자가 들어있는 셀의 개수	COUNT(A2:A20)	
COUNTA(범위)	공백을 제외한 셀의 개수	COUNTA(A2:A20)	
COUNTBLANK(범위)	공백 셀의 개수	COUNTBLANK(A2:A20)	
COUNTIF(조건이 있는 범위,"조건")	조건에 해당하는 셀의 개수	COUNTIF(A2:A20,"남자")	
LARGE(범위, K)	범위에서 K번째 해당하는 큰 값	LARGE(A2:A20,3)	
SMALL(범위, K)	범위에서 K번째 해당하는 작은 값	SMALL(A2:A20,3)	
MEDIAN(인수1, 인수2,....)	인수들 중의 중간 값	MEDIAN(A2:A20)	
RANK.EQ(기준,범위,내림/오름)	범위에서 순위를 구함	RANK(A2,$A$2:$A$20)	

RANK.EQ 순위 선택

0 또는 FLASE 또는 생략 : 내림차순으로 큰 값, 파하순, Z~A순

1 또는 TRUE : 오름차순으로 작은 값, 가나다순, A~Z순

함수의 예

	A	B	C	D	E	F	G	H	I	J	K
1				보험관리사 정보화교육							
2											
3		이름	면접여부	엑셀	파워	인터넷검색	총점	평균	순위		
4		강경수	○	100	70	100	270	=AVERAGE(D4:F4)	=RANK.EQ(G4,$G$4:$G$12)		
5		강민영	○	98	65	85	248	82,66666667	6		
6		김지선	○	80	90	75	245	81,66666667	7		
7		나승호		80	70	85	235	78,33333333	9		
8		박지웅	○	80	90	90	260	86,66666667	4		
9		윤찬수	○	90	95	70	255	85	5		
10		이문지		100	85	95	280	93,33333333	1		
11		장형인	○	95	70	75	240	80	8		
12		정미나	참석	98	85	80	263	87,66666667	3		
13											
14		총 인원수				=COUNT(F4:F12)			8		
15		면접 인원수				=COUNTA(C4:C12)			7		
16		면접 미응시 인원				=COUNTBLANK(C4:C12)			2		
17		파워포인트의 최고점수				=MAX(E4:E12)			95		
18		엑셀의 최저검수				=MIN(D4:D12)			80		
19		세 번째로 높은 평균값				=LARGE(H4:H12,3)			86.666667		
20		네 번째로 작은 평균값				=SMALL(H4:H12,4)			82.666667		
21		총점의 중앙값				=MEDIAN(G4:G12)			255		
22		평균이 90점이상인 학생수				=COUNTIF(H4:H12,">=90")			1		
23											

통계 함수 따라하기

☞ **다음 조건에 따라 주어진 함수를 이용하여 '통계함수' 시트에 값을 구하시오.**

출력형태

A	B	C	D	E	F	G	H	I
	지역별 연간 판매 실적							
	지역	품목	판매 목표		총금액	상하반기 판매실적		순위
			수량	단가		상반기	하반기	
	경기5팀	유제품	1,000	1,500	1,500,000	250	200	(9)
	수원7팀	채소류	800	2,000	1,600,000	350	350	(9)
	전북	가공식품	1,500	1,250	1,875,000	650	700	(9)
	광주	유제품	2,000	2,500	5,000,000	700	0	(9)
	부산	가공식품	1,200	3,000	3,600,000	100	120	(9)
	대전	채소류	2,000	1,000	2,000,000	650	650	(9)
	창원	유제품	900	1,300	1,170,000	190	0	(9)
	울산	가공식품	1,500	2,750	4,125,000	400	350	(9)
	강원	채소류	1,400	3,500	4,900,000	500	450	(9)
	청주	가공식품	2,200	2,400	5,280,000	560	450	(9)
	총금액의 평균				(1)			
	단가의 최고 금액				(2)			
	단가의 최저 금액				(3)			
	두 번째로 높은 수량				(4)			
	세 번째로 낮은 단가				(5)			
	참여 지역 수				(6)			
	상반기 판매실적이 600이상인 개수				(7)			
	총금액이 중앙값 이상인 지역 수				(8)			

조건

(1) 총금액의 평균 ⇒ 총금액의 평균 값을 구하시오(AVERAGE 함수).

(2) 단가의 최고 금액 ⇒ 단가의 최고 금액을 구하시오(MAX 함수).

(3) 단가의 최저 금액 ⇒ 단가의 최고 금액을 구하시오(MIN 함수).

(4) 두 번째로 높은 수량 ⇒ 수량이 두 번째로 높은 값 구하시오(LARGE 함수).

(5) 세 번째로 낮은 단가 ⇒ 단가가 세 번째로 낮은 값을 구하시오(SMALL 함수).

(6) 참여 지역 수 ⇒ 지역의 총 참여 수를 구하시오(COUNTA 함수).

(7) 상반기 판매실적이 600이상인 개수 ⇒ 상반기 판매실적이 600이상인 곳의 개수를 구하시오(COUNTIF 함수).

(8) 총금액이 중앙값 이상인 지역 수 ⇒ 총금액이 중앙 값 이상인 지역수를 구하시오(COUNTIF, MEDAIN 함수).

(9) 순위 ⇒ 총금액의 순위를 높은 값이 1위가 되도록 구하시오(RANK.EQ 함수, &연산자)(예:1위).

01 총금액의 평균을 구합니다. ❶[F15] 셀을 클릭한 후 ❷[수식] 탭의 [함수 라이브러리] 그룹에서 '자동 합계'의 목록 단추를 누르고 ❸'평균'을 선택합니다. ❹[F15] 셀에 '=AVERAGE( )'가 표시되면 평균을 구할 범위(F5:F14)를 드래그하여 영역 설정한 후 **Enter** 를 누릅니다.

02 단가의 최고 금액을 구하기 위해 ❶[F16] 셀을 클릭하고, ❷[수식] 탭의 [함수 라이브러리] 그룹의 '자동 합계'의 목록 단추를 누르고 ❸'최대값'을 선택합니다. ❹[F16] 셀에 '=MAX( )'가 표시되면 최대값을 구할 범위(E5:E14)를 드래그하여 영역 설정한 후 **Enter** 를 누릅니다.

03 단가의 최저 금액을 구하기 위해 ❶[F17] 셀을 클릭하고, [수식] 탭의 [함수 라이브러리] 그룹의 ❷'자동 합계'의 목록 단추를 누르고 ❸'최소값'을 선택합니다. ❹[F17] 셀에 '=MIN( )'가 표시되면 최소값을 구할 범위(E5:E14)를 드래그하여 영역 설정한 후 **Enter** 를 누릅니다.

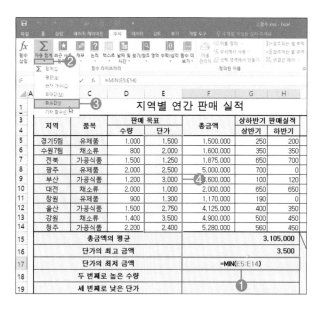

Tip

셀에 직접 함수식을 입력할 수 있습니다.

04 두 번째로 높은 수량을 구하기 위해 ❶[F18] 셀을 클릭하고, '=LA'를 입력하면 'LA'로 시작하는 함수가 표시됩니다. ❷'LARGE'를 더블클릭하면 선택한 함수가 전체 표시됩니다. ❸'수식 입력 줄'의 [함수 삽입]을 클릭하여 함수 마법사를 표시합니다. ❹'Array'의 입력란을 클릭하여 수량의 범위를 드래그하고 'K' 입력란을 클릭하여 '2'를 입력한 후 ❺[확인]을 클릭합니다.

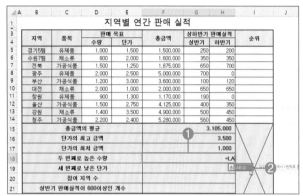

05 세 번째로 낮은 단가를 구하기 위해 ❶[F19] 셀을 클릭하고, '=SM'를 입력하면 'SM'로 시작하는 함수가 표시됩니다. ❷'SMALL'을 더블클릭하고 ❸'수식 입력줄'의 [함수 삽입]을 클릭하여 함수 마법사를 표시합니다. ❹'Array'의 입력란을 클릭하여 단가의 범위를 드래그하고 'K' 입력란을 클릭하여 '3'을 입력한 후 ❺[확인]을 클릭합니다.

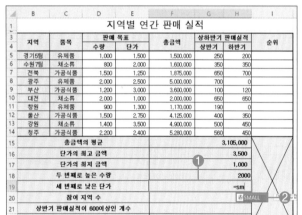

06 참여 지역 수를 구하기 위해 ❶[F20] 셀을 클릭하고, '=COUNTA('를 입력한 후 ❷[B5:B14] 셀을 드래그 한 후 ')'를 입력하고 ❸[확인]을 클릭합니다.

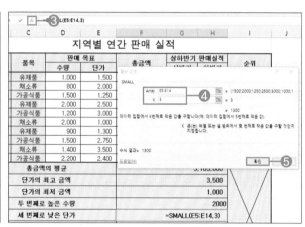

07 상반기 판매실적이 600이상인 개수를 구하기 위해 ❶[F21] 셀을 클릭합니다. '=COU'를 입력하고 'COUNTIF' 더블클릭하고 '수식 입력줄'의 ❷[함수 삽입]을 클릭하여 함수 마법사를 표시합니다. ❸'Range'의 입력란을 클릭하여 [G5:G14] 범위를 드래그하여 입력하고 'Criteria' 입력란을 클릭하여 조건인 '>=600'을 입력한 후 ❹[확인]을 클릭합니다.

> **Tip**
>
> COUNTIF는 '=COUNTIF(조건이 있는 범위,"조건")'을 입력합니다.

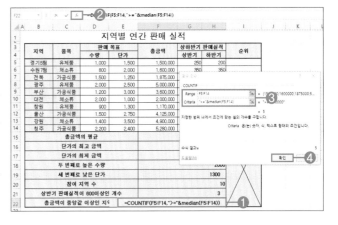

08 총금액이 중앙값 이상인 지역 수를 구하기 위해 ❶[F22] 셀을 클릭합니다. 'COUNTIF'를 입력하여 ❷함수 마법사를 표시합니다. ❸'Range'의 입력란을 클릭하여 [F5:F14] 범위를 드래그하여 입력하고 'Criteria' 입력란을 클릭하여 조건인 '">="&median(F5:F14)'을 입력한 후 ❹[확인]을 클릭합니다.

> **Tip**
>
> 조건에 함수가 들어갈 경우에는 '=COUNTIF(조건이 있는 범위,"관계식"&함수식)'으로 입력합니다.

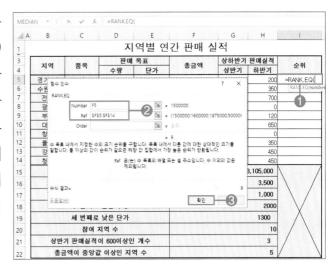

09 순위를 구하기 위해 ❶[I5] 셀을 클릭한 후 'RANK.EQ'함수를 불러옵니다. ❷'Number'에는 순위를 구할 셀 [F5] 셀을 클릭합니다. 'Ref'에는 순위를 구할 범위를 입력합니다. [F5:F14] 셀을 드래그한 후 **F4**를 눌러 절대참조로 변경하고 ❸[확인]을 클릭합니다. [I4] 셀을 [I14] 셀까지 채우기 핸들한 후 '자동 채우기 옵션'에서 '서식 없이 채우기'를 선택합니다.

> **Tip**
>
> 내림차순의 기준은 생략할 수 있습니다.
> =RANK. EQ(순위를 구할 기준, 순위를 구할 범위)
> 오름차순의 경우 '1'을 입력합니다.
> =RANK.EQ(순위를 구할 기준,순위를 구할 범위,1)

10 수식 뒤에 '위'를 추가하기 위해 '수식 입력 줄'을 클릭한 후 '&"위"'를 입력하고 [확인]을 클릭합니다.

Tip

RANK와 RANK.EQ는 같은 함수이며, RANK는 EXCEL 2007 이전 버전과 호환하기 위한 함수이며, RANK.EQ는 최신 버전에서 사용하는 함수입니다.

11 [I5] 셀을 [I14] 셀까지 채우기 핸들로 수식을 복사합니다. ❶'자동 채우기 옵션'을 클릭하여 ❷'서식 없이 채우기'를 선택합니다.

Tip

'서식 없이 채우기'를 하지 않으면 굵은 테두리 서식이 함께 표시됩니다.

12 계산을 완료합니다.

지역별 연간 판매 실적

지역	품목	판매 목표		총금액	상하반기 판매실적		순위
		수량	단가		상반기	하반기	
경기5팀	유제품	1,000	1,500	1,500,000	250	200	9위
수원7팀	채소류	800	2,000	1,600,000	350	350	8위
전북	가공식품	1,500	1,250	1,875,000	650	700	7위
광주	유제품	2,000	2,500	5,000,000	700	0	2위
부산	가공식품	1,200	3,000	3,600,000	100	120	5위
대전	채소류	2,000	1,000	2,000,000	650	650	6위
창원	유제품	900	1,300	1,170,000	190	0	10위
울산	가공식품	1,500	2,750	4,125,000	400	350	4위
강원	채소류	1,400	3,500	4,900,000	500	450	3위
청주	가공식품	2,200	2,400	5,280,000	560	450	1위
총금액의 평균					3,105,000		
단가의 최고 금액					3,500		
단가의 최저 금액					1,000		
두 번째로 높은 수량					2,000		
세 번째로 낮은 단가					1,300		
참여 지역 수					10		
상반기 판매실적이 600이상인 개수					3		
총금액이 중앙값 이상인 지역 수					5		

🔵 수학/삼각 함수의 이해

함수	설명	사용 예	결과
SUM(범위)	합계	sum(A2:A10)	
SUMIF(조건 범위,조건,합을 구할 범위)	조건이 있는 셀의 합계	SUMIF(A2:A10,"영업부",D2:D10)	
INT(인수)	소수점 아래를 버리고 가장 가까운 정수로 내림	INT(5.5)	5
		INT(-5.5)	-6
ABS(숫자)	절대값(부호가 없는 숫자)	ABS(-7)	7
MOD(숫자, 나눌 수)	나눗셈의 나머지 값	MOD(32,5)	2
PRODUCT(인수1, 인수2...)	인수들의 곱한 값	PRODUCT(5*6*7)	210
SUMPRODUCT(배열1, 배열2,...)	배열과 대응하는 값들의 곱한 값의 합	SUMPRODUCT({1,2,3},{4,5,6})	32
ROUND(숫자,자릿수)	자릿수 만큼 반올림	ROUND(1234.567,2)	1234.57
ROUNDDOWN(숫자, 자릿수)	자릿수 만큼 내림	ROUNDDOWN(1234.567,2)	1234.56
ROUNDUP(숫자, 자릿수)	자릿수 만큼 올림	ROUNDUP(1234.337,2)	1234.34

ROUND 계열 함수 자릿수 지정		
2	소수 둘째 자리까지 표시	=ROUND(1234.567,2) ⇒ 1234.57
1	소수 첫째 자리까지 표시	=ROUND(1234.567,1) ⇒ 1234.6
0	소수 양의 정수값 표시	=ROUND(1234.567,0) ⇒ 1235
-1	일의 자리에서 반올림하여 십 단위까지 표시	=ROUND(1234.567,-1) ⇒ 1230
-2	십의 자리에서 반올림하여 백 단위까지 표시	=ROUND(1234.567,-2) ⇒ 1200
-3	백의 자리에서 반올림하여 천 단위 까지 표시	=ROUND(12345.67,-3) ⇒ 12000

🔵 수학/삼각 함수의 예

	A	B	C	D	E	F	G	H	I	J
1				성과비율	상반기	하반기				
2					20%	30%				
3	=SUM(E4:F4)									
4	=SUMIF(D4:D12,"영업",E4:E12)	170		부서	상반기 실적	하반기 실적	합계	최종실적		
5	=INT(5.5)	5		기획	100	70	=SUM(E4	=SUMPRODUCT($E$2:$F$2,E4:F4)		
6	=INT(-5.5)	-6		영업	98	65	163	39.1		
7	=ABS(-7)	7		홍보	80	90	170	43		
8	=MOD(32,5)	2		기획	80	70	150	37		
9	=PRODUCT(5,5,7)	175		총무	80	90	170	43		
10	=SUMPRODUCT($E$2:$F$2,E4:F4)	41		홍보	90	95	185	46.5		
11	=ROUND(1234567,2)	1234567		영업	100	85	185	45.5		
12	=ROUNDDOWN(1234.567,2)	1234.56		총무	95	70	165	40		
13	=ROUNDUP(1234.337,2)	1234.34		영업	98	85	183	45.1		
14										

■ ■ 예제 : 기출유형₩2.함수.xlsx / 완성 : 기출유형₩2.함수완성.xlsx

수학/삼각 함수 따라하기

☞ 다음 조건에 따라 주어진 함수를 이용하여 '수학삼각함수' 시트에 값을 구하시오.

출력형태

정보화 경진대회 결과표

					엑셀	검색
					10%	15%
부서명	성명	직위	엑셀	검색	합계	점수비율
영업팀	강진원	사원	80	85	(1)	(2)
영업팀	김미진	과장	90	90	(1)	(2)
기획팀	김수인	대리	70	75	(1)	(2)
총무팀	김진숙	부장	60	60	(1)	(2)
총무팀	노경수	대리	80	100	(1)	(2)
인사팀	노형원	차장	100	90	(1)	(2)
기획팀	민경일	부장	98	85	(1)	(2)
기획팀	박상수	차장	70	75	(1)	(2)
총무팀	배자윤	차장	65	90	(1)	(2)
총무팀	오현영	차장	80	90	(1)	(2)
기획팀	유란희	대리	90	100	(1)	(2)
영업팀	윤찬진	사원	75	80	(1)	(2)
기획팀	임환영	사원	90	70	(1)	(2)
인사팀	채수영	부장	100	95	(1)	(2)
인사팀	최찬민	대리	95	100	(1)	(2)
인사팀	태민수	과장	85	75	(1)	(2)

총무팀 합계		총무팀 엑셀점수의 평균
부서명	합계	평균
총무팀	(3)	(4)

조건

(1) 합계 ⇒ 엑셀과 검색의 합계를 구하시오(SUM함수).

(2) 점수 비율 ⇒ 'G4:H4'의 값을 기준으로 '엑셀, 검색' 점수 비율을 구하시오(SUMPRODUCT 함수).

(3) 총무팀 합계의 합계 ⇒ 합계에서 총무팀의 합계를 구하시오(SUMIF함수).

(4) 총무팀 엑셀점수의 평균 ⇒ 총무팀의 엑셀점수의 평균을 구하고, 소수 첫째자리로 표시하시오(SUMIF, COUNTIF 함수, ROUND 함수).

01 합계를 구하기 위해 ❶[G7] 셀을 클릭하고 [수식] 탭의 [함수 라이브러리] 그룹의 ❷ '자동 합계'의 목록 단추를 누르고 ❸'합계'를 선택합니다. 합계 범위를 드래그한 후 Enter 를 누릅니다.

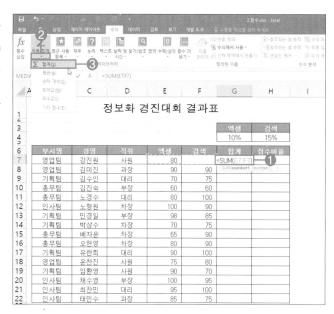

02 점수를 비율을 이용하여 구하기 위해 [H7] 셀을 클릭하고 '=SUMPRODUCT('함수를 입력한 후 함수 마법사를 불러옵니다. ❶ 'Array1'에 점수 비율이 있는 [G4:H4]셀을 드래그한 후 F4 를 눌러 절대참조로 변경합니다. 'Array2'에는 [E7:F7] 셀을 드래그한 후 ❷[확인]을 클릭합니다.

Tip

점수 비율 범위 '$G$4:$H$4'는 모든 항목에 공통으로 사용되므로 절대범위로 고정해야 합니다.

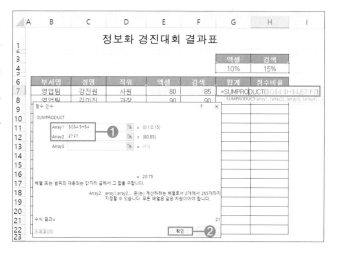

03 [G7:H7] 셀 범위를 영역 설정한 후 채우기 핸들로 수식을 [G22:H22] 셀까지 복사한 후 '자동 채우기 옵션'에서 '서식없이 채우기'를 선택합니다.

04 총무팀의 합계의 합계를 구하기 위해 [C26] 셀에 '=SUMIF(' 함수를 불러옵니다. ❶'Range'에 조건이 있는 범위, 즉 '총무팀'이 있는 '부서명' 범위를 드래그하고 **F4**를 눌러 절대참조로 변경합니다.
'Criteria'에는 조건인 '"총무팀"'을 입력합니다. 'Sum-range'에는 합을 구할 범위인 '합계'를 드래그하고 **F4**를 눌러 절대참조로 변경한 후 ❷[확인]을 클릭합니다.

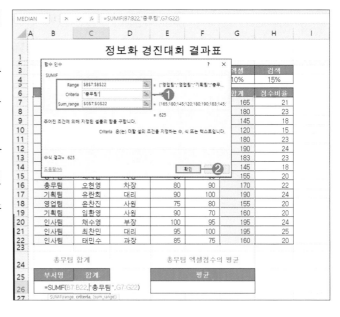

> Tip
>
> =sumif(조건이있는범위,"조건",합을구할범위)
>
> =sumif(부서명에서,"총무팀"들의,합계)

05 총무팀 엑셀 점수의 평균을 구하기 위해 [E26] 셀을 클릭한 후 '=SUMIF(' 함수를 불러옵니다. ❶'Range'에 조건이 있는 범위 즉 '총무팀'이 있는 '부서명' 범위를 드래그하고, ❷'Criteria'에는 조건인 '"총무팀"'을 입력합니다. ❸'Sum-range'에는 합을 구할 범위인 '엑셀'의 범위를 드래그한 후 **Enter**를 누릅니다.

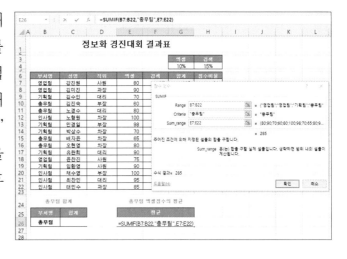

> Tip
>
> 조건에 만족하는 평균은 SUMIF/COUNTIF를 사용합니다.

06 수식 입력줄에서 SUMIF 함수 끝에 '/COUNTIF(B7:B22,"총무팀")'을 추가합니다.

A	B	C	D	E	F	G	H
4						10%	15%
6	부서명	성명	직위	엑셀	검색	합계	점수비율
7	영업팀	강진원	사원	80	85	165	21
8	영업팀	김미진	과장	90	90	180	23
9	기획팀	김수인	대리	70	75	145	18
10	총무팀	김진숙	부장	60	60	120	15
11	총무팀	노경수	대리	80	100	180	23
12	인사팀	노형원	차장	100	90	190	24
13	기획팀	민경일	부장	98	85	183	23
14	기획팀	박상수	차장	70	75	145	18
15	총무팀	배자윤	차장	65	90	155	20
16	총무팀	오현영	차장	80	90	170	22
17	기획팀	유란회	대리	90	100	190	24
18	영업팀	윤찬진	사원	75	80	155	20
19	기획팀	임환영	사원	90	70	160	20
20	인사팀	채수영	부장	100	95	195	24
21	인사팀	최찬민	대리	95	100	195	25
22	인사팀	태민수	과장	85	75	160	20
24	총무팀 합계			총무팀 엑셀점수의 평균			
25	부서명	합계		평균			
26	총무팀		=SUMIF(B7:B22,"총무팀",E7:E22)/COUNTIF(B7:B22,"총무팀")				

07 Round 함수를 이용해 소수 첫째자리까지 구합니다. =Round(SUMIF(B7:B22,"총무팀",E7:E22)/COUNTIF(B7:B22,"총무팀"),1)을 추가하여 계산을 완성합니다.

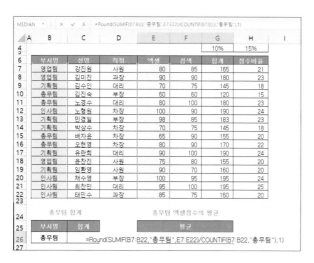

문자 함수의 이해

함수	설명	사용 예	결과
LEFT(문자열,숫자)	왼쪽에서 문자 추출	=LEFT("무궁화꽃",2)	무궁
RIGHT(문자열,숫자)	오른쪽에서 문자 추출	=RIGHT("무궁화꽃",2)	화꽃
MID(문자열,시작 위치,끝 위치)	시작 위치에서 지정한 문자 수 추출	=MID("무궁화꽃",2,3)	궁화꽃
LOWER(문자열)	소문자로 변환	=LOWER("GOOD")	good
UPPER(문자열)	대문자로 변환	=UPPER("good")	GOOD
REPT(문자열,수치)	수치만큼 문자열 반복	=REPT("■",5)	■ ■ ■ ■ ■
VALUE(문자열)	문자로 입력된 숫자를 숫자로 변환	=VALUE("500")	500

날짜/시간 함수의 이해

함수	설명	사용 예	결과
TODAY()	현재 시스템 날짜	=TODAY()	2020-03-05
NOW()	현재 날짜와 시간	=NOW()	2020-03-05 11:30
DATE(년,월,일)	연,월,일 지정	=DATE(2020,05,07)	2020-05-07
TIME(시,분,초)	시,분,초 지정	=TIME(11:30)	11:30
YEAR(날짜)	날짜에서 연도만 추출	=YEAR("2020-03-05")	2020
MONTH(날짜)	날짜에서 월 부분만 추출	=MONTH("2020-03-05")	03
DAY(날짜)	날짜에서 일 부분만 추출	=DAY("2020-03-05")	05
HOUR(시간)(문자열)	시간에서 시간 부분만 추출	=HOUR(NOW())	11
MINUTE(시간)(문자열)	시간에서 분 부분만 추출	=MINUTE(NOW())VALUE	30
SECOND(시간)	시간에서 초 부분만 추출	=SECOND(NOW())	15
WEEKDAY(날짜, 타입)	날짜의 요일을 숫자로 표시	=WEEKDAY("2020-05-08",1)	3
1 또는 생략 : 일요일을 1로 시작 / 2 : 월요일을 1로 시작 / 3 : 월요일을 0으로 시작			

논리 함수의 이해

함수	설명
IF(조건, 참,거짓)	조건의 결과가 참이면 참 값을 거짓이면 거짓 값 표시
AND(조건1,조건2,...)	두 조건이 만족일 때 참
OR(조건1, 조건2...)	두 조건 중 하나라도 참이면 참
NOT(인수)	인수가 참이면 거짓, 거짓이면 참 값 표시
TRUE(),FALSE()	논리 값을 TRUE,FALSE로 표시
IF문의 다양한 예	
단순 IF	IF(조건, 참, 거짓)
다중 IF	IF(조건, 참,IF(조건, 참,거짓))
조건이 두 개이상(~이면서, 이고)	IF(AND(조건1,조건2,조건3,....),참,거짓)
조건이 두 개이상(~이거나, 또는)	IF(OR(조건1,조건2,조건3,....),참,거짓)

함수의 예

	이름	엑셀	파워	인터넷검색	총점	평균	평가1	평가2	평가3	순위
5	강경수	85	80	80	245	81.7	재시험	보통	합격	
6	강민영	98	100	100	298	99.3	통과	우수	합격	최우수
7	김지선	80	46	45	171	57.0	재시험	노력	과락	
8	나승호	90	85	80	255	85.0	통과	보통	합격	
9	박지웅	80	50	78	208	69.3	재시험	노력	과락	
10	윤찬수	85	95	90	270	90.0	통과	우수	합격	장려상
11	이문지	100	89	40	229	76.3	재시험	노력	과락	
12	장형인	50	100	90	240	80.0	재시험	보통	과락	
13	정미나	98	100	100	298	99.3	통과	우수	합격	최우수

표 제목: 보험관리사 정보화교육

(1) 평가1 : 총점이 250점 이상이면 '통과' 아니면 '재시험'으로 표시
   =IF(F5>=250,"통과", "재시험")

(2) 평가2 : 평균이 90점 이상이면 '우수'이고 평균이 80점 이상이면 '보통' 나머지는 '노력'으로 표시
   =IF(G5>=90,"우수",IF(G5>=80,"보통","노력"))

(3) 평가3 : 엑셀, 파워,인터넷 검색 점수가 모두 60점 이상이면 '합격',아니면 '과락'으로 표시
   =IF(AND(C5>=60,D5>=60,E5>=60),"합격","과락")

(4) 순위 : 총점을 내림차순하여 순위가 1위이면 '최우수', 2등이면 '우수', 3등이면 '장려상', 나머지는 빈공간으로 표시
   =IF(RANK(F5, $F$5:$F$13)=1,"최우수",IF(RANK(F5, $F$5:$F$13)=2,"우수",IF(RANK(F5, $F5:$F$13)=3,"장려상","")))

■ ■ 예제 : 기출유형₩2.함수.xlsx / 완성 : 기출유형₩2.함수완성.xlsx

문자/날짜/논리 함수 따라하기

☞ **다음 조건에 따라 주어진 함수를 이용하여 '논리함수' 시트에 값을 구하시오.**

출력형태

	A	B	C	D	E	F	G	H
1								
2					직원 정보			
3								
4		사원코드	근무지점	입사일	계약기간	성별	주민번호	나이
5		GJ-05	(1)	2007-03-02	(2)	(3)	621012-1485214	(4)
6		BS-04	(1)	2006-03-02	(2)	(3)	711213-2049884	(4)
7		BS-03	(1)	2005-03-02	(2)	(3)	701015-2545713	(4)
8		GJ-06	(1)	2006-03-02	(2)	(3)	691013-1485125	(4)
9		BS-03	(1)	2007-03-02	(2)	(3)	620412-1065498	(4)
10		JB-02	(1)	2010-03-02	(2)	(3)	740712-2008989	(4)
11		BS-05	(1)	2006-03-02	(2)	(3)	800403-1054874	(4)
12		JB-04	(1)	2006-03-02	(2)	(3)	760508-2654124	(4)
13		BS-04	(1)	2012-03-02	(2)	(3)	751125-1485251	(4)
14		JB-03	(1)	2009-03-02	(2)	(3)	750218-2654741	(4)
15		GJ-02	(1)	2005-03-02	(2)	(3)	671210-1654874	(4)
16		GJ-05	(1)	2006-03-02	(2)	(3)	801103-2145741	(4)
17								

조건

(1) 근무지점 ⇒ 사원코드 앞 자리가 'GJ'이면 광주, 'BS'이면 부산, 'JB'이면 전북으로 표시하시오
(IF 함수, LEFT 함수).

=IF(LEFT(B5,2)="GJ","광주",IF(LEFT(B5,2)="BS","부산","전북"))

(2) 계약기간 ⇒ 사원코드의 오른쪽에서 한 자리를 계약기간으로 표시하고 결과 값 뒤에 '년'을 표시하시오
(RIGHT 함수, &연산자). (예 5년).

=RIGHT(B5,1)&"년"

(3) 성별 ⇒ 주민번호의 8번째 자리가 '1'이면 '남자', '2'이면 '여자'로 표시하시오(IF 함수, MID 함수).
=IF(MID(G5,8,1)="1","남","여")

(4) 나이 ⇒ 「오늘의 날짜 년도 - (주민번호의 앞 두자리+1900)+1」로 계산하시오
(YEAR 함수, NOW 함수, LEFT 함수).

=YEAR(NOW())-(LEFT(G5,2)+1900)+1

01 근무 지점 [C5] 셀에 '=IF('를 입력하고 IF 함수 마법사를 불러온 후 ❶'Logical_test'의 입력란에 'left('를 입력합니다. ❷수식 입력줄의 'left( )'함수를 클릭하여 'LEFT( )'함수 마법사로 이동합니다. ❸'Text'에 사원코드 [B5] 셀을 클릭하고 'Num_chars'에 '2'를 입력한 후 ❹수식 입력줄의 'IF' 함수를 클릭합니다.

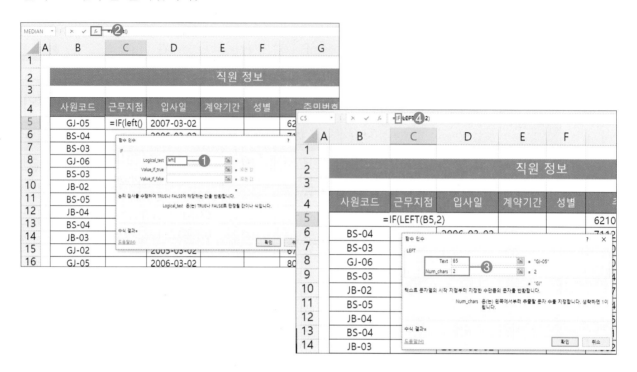

02 IF 함수 마법사로 이동한 후 ❶'Logical_test'의 입력란 맨 뒤에 '"GJ"'를 입력합니다. ❷'Value_if_true' 입력란에 '"광주"'를 입력합니다. 'Value_if_false' 입력란을 클릭한 후 ❸'IF(LEFT('를 입력합니다. 수식 입력줄에서 ❹'LEFT' 함수를 클릭하여 LEFT 함수 마법사로 이동합니다.

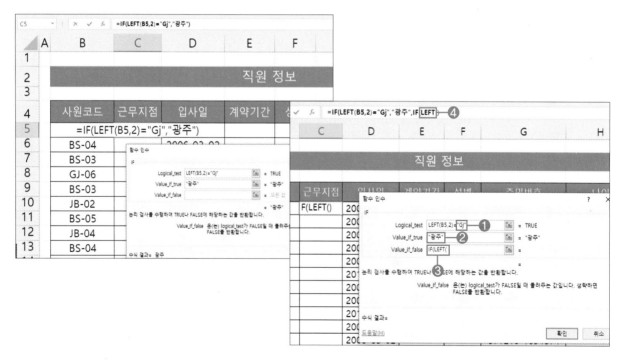

03 ❶'Text'에 사원코드 [B5] 셀을 클릭하고 'Num_chars'에 '2'를 입력한 후 ❷수식 입력줄의 'IF' 함수를 클릭합니다. ❸'IF' 함수 마법사로 이동되면 'Logical_test'의 입력란 맨 뒤에 '="BS"'를 입력합니다. ❹'Value_if_true' 입력란에 '"부산"'과 'Value_if_false' 입력란에는 '전북'을 입력한 후 ❺[확인]을 클릭합니다.

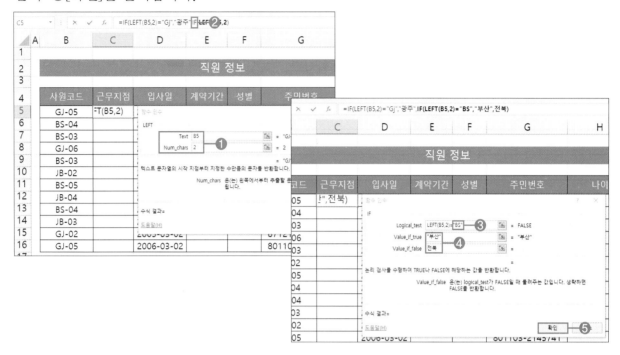

Tip

함수 마법사를 사용하지 않고 직접 수식을 입력할 수 있습니다. 함수 마법사를 이용하는 이유는 ","와 '(', ')'를 자동으로 작성해주어 오류를 줄이기 위해 사용합니다. 직접 입력하는 경우 ""와 '(', ')'를 주의하여 작성합니다.

04 계약 기간은 [E5] 셀에 '=RIGHT(B5,1)&"년"'을 입력하여 계산합니다. 성별 [F5] 셀에 '=IF(MID(G5,8,1)="1","남","여")'입력하여 계산합니다. 나이 [H5] 셀에 '=YEAR(NOW())−(LEFT(G5,2)+1900)+1'을 입력하여 계산합니다.

	사원코드	근무지점	입사일	계약기간	성별	주민번호	나이
1							
2			직원 정보				
3							
4	사원코드	근무지점	입사일	계약기간	성별	주민번호	나이
5	GJ-05	광주	2007-03-02	5년	남	621012-1485214	59
6	BS-04	부산	2006-03-02	4년	여	711213-2049884	50
7	BS-03	부산	2005-03-02	3년	여	701015-2545713	51
8	GJ-06	광주	2006-03-02	6년	남	691013-1485125	52
9	BS-03	부산	2007-03-02	3년	남	620412-1065498	59
10	JB-02	전북	2010-03-02	2년	여	740712-2008989	47
11	BS-05	부산	2006-03-02	5년	남	800403-1054874	41
12	JB-04	전북	2006-03-02	4년	여	760508-2654124	45
13	BS-04	부산	2012-03-02	4년	남	751125-1485251	46
14	JB-03	전북	2009-03-02	3년	여	750218-2654741	46
15	GJ-02	광주	2005-03-02	2년	남	671210-1654874	54
16	GJ-05	광주	2006-03-02	5년	여	801103-2145741	41
17							

찾기/참조 함수의 이해

함수	설명
CHOOSE(숫자,값1, 값2,...)	숫자에 해당하는 값을 표시
HLOOKUP(찾는 값, 범위,행 번호,찾는 방법)	찾는 값을 범위에서 행 번호에 위치하는 값 표시
VLOOKUP찾는 값, 범위,열 번호,찾는 방법)	찾는 값을 범위에서 열 번호에 위치하는 값 표시

찾는 방법 0 또는 FALSE : 찾는 값과 대응되는 값이 1:1

찾는 방법 1 또는 TRUE, 생략 : 찾는 값과 대응되는 값이 1:다

찾기/참조 함수의 예

성명	평가일	엑셀	검색	합계	평균	배점	평가요일		배점표	
강진원	2012-03-02	80	85	165	83	보통	금요일		50	과락
김미진	2012-03-03	90	90	180	90	우수	토요일		60	재시험
김수인	2012-03-04	70	75	145	73	노력	일요일		70	노력
김진숙	2012-03-05	60	60	120	60	재시험	월요일		80	보통
노경수	2012-03-06	80	100	180	90	우수	화요일		90	우수
노형원	2012-03-05	100	90	190	95	우수	월요일		100	최우수
민경일	2012-03-08	98	85	183	92	우수	목요일			
박상수	2012-03-05	70	75	145	73	노력	월요일			
배자윤	2012-03-10	65	90	155	78	노력	토요일			
오현영	2012-03-11	80	90	170	85	보통	일요일			
유란희	2012-03-02	90	100	190	95	우수	금요일			

(정보화 능력 평가표)

(1) 배점 ⇒ 배점표 테이블에서 평균을 기준으로 배점을 구하시오.
=VLOOKUP(G4,$K$5:$L$10,2)

강진원의 'G4'의 평균을 배점표 테이블 '$K$5:$L$10'의 두 번째 열에 있는 배점을 찾아 입력합니다.

Tip

Range_lookup의 값을 어떻게 설정하나요?

	Vlookup의 찾는 값	테이블 셀 범위 설정
0 또는 false	값과 찾는 값이 하나씩일 때 바나나 – 100 사과 – 200	테이블의 셀 범위는 '찾는 값'이 '첫 열'이 되도록 범위 설정하여야 합니다.
1 또는 true 또는 생략	여러 개의 값이 하나의 찾는 값을 가질 때 0~10 – A 11~20 – B	

(2) 평가 요일 ⇒ 평가일을 기준으로 '일요일, 월요일, 화요일,...' 기준으로 표시하시오.
=CHOOSE(WEEKDAY(C4,1),"일요일","월요일","화요일","수요일","목요일","금요일","토요일")

■ ■ 예제 : 기출유형₩2.참조함수.xlsx / 완성 : 기출유형₩2.참조함수완성.xlsx

찾기/참조 함수 따라하기

☞ 다음 조건에 따라 주어진 함수를 이용하여 '찾기참조함수' 시트에 값을 구하시오.

출력형태

	A	B	C	D	E	F	G	H	I	J	K	L	M	N	O
1															
2				A마트 2021년 상반기 매입현황								단가테이블			
3															
4		코드	매입일	품명	매입요일	단가	수량	금액	할인액		품명	단가			
5		C1-201	06월 02일	(1)	(2)	(3)	20	(4)	(5)		문구	1000			
6		A2-112	07월 02일	(1)	(2)	(3)	10	(4)	(5)		식품	1500			
7		C2-303	06월 05일	(1)	(2)	(3)	15	(4)	(5)		화장품	2000			
8		D2-312	05월 02일	(1)	(2)	(3)	30	(4)	(5)						
9		A2-212	04월 03일	(1)	(2)	(3)	24	(4)	(5)		할인율 테이블				
10		C3-115	05월 15일	(1)	(2)	(3)	20	(4)	(5)		수량	10	20	30	40
11		D2-312	03월 05일	(1)	(2)	(3)	30	(4)	(5)		할인율	0.1	0.15	0.2	0.25
12															
13															
14															

조건

(1) 품명 ⇒ 코드의 4번째 글자가 '1'이면 '식품', '2'이면 '문구', '3'이면 '화장품'을 표시하시오.
=IF(MID(B5,4,1)="1","식품",IF(MID(B5,4,1)="2","문구","화장품"))

(2) 매입 요일 ⇒ 평가일을 기준으로 '일요일, 월요일, 화요일,…' 기준으로 표시하시오.
=CHOOSE(WEEKDAY(C5,1),"일요일","월요일","화요일","수요일","목요일","금요일","토요일")

(3) 단가 ⇒ 단가 테이블에서 품명을 기준으로 단가를 구하시오. =VLOOKUP(D5,$K$5:$L$7,2,0)

(4) 금액 ⇒ 단가*수량=F5*G5

(5) 할인액 ⇒ 금액*할인율, 할인율 테이블에서 수량을 기준으로 할인율을 찾아 값을 구하시오.
=HLOOKUP(G5,$L$10:$O$11,2)*H5

01 ❶[D5] 셀에 '=IF(MID('를 입력한 후 수식 입력줄에서 ❷'MID'를 클릭한 후 ❸함수 삽입 단추를 눌러 함수 마법사를 불러옵니다.

Tip

함수마법사가 번거로우면 수식 입력줄에 직접 입력합니다. 수식 입력줄에 수식을 입력할 때는 괄호 또는 ""에 주의하세요.

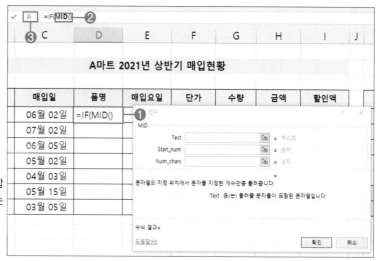

02 'MID' 함수 창이 표시되면 ❶'Text'에는 [B5] 셀을 클릭하고 'Start_Num'에는 '4'를 입력한 후 'Num_chars'에는 '1'을 입력합니다. 다시 IF문으로 이동하기 위해 수식 입력줄의 ❷'IF'를 클릭합니다.

Tip

'Start_Num'의 '4'는 텍스트 시작 문자의 위치

'Num_chars'의 '1'은 시작 문자부터 시작하여 찾고자 하는 문자의 위치

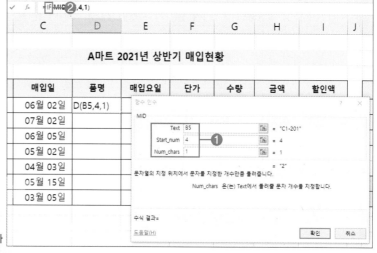

03 'IF' 함수 창이 표시되면 ❶'Local_test'에 '="1"'을 입력하고 'Value_if_true'에 '"식품"'을 입력하고 두 번째 조건을 작성하기 위해 ❷'Value_if_false'에 'if(mid('입력한 후 ❸수식 입력줄의 'mid'를 클릭하여 ❹'mid' 함수마법사 창으로 이동합니다.

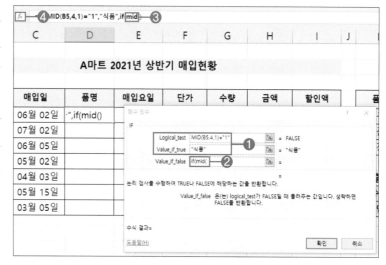

04 'MID' 함수 창이 표시되면 ❶'Text'에는 [B5]를 클릭하고 'Start_Num'에는 '4'를 입력한 후 'Num_chars'에는 '1'을 입력합니다. 다시 IF문으로 이동하기 위해 수식 입력줄의 ❷'IF'를 클릭합니다.

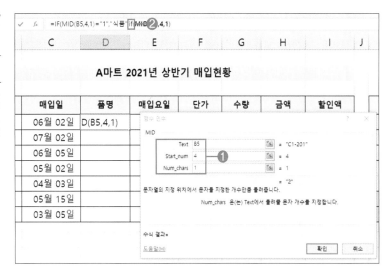

05 'IF'함수 창이 표시되면 ❶'Logical_test' 맨 뒤에 '="2"'를 입력하고 ❷'Value_if_true'에 '"문구"'와 'Value_if_true'에 '"화장품")'을 입력하고 ❸[확인]을 클릭합니다.

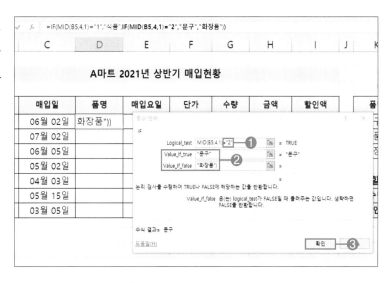

06 수식을 [D11] 셀까지 채우기 핸들하여 계산을 완료합니다.

	A	B	C	D	E	F
1						
2			A마트 2021년 상반기 매입현황			
3						
4		코드	매입일	품명	매입요일	단가
5		C1-201	06월 02일	문구		
6		A2-112	07월 02일	식품		
7		C2-303	06월 05일	화장품		
8		D2-312	05월 02일	화장품		
9		A2-212	04월 03일	문구		
10		C3-115	05월 15일	식품		
11		D2-312	03월 05일	화장품		
12						

07 매입요일을 계산하기 위해 [E5]셀에 '=CHOOSE(week'를 입력하여 'WEEKDAY' 함수를 더블클릭합니다.

Tip

함수명을 두 세글자 입력하면 입력한 텍스트로 시작하는 함수명이 표시됩니다. 해당하는 함수를 더블클릭하면 함수가 자동 입력됩니다.

08 ❶'=CHOOSE(WEEKDAY('에서 'WEEKDAY' 함수가 선택된 상태에서 ❷[함수 삽입]을 클릭합니다.

매입일	품명	매입요일	단가	수량	금액	할인
06월 02일		=CHOOSE(WEEKDAY(		20		
07월 02일	식품			10		
06월 05일	화장품			15		
05월 02일	화장품			30		
04월 03일	문구			24		
05월 15일	식품			20		
03월 05일	화장품			30		

09 'WEEKDAY' 함수 창에서 ❶ 'Serial_number'에 [C5] 셀을 클릭하여 입력하고 'Return_type'에 '1'을 입력합니다. ❷수식 입력줄의 'CHOOSE' 함수를 클릭합니다.

Tip

WEEKDAY 함수는 날짜에 해당하는 요일을 1~7까지의 수를 구합니다. 일요일부터 시작하면 일요일은 '1', 월요일은 '2' ....입니다.

'Return_type'은 '일요일'부터 시작하면 '1', '월요일'부터 시작하면 '2', '월요일'을 '0'부터 시작하면 '3'을 입력합니다.

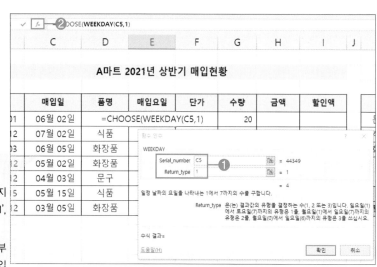

10 'CHOOSE' 함수 창에서 ❶'Value1'에 '일요일'을 입력하고 'Value2'로 이동하려면 키보드 **Tab** 을 누릅니다.

Tip

CHOOSE 함수는 인수에 해당하는 텍스트, 셀 참조, 함수등을 돌려줍니다. mid함수에서 추출된 숫자가 '1'이면 '일요일', '2'이면 '월요일'....입니다. 인수의 개수 만큼 값을 입력해야 합니다.

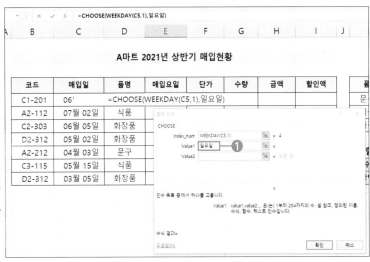

11 **Tab** 을 이용하여 'Value1 : 일요일'을 시작으로 'Value2 : 월요일', 'Value3 : 화요일', 'Value4 : 수요일', 'Value5 : 목요일', 'Value6 : 금요일', 'Value7 : 토요일'을 입력하고 ❶[확인]을 클릭합니다.

Tip

Choose 함수의 Value값은 인수 목록만큼 입력해야 합니다.

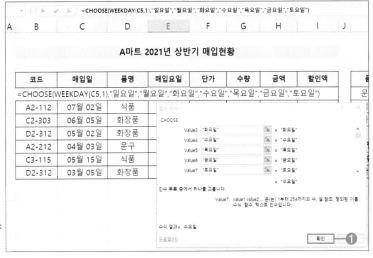

12 다음과 같이 수식을 복사하여 계산을 완료합니다.

Tip

채우기 핸들하여 수식을 복사한 후 '자동 채우기 옵션'을 눌러 '서식 없이 채우기'를 합니다.

	A	B	C	D	E	F
1						
2				A마트 2021년 상반기 매입현황		
3						
4		코드	매입일	품명	매입요일	단가
5		C1-201	06월 02일	문구	수요일	
6		A2-112	07월 02일	식품	금요일	
7		C2-303	06월 05일	화장품	토요일	
8		D2-312	05월 02일	화장품	일요일	
9		A2-212	04월 03일	문구	토요일	
10		C3-115	05월 15일	식품	토요일	
11		D2-312	03월 05일	화장품	금요일	
12						

13 단가를 구하기 위해 [F5] 셀을 클릭한 후 ❶'=vl'을 입력한 후 ❷ 'VLOOKUP' 함수를 더블클릭하여 입력하고 ❸[함수 삽입]을 클릭합니다.

Tip

값을 찾는 테이블의 데이터가 열단위로 나열되어 있으면 'VLOOKUP' 함수를 사용합니다.

	매입일	품명	매입요일	단가	수량	금액	
1	06월 02일	문구	수요일	=vl ❶	20		
2	07월 02일	식품	금요일	VLOOKUP ❷			
3	06월 05일	화장품	토요일		15		
2	05월 02일	화장품	일요일		30		
2	04월 03일	문구	토요일		24		
5	05월 15일	식품	토요일		20		
2	03월 05일	화장품	금요일		30		

14 '단가테이블'에는 '품명'과 '단가'가 결정되어 있습니다. ❶'Lookup_value'에는 찾는 값이 있는 'D5'를 클릭하여 입력하고 'Table_array'에는 '$K$5:$L$7'까지 범위 설정 후 F4 를 눌러 절대 참조로 변경합니다. 단가는 단가테이블의 두 번째 열에 있으므로 'Col_Index_num'에 '2'를 입력하고 'Range_lookup' 은 '0'을 입력하고 ❷[확인]을 클릭합니다.

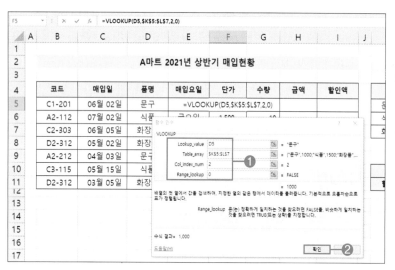

Tip

Range_lookup에는 품명과 단가가 1:1로 대응되므로 '0'을 입력합니다. 하나의 값에 여러 개가 대응되면 '1'을 입력합니다.

15 계산을 완료합니다.

	품명	매입요일	단가	수량	금액	할인액
일	문구	수요일	1,000	20		
일	식품	금요일	1,500	10		
일	화장품	토요일	2,000	15		
일	화장품	일요일	2,000	30		
일	문구	토요일	1,000	24		
일	식품	토요일	1,500	20		
일	화장품	금요일	2,000	30		

16 금액은 '단가*수량'으로 계산합니다.

17 할인액을 구하기 위해 [I5] 셀에 ❶'=HL'을 입력하고 목록에서 ❷ 'HLOOKUP'을 더블클릭합니다.

Tip

값을 찾는 테이블의 데이터가 행단위로 나열되어 있으면 'HLOOKUP'함수를 사용합니다.

18 '할인율 테이블'에는 '수량'과 '할인율'이 결정되어 있습니다. ❶[함수 삽입]을 눌러 함수마법사 창이 열리면 ❷'Lookup_value'에는 찾는 값이 있는 [G5] 셀을 클릭하여 입력하고 'Table_ array'에는 '\$L\$10:\$O\$11'까지 범위 설정 후 **F4**를 눌러 절대참조로 변경합니다. 수량에 따른 할인율은 할인율 테이블의 두 번째 행에 있으므로 'Row_Index_num'에 '2'를 입력하고 'Range_lookup'은 빈칸으로 둔채로 ❸[확인]을 클릭합니다.

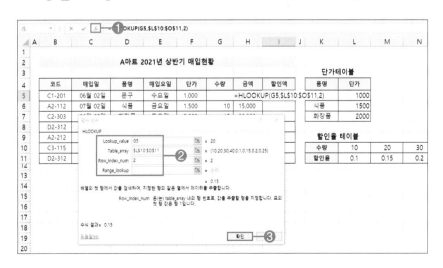

19 수식입력 줄의 끝에 '*H5'를 입력하고 **Enter** 를 누릅니다.

fx =HLOOKUP(G5,$L$10:$O$11,2)*H5

A마트 2021년 상반기 매입현황

일	품명	매입요일	단가	수량	금액	할인액
02일	문구	수요일	1,000	20	20,000	I1,2)*H5
02일	식품	금요일	1,500	10	15,000	
05일	화장품	토요일	2,000	15	30,000	
02일	화장품	일요일	2,000	30	60,000	
03일	문구	토요일	1,000	24	24,000	
15일	식품	토요일	1,500	20	30,000	
05일	화장품	금요일	2,000	30	60,000	

20 계산을 완료합니다.

A마트 2021년 상반기 매입현황

품명	매입요일	단가	수량	금액	할인액
문구	수요일	1,000	20	20,000	3000
식품	금요일	1,500	10	15,000	1500
화장품	토요일	2,000	15	30,000	3000
화장품	일요일	2,000	30	60,000	12000
문구	토요일	1,000	24	24,000	3600
식품	토요일	1,500	20	30,000	4500
화장품	금요일	2,000	30	60,000	12000

Tip

Vlookup 범위 설정

품명에 따라 단가를 구하고자 할 때 단가테이블의 범위를 살펴보면 매입일, 품명, 단가순으로 표시되어 있습니다.

- 테이블 범위를 설정할 때 찾는 값이 '품명'이기 때문에 테이블 범위는 '매입일'이 아닌 '품명'부터 범위 설정합니다.
- 즉, 찾는 값이 테이블 범위의 첫 열이 되어야 합니다. VLOOKUP(D5, L5:M8,2,0)입니다.

VLOOKUP(lookup_value, **table_array**, col_index_num, [range_lookup])

A마트 2021년 상반기 매입현황 / 단가테이블

매입일	품명	매입요일	단가	수량	금액	할인액		매입일	품명	단가
06월 02일	문구	수요일	5,$L$5:M	20	20,000	3000		06월 02일	문구	1000
07월 02일	식품	금요일	1,500	10	15,000	1500		07월 02일	식품	1500
06월 05일	화장품	토요일	2,000	15	30,000	3000		06월 05일	화장품	2000
05월 02일	화장품	일요일	2,000	30	60,000	12000				
04월 03일	문구	토요일	1,000	24	24,000	3600				
05월 15일	식품	토요일	1,500	20	30,000	4500				
03월 05일	화장품	금요일	2,000	30	60,000	12000				

데이터베이스 함수의 이해

함수	설명
DSUM(범위,필드 또는 열 번호,찾을 조건)	조건에 맞는 필드의 합을 구함
DAVERAGE(범위,필드 또는 열 번호,찾을 조건)	조건에 맞는 필드의 평균을 구함
DCOUNT(범위,필드 또는 열 번호,찾을 조건)	조건에 맞는 필드의 숫자 셀의 개수를 구함
DCOUNTA(범위,필드 또는 열 번호,찾을 조건)	조건에 맞는 필드의 공백을 제외한 셀의 개수를 구함
DMAX(범위,필드 또는 열 번호,찾을 조건)	조건에 맞는 필드 값 중에서 가장 큰 값을 구함
DMIN(범위,필드 또는 열 번호,찾을 조건)	조건에 맞는 필드 값 중에서 가장 작은 값을 구함
DGET(범위,필드 또는 열 번호,찾을 조건	조건에 맞는 고유 데이터를 추출함

함수의 예

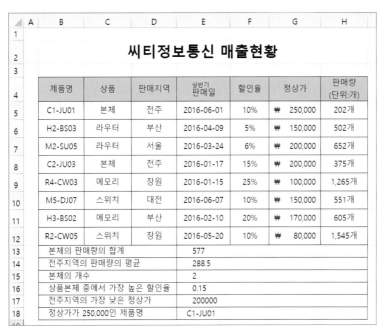

(1) 본체의 판매량의 합계를 구하시오.

=DSUM(B4:H12,7,C4:C5)

(2) 전주 지역의 판매량의 평균을 구하시오.

=DAVERAGE(B4:H12,7,D4:D5)

(3) 본체의 개수를 구하시오.

=DCOUNTA(B4:H12,C4,C4:C5)

(4) 상품 본체 중에서 가장 높은 할인율을 구하시오.

=DMAX(B4:H12,5,C4:C5)

(5) 전주 지역의 가장 낮은 정상가를 구하시오.

=DMIN(B4:H12,6,D4:D5)

(6) 정상가가 250,000인 제품명을 구하시오.

=DGET(B4:H12,1,G4:G5)

데이터베이스 함수 따라하기

☞ **다음 조건에 따라 주어진 함수를 이용하여 '데이터베이스함수' 시트에 값을 구하시오.**

출력형태

	A	B	C	D	E	F	G
1		\multicolumn{6}{c}{상반기 영업 실적}					
2							
3		사원명	소속	직위	팀명	판매수량	판매금액
4		이미나	총무부	대리	미래	12	1,184,400
5		김미자	인사부	대리	파워	15	1,480,500
6		정해웅	총무부	사원	파워	21	2,072,700
7		장말숙	총무부	과장	미래	10	987,000
8		강순영	인사부	부장	무궁	8	789,600
9		윤민아	인사부	대리	상공	32	3,158,400
10		박금미	영업부	사원	파워	8	789,600
11		전대형	영업부	사원	대한	15	1,480,500
12		최병윤	인사부	대리	미래	35	3,454,500
13		이슬이	총무부	부장	미래	11	1,085,700
14		노형일	인사부	대리	무궁	15	1,480,500
15		\multicolumn{4}{c}{미래팀의 판매수량의 합계}				(1)	
16		\multicolumn{4}{c}{직위가 대리인 판매금액의 평균}				(2)	
17		\multicolumn{4}{c}{총무부 중 가장 높은 판매금액}				(3)	
18		\multicolumn{4}{c}{대리 중 가장 낮은 판매수량}				(4)	
19		\multicolumn{4}{c}{대리의 인원수}				(5)	

조건

(1) 미래팀의 판매수량의 합계 ⇒ 팀명이 미래인 판매수량의 합계를 구하시오(DSUM 함수).

(2) 직위가 대리인 판매금액의 평균 ⇒ 직위가 대리인 판매금액의 평균을 구한 후 백단위에서 반올림 하시오
   (ROUND 함수, DAVERAGE 함수)(예 1,234,750 → 1,234,700).

(3) 총무부 중 가장 높은 판매금액 ⇒ 소속이 총무부 중 가장 높은 판매금액을 구하시오(DMAX 함수).

(4) 대리 중 가장 낮은 판매수량 ⇒ 직위가 대리 중 가장 낮은 판매수량을 구하시오(DMIN 함수).

(5) 대리의 인원수 ⇒ 직위가 대리의 인원수를 구하시오(DCOUNTA 함수).

01 ❶[F15] 셀에 '=DSUM' 함수를 입
력하고 함수 마법사를 불러옵니다.

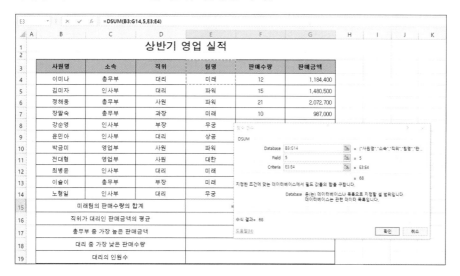

02 'Database' 항목에는 'B3:G14'를 입력하고, 'Field' 항목에는 값을 구할 필드명 또는 필드명이
위치한 위치 번호를 입력합니다. 판매수량의 합계를 구하므로 '판매수량'의 필드인 [F3] 셀을
클릭하거나 5번째 필드이므로 '5'를 입력합니다. 'Criteria' 항목에는 조건을 입력하므로 팀명이
미래팀이므로 'E3:E4'를 범위 설정합니다.

03 직위가 대리인 판매금액의 평균은 [E16] 셀에 '=ROUND(DAVERAGE(B3:G14,G3,D3
:D4),−2)'를 입력합니다.
총무부 중 가장 높은 판매금액은 [E17] 셀에 '=DMAX(B3:G14,G3,C3:C4)'를 입력합니다.
대리 중 가장 낮은 판매수량은 [E18] 셀에 '=DMIN(B3:G14,F3,D3:D4)'를 입력합니다.
대리의 인원수는 [E19] 셀에 '=DCOUNTA(B3:G14,D3,D3:D4)'를 입력합니다.

■ ■ 예제파일 : 실력팡팡₩함수1.xlxs / 완성파일 :실력팡팡₩함수1완성.xlxs

01 ☞ 다음은 '높은 음자리 교육원'에 대한 자료이다. 자료를 입력하고 조건에 맞도록 작업하시오.

높은 음자리 교육원

	담당	팀장	부장
결재			

강사코드	담당강사	교육구분	프로그램명	전년도 지원현황	금년도 지원현황	재수강율 (단위:%)	순위	비고
SS003	우주원	자격증과정	SNS마케팅	100명	85명	30%	(1)	(2)
SS005	이예슬	취미반	프랑스자수	80명	55명	15%	(1)	(2)
SA012	최민아	창업교육	닥종이인형	50명	55명	35%	(1)	(2)
TS030	서인정	취미반	우쿨렐레	40명	40명	75%	(1)	(2)
TA100	정서연	창업교육	한식조리사	50명	35명	120%	(1)	(2)
AS101	민지혜	창업교육	창업떡만들기	30명	37명	55%	(1)	(2)
AS102	유나희	자격증과정	숲해설사	100명	113명	32%	(1)	(2)
TA200	표민수	취미반	생활도예	100명	100명	26%	(1)	(2)
취미반의 전년도 지원현황의 합계		(3)			두 번째로 높은 전년도 지원현황			(5)
가장 적은 금년도 지원현황		(4)			담당강사	정서연	재수강율	(6)

조건 ◉ (1)~(6) 셀은 반드시 **주어진 함수를 이용**하여 값을 구하시오(결과값을 직접 입력하면 해당 셀은 0점 처리됨).

(1) 순위 ⇒ 금년도 지원현황의 내림차순 순위를 구하시오(RANK.EQ함수).

(2) 비고 ⇒ 강사코드의 첫 글자가 A이면 '오전반', S이면 '오후반', T이면 '야간반'으로 표시하시오 (IF, LEFT 함수).

(3) 취미반의 전년도 지원현황의 합계 ⇒ 취미반의 금년도 지원현황의 합계를 구하시오(SUMIF 함수).

(4) 가장 적은 금년도 지원현황 ⇒ 정의된 이름(지원현황)을 이용하여 구하시오(MIN 함수).

(5) 두 번째로 높은 전년도 지원현황 ⇒ 금년도 지원현황의 두 번째로 높은 값을 구하시오(LARGE 함수).

(6) 재수강율 ⇒ 「H14」 셀에서 선택한 강사명에 대한 재수강율(단위:%)을 표시하시오(VLOOKUP 함수).

출력형태

높은 음자리 교육원

	담당	팀장	부장
결재			

강사코드	담당강사	교육구분	프로그램명	전년도 지원현황	금년도 지원현황	재수강율 (단위:%)	순위	비고
SS003	우주원	자격증과정	SNS마케팅	98명	85명	30%	3	오후반
SS005	이예슬	취미반	프랑스자수	80명	55명	15%	4	오후반
SA012	최민아	창업교육	닥종이인형	50명	55명	35%	4	오후반
TS030	서인정	취미반	우쿨렐레	40명	40명	75%	6	야간반
TA100	정서연	창업교육	한식조리사	50명	35명	120%	8	야간반
AS101	민지혜	창업교육	창업떡만들기	30명	37명	55%	7	오전반
AS102	유나희	자격증과정	숲해설사	70명	113명	32%	1	오전반
TA200	표민수	취미반	생활도예	60명	100명	26%	2	야간반
취미반의 전년도 지원현황의 합계		180			두 번째로 높은 전년도 지원현황			80
가장 적은 금년도 지원현황		35			담당강사	정서연	재수강율	1.2

02 ☞ 다음은 '제5회 바리스타 경연대회 결과'에 대한 자료이다. 자료를 입력하고 조건에 맞도록 작업하시오.

수험번호	지원자	지원 종목	태도	맛과 향	총점 (200점 만점)	평가	순위
					결재 담당 / 팀장 / 부장		
C3-0706	노형일	카푸치노	98.6	92.5	총281.2	(1)	(2)
E1-S078	두리안	에소프레소	87.7	89.1	총265.5	(1)	(2)
R3-A094	최미숙	카푸치노	91.7	91.6	총275.8	(1)	(2)
B3-U098	김순옥	블랜딩	89.9	92.3	총272.1	(1)	(2)
C3-A119	정은유	카푸치노	94.5	92.4	총284.1	(1)	(2)
R4-U073	강나연	로스팅	88.4	88.5	총270.4	(1)	(2)
C3-A040	이유리	블랜딩	93.1	90.5	총276.1	(1)	(2)
E1-A079	나나무	에소프레소	100	87.2	총262.3	(1)	(2)
두 번째로 적은 맛과 향			(3)		카푸치노의 총점의 평균		(5)
블랜딩의 태도의 평균			(4)	지원자	노형일	평가	(6)

조건 ⊙ (1)~(6) 셀은 반드시 **주어진 함수를 이용**하여 값을 구하시오(결과값을 직접 입력하면 해당 셀은 0점 처리됨).

(1) 평가 ⇒ 태도와 맛과 향의 점수가 90점 이상이면 '2차선발', 그 외는 공백으로 구하시오 (IF, AND 함수).

(2) 순위 ⇒ 총점이 큰 순으로 순위를 구한 결과에 "위"를 붙이시오(RANK.EQ 함수, &연산자)(예 : 1위).

(3) 두 번째로 적은 맛과 향 ⇒ (SMALL 함수).

(4) 블랜딩의 태도의 평균 ⇒ 정의된 이름(태도)를 이용하여 구하시오(SUMIF, COUNTIF 함수).

(5) 카푸치노의 총점의 평균 ⇒ 지원종목이 블랜딩의 총점의 평균을 반올림하여 소수 첫째 자리까지 구하시오. 단, 조건은 입력된 데이터를 이용하시오.(ROUND, DAVERAGE 함수)(예 : 340.125 →340.1).

(6) 평가 ⇒ 「G14」 셀에서 선택한 지원자의 평가를 구하시오(VLOOKUP 함수).

출력형태

제5회 바리스타 경연대회 결과

수험번호	지원자	지원 종목	태도	맛과 향	총점 (200점 만점)	평가	순위
					결재 담당 / 팀장 / 부장		
C3-0706	노형일	카푸치노	98.6	92.5	총281.2	2차선발	2위
E1-S078	두리안	에소프레소	87.7	89.1	총265.5		7위
R3-A094	최미숙	카푸치노	91.7	91.6	총275.8	2차선발	4위
B3-U098	김순옥	블랜딩	89.9	92.3	총272.1		5위
C3-A119	정은유	카푸치노	94.5	92.4	총284.1	2차선발	1위
R4-U073	강나연	로스팅	88.4	88.5	총270.4		6위
C3-A040	이유리	블랜딩	93.1	90.5	총276.1	2차선발	3위
E1-A079	나나무	에소프레소	100	87.2	총262.3		8위
두 번째로 적은 맛과 향			88.5		카푸치노의 총점의 평균		280.4
블랜딩의 태도의 평균			91.50	지원자	노형일	평가	2차선발

■ ■ 예제파일 : 실력팡팡₩함수3.xls / 완성파일 : 실력팡팡₩함수3완성.xls

03 ☞ 다음은 '문화관광 지원사업 결과'에 대한 자료이다. 자료를 입력하고 조건에 맞도록 작업하시오.

지원코드	사업자	사업장주소	사업개업 연도	지원 분야	교육 시간	지원총액 (단위:천원)	지원비율 (단위:%)	비고
C19-0706	장미희	소대배기로 18-13	(1)	정보화교육	1	50천원	50%	(2)
E18-S078	이은나	문학로 11-8	(1)	문화예술	3	45천원	45%	(2)
R21-A094	최대정	백제로 25-3	(1)	문화예술	3	65천원	65%	(2)
B19-U098	이민정	서곡로 19-1	(1)	환경개선	2	100천원	100%	(2)
C20-A119	김희정	와룡로 12-5	(1)	정보화교육	4	35천원	35%	(2)
R21-U073	정은유	효자로 6-5	(1)	문화예술	5	40천원	40%	(2)
C17-A040	정서연	기린로 55-8	(1)	정보화교육	2	60천원	60%	(2)
E20-A079	노형원	한벽로 12-9	(1)	전통문화	2	55천원	55%	(2)
최대 교육시간			(3)			지원분야가 문화예술 비율		(5)
교육시간에 따른 운영비 총 합계			(4)			지원코드	C20-A119	사업개업년도 (6)

결재 담당 / 부장 / 원장

문화관광 지원사업 결과

조건 ⊙ (1)~(6) 셀은 반드시 **주어진 함수를 이용**하여 값을 구하시오(결과값을 직접 입력하면 해당 셀은 0점 처리됨).

(1) 사업개업년도 ⇒ 「2000+지원코드의 두 번째 숫자부터 두 자리」의 계산한 결과값 뒤에 '년'을 표시하시오. 단, 지원코드의 두 번째 자리를 이용하여 구하시오 (MID 함수, & 연산자)(예 : 2019년).

(2) 비고 ⇒ 지원비율(단위:%)의 내림차순 순위를 '1~3'만 표시하고 그 외에는 공백으로 표시하시오. (IF,RANK 함수)

(3) 최대 교육시간 ⇒ (MAX 함수).

(4) 교육시간에 따른 운영비 총 합계 ⇒ 정의된 이름(교육시간)을 이용하여 운영비 총 합계를 구하시오. 단, 운영비는 1시간에 30,000원으로 계산하시오 (SUMPRODUCT 함수)(예 : 660,000).

(5) 지원분야가 문화예술의 비율 ⇒ 지원분야가 문화예술인 비율을 구한 후 백분율로 표시하시오. (COUNTIF, COUNTA 함수).(예 : 0.15 →15%).

(6) 사업개업년도 ⇒ 「H14」 셀에서 선택한 사업개업년도를 표시하시오(VLOOKUP 함수).

출력형태

문화관광 지원사업 결과

지원코드	사업자	사업장주소	사업개업 연도	지원 분야	교육 시간	지원총액 (단위:천원)	지원비율 (단위:%)	비고
C19-0706	장미희	소대배기로 18-13	2019년	정보화교육	1	50천원	50%	
E18-S078	이은나	문학로 11-8	2018년	문화예술	3	45천원	45%	
R21-A094	최대정	백제로 25-3	2021년	문화예술	3	65천원	65%	2
B19-U098	이민정	서곡로 19-1	2019년	환경개선	2	100천원	100%	1
C20-A119	김희정	와룡로 12-5	2020년	정보화교육	4	35천원	35%	
R21-U073	정은유	효자로 6-5	2021년	문화예술	5	40천원	40%	
C17-A040	정서연	기린로 55-8	2017년	정보화교육	2	60천원	60%	3
E20-A079	노형원	한벽로 12-9	2020년	전통문화	2	55천원	55%	
최대 교육시간			5			지원분야가 문화예술 비율		38%
교육시간에 따른 운영비 총 합계			660,000			지원코드	C20-A119	사업개업년도 2020년

결재 담당 / 부장 / 원장

04 ☞ 다음은 '교육공간 이룸 매출 실적'에 대한 자료이다. 자료를 입력하고 조건에 맞도록 작업하시오.

사원코드	사원	부서	입사일	5월 매출	6월 매출	7월 매출	근무지	총근무년수
						결재	담당	부장	원장
1-030P2	노형일	영업부	2012-03-02	80	100	80GOAL	(1)	(2)
2-060D4	노형원	홍보부	2009-06-04	90	85	75GOAL	(1)	(2)
1-090A3	김신우	영업부	2008-09-01	85	100	100GOAL	(1)	(2)
3-060S1	최민아	기획부	2011-06-01	100	95	95GOAL	(1)	(2)
2-090P2	박종철	홍보부	2007-09-01	95	75	75GOAL	(1)	(2)
4-060B2	이민영	관리부	2012-06-01	80	80	80GOAL	(1)	(2)
3-030T1	정신정	기획부	2007-03-01	85	75	90GOAL	(1)	(2)
2-030F3	윤지안	영업부	2006-03-02	100	90	85GOAL	(1)	(2)
노형원 7월 매출 차트		(3)			영업부서의 7월매출의 합계			(5)
90이상인 6월 매출의 수		(4)			사원코드	2-060D4	입사일	(6)

조건 ⊙ (1)~(6) 셀은 반드시 **주어진 함수를 이용**하여 값을 구하시오(결과값을 직접 입력하면 해당 셀은 0점 처리됨).

(1) 근무지 ⇒ 사원코드의 첫 글자가 1이면 '마포', 2이면 '강남', 그 외에는 '종로'로 구하시오
   (CHOOSE, LEFT 함수).

(2) 총근무년수 ⇒ 입사일의 년도를 현재 날짜를 이용해 구하시오(YEAR, NOW 함수, &연산자)(예 5년)

(3) 노형원의 7월 매출 차트 ⇒ (「H6」 셀÷100)으로 구한 값만큼 '★' 문자를 반복하여 표시하시오
   (REPT 함수)(예 : 2 →★★).

(4) 90이상인 6월 매출의 수 ⇒ 정의된 이름(매출)을 이용하여 6월 매출에서 90이상의 수를 구하시오
   (COUNTIF 함수).

(5) 영업부서의 7월 매출의 합계 ⇒ 조건은 입력된 데이터를 이용하여 구하시오(DSUM 함수).

(6) 입사일 ⇒ 「H14」 셀에서 선택한 사원코드에 대한 입사일을 표시하시오(VLOOKUP 함수).

출력형태

사원코드	사원	부서	입사일	5월 매출	6월 매출	7월 매출	근무지	총근무년수
	교육공간 이룸 매출 실적					결재	담당	부장	원장
1-030P2	노형일	영업부	2012-03-02	80	100	80GOAL	마포	8
2-060D4	노형원	홍보부	2009-06-04	90	85	75GOAL	강남	11
1-090A3	김신우	영업부	2008-09-01	85	100	100GOAL	마포	12
3-060S1	최민아	기획부	2011-06-01	100	95	95GOAL	종로	9
2-090P2	박종철	홍보부	2007-09-01	95	75	75GOAL	강남	13
4-060B2	이민영	관리부	2012-06-01	80	80	80GOAL	종로	8
3-030T1	정신정	기획부	2007-03-01	85	75	90GOAL	종로	13
2-030F3	윤지안	영업부	2006-03-02	100	90	85GOAL	강남	14
노형원 7월 매출 차트		★★★★★★★			영업부서의 7월매출의 합계			265
90이상인 6월 매출의 수		4			사원코드	2-060D4	입사일	2009-06-04

조건부 서식

조건부 서식은 입력된 데이터를 시각적으로 표현하는 방법으로 글꼴 색, 글꼴 또는 채우기를 지정하여 특정한 조건에 만족하는 데이터에 적용하는 기능입니다. 최대 64개까지 조건부 서식을 지정할 수 있고, 셀 강조 규칙에서 아이콘 집합 또는 수식을 작성하여 적용하는 기능을 학습합니다.

셀 강조 규칙

- 특정한 값 사이에 존재하는 값 등에 적용합니다.
- 셀 강조 규칙과 상/하위 규칙은 모두 입력된 셀 값을 기준으로 서식을 지정합니다.
- 조건부 서식을 적용할 영역을 설정하고, [홈] 탭의 [스타일] 그룹에서 [조건부 서식]의 '셀 강조 규칙'의 조건을 클릭합니다.

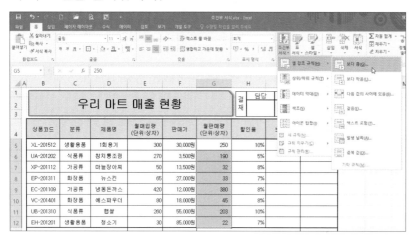

- [보다 큼] 대화상자에서 '값'을 입력하고 적용할 서식을 선택합니다.

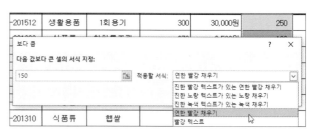

상위/하위 규칙

- 숫자 데이터를 기준으로 상위/하위 또는 평균 값을 표시합니다.

데이터 막대

- 현재 셀 값을 셀 영역에 다른 값들과 비교하여 크기를 막대로 표시합니다.

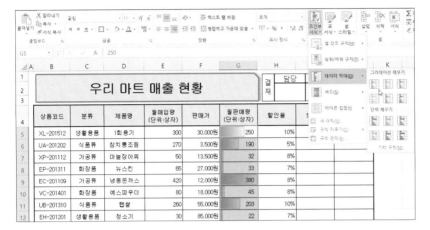

색조

- 두 가지 색 또는 세 가지 색을 이용하여 데이터 분포의 변화를 시각적으로 표시합니다.

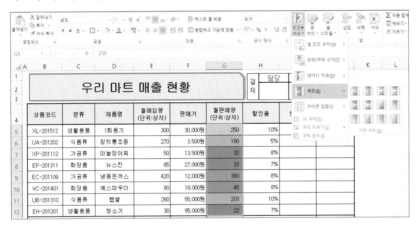

아이콘 집합

- 셀에 입력된 데이터 값을 상, 중, 하위 범위로 아이콘으로 표시합니다.

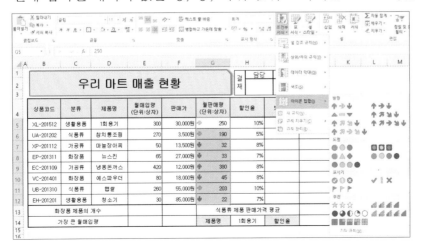

수식을 이용한 규칙 관리

- 두 개 이상의 항목에 적용되는 조건을 만족하는 서식을 적용하거나 특정한 조건에 일치하는 행 전체에 서식을 적용하고자 할 때 사용합니다.
- 셀 범위를 지정하고 [홈] 탭의 [스타일] 그룹에서 [조건부 서식]의 '새 규칙'을 클릭합니다.

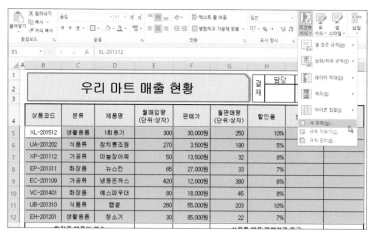

- [새 서식 규칙] 대화상자에서 [수식을 사용하여 서식을 지정할 셀 결정]을 선택한 후 '다음 수식이 참인 값의 서식 지정'에 서식을 지정합니다.
- [서식] 단추를 눌러 글꼴, 테두리, 채우기 등 서식을 선택한 후 [확인]을 클릭합니다.

- 규칙을 수정하거나 삭제할 때에는 조건부 서식이 지정된 셀 범위를 지정하고, [홈] 탭의 [스타일] 그룹에서 [조건부 서식]의 '규칙 관리'를 클릭합니다.
- [조건부 서식 규칙 관리자] 대화상자에서 규칙을 더블클릭하여 수정하거나 '규칙 삭제'를 클릭하여 삭제합니다.

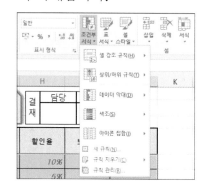 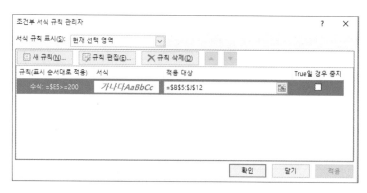

■ ■ 예제 : 기출유형₩3.조건부서식.xlsx / 완성 : 기출유형₩3.조건부서식완성.xlsx

조건부 서식 따라하기

엑셀의 데이터 표식 기능으로 셀이나 행 단위에 조건에 만족하는 데이터를 서식 또는 그래픽으로 강조하는 기능을 평가하는 문제입니다.

☞ **다음은 '효림상사 지점별 판매 현황'에 대한 자료이다. 조건에 맞도록 작업하시오.**

출력형태

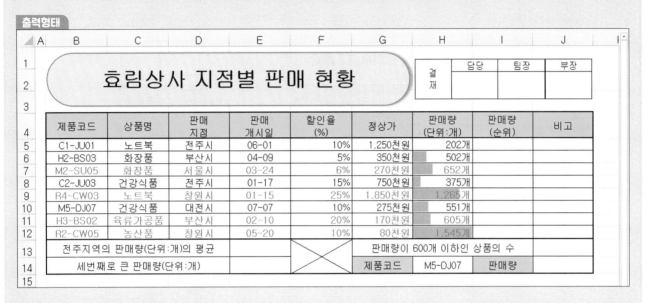

조건
• 조건부 서식의 수식을 이용하여 판매량이 '600' 이상인 행 전체에 다음의 서식을 적용하시오.(글꼴 : 파랑, 굵게)
• 조건부 서식을 이용하여 판매량(단위:개) 셀에 데이터 막대 스타일(녹색)을 최소값 및 최대값으로 적용하시오.

KEY POINT
• 필드명을 제외한 실제 데이터 범위만 영역 설정 후 [홈] 탭 [스타일] 그룹 – [조건부 서식] – [새 규칙]
• 수식 설정 시 셀 주소는 **F4** 를 눌러 열 고정
• [홈] 탭 – [스타일] 그룹 – [조건부 서식] – [데이터 막대] – 기타 규칙 – 최소값, 최대값 – 색 지정

01 행 전체에 조건부 서식을 설정하려면 제목 행을 제외한 ❶[B5:J12] 셀까지 실제 데이터만 영역을 설정합니다. ❷[홈] 탭의 [스타일] 그룹에서 [조건부 서식]의 ❸[새 규칙]을 클릭합니다.

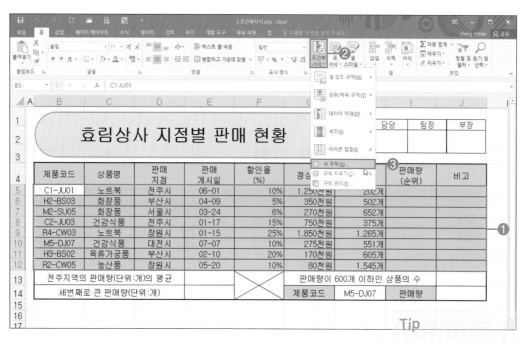

필드명을 제외한 실제 데이터만 영역을 설정합니다.

02 [새 서식 규칙] 대화상자에서 ❶[수식을 사용하여 서식을 지정할 셀 결정]을 선택합니다. ❷규칙 설명 편집에서 '다음 수식이 참인 값의 서식 지정(O)' 상자의 입력란을 클릭한 후 '='을 입력하고 [H5] 셀을 선택한 다음 F4 를 2번 눌러 열 고정을 합니다.

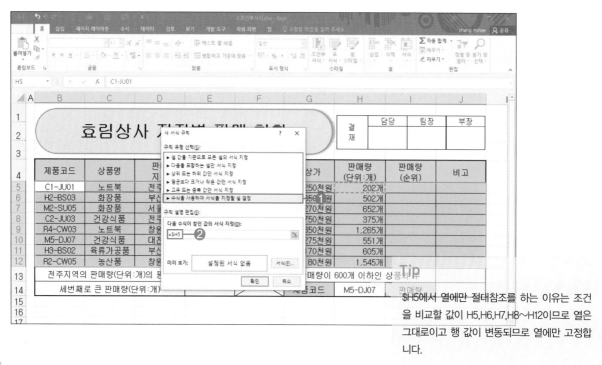

$H5에서 열에만 절대참조를 하는 이유는 조건을 비교할 값이 H5,H6,H7,H8~H12이므로 열은 그대로이고 행 값이 변동되므로 열에만 고정합니다.

03 조건부 서식의 조건인 ❶'>=600'을 입력하고 ❷[서식]을 클릭합니다.

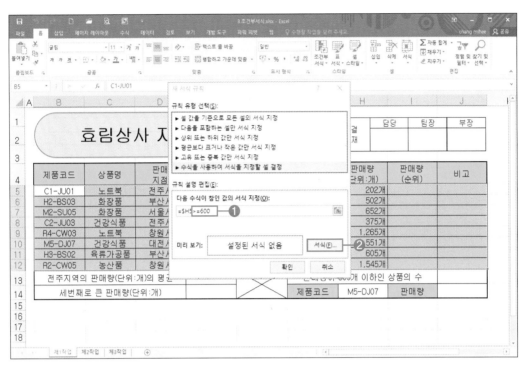

04 [셀 서식] 대화상자에서 ❶[글꼴] 탭의 글꼴 스타일은 '굵게', ❷글자 색은 '파랑'을 선택하고 ❸ [확인]을 클릭합니다.

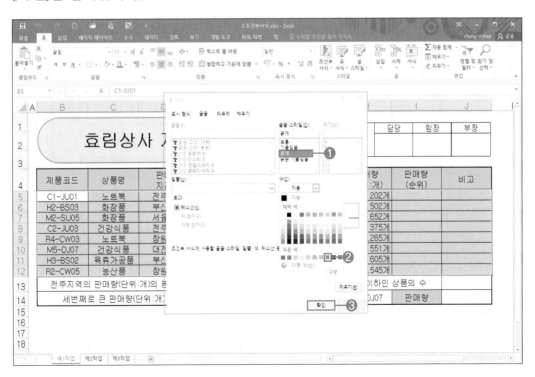

05 [새 규칙 편집] 대화상자의 [확인]을 클릭합니다.

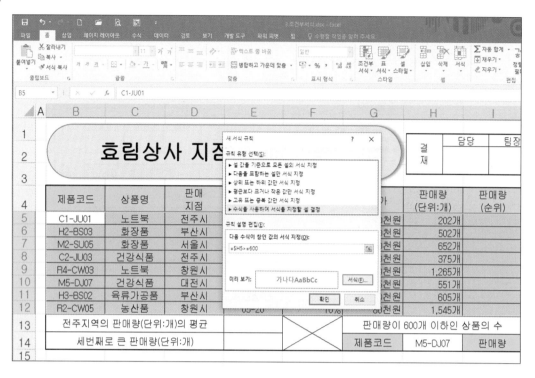

06 조건부 서식을 완성합니다.

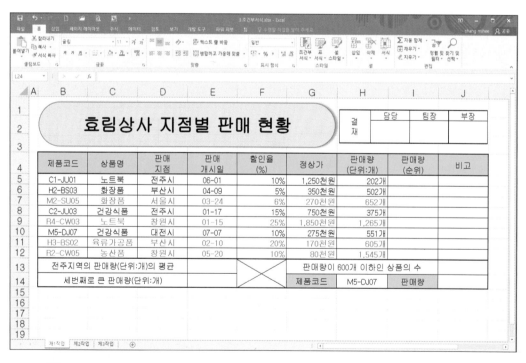

Tip

[조건부 서식]을 수정하려면 [홈]-[스타일]-[조건부 서식]에서 [규칙 관리]에서 조건부 서식을 더블클릭하여 수정합니다.

01 판매량(단위:개)의 필드를 제외한 ❶실제 데이터가 있는 [H5:H12]셀을 드래그하여 영역을 설정합니다. ❷ [홈] 탭의 [스타일] 그룹에서 [조건부 서식]의 ❸[데이터 막대]에서 ❹'기타 규칙'을 클릭합니다.

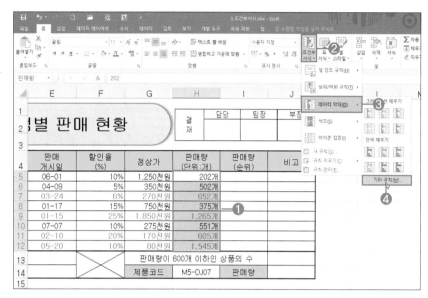

02 [새 서식 규칙] 대화상자에서 ❶'종류'의 최소값은 '최소값', 최대값은 '최대값'을 선택한 후 '막대 모양'에서 ❷채우기는 '칠'을 선택하고 ❸색은 조건에 제시된 '녹색'을 선택합니다. ❹테두리는 '테두리 없음'을 선택한 후 [확인]을 클릭합니다.

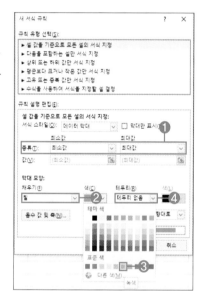

Tip

막대 모양의 채우기는 '칠' 또는 '그라데이션' 중에서 선택할 수 있습니다.

03 데이터 막대 조건부 서식을 완성합니다.

효림상사 지점별 판매 현황

제품코드	상품명	판매 지점	판매 개시일	할인율 (%)	정상가	판매량 (단위:개)	판매량 (순위)	비고
C1-JU01	노트북	전주시	06-01	10%	1,250천원	202개		
H2-BS03	화장품	부산시	04-09	5%	350천원	502개		
M2-SU05	화장품	서울시	03-24	6%	270천원	652개		
C2-JU03	건강식품	전주시	01-17	15%	750천원	375개		
R4-CW03	노트북	창원시	01-15	25%	1,850천원	1,265개		
M5-DJ07	건강식품	대전시	07-07	10%	275천원	551개		
H3-BS02	육류가공품	부산시	02-10	20%	170천원	605개		
R2-CW05	농산품	창원시	05-20	10%	80천원	1,545개		

| 전주지역의 판매량(단위:개)의 평균 | | | | | 판매량이 600개 이하인 상품의 수 | | | |
| 세번째로 큰 판매량(단위:개) | | | | | 제품코드 | M5-DJ07 | 판매량 | |

■ ■ 예제파일 : 실력팡팡₩조건1.xlxs / 완성파일 : 실력팡팡₩조건1완성.xlxs

01 ☞ 다음은 '높은 음자리 교육원'에 대한 자료이다. 자료를 입력하고 조건에 맞도록 작업하시오.

결재	담당	팀장	부장

높은 음자리 교육원

강사코드	담당강사	교육구분	프로그램명	전년도 지원현황	금년도 지원현황	재수강율 (단위:%)	순위	비고
SS003	우주원	자격증과정	SNS마케팅	98명	85명	30%	3	오후반
SS005	이예슬	취미반	프랑스자수	80명	55명	15%	4	오후반
SA012	최민아	창업교육	닥종이인형	50명	55명	35%	4	오후반
TS030	서인정	취미반	우쿨렐레	40명	40명	75%	6	야간반
TA100	정서연	창업교육	한식조리사	50명	35명	120%	8	야간반
AS101	민지혜	창업교육	창업떡만들기	30명	37명	55%	7	오전반
AS102	유나희	자격증과정	숲해설사	70명	113명	32%	1	오전반
TA200	표민수	취미반	생활도예	60명	100명	26%	2	야간반
취미반의 전년도 지원현황의 합계			180		두 번째로 높은 전년도 지원현황			80
가장 적은 금년도 지원현황			35		담당강사	정서연	재수강율	1.2

조건 • 조건부 서식의 수식을 이용하여 재수강율(단위:%)가 '50%' 이상인 행 전체에 다음의 서식을 적용하시오(글꼴 : 파랑, 굵게).

■ ■ 예제파일 : 실력팡팡₩조건2.xlxs / 완성파일 : 실력팡팡₩조건2완성.xlxs

02 ☞ 다음은 '제5회 바리스타 경연대회 결과'에 대한 자료이다. 자료를 입력하고 조건에 맞도록 작업하시오.

결재	담당	팀장	부장

제5회 바리스타 경연대회 결과

수험번호	지원자	지원 종목	태도	맛과 향	총점 (200점 만점)	평가	순위
C3-0706	노형일	카푸치노	98.6	92.5	총281.2	2차선발	2위
E1-S078	두리안	에소프레소	87.7	89.1	총265.5		7위
R3-A094	최미숙	카푸치노	91.7	91.6	총275.8	2차선발	4위
B3-U098	김순옥	블랜딩	89.9	92.3	총272.1		5위
C3-A119	정은유	카푸치노	94.5	92.4	총284.4	2차선발	1위
R4-U073	강나연	로스팅	88.4	88.5	총270.4		6위
C3-A040	이유리	블랜딩	93.1	90.5	총276.1	2차선발	3위
E1-A079	나나무	에소프레소	100	87.2	총262.3		8위
두 번째로 적은 맛과 향			88.5		카푸치노의 총점의 평균		280.4
블랜딩의 태도의 평균			91.50	지원자	노형일	평가	2차선발

조건 • 조건부 서식의 수식을 이용하여 총점(200점 만점)이 '280' 이상인 행 전체에 다음의 서식을 적용하시오(글꼴 : 빨강, 굵게기울임).

• 조건부 서식을 이용하여 총점(200점 만점) 셀에 데이터 막대 스타일(파랑)을 최소값 및 최대값으로 적용하시오.

03 ☞ 다음은 '문화관광 지원사업 결과'에 대한 자료이다. 자료를 입력하고 조건에 맞도록 작업하시오.

지원코드	사업자	사업장주소	사업개업 연도	지원 분야	교육 시간	지원총액 (단위:천원)	지원비율 (단위:%)	비고
C19-0706	장미희	소대배기로 18-13	2019년	정보화교육	1	50천원	50%	
E18-S078	이은나	문학로 11-8	2018년	문화예술	3	45천원	45%	
R21-A094	최대정	백제로 25-3	2021년	문화예술	3	65천원	65%	2
B19-U098	이민정	서곡로 19-1	2019년	환경개선	2	100천원	100%	1
C20-A119	김희정	와룡로 12-5	2020년	정보화교육	4	35천원	35%	
R21-U073	정은유	효자로 6-5	2021년	문화예술	5	40천원	40%	
C17-A040	정서연	기린로 55-8	2017년	정보화교육	2	60천원	60%	3
E20-A079	노형원	한벽로 12-9	2020년	전통문화	2	55천원	55%	
최대 교육시간			5			지원분야가 문화예술 비율		38%
교육시간에 따른 운영비 총 합계			660,000			지원코드	C20-A119	사업개업년도	2020년

문화관광 지원사업 결과

결재	담당	부장	원장

조건
- 조건부 서식의 수식을 이용하여 지원분야가 '정보화교육'인 행 전체에 다음의 서식을 적용하시오 (채우기 : 노랑).

04 ☞ 다음은 '교육공간 이룸 매출 실적'에 대한 자료이다. 자료를 입력하고 조건에 맞도록 작업하시오.

교육공간 이룸 매출 실적

결재	담당	부장	원장

사원코드	사원	부서	입사일	5월 매출	6월 매출	7월 매출	근무지	총근무년수
1-030P2	노형일	영업부	2012-03-02	80	100	80GOAL	마포	8
2-060D4	노형원	홍보부	2009-06-04	90	85	75GOAL	강남	11
1-090A3	김신우	영업부	2008-09-01	85	100	100GOAL	마포	12
3-060S1	최민아	기획부	2011-06-01	100	95	95GOAL	종로	9
2-090P2	박종철	홍보부	2007-09-01	95	75	75GOAL	강남	13
4-060B2	이민영	관리부	2012-06-01	80	80	80GOAL	종로	8
3-030T1	정신정	기획부	2007-03-01	85	75	90GOAL	종로	13
2-030F3	윤지안	영업부	2006-03-02	100	90	85GOAL	강남	14
노형원 7월 매출 차트		★★★★★★★				영업부서의 7월매출의 합계		265
90이상인 6월 매출의 수		4				사원코드	2-060D4	입사일	2009-06-04

조건
- 조건부 서식의 수식을 이용하여 7월 매출이 '80' 이하인 행 전체에 다음의 서식을 적용하시오. (글꼴 : 파랑, 굵게)
- 조건부 서식을 이용하여 6월 매출 셀에 데이터 막대 스타일(빨강)을 최소값 및 최대값으로 적용하시오.

목표값 찾기

목표값 찾기는 수식의 결과 값은 알지만 수식에서 결과를 계산하기 위한 입력 값을 모르는 경우 목표값 찾기를 이용하여 데이터의 가상 값을 예측하는 방법을 학습합니다.

목표값 찾기

- 총 판매량 합계가 3,000이 되려면 노형원의 총판매량은 얼마가 되어야 하는가?
- [데이터] 탭의 [예측] 그룹에서 [가상 분석]의 [목표값 찾기]를 클릭합니다.

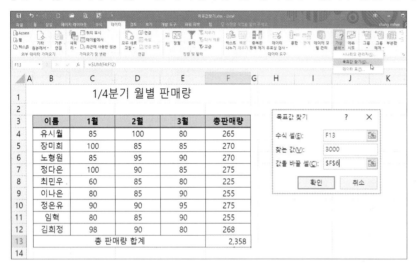

- 수식 셀 : 결과 값이 출력되는 셀 주소로 수식이 있어야 합니다.
- 찾는 값 : 목표로 하는 값으로 반드시 키보드로 숫자를 입력합니다.
- 값을 바꿀 셀 : 목표값을 얻기 위해 변경되어야 할 값이 있는 셀 주소를 클릭합니다.
- [F13] 셀을 클릭한 후 [데이터] 탭의 [예측] 그룹에서 [가상 분석]의 [목표값 찾기]를 클릭합니다.
- [목표값 찾기 상태] 대화상자에서 '수식 셀'에 [F13] 셀을 선택하고, '찾는 값'에는 '3000'을 직접 입력한 후 '값을 바꿀 셀'에는 [F6] 셀을 클릭한 후 [확인]을 클릭합니다.
- [목표값 찾기 상태] 대화상자에서 [확인]을 클릭합니다.

■ ■ 예제 : 기출유형\4.목표값찾기.xlsx / 완성 : 기출유형\4.목표값찾기완성.xlsx

목표값 찾기 따라하기

목표값 찾기는 수식 값을 입력하고, 찾을 값은 반드시 키보드로 입력하여 가상 데이터 값을 찾는 문제입니다.

[제1작업] 필터 및 서식 (80점)

☞ **"제1작업" 시트의 「B4:H12」 영역을 복사하여 "제2작업" 시트의 「B2」 셀에 모두 붙여넣기를 한 후 다음의 조건과 같이 작업하시오.**

조건 (1) 목표값 찾기 – 「B11:G11」 셀을 병합하여 "노트북의 판매량의 평균"을 입력한 후 「H11」 셀에 '노트북의 판매량의 평균'을 구하시오(DAVERAGE 함수, 테두리, 가운데 맞춤).

– '노트북의 판매량의 평균'이 '1,000'이 되려면 '전주시 노트북'의 '판매량(단위:개)'은 얼마가 되어야 하는지 목표값을 구하시오.

출력형태

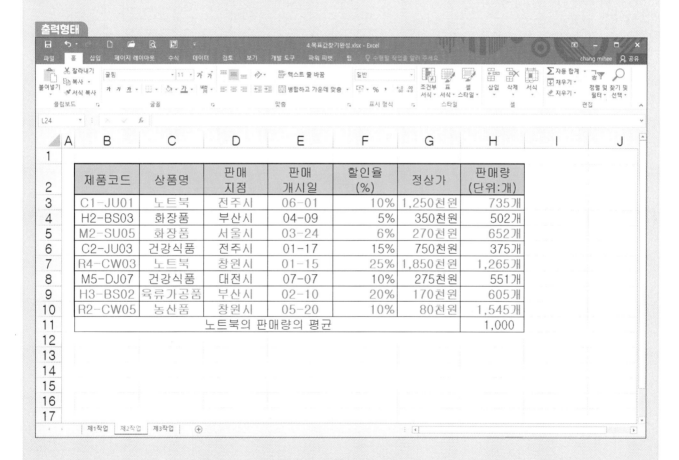

제품코드	상품명	판매 지점	판매 개시일	할인율 (%)	정상가	판매량 (단위:개)
C1-JU01	노트북	전주시	06-01	10%	1,250천원	735개
H2-BS03	화장품	부산시	04-09	5%	350천원	502개
M2-SU05	화장품	서울시	03-24	6%	270천원	652개
C2-JU03	건강식품	전주시	01-17	15%	750천원	375개
R4-CW03	노트북	창원시	01-15	25%	1,850천원	1,265개
M5-DJ07	건강식품	대전시	07-07	10%	275천원	551개
H3-BS02	육류가공품	부산시	02-10	20%	170천원	605개
R2-CW05	농산품	창원시	05-20	10%	80천원	1,545개
노트북의 판매량의 평균						1,000

KEY POINT
- 범위를 설정하고 '복사'한 후 [sheet2]에 붙여넣기
- 수식 셀에 클릭한 후 [데이터] – [데이터 도구] – [가상 분석] – [목표값 찾기]

01 '제1작업' 시트의 ❶[B4:H12] 영역을 범위로 지정한 후 [홈] 탭의 [클립보드] 그룹에서 ❷[복사] 또는 Ctrl + C 를 누릅니다.

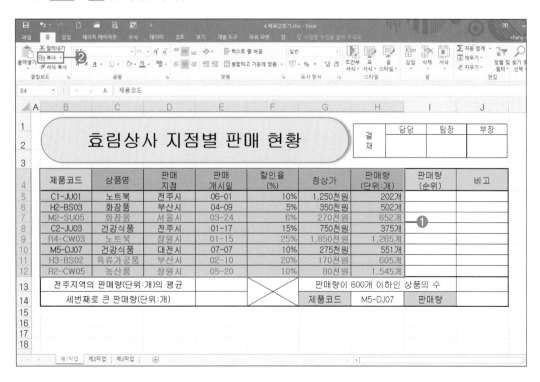

02 '제2작업' 시트의 ❶[B2] 셀을 클릭하고 [홈] 탭의 [클립보드] 그룹에서 ❷[붙여넣기] 또는 Ctrl + V 를 누릅니다.

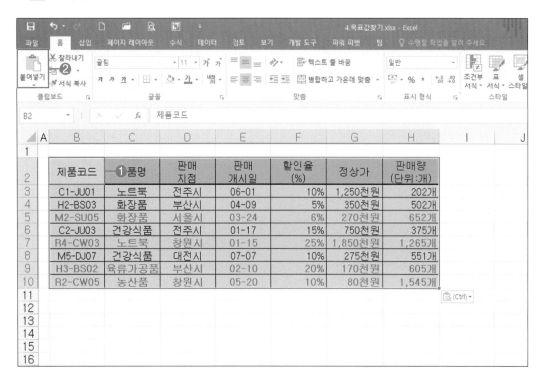

03 ❶[B11:G11] 셀까지 영역을 설정한 후 [홈] 탭의 [맞춤] 그룹에서 ❷'병합하고 가운데 맞춤'을 클릭합니다.

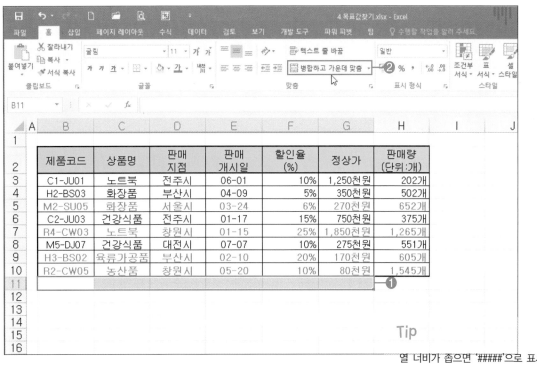

열 너비가 좁으면 '####'으로 표시됩니다. 열 너비를 조절하세요.

04 ❶[B11] 셀에 '노트북의 판매량의 평균'을 입력한 후 [B11:H11] 셀까지 영역을 설정한 후 ❷[홈] 탭의 [글꼴] 그룹에서 '테두리'의 목록 단추를 클릭하여 ❸'모든 테두리'를 선택합니다. ❹[H11] 셀은 숫자이므로 오른쪽 정렬을 합니다.

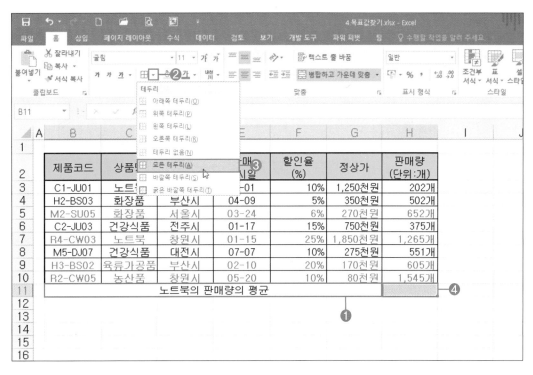

01 [H11] 셀을 클릭해 ❶'=DAVERAGE(' 함수를 입력한 후, ❷[함수 삽입]을 클릭합니다.

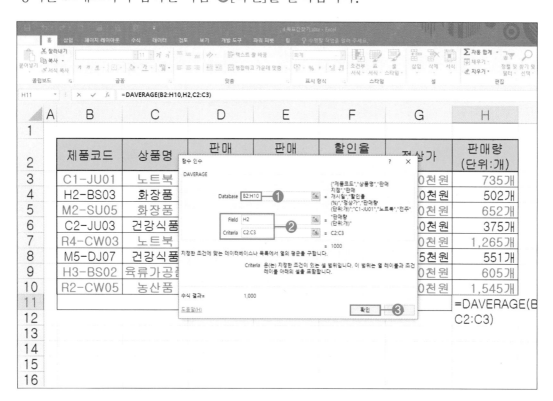

02 'DAVERAGE' 함수 마법사가 열리면 ❶'Database'에는 [B2:H10]까지 영역을 드래그하여 입력합니다. ❷'Field'에는 판매량이 있는 [H2] 셀을 클릭하고 'Criteria'에는 조건이 있는 [C2:C3] 영역을 드래그하여 입력한 다음 ❸[확인]을 클릭합니다.

03 ❶[H11] 셀을 클릭하고 [데이터] 탭의 [예측] 그룹에서 ❷'가상분석'의 목록 단추를 클릭하여 ❸ [목표값 찾기]를 선택합니다. ❹'수식 셀'에 'H11', '찾는 값'에는 '1000'을 입력하고, '값을 바꿀 셀'에는 'H3'을 클릭한 후 ❺[확인]을 클릭합니다.

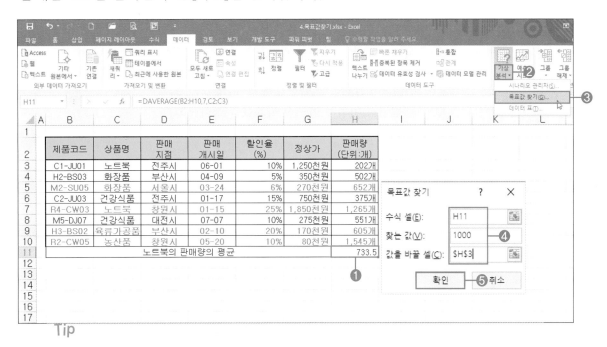

Tip

수식 셀 : 노트북의 판매량의 평균이

찾는 값 : 1000이 되려면

값을 바꿀 셀 : 전주시 노트북 판매량은?

조건과 목표값 찾기에 그대로 적용해 보세요.

04 [목표값 찾기 상태] 대화상자의 ❶[확인]을 클릭하여 완성합니다. ❷계산된 목표값은 '쉼표 스타일(,)'을 적용합니다.

	제품코드	상품명	판매 지점	판매 개시일	할인율 (%)	정상가	판매량 (단위:개)
3	C1-JU01	노트북	전주시	06-01	10%	1,250천원	735개
4	H2-BS03	화장품			5%	350천원	502개
5	M2-SU05	화장품			6%	270천원	652개
6	C2-JU03	건강식품			15%	750천원	375개
7	R4-CW03	노트북			25%	1,850천원	1,265개
8	M5-DJ07	건강식품			10%	275천원	551개
9	H3-BS02	육류가공품			20%	170천원	605개
10	R2-CW05	농산품	창원시	05-20	10%	80천원	1,545개
11	노트북의 판매량의 평균						1,000

목표값 찾기 상태 ? ×

셀 H11에 대한 값 찾기 답을 찾았습니다.

목표값: 1000
현재값: 1,000

■ ■ 예제 : 실력팡팡₩목표값1.xlxs / 완성파일 : 실력팡팡₩목표값1완성.xlxs

01 ☞ **"제1작업" 시트의 「B4:H12」 영역을 복사하여 "제2작업" 시트의 「B2」 셀에 모두 붙여넣기를 한 후 다음의 조건과 같이 작업하시오.**

조건 (1) 목표값 찾기 – 「B11:G11」 셀을 병합하여 "자격증과정의 금년도 지원현황의 합계"를 입력한 후 「H11」 셀에 '자격증과정의 금년도 지원현황의 합계'를 구하시오(DSUM 함수, 테두리, 가운데 맞춤)
  – '자격증과정의 금년도 지원현황의 합계'가 '300'이 되려면 'SNS마케팅'의 '금년도 지원현황'은 얼마가 되어야 하는지 목표값을 구하시오.

출력형태

	A	B	C	D	E	F	G	H
2		강사코드	담당강사	교육구분	프로그램명	전년도 지원현황	금년도 지원현황	재수강율 (단위:%)
3		SS003	우주원	자격증과정	SNS마케팅	98명	187명	30%
4		SS005	이예슬	취미반	프랑스자수	80명	55명	15%
5		SA012	최민아	창업교육	닥종이인형	50명	55명	35%
6		TS030	서인정	취미반	우쿨렐레	40명	40명	75%
7		TA100	정서연	창업교육	한식조리사	50명	35명	120%
8		AS101	민지혜	창업교육	창업떡만들기	30명	37명	55%
9		AS102	유나희	자격증과정	숲해설사	70명	113명	32%
10		TA200	표민수	취미반	생활도예	60명	100명	26%
11		자격증과정의 금년도 지원현황의 합계						300

KEY POINT
• 범위를 설정하고 '복사'한 후 [sheet2]에 붙여넣기
• 열 너비 조절하기
• 수식 셀에 클릭한 후 [데이터]–[데이터 도구]–[가상 분석]–[목표값 찾기]

■ ■ 예제 : 실력팡팡₩목표값2.xlxs / 완성파일 : 실력팡팡₩목표값2완성.xlxs

02 ☞ **"제1작업" 시트의 「B4:H12」 영역을 복사하여 "제2작업" 시트의 「B2」 셀에 모두 붙여넣기를 한 후 다음의 조건과 같이 작업하시오.**

조건 (1) 목표값 찾기 – 「B11:G11」 셀을 병합하여 "태도의 전체 평균"을 입력한 후 「H11」 셀에 '태도의 전체 평균'를 구하시오(AVERAGE 함수, 테두리, 가운데 맞춤).
  – '태도의 전체 평균'이 '95'가 되려면 '강나연'의 '태도'는 얼마가 되어야 하는지 목표값을 구하시오.

출력형태

	수험번호	지원자	지원 종목	태도	맛과 향	총점 (200점 만점)	평가
3	C3-0706	노형일	카푸치노	98.6	92.5	총281.2	2차선발
4	E1-S078	두리안	에소프레소	87.7	89.1	총265.5	
5	R3-A094	최미숙	카푸치노	91.7	91.6	총275.8	2차선발
6	B3-U098	김순옥	블랜딩	89.9	92.3	총272.1	
7	C3-A119	정은유	카푸치노	94.5	92.4	총284.1	2차선발
8	R4-U073	강나연	로스팅	88.4	124.4	총270.4	
9	C3-A040	이유리	블랜딩	93.1	90.5	총276.1	2차선발
10	E1-A079	나나무	에소프레소	100	87.2	총262.3	
11	태도의 전체 평균						95

03 ☞ **"제1작업" 시트의 「B4:H12」 영역을 복사하여 "제2작업" 시트의 「B2」 셀에 모두 붙여넣기를 한 후 다음의 조건과 같이 작업하시오.**

조건 (1) 목표값 찾기 – 「B11:G11」 셀을 병합하여 "정보화교육의 지원총액의 평균"을 입력한 후 「H11」 셀에 '정보화교육의 지원총액의 평균'를 구하시오(DAVERAGE 함수, 테두리, 가운데 맞춤).
　　　　– '정보화교육의 지원총액의 평균'이 '50000'이 되려면 '김희정'의 '지원총액(단위:천원)'이 얼마가 되어야 하는지 목표값을 구하시오.

출력형태

A	B	C	D	E	F	G	H
1							
2	지원코드	사업자	사업장주소	사업개업 연도	지원 분야	교육 시간	지원총액 (단위:천원)
3	C19-0706	장미희	소대배기로 18-13	2019년	정보화교육	1	50천원
4	E18-S078	이은나	문학로 11-8	2018년	문화예술	3	45천원
5	R21-A094	최대정	백제로 25-3	2021년	문화예술	3	65천원
6	B19-U098	이민정	서곡로 19-1	2019년	환경개선	2	100천원
7	C20-A119	김희정	와룡로 12-5	2020년	정보화교육	4	40천원
8	R21-U073	정은유	효자로 6-5	2021년	문화예술	5	40천원
9	C17-A040	정서연	기린로 55-8	2017년	정보화교육	2	60천원
10	E20-A079	노형원	한벽로 12-9	2020년	전통문화	2	55천원
11	정보화교육의 지원총액의 평균						50,000
12							

KEY POINT
• 범위를 설정하고 '복사'한 후 [sheet2]에 붙여넣기
• 수식 셀을 클릭한 후 [데이터]–[데이터 도구]–[가상 분석]–[목표값 찾기]

04 ☞ **"제1작업" 시트의 「B4:H12」 영역을 복사하여 "제2작업" 시트의 「B2」 셀에 모두 붙여넣기를 한 후 다음의 조건과 같이 작업하시오.**

조건 (1) 목표값 찾기 – 「B11:G11」 셀을 병합하여 "영업부의 7월 매출의 평균"을 입력한 후 「H11」 셀에 '영업부의 7월 매출의 평균'을 구하시오(DAVERAGE 함수, 테두리, 가운데 맞춤).
　　　　– '영업부의 7월 매출의 평균'이 '90'이 되려면 '노형일'의 '7월매출'은 얼마가 되어야 하는지 목표값을 구하시오.

출력형태

A	B	C	D	E	F	G	H
1							
2	사원코드	사원	부서	입사일	5월 매출	6월 매출	7월 매출
3	1-030P2	노형일	영업부	2012-03-02	80	100	85GOAL
4	2-060D4	노형원	홍보부	2009-06-04	90	85	75GOAL
5	1-090A3	김신우	영업부	2008-09-01	85	100	100GOAL
6	3-060S1	최민아	기획부	2011-06-01	100	95	95GOAL
7	2-090P2	박종철	홍보부	2007-09-01	95	75	75GOAL
8	4-060B2	이민영	관리부	2012-06-01	80	80	80GOAL
9	3-030T1	정신정	기획부	2007-03-01	85	75	90GOAL
10	2-030F3	윤지안	영업부	2006-03-02	100	90	85GOAL
11	영업부의 7월 매출의 평균						90
12							

고급 필터와 표 서식

05 Section

고급 필터는 조건을 직접 입력하여 원하는 데이터를 필터링합니다. 표 서식의 이미 만들어진 서식을 이용하여 표 서식을 지정하는 방법을 학습합니다.

고급 필터

- 조건을 다른 위치에 직접 입력하여 다양한 조건을 사용해서 데이터를 필터링합니다.
- 검색 데이터는 현재 데이터의 위치에 추출하거나 원하는 위치에 데이터를 추출합니다.
- 조건을 입력할 때는 필드 이름을 입력하고 필드 아래에 조건을 입력합니다.
- 두 조건이 만족하는 경우에는 AND 조건이 되고, 두 조건 중 한 조건만 만족하면 OR 조건입니다.
- 와일드 카드문자 (*, ?)를 사용할 수 있습니다.

AND 조건의 예

직위	합계
대리	>=300

직위가 대리이고 합계가 300점 이상
조건1 (~이고, ~이면서) 조건2인 경우
조건과 조건 사이가 '~이고,~이면서' 이면 AND 두 조건이 모두 만족해야 하는 조건으로 조건은 같은 행에 입력

OR 조건의 예

직위	합계
대리	
	>=300

직위가 대리이거나 합계가 300점 이상
조건1 (~이거나, ~또는) 조건2인 경우
조건과 조건 사이가 '~이거나,~또는' 이면 OR 두 조건중 하나만 만족하면 되는 조건으로 조건과 조건은 다른 행에 입력

수식 조건의 예

직위	합계
대리	TRUE

직위가 대리이고 합계가 평균 합계 이상
수식을 사용하면 FALSE 또는 TRUE 값 표시
수식 입력 =$H4>=AVERAGE($H$4:$H$19)

AND / OR 복합 조건

직위	합계
대리	>=250
과장	>=200

직위가 대리이고 합계가 250점 이상이거나 직위가 과장이고 합계가 200점 이상인 데이터
수식을 사용하면 FALSE 또는 TRUE 값 표시

- [보다 큼] 대화상자에서 '값'을 입력하고 적용할 서식을 선택합니다.

지원코드	사업자	사업장주소	사업개업 연도	지원 분야	교육 시간	지원총액 (단위:천원)
C3-0706	장미희	소대배기로 18-13	2003년	정보화교육	1	50,000천원
E1-S078	이은나	문학로 11-8	2001년	문화예술	3	45,000천원
R1-A094	노경진	백제로 25-3	2001년	마케팅	3	65,000천원
B3-U098	이현미	서곡로 19-1	2003년	환경개선	2	100,000천원
C5-A119	김희정	와룡로 12-5	2005년	문화예술	4	35,000천원
R4-U073	정은유	효자로 6-5	2004년	문화예술	5	40,000천원
C2-A040	민지선	기린로 55-8	2002년	환경개선	2	60,000천원
E1-A079	노형원	한벽로 12-9	2001년	전통문화	2	55,000천원

지원 분야	교육 시간
문화예술	
	>=3

- [고급 필터] 대화상자에서 '다른 장소에 복사'에 체크하고 '목록 범위'는 데이터 범위, 조건 범위와 복사 위치를 선택하고 [확인]을 클릭합니다.

- 현재 위치에 필터 : 결과가 원본 영역에 추출
- 다른 장소에 복사 : 원본은 그대로 두고 추출 결과를 다른 장소에 표시
- 목록 범위 : 필드를 포함한 데이터 전체 범위
- 조건 범위 : 찾을 조건을 입력한 조건 범위
- 복사 위치 : '다른 장소에 복사'를 선택한 경우 추출할 셀의 위치
- 동일한 레코드는 하나만 : 중복 레코드 추출

표 서식

- 미리 지정된 표 스타일을 적용하여 쉽고 빠르게 미려한 문서를 작성합니다.
- 표 서식을 적용할 범위를 설정하고, [홈] 탭의 [스타일] 그룹에서 [표 서식]을 클릭하여 선택합니다.

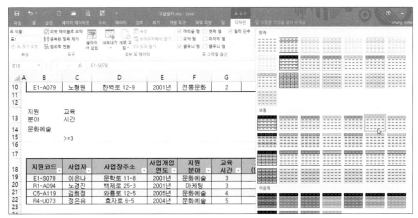

■ ■ 예제 : 기출유형₩5.고급필터.xlsx / 완성 : 기출유형₩5.고급필터완성.xlsx

고급 필터와 표 서식 따라하기

다양한 조건을 입력하여 자료를 추출하고, 필터된 자료에 표 서식을 적용하는 기능을 평가합니다.

[제2작업] 필터 및 서식 (80점)

☞ **"제1작업" 시트의 「B4:H12」 영역을 복사하여 "제2작업" 시트의 「B2」 셀에 모두 붙여넣기를 한 후 다음의 조건과 같이 작업하시오.**

조건 (1) 고급필터 – 판매지점이 '부산'이거나, 정상가가 '1,000,000' 이상인 자료의 데이터만 추출하시오.
    – 조건 위치 : 「B14」 셀부터 입력하시오.
    – 복사 위치 : 「B18」 셀부터 나타나도록 하시오.

  (2) 표 서식 – 고급필터의 결과셀을 채우기 없음으로 설정한 후, '표 스타일 보통 6'의 서식을 적용하시오.
    – 머리글 행, 줄무늬 행을 적용하시오.

출력형태

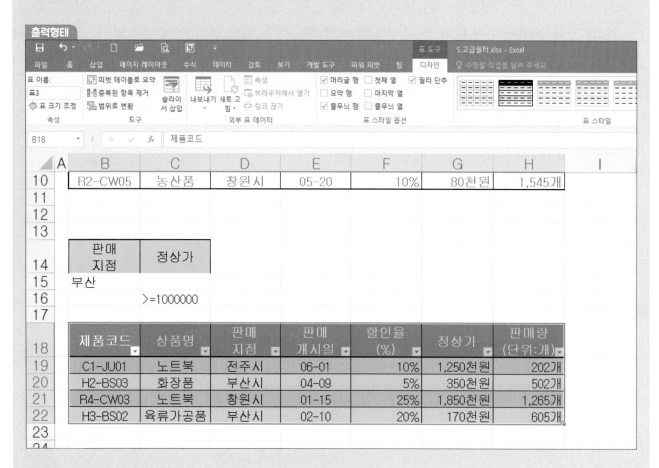

KEY POINT
- 고급 필터 조건 입력 – AND 조건과 OR 조건 확인
- [데이터]–[데이터 도구]–[정렬 및 필터]–[고급]
- 다른 장소에 복사 / 목록 범위 / 조건 범위 / 복사 위치 확인
- 표 서식 설정 – 채우기 없음 / [홈]–[스타일]–[표 서식]

01 ❶'제1작업' 시트의 [B4:H12] 영역을 범위로 지정 한 후 [홈] 탭의 [클립보드] 그룹에서 ❷[복사] 또는 Ctrl + C 를 누릅니다.

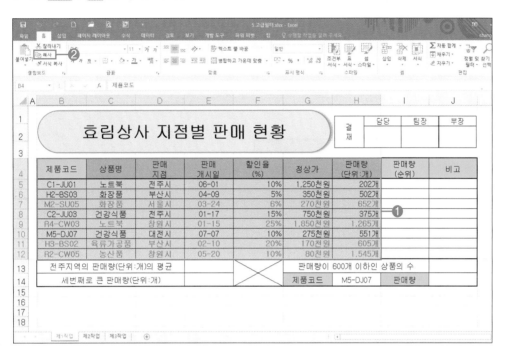

02 '제2작업' 시트의 [B2] 셀을 클릭한 후 Ctrl + V 를 눌러 붙여넣기 합니다. 조건의 필드를 복사 합니다. ❶[D2] 셀을 클릭하고 ❷ Ctrl 을 누르고 [G2] 셀을 선택하여 Ctrl + C 를 누릅니다. ❸ [B14] 셀을 클릭하여 Ctrl + V 를 눌러 필드명을 입력한 후 [B14:C16] 셀에 조건을 입력합니다.

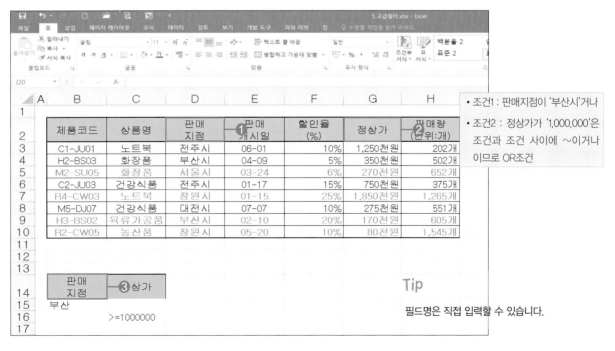

03 ❶표 안을 클릭하고 [데이터] 탭의 [정렬 및 필터] 그룹에서 ❷[고급]을 클릭합니다.

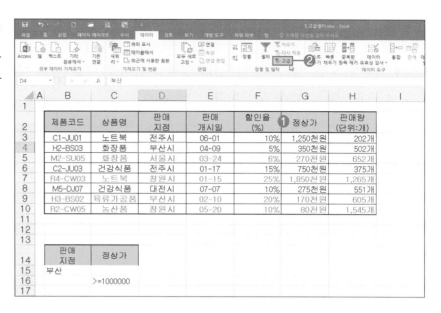

04 [고급 필터] 대화상자에 ❶'다른 장소에 복사'를 체크하고, ❷'목록 범위'는 '$B$2:$H$10'까지, '조건 범위'는 [B14:C16]을 드래그하고, '복사 위치'는 [B18] 셀을 클릭하고 ❸[확인]을 누릅니다.

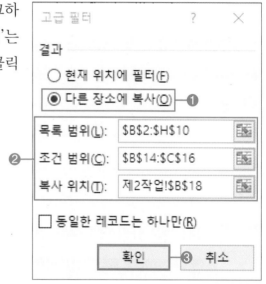

05 결과를 추출합니다.

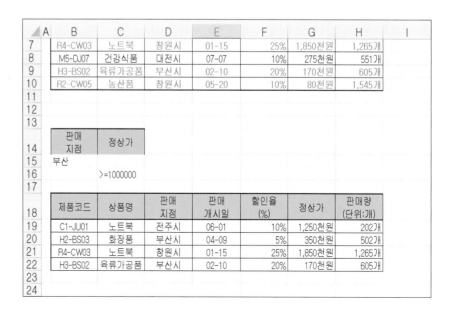

○ 원하는 필드만 추출하기

☞ "판매지점이 '부산'이거나 정상가가 '>=1000000' 이상인 자료의 상품명, 정상가, 매량(단위:개)데이터만 추출하시오.

❶ 조건을 입력하고 추출할 필드만 선택합니다. 상품명을 클릭한 후 Ctrl 을 누르고 '정상가'와 '판매량(단위:개)'를 클릭한 후 Ctrl + C 를 눌러 복사합니다. 복사 위치에 클릭한 후 Ctrl + V 를 누릅니다.

❷ [고급 필터] 대화상자에 '다른 장소에 복사'에 체크하고, 목록 범위는 '$B$2:$H$10'까지, 조건 범위는 '$B$14:$C$16'을, 복사 위치는 '$B$18:$D$18'을 드래그하여 입력한 후 [확인]을 누릅니다.

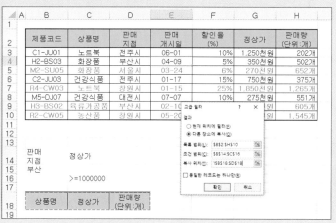

❸ 원하는 필드의 결과만 추출합니다.

A	B	C	D	E	F
7	R4-CW03	노트북	창원시	01-15	25%
8	M5-DJ07	건강식품	대전시	07-07	10%
9	H3-BS02	육류가공품	부산시	02-10	20%
10	R2-CW05	농산품	창원시	05-20	10%
11					
12					
13					
14	판매지점	정상가			
15	부산				
16		>=1000000			
17					
18	상품명	정상가	판매량(단위:개)		
19	노트북	1,250천원	202개		
20	화장품	350천원	502개		
21	노트북	1,850천원	1,265개		
22	육류가공품	170천원	605개		
23					

01 고급 필터로 추출된 데이터 ❶[B18:H22] 셀까지 범위를 설정하고, [홈] 탭의 [글꼴] 그룹에서 ❷'채우기'의 목록 단추를 클릭하여 ❸[채우기 없음]을 선택합니다.

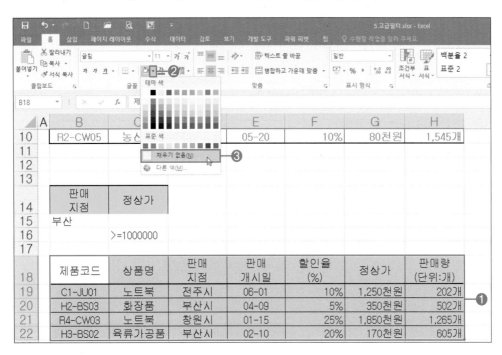

02 범위가 설정된 상태에서 [홈] 탭의 [스타일] 그룹에서 ❶[표 서식]을 클릭하고, 목록에서 ❷'표 스타일 보통 6'을 선택합니다. ❸[표 서식] 대화상자의 범위 지정을 확인하고 ❹[확인]을 클릭합니다.

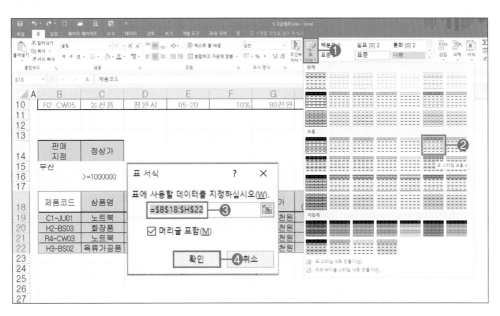

03 ❶범위가 설정된 상태에서 [표 도구]–[디자인] 탭의 [표 스타일 옵션] 그룹에서 ❷'머리글 행'과 '줄무늬 행'을 적용하여 완성합니다.

Level UP!

⬤ 고급 필터의 와일드카드 문자와 관계식 조건

관계식 표현

>=	<=	<	>	=	<>
이상	이하	미만	초과	같다	아니다

❶ 와일드 카드 문자(*, ?)

- 하나 또는 많은 문자를 대신하여 사용되는 문자

- * : 모든 문자를 대신   ? : 한 문자를 대신

A로 시작하는 코드 출력	A가 들어있는 문자열 추출	A로 끝나는 문자열 추출
A*	*A*	*A

❷ AND조건 (두 조건 만족, ~이고, ~이면서)

접수번호가 'A'로 시작하고, 매출이 '500'이상		수강 구분이 '전공'을 포함하면서 출석이 '3'이하	
접수번호	매출	수강	출석
A*	>=500	*전공*	<=3

❸ OR조건 (하나의 조건 만족, ~이거나, ~또는)

수강 구분이 '교양'이 아니거나 출석률이 '3'미만		가입일이 '2012–02–01'이후(해당일 포함)이거나 접수일이 '당일'인 자료	
수강 구분	출석률	가입일	접수일
<>교양		>=2012–02–01	
	<3		당일

■ ■ 예제 : 실력팡팡₩고급필터1.xlsx / 완성 : 실력팡팡₩고급필터1완성.xlsx

01 ☞ "제1작업" 시트의 「B4:H12」 영역을 복사하여 "제2작업" 시트의 「B2」 셀에 모두 붙여넣기를 한 후 다음의 조건과 같이 작업하시오.

조건 (1) 고급필터 - 교육구분이 '취미반'이거나, 전년도지원현황이 '70'이상인 자료의 데이터만 추출하시오.
    - 조건 위치 : 「B14」 셀부터 입력하시오.
    - 복사 위치 : 「B18」 셀부터 나타나도록 하시오.

(2) 표 서식 - 고급필터의 결과셀을 채우기 없음으로 설정한 후, '표 스타일 보통 7'의 서식을 적용하시오.
    - 머리글 행, 줄무늬 행을 적용하시오.

출력형태

	강사코드	담당강사	교육구분	프로그램명	전년도 지원현황	금년도 지원현황	재수강율 (단위:%)
	SS003	우주원	자격증과정	SNS마케팅	98명	85명	30%
	SS005	이예슬	취미반	프랑스자수	80명	55명	15%
	SA012	최민아	창업교육	닥종이인형	50명	55명	35%
	TS030	서인정	취미반	우쿨렐레	40명	40명	75%
	TA100	정서연	창업교육	한식조리사	50명	35명	120%
	AS101	민지혜	창업교육	창업떡만들기	30명	37명	55%
	AS102	유나희	자격증과정	숲해설사	70명	113명	32%
	TA200	표민수	취미반	생활도예	60명	100명	26%

교육구분	전년도 지원현황
취미반	
	>=70

강사코드	담당강사	교육구분	프로그램명	전년도 지원현황	금년도 지원현황	재수강율 (단위:%
SS003	우주원	자격증과정	SNS마케팅	98명	85명	30%
SS005	이예슬	취미반	프랑스자수	80명	55명	15%
TS030	서인정	취미반	우쿨렐레	40명	40명	75%
AS102	유나희	자격증과정	숲해설사	70명	113명	32%
TA200	표민수	취미반	생활도예	60명	100명	26%

02 ☞ "제1작업" 시트의 「B4:H12」 영역을 복사하여 "제2작업" 시트의 「B2」 셀에 모두 붙여넣기를 한 후 다음의 조건과 같이 작업하시오.

조건 (1) 고급필터 – 지원 종목이 '카푸치노'이고, 총점(200점 만점)이 '280'이상인 자료의 '지원자, 태도, 맛과 향, 총점(200점 만점)'의 데이터만 추출하시오.

— 조건 위치 : 「B14」 셀부터 입력하시오.

— 복사 위치 : 「B18」 셀부터 나타나도록 하시오.

(2) 표 서식 – 고급필터의 결과셀을 채우기 없음으로 설정한 후, '표 스타일 보통 4'의 서식을 적용하시오.

— 머리글 행, 줄무늬 행을 적용하시오.

출력형태

수험번호	지원자	지원 종목	태도	맛과 향	총점(200점 만점)	평가
C3-0706	노형일	카푸치노	98.6	92.5	총281.2	2차선발
E1-S078	두리안	에소프레소	87.7	89.1	총265.5	
R3-A094	최미숙	카푸치노	91.7	91.6	총275.8	2차선발
B3-U098	김순옥	블랜딩	89.9	92.3	총272.1	
C3-A119	정은유	카푸치노	94.5	92.4	총284.1	2차선발
R4-U073	강나연	로스팅	88.4	88.5	총270.4	
C3-A040	이유리	블랜딩	93.1	90.5	총276.1	2차선발
E1-A079	나나무	에소프레소	100	87.2	총262.3	

지원 종목	총점(200점 만점)
카푸치노	>=280

지원자	태도	맛과 향	총점(200점 만점)
노형일	98.6	92.5	총281.2
정은유	94.5	92.4	총284.1

■ ■ 예제 : 실력팡팡\고급필터3.xlsx / 완성 : 실력팡팡\고급필터3완성.xlsx

03 ☞ "제1작업" 시트의 「B4:H12」 영역을 복사하여 "제2작업" 시트의 「B2」 셀에 모두 붙여넣기를 한 후 다음의 조건과 같이 작업하시오.

조건 (1) 고급필터 – 지원분야가 '문화예술'이 아니거나, 교육시간이 '3'이하인 자료의 데이터만 추출하시오.
　　　　　 – 조건 위치 : 「B14」 셀부터 입력하시오.
　　　　　 – 복사 위치 : 「B18」 셀부터 나타나도록 하시오.

　　　 (2) 표 서식 – 고급필터의 결과셀을 채우기 없음으로 설정한 후, '표 스타일 밝게 13'의 서식을 적용하시오.
　　　　　 – 머리글 행, 줄무늬 행을 적용하시오.

출력형태

	A	B	C	D	E	F	G	H	I
1									
2		지원코드	사업자	사업장주소	사업개업 연도	지원 분야	교육 시간	지원총액 (단위:천원)	
3		C19-0706	장미희	소대배기로 18-13	2019년	정보화교육	1	50천원	
4		E18-S078	이은나	문학로 11-8	2018년	문화예술	3	45천원	
5		R21-A094	최대정	백제로 25-3	2021년	문화예술	3	65천원	
6		B19-U098	이민정	서곡로 19-1	2019년	환경개선	2	100천원	
7		C20-A119	김희정	와룡로 12-5	2020년	정보화교육	4	35천원	
8		R21-U073	정은유	효자로 6-5	2021년	문화예술	5	40천원	
9		C17-A040	정서연	기린로 55-8	2017년	정보화교육	2	60천원	
10		E20-A079	노형원	한벽로 12-9	2020년	전통문화	2	55천원	
11									
12									
13									
14		지원 분야	교육 시간						
15		<>문화예술	<=3						
16									
17									
18		지원코드	사업자	사업장주소	사업개업 연도	지원 분야	교육 시간	지원총액 (단위:천원)	
19		C19-0706	장미희	소대배기로 18-13	2019년	정보화교육	1	50천원	
20		B19-U098	이민정	서곡로 19-1	2019년	환경개선	2	100천원	
21		C17-A040	정서연	기린로 55-8	2017년	정보화교육	2	60천원	
22		E20-A079	노형원	한벽로 12-9	2020년	전통문화	2	55천원	
23									

04 ☞ **"제1작업" 시트의 「B4:H12」 영역을 복사하여 "제2작업" 시트의 「B2」 셀에 모두 붙여넣기를 한 후 다음의 조건과 같이 작업하시오.**

조건 (1) 고급필터 – 입사일이 '2009년1월 1일' 이후이고, 5월매출이 '90'이상인 자료의 사원, 부서, 입사일, 5월매출 데이터만 추출하시오.
– 조건 위치 : 「B14」 셀부터 입력하시오.
– 복사 위치 : 「B18」 셀부터 나타나도록 하시오.

(2) 표 서식 – 고급필터의 결과셀을 채우기 없음으로 설정한 후, '표 스타일 보통 5'의 서식을 적용하시오.
– 머리글 행, 줄무늬 행을 적용하시오.

출력형태

	B	C	D	E	F	G	H
2	사원코드	사원	부서	입사일	5월 매출	6월 매출	7월 매출
3	1-030P2	노형일	영업부	2012-03-02	80	100	80GOAL
4	2-060D4	노형원	홍보부	2009-06-04	90	85	75GOAL
5	1-090A3	김신우	영업부	2008-09-01	85	100	100GOAL
6	3-060S1	최민아	기획부	2011-06-01	100	95	95GOAL
7	2-090P2	박종철	홍보부	2007-09-01	95	75	75GOAL
8	4-060B2	이민영	관리부	2012-06-01	80	80	80GOAL
9	3-030T1	정신정	기획부	2007-03-01	85	75	90GOAL
10	2-030F3	윤지안	영업부	2006-03-02	100	90	85GOAL

	B	C
14	입사일	5월 매출
15	>=2009-1-1	>=90

	B	C	D	E
18	사원 ▼	부서 ▼	입사일 ▼	5월 매출 ▼
19	노형원	홍보부	2009-06-04	90
20	최민아	기획부	2011-06-01	100

정렬 및 부분합

Section 06

특정 기준으로 데이터를 정렬하고 그룹별로 합계, 평균, 개수 등을 구하는 부분합을 지정하는 방법을 학습합니다.

🔵 정렬

- 데이터를 순서대로 정렬해서 재배치하는 기능으로 오름차순 또는 내림차순 정렬, 사용자 지정 순으로 정렬할 수 있습니다.
- [데이터] 탭의 [정렬 및 필터] 그룹에서 [정렬]을 클릭합니다.
- 정렬할 대상이 하나일 경우에는 필드를 선택하고 오름차순 또는 내림차순 단추를 누릅니다.

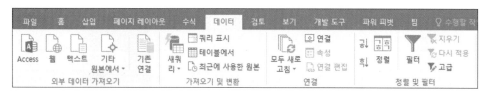

- 하나 이상의 정렬은 정렬될 데이터를 범위 설정 후 [데이터] 탭의 [정렬 및 필터] 그룹에서 [정렬]을 클릭합니다.
- [기준 추가]를 눌러 정렬 대상을 추가할 수 있으며, 오름차순 또는 내림차순, 사용자 지정을 선택합니다.

- 사용자 지정 정렬은 [사용자 지정 목록]을 선택하고, [사용자 지정 목록]에서 [목록 항목]에 목록을 추가한 후 정렬합니다.

🔵 부분합

- 데이터 범위의 열 방향의 특정 항목을 기준으로 데이터별로 그룹화하고, 합계, 평균, 개수, 최댓값, 최솟값, 표준 편차, 분산 등을 그룹별로 계산합니다.
- [데이터] 탭의 [윤곽선] 그룹에서 [부분합]을 클릭합니다.
- 부분합은 정렬을 먼저 실행한 후 부분합을 합니다.

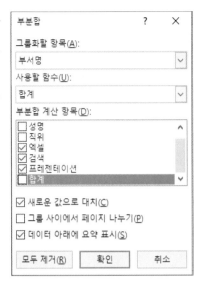

- 부분합을 여러 번 할 경우에는 [부분합] 대화상자에서 '새로운 값으로 대치'에 체크를 해제해야 합니다.
- 부분합 제거는 [부분합] 대화상자에서 '모두 제거'를 클릭합니다.

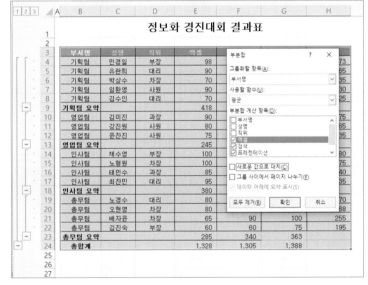

🔵 부분합

- 부분합의 그룹의 단계를 표시하는 기능으로 데이터의 윤곽 기호를 없애려면 [데이터] 탭의 [윤곽선] 그룹에서 [그룹 해제]를 클릭하여 [윤곽선 지우기]를 클릭합니다.

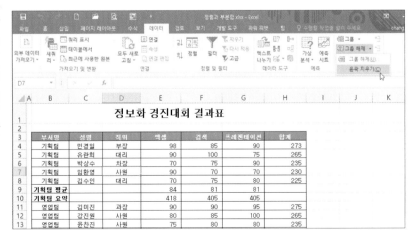

■ ■ 예제 : 기출유형₩6.부분합.xlsx / 완성 : 기출유형₩6.부분합완성.xlsx

정렬 및 부분합 따라하기

데이터를 조건에 맞추어 자료를 정렬하고, 정렬된 데이터에 부분합을 이용해 그룹 계산식을 만드는 기능을 평가하는 문제입니다.

[제3작업] 정렬 및 부분합 (80점)

☞ **"제1작업" 시트의 「B4:H12」 영역을 복사하여 "제3작업" 시트의 「B2」 셀에 모두 붙여넣기를 한 후 다음의 조건과 같이 작업하시오.**

조건
(1) 부분합 – ≪출력형태≫처럼 정렬하고, 정상가의 합계와 판매량(단위:개)의 평균을 구하시오.
(2) 윤곽 – 지우시오.
(3) 나머지 사항은 ≪출력형태≫에 맞게 작성하시오

출력형태

	제품코드	상품명	판매지점	판매개시일	할인율(%)	정상가	판매량(단위:개)
M5-DJ07	건강식품	대전시	07-07	10%	275천원	551개
		대전시 평균				551개
		대전시 요약			275천원	
H2-BS03	화장품	부산시	04-09	5%	350천원	502개
H3-BS02	육류가공품	부산시	02-10	20%	170천원	605개
		부산시 평균				554개
		부산시 요약			520천원	
M2-SU05	화장품	서울시	03-24	6%	270천원	652개
		서울시 평균				652개
		서울시 요약			270천원	
C1-JU01	노트북	전주시	06-01	10%	1,250천원	202개
C2-JU03	건강식품	전주시	01-17	15%	750천원	375개
		전주시 평균				289개
		전주시 요약			2,000천원	
R4-CW03	노트북	창원시	01-15	25%	1,850천원	1,265개
R2-CW05	농산품	창원시	05-20	10%	80천원	1,545개
		창원시 평균				1,405개
		창원시 요약			1,930천원	
		전체 평균				712개
		총합계			4,995천원	

제1작업 제2작업 제3작업 ⊕

KEY POINT
- 부분합 작성시 반드시 정렬을 먼저 합니다.
- [데이터]-[데이터 도구]-[정렬]
- [데이터] 탭의 [윤곽선] 그룹의 [부분합]
- [데이터] 탭의 [윤곽선] 그룹의 [그룹 해제]-[윤곽선 지우기]

01 '제1작업' 시트의 ❶[B4:H12] 셀 영역을 범위를 설정한 후 Ctrl + C를 눌러 복사합니다.

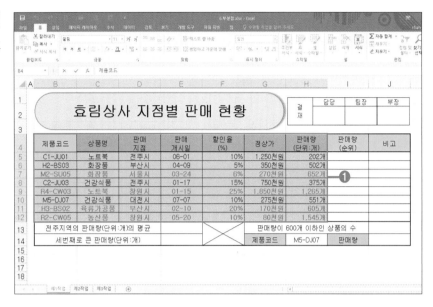

02 '제3작업' 시트의 [B2] 셀을 클릭한 후 Ctrl + V를 누릅니다. 열 너비 또는 행 높이를 조절합니다. 부분합은 정렬을 먼저 해야합니다. ❶ '판매지점(D2)'을 클릭한 후 [데이터] 탭의 [정렬 및 필터] 그룹에서 ❷'텍스트 오름차순 정렬'을 클릭합니다.

Tip

≪출력형태≫의 그룹화된 필드가 정렬 대상이고 오름차순인지 내림차순인지 확인합니다.

	제품코드	상품명	판매지점	판매개시일	할인율(%)	정상가	판매량(단위:개)
3	C1-JU01	노트북	전주시	06-01	10%	1,250천원	202개
4	H2-BS03	화장품	부산시	04-09	5%	350천원	502개
5	M2-SU05	화장품	서울시	03-24	6%	270천원	652개
6	C2-JU03	건강식품	전주시	01-17	15%	750천원	375개
7	R4-CW03	노트북	창원시	01-15	25%	1,850천원	1,265개
8	M5-DJ07	건강식품	대전시	07-07	10%	275천원	551개
9	H3-BS02	육류가공품	부산시	02-10	20%	170천원	605개
10	R2-CW05	농산품	창원시	05-20	10%	80천원	1,545개

03 판매지점이 오름차순으로 정렬됩니다.

	제품코드	상품명	판매지점	판매개시일	할인율(%)	정상가	판매량(단위:개)
3	M5-DJ07	건강식품	대전시	07-07	10%	275천원	551개
4	H2-BS03	화장품	부산시	04-09	5%	350천원	502개
5	H3-BS02	육류가공품	부산시	02-10	20%	170천원	605개
6	M2-SU05	화장품	서울시	03-24	6%	270천원	652개
7	C1-JU01	노트북	전주시	06-01	10%	1,250천원	202개
8	C2-JU03	건강식품	전주시	01-17	15%	750천원	375개
9	R4-CW03	노트북	창원시	01-15	25%	1,850천원	1,265개
10	R2-CW05	농산품	창원시	05-20	10%	80천원	1,545개

01 첫 번째 '정상가'의 합계를 구하기 위해 데이터 안에 ❶임의의 셀을 클릭한 후 [데이터] 탭의 [윤곽선] 그룹에서 ❷[부분합]을 클릭합니다.

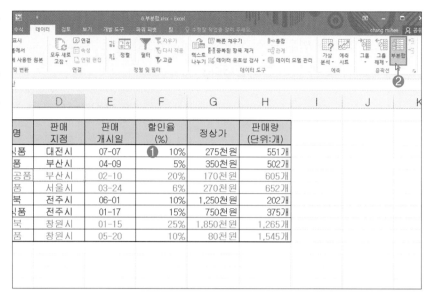

명	판매 지점	판매 개시일	할인율 (%)	정상가	판매량 (단위:개)
식품	대전시	07-07	❶ 10%	275천원	551개
품	부산시	04-09	5%	350천원	502개
공품	부산시	02-10	20%	170천원	605개
품	서울시	03-24	6%	270천원	652개
북	전주시	06-01	10%	1,250천원	202개
식품	전주시	01-17	15%	750천원	375개
북	창원시	01-15	25%	1,850천원	1,265개
품	창원시	05-20	10%	80천원	1,545개

02 [부분합] 대화상자에서 '그룹화할 항목'에는 정렬이 되었던 필드 ❶'판매지점'이 되며, '사용할 함수'에는 첫 번째 계산될 ❷'합계', '부분합 계산 항목'에는 ❸'정상가'를 선택한 후 ❹[확인]을 클릭합니다.

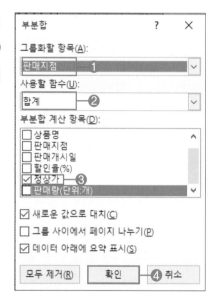

03 두 번째 '판매량'의 평균을 구하기 위해 부분합 안에 ❶임의의 셀을 클릭한 후 [데이터] 탭의 [윤곽선] 그룹에서 ❷[부분합]을 클릭합니다.

	A	B	C	D	E	F	G	H
2	제품코드	상품명	판매 지점	판매 개시일	할인율 (%)	정상가	판매량 (단위:개)	
3	M5-DJ07	건강식품	대전시	07-07	10%	275천원	551개	
4			❶	대전시 요약		275천원		
5	H2-BS03	화장품	부산시	04-09	5%	350천원	502개	
6	H3-BS02	육류가공품	부산시	02-10	20%	170천원	605개	
7				부산시 요약		520천원		
8	M2-SU05	화장품	서울시	03-24	6%	270천원	652개	
9				서울시 요약		270천원		
10	C1-JU01	노트북	전주시	06-01	10%	1,250천원	202개	
11	C2-JU03	건강식품	전주시	01-17	15%	750천원	375개	
12				전주시 요약		2,000천원		
13	R4-CW03	노트북	창원시	01-15	25%	1,850천원	1,265개	
14	R2-CW05	농산품	창원시	05-20	10%	80천원	1,545개	
15			창원시 요약			1,930천원		
16			총합계			4,995천원		

04 [부분합] 대화상자에서 '그룹화할 항목'에는 정렬이 되었던 필드 ❶'판매지점'이 되며, ❷'사용할 함수'에는 두 번째 계산될 '평균', ❸'부분합 계산 항목'에는 '판매량(단위:개)'를 선택합니다. 이전에 계산과 함께 표시하기 위해 ❹'새로운 값으로 대치'의 체크 표시를 없애고 ❺[확인]을 누릅니다.

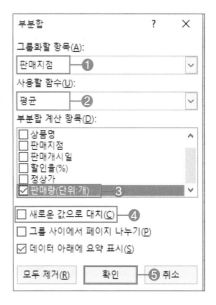

05 부분합의 윤곽을 지우기 위해 ❶임의의 부분합 영역에 클릭하고, [데이터] 탭의 [윤곽선] 그룹에서 ❷[그룹 해제]의 목록 단추를 클릭하여 ❸[윤곽 지우기]를 클릭합니다.

06 부분합을 완성합니다.

Tip

부분합을 잘못한 경우 [부분합] 대화상자에서 '모두 제거'를 클릭하여 부분합을 제거한 후 다시 계산합니다.

■ ■ 예제 : 실력팡팡₩부분합1.xlsx / 완성 : 실력팡팡₩부분합1완성.xlsx

01 ☞ "제1작업" 시트의 「B4:H12」 영역을 복사하여 "제2작업" 시트의 「B2」 셀에 모두 붙여넣기를 한 후 다음의 조건과 같이 작업하시오.

조건 (1) 부분합 – ≪출력형태≫처럼 정렬하고, 전년도 지원현황의 합계와 금년도 지원현황의 평균을 구하시오.

(2) 윤곽 – 지우시오.

(3) 나머지 사항은 ≪출력형태≫에 맞게 작성하시오.

출력형태

	A	B	C	D	E	F	G	H
1								
2		강사코드	담당강사	교육구분	프로그램명	전년도 지원현황	금년도 지원현황	재수강율 (단위:%)
3		SS003	우주원	자격증과정	SNS마케팅	98명	85명	30%
4		AS102	유나희	자격증과정	숲해설사	70명	113명	32%
5				자격증과정 평균			99명	
6				자격증과정 요약		168명		
7		SA012	최민아	창업교육	닥종이인형	50명	55명	35%
8		TA100	정서연	창업교육	한식조리사	50명	35명	120%
9		AS101	민지혜	창업교육	창업떡만들기	30명	37명	55%
10				창업교육 평균			42.333명	
11				창업교육 요약		130명		
12		SS005	이예슬	취미반	프랑스자수	80명	55명	15%
13		TS030	서인정	취미반	우쿨렐레	40명	40명	75%
14		TA200	표민수	취미반	생활도예	60명	100명	26%
15				취미반 평균			65명	
16				취미반 요약		180명		
17				전체 평균			65명	
18				총합계		478명		
19								

02 ☞ "제1작업" 시트의 「B4:H12」 영역을 복사하여 "제2작업" 시트의 「B2」 셀에 모두 붙여넣기를 한 후 다음의 조건과 같이 작업하시오.

조건 (1) 부분합 – ≪출력형태≫처럼 정렬하고, 태도의 개수와 총점(200점 만점)의 최대값을 구하시오.
    (2) 윤곽 – 지우시오.
    (3) 나머지 사항은 ≪출력형태≫에 맞게 작성하시오.

출력형태

	B	C	D	E	F	G	H
2	수험번호	지원자	지원 종목	태도	맛과 향	총점 (200점 만점)	평가
3	C3-0706	노형일	카푸치노	98.6	92.5	총281.2	2차선발
4	R3-A094	최미숙	카푸치노	91.7	91.6	총275.8	2차선발
5	C3-A119	정은유	카푸치노	94.5	92.4	총284.1	2차선발
6			카푸치노 최대값			총284.1	
7			카푸치노 개수	3			
8	E1-S078	두리안	에소프레소	87.7	89.1	총265.5	
9	E1-A079	나나무	에소프레소	100	87.2	총262.3	
10			에소프레소 최대값			총265.5	
11			에소프레소 개수	2			
12	B3-U098	김순옥	블랜딩	89.9	92.3	총272.1	
13	C3-A040	이유리	블랜딩	93.1	90.5	총276.1	2차선발
14			블랜딩 최대값			총276.1	
15			블랜딩 개수	2			
16	R4-U073	강나연	로스팅	88.4	88.5	총270.4	
17			로스팅 최대값			총270.4	
18			로스팅 개수	1			
19			전체 최대값			총284.1	
20			전체 개수	8			

제1작업 제2작업 제3작업

■ ■ 예제 : 실력팡팡₩부분합3.xlsx / 완성 : 실력팡팡₩부분합3완성.xlsx

03 ☞ **"제1작업" 시트의 「B4:H12」 영역을 복사하여 "제2작업" 시트의 「B2」 셀에 모두 붙여넣기를 한 후 다음의 조건과 같이 작업하시오.**

조건 (1) 부분합 – ≪출력형태≫처럼 정렬하고, 교육시간의 개수와 지원총액(단위:천원)의 평균을 구하시오.

(2) 윤곽 – 지우시오.

(3) 나머지 사항은 ≪출력형태≫에 맞게 작성하시오.

출력형태

	B	C	D	E	F	G	H
2	지원코드	사업자	사업장주소	사업개업 연도	지원 분야	교육 시간	지원총액 (단위:천원)
3	B19-U098	이민정	서곡로 19-1	2019년	환경개선	2	100천원
4					환경개선 평균		100천원
5					환경개선 개수	1	
6	C19-0706	장미희	소대배기로 18-13	2019년	정보화교육	1	50천원
7	C20-A119	김희정	와룡로 12-5	2020년	정보화교육	4	35천원
8	C17-A040	정서연	기린로 55-8	2017년	정보화교육	2	60천원
9					정보화교육 평균		48천원
10					정보화교육 개수	3	
11	E20-A079	노형원	한벽로 12-9	2020년	전통문화	2	55천원
12					전통문화 평균		55천원
13					전통문화 개수	1	
14	E18-S078	이은나	문학로 11-8	2018년	문화예술	3	45천원
15	R21-A094	최대정	백제로 25-3	2021년	문화예술	3	65천원
16	R21-U073	정은유	효자로 6-5	2021년	문화예술	5	40천원
17					문화예술 평균		50천원
18					문화예술 개수	3	
19					전체 평균		56천원
20					전체 개수	8	
21							

04 ☞ "제1작업" 시트의 「B4:H12」 영역을 복사하여 "제2작업" 시트의 「B2」 셀에 모두 붙여넣기를 한 후 다음의 조건과 같이 작업하시오.

조건 (1) 부분합 – ≪출력형태≫처럼 정렬하고, 사원의 개수와 7월매출의 합계를 구하시오.

(2) 윤곽 – 지우시오.

(3) 나머지 사항은 ≪출력형태≫에 맞게 작성하시오.

출력형태

사원코드	사원	부서	입사일	5월매출	6월매출	7월매출
4-060B2	이민영	관리부	2012-06-01	80	80	80GOAL
		관리부 요약부				80GOAL
	1	관리부 개수부				
3-060S1	최민아	기획부	2011-06-01	100	95	95GOAL
3-030T1	정신정	기획부	2007-03-01	85	75	90GOAL
		기획부 요약부				185GOAL
	2	기획부 개수부				
1-030P2	노형일	영업부	2012-03-02	80	100	80GOAL
1-090A3	김신우	영업부	2008-09-01	85	100	100GOAL
2-030F3	윤지안	영업부	2006-03-02	100	90	85GOAL
		영업부 요약부				265GOAL
	3	영업부 개수부				
2-060D4	노형원	홍보부	2009-06-04	90	85	75GOAL
2-090P2	박종철	홍보부	2007-09-01	95	75	75GOAL
		홍보부 요약부				150GOAL
	2	홍보부 개수부				
		총합계부				680GOAL
	8	전체 개수부				

피벗 테이블

Section

많은 데이터를 효율적으로 분석하고 요약하는 방법을 학습합니다.

🔽 피벗 테이블

- 복잡하고 많은 데이터를 쉽게 요약하는 기능으로 행 또는 열을 중심으로 다양한 형태로 요약하여 분석할 수 있으며 대화형 테이블이라고도 합니다.
- 데이터 수준을 확장하거나 축소하여 원하는 결과를 볼 수 있습니다.
- 피벗 테이블을 생성할 범위를 설정하고 [삽입] 탭의 [표] 그룹에서 [피벗 테이블]을 클릭합니다.
- [피벗 테이블] 대화상자에서 '대상 범위'와 '보고서 위치'를 선택합니다.

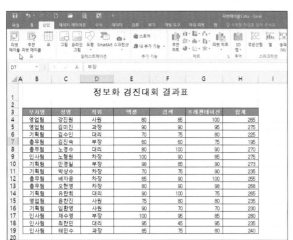
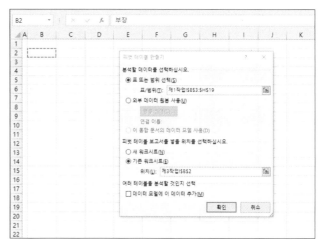

- [피벗 테이블 필드 목록]에서 '행 레이블', '열 레이블', '값' 목록에 해당하는 필드를 드래그하여 항목에 추가합니다.

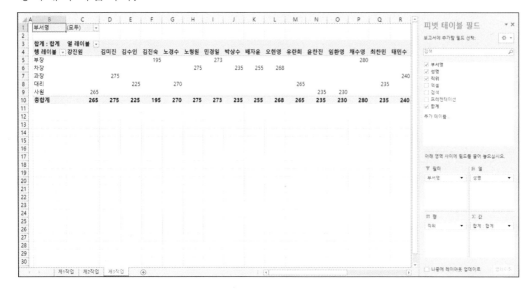

- 필드를 잘못 넣었을 때는 필드를 워크시트 위로 드래그하면 삭제되며, 필드 목록에서 삭제할 필드를 체크 해제합니다.

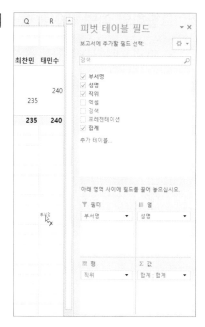

값 필드 설정과 정렬

- 값을 클릭하면 [값 필드 설정] 대화상자가 열리고 [사용할 함수]에서 계산 유형을 선택합니다. [사용자 지정 이름]에서 필드명을 수정할 수 있습니다.

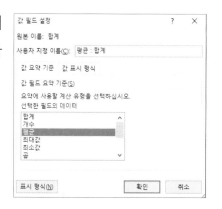

- 정렬할 때는 정렬할 행이나 열 필드를 클릭한 후 마우스 오른쪽 버튼을 눌러 [정렬]을 클릭하고, 사용자 지정 정렬일 경우에는 [기타 정렬 옵션] 대화상자에서 '수동(항목을 끌어 다시 정렬)'을 선택한 후 필드를 드래그하여 정렬할 수 있습니다.

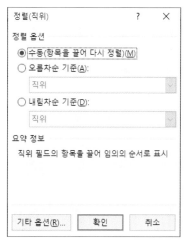

그룹화와 피벗 테이블 옵션

- 피벗 테이블에 있는 숫자나 날짜 부분에서 마우스 오른쪽 버튼을 클릭하여 [그룹]을 누르면 '시작 값, 끝 값, 단위'를 입력하여 그룹화할 수 있습니다.

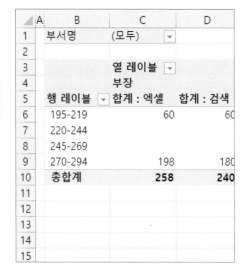

- 피벗 테이블 안을 클릭한 후 [피벗 테이블 도구]-[분석] 탭에서 [피벗 테이블] 그룹의 [옵션]을 클릭합니다.

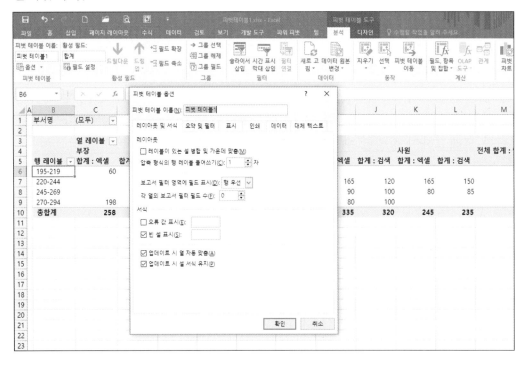

- [레이아웃 및 서식] 탭에서는 '레이블 병합', '빈 셀 표시' 등을 할 수 있으며, [요약 및 필터] 탭에서는 '행 총합계' 또는 '열 총합계 표시'를 선택할 수 있습니다.

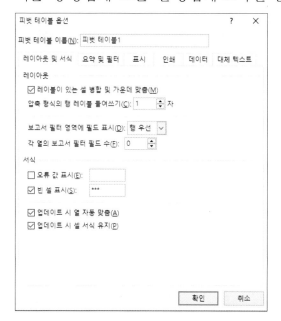
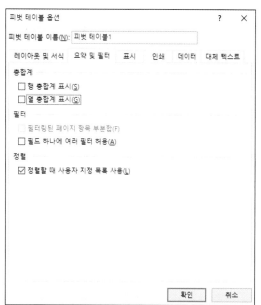

- [디자인] 탭의 [레이아웃] 그룹에서 [보고서 레이아웃]을 클릭하여 '개요 형식으로 표시'를 클릭하여 레이아웃을 변경할 수 있습니다.

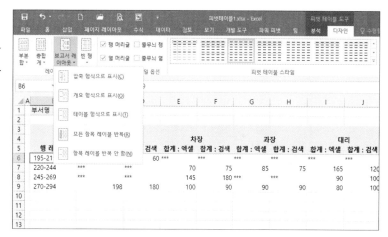

- 숫자 데이터 영역을 블록 설정하여 [홈] 탭의 [표시 형식] 그룹에서 '회계 표시', '쉼표 스타일' 등과 '소수 자릿수'를 설정할 수 있다. [맞춤] 탭을 이용하여 정렬 방법을 설정할 수 있습니다.

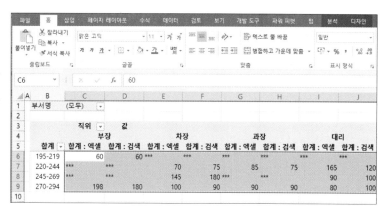

■ ■ 예제 : 기출유형₩7.피벗.xlsx / 완성 : 기출유형₩7.피벗완성.xlsx

피벗 테이블 따라하기

데이터를 조건에 맞추어 자료를 정렬하고, 정렬된 데이터에 부분합을 이용해 그룹 계산식을 만드는 기능을 평가하는 문제입니다.

[제3작업] 피벗 테이블   (80점)

☞ "제1작업" 시트를 이용하여 "제3작업" 시트에 조건에 따라 ≪출력형태≫와 같이 작업하시오.

조건 (1) 판매개시일 및 판매지점별 제품코드의 개수와 판매량(단위:개)의 평균을 구하시오.
　　　　(2) 판매개시일을 그룹화하고, 판매지점을 ≪출력형태≫와 같이 정렬하시오.
　　　　(3) 레이블이 있는 셀 병합 및 가운데 맞춤 적용 및 빈 셀은 '**'로 표시하시오.
　　　　(4) 행의 총합계는 지우고, 나머지 사항은 ≪출력형태≫에 맞게 작성하시오.

출력형태

| 판매개시일 | 창원 | | 전주 | | 서울 | | 부산 | | 대전 | |
	개수:제품코드	평균:판매량	개수:제품코드	평균:판매량	개수:제품코드	평균:판매량	개수:제품코드	평균:판매량	개수:제품코드	평균:판매량
1월	1	1,265	1	375	**	**	**	**	**	**
2월	**	**	**	**	**	**	1	605	**	**
3월	**	**	**	**	1	652	**	**	**	**
4월	**	**	**	**	**	**	1	502	**	**
5월	1	1,545	**	**	**	**	**	**	**	**
6월	**	**	1	202	**	**	**	**	**	**
7월	**	**	**	**	**	**	**	**	1	551
총합계	2	1,405	2	289	1	652	2	554	1	551

KEY POINT
- 피벗 테이블에 삽입될 영역 지정
- [삽입]-[피벗 테이블]
- 피벗 테이블 옵션 설정 – 빈 셀 표시 및 행/열 총합계 표시 여부
- [피벗 테이블]-[디자인]-[보고서 레이아웃]-[개요 형식으로]
- 피벗 테이블 정렬 / 셀 서식 지정

01 ❶'제1작업' 시트의 [B4:J12] 영역을 범위로 지정한 후 [삽입] 탭의 [표] 그룹에서 ❷[피벗 테이블]을 클릭합니다.

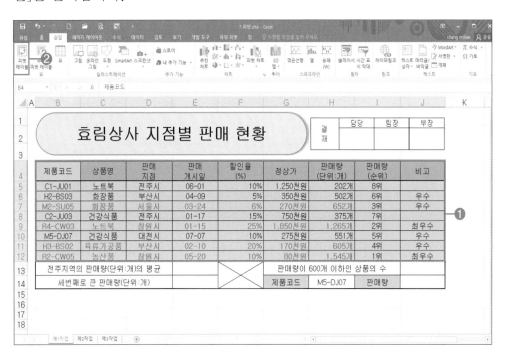

02 [피벗 테이블 만들기] 대화상자의 ❶'표 또는 범위 선택'에서 표/범위가 맞는지 확인하고 [피벗 테이블 보고서를 넣을 위치에서 ❷'기존 워크시트'를 선택한 후 입력란을 클릭하여 '제3작업' 시트의 [B2] 셀을 클릭한 후 ❸[확인]을 누릅니다.

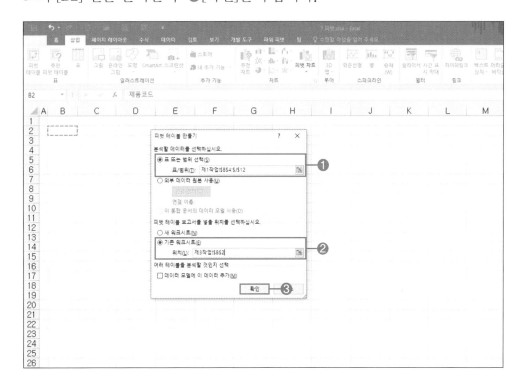

03 오른쪽의 [피벗 테이블 필드 목록]에서 필드명을 해당하는 영역으로 드래그합니다. '판매개시일'은 [행] 레이블로 드래그하고 '판매지점'은 [열] 레이블로 드래그합니다. 각 값을 구할 '제품코드'와 '판매량(단위:개)'는 [값] 영역으로 드래그합니다.

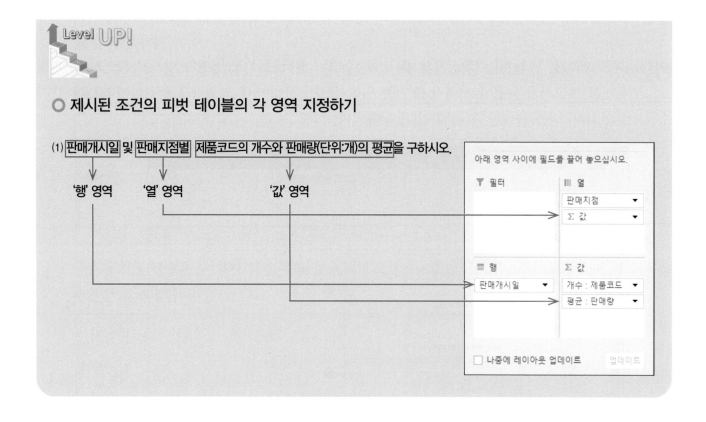

○ **제시된 조건의 피벗 테이블의 각 영역 지정하기**

(1) 판매개시일 및 판매지점별 제품코드의 개수와 판매량(단위:개)의 평균을 구하시오.

01 필드의 값을 수정하기 위해 ❶'합계 : 판매량(단위:개)' 필드를 클릭하여 ❷[값 필드 설정]을 클릭합니다. [값 필드 설정] 대화상자의 [값 요약 기준] 탭에서 ❸'평균'을 선택한 후 ❹[확인]을 클릭합니다.

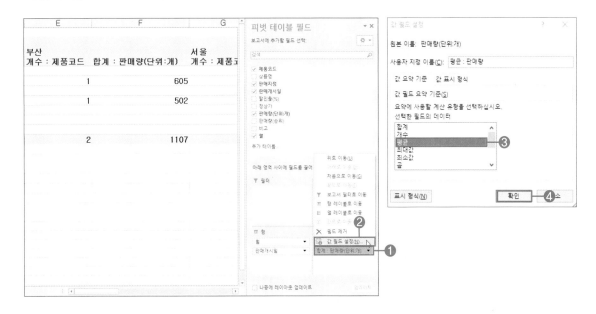

Tip

필드명을 수정할 경우에는 [값 필드 설정] 대화상자의 [사용자 지정 이름]에서 수정합니다.

02 '판매개시일'을 그룹화하기 위해 ❶'판매개시일'이 있는 임의의 행 레이블을 클릭한 후 ❷마우스 오른쪽 버튼을 눌러 바로가기 메뉴에서 [그룹(G)]을 선택합니다. ❸[그룹화] 대화상자의 '월'을 클릭하고 ❹[확인]을 누릅니다.

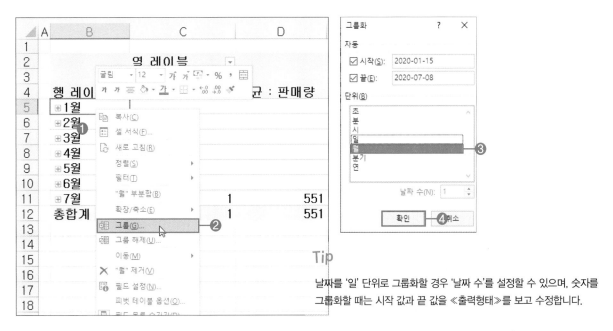

Tip

날짜를 '일' 단위로 그룹화할 경우 '날짜 수'를 설정할 수 있으며, 숫자를 그룹화할 때는 시작 값과 끝 값을 ≪출력형태≫를 보고 수정합니다.

03 레이블을 정렬하기 위해 ❶ 임의의 열 레이블의 필드명을 클릭하고 ❷마우스 오른쪽 버튼의 바로가기 메뉴에서 [정렬]의 ❸'텍스트 내림차순 정렬'을 선택합니다.

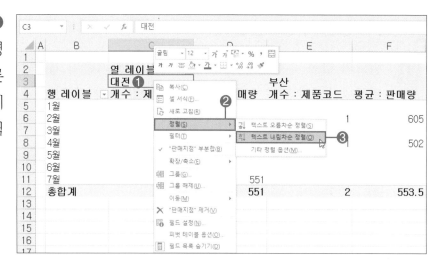

04 정렬을 완성합니다.

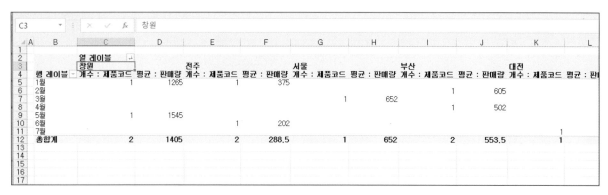

○ 사용자 정의 정렬인 경우

오름차순 또는 내림차순이 아닌 경우 마우스 오른쪽 버튼의 바로가기 메뉴에서 [정렬]의 '기타 정렬 옵션'을 클릭한 후 [정렬] 대화상자에서 '수동(항목을 끌어 다시 정렬)'을 선택하고 [확인]을 클릭합니다.. 필드명을 드래그하여 원하는 위치로 이동합니다.

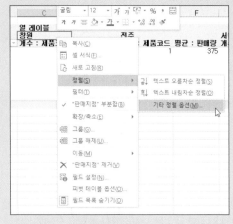

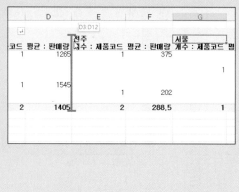

01 ❶피벗 테이블의 임의의 셀에 클릭하고 [피벗 테이블 도구]–[분석] 탭의 [피벗 테이블] 그룹에서 ❷'옵션'을 클릭합니다.

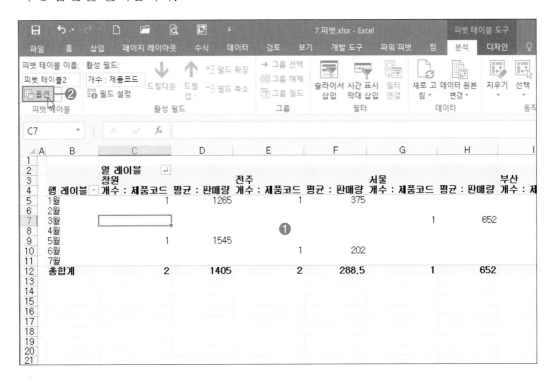

02 [피벗 테이블 옵션] 대화상자에서 [레이아웃 및 서식] 탭의 [레이아웃]에서 ❶'레이블이 있는 셀 병합 및 가운데 맞춤'에 체크하고, ❷[서식]의 '빈 셀 표시'에 '**'를 입력합니다. [요약 및 필터] 탭의 [총합계]에서 ❸'행 총합계 표시'에 체크를 해제한 후 ❹[확인]을 누릅니다.

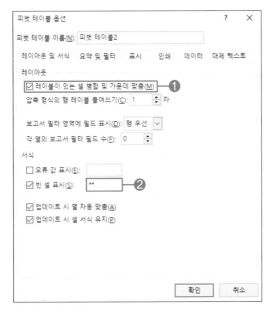 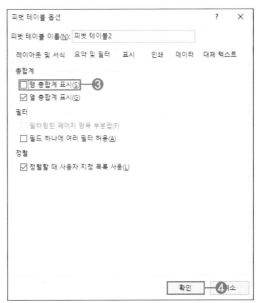

03 ❶행 레이블 영역을 블록 설정한 후 [홈] 탭의 [표시 형식] 그룹의 ❷'쉼표 스타일'을 클릭합니다. 숫자는 오른쪽 정렬되어 있고, 텍스트나 기호는 가운데 정렬이 되어 있습니다. 소수점은 《출력 형태》에 맞춰 조절합니다. [홈] 탭의 [맞춤] 그룹에서 ❸'가운데 정렬'을 합니다. 정렬은 《출력 형태》에 따라 정렬합니다.

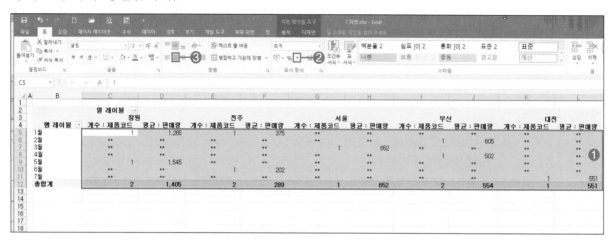

04 열 필드와 행 필드의 필드명을 표시하기 위해 ❶피벗 테이블 영역 안에 클릭하고 [피벗 테이블 도구]-[디자인] 탭의 [레이아웃] 그룹에서 ❷'보고서 레이아웃'의 목록 단추를 클릭하여 ❸'개요 형식으로 표시'를 선택합니다.

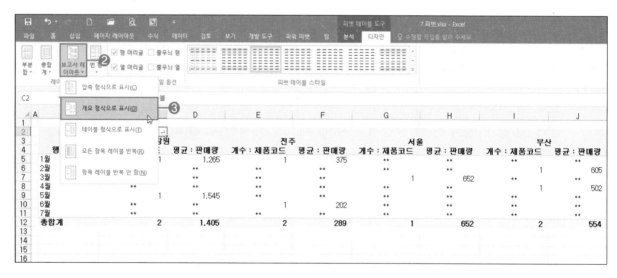

05 피벗 테이블을 완성합니다.

판매개시일	판매지점	값									
	창원		전주		서울		부산		대전		
	개수:제품코드	평균:판매량	개수:제품코드	평균:판매량	개수:제품코드	평균:판매량	개수:제품코드	평균:판매량	개수:제품코드	평균:판매량	
1월	1	1,265	1	375	**	**	**	**	**	**	
2월	**	**	**	**	**	**	1	605	**	**	
3월	**	**	**	**	1	652	**	**	**	**	
4월	**	**	**	**	**	**	1	502	**	**	
5월	1	1,545	**	**	**	**	**	**	**	**	
6월	**	**	1	202	**	**	**	**	**	**	
7월	**	**	**	**	**	**	**	**	1	551	
총합계	2	1,405	2	289	1	652	2	554	1	551	

○ 피벗 테이블 원본 영역을 수정하려면?

피벗 테이블의 원본 영역을 수정할 수 있습니다. 피벗 테이블의 임의의 셀에 클릭한 후 [피벗 테이블 도구]-[분석] 탭의 [데이터] 그룹에서 [데이터 원본 변경]-[데이터 원본 변경]을 클릭합니다. [피벗 테이블 데이터 원본 변경] 대화상자에서 '표/범위'의 입력란을 클릭하여 영역을 설정합니다.

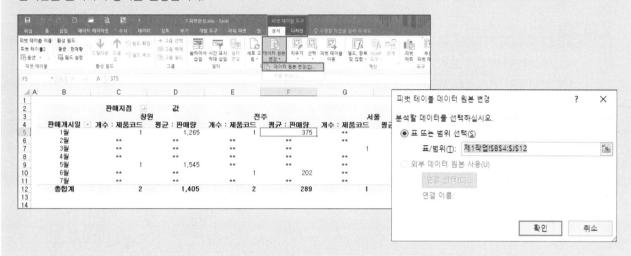

○ 피벗 테이블의 원본 내용이 수정되면?

원본 내용이 수정되면 피벗 테이블은 자동으로 반영되지 않습니다. 피벗 테이블의 임의의 셀에 클릭한 후 [피벗 테이블 도구]-[분석] 탭의 [데이터] 그룹에서 [새로 고침]-[모두 새로 고침]을 클릭해 변경된 원본의 내용을 피벗 테이블에 반영합니다.

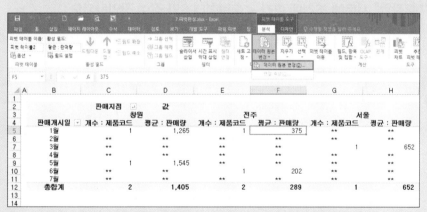

▶ 새로 고침 : 활성화된 셀에 연결된 원본에서 최신 데이터를 가져옵니다.

▶ 모두 새로 고침 : 통합 문서의 모든 원본을 새로 고쳐 최신 데이터를 가져옵니다.

■ ■ 예제 : 실력팡팡\피벗1.xlsx / 완성 : 실력팡팡\피벗1완성.xlsx

01 ☞ "제1작업" 시트를 이용하여 "제3작업" 시트에 조건에 따라 ≪출력형태≫와 같이 작업하시오.

조건
(1) 교육구분 및 전년도지원현황별 담당강사의 개수와 금년도지원현황의 평균을 구하시오.
(2) 전년도지원현황을 그룹화하고, 교육구분을 ≪출력형태≫와 같이 정렬하시오.
(3) 레이블이 있는 셀 병합 및 가운데 맞춤 적용 및 빈 셀은 '***'로 표시하시오.
(4) 행의 총합계는 지우고, 나머지 사항은 ≪출력형태≫에 맞게 작성하시오.

출력형태

	B	C	D	E	F	G	H	I	J
2		전년도지원현황 ▼	값						
3		20-39		40-59		60-79		80-100	
4	교육구분 ↑	개수 : 담당강사	평균 : 금년도	개수 : 담당강사	평균 : 금년도	개수 : 담당강사	평균 : 금년도	개수 : 담당강사	평균 : 금년도
5	취미반	***	***	1	40	1	100	1	55
6	창업교육	1	37	2	45	***	***	***	
7	자격증과정	***	***	***	***	1	113	1	85
8	총합계	1	37	3	43.3	2	106.5	2	70

■ ■ 예제 : 실력팡팡\피벗2.xlsx / 완성 : 실력팡팡\피벗2완성.xlsx

02 ☞ "제1작업" 시트를 이용하여 "제3작업" 시트에 조건에 따라 ≪출력형태≫와 같이 작업하시오.

조건
(1) 총점(200점 만점) 및 지원 종목별 태도의 합계와 맛과 향의 평균을 구하시오.
(2) 총점(200점 만점)을 그룹화하고, 지원종목을 ≪출력형태≫와 같이 정렬하시오.
(3) 레이블이 있는 셀 병합 및 가운데 맞춤 적용 및 빈 셀은 '**'로 표시하시오.
(4) 행의 총합계는 지우고, 나머지 사항은 ≪출력형태≫에 맞게 작성하시오.

출력형태

	B	C	D	E	F	G	H	I	J
2		지원 종목 ▼	값						
3		에소프레소		블랜딩		로스팅		카푸치노	
4	총점(200점 만점) ▼	합계 : 태도	평균 : 맛과 향	합계 : 태도	평균 : 맛과 향	합계 : 태도	평균 : 맛과 향	합계 : 태도	평균 : 맛과 향
5	260-270	187.7	88.15	**	**	**	**	**	**
6	270-280	**	**	183	91.4	88.4	88.5	91.7	91.6
7	280-290	**	**	**	**	**	**	193.1	92.45
8	총합계	187.7	88.2	183.0	91.4	88.4	88.5	284.8	92.2

■ ■ 예제 : 실력팡팡₩피벗3.xlsx / 완성 : 실력팡팡₩피벗3완성.xlsx

03 ☞ "제1작업" 시트를 이용하여 "제3작업" 시트에 조건에 따라 ≪출력형태≫와 같이 작업하시오.

조건
(1) 지원총액(단위:천원) 및 지원분야별 사업자의 개수와 교육시간의 평균을 구하시오.

(2) 지원총액(단위:천원)을 그룹화하고, 지원분야를 ≪출력형태≫와 같이 정렬하시오.

(3) 레이블이 있는 셀 병합 및 가운데 맞춤 적용 및 빈 셀은 '***'로 표시하시오.

(4) 행의 총합계는 지우고, 나머지 사항은 ≪출력형태≫에 맞게 작성하시오.

출력형태

지원총액(단위:천원)	환경개선		정보화교육		전통문화		문화예술	
	개수 : 사업자	평균 : 교육	개수 : 사업자	평균 : 교육	개수 : 사업자	평균 : 교육	개수 : 사업자	평균 : 교육
30000-39999	***	***	1	4	***	***	***	***
40000-49999	***	***	***	***	***	***	2	4
50000-59999	***	***	1	1	1	2	***	***
60000-69999	***	***	1	2	***	***	1	3
90000-100000	1	2	***	***	***	***	***	***
총합계	1	2	3	2.3	1	2	3	3.7

■ ■ 예제 : 실력팡팡₩피벗4.xlsx / 완성 : 실력팡팡₩피벗4완성.xlsx

04 ☞ "제1작업" 시트를 이용하여 "제3작업" 시트에 조건에 따라 ≪출력형태≫와 같이 작업하시오.

조건
(1) 총입사일 및 부서별 5월 매출의 합계와 7월 매출의 평균을 구하시오.

(2) 입사일을 그룹화하고, 부서를 ≪출력형태≫와 같이 정렬하시오.

(3) 레이블이 있는 셀 병합 및 가운데 맞춤 적용 및 빈 셀은 '**'로 표시하시오.

(4) 행의 총합계는 지우고, 나머지 사항은 ≪출력형태≫에 맞게 작성하시오.

출력형태

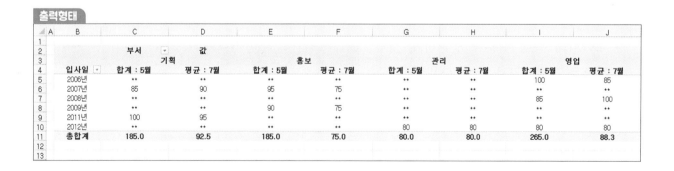

입사일	기획		홍보		관리		영업	
	합계 : 5월	평균 : 7월	합계 : 5월	평균 : 7월	합계 : 5월	평균 : 7월	합계 : 5월	평균 : 7월
2006년	**	**	**	**	**	**	100	85
2007년	85	90	95	75	**	**	**	**
2008년	**	**	**	**	**	**	85	100
2009년	**	**	90	75	**	**	**	**
2011년	100	95	**	**	**	**	**	**
2012년	**	**	**	**	80	80	80	80
총합계	185.0	92.5	185.0	75.0	80.0	80.0	265.0	88.3

그래프

데이터를 구체적으로 명확하게 보기 위해 시각적으로 표현하여 효과적으로 분석하고 한 눈에 파악할 수 있도록 작성하는 차트 작성방법을 학습합니다.

차트 구성 요소

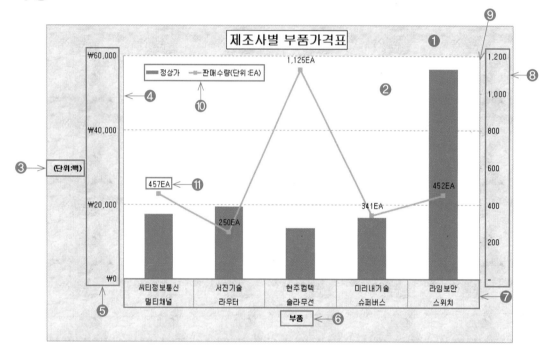

① 차트 영역	⑤ 값 축 이름	⑨ 보조 세로 값 축
② 그림 영역	⑥ 항목 축(X축) 제목	⑩ 범례
③ 값 축(Y축) 제목	⑦ 항목 축(X축) 이름	⑪ 데이터 레이블
④ 세로 값 축(Y축)	⑧ 값 축(Z축)	

차트 삽입과 차트 이동

- 데이터의 특정 부분을 명확하게 시각적으로 표현하고자 할 때 사용합니다.
- 자료를 분석하여 데이터 변화의 추이, 상관 관계를 알 수 있습니다.
- 데이터 범위를 설정한 후 [삽입] 탭의 [차트] 그룹에서 선택합니다.

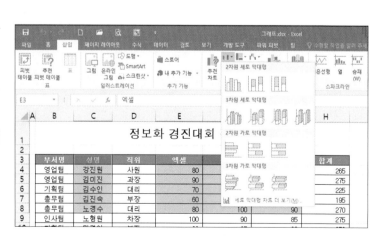

- 차트의 위치 이동을 하려면 차트를 선택하고 [차트 도구]-[디자인] 탭의 [위치] 그룹에서 '차트 이동'을 클릭합니다.
- 차트는 '새 시트'와 '워크시트에 삽입'을 할 수 있습니다.

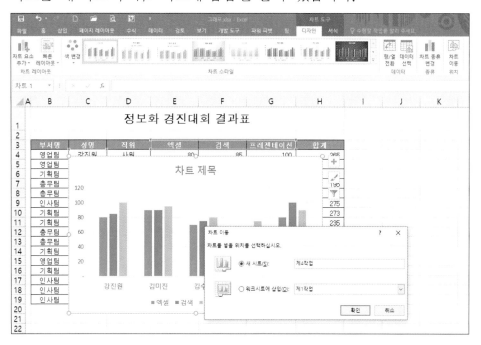

차트 디자인

- 차트를 클릭하면 [차트 도구]가 생성되고 [디자인], [서식] 탭이 생성됩니다.
- [차트 도구]-[디자인] 탭에서 차트 요소 추가, 빠른 레이아웃, 차트 스타일, 행/열 전환, 차트 종류 변경, 차트 이동을 수정할 수 있습니다.
- [서식] 탭에서는 도형 스타일, WordArt 스타일, 정렬과 크기 등을 수정할 수 있습니다.

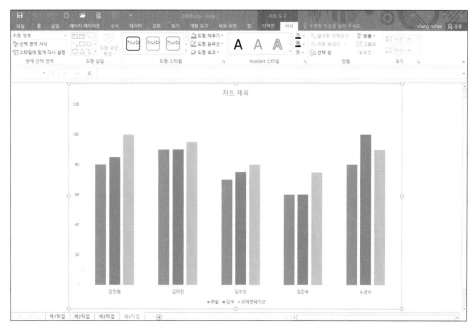

차트 데이터 수정

- 차트의 범위를 수정하려면 [디자인] 탭의 [데이터] 그룹에서 [데이터 선택]을 클릭합니다.
- [데이터 원본 선택]의 [차트 데이터 범위]에서 범위를 수정할 수 있습니다.
- [데이터 원본 선택]의 [범례 항목 계열]에서 필드명을 선택하고 '편집'을 클릭합니다.
- [계열 편집] 대화상자의 '계열 이름'은 필드명을 수정할 수 있습니다. 범례명을 수정할 때 사용합니다.
- [계열 편집] 대화상자의 '계열 값'을 수정하여 차트 데이터 범위를 설정할 수 있습니다.

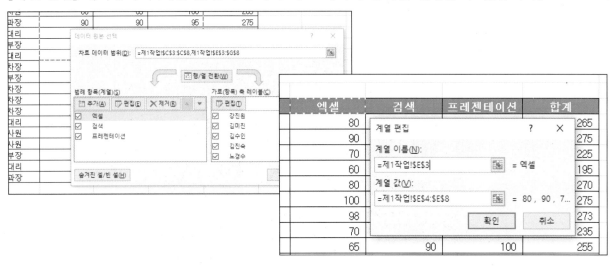

차트 레이블 수정

- 항목 축을 수정하려면 [디자인] 탭의 [데이터] 그룹에서 [데이터 선택]을 클릭합니다.
- [데이터 원본 선택] 대화상자에서 [가로(항목)축 레이블]에서 '편집'을 클릭합니다.
- [축 레이블] 대화상자의 '축 레이블 범위'를 수정하여 항목 축 데이터 범위를 설정할 수 있습니다.

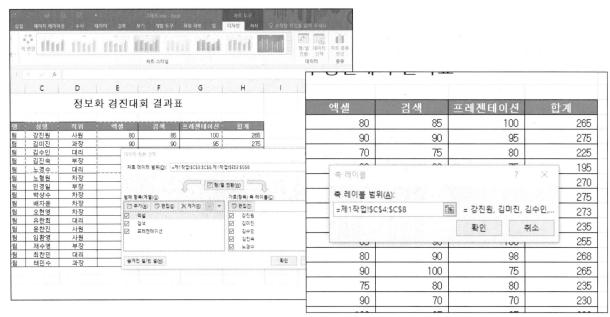

차트 영역 서식과 그림 영역 서식

- 차트 영역 서식과 그림 영역 서식을 더블클릭하여 오른쪽 창에서 수정할 수 있으며, 채우기 또는 그림자 스타일, 3차원 서식 등을 설정할 수 있습니다.
- [차트 도구]-[서식] 탭에서 [도형 스타일] 그룹의 도형 채우기, 도형 윤곽선, 도형 효과 등을 설정할 수 있습니다.

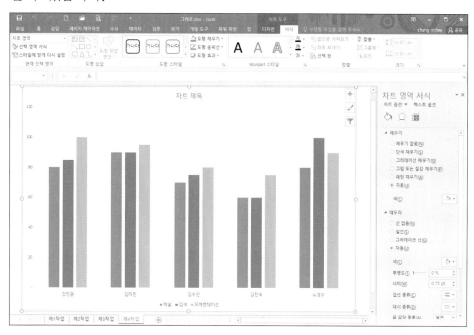

차트 축 서식

- 값 축(Y축)을 클릭하여 '축 서식'을 이용해 단위 조정과 표시 단위 등의 설정이 가능하며, 표시 형식의 서식 코드를 추가할 수 있습니다.
- 서식 코드는 서식을 지정한 후 [추가]를 하고 사용해야 합니다.

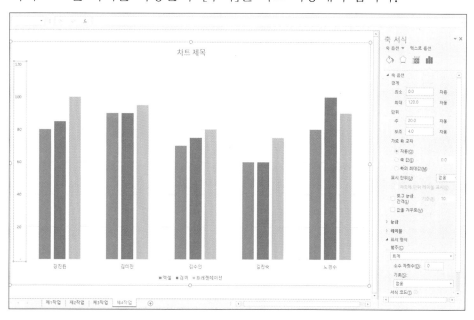

범례 서식

- 범례 서식에서는 범례의 위치, 채우기, 테두리 색, 테두리 스타일과 그림자를 설정할 수 있습니다.

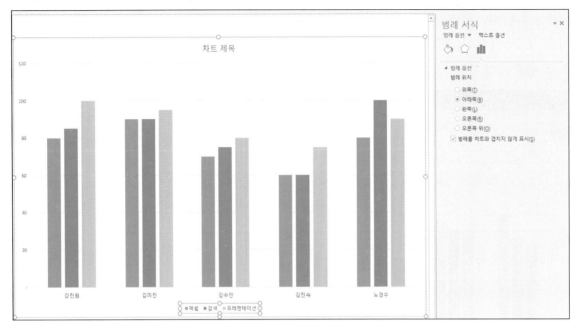

축 제목과 레이블 추가

- [차트 도구]-[디자인] 탭의 [차트 레이아웃] 그룹에서 [차트 요소 추가]에서 추가할 수 있습니다.

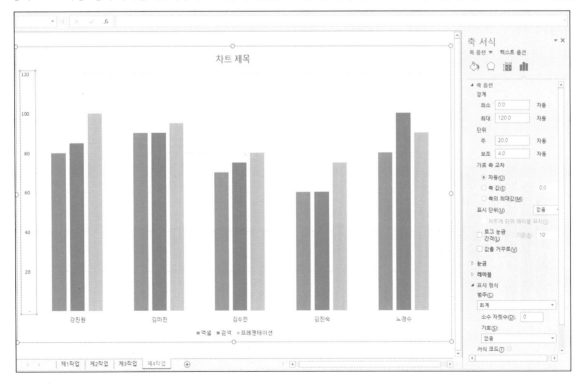

■ ■ 예제 : 기출유형₩그래프.xlsx / 완성 : 기출유형₩그래프완성.xlsx

그래프 따라하기

엑셀의 데이터를 이용하여 차트를 삽입하고 차트를 편집하는 기능을 평가하는 문제입니다.

[제4작업] 그래프 (100점)

☞ **"제1작업" 시트를 이용하여 조건에 따라 ≪출력형태≫와 같이 작업하시오.**

조건
(1) 차트 종류 ⇒ 〈묶은 세로 막대형〉으로 작업하시오.
(2) 데이터 범위 ⇒ "제1작업"시트의 내용을 이용하여 작업하시오.
(3) 위치 ⇒ "새 시트"로 이동하고, "제4작업"으로 시트 이름을 바꾸시오.
(4) 차트 디자인 도구 ⇒ 레이아웃3, 스타일 1을 선택하여 ≪출력형태≫에 맞게 작업하시오.
(5) 영역 서식 ⇒ 차트 : 글꼴(굴림, 11pt), 채우기 효과(질감 – 파랑 박엽지)
　　　　　　　　　그림 : 채우기(흰색, 배경 1)
(6) 제목 서식 ⇒ 차트 제목 : 글꼴(굴림, 굵게, 20pt), 채우기(흰색, 배경 1), 테두리
(7) 서식 ⇒ 판매량 계열의 차트 종류를 〈표식이 있는 꺾은선형〉으로 변경한 후 보조 축으로 지정하시오.
　　　　계열 : ≪출력형태≫를 참조하여 표식(네모, 크기 10)과 레이블 값을 표시하시오.
　　　　눈금선 : 선 스타일 – 파선
　　　　축 : ≪출력형태≫를 참조하시오.
(8) 범례 ⇒ 범례명을 변경하고 ≪출력형태≫를 참조하시오.
(9) 도형 ⇒ '모서리가 둥근 사각형 설명선'을 삽입한 후 ≪출력형태≫와 같이 내용을 입력하시오.
(10) 나머지 사항은 ≪출력형태≫에 맞게 작성하시오.

출력형태

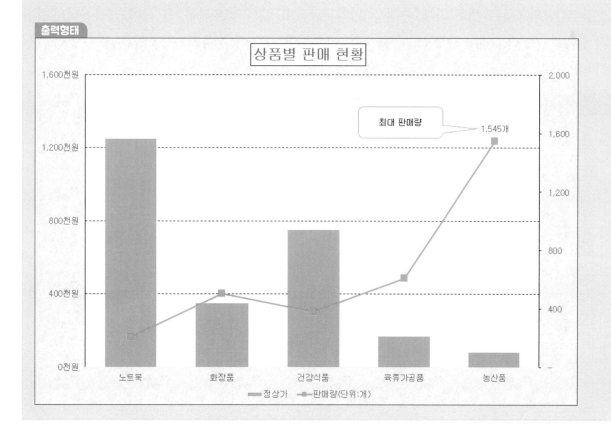

01 차트를 작성하기 위해 먼저 차트의 영역을 설정합니다. ≪출력형태≫의 X축을 참고하여 ❶'제1 작업' 시트의 [C4:C6] 셀을 드래그합니다. **Ctrl** 을 누르고 [C8] 셀과 [C11:C12] 셀을 범위를 설정합니다. ≪출력형태≫의 범례를 참고하여 ❷[G4:G6] 셀, [G8] 셀, [G11:G12] 셀을 범위 설정하고 ❸[H4:H6] 셀, [H8] 셀, [H11:H12] 셀 영역을 범위를 설정합니다.

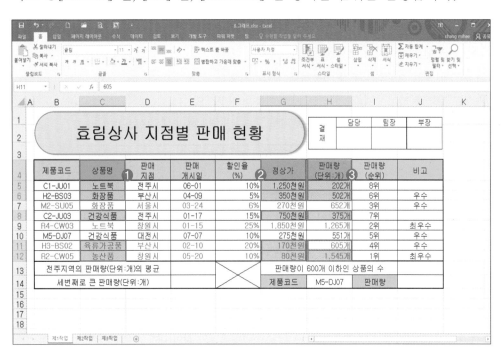

02 [조건] (1)번의 〈묶은 세로 막대형〉과 (7)번의 〈표식이 있는 꺾은선형〉을 함께 작성합니다. [삽입] 탭의 [차트]그룹에서 ❶'콤보 차트 삽입'을 클릭합니다. ❷'사용자 지정 콤보 차트 만들기'를 클릭하면 [차트 삽입] 대화상자가 열리며 [콤보]차트가 표시됩니다.

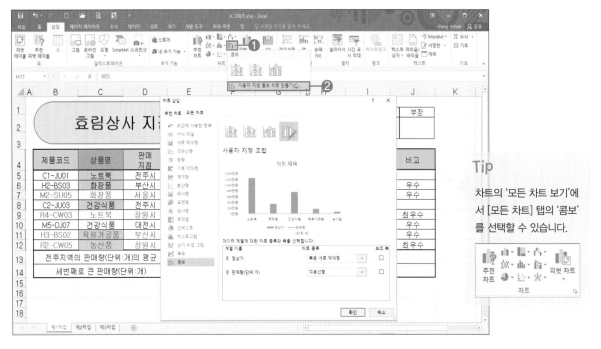

Tip

차트의 '모든 차트 보기'에서 [모든 차트] 탭의 '콤보'를 선택할 수 있습니다.

03 [차트 삽입] 대화상자에서 ❶'판매량(단위:개)'의 목록 단추를 누르고 ❷'표식이 있는 꺾은선형'을 선택합니다.

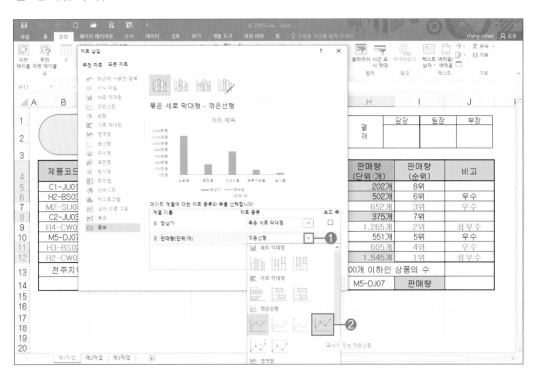

04 ❶'판매량(단위:개)'의 '보조 축'에 체크한 후 ❷[확인]을 클릭합니다.

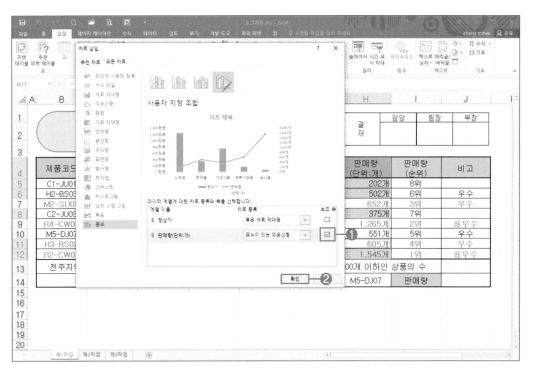

05 ❶삽입된 차트를 선택한 후 [차트 도구]–[디자인] 탭의 [위치] 그룹에서 ❷[차트 이동]을 클릭합니다. [차트 이동] 대화상자에서 ❸'새 시트'를 선택하고 입력란에 ❹'제4작업'을 입력한 후 ❺[확인]을 클릭합니다.

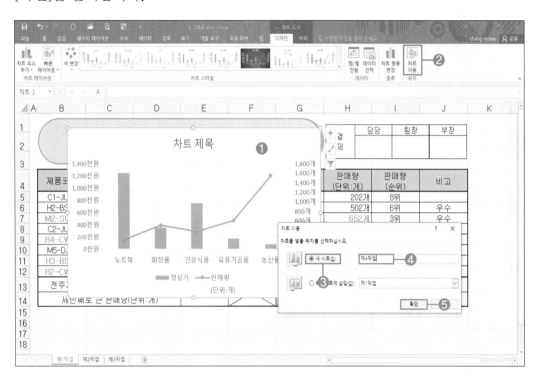

06 '제4작업' 시트가 생성되면 워크시트를 드래그하여 '제3작업' 시트 뒤로 이동합니다.

01 차트 디자인을 설정하기 위해 먼저 ❶차트의 영역을 선택한 후 [차트 도구]-[디자인] 탭의 [차트 레이아웃] 그룹에서 ❷[빠른 레이아웃]을 클릭한 후 ❸'레이아웃3'을 선택합니다.

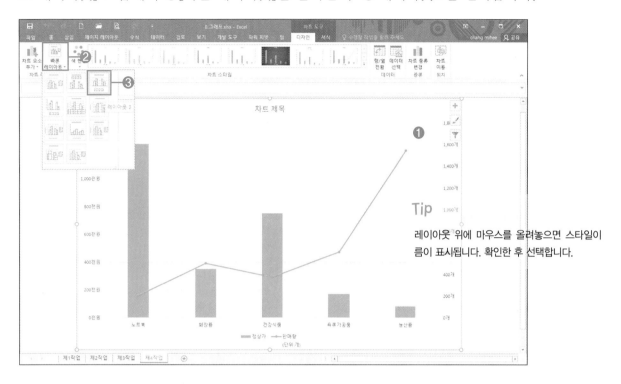

> **Tip**
> 레이아웃 위에 마우스를 올려놓으면 스타일이름이 표시됩니다. 확인한 후 선택합니다.

02 차트 스타일을 변경하기 위해 [차트 도구]-[디자인] 탭의 [차트 스타일] 그룹에서 ❶'스타일1'을 선택합니다.

03 차트 전체의 글꼴을 변경합니다. ❶차트 전체가 선택된 상태에서 [홈] 탭의 [글꼴] 그룹에서 ❷ '굴림, 11pt'를 선택합니다.

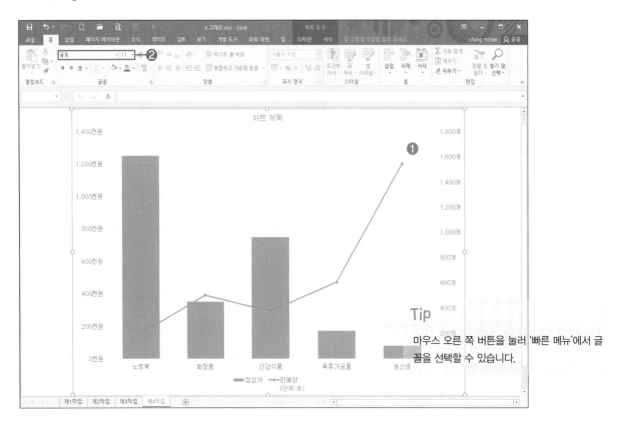

04 ❶차트 전체를 선택하고 [차트 도구]-[서식] 탭의 [도형 스타일] 그룹에서 ❷[도형 채우기]의 ❸ [질감]에서 ❹'파랑 박엽지'를 선택합니다.

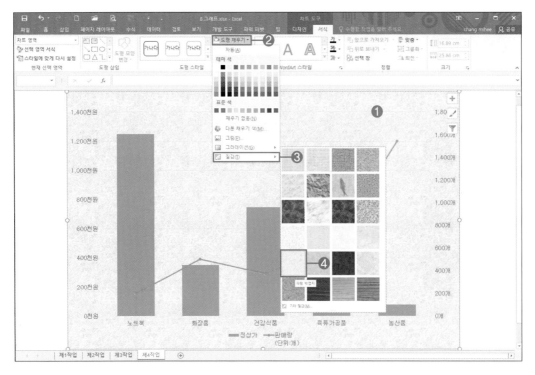

05 차트 안쪽의 ❶그림 영역을 선택한 후 [차트 도구]-[서식] 탭의 [도형 스타일] 그룹에서 ❷[도형 채우기]의 ❸'흰색, 배경 1'을 선택합니다.

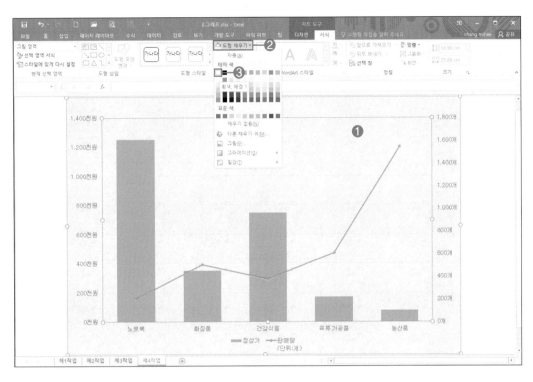

06 차트 디자인과 영역 서식이 변경되었습니다.

01 차트 제목은 ❶제목란에 입력한 후 차트 제목 전체를 선택합니다. [홈] 탭의 [글꼴] 그룹에서 ❷'굴림, 20pt, 굵게'를 설정합니다.

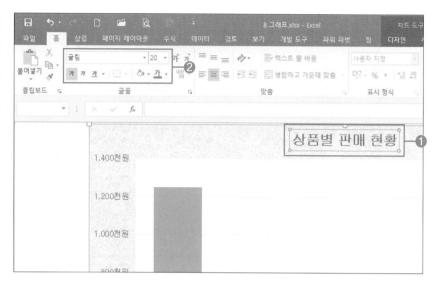

02 차트 제목에 채우기 색을 설정하기 위해 ❶차트 제목을 선택하고 [차트 도구] – [서식] 탭에서 [도형 스타일] 그룹의 ❷[도형 채우기] 에서 ❸'흰색, 배경 1'을 선택합니다.

Tip

마우스 오른쪽 버튼의 빠른 메뉴에서 선택할 수도 있습니다.

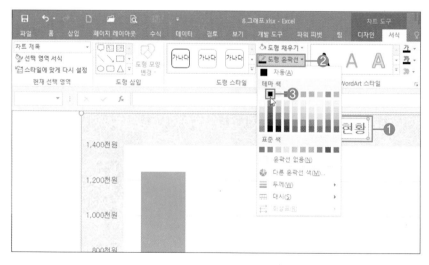

03 차트 제목에 테두리 색을 설정하기 위해 ❶차트 제목을 선택하고 [차트 도구] – [서식] 탭에서 [도형 스타일] 그룹의 ❷[도형 윤곽선] 에서 ❸'검정, 텍스트1'을 선택합니다.

01 ≪조건≫의 (7)번의 서식 설정입니다. 표식이 있는 꺾은선형은 처음 차트를 만들 때 작성했습니다. 표식이 있는 꺾은선형의 표식만 변경합니다. ❶⟨표식이 있는 꺾은선형⟩을 클릭합니다. [차트 도구]–[서식] 탭에서 [현재 선택 영역] 그룹의 ❷'계열 "판매량"'을 확인하고 ❸'선택 영역 서식'을 클릭합니다.

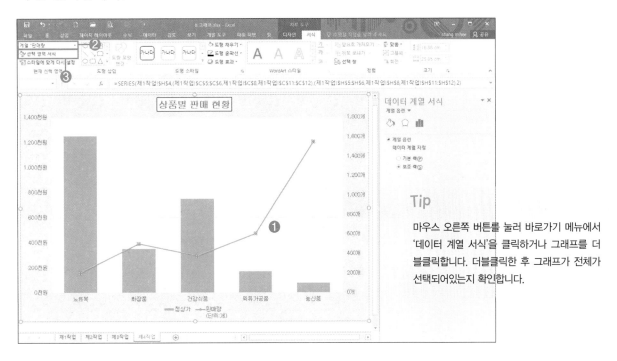

02 ❶그래프 전체가 선택된 상태에서 ❷'채우기 및 선'을 클릭한 후 ❸'표식'을 선택합니다. '표식 옵션'의 ❹'기본 제공'을 선택한 후 '형식'을 '네모'로 변경하고 크기는 '10'으로 변경합니다.

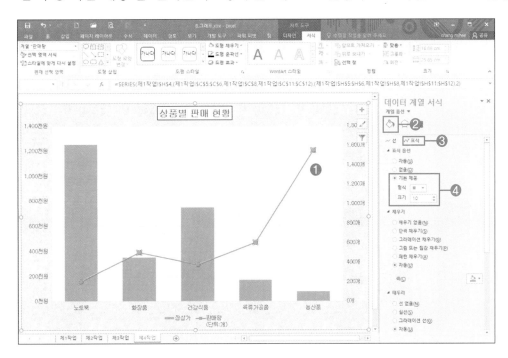

03 레이블값을 표시합니다. 꺾은선을 선택하면 전체가 선택됩니다. 전체가 선택된 상태에서 ❶레이블을 표시할 표식을 한 번 클릭합니다. [차트 도구]의 [디자인] 탭에서 [차트 레이아웃] 그룹의 ❷[차트 요소 추가]의 목록 단추를 누른 후 ❸'데이터 레이블'에서 ❹'위쪽'을 선택합니다.

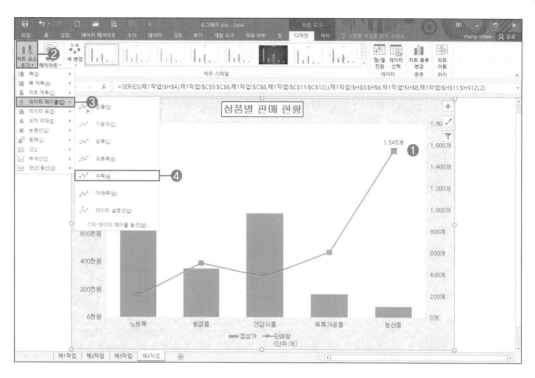

04 눈금선을 수정합니다. 그림 영역의 ❶눈금선에 마우스를 올려놓고 흰색 화살표가 나오면 눈금선을 선택합니다. 눈금선이 선택된 상태에서 [차트 도구] – [서식] 탭의 [도형 스타일] 그룹에서 ❷[도형 윤곽선]에서 ❸윤곽선 색을 '검정'으로 하고 ❹[대시]의 ❺'파선'을 선택합니다.

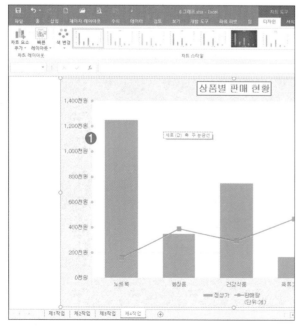
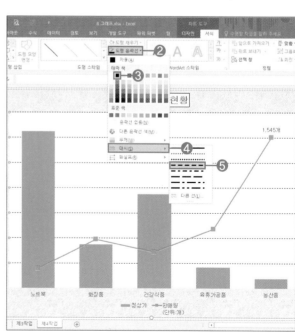

01 축 서식을 설정하기 위해 ①'세로(값) 축'을 더블클릭합니다. 오른쪽 서식 설정 창에서 ②[축 옵션]의 ③[축 옵션]을 클릭합니다.

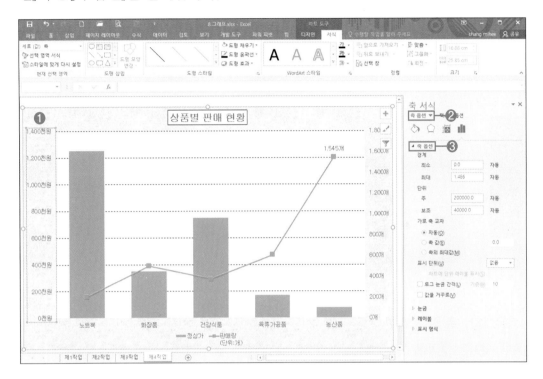

02 《출력형태》를 보고 최소/최대값과 주 단위를 확인합니다. ②'최소 : 0', '최대 : 1600000'을 입력하고 ③단위에서 주 단위를 '400000'을 입력합니다.

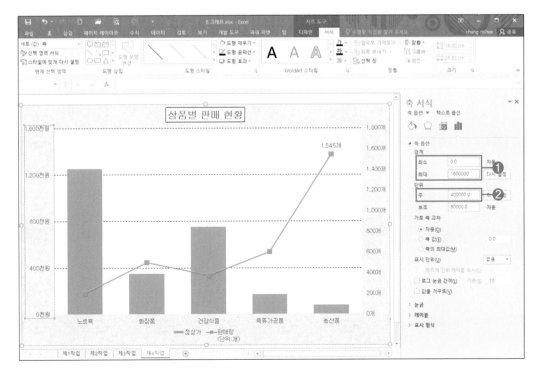

03 ❶세로 (값) 축이 선택된 상태에서 [축 서식]의 ❷[채우기 및 선]을 클릭합니다. ❸'선'의 '실선'에 체크하고 ❹색은 '검정'을 선택합니다.

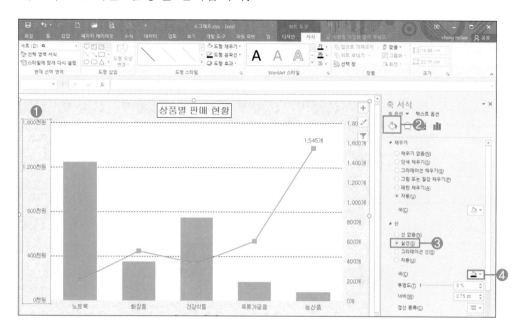

04 ❶보조 세로 (값) 축을 선택합니다. [축 옵션]의 ❷[축 옵션]에서 ❸'최소 : 0', '최대 : 2000'을 입력합니다. ❹주 단위에 '400'을 입력한 후 눈금자를 표시하기 위해 ❺[눈금자]의 '주 눈금'을 '바깥쪽'으로 선택합니다. 최소값의 형태가 '−'인 경우 ❻범주는 '회계', 기호는 ' 없음', 소수 자릿수는 '0'을 입력합니다. ❼창을 닫습니다.

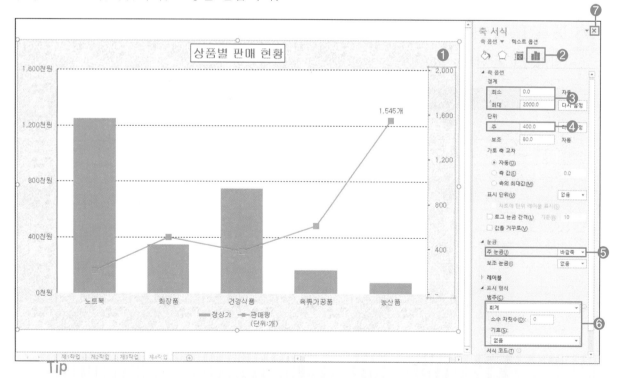

Tip

최소값의 자리가 0이 아닌 '−'인 경우 범주를 회계로 하고 '0'인 경우는 출력형태에 따라 '통화 또는 숫자'로 선택합니다. 소수 자리수 도 정해야 하는 경우가 있습니다. 《출력형태》를 확인합니다.

05 두 줄로 입력된 범례를 수정하기 위해 ❶범례를 선택한 후 [차트 도구]–[디자인] 탭의 [데이터] 그룹에서 ❷[데이터 선택]을 클릭합니다. [데이터 원본 선택]대화상자에서 '범례 항목(계열)'의 ❸'판매량(단위:개)'를 선택한 후 ❹[편집]을 클릭합니다.

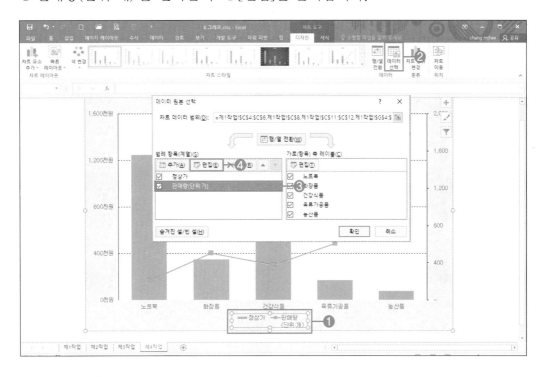

06 [계열 편집] 대화상자가 열리면 ❶'계열 이름' 입력란에 '="판매량(단위:개)"'를 입력하고 ❷[확인]을 클릭하고 [데이터 원본 선택] 대화상자로 이동되면 ❸[확인]을 클릭합니다.

01 차트에 도형을 삽입합니다. ❶차트를 선택하고 [삽입] 탭의 [일러스트레이션] 그룹에서 ❷[도형]을 클릭한 후 ❸'설명선'의 '모서리가 둥근 사각형 설명선'을 클릭합니다.

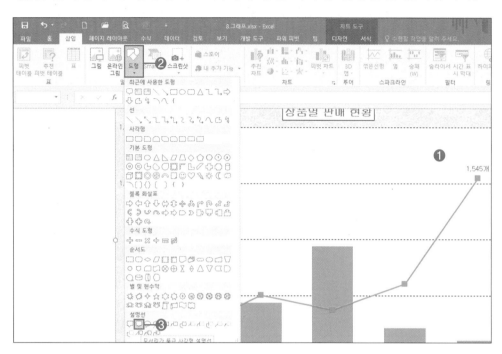

02 ≪출력형태≫와 같은 위치에 마우스로 드래그하여 도형을 삽입합니다. ❶도형이 선택된 상태에서 '최대 판매량'을 입력한 후 [홈] 탭의 [글꼴] 그룹에서 글꼴은 ❷'굴림, 11pt'와 글자 색은 '검정'을 선택합니다. ❸[맞춤] 그룹의 '가로 가운데 맞춤'과 '세로 가운데 맞춤'으로 설정합니다.

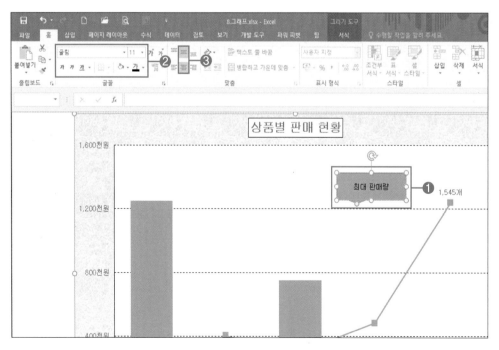

03 ❶도형을 선택한 후 [그리기 도구]–[서식] 탭의 [도형 스타일] 그룹에서 ❷[도형 채우기]를 클릭하여 ❸'흰색, 배경 1'을 선택합니다.

04 도형의 노란 조절점을 드래그하여 ≪출력형태≫에 맞춰 모양을 변형하고 위치를 조절합니다.

■ ■ 예제 : 실력팡팡₩그래프1.xlsx / 완성 : 실력팡팡₩그래프1완성.xlsx

01 "제1작업" 시트를 이용하여 조건에 따라 ≪출력형태≫와 같이 작업하시오.

조건　(1) 차트 종류 ⇒ 〈묶은 세로 막대형〉으로 작업하시오.

(2) 데이터 범위 ⇒ "제1작업"시트의 내용을 이용하여 작업하시오.

(3) 위치 ⇒ "새 시트"로 이동하고, "제4작업"으로 시트 이름을 바꾸시오.

(4) 차트 디자인 도구 ⇒ 레이아웃3, 스타일 1을 선택하여 ≪출력형태≫에 맞게 작업하시오.

(5) 영역 서식 ⇒ 차트 : 글꼴(굴림, 11pt), 채우기 효과(질감 – 파랑 박엽지)

　　　　　　 그림 : 채우기(흰색, 배경 1)

(6) 제목 서식 ⇒ 차트 제목 : 글꼴(굴림, 굵게, 20pt), 채우기(흰색, 배경 1), 테두리

(7) 서식 ⇒ 재수강율(단위:%) 계열의 차트 종류를 〈표식이 있는 꺾은선형〉으로 변경한 후 보조 축으로 지정하시오.

　　　　 계열 : ≪출력형태≫를 참조하여 표식(다이아몬드, 크기 10)과 레이블 값을 표시하시오.

　　　　 눈금선 : 선 스타일 – 파선

　　　　 축 : ≪출력형태≫를 참조하시오.

(8) 범례 ⇒ 범례명을 변경하고 ≪출력형태≫를 참조하시오.

(9) 도형 ⇒ '모서리가 둥근 사각형 설명선'을 삽입한 후 ≪출력형태≫와 같이 내용을 입력하시오.

(10) 나머지 사항은 ≪출력형태≫에 맞게 작성하시오.

출력형태

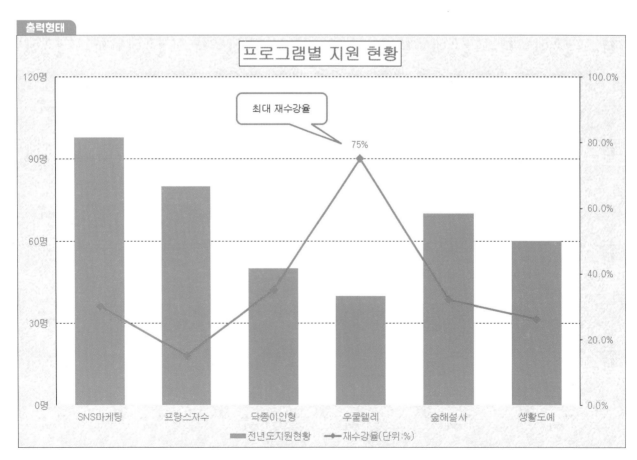

02 "제작업" 시트를 이용하여 조건에 따라 ≪출력형태≫와 같이 작업하시오.

조건 (1) 차트 종류 ⇒ 〈묶은 세로 막대형〉으로 작업하시오.

(2) 데이터 범위 ⇒ "제1작업"시트의 내용을 이용하여 작업하시오.

(3) 위치 ⇒ "새 시트"로 이동하고, "제4작업"으로 시트 이름을 바꾸시오.

(4) 차트 디자인 도구 ⇒ 레이아웃3, 스타일 3을 선택하여 ≪출력형태≫에 맞게 작업하시오.

(5) 영역 서식 ⇒ 차트 : 글꼴(돋움, 11pt), 채우기 효과(질감 – 편지지)

　　　　　　　그림 : 채우기(흰색, 배경 1)

(6) 제목 서식 ⇒ 차트 제목 : 글꼴(돋움, 굵게, 20pt), 채우기(흰색, 배경 1), 테두리

(7) 서식 ⇒ 총점(200점만점) 계열의 차트 종류를 〈표식이 있는 꺾은선형〉으로 변경한 후 보조 축으로 지정하시오.

　　　　계열 : ≪출력형태≫를 참조하여 표식(삼각형, 크기 10)과 레이블 값을 표시하시오.

　　　　눈금선 : 선 스타일 – 파선

　　　　축 : ≪출력형태≫를 참조하시오.

(8) 범례 ⇒ 범례명을 변경하고 ≪출력형태≫를 참조하시오.

(9) 도형 ⇒ '위쪽 리본'을 삽입한 후 ≪출력형태≫와 같이 내용을 입력하시오.

(10) 나머지 사항은 ≪출력형태≫에 맞게 작성하시오.

출력형태

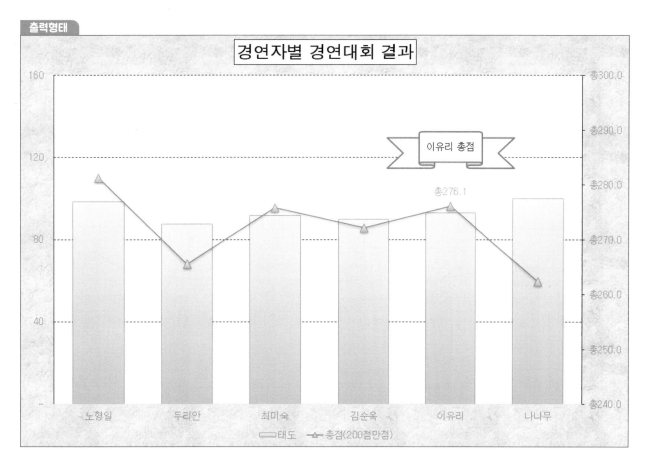

■ ■ 예제 : 실력팡팡₩그래프3.xlsx / 완성 : 실력팡팡₩그래프3완성.xlsx

03 "제1작업" 시트를 이용하여 조건에 따라 ≪출력형태≫와 같이 작업하시오.

조건
(1) 차트 종류 ⇒ 〈묶은 세로 막대형〉으로 작업하시오.

(2) 데이터 범위 ⇒ "제1작업"시트의 내용을 이용하여 작업하시오.

(3) 위치 ⇒ "새 시트"로 이동하고, "제4작업"으로 시트 이름을 바꾸시오.

(4) 차트 디자인 도구 ⇒ 레이아웃3, 스타일 1을 선택하여 ≪출력형태≫에 맞게 작업하시오.

(5) 영역 서식 ⇒ 차트 : 글꼴(굴림, 11pt), 채우기 효과(질감 – 분홍 박엽지)

그림 : 채우기(흰색, 배경 1)

(6) 제목 서식 ⇒ 차트 제목 : 글꼴(굴림, 굵게, 20pt), 채우기(흰색, 배경 1), 테두리

(7) 서식 ⇒ 지원비율(단위:%) 계열의 차트 종류를 〈표식이 있는 꺾은선형〉으로 변경한 후 보조 축으로 지정하시오.

계열 : ≪출력형태≫를 참조하여 표식(네모, 크기 10)과 레이블 값을 표시하시오.

눈금선 : 선 스타일 – 파선

축 : ≪출력형태≫를 참조하시오.

(8) 범례 ⇒ 범례명을 변경하고 ≪출력형태≫를 참조하시오.

(9) 도형 ⇒ '사각형 설명선'을 삽입한 후 ≪출력형태≫와 같이 내용을 입력하시오.

(10) 나머지 사항은 ≪출력형태≫에 맞게 작성하시오.

출력형태

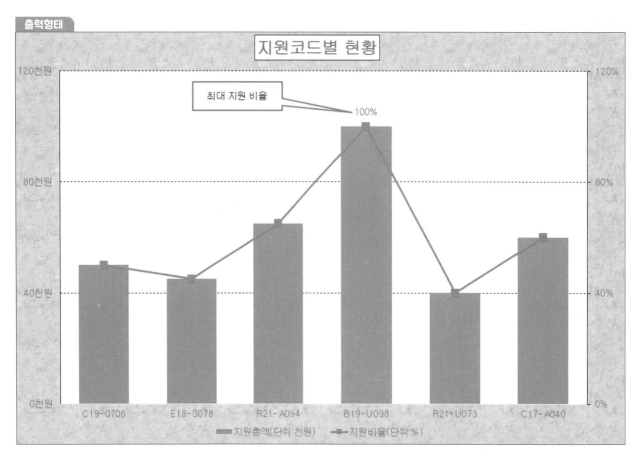

152·

04 "제1작업" 시트를 이용하여 조건에 따라 ≪출력형태≫와 같이 작업하시오.

조건 (1) 차트 종류 ⇒ 〈묶은 세로 막대형〉으로 작업하시오.

(2) 데이터 범위 ⇒ "제1작업"시트의 내용을 이용하여 작업하시오.

(3) 위치 ⇒ "새 시트"로 이동하고, "제4작업"으로 시트 이름을 바꾸시오.

(4) 차트 디자인 도구 ⇒ 레이아웃3, 스타일 8을 선택하여 ≪출력형태≫에 맞게 작업하시오.

(5) 영역 서식 ⇒ 차트 : 글꼴(굴림, 11pt), 채우기 효과(질감 – 파피루스)

　　　　　　　그림 : 채우기(흰색, 배경 1)

(6) 제목 서식 ⇒ 차트 제목 : 글꼴(굴림, 굵게, 20pt), 채우기(흰색, 배경 1), 테두리

(7) 서식 ⇒ 7월매출 계열의 차트 종류를 〈표식이 있는 꺾은선형〉으로 변경한 후 보조 축으로 지정하시오.

　　　　계열 : ≪출력형태≫를 참조하여 표식(원형, 크기 10)과 레이블 값을 표시하시오.

　　　　눈금선 : 선 스타일 – 파선

　　　　축 : ≪출력형태≫를 참조하시오.

(8) 범례 ⇒ 범례명을 변경하고 ≪출력형태≫를 참조하시오.

(9) 도형 ⇒ '구름 모양 설명선'을 삽입한 후 ≪출력형태≫와 같이 내용을 입력하시오.

(10) 나머지 사항은 ≪출력형태≫에 맞게 작성하시오.

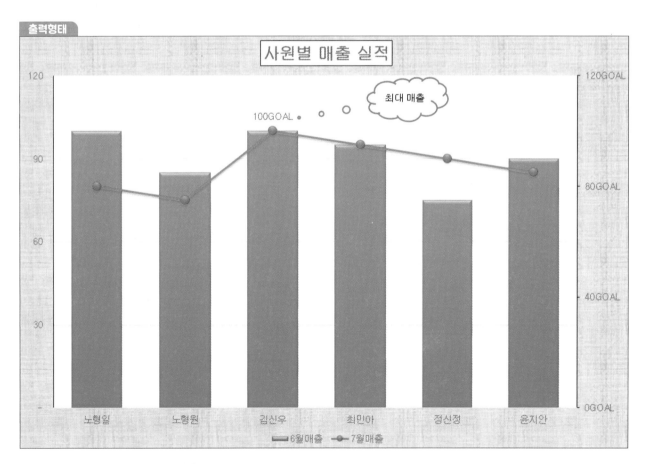

ITQ Excel

기출 · 예상 문제 15회

EXCEL

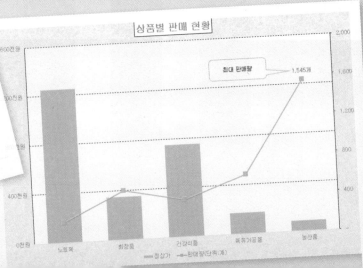

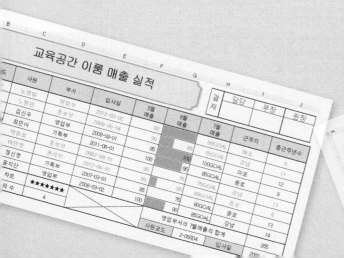

제1회 정보기술자격(ITQ) 시험

과 목	코 드	문제유형	시험시간	수험번호	성 명
한글엑셀	1122	A	60분		

수험자 유의사항

- 수험자는 문제지를 받는 즉시 문제지와 **수험표상의 시험과목(프로그램)이 동일한지 반드시 확인**하여야 합니다.

- 파일명은 본인의 "수험번호-성명"으로 입력하여 답안폴더(내 PC₩문서₩ITQ)에 하나의 파일로 저장해야하며, 답안문서 파일명이 "수험번호-성명"과 일치하지 않거나, 답안파일을 전송하지 않아 미제출로 처리될 경우 실격 처리합니다 (예:12345678-홍길동.xlsx).

- 답안 작성을 마치면 파일을 저장하고, '답안 전송' 버튼을 선택하여 감독위원 PC로 답안을 전송하십시오. 수험생 정보와 저장한 파일명이 다를 경우 전송되지 않으므로 주의하시기 바랍니다.

- 답안 작성 중에도 **주기적으로 저장하고, '답안 전송'**하여야 문제 발생을 줄일 수 있습니다. 작업한 내용을 저장하지 않고 전송할 경우 이전에 저장된 내용이 전송되오니 이점 유의하시기 바랍니다.

- 답안문서는 지정된 경로 외의 다른 보조기억장치에 저장하는 경우, 지정된 시험 시간 외에 작성된 파일을 활용할 경우, 기타 통신수단(이메일, 메신저, 네트워크 등)을 이용하여 타인에게 전달 또는 외부 반출하는 경우는 부정 처리합니다.

- 시험 중 부주의 또는 고의로 시스템을 파손한 경우는 수험자가 변상해야 하며, 〈수험자 유의사항〉에 기재된 방법대로 이행하지 않아 생기는 불이익은 수험생 당사자의 책임임을 알려 드립니다.

- 문제의 조건은 MS오피스 2016 버전으로 설정되어 있으니 유의하시기 바랍니다.

- 시험을 완료한 수험자는 답안파일이 전송되었는지 확인한 후 감독위원의 지시에 따라 문제지를 제출하고 퇴실합니다.

답안 작성요령

- 온라인 답안 작성 절차

  수험자 등록 ⇒ 시험 시작 ⇒ 답안파일 저장 ⇒ 답안 전송 ⇒ 시험 종료

- 문제는 총 4단계, 즉 제1작업부터 제4작업까지 구성되어 있으며 반드시 제1작업부터 순서대로 작성하고 조건대로 작업하시오.

- 모든 작업시트의 A열은 열 너비 '1'로, 나머지 열은 적당하게 조절하시오.

- 모든 작업시트의 테두리는 《출력형태》와 같이 작업하시오.

- 해당 작업란에서는 각각 제시된 조건에 따라 《출력형태》와 같이 작업하시오.

- 답안 시트 이름은 "제1작업", "제2작업", "제3작업", "제4작업"이어야 하며 답안 시트 이외의 것은 감점 처리됩니다.

- 시트를 파일로 나누어 작업해서 저장할 경우 실격 처리됩니다.

The Insight KPC
kpc 한국생산성본부

☞ 다음은 '실버상품 쇼핑몰 판매 현황'에 대한 자료이다. 자료를 입력하고 조건에 맞도록 작업하시오.

≪출력형태≫

상품코드	상품명	카테고리	구매자수	판매금액(단위:원)	재고량(단위:EA)	입고일	재고순위	비고
HE-0012	욕창예방매트리스	복지용구	989	139,000	815	2019-05-12	(1)	(2)
BO-2101	경량알루미늄 휠체어	보장구	887	320,000	1,232	2019-01-20	(1)	(2)
PE-1005	당뇨환자용 양파효소	환자식	1,700	53,000	2,983	2019-10-11	(1)	(2)
HE-0305	성인용보행기	복지용구	1,480	198,000	1,141	2019-03-25	(1)	(2)
BO-2043	스틸통타이어 휠체어	보장구	980	197,000	1,024	2019-04-08	(1)	(2)
BO-2316	거상형 휠체어	보장구	316	380,000	684	2019-03-13	(1)	(2)
PE-1138	고단백 영양푸딩	환자식	1,605	99,000	827	2019-09-20	(1)	(2)
PE-1927	고농축 영양식	환자식	912	12,000	3,028	2019-10-04	(1)	(2)
환자식 판매금액(단위:원) 평균			(3)		두 번째로 많은 구매자수			(5)
복지용구 구매자수 합계			(4)		상품명	욕창예방매트리스	구매자수	(6)

표 상단 우측: 확인 — 담당 / 대리 / 과장

≪조건≫

○ 모든 데이터의 서식에는 글꼴(굴림, 11pt), 정렬은 숫자 및 회계 서식은 오른쪽 정렬, 나머지 서식은 가운데 정렬로 작성하며 예외적인 것은 ≪출력형태≫를 참조하시오.

○ 제 목 ⇒ 육각형 도형과 바깥쪽 그림자(오프셋 오른쪽)를 이용하여 작성하고 "실버상품 쇼핑몰 판매 현황"을 입력한 후 다음 서식을 적용하시오(글꼴-굴림, 24pt, 검정, 굵게, 채우기-노랑).

○ 임의의 셀에 결재란을 작성하여 그림으로 복사 기능을 이용하여 붙이기 하시오(단, 원본 삭제).

○ 「B4:J4, G14, I14」 영역은 '주황'으로 채우기 하시오.

○ 유효성 검사를 이용하여 「H14」 셀에 상품명(「C5:C12」 영역)이 선택 표시되도록 하시오.

○ 셀 서식 ⇒ 「E5:E12」 영역에 셀 서식을 이용하여 숫자 뒤에 '명'을 표시하시오(예 : 1,700명).

○ 「E5:E12」 영역에 대해 '구매자수'로 이름정의를 하시오.

⊙ (1)~(6) 셀은 반드시 **주어진 함수를 이용**하여 값을 구하시오(결과값을 직접 입력하면 해당 셀은 0점 처리됨).

(1) 재고순위 ⇒ 재고량(단위:EA)의 내림차순 순위를 1~3까지 구한 결과값에 '위'를 붙이고 그 외에는 공백으로 구하시오(IF, RANK.EQ 함수, & 연산자)(예 : 1위).

(2) 비고 ⇒ 「구매자수÷300」의 정수의 크기만큼 '★'을 반복 표시되도록 구하시오(REPT 함수).

(3) 환자식 판매금액(단위:원) 평균 ⇒ (SUMIF, COUNTIF 함수)

(4) 복지용구 구매자수 합계 ⇒ 조건은 입력데이터를 이용하시오(DSUM 함수).

(5) 두 번째로 많은 구매자수 ⇒ 정의된 이름(구매자수)을 이용하여 구하시오(LARGE 함수).

(6) 구매자수 ⇒ 「H14」셀에서 선택한 상품명에 대한 구매자수를 구하시오(VLOOKUP 함수).

(7) 조건부 서식의 수식을 이용하여 구매자수가 '1,000' 이상인 행 전체에 다음의 서식을 적용하시오 (글꼴 : 파랑, 굵게).

☞ "제1작업" 시트의 「B4:H12」 영역을 복사하여 "제2작업" 시트의 「B2」 셀부터 모두 붙여넣기를 한 후 다음의 조건과 같이 작업하시오.

≪조건≫

(1) 목표값 찾기 – 「B11:G11」 셀을 병합하여 "판매금액(단위:원)의 전체 평균"을 입력한 후 「H11」 셀에 판매금액 (단위:원)의 전체 평균을 구하시오(AVERAGE 함수, 테두리, 가운데 맞춤).

        – '판매금액(단위:원)의 전체 평균'이 '175,000'이 되려면 욕창예방매트리스의 판매금액(단위: 원)이 얼마가 되어야 하는지 목표값을 구하시오.

(2) 고급필터 – 카테고리가 '복지용구'이거나, 구매자수가 '1,000' 이상인 자료의 상품코드, 상품명, 판매금액 (단위:원), 재고량(단위:EA)의 데이터만 추출하시오.

        – 조건 위치 : 「B14」 셀부터 입력하시오.

        – 복사 위치 : 「B18」 셀부터 나타나도록 하시오.

☞ "제1작업" 시트의 「B4:H12」 영역을 복사하여 "제3작업" 시트의 「B2」 셀부터 모두 붙여넣기를 한 후 다음의 조건과 같이 작업하시오.

≪조건≫

(1) 부분합 – ≪출력형태≫처럼 정렬하고, 상품명의 개수와 판매금액(단위:원)의 평균을 구하시오.

(2) 윤곽 – 지우시오.

(3) 나머지 사항은 ≪출력형태≫에 맞게 작성하시오.

≪출력형태≫

A	B	C	D	E	F	G	H
1							
2	상품코드	상품명	카테고리	구매자수	판매금액 (단위:원)	재고량 (단위:EA)	입고일
3	PE-1005	당뇨환자용 양파효소	환자식	1,700명	53,000	2,983	2019-10-11
4	PE-1138	고단백 영양푸딩	환자식	1,605명	99,000	827	2019-09-20
5	PE-1927	고농축 영양식	환자식	912명	12,000	3,028	2019-10-04
6			환자식 평균		54,667		
7		3	환자식 개수				
8	HE-0012	욕창예방매트리스	복지용구	989명	139,000	815	2019-05-12
9	HE-0305	성인용보행기	복지용구	1,480명	198,000	1,141	2019-03-25
10			복지용구 평균		168,500		
11		2	복지용구 개수				
12	BO-2101	경량알루미늄 휠체어	보장구	887명	320,000	1,232	2019-01-20
13	BO-2043	스틸통타이어 휠체어	보장구	980명	197,000	1,024	2019-04-08
14	BO-2316	거상형 휠체어	보장구	316명	380,000	684	2019-03-13
15			보장구 평균		299,000		
16		3	보장구 개수				
17			전체 평균		174,750		
18		8	전체 개수				
19							

☞ **"제1작업" 시트를 이용하여 조건에 따라 ≪출력형태≫와 같이 작업하시오.**

≪조건≫

(1) 차트 종류 ⇒ 〈묶은 세로 막대형〉으로 작업하시오.

(2) 데이터 범위 ⇒ "제1작업" 시트의 내용을 이용하여 작업하시오.

(3) 위치 ⇒ "새 시트"로 이동하고, "제4작업"으로 시트 이름을 바꾸시오.

(4) 차트 디자인 도구 ⇒ 레이아웃 3, 스타일 1을 선택하여 ≪출력형태≫에 맞게 작업하시오.

(5) 영역 서식 ⇒ 차트 : 글꼴(굴림, 11pt), 채우기 효과(질감-분홍 박엽지)

　　　　　　　그림 : 채우기(흰색, 배경 1)

(6) 제목 서식 ⇒ 차트 제목 : 글꼴(굴림, 굵게, 20pt), 채우기(흰색, 배경 1), 테두리

(7) 서식 ⇒ 구매자수 계열의 차트 종류를 〈표식이 있는 꺾은선형〉으로 변경한 후 보조 축으로 지정하시오.

　　　　계열 : ≪출력형태≫를 참조하여 표식(다이아몬드, 크기 10)과 레이블 값을 표시하시오.

　　　　눈금선 : 선 스타일-파선

　　　　축 : ≪출력형태≫를 참조하시오.

(8) 범례 ⇒ 범례명을 변경하고 ≪출력형태≫를 참조하시오.

(9) 도형 ⇒ '모서리가 둥근 사각형 설명선'을 삽입한 후 ≪출력형태≫와 같이 내용을 입력하시오.

(10) 나머지 사항은 ≪출력형태≫에 맞게 작성하시오.

≪출력형태≫

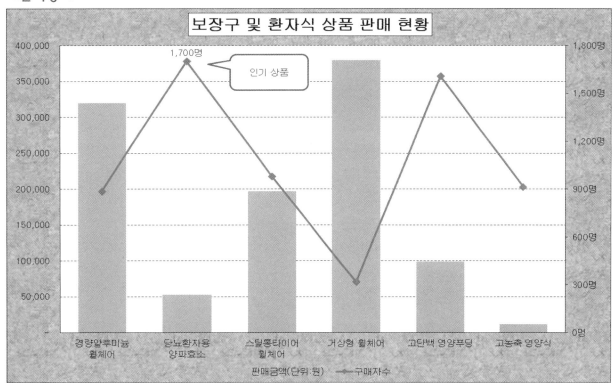

주의 ☞ 시트명 순서가 차례대로 "제1작업", "제2작업", "제3작업", "제4작업"이 되도록 할 것.

제2회 정보기술자격(ITQ) 시험

과 목	코 드	문제유형	시험시간	수험번호	성 명
한글엑셀	1122	A	60분		

☞ **다음은 '수입 원두커피 판매 현황'에 대한 자료이다. 자료를 입력하고 조건에 맞도록 작업하시오.**

≪출력형태≫

상품코드	상품명	커피 원산지	제조날짜	커피 원가 (단위:원)	판매수량	판매가 (단위:원)	유통기한	판매순위
						결재 담당 / 팀장 / 부장		
BR-344	산토스 NY2	브라질	2019-10-20	8,500	339	18,000	(1)	(2)
CE-233	산타로사	콜롬비아	2019-10-02	7,000	1,035	15,200	(1)	(2)
CE-156	후일라 수프리모	콜롬비아	2019-11-04	6,300	326	11,000	(1)	(2)
ET-245	모모라 G1	에티오피아	2019-12-08	12,300	864	33,900	(1)	(2)
BR-332	모지아나 NY2	브라질	2019-12-23	9,800	1,532	14,500	(1)	(2)
CE-295	카우카 수프리모	콜롬비아	2019-11-04	6,800	248	12,300	(1)	(2)
BR-157	씨에라 옐로우버본	브라질	2019-12-15	6,900	567	15,000	(1)	(2)
ET-148	아리차 예가체프G1	에티오피아	2019-11-29	10,500	954	29,500	(1)	(2)
브라질 원산지 판매가(단위:원)의 평균			(3)		최대 커피 원가(단위:원)			(5)
11월 15일 이후 제조한 커피 판매수량의 합			(4)		상품명	산토스 NY2	제조날짜	(6)

≪조건≫

○ 모든 데이터의 서식에는 글꼴(굴림, 11pt), 정렬은 숫자 및 회계 서식은 오른쪽 정렬, 나머지 서식은 가운데 정렬로 작성하며 예외적인 것은 ≪출력형태≫를 참조하시오.

○ 제 목 ⇒ 사다리꼴 도형과 바깥쪽 그림자(오프셋 대각선 오른쪽 아래)를 이용하여 작성하고 "수입 원두커피 판매 현황"을 입력한 후 다음 서식을 적용하시오(글꼴-굴림, 24pt, 검정, 굵게, 채우기-노랑).

○ 임의의 셀에 결재란을 작성하여 그림으로 복사 기능을 이용하여 붙이기 하시오(단, 원본 삭제).

○ 「B4:J4, G14, I14」 영역은 '주황'으로 채우기 하시오.

○ 유효성 검사를 이용하여 「H14」 셀에 직영점(「C5:C12」 영역)이 선택 표시되도록 하시오.

○ 셀 서식 ⇒ 「G5:G12」 영역에 셀 서식을 이용하여 숫자 뒤에 '개'를 표시하시오(예 : 1,035개).

○ 「F5:F12」 영역에 대해 '원가'로 이름정의를 하시오.

⊙ (1)~(6) 셀은 반드시 **주어진 함수를 이용**하여 값을 구하시오(결과값을 직접 입력하면 해당 셀은 0점 처리됨).

(1) 유통기한 ⇒ 「제조날짜+기간」으로 구하되 기간은 상품코드 네 번째 값이 1이면 365일, 2이면 500일, 3이면 730일로 지정하여 구하시오(CHOOSE, MID 함수)(예 : 2022-03-10).

(2) 판매순위 ⇒ 판매수량의 내림차순 순위를 1~3까지 구한 결과값에 '위'를 붙이고, 그 외에는 공백으로 구하시오(IF, RANK.EQ 함수, & 연산자)(예: 1위).

(3) 브라질 원산지 판매가(단위:원)의 평균 ⇒ 조건은 입력데이터를 이용하시오(DAVERAGE 함수).

(4) 11월 15일 이후 제조한 커피 판매수량의 합 ⇒ 11월 15일 이후(해당일 포함) 제조한 상품의 판매수량 합을 구하시오(SUMIF 함수).

(5) 최대 커피 원가(단위:원) ⇒ 정의된 이름(원가)을 이용하여 구하시오(LARGE 함수).

(6) 제조날짜 ⇒ 「H14」 셀에서 선택한 상품명에 대한 제조날짜를 구하시오(VLOOKUP 함수)(예 : 2019-01-01).

(7) 조건부 서식을 이용하여 판매가(단위:원) 셀에 데이터 막대 스타일(녹색)을 최소값 및 최대값으로 적용하시오.

☞ **"제1작업" 시트의 「B4:H12」 영역을 복사하여 "제2작업" 시트의 「B2」 셀부터 모두 붙여넣기를 한 후 다음의 조건과 같이 작업하시오.**

≪조건≫

(1) 고급필터 – 커피 원산지가 '에티오피아'가 아니면서, 커피 원가(단위:원)이 '7,000' 이상인 자료의 데이터 만 추출하시오.

  – 조건 범위 : 「B13」 셀부터 입력하시오.

  – 복사 위치 : 「B18」 셀부터 나타나도록 하시오.

(2) 표 서식 – 고급필터의 결과셀을 채우기 없음으로 설정한 후 '표 스타일 보통 6'의 서식을 적용하시오.

  – 머리글 행, 줄무늬 행을 적용하시오.

☞ **"제1작업" 시트를 이용하여 "제3작업" 시트의 조건에 따라 ≪출력형태≫와 같이 작업하시오.**

≪조건≫

(1) 제조날짜 및 커피 원산지별 상품명의 개수와 판매가(단위:원)의 평균을 구하시오.

(2) 제조날짜를 그룹화하고, 커피 원산지를 ≪출력형태≫와 같이 정렬하시오.

(3) 레이블이 있는 셀 병합 및 가운데 맞춤 적용 및 빈 셀은 '***'로 표시하시오.

(4) 행의 총합계는 지우고, 나머지 사항은 ≪출력형태≫에 맞게 작성하시오.

≪출력형태≫

재조날짜	커피 원산지 콜롬비아 개수 : 상품명	평균 : 판매가(단위:원)	에티오피아 개수 : 상품명	평균 : 판매가(단위:원)	브라질 개수 : 상품명	평균 : 판매가(단위:원)
10월	1	15,200	***	***	1	18,000
11월	2	11,650	1	29,500	***	***
12월	***	***	1	33,900	2	14,750
총합계	3	12,833	2	31,700	3	15,833

☞ **"제1작업" 시트를 이용하여 조건에 따라 ≪출력형태≫와 같이 작업하시오.**

≪조건≫

(1) 차트 종류 ⇒ 〈묶은 세로 막대형〉으로 작업하시오.

(2) 데이터 범위 ⇒ "제1작업" 시트의 내용을 이용하여 작업하시오.

(3) 위치 ⇒ "새 시트"로 이동하고, "제4작업"으로 시트 이름을 바꾸시오.

(4) 차트 디자인 도구 ⇒ 레이아웃 3, 스타일 1을 선택하여 ≪출력형태≫에 맞게 작업하시오.

(5) 영역 서식 ⇒ 차트 : 글꼴(굴림, 11pt), 채우기 효과(질감−파랑 박엽지)

그림 : 채우기(흰색, 배경 1)

(6) 제목 서식 ⇒ 차트 제목 : 글꼴(굴림, 굵게, 20pt), 채우기(흰색, 배경 1), 테두리

(7) 서식 ⇒ 판매수량 계열의 차트 종류를 〈표식이 있는 꺾은선형〉으로 변경한 후 보조 축으로 지정하시오.

계열 : ≪출력형태≫를 참조하여 표식(네모, 크기 10)과 레이블 값을 표시하시오.

눈금선 : 선 스타일−파선

축 : ≪출력형태≫를 참조하시오.

(8) 범례 ⇒ 범례명을 변경하고 ≪출력형태≫를 참조하시오.

(9) 도형 ⇒ '사각형 설명선'을 삽입하고 ≪출력형태≫와 같이 내용을 입력하시오.

(10) 나머지 사항은 ≪출력형태≫에 맞게 작성하시오.

≪출력형태≫

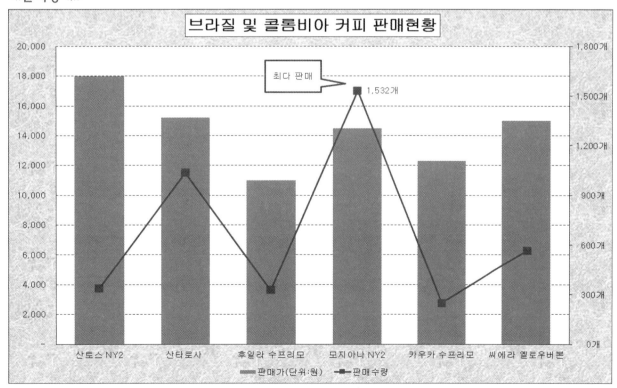

주의 ☞ 시트명 순서가 차례대로 "제1작업", "제2작업", "제3작업", "제4작업"이 되도록 할 것.

제3회 정보기술자격(ITQ) 시험

과 목	코 드	문제유형	시험시간	수험번호	성 명
한글엑셀	1122	A	60분		

☞ 다음은 '꽃집청년들 매출 현황'에 대한 자료이다. 자료를 입력하고 조건에 맞도록 작업하시오.

≪출력형태≫

상품코드	상품명	구분	판매가 (단위:원)	주문수량	매출금액 (단위:원)	증감률	사이즈	순위
						확인 담당 / 과장 / 차장		
T2578-M	수국	꽃다발	67,000	94	5,700,000	5.3%	(1)	(2)
B2324-L	진백	분재	200,000	79	7,500,000	-12.0%	(1)	(2)
F2354-S	생일축하	꽃바구니	50,000	105	4,250,000	8.2%	(1)	(2)
B2384-M	소사	분재	150,000	69	4,000,000	-16.0%	(1)	(2)
F4322-L	프로포즈	꽃바구니	125,000	86	9,625,000	2.6%	(1)	(2)
T3284-L	분홍장미	꽃다발	59,000	64	5,600,000	-33.9%	(1)	(2)
F3255-S	결혼기념일	꽃바구니	50,000	91	3,650,000	-8.2%	(1)	(2)
T2698-L	안개	꽃다발	61,000	114	6,500,000	15.4%	(1)	(2)
꽃바구니 상품 개수			(3)		꽃다발의 주문수량 평균			(5)
최대 판매가(단위:원)			(4)		상품명	수국	주문수량	(6)

제목 : 꽃집청년들 매출 현황

≪조건≫

○ 모든 데이터의 서식에는 글꼴(굴림, 11pt), 정렬은 숫자 및 회계 서식은 오른쪽 정렬, 나머지 서식은 가운데 정렬로 작성하며 예외적인 것은 ≪출력형태≫를 참조하시오.

○ 제 목 ⇒ 갈매기형 수장 도형과 바깥쪽 그림자(오프셋 오른쪽)를 이용하여 작성하고 "꽃집청년들 매출 현황"을 입력한 후 다음 서식을 적용하시오(글꼴-굴림, 24pt, 검정, 굵게, 채우기-노랑).

○ 임의의 셀에 결재란을 작성하여 그림으로 복사 기능을 이용하여 붙이기 하시오(단, 원본 삭제).

○ 「B4:J4, G14, I14」 영역은 '주황'으로 채우기 하시오.

○ 유효성 검사를 이용하여 「H14」 셀에 상품명(「C5:C12」 영역)이 선택 표시되도록 하시오.

○ 셀 서식 ⇒ 「F5:F12」 영역에 셀 서식을 이용하여 숫자 뒤에 '개'를 표시하시오(예 : 94개).

○ 「E5:E12」 영역에 대해 '판매가'로 이름정의를 하시오.

◉ (1)~(6) 셀은 반드시 **주어진 함수를 이용**하여 값을 구하시오(결과값을 직접 입력하면 해당 셀은 0점 처리됨).

(1) 사이즈 ⇒ 상품코드의 마지막 한 글자가 L이면 '대', M이면 '중', 그 외에는 '소'로 구하시오
　　　　　(IF, RIGHT 함수).

(2) 순위 ⇒ 주문수량의 내림차순 순위를 구한 결과값에 '위'를 붙이시오(RANK.EQ 함수, & 연산자)(예 : 1위).

(3) 꽃바구니 상품 개수 ⇒ (COUNTIF 함수)

(4) 최대 판매가(단위:원) ⇒ 정의된 이름(판매가)을 이용하여 구하시오(MAX 함수).

(5) 꽃다발의 주문수량 평균 ⇒ 반올림하여 정수로 구하시오. 단, 조건은 입력데이터를 이용하시오
　　　　　(ROUND, DAVERAGE 함수)(예 : 12.3 → 12).

(6) 주문수량 ⇒ 「H14」 셀에서 선택한 상품명에 대한 주문수량을 구하시오(VLOOKUP 함수).

(7) 조건부 서식의 수식을 이용하여 주문수량이 '100' 이상인 행 전체에 다음의 서식을 적용하시오
　　(글꼴 : 파랑, 굵게).

☞ **"제1작업" 시트의 「B4:H12」 영역을 복사하여 "제2작업" 시트의 「B2」 셀부터 모두 붙여넣기를 한 후 다음의 조건과 같이 작업하시오.**

≪조건≫

(1) 목표값 찾기 – 「B11:G11」 셀을 병합하여 "꽃다발의 매출금액(단위:원)의 평균"을 입력한 후 「H11」 셀에 꽃 다발의 매출금액(단위:원)의 평균을 구하시오. 단, 조건은 입력데이터를 이용하시오. (DAVERAGE 함수, 테두리, 가운데 맞춤)
      – '매출금액(단위:원)의 평균'이 '6,500,000'이 되려면 수국의 매출금액(단위:원)이 얼마가 되 어야 하는지 목표값을 구하시오.

(2) 고급필터 – 구분이 '분재'이거나, 주문수량이 '100' 이상인 자료의 상품코드, 상품명, 판매가(단위:원), 매출 금액(단위:원)의 데이터만 추출하시오.
      – 조건 범위 : 「B14」 셀부터 입력하시오.
      – 복사 위치 : 「B18」 셀부터 나타나도록 하시오.

☞ **"제1작업" 시트의 「B4:H12」 영역을 복사하여 "제3작업" 시트의 「B2」 셀부터 모두 붙여넣기를 한 후 다음의 조건과 같이 작업하시오.**

≪조건≫

(1) 부분합 – ≪출력형태≫처럼 정렬하고, 상품명의 개수와 매출금액(단위:원)의 평균을 구하시오.
(2) 윤 곽 – 지우시오.
(3) 나머지 사항은 ≪출력형태≫에 맞게 작성하시오.

≪출력형태≫

A	B	C	D	E	F	G	H
1							
2	상품코드	상품명	구분	판매가 (단위:원)	주문수량	매출금액 (단위:원)	증감률
3	B2324-L	진백	분재	200,000	79개	7,500,000	-12.0%
4	B2384-M	소사	분재	150,000	69개	4,000,000	-16.0%
5			분재 평균			5,750,000	
6		2	분재 개수				
7	F2354-S	생일축하	꽃바구니	50,000	105개	4,250,000	8.2%
8	F4322-L	프로포즈	꽃바구니	125,000	86개	9,625,000	2.6%
9	F3255-S	결혼기념일	꽃바구니	50,000	91개	3,650,000	-8.2%
10			꽃바구니 평균			5,841,667	
11		3	꽃바구니 개수				
12	T2578-M	수국	꽃다발	67,000	94개	5,700,000	5.3%
13	T3284-L	분홍장미	꽃다발	59,000	64개	5,600,000	-33.9%
14	T2698-L	안개	꽃다발	61,000	114개	6,500,000	15.4%
15			꽃다발 평균			5,933,333	
16		3	꽃다발 개수				
17			전체 평균			5,853,125	
18		8	전체 개수				

☞ **"제1작업"** 시트를 이용하여 조건에 따라 ≪출력형태≫와 같이 작업하시오.

≪조건≫

⑴ 차트 종류 ⇒ 〈묶은 세로 막대형〉으로 작업하시오.

⑵ 데이터 범위 ⇒ "제1작업" 시트의 내용을 이용하여 작업하시오.

⑶ 위치 ⇒ "새 시트"로 이동하고, "제4작업"으로 시트 이름을 바꾸시오.

⑷ 차트 디자인 도구 ⇒ 레이아웃 3, 스타일 3을 선택하여 ≪출력형태≫에 맞게 작업하시오.

⑸ 영역 서식 ⇒ 차트 : 글꼴(굴림, 11pt), 채우기 효과(질감-파피루스)

  그림 : 채우기(흰색, 배경 1)

⑹ 제목 서식 ⇒ 차트 제목 : 글꼴(굴림, 굵게, 20pt), 채우기(흰색, 배경 1), 테두리

⑺ 서식 ⇒ 판매가(단위:원) 계열의 차트 종류를 〈표식이 있는 꺾은선형〉으로 변경한 후 보조 축으로 지정하시오.

  계열 : ≪출력형태≫를 참조하여 표식(세모, 크기 10)과 레이블 값을 표시하시오.

  눈금선 : 선 스타일-파선

  축 : ≪출력형태≫를 참조하시오.

⑻ 범례 ⇒ 범례명을 변경하고 ≪출력형태≫를 참조하시오.

⑼ 도형 ⇒ '모서리가 둥근 사각형 설명선'을 삽입하고 ≪출력형태≫와 같이 내용을 입력하시오.

⑽ 나머지 사항은 ≪출력형태≫에 맞게 작성하시오.

≪출력형태≫

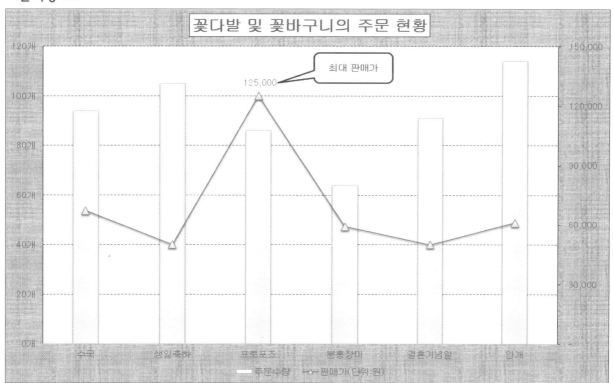

주의 ☞ 시트명 순서가 차례대로 "제1작업", "제2작업", "제3작업", "제4작업"이 되도록 할 것.

제4회 정보기술자격(ITQ) 시험

과 목	코 드	문제유형	시험시간	수험번호	성 명
한글엑셀	1122	A	60분		

수험자 유의사항

- 수험자는 문제지를 받는 즉시 문제지와 **수험표상의 시험과목(프로그램)이 동일한지 반드시 확인**하여야 합니다.
- 파일명은 본인의 "수험번호-성명"으로 입력하여 답안폴더(내 PC₩문서₩ITQ)에 하나의 파일로 저장해야하며, 답안문서 파일명이 "수험번호-성명"과 일치하지 않거나, 답안파일을 전송하지 않아 미제출로 처리될 경우 실격 처리합니다 (예:12345678-홍길동.xlsx).
- 답안 작성을 마치면 파일을 저장하고, '답안 전송' 버튼을 선택하여 감독위원 PC로 답안을 전송하십시오. 수험생 정보와 저장한 파일명이 다를 경우 전송되지 않으므로 주의하시기 바랍니다.
- 답안 작성 중에도 **주기적으로 저장하고, '답안 전송'**하여야 문제 발생을 줄일 수 있습니다. 작업한 내용을 저장하지 않고 전송할 경우 이전에 저장된 내용이 전송되오니 이점 유의하시기 바랍니다.
- 답안문서는 지정된 경로 외의 다른 보조기억장치에 저장하는 경우, 지정된 시험 시간 외에 작성된 파일을 활용할 경우, 기타 통신수단(이메일, 메신저, 네트워크 등)을 이용하여 타인에게 전달 또는 외부 반출하는 경우는 부정 처리합니다.
- 시험 중 부주의 또는 고의로 시스템을 파손한 경우는 수험자가 변상해야 하며, 〈수험자 유의사항〉에 기재된 방법대로 이행하지 않아 생기는 불이익은 수험생 당사자의 책임임을 알려 드립니다.
- 문제의 조건은 MS오피스 2016 버전으로 설정되어 있으니 유의하시기 바랍니다.
- 시험을 완료한 수험자는 답안파일이 전송되었는지 확인한 후 감독위원의 지시에 따라 문제지를 제출하고 퇴실합니다.

답안 작성요령

- 온라인 답안 작성 절차

  수험자 등록 ⇒ 시험 시작 ⇒ 답안파일 저장 ⇒ 답안 전송 ⇒ 시험 종료
- 문제는 총 4단계, 즉 제1작업부터 제4작업까지 구성되어 있으며 반드시 제1작업부터 순서대로 작성하고 조건대로 작업하시오.
- 모든 작업시트의 A열은 열 너비 '1'로, 나머지 열은 적당하게 조절하시오.
- 모든 작업시트의 테두리는 ≪출력형태≫와 같이 작업하시오.
- 해당 작업란에서는 각각 제시된 조건에 따라 ≪출력형태≫와 같이 작업하시오.
- 답안 시트 이름은 "제1작업", "제2작업", "제3작업", "제4작업"이어야 하며 답안 시트 이외의 것은 감점 처리됩니다.
- 시트를 파일로 나누어 작업해서 저장할 경우 실격 처리됩니다.

The Insight KPC
kpc 한국생산성본부

☞ 다음은 '일반의약품 판매가격 현황'에 대한 자료이다. 자료를 입력하고 조건에 맞도록 작업하시오.

≪출력형태≫

코드	제품명	제조사	구분	규격 (ml/캅셀/g)	평균가격 (원)	최저가격	순위	제품이력
							담당	대리	팀장
				일반의약품 판매가격 현황			결재			
DH1897	위생천	광동제약	소화제	75	580	500	(1)	(2)
HY1955	챔프	동아제약	해열진통제	10	2,000	1,600	(1)	(2)
DA1956	판피린큐	동아제약	해열진통제	20	400	350	(1)	(2)
DG1985	애시논액	동아제약	소화제	10	4,800	4,150	(1)	(2)
GY1958	포타디연고	삼일제약	외용연고제	75	500	400	(1)	(2)
SE1987	부루펜시럽	삼일제약	해열진통제	90	4,300	3,900	(1)	(2)
HD1957	생록천	광동제약	소화제	75	500	420	(1)	(2)
DH1980	후시딘	동화약품	외용연고제	10	5,200	4,500	(1)	(2)
광동제약 제품 평균가격(원)의 평균			(3)			최저가격의 중간값		(5)
소화제 최저가격의 평균			(4)		제품명	위생천	최저가격	(6)

≪조건≫

○ 모든 데이터의 서식에는 글꼴(굴림, 11pt), 정렬은 숫자 및 회계 서식은 오른쪽 정렬, 나머지 서식은 가운데 정렬로 작성하며 예외적인 것은 ≪출력형태≫를 참조하시오.

○ 제 목 ⇒ 오각형 도형과 바깥쪽 그림자(오프셋 오른쪽)를 이용하여 작성하고 "일반의약품 판매가격 현황"을 입력한 후 다음 서식을 적용하시오(글꼴-굴림, 24pt, 검정, 굵게, 채우기-노랑).

○ 임의의 셀에 결재란을 작성하여 그림으로 복사 기능을 이용하여 붙이기 하시오(단, 원본 삭제).

○ 「B4:J4, G14, I14」 영역은 '주황'으로 채우기 하시오.

○ 유효성 검사를 이용하여 「H14」 셀에 제품명(「C5:C12」 영역)이 선택 표시되도록 하시오.

○ 셀 서식 ⇒ 「H5:H12」 영역에 셀 서식을 이용하여 숫자 뒤에 '원'을 표시하시오(예 : 1,600원).

○ 「H5:H12」 영역에 대해 '최저가격'으로 이름정의를 하시오.

⊙ (1)~(6) 셀은 반드시 **주어진 함수를 이용**하여 값을 구하시오(결과값을 직접 입력하면 해당 셀은 0점 처리됨).

⑴ 순위 ⇒ 평균가격(원)의 내림차순 순위를 1~3까지 구하고, 그 외에는 공백으로 표시하시오 (IF, RANK.EQ 함수).

⑵ 제품이력 ⇒ 「2020-제품출시연도」로 계산한 결과값 뒤에 '년'을 붙이시오. 단, 제품출시연도는 코드의 마지막 네 글자를 이용하시오(RIGHT 함수, & 연산자)(예 : 11년).

⑶ 광동제약 제품 평균가격(원)의 평균 ⇒ (SUMIF, COUNTIF 함수).

⑷ 소화제 최저가격의 평균 ⇒ 조건은 입력데이터를 이용하시오(DAVERAGE 함수).

⑸ 최저가격의 중간값 ⇒ 정의된 이름(최저가격)을 이용하여 구하시오(MEDIAN 함수).

⑹ 최저가격 ⇒ 「H14」 셀에서 선택한 제품명에 대한 최저가격을 표시하시오(VLOOKUP 함수).

⑺ 조건부 서식을 이용하여 평균가격(원) 셀에 데이터 막대 스타일(빨강)을 최소값 및 최대값으로 적용하시오.

☞ **"제1작업"** 시트의 「B4:H12」 영역을 복사하여 **"제2작업"** 시트의 「B2」 셀부터 모두 붙여넣기를 한 후 다음의 조건과 같이 작업하시오.

≪조건≫

(1) 고급필터 – 구분이 '소화제'가 아니면서, 평균가격(원)이 '1,000' 이상인 자료의 데이터만 추출하시오.
　　　　　– 조건 범위 : 「B13」 셀부터 입력하시오.
　　　　　– 복사 위치 : 「B18」 셀부터 나타나도록 하시오.

(2) 표 서식 – 고급필터의 결과셀을 채우기 없음으로 설정한 후 '표 스타일 보통 6'의 서식을 적용하시오.
　　　　　– 머리글 행, 줄무늬 행을 적용하시오.

☞ **"제1작업"** 시트를 이용하여 **"제3작업"** 시트의 조건에 따라 ≪출력형태≫와 같이 작업하시오.

≪조건≫

(1) 최저가격 및 구분별 제품명의 개수와 평균가격(원)의 최소값을 구하시오.
(2) 최저가격을 그룹화하고, 구분을 ≪출력형태≫와 같이 정렬하시오.
(3) 레이블이 있는 셀 병합 및 가운데 맞춤 적용 및 빈 셀은 '∗∗∗'로 표시하시오.
(4) 행의 총합계는를 지우고, 나머지 사항은 ≪출력형태≫에 맞게 작성하시오.

≪출력형태≫

최저가격	구분 ↵						
	해열진통제		외용연고제		소화제		
최저가격 ▾	개수 : 제품명	최소값 : 평균가격(원)	개수 : 제품명	최소값 : 평균가격(원)	개수 : 제품명	최소값 : 평균가격(원)	
1-1000	1	400	1	500	2	500	
1001-2000	1	2,000	∗∗∗	∗∗∗	∗∗∗	∗∗∗	
3001-4000	1	4,300	∗∗∗	∗∗∗	∗∗∗	∗∗∗	
4001-5000	∗∗∗	∗∗∗	1	5,200	1	4,800	
총합계	3	400	2	500	3	500	

☞ **"제1작업" 시트를 이용하여 조건에 따라 ≪출력형태≫와 같이 작업하시오.**

≪조건≫

(1) 차트 종류 ⇒ 〈묶은 세로 막대형〉으로 작업하시오.

(2) 데이터 범위 ⇒ "제1작업" 시트의 내용을 이용하여 작업하시오.

(3) 위치 ⇒ "새 시트"로 이동하고, "제4작업"으로 시트 이름을 바꾸시오.

(4) 차트 디자인 도구 ⇒ 레이아웃 3, 스타일 4를 선택하여 ≪출력형태≫에 맞게 작업하시오.

(5) 영역 서식 ⇒ 차트 : 글꼴(굴림, 11pt), 채우기 효과(질감–파랑 박엽지)

             그림 : 채우기(흰색, 배경 1)

(6) 제목 서식 ⇒ 차트 제목 : 글꼴(굴림, 굵게, 20pt), 채우기(흰색, 배경 1), 테두리

(7) 서식 ⇒ 평균가격(원) 계열의 차트 종류를 〈표식이 있는 꺾은선형〉으로 변경한 후 보조 축으로 지정하시오.

        계열 : ≪출력형태≫를 참조하여 표식(원형, 크기 10)과 레이블 값을 표시하시오.

        눈금선 : 선 스타일–파선

        축 : ≪출력형태≫를 참조하시오.

(8) 범례 ⇒ 범례명을 변경하고 ≪출력형태≫를 참조하시오.

(9) 도형 ⇒ '위쪽 리본'을 삽입하고 ≪출력형태≫와 같이 내용을 입력하시오.

(10) 나머지 사항은 ≪출력형태≫에 맞게 작성하시오.

≪출력형태≫

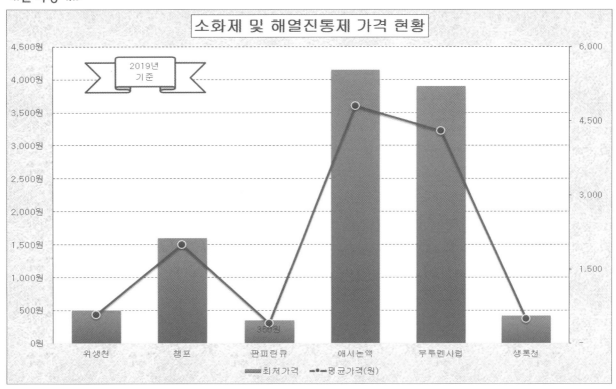

주의 ☞ 시트명 순서가 차례대로 "제1작업", "제2작업", "제3작업", "제4작업"이 되도록 할 것.

제5회 정보기술자격(ITQ) 시험

과 목	코 드	문제유형	시험시간	수험번호	성 명
한글엑셀	1122	A	60분		

☞ **다음은 '인터넷 외국어 강좌 현황'에 대한 자료이다. 자료를 입력하고 조건에 맞도록 작업하시오.**

≪출력형태≫

관리코드	강좌명	구분	수강료	수강기간	학습자수 (단위:명)	진행강사수 (단위:명)	수업일수	순위
							사원 / 팀장 / 본부장 확인	
HB-2272	왕초보	스페인어	79,000	4개월	215	3	(1)	(2)
AC-7543	발음클리닉	중국어	50,000	2개월	249	2	(1)	(2)
HR-2843	원어민처럼 말하기	스페인어	90,000	3개월	105	1	(1)	(2)
PB-2433	어법/어휘 마스터	영어	203,000	8개월	248	2	(1)	(2)
PW-3462	실전 비즈니스	영어	214,000	8개월	194	3	(1)	(2)
CB-3642	즐거운 스페인어	스페인어	189,000	5개월	384	3	(1)	(2)
PC-2361	맛있는 중국어	중국어	153,000	12개월	348	2	(1)	(2)
EB-4342	중국어 첫걸음	중국어	80,000	2개월	127	2	(1)	(2)
수강료가 10만원 이하인 강좌 비율			(3)			최다 학습자수(단위:명)		(5)
중국어 학습자수(단위:명) 합계			(4)			강좌명	왕초보	수강료	(6)

제목: **인터넷 외국어 강좌 현황**

≪조건≫

○ 모든 데이터의 서식에는 글꼴(굴림, 11pt), 정렬은 숫자 및 회계 서식은 오른쪽 정렬, 나머지 서식은 가운데 정렬로 작성하며 예외적인 것은 ≪출력형태≫를 참조하시오.

○ 제 목 ⇒ 평행 사변형 도형과 바깥쪽 그림자(오프셋 오른쪽)를 이용하여 작성하고 "인터넷 외국어 강좌 현황"을 입력한 후 다음 서식을 적용하시오(글꼴-굴림, 24pt, 검정, 굵게, 채우기-노랑).

○ 임의의 셀에 결재란을 작성하여 그림으로 복사 기능을 이용하여 붙이기 하시오(단, 원본 삭제).

○ 「B4:J4, G14, I14」 영역은 '주황'으로 채우기 하시오.

○ 유효성 검사를 이용하여 「H14」 셀에 강좌명(「C5:C12」 영역)이 선택 표시되도록 하시오.

○ 셀 서식 ⇒ 「E5:E12」 영역에 셀 서식을 이용하여 숫자 뒤에 '원'을 표시하시오(예 : 79,000원).

○ 「D5:D12」 영역에 대해 '구분'으로 이름정의를 하시오.

◉ (1)~(6) 셀은 반드시 **주어진 함수를 이용**하여 값을 구하시오(결과값을 직접 입력하면 해당 셀은 0점 처리됨).

(1) 수업일수 ⇒ 관리코드의 마지막 한 글자가 1이면 '주1회', 2이면 '주2회', 3이면 '주3회'로 구하시오 (CHOOSE, RIGHT 함수).

(2) 순위 ⇒ 학습자수(단위:명)의 내림차순 순위를 구한 결과값에 '위'를 붙이시오 (RANK.EQ 함수, & 연산자)(예 : 1위).

(3) 수강료가 10만원 이하인 강좌 비율 ⇒ 전체 강좌에 대한 수강료가 100,000 이하인 강좌의 비율을 구하고, 백분율로 표시하시오(COUNTIF, COUNTA 함수)(예 : 12%).

(4) 중국어 학습자수(단위:명) 합계 ⇒ 정의된 이름(구분)을 이용하여 구하시오(SUMIF 함수).

(5) 최다 학습자수(단위:명) ⇒ (MAX 함수)

(6) 수강료 ⇒ 「H14」 셀에서 선택한 강좌명에 대한 수강료를 구하시오(VLOOKUP 함수).

(7) 조건부 서식의 수식을 이용하여 학습자수(단위:명)가 '300' 이상인 행 전체에 다음의 서식을 적용하시오 (글꼴 : 파랑, 굵게).

☞ "제1작업" 시트의 「B4:H12」 영역을 복사하여 "제2작업" 시트의 「B2」 셀부터 모두 붙여넣기를 한 후 다음의 조건과 같이 작업하시오.

≪조건≫

(1) 목표값 찾기 – 「B11:G11」 셀을 병합하여 "스페인어의 학습자수(단위:명)의 평균"을 입력한 후 「H11」 셀에 스페인어의 학습자수(단위:명)의 평균을 구하시오. 단, 조건은 입력데이터를 이용하시오. (DAVERAGE 함수, 테두리, 가운데 맞춤)

       – '스페인어의 학습자수(단위:명)'의 평균이 '300'이 되려면 왕초보의 학습자수(단위:명)가 얼마가 되어야 하는지 목표값을 구하시오.

(2) 고급필터 – 구분이 '영어'이거나, 수강료가 '50,000' 이하인 자료의 관리코드, 강좌명, 수강료, 학습자수 (단위:명)의 데이터만 추출하시오.

       – 조건 범위 : 「B14」 셀부터 입력하시오.

       – 복사 위치 : 「B18」 셀부터 나타나도록 하시오.

☞ "제1작업" 시트의 「B4:H12」 영역을 복사하여 "제3작업" 시트의 「B2」 셀부터 모두 붙여넣기를 한 후 다음의 조건과 같이 작업하시오.

≪조건≫

(1) 부분합 – ≪출력형태≫처럼 정렬하고, 강좌명의 개수와 학습자수(단위:명)의 평균을 구하시오.

(2) 윤 곽 – 지우시오.

(3) 나머지 사항은 ≪출력형태≫에 맞게 작성하시오.

≪출력형태≫

	B	C	D	E	F	G 학습자수 (단위:명)	H 진행강사수 (단위:명)
2	관리코드	강좌명	구분	수강료	수강기간	학습자수 (단위:명)	진행강사수 (단위:명)
3	AC-7543	발음클리닉	중국어	50,000원	2개월	249	2
4	PC-2361	맛있는 중국어	중국어	153,000원	12개월	348	2
5	EB-4342	중국어 첫걸음	중국어	80,000원	2개월	127	2
6			중국어 평균			241	
7		3	중국어 개수				
8	PB-2433	어법/어휘 마스터	영어	203,000원	8개월	248	2
9	PW-3462	실전 비즈니스	영어	214,000원	8개월	194	3
10			영어 평균			221	
11		2	영어 개수				
12	HB-2272	왕초보	스페인어	79,000원	4개월	215	3
13	HR-2843	원어민처럼 말하기	스페인어	90,000원	3개월	105	1
14	CB-3642	즐거운 스페인어	스페인어	189,000원	5개월	384	3
15			스페인어 평균			235	
16		3	스페인어 개수				
17			전체 평균			234	
18		8	전체 개수				

☞ **"제1작업" 시트를 이용하여 조건에 따라 ≪출력형태≫와 같이 작업하시오.**

≪조건≫

(1) 차트 종류 ⇒ 〈묶은 세로 막대형〉으로 작업하시오.

(2) 데이터 범위 ⇒ "제1작업" 시트의 내용을 이용하여 작업하시오.

(3) 위치 ⇒ "새 시트"로 이동하고, "제4작업"으로 시트 이름을 바꾸시오.

(4) 차트 디자인 도구 ⇒ 레이아웃 3, 스타일 1을 선택하여 ≪출력형태≫에 맞게 작업하시오.

(5) 영역 서식 ⇒ 차트 : 글꼴(굴림, 11pt), 채우기 효과(질감–양피지)

　　　　　　　그림 : 채우기(흰색, 배경 1)

(6) 제목 서식 ⇒ 차트 제목 : 글꼴(굴림, 굵게, 20pt), 채우기(흰색, 배경 1), 테두리

(7) 서식 ⇒ 수강료 계열의 차트 종류를 〈표식이 있는 꺾은선형〉으로 변경한 후 보조 축으로 지정하시오.

　　　　계열 : ≪출력형태≫를 참조하여 표식(네모, 크기 10)과 레이블 값을 표시하시오.

　　　　눈금선 : 선 스타일–파선

　　　　축 : ≪출력형태≫를 참조하시오.

(8) 범례 ⇒ 범례명을 변경하고 ≪출력형태≫를 참조하시오.

(9) 도형 ⇒ '모서리가 둥근 사각형 설명선'을 삽입하고 ≪출력형태≫와 같이 내용을 입력하시오.

(10) 나머지 사항은 ≪출력형태≫에 맞게 작성하시오.

≪출력형태≫

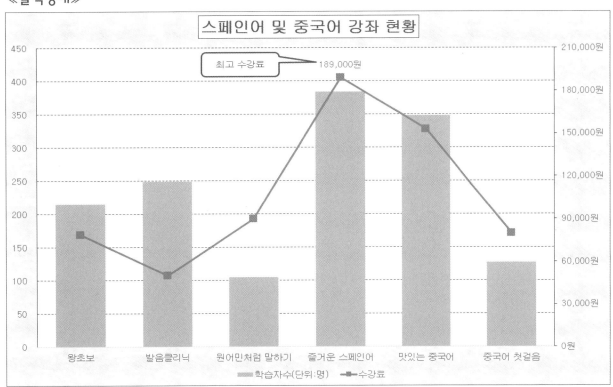

주의 ☞ 시트명 순서가 차례대로 "제1작업", "제2작업", "제3작업", "제4작업"이 되도록 할 것.

제6회 정보기술자격(ITQ) 시험

과 목	코 드	문제유형	시험시간	수험번호	성 명
한글엑셀	1122	A	60분		

수험자 유의사항

- 수험자는 문제지를 받는 즉시 문제지와 **수험표상의 시험과목(프로그램)이 동일한지 반드시 확인**하여야 합니다.

- 파일명은 본인의 "수험번호–성명"으로 입력하여 답안폴더(내 PC\문서\ITQ)에 하나의 파일로 저장해야하며, 답안문서 파일명이 "수험번호–성명"과 일치하지 않거나, 답안파일을 전송하지 않아 미제출로 처리될 경우 실격 처리합니다 (예:12345678–홍길동.xlsx).

- 답안 작성을 마치면 파일을 저장하고, '답안 전송' 버튼을 선택하여 감독위원 PC로 답안을 전송하십시오. 수험생 정보와 저장한 파일명이 다를 경우 전송되지 않으므로 주의하시기 바랍니다.

- 답안 작성 중에도 **주기적으로 저장하고, '답안 전송'**하여야 문제 발생을 줄일 수 있습니다. 작업한 내용을 저장하지 않고 전송할 경우 이전에 저장된 내용이 전송되오니 이점 유의하시기 바랍니다.

- 답안문서는 지정된 경로 외의 다른 보조기억장치에 저장하는 경우, 지정된 시험 시간 외에 작성된 파일을 활용할 경우, 기타 통신수단(이메일, 메신저, 네트워크 등)을 이용하여 타인에게 전달 또는 외부 반출하는 경우는 부정 처리합니다.

- 시험 중 부주의 또는 고의로 시스템을 파손한 경우는 수험자가 변상해야 하며, 〈수험자 유의사항〉에 기재된 방법대로 이행하지 않아 생기는 불이익은 수험생 당사자의 책임임을 알려 드립니다.

- 문제의 조건은 MS오피스 2016 버전으로 설정되어 있으니 유의하시기 바랍니다.

- 시험을 완료한 수험자는 답안파일이 전송되었는지 확인한 후 감독위원의 지시에 따라 문제지를 제출하고 퇴실합니다.

답안 작성요령

- 온라인 답안 작성 절차

  수험자 등록 ⇒ 시험 시작 ⇒ 답안파일 저장 ⇒ 답안 전송 ⇒ 시험 종료

- 문제는 총 4단계, 즉 제1작업부터 제4작업까지 구성되어 있으며 반드시 제1작업부터 순서대로 작성하고 조건대로 작업하시오.

- 모든 작업시트의 A열은 열 너비 '1'로, 나머지 열은 적당하게 조절하시오.

- 모든 작업시트의 테두리는 《출력형태》와 같이 작업하시오.

- 해당 작업란에서는 각각 제시된 조건에 따라 《출력형태》와 같이 작업하시오.

- 답안 시트 이름은 "제1작업", "제2작업", "제3작업", "제4작업"이어야 하며 답안 시트 이외의 것은 감점 처리됩니다.

- 시트를 파일로 나누어 작업해서 저장할 경우 실격 처리됩니다.

The Insight KPC
kpc 한국생산성본부

ph2

176

☞ 다음은 '핑크레인 매출 현황'에 대한 자료이다. 자료를 입력하고 조건에 맞도록 작업하시오.

≪출력형태≫

코드	매입일자	제품명	제품종류	소비자가 (단위:원)	회원가 (단위:원)	판매수량	이벤트	순위
106-DG	2019-12-20	낭만고양이	우비세트	59,000	52,000	84	(1)	(2)
204-DG	2019-12-21	밤에 부엉이	우산	13,000	11,000	97	(1)	(2)
127-AT	2019-12-22	겨울왕국	우비세트	24,500	20,000	415	(1)	(2)
137-CT	2019-12-05	크리스마스	장화	49,000	34,500	354	(1)	(2)
124-AP	2019-12-16	릴리	우비세트	58,700	51,500	45	(1)	(2)
111-DR	2019-12-08	도트레인	장화	24,000	20,000	215	(1)	(2)
119-DR	2019-12-12	정글	우산	18,000	13,600	306	(1)	(2)
422-AP	2019-12-16	엘루	우산	21,700	18,600	201	(1)	(2)
우산제품의 회원가(단위:원) 평균			(3)			최저 판매수량		(5)
우비세트의 판매수량 합계			(4)			제품명	낭만고양이	판매수량	(6)

결재　담당　팀장　본부장

≪조건≫

○ 모든 데이터의 서식에는 글꼴(굴림, 11pt), 정렬은 숫자 및 회계 서식은 오른쪽 정렬, 나머지 서식은 가운데 정렬로 작성하며 예외적인 것은 ≪출력형태≫를 참조하시오.

○ 제 목 ⇒ 한쪽 모서리가 잘린 사각형도형과 바깥쪽 그림자(오프셋 오른쪽)를 이용하여 작성하고 "핑크레인 매출 현황"을 입력한 후 다음 서식을 적용하시오(글꼴-굴림, 24pt, 검정, 굵게, 채우기-노랑).

○ 임의의 셀에 결재란을 작성하여 그림으로 복사 기능을 이용하여 붙이기 하시오(단, 원본 삭제).

○ 「B4:J4, G14, I14」영역은 '주황'으로 채우기 하시오.

○ 유효성 검사를 이용하여 「H14」셀에 제품명(「D5:D12」영역)이 선택 표시되도록 하시오.

○ 셀 서식 ⇒ 「H5:H12」영역에 셀 서식을 이용하여 숫자 뒤에 '개'를 표시하시오. (예 : 84개).

○ 「G5:G12」영역에 대해 '회원가'로 이름정의를 하시오.

⊙ (1)~(6) 셀은 반드시 **주어진 함수를 이용**하여 값을 구하시오(결과값을 직접 입력하면 해당 셀은 0점 처리됨).

(1) 이벤트 ⇒ 코드의 마지막 글자가 T이면 '1월 40% 할인', 그 외에는 공백으로 구하시오(IF, RIGHT 함수).

(2) 순위 ⇒ 판매수량의 내림차순 순위를 구한 결과값에 '위'를 붙이시오(RANK.EQ 함수, & 연산자)(예 : 1위).

(3) 우산제품의 회원가(단위:원) 평균 ⇒ 정의된 이름(회원가)을 이용하여 구하시오(SUMIF, COUNTIF 함수).

(4) 우비세트의 판매수량 합계 ⇒ 조건은 입력데이터를 이용하시오(DSUM 함수).

(5) 최저 판매수량 ⇒ (MIN 함수)

(6) 판매수량 ⇒ 「H14」셀에서 선택한 제품명에 대한 판매수량을 표시하시오(VLOOKUP 함수).

(7) 조건부 서식을 이용하여 판매수량 셀에 데이터 막대 스타일(빨강)을 최소값 및 최대값으로 적용하시오.

☞ **"제1작업"** 시트의 「B4:H12」 영역을 복사하여 **"제2작업"** 시트의 「B2」 셀부터 모두 붙여넣기를 한 후 다음의 조건과 같이 작업하시오.

≪조건≫

⑴ 고급필터 – 제품종류가 '우비세트'가 아니면서, 판매수량이 '100' 이상인 자료의 데이터만 추출하시오.
　　　　　 – 조건 범위 : 「B13」 셀부터 입력하시오.
　　　　　 – 복사 위치 : 「B18」 셀부터 나타나도록 하시오.

⑵ 표 서식 – 고급필터의 결과셀을 채우기 없음으로 설정한 후 '표 스타일 보통 6'의 서식을 적용하시오.
　　　　　 – 머리글 행, 줄무늬 행을 적용하시오.

☞ **"제1작업"** 시트를 이용하여 **"제3작업"** 시트의 조건에 따라 ≪출력형태≫와 같이 작업하시오.

≪조건≫

⑴ 매입일자 및 제품종류별 제품명의 개수와 회원가(단위:원)의 평균을 구하시오.
⑵ 매입일자를 그룹화하고, 제품종류를 ≪출력형태≫와 같이 정렬하시오.
⑶ 레이블이 있는 셀 병합 및 가운데 맞춤 적용 및 빈 셀은 '***'로 표시하시오.
⑷ 행의 총합계는 지우고, 나머지 사항은 ≪출력형태≫에 맞게 작성하시오.

≪출력형태≫

| 매입일자 | 제품종류 | | | | | | |
| | 장화 | | 우산 | | 우비세트 | |
	개수 : 제품명	평균 : 회원가(단위:원)	개수 : 제품명	평균 : 회원가(단위:원)	개수 : 제품명	평균 : 회원가(단위:원)
2019-12-05 - 2019-12-09	2	27,250	***	***	***	***
2019-12-10 - 2019-12-14	***	***	1	13,600	***	***
2019-12-15 - 2019-12-19	***	***	1	18,600	1	51,500
2019-12-20 - 2019-12-23	***	***	1	11,000	2	36,000
총합계	2	27,250	3	14,400	3	41,167

☞ **"제1작업" 시트를 이용하여 조건에 따라 ≪출력형태≫와 같이 작업하시오.**

≪조건≫

(1) 차트 종류 ⇒ 〈묶은 세로 막대형〉으로 작업하시오.

(2) 데이터 범위 ⇒ "제1작업" 시트의 내용을 이용하여 작업하시오.

(3) 위치 ⇒ "새 시트"로 이동하고, "제4작업"으로 시트 이름을 바꾸시오.

(4) 차트 디자인 도구 ⇒ 레이아웃 3, 스타일 4를 선택하여 ≪출력형태≫에 맞게 작업하시오.

(5) 영역 서식 ⇒ 차트 : 글꼴(굴림, 11pt), 채우기 효과(질감-꽃다발)

　　　　　　　　그림 : 채우기(흰색, 배경 1)

(6) 제목 서식 ⇒ 차트 제목 : 글꼴(굴림, 굵게, 20pt), 채우기(흰색, 배경 1), 테두리

(7) 서식 ⇒ 회원가(단위:원) 계열의 차트 종류를 〈표식이 있는 꺾은선형〉으로 변경한 후 보조 축으로 지정하시오.

　　　　　계열 : ≪출력형태≫를 참조하여 표식(네모, 크기 10)과 레이블 값을 표시하시오.

　　　　　눈금선 : 선 스타일-파선

　　　　　축 : ≪출력형태≫를 참조하시오.

(8) 범례 ⇒ 범례명을 변경하고 ≪출력형태≫를 참조하시오.

(9) 도형 ⇒ '사각형 설명선'을 삽입하고 ≪출력형태≫와 같이 내용을 입력하시오.

(10) 나머지 사항은 ≪출력형태≫에 맞게 작성하시오.

≪출력형태≫

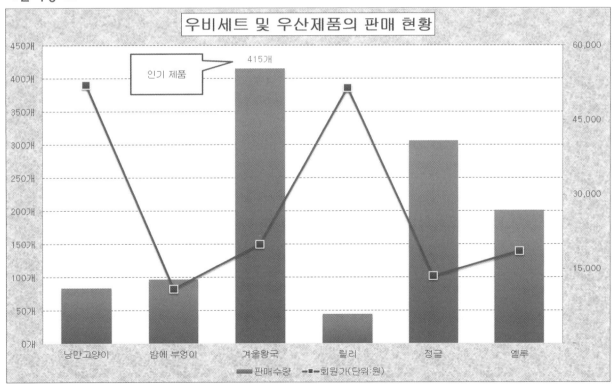

주의 ☞ 시트명 순서가 차례대로 "제1작업", "제2작업", "제3작업", "제4작업"이 되도록 할 것.

제7회 정보기술자격(ITQ) 시험

과 목	코 드	문제유형	시험시간	수험번호	성 명
한글엑셀	1122	A	60분		

☞ **다음은 '업무 차량 보유 현황'에 대한 자료이다. 자료를 입력하고 조건에 맞도록 작업하시오.**

≪출력형태≫

	관리코드	관리자	구입일자	유종	구매가	주행거리 (Km)	평균연비 (Km/L)	주행거리 순위	사용년수
	\multicolumn{3}{}{업무 차량 보유 현황}				결재	담당	과장	소장
5	M597K	김지현	2018-07-03	하이브리드	3,555	171,833	22.4	(1)	(2)
6	R374G	안규정	2018-04-02	디젤	9,738	119,912	14.8	(1)	(2)
7	G839R	이수연	2019-08-27	가솔린	10,129	21,833	10.5	(1)	(2)
8	Z329F	장동욱	2017-01-19	하이브리드	8,650	47,158	12.5	(1)	(2)
9	Z325J	정인경	2019-03-30	디젤	9,894	58,075	15.3	(1)	(2)
10	O356L	최민석	2018-06-24	가솔린	7,402	73,402	8.9	(1)	(2)
11	C385B	정유진	2019-02-15	하이브리드	14,615	70,161	31.1	(1)	(2)
12	U594L	박두일	2017-04-04	가솔린	7,339	102,863	9.3	(1)	(2)
13	최저 구매가			(3)		하이브리드 구매가 합계			(5)
14	주행거리가 평균 이상인 차량 수			(4)		관리자	김지현	유종	(6)

≪조건≫

○ 모든 데이터의 서식에는 글꼴(굴림, 11pt), 정렬은 숫자 및 회계 서식은 오른쪽 정렬, 나머지 서식은 가운데 정렬로 작성하며 예외적인 것은 ≪출력형태≫를 참조하시오.

○ 제 목 ⇒ 오각형과 바깥쪽 그림자(오프셋 대각선 오른쪽 아래)를 이용하여 작성하고 "업무 차량 보유 현황"을 입력한 후 다음 서식을 적용하시오(글꼴-굴림, 24pt, 검정, 굵게, 채우기-노랑).

○ 임의의 셀에 결재란을 작성하여 그림으로 복사 기능을 이용하여 붙이기 하시오(단, 원본 삭제).

○ 「B4:J4, G14, I14」 영역은 '주황'으로 채우기 하시오.

○ 유효성 검사를 이용하여 「H14」 셀에 관리자(「C5:C12」 영역)를 선택 표시되도록 하시오.

○ 셀 서식 ⇒ 「F5:F12」 영역에 셀 서식을 이용하여 숫자 뒤에 '만원'을 표시하시오(예 : 3,555만원).

○ 「F5:F12」영역에 대해 '구매가'로 이름정의를 하시오.

⊙ (1)~(6) 셀은 반드시 **주어진 함수를 이용**하여 값을 구하시오(결과값을 직접 입력하면 해당 셀은 0점 처리됨).

(1) 주행거리 순위 ⇒ 주행거리(Km)의 내림차순 순위를 1~3까지 구하고, 그 외에는 공백으로 나타내시오(IF, RANK.EQ 함수).

(2) 사용년수 ⇒ 「2019 - 구입일자의 연도+1」로 구한 결과값에 '년'을 붙이시오 (YEAR 함수, & 연산자)(예 : 2년).

(3) 최저 구매가 ⇒ 정의된 이름(구매가)을 이용하여 구하시오(MIN 함수).

(4) 주행거리가 평균 이상인 차량 수 ⇒ (COUNTIF, AVERAGE 함수)

(5) 하이브리드 구매가 합계 ⇒ 조건은 입력데이터를 이용하시오(DSUM 함수).

(6) 유종 ⇒ 「H14」 셀에서 선택한 관리자에 대한 유종을 구하시오(VLOOKUP 함수).

(7) 조건부 서식을 이용하여 평균연비(Km/L) 셀에 데이터 막대 스타일(녹색)을 최소값 및 최대값으로 적용하시오.

☞ "제1작업" 시트의 「B4:H12」 영역을 복사하여 "제2작업" 시트의 「B2」 셀부터 모두 붙여넣기를 한 후 다음의 조건과 같이 작업하시오.

≪조건≫

(1) 고급필터 – 유종이 '디젤'이거나 평균연비(Km/L)가 '10' 이하인 자료의 데이터만 추출하시오.
　　　　　　 – 조건 범위 : 「B13」 셀부터 입력하시오.
　　　　　　 – 복사 위치 : 「B18」 셀부터 나타나도록 하시오.

(2) 표 서식 – 고급필터의 결과셀을 채우기 없음으로 설정한 후 '표 스타일 보통 2'의 서식을 적용하시오.
　　　　　　 – 머리글 행, 줄무늬 행을 적용하시오.

☞ "제1작업" 시트의 「B4:H12」 영역을 복사하여 "제3작업" 시트의 「B2」 셀부터 모두 붙여넣기를 한 후 다음의 조건과 같이 작업하시오.

≪조건≫

(1) 부분합 – ≪출력형태≫처럼 정렬하고, 관리코드의 개수와 구매가의 최대값을 구하시오.
(2) 윤 곽 – 지우시오.
(3) 나머지 사항은 ≪출력형태≫에 맞게 작성하시오.

≪출력형태≫

A	B	C	D	E	F	G	H
1							
2	관리코드	관리자	구입일자	유종	구매가	주행거리 (Km)	평균연비 (Km/L)
3	M597K	김지현	2018-07-03	하이브리드	3,555만원	171,833	22.4
4	Z329F	장동욱	2017-01-19	하이브리드	8,650만원	47,158	12.5
5	C385B	정유진	2019-02-15	하이브리드	14,615만원	70,161	31.1
6				하이브리드 최대값	14,615만원		
7	3			하이브리드 개수			
8	R374G	안규정	2018-04-02	디젤	9,738만원	119,912	14.8
9	Z325J	정인경	2019-03-30	디젤	9,894만원	58,075	15.3
10				디젤 최대값	9,894만원		
11	2			디젤 개수			
12	G839R	이수연	2019-08-27	가솔린	10,129만원	21,833	10.5
13	O356L	최민석	2018-06-24	가솔린	7,402만원	73,402	8.9
14	U594L	박두일	2017-04-04	가솔린	7,339만원	102,863	9.3
15				가솔린 최대값	10,129만원		
16	3			가솔린 개수			
17				전체 최대값	14,615만원		
18	8			전체 개수			

☞ **"제1작업" 시트를 이용하여 조건에 따라 《출력형태》와 같이 작업하시오.**

≪조건≫

(1) 차트 종류 ⇒ 〈묶은 세로 막대형〉으로 작업하시오.

(2) 데이터 범위 ⇒ "제1작업" 시트의 내용을 이용하여 작업하시오.

(3) 위치 ⇒ "새 시트"로 이동하고, "제4작업"으로 시트 이름을 바꾸시오.

(4) 차트 디자인 도구 ⇒ 레이아웃 3, 스타일 1을 선택하여 《출력형태》에 맞게 작업하시오.

(5) 영역 서식 ⇒ 차트 : 글꼴(굴림, 11pt), 채우기 효과(질감-분홍 박엽지)

　　　　　　　　 그림 : 채우기(흰색, 배경 1)

(6) 제목 서식 ⇒ 차트 제목 : 글꼴(굴림, 굵게, 20pt), 채우기(흰색, 배경 1), 테두리

(7) 서식 ⇒ 구매가 계열의 차트 종류를 〈표식이 있는 꺾은선형〉으로 변경한 후 보조 축으로 지정하시오.

　　　　 계열 : 《출력형태》를 참조하여 표식(원형, 크기 10)과 레이블 값을 표시하시오.

　　　　 눈금선 : 선 스타일-파선

　　　　 축 : 《출력형태》를 참조하시오.

(8) 범례 ⇒ 범례명을 변경하고 《출력형태》를 참조하시오.

(9) 도형 ⇒ '모서리가 둥근 사각형 설명선'을 삽입하고 《출력형태》와 같이 내용을 입력하시오.

(10) 나머지 사항은 《출력형태》에 맞게 작성하시오.

≪출력형태≫

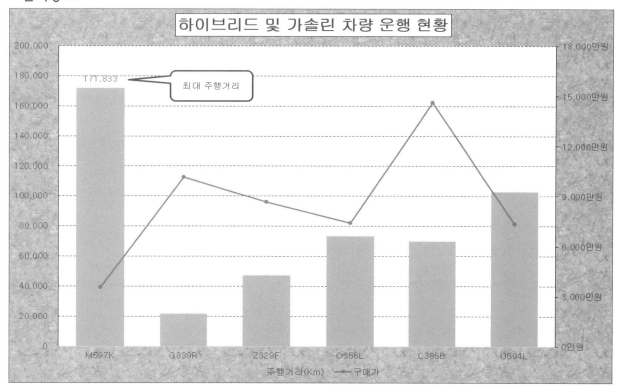

주의 ☞ 시트명 순서가 차례대로 "제1작업", "제2작업", "제3작업", "제4작업"이 되도록 할 것.

제8회 정보기술자격(ITQ) 시험

과 목	코 드	문제유형	시험시간	수험번호	성 명
한글엑셀	1122	A	60분		

The Insight KPC
kpc 한국생산성본부

☞ 다음은 '멀티 충전기 판매 현황'에 대한 자료이다. 자료를 입력하고 조건에 맞도록 작업하시오.

≪출력형태≫

	상품코드	상품명	분류	리뷰	사용자 총 평점	가격 (단위:원)	출시일	순위	비고
							결재	MD	차장	이사
	125-PT	이엠듀 QC30C	퀵차지 3.0	1,128	4.7	18,300	2017-04-01	(1)	(2)
	505-WP	글로벌텐교 TK	초고속	279	4.9	13,900	2018-07-01	(1)	(2)
	602-QC	이지넷 NEXT62	퀵차지 3.0	1,910	4.6	19,330	2017-06-05	(1)	(2)
	665-JC	큐브몬 C타입	차량용	60	4.8	23,600	2019-03-01	(1)	(2)
	401-UC	알로멀티 UC401	초고속	1,114	4.5	14,900	2017-08-31	(1)	(2)
	501-QC	대쉬크랩	차량용	1,415	4.3	19,800	2017-08-09	(1)	(2)
	602-PV	파워스테이션 V2	퀵차지 3.0	1,049	3.8	89,900	2017-08-01	(1)	(2)
	301-VR	주파집 CAR3	차량용	59	4.6	13,800	2018-11-26	(1)	(2)
	차량용을 제외한 제품의 평균 리뷰			(3)			퀵차지 3.0 평균 가격(단위:원)		(5)
	두 번째로 높은 사용자 총 평점			(4)		상품명	이엠듀 QC30C	출시일	(6)

(제목: 멀티 충전기 판매 현황)

≪조건≫

○ 모든 데이터의 서식에는 글꼴(굴림, 11pt), 정렬은 숫자 및 회계 서식은 오른쪽 정렬, 나머지 서식은 가운데 정렬로 작성하며 예외적인 것은 ≪출력형태≫를 참조하시오.

○ 제 목 ⇒ 평행 사변형 도형과 바깥쪽 그림자(오프셋 오른쪽)를 이용하여 작성하고 "멀티 충전기 판매 현황"을 입력한 후 다음 서식을 적용하시오(글꼴-굴림, 24pt, 검정, 굵게, 채우기-노랑).

○ 임의의 셀에 결재란을 작성하여 그림으로 복사 기능을 이용하여 붙이기 하시오(단, 원본 삭제).

○ 「B4:J4, G14, I14」영역은 '주황'으로 채우기 하시오.

○ 유효성 검사를 이용하여 「H14」셀에 상품명(「C5:C12」영역)이 선택 표시되도록 하시오.

○ 셀 서식 ⇒ 「E5:E12」영역에 셀 서식을 이용하여 숫자 뒤에 '명'을 표시하시오(예 : 1,128명).

○ 「F5:F12」영역에 대해 '평점'으로 이름정의를 하시오.

⊙ (1)~(6) 셀은 반드시 **주어진 함수를 이용**하여 값을 구하시오(결과값을 직접 입력하면 해당 셀은 0점 처리됨).

(1) 순위 ⇒ 가격(단위:원)을 기준으로 오름차순 순위를 구한 값에 '위'를 붙이시오 (RANK.EQ 함수, & 연산자)(예 : 1위).

(2) 비고 ⇒ 상품코드의 마지막 글자가 C이면 'C타입', P이면 'P타입', 그 외에는 공백으로 구하시오. (IF, RIGHT 함수).

(3) 차량용을 제외한 제품의 평균 리뷰 ⇒ (SUMIF, COUNTIF 함수)

(4) 두 번째로 높은 사용자 총 평점 ⇒ 정의된 이름(평점)을 이용하여 구하시오(LARGE 함수).

(5) 퀵차지 3.0 평균 가격(단위:원) ⇒ 분류가 퀵차지 3.0인 상품의 가격(단위:원) 평균을 구하시오. 단, 조건은 입력데이터를 이용하시오(DAVERAGE 함수).

(6) 출시일 ⇒ 「H14」셀에서 선택한 상품명에 대한 출시일을 구하시오(VLOOKUP 함수)(예 : 2019-01-01).

(7) 조건부 서식의 수식을 이용하여 사용자 총 평점이 '4.8' 이상인 행 전체에 다음의 서식을 적용하시오 (글꼴 : 파랑, 굵게).

☞ "제1작업" 시트의 「B4:H12」 영역을 복사하여 "제2작업" 시트의 「B2」 셀부터 모두 붙여넣기를 한 후 다음의 조건과 같이 작업하시오.

≪조건≫

(1) 목표값 찾기 – 「B11:G11」 셀을 병합하여 "퀵차지 3.0의 가격(단위:원)의 평균"을 입력한 후 「H11」 셀에 퀵차지 3.0의 가격(단위:원)의 평균을 구하시오. 단, 조건은 입력데이터를 이용하시오 (DAVERAGE 함수, 테두리, 가운데 맞춤).

– '퀵차지 3.0의 가격(단위:원)의 평균'이 '18,000'이 되려면 이엠듀 QC30C의 가격(단위:원이 얼마가 되어야 하는지 목표값을 구하시오.

(2) 고급필터 – 리뷰가 '1,500' 이상이거나 출시일이 '2018-01-01' 이후(해당일 포함)인 자료의 상품코드, 상품명, 리뷰, 사용자 총 평점 데이터만 추출하시오.

– 조건 범위 : 「B14」 셀부터 입력하시오.

– 복사 위치 : 「B18」 셀부터 나타나도록 하시오.

☞ "제1작업" 시트의 「B4:H12」 영역을 복사하여 "제3작업" 시트의 「B2」 셀부터 모두 붙여넣기를 한 후 다음의 조건과 같이 작업하시오.

≪조건≫

(1) 부분합 – ≪출력형태≫처럼 정렬하고, 상품명의 개수와 사용자 총 평점의 최대값을 구하시오.

(2) 윤 곽 – 지우시오.

(3) 나머지 사항은 ≪출력형태≫에 맞게 작성하시오.

≪출력형태≫

▲A	B	C	D	E	F	G	H
1							
2	상품코드	상품명	분류	리뷰	사용자 총 평점	가격 (단위:원)	출시일
3	125-PT	이엠듀 QC30C	퀵차지 3.0	1,128명	4.7	18,300	2017-04-01
4	602-QC	이지넷 NEXT62	퀵차지 3.0	1,910명	4.6	19,330	2017-06-05
5	602-PV	파워스테이션 V2	퀵차지 3.0	1,049명	3.8	89,900	2017-08-01
6			퀵차지 3.0 최대값		4.7		
7		3	퀵차지 3.0 개수				
8	505-WP	글로벌텐교 TK	초고속	279명	4.9	13,900	2018-07-01
9	401-UC	알로멀티 UC401	초고속	1,114명	4.5	14,900	2017-08-31
10			초고속 최대값		4.9		
11		2	초고속 개수				
12	665-JC	큐브몬 C타입	차량용	60명	4.8	23,600	2019-03-01
13	501-QC	대쉬크랩	차량용	1,415명	4.3	19,800	2017-08-09
14	301-VR	주파집 CAR3	차량용	59명	4.6	13,800	2018-11-26
15			차량용 최대값		4.8		
16		3	차량용 개수				
17			전체 최대값		4.9		
18		8	전체 개수				
19							

☞ **"제1작업" 시트를 이용하여 조건에 따라 ≪출력형태≫와 같이 작업하시오.**

≪조건≫

(1) 차트 종류 ⇒ 〈묶은 세로 막대형〉으로 작업하시오.

(2) 데이터 범위 ⇒ "제1작업" 시트의 내용을 이용하여 작업하시오.

(3) 위치 ⇒ "새 시트"로 이동하고, "제4작업"으로 시트 이름을 바꾸시오.

(4) 차트 디자인 도구 ⇒ 레이아웃 3, 스타일 1을 선택하여 ≪출력형태≫에 맞게 작업하시오.

(5) 영역 서식 ⇒ 차트 : 글꼴(굴림, 11pt), 채우기 효과(질감-분홍 박엽지)

               그림 : 채우기(흰색, 배경 1)

(6) 제목 서식 ⇒ 차트 제목 : 글꼴(굴림, 굵게, 20pt), 채우기(흰색, 배경 1), 테두리

(7) 서식 ⇒ 리뷰 계열의 차트 종류를 〈표식이 있는 꺾은선형〉으로 변경한 후 보조 축으로 지정하시오.

           계열 : ≪출력형태≫를 참조하여 표식(다이아몬드, 크기 13)과 레이블 값을 표시하시오.

           눈금선 : 선 스타일-파선

           축 : ≪출력형태≫를 참조하시오.

(8) 범례 ⇒ 범례명을 변경하고 ≪출력형태≫를 참조하시오.

(9) 도형 ⇒ '모서리가 둥근 사각형 설명선'을 삽입하고 ≪출력형태≫와 같이 내용을 입력하시오.

(10) 나머지 사항은 ≪출력형태≫에 맞게 작성하시오.

≪출력형태≫

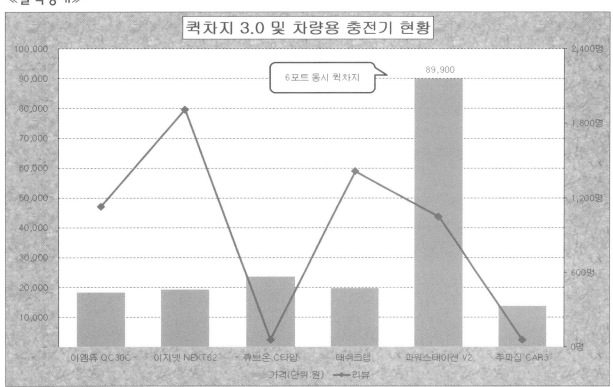

주의 ☞ 시트명 순서가 차례대로 "제1작업", "제2작업", "제3작업", "제4작업"이 되도록 할 것.

제9회 정보기술자격(ITQ) 시험

과 목	코 드	문제유형	시험시간	수험번호	성 명
한글엑셀	1122	A	60분		

The Insight KPC
kpc 한국생산성본부

☞ **다음은 '2019년 온라인 카페 현황'에 대한 자료이다. 자료를 입력하고 조건에 맞도록 작업하시오.**

≪출력형태≫

카페명	분류	개설일	회원 수	게시글 수	게시판 구독 수	하반기 조회 건수	포털 순위	개설연수
바이트레인	여행	2016-07-06	370,240	550,012	1,232	6,766	(1)	(2)
스윙댄스	취미	2018-09-17	529,588	549,385	3,090	5,813	(1)	(2)
카이트	취미	2016-12-11	164,056	410,904	17,817	6,315	(1)	(2)
유랑	여행	2018-08-04	265,265	147,056	3,930	6,537	(1)	(2)
요리쿡	요리	2016-12-12	807,475	902,103	55,830	5,491	(1)	(2)
여행홀릭	여행	2017-04-15	405,395	785,678	34,130	8,739	(1)	(2)
오늘요리	요리	2018-05-14	220,186	268,612	9,654	7,719	(1)	(2)
우드워커	취미	2017-12-02	368,271	755,304	23,037	6,933	(1)	(2)
여행 분야 중 최고 회원 수			(3)			여행 분야 평균 게시글 수		(5)
분류가 요리인 카페 수			(4)			카페명	바이트레인	회원 수	(6)

결재란: 담당 / 대리 / 과장

제목: 2019년 온라인 카페 현황

≪조건≫

○ 모든 데이터의 서식에는 글꼴(굴림, 11pt), 정렬은 숫자 및 회계 서식은 오른쪽 정렬, 나머지 서식은 가운데 정렬로 작성하며 예외적인 것은 ≪출력형태≫를 참조하시오.

○ 제 목 ⇒ 육각형 도형과 바깥쪽 그림자(오프셋 아래쪽)를 이용하여 작성하고 "2019년 온라인 카페 현황"을 입력한 후 다음 서식을 적용하시오(글꼴-굴림, 24pt, 검정, 굵게, 채우기-노랑).

○ 임의의 셀에 결재란을 작성하여 그림으로 복사 기능을 이용하여 붙이기 하시오(단, 원본 삭제).

○ 「B4:J4, G14, I14」영역은 '주황'으로 채우기 하시오.

○ 유효성 검사를 이용하여 「H14」 셀에 카페명(「B5:B12」 영역)이 선택 표시되도록 하시오.

○ 셀 서식 ⇒ 「E5:E12」 영역에 셀 서식을 이용하여 숫자 뒤에 '명'을 표시하시오(예 : 370,240명).

○ 「C5:C12」 영역에 대해 '분류'로 이름정의를 하시오.

⊙ (1)~(6) 셀은 반드시 **주어진 함수를 이용**하여 값을 구하시오(결과값을 직접 입력하면 해당 셀은 0점 처리됨).

(1) 포털 순위 ⇒ 하반기 조회 건수의 내림차순 순위를 '1~4'만 표시하고 그 외에는 공백으로 구하시오 (IF, RANK.EQ 함수).

(2) 개설연수 ⇒ 「2019-개설일의 연도」로 구한 결과값에 '년'을 붙이시오(YEAR 함수, & 연산자)(예 : 1년).

(3) 여행 분야 중 최고 회원 수 ⇒ 조건은 입력데이터를 이용하여 구하시오(DMAX 함수).

(4) 분류가 요리인 카페 수 ⇒ 정의된 이름(분류)을 이용하여 구하시오(COUNTIF 함수).

(5) 여행 분야 평균 게시글 수 ⇒ 조건은 입력데이터를 이용하고, 반올림하여 정수로 구하시오 (ROUND, DAVERAGE 함수)(예 : 156,251.6 → 156,252).

(6) 회원 수 ⇒ 「H14」 셀에서 선택한 카페명에 대한 회원 수를 구하시오(VLOOKUP 함수).

(7) 조건부 서식을 이용하여 회원 수 셀에 데이터 막대 스타일(녹색)을 최소값 및 최대값으로 적용하시오.

☞ **"제1작업"** 시트의 「B4:H12」 영역을 복사하여 **"제2작업"** 시트의 「B2」 셀부터 모두 붙여넣기를 한 후 다음의 조건과 같이 작업하시오.

≪조건≫

(1) 고급필터 – 분류가 '요리'이거나 회원 수가 '300,000' 이하인 자료의 데이터만 추출하시오.

       – 조건 범위 : 「B13」 셀부터 입력하시오.

       – 복사 위치 : 「B18」 셀부터 나타나도록 하시오.

(2) 표 서식 – 고급필터의 결과셀을 채우기 없음으로 설정한 후 '표 스타일 보통 2'의 서식을 적용하시오.

       – 머리글 행, 줄무늬 행을 적용하시오.

☞ **"제1작업"** 시트의 「B4:H12」 영역을 복사하여 **"제3작업"** 시트의 「B2」 셀부터 모두 붙여넣기를 한 후 다음의 조건과 같이 작업하시오.

≪조건≫

(1) 부분합 – ≪출력형태≫처럼 정렬하고, 카페명의 개수와 게시글 수의 최대값을 구하시오.

(2) 윤 곽 – 지우시오.

(3) 나머지 사항은 ≪출력형태≫에 맞게 작성하시오.

≪출력형태≫

A	B	C	D	E	F	G	H
1							
2	카페명	분류	개설일	회원 수	게시글 수	게시판 구독 수	하반기 조회 건수
3	스윙댄스	취미	2018-09-17	529,588명	549,385	3,090	5,813
4	카이트	취미	2016-12-11	164,056명	410,904	17,817	6,315
5	우드워커	취미	2017-12-02	368,271명	755,304	23,037	6,933
6		취미 최대값			755,304		
7	3	취미 개수					
8	요리쿡	요리	2016-12-12	807,475명	902,103	55,830	5,491
9	오늘요리	요리	2018-05-14	220,186명	268,612	9,654	7,719
10		요리 최대값			902,103		
11	2	요리 개수					
12	바이트레인	여행	2016-07-06	870,240명	550,012	1,232	6,766
13	유랑	여행	2018-08-04	265,265명	147,056	3,930	6,537
14	여행홀릭	여행	2017-04-15	405,395명	785,678	34,130	8,739
15		여행 최대값			785,678		
16	3	여행 개수					
17		전체 최대값			902,103		
18	8	전체 개수					

☞ **"제1작업"** 시트를 이용하여 조건에 따라 ≪**출력형태**≫와 같이 작업하시오.

　≪조건≫

⑴ 차트 종류 ⇒ 〈묶은 세로 막대형〉으로 작업하시오.

⑵ 데이터 범위 ⇒ "제1작업" 시트의 내용을 이용하여 작업하시오.

⑶ 위치 ⇒ "새 시트"로 이동하고, "제4작업"으로 시트 이름을 바꾸시오.

⑷ 차트 디자인 도구 ⇒ 레이아웃 3, 스타일 1을 선택하여 ≪출력형태≫에 맞게 작업하시오.

⑸ 영역 서식 ⇒ 차트 : 글꼴(굴림, 11pt), 채우기 효과(질감−신문 용지)

　　　　　　　 그림 : 채우기(흰색, 배경 1)

⑹ 제목 서식 ⇒ 차트 제목 : 글꼴(굴림, 굵게, 20pt), 채우기(흰색, 배경 1), 테두리

⑺ 서식 ⇒ 회원 수 계열의 차트 종류를 〈표식이 있는 꺾은선형〉으로 변경한 후 보조 축으로 지정하시오.

　　　　 계열 : ≪출력형태≫를 참조하여 표식(다이아몬드, 크기 10)과 레이블 값을 표시하시오.

　　　　 눈금선 : 선 스타일−파선

　　　　 축 : ≪출력형태≫를 참조하시오.

⑻ 범례 ⇒ 범례명을 변경하고 ≪출력형태≫를 참조하시오.

⑼ 도형 ⇒ '모서리가 둥근 사각형 설명선'을 삽입하고 ≪출력형태≫와 같이 내용을 입력하시오.

⑽ 나머지 사항은 ≪출력형태≫에 맞게 작성하시오.

　≪출력형태≫

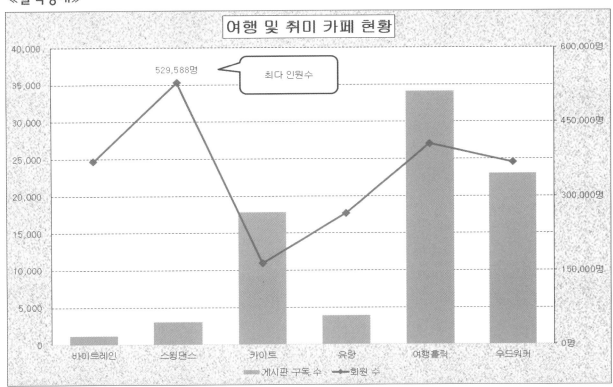

주의 ☞ 시트명 순서가 차례대로 "제1작업", "제2작업", "제3작업", "제4작업"이 되도록 할 것.

제10회 정보기술자격(ITQ) 시험

과 목	코 드	문제유형	시험시간	수험번호	성 명
한글엑셀	1122	A	60분		

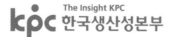

☞ **다음은 '제주도 객실 요금 및 예약 현황'에 대한 자료이다. 자료를 입력하고 조건에 맞도록 작업하시오.**

≪출력형태≫

관리코드	장소	객실수	성수기 요금	비수기 요금	9월 예약인원	10월 예약인원	순위	구분
						결재 담당	대리	과장
				제주도 객실 요금 및 예약 현황				
BE-001	서귀포	24	200,000	120,000	975	300	(1)	(2)
FE-002	중문	281	375,000	230,000	7,332	3,384	(1)	(2)
SC-002	서귀포	49	375,000	220,000	1,378	636	(1)	(2)
GW-001	중문	500	480,000	320,000	13,000	6,035	(1)	(2)
SE-002	서귀포	16	154,000	89,000	469	288	(1)	(2)
XG-001	성산	95	165,000	140,000	2,548	1,176	(1)	(2)
XY-003	성산	15	147,000	90,000	390	180	(1)	(2)
ST-003	서귀포	429	295,000	200,000	11,154	5,148	(1)	(2)
성산을 제외한 지역의 9월 예약인원 평균		(3)			최고 성수기 요금			(5)
서귀포지역의 10월 예약인원 평균		(4)			관리코드	BE-001	성수기 요금	(6)

≪조건≫

○ 모든 데이터의 서식에는 글꼴(굴림, 11pt), 정렬은 숫자 및 회계 서식은 오른쪽 정렬, 나머지 서식은 가운데 정렬로 작성하며 예외적인 것은 ≪출력형태≫를 참조하시오.

○ 제 목 ⇒ 양쪽 모서리가 둥근 사각형과 바깥쪽 그림자(오프셋 오른쪽)를 이용하여 작성하고 "제주도 객실 요금 및 예약 현황"을 입력한 후 다음 서식을 적용하시오
(글꼴–굴림, 24pt, 검정, 굵게, 채우기–노랑).

○ 임의의 셀에 결재란을 작성하여 그림으로 복사 기능을 이용하여 붙이기 하시오(단, 원본 삭제).

○ 「B4:J4, G14, I14」영역은 '주황'으로 채우기 하시오.

○ 유효성 검사를 이용하여 「H14」 셀에 관리코드(「B5:B12」 영역)가 선택 표시되도록 하시오.

○ 셀 서식 ⇒ 「E5:F12」 영역에 셀 서식을 이용하여 숫자 뒤에 '원'을 표시하시오(예 : 200,000원).

○ 「E5:E12」영역에 대해 '성수기요금'으로 이름정의를 하시오.

⦿ (1)~(6) 셀은 반드시 **주어진 함수를 이용**하여 값을 구하시오(결과값을 직접 입력하면 해당 셀은 0점 처리됨).

(1) 순위 ⇒ 10월 예약인원의 내림차순 순위를 구한 결과값에 '위'를 붙이시오
(RANK.EQ 함수, & 연산자)(예 : 1위).

(2) 구분 ⇒ 관리코드의 마지막 글자가 1이면 '호텔', 2이면 '리조트', 3이면 '펜션'으로 구하시오
(CHOOSE, RIGHT 함수).

(3) 성산을 제외한 지역의 9월 예약인원 평균 ⇒ (SUMIF, COUNTIF 함수)

(4) 서귀포지역의 10월 예약인원 평균 ⇒ 조건은 입력데이터를 이용하시오(DAVERAGE 함수).

(5) 최고 성수기 요금 ⇒ 정의된 이름(성수기요금)을 이용하여 구하시오(MAX 함수).

(6) 성수기 요금 ⇒ 「H14」 셀에서 선택한 관리코드에 대한 성수기 요금을 구하시오(VLOOKUP 함수).

(7) 조건부 서식의 수식을 이용하여 10월 예약인원이 '5,000' 이상인 행 전체에 다음의 서식을 적용하시오
(글꼴 : 파랑, 굵게).

☞ "제1작업" 시트의 「B4:H12」 영역을 복사하여 "제2작업" 시트의 「B2」 셀부터 모두 붙여넣기를 한 후 다음의 조건과 같이 작업하시오.

≪조건≫

(1) 목표값 찾기 – 「B11:G11」 셀을 병합하여 "서귀포의 10월 예약인원의 평균"을 입력한 후 「H11」 셀에 서귀포의 10월 예약인원의 평균을 구하시오. 단, 조건은 입력데이터를 이용하시오.
    (DAVERAGE 함수, 테두리, 가운데 맞춤)

    – '서귀포의 10월 예약인원의 평균'이 '2,500'이 BE-001의 10월 예약인원이 얼마가 되어야 하는지 목표값을 구하시오.

(2) 고급필터 – 장소가 '성산'이거나 비수기 요금이 '300,000' 이상인 자료의 관리코드, 장소, 9월 예약인원, 10월 예약인원 데이터만 추출하시오.

    – 조건 범위 : 「B14」 셀부터 입력하시오.

    – 복사 위치 : 「B18」 셀부터 나타나도록 하시오.

☞ "제1작업" 시트의 「B4:H12」 영역을 복사하여 "제3작업" 시트의 「B2」 셀부터 모두 붙여넣기를 한 후 다음의 조건과 같이 작업하시오.

≪조건≫

(1) 부분합 – ≪출력형태≫처럼 정렬하고, 관리코드의 개수와 10월 예약인원의 최대값을 구하시오.

(2) 윤 곽 – 지우시오.

(3) 나머지 사항은 ≪출력형태≫에 맞게 작성하시오.

≪출력형태≫

A	B	C	D	E	F	G	H
1							
2	관리코드	장소	객실수	성수기 요금	비수기 요금	9월 예약인원	10월 예약인원
3	FE-002	중문	281	375,000원	230,000원	7,332	3,384
4	GW-001	중문	500	480,000원	320,000원	13,000	6,035
5		중문 최대값					6,035
6	2	중문 개수					
7	XG-001	성산	95	165,000원	140,000원	2,548	1,176
8	XY-003	성산	15	147,000원	90,000원	390	180
9		성산 최대값					1,176
10	2	성산 개수					
11	BE-001	서귀포	24	200,000원	120,000원	975	300
12	SC-002	서귀포	49	375,000원	220,000원	1,378	636
13	SE-002	서귀포	16	154,000원	89,000원	469	288
14	ST-003	서귀포	429	295,000원	200,000원	11,154	5,148
15		서귀포 최대값					5,148
16	4	서귀포 개수					
17		전체 최대값					6,035
18	8	전체 개수					

☞ **"제1작업" 시트를 이용하여 조건에 따라 ≪출력형태≫와 같이 작업하시오.**

≪조건≫

⑴ 차트 종류 ⇒ 〈묶은 세로 막대형〉으로 작업하시오.

⑵ 데이터 범위 ⇒ "제1작업" 시트의 내용을 이용하여 작업하시오.

⑶ 위치 ⇒ "새 시트"로 이동하고, "제4작업"으로 시트 이름을 바꾸시오.

⑷ 차트 디자인 도구 ⇒ 레이아웃 3, 스타일 3을 선택하여 ≪출력형태≫에 맞게 작업하시오.

⑸ 영역 서식 ⇒ 차트 : 글꼴(굴림, 11pt), 채우기 효과(질감–재생지)

　　　　　　 그림 : 채우기(흰색, 배경 1)

⑹ 제목 서식 ⇒ 차트 제목 : 글꼴(굴림, 굵게, 20pt), 채우기(흰색, 배경 1), 테두리

⑺ 서식 ⇒ 비수기 요금 계열의 차트 종류를 〈표식이 있는 꺾은선형〉으로 변경한 후 보조 축으로 지정하시오.

　　　 계열 : ≪출력형태≫를 참조하여 표식(네모, 크기 10)과 레이블 값을 표시하시오.

　　　 눈금선 : 선 스타일–파선

　　　 축 : ≪출력형태≫를 참조하시오.

⑻ 범례 ⇒ 범례명을 변경하고 ≪출력형태≫를 참조하시오.

⑼ 도형 ⇒ '모서리가 둥근 사각형 설명선"을 삽입하고 ≪출력형태≫와 같이 내용을 입력하시오.

⑽ 나머지 사항은 ≪출력형태≫에 맞게 작성하시오.

≪출력형태≫

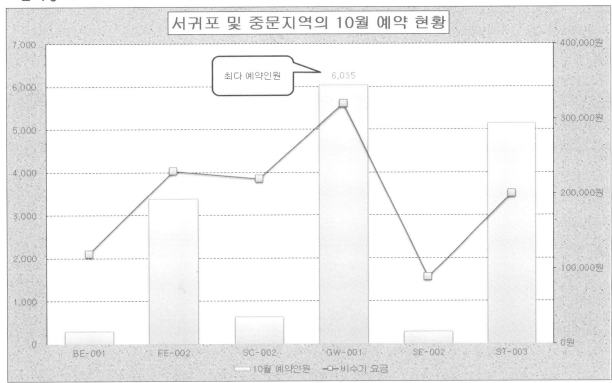

주의 ☞ 시트명 순서가 차례대로 "제1작업", "제2작업", "제3작업", "제4작업"이 되도록 할 것.

제11회 정보기술자격(ITQ) 시험

과 목	코 드	문제유형	시험시간	수험번호	성 명
한글엑셀	1122	A	60분		

The Insight KPC
kpc 한국생산성본부

☞ 다음은 '2019년 연구사업 진행 현황'에 대한 자료이다. 자료를 입력하고 조건에 맞도록 작업하시오.

≪출력형태≫

	결재	담당	팀장	본부장

2019년 연구사업 진행 현황

관리코드	사업명	관리팀	진행 인원수	시작일	기본예산 (단위:원)	사업구분	진행기간	예산순위
TE1-12	홈네트워크	개발2팀	12	2019-06-20	185,000,000	교육/기술	(1)	(2)
SA4-06	이러닝	교육관리	7	2019-07-10	45,800,000	영업/교육	(1)	(2)
SA2-05	VR개발	개발2팀	7	2019-08-10	34,500,000	교육/기술	(1)	(2)
TE3-05	환경개선	개발2팀	7	2019-09-01	105,000,000	생산/기술	(1)	(2)
TE3-07	AR개발	개발1팀	11	2019-07-01	85,600,000	교육/기술	(1)	(2)
SA4-04	연수원관리	교육관리	6	2019-09-20	28,000,000	영업/교육	(1)	(2)
SA2-03	마케팅	개발1팀	4	2019-10-05	22,500,000	영업/교육	(1)	(2)
TE1-10	네트워크보안	개발1팀	10	2019-06-01	155,000,000	생산/기술	(1)	(2)
개발1팀 기본예산(단위:원) 평균			(3)		교육/기술 사업의 총 기본예산(단위:원)			(5)
최저 진행인원수			(4)		사업명	홈네트워크	기본예산(원)	(6)

≪조건≫

○ 모든 데이터의 서식에는 글꼴(굴림, 11pt), 정렬은 숫자 및 회계 서식은 오른쪽 정렬, 나머지 서식은 가운데 정렬로 작성하며 예외적인 것은 ≪출력형태≫를 참조하시오.

○ 제 목 ⇒ 순서도: 문서 도형과 바깥쪽 그림자(오프셋 오른쪽)를 이용하여 작성하고 "2019년 연구 사업 진행 현황"을 입력한 후 다음 서식을 적용하시오(글꼴－굴림, 24pt, 검정, 굵게, 채우기－노랑).

○ 임의의 셀에 결재란을 작성하여 그림으로 복사 기능을 이용하여 붙이기 하시오(단, 원본 삭제).

○ 「B4:J4, G14, I14」 영역은 '주황'으로 채우기 하시오.

○ 유효성 검사를 이용하여 「H14」 셀에 사업명(「C5:C12」 영역)이 선택 표시되도록 하시오.

○ 셀 서식 ⇒ 「E5:E12」 영역에 셀 서식을 이용하여 숫자 뒤에 '명'을 표시하시오(예 : 12명).

○ 「E5:E12」 영역에 대해 '진행인원수'로 이름정의를 하시오.

⊙ (1)~(6) 셀은 반드시 **주어진 함수를 이용**하여 값을 구하시오(결과값을 직접 입력하면 해당 셀은 0점 처리됨).

(1) 진행기간 ⇒ 「12－시작일의 월」을 구한 값에 '개월'을 붙이시오(MONTH 함수, & 연산자)(예 : 1개월).

(2) 예산순위 ⇒ 기본예산(단위:원)의 내림차순 순위를 '1~3'만 표시하고 그 외에는 공백으로 구하시오 (IF, RANK.EQ 함수).

(3) 개발1팀 기본예산(단위:원) 평균 ⇒ 개발1팀의 기본예산(단위:원) 평균을 구하시오 (SUMIF, COUNTIF 함수).

(4) 최저 진행인원수 ⇒ 정의된 이름(진행인원수)을 이용하여 구하시오(MIN 함수).

(5) 교육/기술 사업의 총 기본예산(단위:원) ⇒ 조건은 입력데이터를 이용하여 구하시오(DSUM 함수).

(6) 기본예산(원) ⇒ 「H14」 셀에서 선택한 사업명의 기본예산(단위:원)을 구하시오(VLOOKUP 함수).

(7) 조건부 서식을 이용하여 진행 인원수 셀에 데이터 막대 스타일(녹색)을 최소값 및 최대값으로 적용하시오.

☞ "제1작업" 시트의 「B4:H12」 영역을 복사하여 "제2작업" 시트의 「B2」 셀부터 모두 붙여넣기를 한 후 다음의 조건과 같이 작업하시오.

≪조건≫

(1) 고급필터 – 관리팀이 '교육관리'이거나 기본예산(단위:원)이 '100,000,000' 이상인 자료의 데이터만 추출하시오.

       – 조건 범위 : 「B13」 셀부터 입력하시오.

       – 복사 위치 : 「B18」 셀부터 나타나도록 하시오.

(2) 표 서식 – 고급필터의 결과셀을 채우기 없음으로 설정한 후 '표 스타일 보통 2'의 서식을 적용하시오.

       – 머리글 행, 줄무늬 행을 적용하시오.

☞ "제1작업" 시트의 「B4:H12」 영역을 복사하여 "제3작업" 시트의 「B2」 셀부터 모두 붙여넣기를 한 후 다음의 조건과 같이 작업하시오.

≪조건≫

(1) 부분합 – ≪출력형태≫처럼 정렬하고, 사업명의 개수와 기본예산(단위:원)의 최대값을 구하시오.

(2) 윤 곽 – 지우시오.

(3) 나머지 사항은 ≪출력형태≫에 맞게 작성하시오.

≪출력형태≫

A	B	C	D	E	F	G	H
1							
2	관리코드	사업명	관리팀	진행인원수	시작일	기본예산(단위:원)	사업구분
3	SA4-06	이러닝	교육관리	7명	2019-07-10	45,800,000	영업/교육
4	SA4-04	연수원관리	교육관리	6명	2019-09-20	28,000,000	영업/교육
5			교육관리 최대값			45,800,000	
6		2	교육관리 개수				
7	TE1-12	홈네트워크	개발2팀	12명	2019-06-20	185,000,000	교육/기술
8	SA2-05	VR개발	개발2팀	7명	2019-08-10	34,500,000	교육/기술
9	TE3-05	환경개선	개발2팀	7명	2019-09-01	105,000,000	생산/기술
10			개발2팀 최대값			185,000,000	
11		3	개발2팀 개수				
12	TE3-07	AR개발	개발1팀	11명	2019-07-01	85,600,000	교육/기술
13	SA2-03	마케팅	개발1팀	4명	2019-10-05	22,500,000	영업/교육
14	TE1-10	네트워크보안	개발1팀	10명	2019-06-01	155,000,000	생산/기술
15			개발1팀 최대값			155,000,000	
16		3	개발1팀 개수				
17			전체 최대값			185,000,000	
18		8	전체 개수				
19							

☞ **"제1작업" 시트를 이용하여 조건에 따라 ≪출력형태≫와 같이 작업하시오.**

≪조건≫

(1) 차트 종류 ⇒ 〈묶은 세로 막대형〉으로 작업하시오.

(2) 데이터 범위 ⇒ "제1작업" 시트의 내용을 이용하여 작업하시오.

(3) 위치 ⇒ "새 시트"로 이동하고, "제4작업"으로 시트 이름을 바꾸시오.

(4) 차트 디자인 도구 ⇒ 레이아웃 3, 스타일 1을 선택하여 ≪출력형태≫에 맞게 작업하시오.

(5) 영역 서식 ⇒ 차트 : 글꼴(굴림, 11pt), 채우기 효과(질감-캔버스)

             그림 : 채우기(흰색, 배경 1)

(6) 제목 서식 ⇒ 차트 제목 : 글꼴(굴림, 굵게, 20pt), 채우기(흰색, 배경 1), 테두리

(7) 서식 ⇒ 기본예산(단위:원) 계열의 차트 종류를 〈표식이 있는 꺾은선형〉으로 변경한 후 보조 축으로 지정
       하시오.

        계열 : ≪출력형태≫를 참조하여 표식(네모, 크기 10)과 레이블 값을 표시하시오.

        눈금선 : 선 스타일-파선

        축 : ≪출력형태≫를 참조하시오.

(8) 범례 ⇒ 범례명을 변경하고 ≪출력형태≫를 참조하시오.

(9) 도형 ⇒ '모서리가 둥근 사각형 설명선'을 삽입하고 ≪출력형태≫와 같이 내용을 입력하시오.

(10) 나머지 사항은 ≪출력형태≫에 맞게 작성하시오.

≪출력형태≫

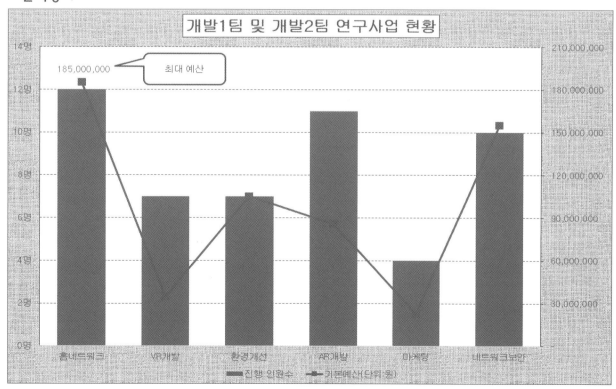

주의 ☞ 시트명 순서가 차례대로 "제1작업", "제2작업", "제3작업", "제4작업"이 되도록 할 것.

제12회 정보기술자격(ITQ) 시험

과 목	코 드	문제유형	시험시간	수험번호	성 명
한글엑셀	1122	A	60분		

The Insight KPC
kpc 한국생산성본부

☞ **다음은 '두리여행 마일리지 투어 상품'에 대한 자료이다. 자료를 입력하고 조건에 맞도록 작업하시오.**

≪출력형태≫

	상품코드	지역	여행지	항공사	일정 (일)	출발인원	공제 마일리지	순위	비고
	K-85074	유럽	이탈리아	하나항공	7	17	169,000	(1)	(2)
	H-35035	동남아	보라카이	블루항공	5	26	80,000	(1)	(2)
	F-51166	미주	뉴욕	하나항공	8	32	155,000	(1)	(2)
	H-34122	동남아	방콕	그린항공	6	12	70,000	(1)	(2)
	P-76117	동남아	보홀	하나항공	4	9	115,000	(1)	(2)
	F-06048	미주	보스턴	그린항공	5	27	125,000	(1)	(2)
	H-94122	유럽	파리	블루항공	7	10	190,000	(1)	(2)
	L-62021	동남아	빈탄	블루항공	3	21	90,000	(1)	(2)
	그린항공의 공제 마일리지 합계		(3)			최대 공제 마일리지			(5)
	유럽 지역의 출발인원 평균		(4)		여행지	이탈리아	출발인원	(6)

확인: 사원 / 팀장 / 센터장

≪조건≫

○ 모든 데이터의 서식에는 글꼴(굴림, 11pt), 정렬은 숫자 및 회계 서식은 오른쪽 정렬, 나머지 서식은 가운데 정렬로 작성하며 예외적인 것은 ≪출력형태≫를 참조하시오.

○ 제 목 ⇒ 한쪽 모서리가 잘린 사각형 도형과 바깥쪽 그림자(오프셋 오른쪽)를 이용하여 작성하고 "두리여행 마일리지 투어 상품"을 입력한 후 다음 서식을 적용하시오
(글꼴-굴림, 24pt, 검정, 굵게, 채우기-노랑).

○ 임의의 셀에 결재란을 작성하여 그림으로 복사 기능을 이용하여 붙이기 하시오(단, 원본 삭제).

○ 「B4:J4, G14, I14」 영역은 '주황'으로 채우기 하시오.

○ 유효성 검사를 이용하여 「H14」 셀에 여행지(「D5:D12」 영역)가 선택 표시되도록 하시오.

○ 셀 서식 ⇒ 「G5:G12」 영역에 셀 서식을 이용하여 숫자 뒤에 '명'을 표시하시오(예 : 17명).

○ 「E5:E12」 영역에 대해 '항공사'로 이름정의를 하시오.

◉ (1)~(6) 셀은 반드시 **주어진 함수를 이용**하여 값을 구하시오(결과값을 직접 입력하면 해당 셀은 0점 처리됨).

(1) 순위 ⇒ 출발인원의 내림차순 순위를 구한 결과값에 '위'를 붙이시오(RANK.EQ 함수, & 연산자)(예 : 1위).

(2) 비고 ⇒ 상품코드의 첫 글자가 F이면 '자유여행', 그 외에는 공백으로 구하시오(IF, LEFT 함수).

(3) 그린항공의 공제 마일리지 합계 ⇒ 정의된 이름(항공사)을 이용하여 그린항공의 공제 마일리지 합계를 구하시오(SUMIF 함수).

(4) 유럽 지역의 출발인원 평균 ⇒ 반올림하여 정수로 구하시오. 단, 조건은 입력데이터를 이용하시오
(ROUND, DAVERAGE 함수)(예 : 24.3 → 24).

(5) 최대 공제 마일리지 ⇒ (MAX 함수)

(6) 출발인원 ⇒ 「H14」 셀에서 선택한 여행지에 대한 출발인원을 표시하시오(VLOOKUP 함수).

(7) 조건부 서식의 수식을 이용하여 출발인원이 '25' 이상인 행 전체에 다음의 서식을 적용하시오
(글꼴 : 파랑, 굵게).

☞ "제1작업" 시트의 「B4:H12」 영역을 복사하여 "제2작업" 시트의 「B2」 셀부터 모두 붙여넣기를 한 후 다음의 조건과 같이 작업하시오.

≪조건≫

(1) 목표값 찾기 – 「B11:G11」 셀을 병합하여 "하나항공의 공제 마일리지의 평균"을 입력한 후 「H11」 셀에 하나항공의 공제 마일리지의 평균을 구하시오. 단, 조건은 입력데이터를 이용하시오. (DAVERAGE 함수, 테두리, 가운데 맞춤)

　　　　　　　 – '하나항공의 공제 마일리지의 평균'이 '160,000'이 되려면 이탈리아의 공제 마일리지가 얼마가 되어야 하는지 목표값을 구하시오.

(2) 고급필터 – 일정(일)이 '4' 이하이거나, 출발인원이 '30' 이상인 자료의 여행지, 항공사, 일정(일), 출발인원 데이터만 추출하시오.

　　　　　　 – 조건 범위 : 「B14」 셀부터 입력하시오.

　　　　　　 – 복사 위치 : 「B18」 셀부터 나타나도록 하시오.

☞ "제1작업" 시트의 「B4:H12」 영역을 복사하여 "제3작업" 시트의 「B2」 셀부터 모두 붙여넣기를 한 후 다음의 조건과 같이 작업하시오.

≪조건≫

(1) 부분합 – ≪출력형태≫처럼 정렬하고, 여행지의 개수와 공제 마일리지의 평균을 구하시오.

(2) 윤 곽 – 지우시오.

(3) 나머지 사항은 ≪출력형태≫에 맞게 작성하시오.

≪출력형태≫

A	B	C	D	E	F	G	H
1							
2	상품코드	지역	여행지	항공사	일정(일)	출발인원	공제 마일리지
3	K-85074	유럽	이탈리아	하나항공	7	17명	169,000
4	F-51166	미주	뉴욕	하나항공	8	32명	155,000
5	P-76117	동남아	보홀	하나항공	4	9명	115,000
6				하나항공 평균			146,333
7			3	하나항공 개수			
8	H-35035	동남아	보라카이	블루항공	5	26명	80,000
9	H-94122	유럽	파리	블루항공	7	10명	190,000
10	L-62021	동남아	빈탄	블루항공	3	21명	90,000
11				블루항공 평균			120,000
12			3	블루항공 개수			
13	H-34122	동남아	방콕	그린항공	6	12명	70,000
14	F-06048	미주	보스턴	그린항공	5	27명	125,000
15				그린항공 평균			97,500
16			2	그린항공 개수			
17				전체 평균			124,250
18			8	전체 개수			

☞ **"제1작업" 시트를 이용하여 조건에 따라 ≪출력형태≫와 같이 작업하시오.**

≪조건≫

(1) 차트 종류 ⇒ 〈묶은 세로 막대형〉으로 작업하시오.

(2) 데이터 범위 ⇒ "제1작업" 시트의 내용을 이용하여 작업하시오.

(3) 위치 ⇒ "새 시트"로 이동하고, "제4작업"으로 시트 이름을 바꾸시오.

(4) 차트 디자인 도구 ⇒ 레이아웃 3, 스타일 1을 선택하여 ≪출력형태≫에 맞게 작업하시오.

(5) 영역 서식 ⇒ 차트 : 글꼴(굴림, 11pt), 채우기 효과(질감-파랑 박엽지)

                그림 : 채우기(흰색, 배경 1)

(6) 제목 서식 ⇒ 차트 제목 : 글꼴(굴림, 굵게, 20pt), 채우기(흰색, 배경 1), 테두리

(7) 서식 ⇒ 출발인원 계열의 차트 종류를 〈표식이 있는 꺾은선형〉으로 변경한 후 보조 축으로 지정하시오.

       계열 : ≪출력형태≫를 참조하여 표식(세모, 크기 10)과 레이블 값을 표시하시오.

       눈금선 : 선 스타일-파선

       축 : ≪출력형태≫를 참조하시오.

(8) 범례 ⇒ 범례명을 변경하고 ≪출력형태≫를 참조하시오.

(9) 도형 ⇒ '모서리가 둥근 사각형 설명선'을 삽입하고 ≪출력형태≫와 같이 내용을 입력하시오.

(10) 나머지 사항은 ≪출력형태≫에 맞게 작성하시오.

≪출력형태≫

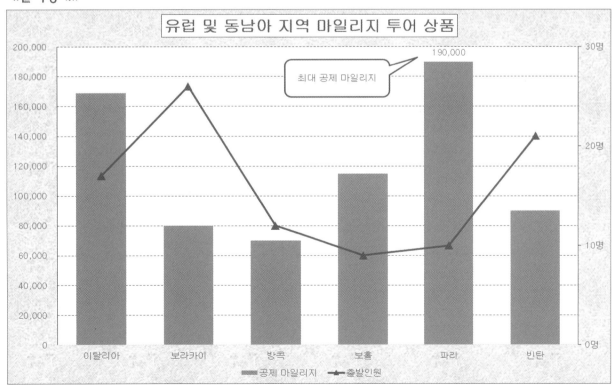

주의 ☞ 시트명 순서가 차례대로 "제1작업", "제2작업", "제3작업", "제4작업"이 되도록 할 것.

제13회 정보기술자격(ITQ) 시험

과 목	코 드	문제유형	시험시간	수험번호	성 명
한글엑셀	1122	A	60분		

The Insight KPC
kpc 한국생산성본부

☞ **다음은 '트로트드림 오디션 현황'에 대한 자료이다. 자료를 입력하고 조건에 맞도록 작업하시오.**

≪출력형태≫

참가번호	성명	구분	참가지역	인터넷 선호도	ARS 투표수	심사위원 점수	순위	성별
D-25712	허민지	대학생	부산	7.6%	5,128,602	314	(1)	(2)
P-24531	최용철	일반	서울	9.4%	4,370,520	246	(1)	(2)
G-01401	김진성	청소년	부산	11.5%	4,875,340	267	(1)	(2)
Z-15702	허서영	일반	광주	19.4%	5,294,678	325	(1)	(2)
S-45342	양서연	일반	서울	18.7%	4,680,251	231	(1)	(2)
S-72811	문현진	대학생	인천	16.7%	4,858,793	297	(1)	(2)
S-82471	김승모	청소년	인천	16.8%	3,278,457	215	(1)	(2)
T-20252	이다경	대학생	천안	9.3%	3,029,752	198	(1)	(2)
대학생 부문 ARS 투표수 평균			(3)		허서영 인기차트			(5)
심사위원 점수 최대값			(4)		성명	허민지	ARS 투표수	(6)

상단: 확인 / 담당 / 대리 / 과장

≪조건≫

○ 모든 데이터의 서식에는 글꼴(굴림, 11pt), 정렬은 숫자 및 회계 서식은 오른쪽 정렬, 나머지 서식은 가운데 정렬로 작성하며 예외적인 것은 ≪출력형태≫를 참조하시오.

○ 제 목 ⇒ 대각선 방향의 모서리가 잘린 사각형 도형과 바깥쪽 그림자(오프셋 오른쪽)를 이용하여 작성하고 "트로트드림 오디션 현황"을 입력한 후 다음 서식을 적용하시오
(글꼴-굴림, 24pt, 검정, 굵게, 채우기-노랑).

○ 임의의 셀에 결재란을 작성하여 그림으로 복사 기능을 이용하여 붙이기 하시오(단, 원본 삭제).

○ 「B4:J4, G14, I14」 영역은 '주황'으로 채우기 하시오.

○ 유효성 검사를 이용하여 「H14」 셀에 성명(「C5:C12」 영역)이 선택 표시되도록 하시오.

○ 셀 서식 ⇒ 「H5:H12」 영역에 셀 서식을 이용하여 숫자 뒤에 '점'을 표시하시오(예 : 314점).

○ 「H5:H12」 영역에 대해 '심사위원점수'로 이름정의를 하시오.

⊙ (1)~(6) 셀은 반드시 **주어진 함수를 이용**하여 값을 구하시오(결과값을 직접 입력하면 해당 셀은 0점 처리됨).

(1) 순위 ⇒ ARS 투표수의 내림차순 순위를 구한 결과값에 '위'를 붙이시오
(RANK.EQ 함수, & 연산자)(예 : 1위).

(2) 성별 ⇒ 참가번호의 마지막 글자가 1이면 '남성', 그 외에는 여성으로 구하시오(IF, RIGHT 함수).

(3) 대학생 부문 ARS 투표수 평균 ⇒ (SUMIF, COUNTIF 함수)

(4) 심사위원 점수 최대값 ⇒ 정의된 이름(심사위원점수)을 이용하여 구하시오(MAX 함수).

(5) 허서영 인기차트 ⇒ (「G8」 셀÷1,000,000)으로 구한 값만큼 '★' 문자를 반복하여 표시하시오(REPT 함수)
(예 : 2 → ★★).

(6) ARS 투표수 ⇒ 「H14」 셀에서 선택한 성명에 대한 ARS 투표수를 표시하시오(VLOOKUP 함수).

(7) 조건부 서식의 수식을 이용하여 심사위원 점수가 '300' 이상인 행 전체에 다음의 서식을 적용하시오
(글꼴 : 파랑, 굵게).

목표값 찾기 및 필터 ⬤80점

☞ **"제1작업"** 시트의 「B4:H12」 영역을 복사하여 **"제2작업"** 시트의 「B2」 셀부터 모두 붙여넣기를 한 후 다음의 조건과 같이 작업하시오.

≪조건≫

(1) 목표값 찾기 - 「B11:G11」 셀을 병합하여 "대학생의 심사위원 점수의 평균"을 입력한 후 「H11」 셀에 대학생 의 심사위원 점수의 평균을 구하시오. 단, 조건은 입력데이터를 이용하시오.
　　　　　　　　(DAVERAGE 함수, 테두리, 가운데 맞춤)
　　　　　　　 - '대학생의 심사위원 점수의 평균'이 '300'이 되려면 허민지의 심사위원 점수가 얼마가 되어 야 하는지 목표값을 구하시오.

(2) 고급필터 - 참가지역이 '서울'이거나, ARS 투표수가 '4,000,000' 이하인 자료의 성명, 인터넷 선호도, ARS 투표수, 심사위원 점수 데이터만 추출하시오.
　　　　　　 - 조건 범위 : 「B14」 셀부터 입력하시오.
　　　　　　 - 복사 위치 : 「B18」 셀부터 나타나도록 하시오.

제 3 작업 **정렬 및 부분합** ⬤80점

☞ **"제1작업"** 시트의 「B4:H12」 영역을 복사하여 **"제3작업"** 시트의 「B2」 셀부터 모두 붙여넣기를 한 후 다음의 조건과 같이 작업하시오.

≪조건≫

(1) 부분합 - ≪출력형태≫처럼 정렬하고, 성명의 개수와 ARS 투표수의 평균을 구하시오.

(2) 윤 곽 - 지우시오.

(3) 나머지 사항은 ≪출력형태≫에 맞게 작성하시오.

≪출력형태≫

A	B	C	D	E	F	G	H
1							
2	참가번호	성명	구분	참가지역	인터넷 선호도	ARS 투표수	심사위원 점수
3	G-01401	김진성	청소년	부산	11.5%	4,875,340	267점
4	S-82471	김승모	청소년	인천	16.8%	3,278,457	215점
5			청소년 평균			4,076,899	
6		2	청소년 개수				
7	P-24531	최용철	일반	서울	9.4%	4,370,520	246점
8	Z-15702	허서영	일반	광주	19.4%	5,294,678	325점
9	S-45342	양서연	일반	서울	18.7%	4,680,251	231점
10			일반 평균			4,781,816	
11		3	일반 개수				
12	D-25712	허민지	대학생	부산	7.6%	5,128,602	314점
13	S-72811	문현진	대학생	인천	16.7%	4,858,793	297점
14	T-20252	이다경	대학생	천안	9.3%	3,029,752	198점
15			대학생 평균			4,339,049	
16		3	대학생 개수				
17			전체 평균			4,439,549	
18		8	전체 개수				

☞ **"제1작업" 시트를 이용하여 조건에 따라 ≪출력형태≫와 같이 작업하시오.**

≪조건≫

(1) 차트 종류 ⇒ 〈묶은 세로 막대형〉으로 작업하시오.

(2) 데이터 범위 ⇒ "제1작업" 시트의 내용을 이용하여 작업하시오.

(3) 위치 ⇒ "새 시트"로 이동하고, "제4작업"으로 시트 이름을 바꾸시오.

(4) 차트 디자인 도구 ⇒ 레이아웃 3, 스타일 8을 선택하여 ≪출력형태≫에 맞게 작업하시오.

(5) 영역 서식 ⇒ 차트 : 글꼴(굴림, 11pt), 채우기 효과(질감-파랑 박엽지)

　　　　　　　 그림 : 채우기(흰색, 배경 1)

(6) 제목 서식 ⇒ 차트 제목 : 글꼴(굴림, 굵게, 20pt), 채우기(흰색, 배경 1), 테두리

(7) 서식 ⇒ ARS 투표수 계열의 차트 종류를 〈표식이 있는 꺾은선형〉으로 변경한 후 보조 축으로 지정하시오.

　　　 계열 : ≪출력형태≫를 참조하여 표식(네모, 크기 10)과 레이블 값을 표시하시오.

　　　 눈금선 : 선 스타일-파선

　　　 축 : ≪출력형태≫를 참조하시오.

(8) 범례 ⇒ 범례명을 변경하고 ≪출력형태≫를 참조하시오.

(9) 도형 ⇒ '모서리가 둥근 사각형 설명선'을 삽입하고 ≪출력형태≫와 같이 내용을 입력하시오.

(10) 나머지 사항은 ≪출력형태≫에 맞게 작성하시오.

≪출력형태≫

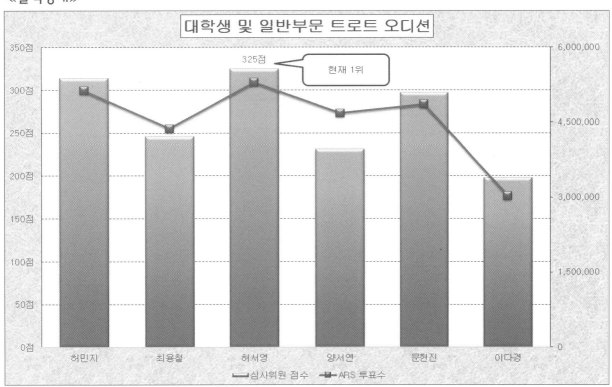

주의 ☞ 시트명 순서가 차례대로 "제1작업", "제2작업", "제3작업", "제4작업"이 되도록 할 것.

제14회 정보기술자격(ITQ) 시험

과 목	코 드	문제유형	시험시간	수험번호	성 명
한글엑셀	1122	A	60분		

The Insight KPC
kpc 한국생산성본부

☞ 다음은 '초등학교 9월 체험 일정'에 대한 자료이다. 자료를 입력하고 조건에 맞도록 작업하시오.

≪출력형태≫

문서번호	학교명	장소	지역	체험일	인솔자 수 (명)	체험 학생 수	체험요일	순위
GA-121	신창초	국립전북기상과학관	정읍	2019-09-02	11	228	(1)	(2)
ZA-222	경양초	호남기후변화체험관	담양	2019-09-16	17	350	(1)	(2)
VC-131	대자초	호남기후변화체험관	담양	2019-09-10	20	427	(1)	(2)
NA-232	계림초	영산강유역환경청	광주	2019-09-07	16	334	(1)	(2)
AB-123	중앙초	국립전북기상과학관	정읍	2019-09-24	15	300	(1)	(2)
HC-522	수창초	국립전북기상과학관	정읍	2019-09-02	23	476	(1)	(2)
EA-421	동문초	영산강유역환경청	광주	2019-09-12	14	297	(1)	(2)
BF-271	동림초	호남기후변화체험관	담양	2019-09-10	9	178	(1)	(2)
담양을 제외한 지역의 체험 학생 수 평균			(3)			두 번째로 적은 체험 학생 수		(5)
국립전북기상과학관 체험 학생 수 합계			(4)			학교명	신창초	체험일	(6)

상단 결재란: 결재 / 담당 / 팀장 / 본부장

제목: 초등학교 9월 체험 일정

≪조건≫

○ 모든 데이터의 서식에는 글꼴(굴림, 11pt), 정렬은 숫자 및 회계 서식은 오른쪽 정렬, 나머지 서식은 가운데 정렬로 작성하며 예외적인 것은 ≪출력형태≫를 참조하시오.

○ 제 목 ⇒ 대각선 방향의 모서리가 잘린 사각형과 바깥쪽 그림자(오프셋 오른쪽)를 이용하여 작성하고 "초등학교 9월 체험 일정"을 입력한 후 다음 서식을 적용하시오
　　　　　(글꼴-굴림, 24pt, 검정, 굵게, 채우기-노랑).

○ 임의의 셀에 결재란을 작성하여 그림으로 복사 기능을 이용하여 붙이기 하시오(단, 원본 삭제).

○ 「B4:J4, G14, I14」 영역은 '주황'으로 채우기 하시오.

○ 유효성 검사를 이용하여 「H14」 셀에 학교명(「C5:C12」 영역)이 선택 표시되도록 하시오.

○ 셀 서식 ⇒ 「H5:H12」 영역에 셀 서식을 이용하여 숫자 뒤에 '명'을 표시하시오(예 : 228명).

○ 「E5:E12」 영역에 대해 '지역'으로 이름정의를 하시오.

⊙ (1)~(6) 셀은 반드시 **주어진 함수를 이용**하여 값을 구하시오(결과값을 직접 입력하면 해당 셀은 0점 처리됨).

(1) 체험요일 ⇒ 체험일의 요일을 예와 같이 구하시오(CHOOSE, WEEKDAY 함수)(예 : 월요일).

(2) 순위 ⇒ 체험 학생 수의 내림차순 순위를 구한 결과값에 '위'를 붙이시오
　　　　　(RANK.EQ 함수, & 연산자)(예 : 1위).

(3) 담양을 제외한 지역의 체험 학생 수 평균 ⇒ 정의된 이름(지역)을 이용하여 구하시오
　　　　　(SUMIF, COUNTIF 함수).

(4) 국립전북기상과학관 체험 학생 수 합계 ⇒ 조건은 입력데이터를 이용하시오(DSUM 함수).

(5) 두 번째로 적은 체험 학생 수 ⇒ (SMALL 함수)

(6) 체험일 ⇒ 「H14」 셀에서 선택한 학교명에 대한 체험일을 구하시오(VLOOKUP 함수)(예 : 2019-09-02).

(7) 조건부 서식의 수식을 이용하여 체험 학생 수가 '400' 이상인 행 전체에 다음의 서식을 적용하시오
　　(글꼴 : 파랑, 굵게).

☞ **"제1작업" 시트의 「B4:H12」 영역을 복사하여 "제2작업" 시트의 「B2」 셀부터 모두 붙여넣기를 한 후 다음의 조건과 같이 작업하시오.**

≪조건≫

(1) 목표값 찾기 – 「B11:G11」 셀을 병합하여 "국립전북기상과학관의 체험 학생 수의 평균"을 입력한 후 「H11」 셀에 국립전북기상과학관의 평균을 구하시오. 단, 조건은 입력데이터를 이용하시오. (DAVERAGE 함수, 테두리, 가운데 맞춤)

　　　　– '국립전북기상과학관의 체험 학생 수의 평균'이 '400'이 되려면 신창초의 체험 학생 수가 얼마가 되어야 하는지 목표값을 구하시오.

(2) 고급필터 – 지역이 '광주'이거나 인솔자 수(명)가 '20' 이상인 자료의 학교명, 체험일, 인솔자 수(명), 체험 학생 수 데이터만 추출하시오.

　　　　– 조건 범위 : 「B14」 셀부터 입력하시오.

　　　　– 복사 위치 : 「B18」 셀부터 나타나도록 하시오.

☞ **"제1작업" 시트의 「B4:H12」 영역을 복사하여 "제3작업" 시트의 「B2」 셀부터 모두 붙여넣기를 한 후 다음의 조건과 같이 작업하시오.**

≪조건≫

(1) 부분합 – ≪출력형태≫처럼 정렬하고, 학교명의 개수와 체험 학생 수의 최대값을 구하시오.

(2) 윤 곽 – 지우시오.

(3) 나머지 사항은 ≪출력형태≫에 맞게 작성하시오.

≪출력형태≫

A	B	C	D	E	F	G	H
1							
2	문서번호	학교명	장소	지역	체험일	인솔자 수 (명)	체험 학생 수
3	GA-121	신창초	국립전북기상과학관	정읍	2019-09-02	11	228명
4	AB-123	중앙초	국립전북기상과학관	정읍	2019-09-24	15	300명
5	HC-522	수창초	국립전북기상과학관	정읍	2019-09-02	23	476명
6				정읍 최대값			476명
7		3		정읍 개수			
8	ZA-222	경양초	호남기후변화체험관	담양	2019-09-16	17	350명
9	VC-131	대자초	호남기후변화체험관	담양	2019-09-10	20	427명
10	BF-271	동림초	호남기후변화체험관	담양	2019-09-10	9	178명
11				담양 최대값			427명
12		3		담양 개수			
13	NA-232	계림초	영산강유역환경청	광주	2019-09-07	16	334명
14	EA-421	동문초	영산강유역환경청	광주	2019-09-12	14	297명
15				광주 최대값			334명
16		2		광주 개수			
17				전체 최대값			476명
18		8		전체 개수			
19							

☞ **"제1작업" 시트를 이용하여 조건에 따라 ≪출력형태≫와 같이 작업하시오.**

≪조건≫

⑴ 차트 종류 ⇒ 〈묶은 세로 막대형〉으로 작업하시오.

⑵ 데이터 범위 ⇒ "제1작업" 시트의 내용을 이용하여 작업하시오.

⑶ 위치 ⇒ "새 시트"로 이동하고, "제4작업"으로 시트 이름을 바꾸시오.

⑷ 차트 디자인 도구 ⇒ 레이아웃 3, 스타일 4를 선택하여 ≪출력형태≫에 맞게 작업하시오.

⑸ 영역 서식 ⇒ 차트 : 글꼴(굴림, 11pt), 채우기 효과(질감-분홍 박엽지)

　　　　　　　그림 : 채우기(흰색, 배경 1)

⑹ 제목 서식 ⇒ 차트 제목 : 글꼴(굴림, 굵게, 20pt), 채우기(흰색, 배경 1), 테두리

⑺ 서식 ⇒ 인솔자 수(명)의 차트 종류를 〈표식이 있는 꺾은선형〉으로 변경한 후 보조 축으로 지정하시오.

　　　계열 : ≪출력형태≫를 참조하여 표식(다이아몬드, 크기 10)과 레이블 값을 표시하시오.

　　　눈금선 : 선 스타일-파선

　　　축 : ≪출력형태≫를 참조하시오.

⑻ 범례 ⇒ 범례명을 변경하고 ≪출력형태≫를 참조하시오.

⑼ 도형 ⇒ '모서리가 둥근 사각형 설명선'을 삽입하고 ≪출력형태≫와 같이 내용을 입력하시오.

⑽ 나머지 사항은 ≪출력형태≫에 맞게 작성하시오.

≪출력형태≫

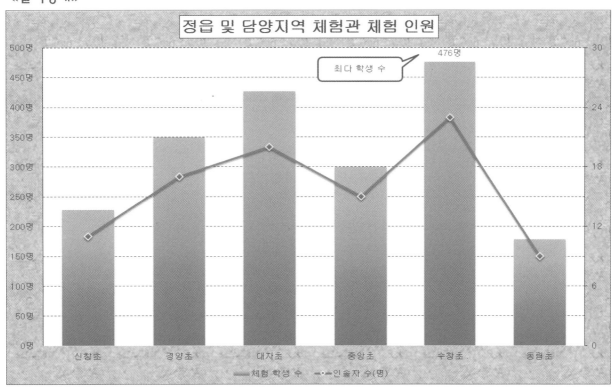

주의 ☞ 시트명 순서가 차례대로 "제1작업", "제2작업", "제3작업", "제4작업"이 되도록 할 것.

제15회 정보기술자격(ITQ) 시험

과 목	코 드	문제유형	시험시간	수험번호	성 명
한글엑셀	1122	A	60분		

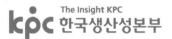

☞ **다음은 '장난감 대여 관리 현황'에 대한 자료이다. 자료를 입력하고 조건에 맞도록 작업하시오.**

≪출력형태≫

	대여코드	제품명	분류	대여기간	판매가격 (단위:원)	4주 대여가격 (단위:원)	대여수량	배송지	비고
	GW-03	페달트랙터	자동차	15	125,000	33,000	17	(1)	(2)
	CE-13	레이싱카	자동차	5	65,000	28,000	19	(1)	(2)
	DC-12	워크어라운드	쏘서	6	95,000	33,000	6	(1)	(2)
	PK-01	물놀이세트	놀이세트	12	17,000	33,000	15	(1)	(2)
	DW-01	디보쏘서	쏘서	10	105,000	26,000	12	(1)	(2)
	CQ-02	미니카	자동차	6	78,000	28,000	20	(1)	(2)
	WB-12	구름빵 놀이터	놀이세트	8	42,000	23,000	14	(1)	(2)
	PX-02	스포츠센터	놀이세트	10	56,000	30,000	7	(1)	(2)
	놀이세트 제품 대여수량 합계			(3)		4주 대여가격(단위:원)의 최저값			(5)
	자동차 제품 평균 대여기간			(4)		제품명	페달트랙터	대여수량	(6)

제목 상단에는 "장난감 대여 관리 현황"이 표시되며, 우측 상단에는 결재 / 담당 / 대리 / 과장 란이 있음.

≪조건≫

○ 모든 데이터의 서식에는 글꼴(굴림, 11pt), 정렬은 숫자 및 회계 서식은 오른쪽 정렬, 나머지 서식은 가운데 정렬로 작성하며 예외적인 것은 ≪출력형태≫를 참조하시오.

○ 제 목 ⇒ 육각형 도형과 바깥쪽 그림자(오프셋 오른쪽)를 이용하여 작성하고 "장난감 대여 관리 현황"을 입력한 후 다음 서식을 적용하시오(글꼴–굴림, 24pt, 검정, 굵게, 채우기–노랑).

○ 임의의 셀에 결재란을 작성하여 그림으로 복사 기능을 이용하여 붙이기 하시오(단, 원본 삭제).

○ 「B4:J4, G14, I14」 영역은 '주황'으로 채우기 하시오.

○ 유효성 검사를 이용하여 「H14」 셀에 제품명(「C5:C12」 영역)이 선택 표시되도록 하시오.

○ 셀 서식 ⇒ 「E5:E12」 영역에 셀 서식을 이용하여 숫자 뒤에 '주'를 표시하시오(예 : 15주).

○ 「G5:G12」 영역에 대해 '대여가격'으로 이름정의를 하시오.

⦿ (1)~(6) 셀은 반드시 **주어진 함수를 이용**하여 값을 구하시오(결과값을 직접 입력하면 해당 셀은 0점 처리됨).

(1) 직배송지 ⇒ 대여코드의 마지막 글자가 1이면 '경기', 2이면 '인천', 3이면 '서울'로 구하시오 (CHOOSE, RIGHT 함수).

(2) 비고 ⇒ 대여수량이 15 이상이면 '★', 그 외에는 공백으로 구하시오(IF 함수).

(3) 놀이세트 제품 대여수량 합계 ⇒ 결과값에 '개'를 붙이시오(SUMIF 함수, & 연산자)(예 : 10개).

(4) 자동차 제품 평균 대여기간 ⇒ 올림하여 정수로 구하시오. 단, 조건은 입력데이터를 이용하시오 (ROUNDUP, DAVERAGE 함수)(예 : 12.3 → 13).

(5) 4주 대여가격(단위:원)의 최저값 ⇒ 정의된 이름(대여가격)을 이용하여 구하시오(MIN 함수).

(6) 대여수량 ⇒ 「H14」 셀에서 선택한 제품명에 대한 대여수량을 구하시오(VLOOKUP 함수).

(7) 조건부 서식을 이용하여 대여수량 셀에 데이터 막대 스타일(녹색)을 최소값 및 최대값으로 적용하시오.

☞ **"제1작업" 시트의 「B4:H12」 영역을 복사하여 "제2작업" 시트의 「B2」 셀부터 모두 붙여넣기를 한 후 다음의 조건과 같이 작업하시오.**

≪조건≫

(1) 고급필터 – 분류가 '자동차'이거나, 판매가격(단위:원)이 '100,000' 이상인 자료의 데이터만 추출하시오.
　　　　　　 – 조건 범위 : 「B13」 셀부터 입력하시오.
　　　　　　 – 복사 위치 : 「B18」 셀부터 나타나도록 하시오.

(2) 표 서식 – 고급필터의 결과셀을 채우기 없음으로 설정한 후 '표 스타일 보통 4'의 서식을 적용하시오.
　　　　　 – 머리글 행, 줄무늬 행을 적용하시오.

☞ **"제1작업" 시트를 이용하여 "제3작업" 시트의 조건에 따라 ≪출력형태≫와 같이 작업하시오.**

≪조건≫

(1) 판매가격(단위:원) 및 분류별 제품명의 개수와 4주 대여가격(단위:원)의 평균을 구하시오.
(2) 판매가격(단위:원)을 그룹화하고, 분류를 ≪출력형태≫와 같이 정렬하시오.
(3) 레이블이 있는 셀 병합 및 가운데 맞춤 적용 및 빈 셀은 '***'로 표시하시오.
(4) 행의 총합계는 지우고, 나머지 사항은 ≪출력형태≫에 맞게 작성하시오.

≪출력형태≫

A	B	C	D	E	F	G	H
1							
2		분류 ↓					
3		자동차		쏘서		놀이세트	
4	판매가격(단위:원) ▼	개수 : 제품명	평균 : 4주 대여가격(단위:원)	개수 : 제품명	평균 : 4주 대여가격(단위:원)	개수 : 제품명	평균 : 4주 대여가격(단위:원)
5	1-50000	***	***	***	***	2	28,000
6	50001-100000	2	28,000	1	33,000	1	30,000
7	100001-150000	1	33,000	1	26,000	***	***
8	총합계	3	29,667	2	29,500	3	28,667

☞ **"제1작업" 시트를 이용하여 조건에 따라 ≪출력형태≫와 같이 작업하시오.**

≪조건≫

⑴ 차트 종류 ⇒ 〈묶은 세로 막대형〉으로 작업하시오.

⑵ 데이터 범위 ⇒ "제1작업" 시트의 내용을 이용하여 작업하시오.

⑶ 위치 ⇒ "새 시트"로 이동하고, "제4작업"으로 시트 이름을 바꾸시오.

⑷ 차트 디자인 도구 ⇒ 레이아웃 3, 스타일 5를 선택하여 ≪출력형태≫에 맞게 작업하시오.

⑸ 영역 서식 ⇒ 차트 : 글꼴(굴림, 11pt), 채우기 효과(질감–양피지)

　　　　　　　그림 : 채우기(흰색, 배경 1)

⑹ 제목 서식 ⇒ 차트 제목 : 글꼴(굴림, 굵게, 20pt), 채우기(흰색, 배경 1), 테두리

⑺ 서식 ⇒ 대여기간 계열의 차트 종류를 〈표식이 있는 꺾은선형〉으로 변경한 후 보조 축으로 지정하시오.

　　　　계열 : ≪출력형태≫를 참조하여 표식(원형, 크기 10)과 레이블 값을 표시하시오.

　　　　눈금선 : 선 스타일–파선

　　　　축 : ≪출력형태≫를 참조하시오.

⑻ 범례 ⇒ 범례명을 변경하고 ≪출력형태≫를 참조하시오.

⑼ 도형 ⇒ '모서리가 둥근 사각형 설명선'을 삽입하고 ≪출력형태≫와 같이 내용을 입력하시오.

⑽ 나머지 사항은 ≪출력형태≫에 맞게 작성하시오.

≪출력형태≫

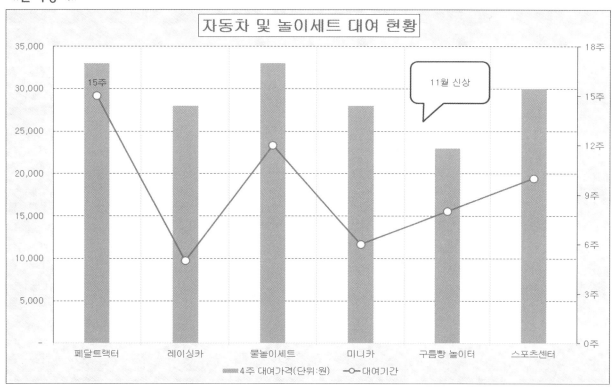

주의 ☞ 시트명 순서가 차례대로 "제1작업", "제2작업", "제3작업", "제4작업"이 되도록 할 것.

memo

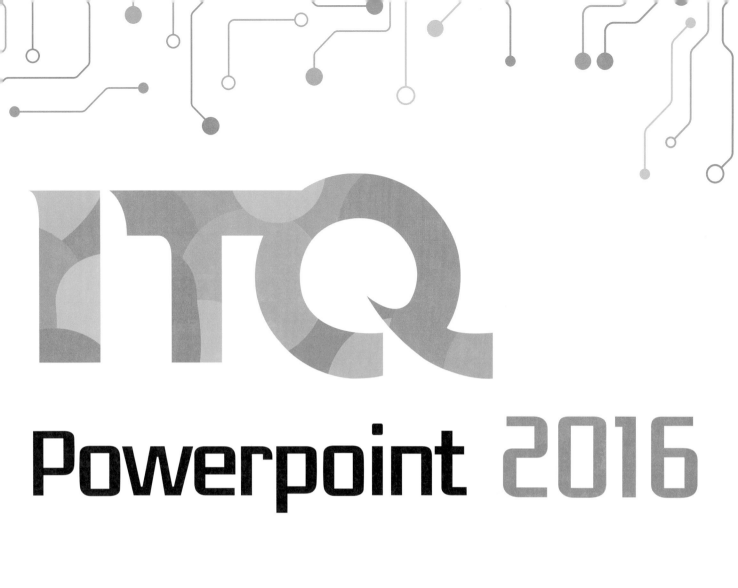

Powerpoint 2016

ITQ 파워포인트 2016 답안 작성요령

[전체 조건]

⊙ 슬라이드 크기는 A4(210mm×297mm)로 설정한다.

⊙ 슬라이드의 총 개수는 6개로 구성되어 있다.

⊙ 별도의 지시사항이 없는 경우 출력형태를 참조하여 검정 또는 흰색으로 작성한다.

⊙ 슬라이드 마스터를 이용하여 제목을 작성한다.

⊙ 제목 슬라이드에 제목 도형, 로고 이미지, 슬라이드 번호가 표시되면 감점되므로 주의한다.

⊙ 로고 이미지는 ≪출력형태≫와 같은 위치에 배치한다.

[슬라이드 1] 표지 디자인

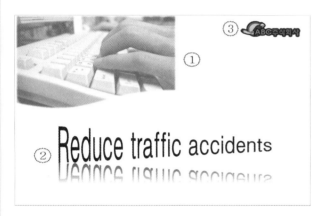

⊙ 표지는 지시한 도형으로 편집 기능을 이용하여 ≪출력형태≫와 같은 모양이 되도록 편집한다.

⊙ 워드아트의 반사 효과는 반드시 [WordArt스타일] 그룹에서 설정해야 된다. 도형 서식의 반사 효과는 ≪출력형태≫와 다르게 나타나므로 감점 요인이 된다.

⊙ 워드아트의 도형 모양은 ≪출력형태≫와 같은 모양으로 설정해야 된다.

[슬라이드 2] 목차 슬라이드

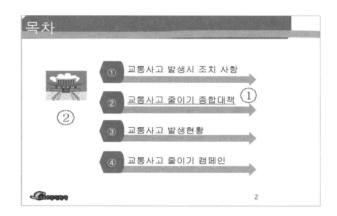

⊙ 목차 도형의 글꼴과 그림자가 정확히 설정되었는지 확인한다.

⊙ 그림은 [내 PC\문서\ITQ\Picture] 폴더에 그림4.jpg 또는 그림5.jpg

그림을 삽입하고, 반드시 도형은 ≪출력형태≫와 같은 위치에 배치 한다(도형과 겹쳐있는지 떨어져 있는지를 확인한다).

⊙ 그림 자르기는 삽입된 그림과 같게 잘라야 된다. 다른 그림이 표시되면 감점되므로 주의한다.

⊙ 하이퍼링크는 반드시 텍스트에 설정되어야 된다.

[슬라이드 3] 텍스트 / 동영상 슬라이드

⊙ 문단의 들여쓰기는 ≪출력형태≫와 같아야 한다.

⊙ 동영상 삽입 후 반드시 자동실행과 반복실행을 설정한다.

⊙ 동영상의 위치는 반드시 ≪출력형태≫와 같은 위치에 있어야 하며, 글 뒤로 배치한다.

[슬라이드 4] 표 슬라이드

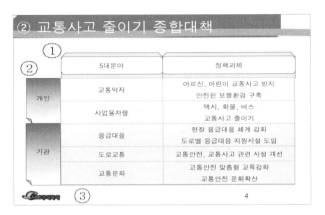

- ⊙ 입력한 텍스트에 오타가 있는지 확인한다.
- ⊙ 상단 도형, 좌측 도형, 표에 입력된 글꼴은 지시사항에서 지시한 글꼴과 일치해야 한다.
- ⊙ 상단 도형 또는 좌측 도형에 그라데이션의 색은 임의의 색으로 설정하되, 그라데이션 효과는 세부조건과 일치해야 된다.

[슬라이드 5] 차트 슬라이드

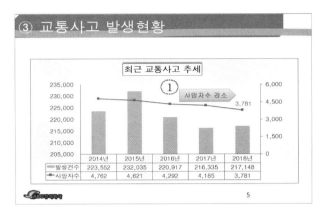

- ⊙ 차트는 세부조건이 많으므로 꼼꼼하게 읽어보고 작성하는 것이 좋다.
- ⊙ 데이터 계열 서식을 보조 축으로 설정하는 문제가 자주 출제되고 있다.
- ⊙ 차트 데이터를 정확하게 입력하고, 소수점이나 콤마 형식의 데이터를 확인한다.
- ⊙ 차트의 주 눈금선 유무를 확인한다.

[슬라이드 6] 도형 슬라이드

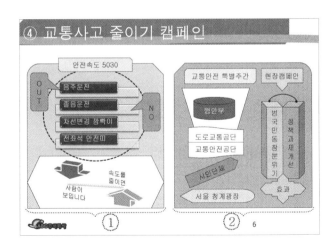

- ⊙ 스마트아트는 ≪출력형태≫와 같은 모양으로 삽입한다.
- ⊙ 스마트아트와 도형의 글꼴은 반드시 지시사항에서 지시한 글꼴로 설정했는지 확인한다.
- ⊙ 도형의 테두리 선 모양이나 데시 스타일이 ≪출력형태≫와 동일한지 확인한다.
- ⊙ 애니메이션은 날아오기(왼쪽에서), 블라인드(가로), 블라인드(세로)로 출제되고 있다.

Check 사항

- ⊙ 파일명은 본인의 "수험번호-성명"으로 입력하여 답안폴더(내 PC₩문서₩ITQ₩)에 정확하게 저장되었는지 확인한다(예 : 12345678-홍길동.pptx).
- ⊙ 슬라이드 쇼를 실행하여 하이퍼링크와 애니메이션이 정확하게 설정되었는지 확인한다.
- ⊙ 그림 삽입 문제의 경우 반드시 「내 PC₩문서₩ITQ₩Picture」 폴더에서 정확한 파일을 선택하여 삽입한다.
- ⊙ 각 슬라이드를 각각의 파일로 작업해서 저장할 경우 실격 처리됩니다.

전체 구성

Section 01

파워포인트의 기본 화면 구성을 이해하고, 용지 설정과 슬라이드에 반복되는 도형과 슬라이드 번호, 로고 등을 설정하는 슬라이드 마스터 작성 방법을 학습합니다.

화면 구성 요소

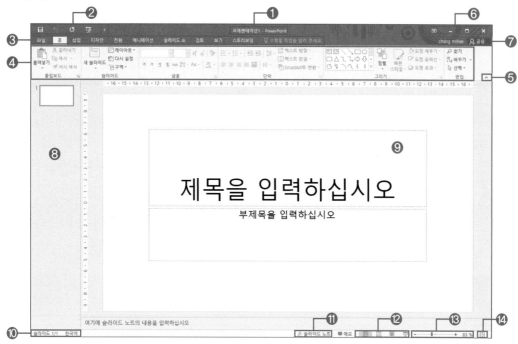

① 제목 표시줄 : 현재 실행 중인 파일 이름이 표시되며, 지정하지 않으면 '프레젠테이션1', '프레젠테이션2'로 표시됩니다.

② 빠른 실행 단추 : 자주 사용하는 메뉴들의 모음으로 개인 설정이 가능합니다.

③ 탭 메뉴 : 파워포인트의 메뉴가 표시됩니다.

④ 리본 메뉴 : [메뉴] 탭을 누르면 해당하는 메뉴가 펼쳐지며 그룹의 자세히 단추를 누르면 세부 명령 설정이 가능합니다.

⑤ 리본 메뉴 축소 : 리본 메뉴 축소 단추를 누르면 탭 메뉴만 표시되어 화면을 넓게 사용할 수 있습니다.

⑥ 화면 조절 버튼 : 리본 메뉴 표시 옵션 단추, 작업 화면의 크기 조절, 종료 단추가 있습니다.

⑦ 계정 : 계정에 로그인하면 사용자 아이디 표시와 공유 옵션이 나타납니다.

⑧ 슬라이드 축소 창 : 슬라이드의 섬네일 화면이 표시됩니다.

⑨ 슬라이드 창 : 슬라이드를 직접 편집하고 제작하는 창입니다.

⑩ 상태 표시줄 : 슬라이드 번호, 디자인 테마, 언어 등을 표시합니다.

⑪ 슬라이드 노트 : 슬라이드에 대한 설명이나 내레이션, 부가 설명 등을 입력할 수 있습니다.

⑫ 화면 보기 단추 : 슬라이드 노트, 기본 보기, 여러 슬라이드 보기, 슬라이드쇼 보기가 있습니다.

⑬ 확대/축소 : 슬라이드 창의 확대 및 축소를 비율로 조절할 수 있습니다.

⑭ 슬라이드를 현재 창 크기에 맞추기 : 슬라이드 창의 크기를 현재 작업 환경 크기에 맞춥니다.

페이지 설정

- [디자인] 탭의 [사용자 지정] 그룹의 [슬라이드 크기]–[사용자 지정 슬라이드 크기]를 클릭하여, 슬라이드 크기와 시작 번호, 슬라이드의 방향 등을 설정한 후 '맞춤 확인'을 클릭하여 설정합니다.

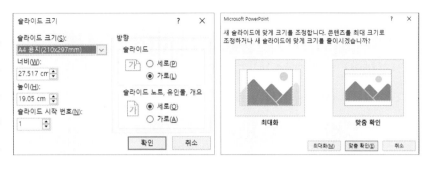

슬라이드 마스터 설정

- 슬라이드 마스터는 각 슬라이드에 공통으로 디자인할 수 있는 슬라이드 배경, 서식, 머리글과 바닥글, 페이지 번호, 제목 등을 한꺼번에 설정하는 기능입니다.
- 슬라이드 마스터는 '슬라이드 마스터, 유인물 마스터, 슬라이드 노트 마스터' 등 3가지가 있으며, 편집 슬라이드를 작성할 때는 '슬라이드 마스터'를 사용합니다.
- [보기] 탭의 [마스터 보기] 그룹–[슬라이드 마스터]를 선택합니다.
- 맨 위에 번호가 붙어있는 Office 테마 슬라이드 마스터에서 로고, 제목, 도형 등을 설정하면 하위 레이아웃의 기본적인 배경이나 서식이 하위 레이아웃 슬라이드에 모두 적용됩니다.
- 하위 레이아웃 마스터는 각 슬라이드마다 개별적으로 슬라이드를 디자인합니다.
- 슬라이드 마스터는 사용자 지정 마스터 설정이 가능합니다.
- 슬라이드 번호 위치, 제목 마스터 편집, 그림 삽입, 배경 삽입 등을 설정한 다음 [슬라이드 마스터]–[닫기]–[마스터 보기 닫기] 또는 오른쪽 하단의 '화면 보기'에서 [기본]을 클릭하여 마스터를 종료합니다.

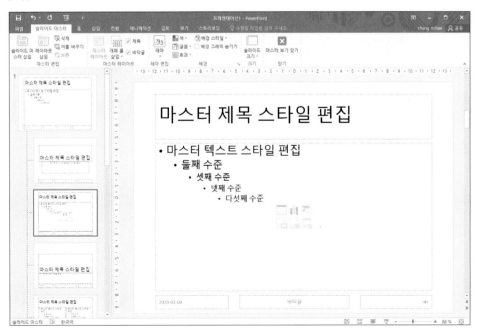

슬라이드 번호 삽입

- [머리글/바닥글] 대화상자에서 날짜, 페이지 번호, 바닥글 등을 삽입할 수 있습니다.
- [삽입] 탭의 [텍스트] 그룹에서 [머리글/바닥글] 또는 [슬라이드 번호]를 클릭합니다.
- '슬라이드 번호'와 '제목 슬라이드에는 표시 안 함'에 체크한 후 '모두 적용'을 누릅니다.

도형 삽입

- [삽입] 탭의 [일러스트레이션] 그룹에서 [도형] 또는 [홈] 탭의 [그리기] 그룹에서 원하는 도형을 삽입합니다.
- 도형을 삽입할 때는 왼쪽 위 상단에서 시작해서 오른쪽 하단 즉, 대각선으로 드래그하면 쉽게 삽입할 수 있습니다.

Shift +드래그	정원, 정사각형, 직선인 경우 45° 방향으로 직선
Ctrl +드래그	Ctrl 을 누르고 도형을 드래그하면 도형의 중심부터 도형이 그려집니다.
Alt +드래그	도형을 세밀하게 크기 조절
Ctrl +드래그	도형을 선택한 후 Ctrl 을 누르고 드래그하면 복사
Ctrl + D	도형을 선택한 후 Ctrl + D 를 누르면 복제
Ctrl + Shift +드래그	수평·수직 복사
여러 도형 선택	Ctrl 또는 Shift 를 누르고 여러 도형을 선택

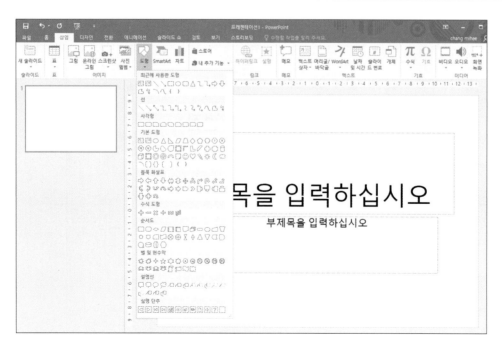

◉ 도형 크기 조절

- 도형을 선택하면 흰색 조절점, 노란색 조절점, 회전 화살표가 표시됩니다.
- 흰색 조절점으로 도형의 크기를 조절합니다.
- 회전 화살표 위에 마우스를 올려 놓고 돌리면 도형의 방향이 변경되고, 노란색 조절점으로 도형의 모양을 변형시킵니다.

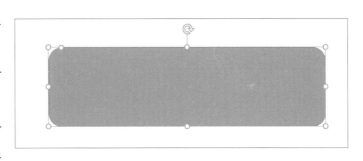

◉ 도형 서식 설정

- 도형을 선택하면 도형을 편집할 수 있는 도구 모음 상황 탭이 표시되며, [도형 삽입] 그룹에서는 다른 도형을 삽입하거나, 도형 변경, 점 편집 등이 가능합니다.
- [도형 스타일] 그룹에서는 미리 만들어진 도형 스타일과 도형 채우기, 도형 윤곽선, 도형 효과를 지정할 수 있으며, [도형 효과]에서는 '그림자, 반사, 네온, 부드러운 가장자리, 입체 효과, 3차원 효과' 등을 설정합니다.
- [WordArt 스타일] 그룹에서는 입력한 텍스트를 미리 만들어진 스타일로 변경하거나, 텍스트의 효과 등을 설정합니다.
- [정렬] 그룹에서는 도형의 순서와 맞춤, 그룹화, 회전 등을 할 수 있으며, [크기] 그룹에서는 도형의 크기를 입력하여 설정합니다.

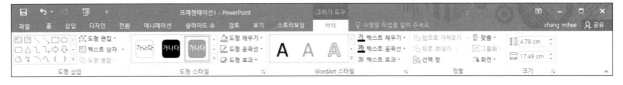

- 도형 스타일의 '도형 서식' 단추를 클릭하면 오른쪽에 세부 사항을 편집할 수 있는 도형 서식의 옵션을 사용합니다.

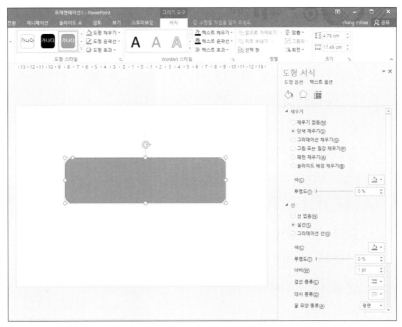

🔹 그림 삽입과 편집

- [삽입] 탭의 [일러스트레이션] 그룹에서 [그림]을 클릭합니다.
- [내 PC₩문서₩ITQ₩Picture] 폴더에서 해당하는 그림을 더블클릭하여 삽입합니다.

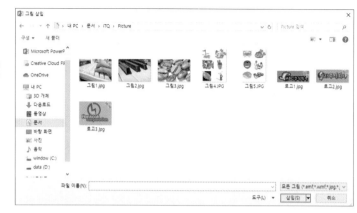

- 그림을 선택하면 [그림 도구] 상황 탭이 생성되고, [서식] 탭의 [조정] 그룹에서 [색]의 '투명한 색 설정'을 이용해 배경색을 제거합니다.
- [그림 스타일] 그룹에서는 그림 스타일, 그림 테두리와 그림 효과, 그림 레이아웃 등을 설정합니다.

- [정렬] 그룹에서는 그림의 앞뒤 순서 변경, 맞춤, 회전을 지정할 수 있으며, [크기] 그룹에서는 '그림 자르기'와 '크기'를 변경합니다.

🔹 슬라이드 삽입과 수정

- 슬라이드 삽입은 [홈] 탭에서 [슬라이드] 그룹의 [새슬라이드]에서 삽입하려는 레이아웃을 클릭합니다.
- 슬라이드 변경은 [홈] 탭에서 [슬라이드] 그룹의 [레이아웃]에서 변경합니다.
- 슬라이드 섬네일의 슬라이드를 선택한 상태에서 **Enter** 를 누르면 선택한 슬라이드와 같은 슬라이드가 삽입됩니다.

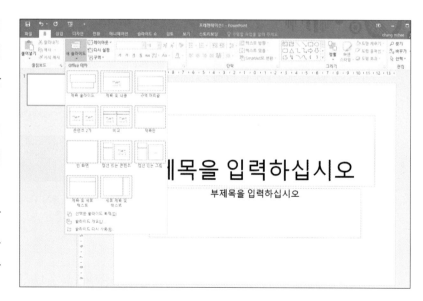

■ ■ 예제 : 출제유형₩1.전체구성.pptx

전체 구성

파워포인트의 전체 구성으로 배점은 60점이며 슬라이드 크기 지정, 슬라이드 번호, 바닥글, 슬라이드 마스터를 이용하여 작성, 로고 삽입, 투명 배경색 지정 등 전체적인 구성 내용을 평가합니다.

《전체구성》 (60점)

조건
(1) 슬라이드 크기 및 순서 : 크기를 A4 용지로 설정하고 슬라이드 순서에 맞게 작성한다.
(2) 슬라이드 마스터 : 2~6슬라이드의 제목, 하단 로고, 슬라이드 번호는 슬라이드 마스터를 이용하여 작성한다.
 – 제목 글꼴(돋움, 40pt, 흰색), 왼쪽 맞춤, 도형(선 없음)
 – 하단 로고(「내 PC₩문서₩ITQ₩Picture₩로고2.jpg」, 배경(회색) 투명색으로 설정)

출력형태

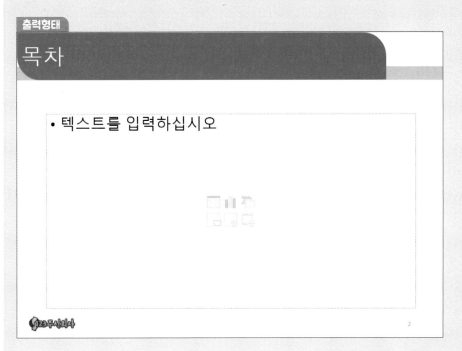

KEY POINT

- 슬라이드 크기 지정 : [디자인] – [사용자 지정] – [슬라이드 크기] – [사용자 지정 슬라이드 크기] – 'A4용지' – '맞춤 확인'
- 슬라이드 마스터 설정 : [보기] – [슬라이드 마스터]
- 슬라이드 마스터 작업 – [제목 및 내용 레이아웃] 선택
 – [도형 삽입] : [삽입] – [일러스트레이션] – [도형] / [도형 윤곽선] – [윤곽선 없음]
 – [마스터 제목 서식 지정] : 글꼴, 크기, 색 지정
 – [그림 삽입] : [삽입] – [일러스트레이션] – [그림] – 그림 삽입
 – [그림 투명색 설정] : [그림 도구] – [서식] – [조정] – [색] – 투명한 색 설정 / [그림 위치 변경]
 – 슬라이드 번호 삽입 : [삽입] – [텍스트] – [슬라이드 번호] – [슬라이드 번호와 제목 슬라이드에는 표시 안 함] 체크
 – [마스터 닫기] : [슬라이드 마스터] – [닫기] – [마스터 보기 닫기]
- 저장 : 내 PC₩문서₩ITQ₩수험번호–이름

01 파워포인트를 실행시키고 '새 프레젠테이션'을 선택합니다. 새 프레젠테이션이 열리면 ❶[디자인] 탭의 ❷[사용자 지정] 그룹에서 [슬라이드 크기]를 클릭한 후 ❸[사용자 지정 슬라이드 크기]를 선택합니다.

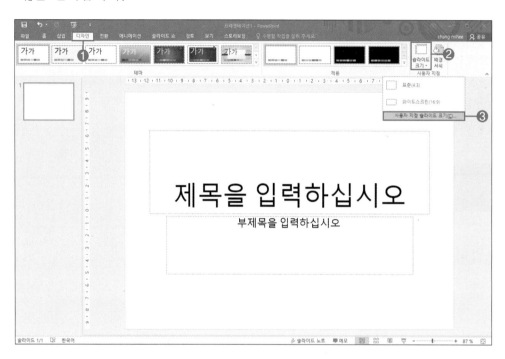

02 [슬라이드 크기] 대화상자에서 ❶'슬라이드 크기 : A4 용지', ❷'슬라이드 방향 : 가로'로 지정하고 ❸[확인]을 클릭한 후 ❹'맞춤 확인'을 선택합니다.

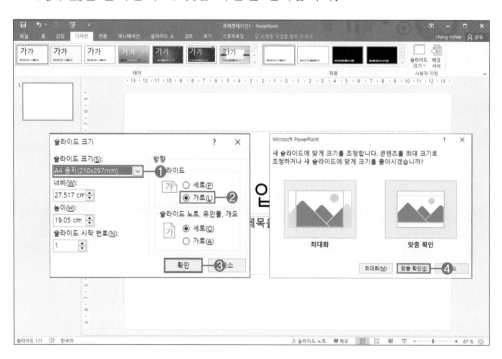

03 프레젠테이션을 저장하기
위해 ❶[파일]을 클릭합니
다.

Tip

빠른 메뉴의 '디스켓' 단추를 클릭
해도 됩니다.

단축키 : `Ctrl` + `S`

04 ❶[저장] 또는 [다른 이름으
로 저장]을 클릭한 후 ❷'이
PC'를 더블클릭합니다.

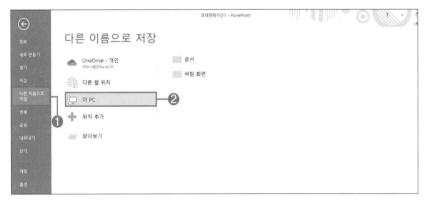

05 저장될 폴더는 ❶'내 PC
₩문서₩ITQ'를 선택한 후
❷저장 폴더를 확인하고 ❸
파일 이름은 '수험번호-이
름'을 입력한 후 ❹'저장'을
클릭합니다.

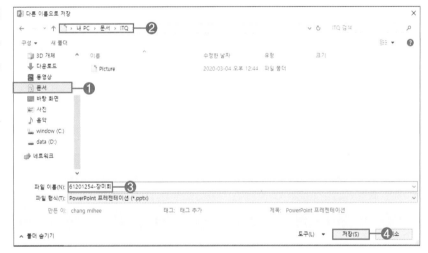

06 제목 표시줄에 파일명이 표
시됩니다. 파워포인트에 편
집을 하면 왼쪽 상단의 '저
장'을 눌러 재저장합니다.

Tip

파일명 또는 저장 위치를 잘못 입
력했다면 [파일] – [다른 이름으
로 저장]을 클릭하여 다시 저장하
세요.

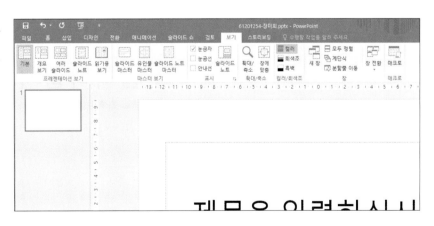

01 슬라이드 마스터를 작성하기 위해서는 목차 슬라이드의 제목을 보고 작성해야 합니다. 작성 순서는 ❶제목 도형에서 맨 뒤에 있는 도형을 먼저 삽입하고, ❷위쪽 도형을 그린 후 ❸슬라이드 마스터 제목 글꼴을 설정한 후 ❹로고와 ❺슬라이드 번호를 삽입합니다. 작성 순서를 알아둡니다.

02 슬라이드를 균형있게 편집하기 위해 눈금선을 표시합니다. ❶[보기] 탭의 ❷[표시] 그룹에서 '눈금자', '눈금선', '안내선'을 체크합니다.

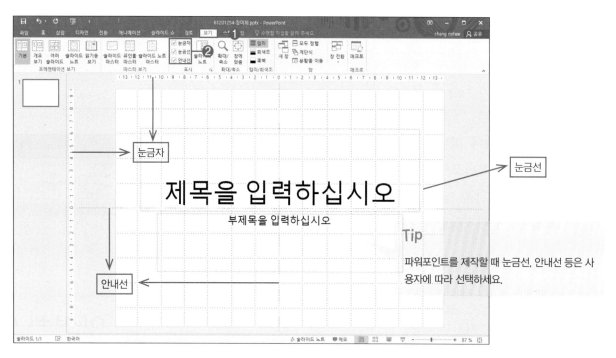

01 슬라이드 마스터를 설정하기 위해 ❶[보기] 탭의 [마스터 보기] 그룹에서 ❷[슬라이드 마스터]를 클릭합니다.

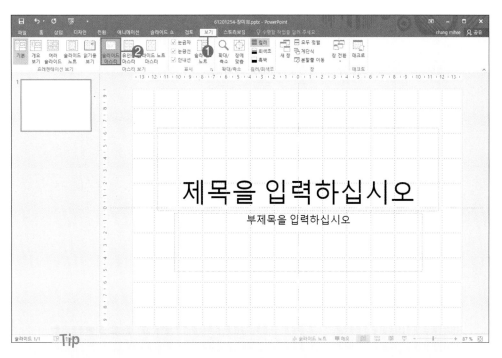

Tip

Shift 를 누른 채 오른쪽 하단의 '기본 보기'를 클릭하여 슬라이드 마스터로 이동할 수 있습니다.

02 [슬라이드 마스터] 탭이 열리면 ❶스크롤 바를 위로 올린 후 ❷'제목 및 내용' 레이아웃을 클릭합니다.

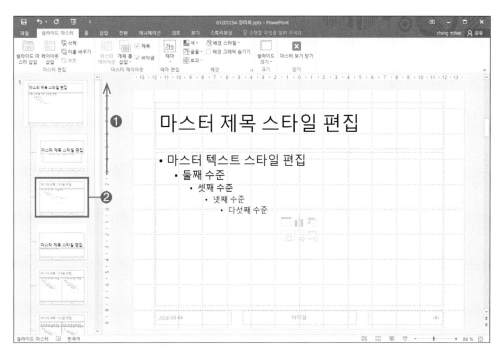

03 ❶'제목 및 내용' 레이아웃이 선택된 상태에서 ❷[삽입] 탭의 [이미지] 그룹에서 ❸[도형]을 클릭하여 ❹'사각형'의 '사각형'을 선택합니다.

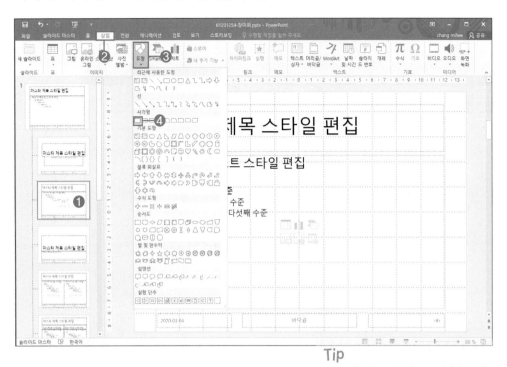

Tip

[홈] 탭의 [그리기] 그룹에서 도형을 삽입하고 편집할 수 있습니다.

04 슬라이드 마스터의 ❶마스터 제목 스타일 부분의 두 번째 칸의 중간 정도에서 드래그하여 ❷오른쪽 하단으로 '마스터 제목 스타일 편집' 제목의 절반 정도를 넘지 않게 드래그합니다. 두 번째 눈금의 절반을 넘지 않도록 합니다.

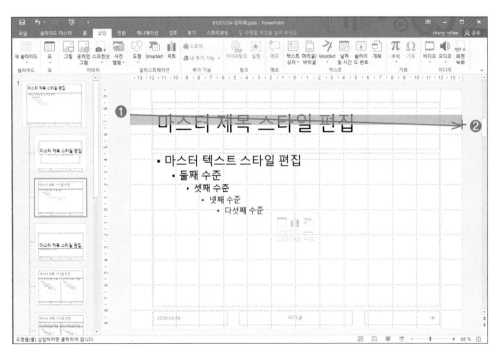

05 ❶'제목 및 내용' 레이아웃이 선택된 상태에서 맨 위에 그려진 도형을 삽입하기 위해 ❷[삽입] 탭의 [이미지] 그룹에서 ❸[도형]을 클릭하여 '사각형'의 ❹'대각선 방향의 모서리가 둥근 사각형'을 선택합니다.

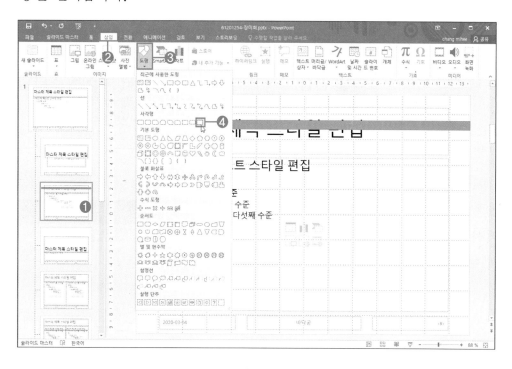

06 ❶슬라이드 마스터의 왼쪽 위 상단에 마우스를 직각으로 맞춘 후 ❷오른쪽 하단으로 '마스터 제목 스타일 편집' 도형의 너비만큼 드래그하여 삽입합니다.

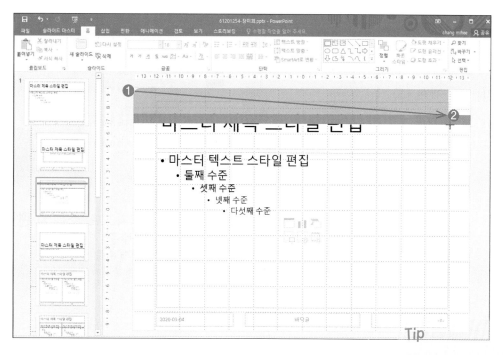

Tip

도형의 높이는 마스터 제목 슬라이드 개체 틀 높이를 넘지 않도록 합니다.

07 ❶도형의 왼쪽 노란색 핸들러를 ❷오른쪽으로 드래그하여 도형을 변형합니다.

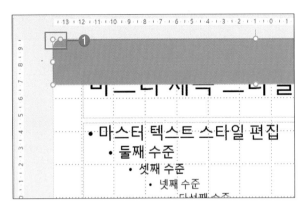 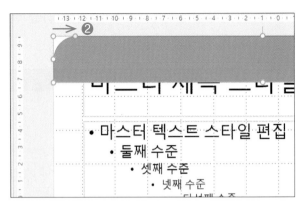

08 ❶도형을 선택한 후 ❷[그리기 도구]–[서식] 탭의 [정렬] 그룹에서 ❸[회전]의 ❹[좌우 대칭]을 클릭합니다.

Tip

도형의 회전은 《출력형태》를 보고 변경합니다.

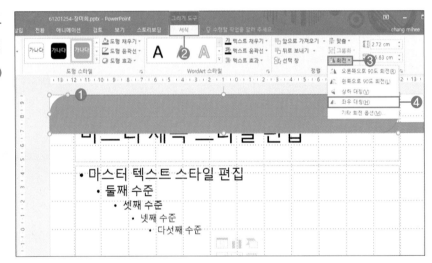

09 ❶도형을 선택한 후 ❷[그리기 도구]–[서식] 탭의 ❸[도형 스타일] 그룹에서 [도형 채우기]를 클릭한 후 ❹임의 색을 선택합니다.

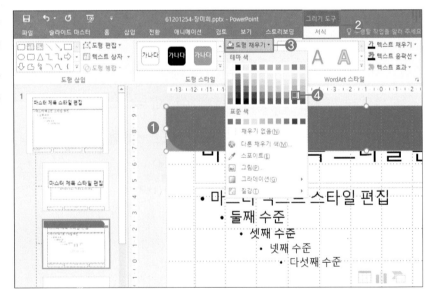

Tip

도형의 색은 지정되지 않아 채점 대상이 아니지만 텍스트 글꼴의 색상에 따라 도형을 어두운 색 또는 밝은 색으로 변경합니다. 또한 변경하지 않아도 감점되지 않으므로 기본값 그대로 사용해도 됩니다.

10 슬라이드 마스터 작성 조건에 도형(선 없음)이 있습니다. ❶첫 번째 도형을 선택한 후 ❷ **Ctrl** 을 누른 채 두 번째 도형을 선택합니다. ❸[그리기 도구]-[서식] 탭의 ❹[도형 스타일] 그룹에서 [도형 윤곽선]을 클릭한 후 ❺'윤곽선 없음'을 선택합니다.

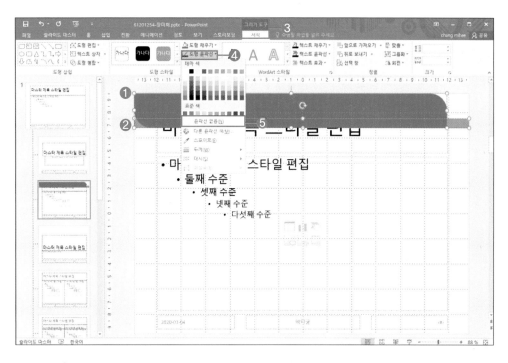

Tip

도형의 '크기'와 '테두리 색', '테두리 두께', '도형 채우기 색'을 제시되지 않은 부분은 기본값 그대로 사용하거나 임의로 변경합니다. 단 제시된 '도형(선 없음)'은 반드시 작성하도록 합니다.

11 ❶'마스터 제목 스타일 편집' 개체 틀을 선택한 후 ❷[그리기 도구]-[서식] 탭의 ❸[정렬] 그룹에서 [앞으로 가져오기] 목록 단추를 클릭한 후 ❹'맨 앞으로 가져오기'를 선택합니다.

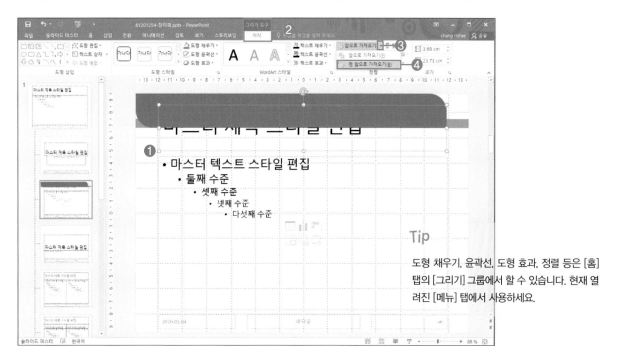

Tip

도형 채우기, 윤곽선, 도형 효과, 정렬 등은 [홈] 탭의 [그리기] 그룹에서 할 수 있습니다. 현재 열려진 [메뉴] 탭에서 사용하세요.

12 제목 글꼴 조건을 설정하기 위해 ❶마스터 제목 스타일 편집 개체 틀이 선택된 상태에서 ❷[홈] 탭의 ❸[글꼴] 그룹에서 '돋움', '40pt'를 설정합니다. ❹글꼴 색의 목록 단추를 누르고 ❺'흰색, 배경1'을 선택합니다.

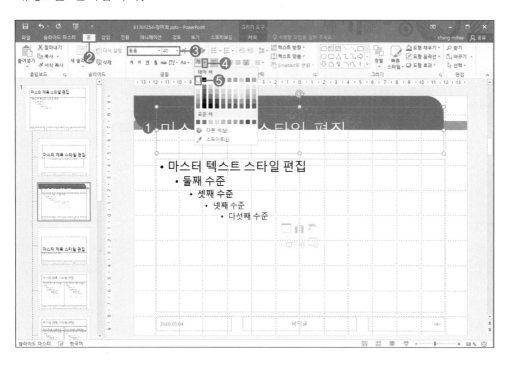

13 제목 글꼴 조건의 '왼쪽 정렬'을 설정합니다. ❶'마스터 제목 스타일 편집' 개체 틀이 선택된 상태에서 ❷[홈] 탭의 ❸[단락] 그룹에서 '왼쪽 맞춤'을 설정합니다. ❹'제목 개체 틀'을 도형 크기에 맞게 조절하고 위치를 이동시켜 완성합니다.

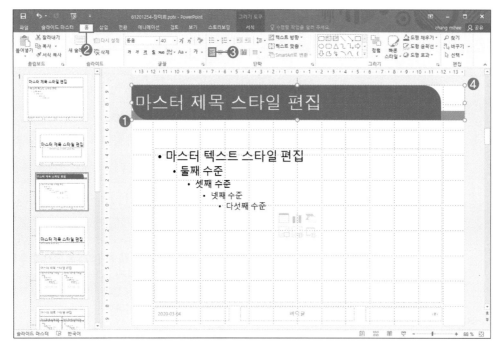

01 그림을 삽입하고 배경을 투명도로 설정합니다. ❶'제목 및 내용' 레이아웃 마스터가 선택된 상태에서 ❷[삽입] 탭의 [이미지] 그룹에서 ❸[그림]을 클릭합니다. [그림 삽입] 대화상자가 열리면 ❹왼쪽 구성에서 [내 PC]-[문서]- [ITQ]-[Picture] 폴더를 선택하고 ❺경로를 확인한 다음 ❻'로고2.jpg' 파일을 더블클릭하여 이미지를 삽입합니다.

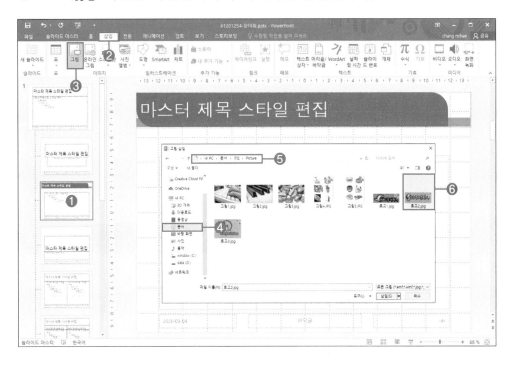

02 ❶삽입된 그림을 선택한 상태에서 ❷[그림 도구]-[서식] 탭의 [조정] 그룹에 서 ❸[색]의 ❹'투명한 색 설정'을 클릭합니다.

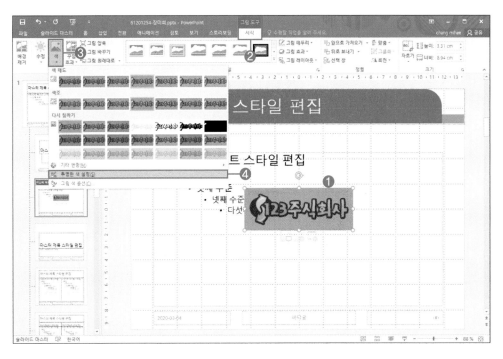

03 ❶마우스 모양이 ↖️일 때 그림의 회색 부분을 클릭하여 '회색' 배경색을 삭제하여 투명하게 합니다.

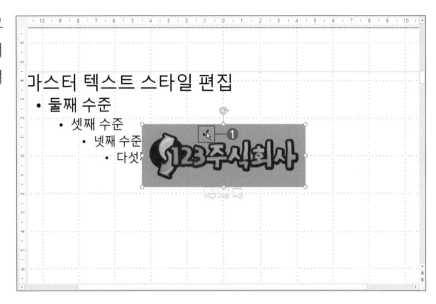

04 ❶그림의 오른쪽 상단의 대각선 조절점을 드래그하여 왼쪽 하단으로 크기를 조절합니다.

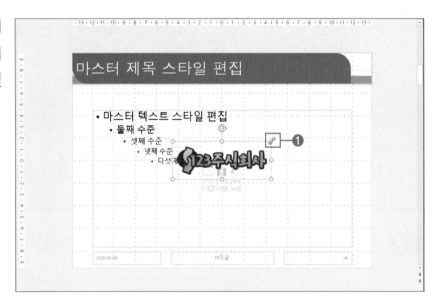

05 ≪출력형태≫와 같이 드래그하여 위치를 이동합니다.

Tip

'크기'와 '위치'는 제시되지 않았으므로 ≪출력형태≫와 같이 작성하면 됩니다.

01 슬라이드의 번호를 삽입하고 제목 슬라이드에는 표시하지 않습니다. ❶'제목 및 내용 슬라이드 마스터'를 선택한 후 ❷[삽입] 탭의 ❸[텍스트] 그룹에서 '슬라이드 번호'를 클릭합니다.

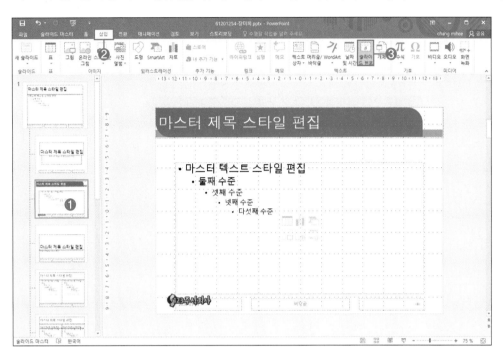

02 [머리글/바닥글] 대화상자에서 ❶[슬라이드] 탭의 ❷'슬라이드 번호'와 ❸'제목 슬라이드에는 표시 안 함'에 체크하고 ❹[모두 적용]을 클릭합니다.

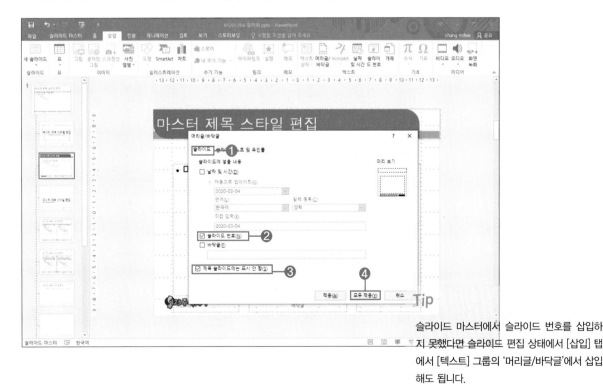

Tip

슬라이드 마스터에서 슬라이드 번호를 삽입하지 못했다면 슬라이드 편집 상태에서 [삽입] 탭에서 [텍스트] 그룹의 '머리글/바닥글'에서 삽입해도 됩니다.

03 슬라이드 번호를 삽입해도 슬라이드 마스터에서는 표시되지 않습니다. 편집 화면으로 되돌아 가기 위해 ❶[슬라이드 마스터] 탭의 ❷[마스터 보기 닫기]를 클릭합니다. 또는 ❸오른쪽 화면 하단의 '기본 보기'를 클릭해도 편집 화면으로 되돌아 갑니다.

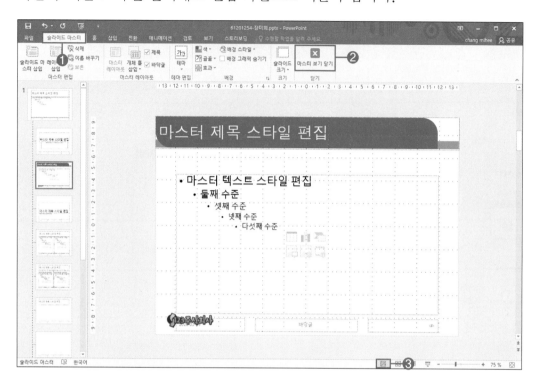

04 '제목 슬라이드'에서 ❶'부제목'을 선택한 후 Delete 를 눌러 삭제합니다.

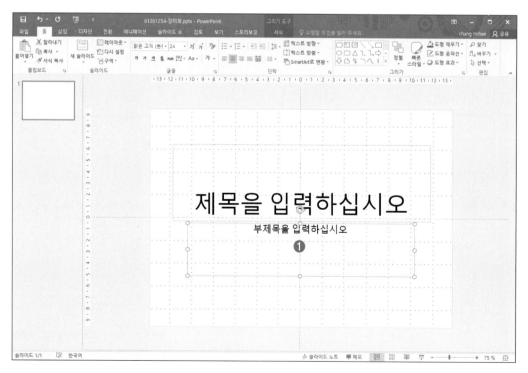

05 왼쪽 슬라이드 축소판에서 '제목 슬라이드'를 선택한 후 Enter 를 다섯 번 누릅니다.

Tip

[홈] 탭의 [슬라이드] 그룹에서 '새 슬라이드'를 클릭하여 삽입할 수 있습니다.

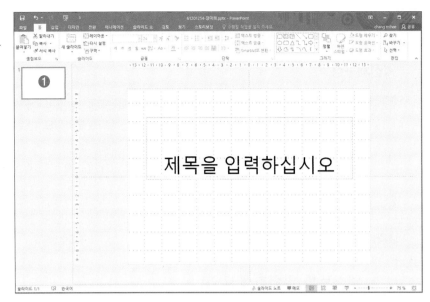

06 6개의 슬라이드를 삽입한 후 마지막 6번째 슬라이드의 ❶개체 틀을 선택한 후 Delete 를 눌러 삭제합니다.

Tip

첫 번째 '제목 슬라이드'만 '제목 슬라이드'로 설정하고 두 번째 ~ 여섯 번째 슬라이드는 작성하기 편한 레이아웃으로 삽입하면 됩니다.

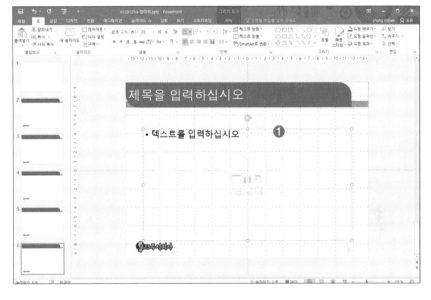

07 6개의 슬라이드를 완성합니다.

Tip

슬라이드가 추가되면 Delete 를 눌러 삭제하고 슬라이드 작성 순서가 바뀌면 드래그하여 순서를 맞춰 작성해야 합니다.

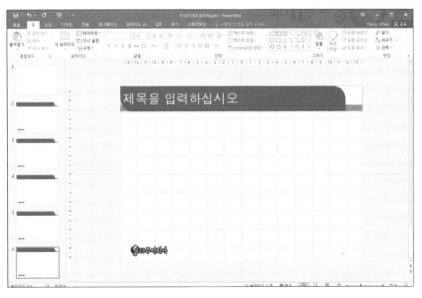

01 다음의 조건을 적용하여 슬라이드를 완성하시오.

■ ■ 예제 : 실력팡팡₩1.전체구성₩전체1.pptx

≪전체구성≫ (60점)

조건
(1) 슬라이드 크기 및 순서 : 크기를 A4 용지로 설정하고 슬라이드 순서에 맞게 작성한다.
(2) 슬라이드 마스터 : 2~6슬라이드의 제목, 하단 로고, 슬라이드 번호는 슬라이드 마스터를 이용하여 작성한다.
  – 제목 글꼴(굴림, 40pt, 검정), 가운데 맞춤, 도형(선 없음)
  – 하단 로고(「내 PC₩문서₩ITQ₩Picture₩로고1.jpg」), 배경(회색) 투명색으로 설정)

출력형태

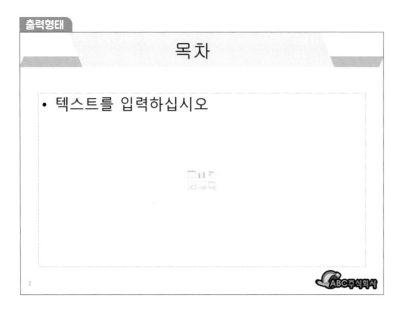

02 다음의 조건을 적용하여 슬라이드를 완성하시오.

■ ■ 예제 : 실력팡팡₩1.전체구성₩전체2.pptx

≪전체구성≫ (60점)

조건
(1) 슬라이드 크기 및 순서 : 크기를 A4 용지로 설정하고 슬라이드 순서에 맞게 작성한다.
(2) 슬라이드 마스터 : 2~6슬라이드의 제목, 하단 로고, 슬라이드 번호는 슬라이드 마스터를 이용하여 작성한다.
  – 제목 글꼴(돋움, 40pt, 흰색), 왼쪽 맞춤, 도형(선 없음)
  – 하단 로고(「내 PC₩문서₩ITQ₩Picture₩로고1.jpg」), 배경(회색) 투명색으로 설정)

출력형태

목차

ABC주식회사   2

03 다음의 조건을 적용하여 슬라이드를 완성하시오.

■ ■ 예제 : 실력팡팡₩1.전체구성₩전체3.pptx

≪전체구성≫ (60점)

> 조건 (1) 슬라이드 크기 및 순서 : 크기를 A4 용지로 설정하고 슬라이드 순서에 맞게 작성한다.
>
> (2) 슬라이드 마스터 : 2∼6슬라이드의 제목, 하단 로고, 슬라이드 번호는 슬라이드 마스터를 이용하여 작성한다.
>   - 제목 글꼴(굴림, 40pt, 흰색), 가운데 맞춤, 도형(선 없음)
>   - 하단 로고(「내 PC₩문서₩ITQ₩Picture₩로고3.jpg」), 배경(보라색) 투명색으로 설정)

출력형태

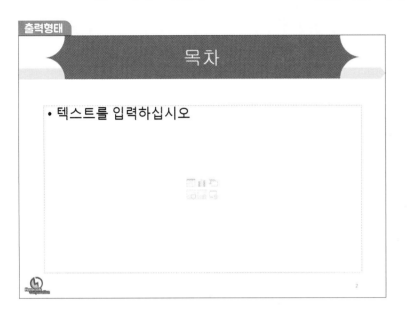

04 다음의 조건을 적용하여 슬라이드를 완성하시오.

■ ■ 예제 : 실력팡팡₩1.전체구성₩전체4.pptx

≪전체구성≫ (60점)

> 조건 (1) 슬라이드 크기 및 순서 : 크기를 A4 용지로 설정하고 슬라이드 순서에 맞게 작성한다.
>
> (2) 슬라이드 마스터 : 2∼6슬라이드의 제목, 하단 로고, 슬라이드 번호는 슬라이드 마스터를 이용하여 작성한다.
>   - 제목 글꼴(궁서, 40pt, 검정), 왼쪽 맞춤, 도형(선 없음)
>   - 하단 로고(「내 PC₩문서₩ITQ₩Picture₩로고2.jpg」), 배경(회색) 투명색으로 설정)

출력형태

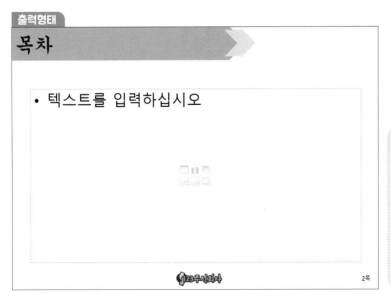

Tip

슬라이드 번호에 '쪽'을 입력하려면 '슬라이드 마스터'에서 '〈#〉' 뒤쪽에 '쪽'을 입력합니다.

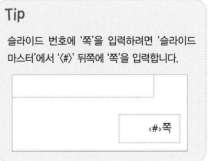

〈#〉쪽

표지 디자인

Section 02

슬라이드의 전체 내용을 파악할 수 있는 표지 디자인은 도형을 삽입하여 이미지를 채우고 투명도를 설정합니다. 워드아트로 제목을 부각시키며 로고를 삽입하는 방법을 학습합니다.

도형 편집

- 도형을 삽입하고 [그리기 도구]-[서식] 탭의 [도형 스타일] 그룹에서 '도형 서식'을 클릭합니다.
- 도형의 '채우기' 옵션과 '효과' 옵션에서 편집할 수 있습니다.

WordArt 편집

- WordArt는 [삽입] 탭에서 [텍스트] 그룹의 [WordArt] 에서 스타일을 선택합니다.

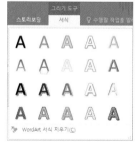

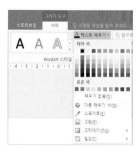

- WordArt를 선택하고 [그리기 도구]-[서식] 탭에서 [WordArt 스타일] 그룹의 [텍스트 채우기]에서 색을 변경할 수 있습니다.

- [그리기 도구]-[서식] 탭의 [WordArt 스타일]에서 [텍스트 윤곽선]을 설정할 수 있으며, [텍스트 효과]의 '그림자', '반사', '네온', '변환' 등의 효과를 설정할 수 있습니다.

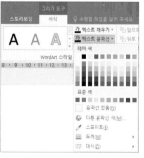

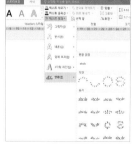

■ ■ ■ 예제 : 출제유형₩2.표지디자인.pptx

표지 디자인

파워포인트의 표지 디자인의 배점은 40점이며 도형을 삽입하고 도형에 그림으로 채우고 투명도를 설정하며, 그림 삽입과 워드아트를 이용한 제목 슬라이드 작성 능력을 평가합니다.

[슬라이드 1] ≪표지 디자인≫ (40점)

조건 (1) 표지 디자인 : 도형, 워드아트 및 그림을 이용하여 작성한다.

세부 조건

① 도형 편집

  – 도형에 그림 채우기 :

    「내 PC₩문서₩ITQ₩Picture₩

    그림1.jpg」, 투명도 50%

  – 도형 효과 :

    (부드러운 가장자리 5포인트)

② 워드아트 삽입

  – 변환 : 삼각형

  – 글꼴 : 돋움, 굵게

  – 텍스트 반사 : 근접반사, 4pt 오프셋

③ 그림 삽입

  –「내 PC₩문서₩ITQ₩Picture₩

    로고2.jpg」

  – 배경(회색) 투명색으로 설정

출력형태

KEY POINT

- 도형 삽입 : [삽입] – [일러스트레이션] – [도형], [홈] – [그리기] – [도형]
- 도형 그림 채우기 : [도형 스타일] – [도형 채우기] – [그림] / 투명도 설정
  [도형 효과] – [부드러운 가장자리]
- 워드아트 삽입 : 제목 개체 틀 입력 또는 [삽입] – [텍스트] – [WordArt]
- 워드아트 편집 : 워드아트 스타일 – [반사] / [변환]
- 그림 삽입 : [삽입] – [이미지] – [그림] –그림 삽입
  [그림 배경 투명색 설정] : [그림 도구] – [서식] – [색] – [투명한 색 설정]
  [그림 크기 / 위치 변경]
- 재 저장하기(**Ctrl** + **S**)

01 '제목 슬라이드'에 도형을 삽입하기 위해 ❶'제목 슬라이드'를 선택한 후 ❷[삽입] 탭의 [일러스트레이션] 그룹에서 ❸[도형]을 클릭하여 ❹[사각형]의 [사각형]을 선택합니다.

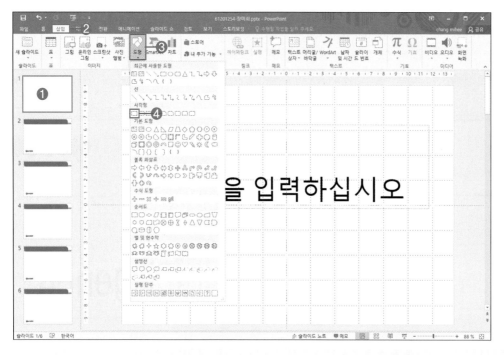

Tip

[홈] 탭의 [그리기] 그룹에서 [도형]의 삽입과 편집이 가능합니다. 화면 확대/축소를 이용하여 편집하기 좋은 화면 비율을 맞추세요.

단축키 : Ctrl +마우스 휠을 위 · 아래로 드래그

02 왼쪽 상단에서 오른쪽 하단으로 ≪출력형태≫에 맞게 드래그하여 도형을 삽입합니다.

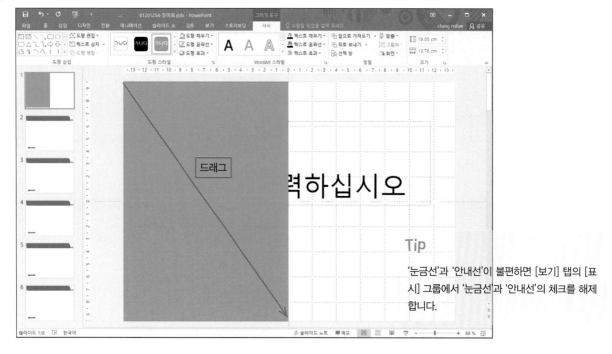

Tip

'눈금선'과 '안내선'이 불편하면 [보기] 탭의 [표시] 그룹에서 '눈금선'과 '안내선'의 체크를 해제합니다.

03 도형을 그림으로 채우기 위해 ❶'사각형'을 선택한 상태에서 ❷[그리기 도구]-[서식] 탭의 ❸[도형 스타일] 그룹에서 '도형 서식'을 클릭합니다.

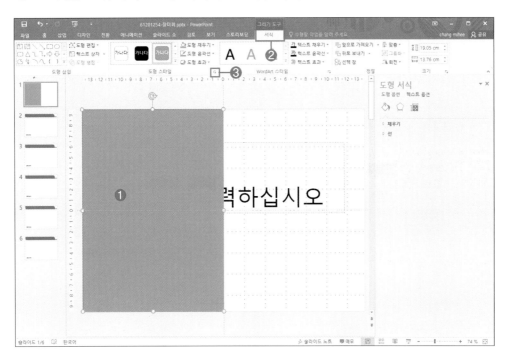

04 ❶'사각형' 도형을 선택하고 오른쪽 대화상자에서 ❷[그림 서식]-[도형 옵션] 탭의 ❸[채우기]에서 ❹'그림 또는 질감 채우기'를 선택하고 ❺'파일' 단추를 클릭합니다.

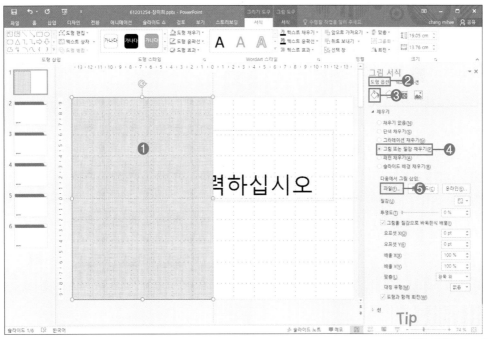

Tip

도형을 선택한 후 '그림 또는 질감 채우기'를 선택하면 대화상자의 이름이 [도형 서식]이 [그림 서식]으로 변경됩니다.

05 [그림 삽입] 대화상자가 열리면 ❶'내 PC'에서 '문서' 폴더의 'ITQ₩Picture' 폴더에서 선택하고 ❷경로를 확인한 다음 ❸'그림1.jpg'을 더블클릭하여 삽입합니다.

06 투명도를 설정하기 위해 그림으로 채워진 '사각형'을 선택한 상태에서 ❶'투명도'를 '50'으로 입력합니다.

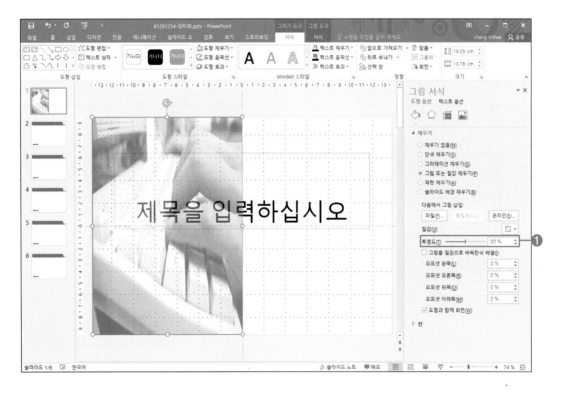

07 부드러운 가장자리 효과를 설정합니다. '사각형'을 선택한 후 ❶'그림 서식'의 '도형 옵션' 탭의 '효과'에서 ❷'부드러운 가장자리'를 선택하고 ❸'미리 설정' 목록 단추를 클릭하여 ❹'5포인트'를 선택합니다.

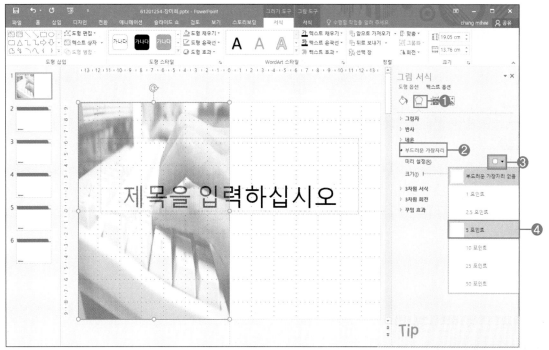

부드러운 가장자리의 '크기'에서 직접 입력하여 적용할 수 있습니다.

08 도형 편집이 끝난 후 도형을 맨 뒤로 배치합니다. '사각형'을 선택하고 ❶[그리기 도구]-[서식] 탭에서 ❷[정렬] 그룹의 '뒤로 보내기'의 목록 단추를 누른 후 ❸'맨 뒤로 보내기'를 선택합니다. ❹오른쪽 '그림 서식' 창을 닫습니다.

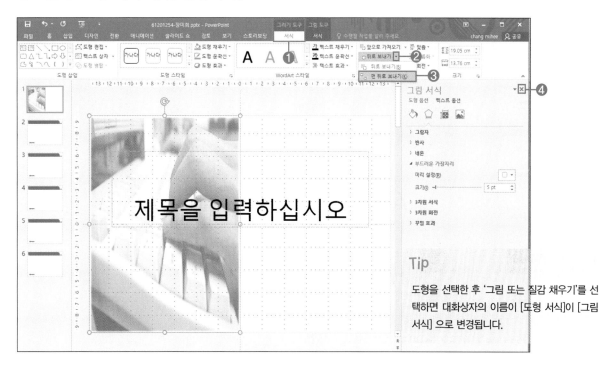

도형을 선택한 후 '그림 또는 질감 채우기'를 선택하면 대화상자의 이름이 [도형 서식]이 [그림 서식]으로 변경됩니다.

01 '워드아트'를 삽입하기 위해 ❶'제목 슬라이드'의 '제목' 개체 틀 안을 클릭합니다.

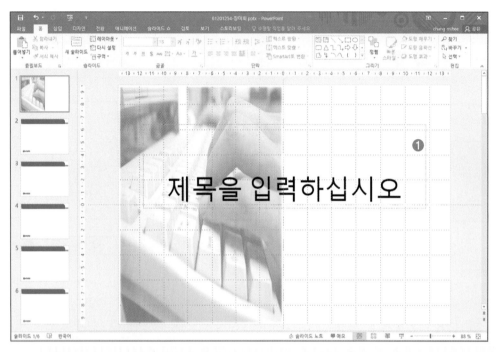

Tip

[삽입] 탭에서 [텍스트] 그룹의 'WordArt'에서 임의의 워드아트를 삽입한 후 편집해도 됩니다. 또는 기본 도형의 '텍스트 상자'에 텍스트를 입력한 후 편집해도 됩니다.

02 텍스트를 입력한 후 ❶제목 개체틀을 선택한 후 ❷[홈] 탭의 ❸[글꼴] 그룹에서 '글꼴 : 돋움'을 선택하고 ❹'굵게'를 선택합니다.

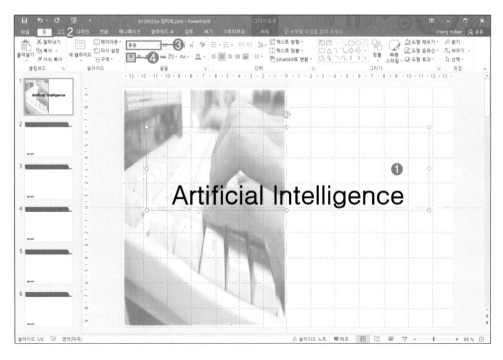

03 변환 효과를 적용하기 위해 ❶텍스트 개체 틀을 선택한 후 ❷[그리기 도구]−[서식] 탭에서 ❸ [WordArt 스타일] 그룹의 '텍스트 효과'를 클릭합니다. ❹'변환'에서 ❺'삼각형'을 선택합니다.

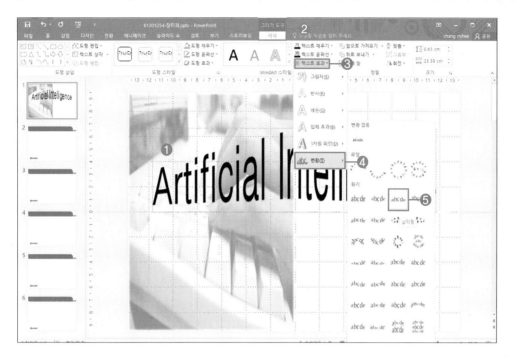

Tip

변환 효과에서 모양 위에 마우스를 올려 놓으면 옵션 명이 표시됩니다. 확인한 후 선택합니다.

04 반사 효과를 적용하기 위해 텍스트 개체 틀을 선택한 후 ❶[그리기 도구]−[서식] 탭에서 ❷ [WordArt 스타일] 그룹의 '텍스트 효과'를 클릭합니다. ❸'반사'에서 ❹'근접 반사, 4pt 오프셋' 을 선택합니다.

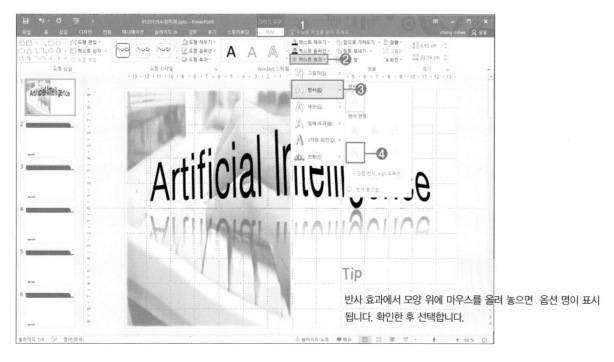

Tip

반사 효과에서 모양 위에 마우스를 올려 놓으면 옵션 명이 표시 됩니다. 확인한 후 선택합니다.

05 워드아트 편집이 완료되면 크기를 조절하고 위치를 ≪출력 형태≫와 같이 배치합니다.

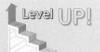

○ 워드아트 모양 변형

워드아트의 노란색 조절점을 드래그하여 워드아트의 모양을 변형시킬 수 있습니다. ≪출력형태≫에 따라 변형해야 하는 경우 사용합니다.

○ 반사 효과

반사 효과 옵션의 규칙을 알아두면 조건의 위치를 바로 찾을 수 있습니다.

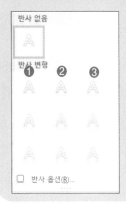

	①	②	③
근접 반사, 터치	½반사, 터치	전체 반사, 터치
근접 반사, 4pt 오프셋	½반사, 4pt 오프셋	전체 반사, 4pt 오프셋
근접 반사, 8pt 오프셋	½반사, 4pt 오프셋	전체 반사, 8pt 오프셋

근접 반사는 반사의 형태가 1/3정도 표시되며 1/2반사는 반사가 1/2, 전체 반사는 반사의 형태가 전체로 표시됩니다. 오프셋은 워드아트와 반사의 사이가 벌어진 정도를 나타냅니다.

01 그림을 삽입하기 위해 ❶[삽입] 탭의 [이미지] 그룹에서 ❷[그림]을 클릭합니다.

02 [그림 삽입] 대화상자가 열리면 왼쪽 구성에서 [내 PC]-[문서]- [ITQ]-[Picture] 폴더를 선택하고 ❶'로고 2.jpg' 파일을 더블클릭하여 이미지를 삽입합니다.

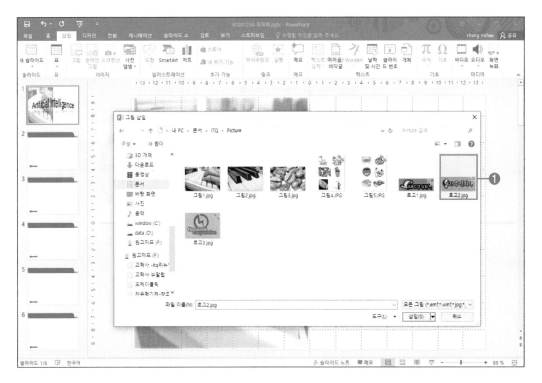

03 ❶삽입된 그림을 선택하고 ❷[그림 도구]−[서식] 탭의 [조정] 그룹에서 ❸[색]의 ❹'투명한 색 설정'을 클릭합니다.

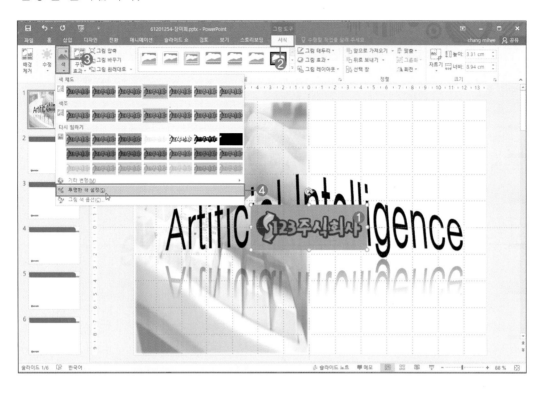

04 ❶마우스 모양이 🔬일 때 그림의 회색 부분을 클릭합니다. 배경색을 삭제하여 투명하게 합니다.

Tip

잘못 선택했다면 Ctrl + Z 를 눌러 이전 상태로 되돌립니다.

05 그림의 크기를 조절하고 ≪출력형태≫와 같이 드래그하여 배치합니다.

○ 그림을 잘못 삽입한 경우

그림을 잘못 삽입한 경우 삭제하지 않고 그림을 변경하면 크기와 위치는 변하지 않고 그림만 변경이 됩니다.

그림을 선택한 후 [그림 도구]-[서식] 탭의 [조정] 그룹에서 '그림 바꾸기'를 클릭합니다. [그림 삽입] 대화상자에서 파일을 선택하여 그림을 불러옵니다.

01 다음의 조건을 적용하여 슬라이드를 완성하시오.

■ ■ 예제 : 실력팡팡₩2.표지디자인₩표지1.pptx

[슬라이드 1] ≪표지 디자인≫　　　　　　　　　　　　　　　　　　　　　　　　　　　(40점)

조건　　표지 디자인 : 도형, 워드아트 및 그림을 이용하여 작성한다.

세부조건

① 도형 편집
  – 도형에 그림 채우기 :
    「내 PC₩문서₩ITQ₩Picture₩
    그림3.jpg」, 투명도 50%
  – 도형 효과 :
    (부드러운 가장자리 5포인트)

② 워드아트 삽입
  – 변환 : 중지
  – 글꼴 : 돋움, 굵게
  – 텍스트 반사 : 전체 반사, 터치

③ 그림 삽입
  – 「내 PC₩문서₩ITQ₩Picture₩
    로고2.jpg」
  – 배경(회색) 투명색으로 설정

출력형태

02 다음의 조건을 적용하여 슬라이드를 완성하시오.

■ ■ 예제 : 실력팡팡₩2.표지디자인₩표지2.pptx

[슬라이드 1] ≪표지 디자인≫　　　　　　　　　　　　　　　　　　　　　　　　　　　(40점)

조건　　표지 디자인 : 도형, 워드아트 및 그림을 이용하여 작성한다.

세부조건

① 도형 편집
  – 도형에 그림 채우기 :
    「내 PC₩문서₩ITQ₩Picture₩
    그림1.jpg」, 투명도 50%
  – 도형 효과 :
    (부드러운 가장자리 10포인트)

② 워드아트 삽입
  – 변환 : 아래쪽 원호
  – 글꼴 : 궁서, 굵게
  – 텍스트 반사 : 근접 반사, 터치

③ 그림 삽입
  – 「내 PC₩문서₩ITQ₩Picture₩
    로고3.jpg」
  – 배경(보라색) 투명색으로 설정

출력형태

03 다음의 조건을 적용하여 슬라이드를 완성하시오.

■ ■ 예제 : 실력팡팡₩2.표지디자인₩표지3.pptx

[슬라이드 1] ≪표지 디자인≫

(40점)

조건 표지 디자인 : 도형, 워드아트 및 그림을 이용하여 작성한다.

세부조건

① 도형 편집
  - 도형에 그림 채우기 :
   「내 PC₩문서₩ITQ₩Picture₩
   그림3.jpg」, 투명도 50%
  - 도형 효과 :
   (부드러운 가장자리 5포인트)

② 워드아트 삽입
  - 변환 : 역갈매기형 수장
  - 글꼴 : 돋움, 굵게
  - 텍스트 반사 : 근접 반사, 8pt 오
   프셋

③ 그림 삽입
  - 「내 PC₩문서₩ITQ₩Picture₩
   로고1.jpg」
  - 배경(회색) 투명색으로 설정

출력형태

04 다음의 조건을 적용하여 슬라이드를 완성하시오.

■ ■ 예제 : 실력팡팡₩2.표지디자인₩표지4.pptx

[슬라이드 1] ≪표지 디자인≫

(40점)

조건 표지 디자인 : 도형, 워드아트 및 그림을 이용하여 작성한다.

세부조건

① 도형 편집
  - 도형에 그림 채우기 :
   「내 PC₩문서₩ITQ₩Picture₩
   그림2.jpg」, 투명도 30%
  - 도형 효과 :
   (부드러운 가장자리 5포인트)

② 워드아트 삽입
  - 변환 : 오른쪽 줄이기
  - 글꼴 : 궁서, 굵게
  - 텍스트 반사 : 전체 반사, 4pt 오
   프셋

③ 그림 삽입
  - 「내 PC₩문서₩ITQ₩Picture₩
   로고2.jpg」
  - 배경(회색) 투명색으로 설정

출력형태

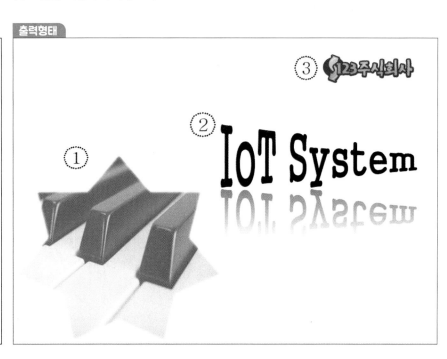

목차 슬라이드

슬라이드의 목차를 작성하는 부분으로 프레젠테이션의 전체 내용의 구성의 이해를 돕는 슬라이드입니다. 도형을 삽입하여 도형의 배치와, 그림을 원하는 부분만 자르고, 하이퍼링크를 삽입하는 방법을 학습합니다.

➡ 도형 삽입과 편집

- 도형을 삽입할 때는 [홈] 탭의 [그리기] 또는 [삽입] 탭의 [이미지] 그룹에서 [도형]을 클릭하여 삽입합니다.
- 도형 편집은 [그리기 도구]-[서식] 탭의 [도형 스타일] 그룹에서 '도형 서식'을 클릭합니다.

❶ 도형 삽입

- 도형 삽입 : 도형을 삽입할 때 사용
- 도형 편집 : 삽입된 도형을 다른 도형으로 변경 또는 점 편집을 이용하여 도형 편집
- 텍스트 상자 : 가로, 세로 텍스트 상자 추가
- 도형 병합 : 두 도형을 병합, 결합, 조각, 교차, 빼기

❷ 도형 스타일

- 도형 스타일 갤러리 : 미리 정해진 도형 스타일 적용
- 도형 채우기 : 채우기 효과(색, 그림, 그라데이션, 질감) 적용
- 도형 윤곽선 : 윤곽선의 색, 두께, 모양 등을 지정
- 도형 효과 : 기본 설정, 그림자, 반사, 네온, 부드러운 가장자리, 입체 효과, 3차원 효과 등 적용

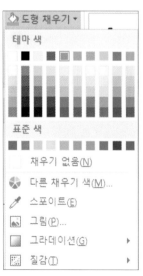
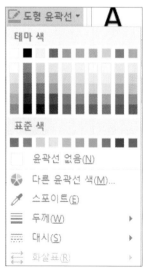

❸ 도형 정렬과 맞춤 배분 /회전

- 맨 앞으로 가져오기 : 선택한 개체를 여러 개체들의 앞으로 또는 맨 앞으로 가져올 때 사용
- 맨 뒤로 보내기 : 선택한 개체를 여러 개체들의 뒤로 또는 맨 뒤로 보낼 때 사용
- 선택 창 : 여러 개체들을 표시하는 작업 창을 실행하며 각 개체들을 선택

 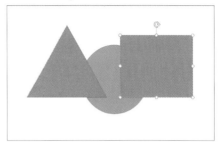

- 맞춤 : 선택한 두 개 이상의 개체 방향 맞춤과 세로 간격, 가로 간격을 지정

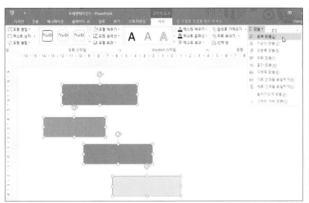 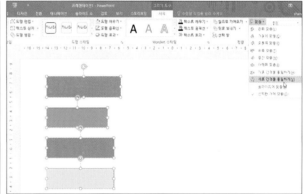

- 그룹 : 두 개 이상의 개체 그룹화
- 회전 : 좌우, 상하 회전, 선택한 개체 회전

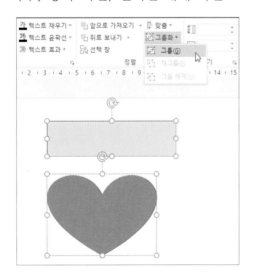 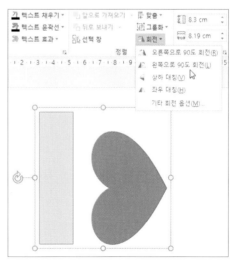

❹ 도형 크기

- 도형의 높이 : 높이 지정
- 도형의 너비 : 너비 지정

텍스트 상자 삽입

- 도형을 회전하고 텍스트를 입력하면 텍스트도 회전되기 때문에 텍스트 상자를 이용해 따로 삽입합니다.
- [삽입] 탭의 [텍스트] 그룹에서 '가로 텍스트 상자', '세로 텍스트 상자'를 사용합니다.
- 텍스트 상자를 클릭만 하고 텍스트를 입력하면 한 줄로 입력이 되어 크기가 자동 조절됩니다.
- 텍스트 상자를 드래그하여 크기를 조절한 후 입력하면 텍스트 상자의 너비에 맞게 입력되어 텍스트가 넘치면 줄 바꿈하여 자동으로 입력되어 크기를 조절합니다.

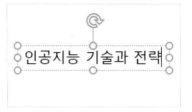 

〈클릭만 하고 텍스트 입력〉　　〈크기를 정한 후 텍스트 입력〉

하이퍼링크

- 하이퍼링크란 개체에 연결된 다른 문서나 슬라이드, 웹 사이트로 이동하는 기능입니다.
- 하이퍼링크는 텍스트, 도형, 그림 등의 개체에 연결할 수 있으며, [삽입] 탭의 [링크] 그룹에서 하이퍼링크 또는 마우스 오른쪽 버튼의 바로가기 메뉴의 하이퍼링크를 클릭합니다.

  - 기존 파일/웹 페이지 : 기존에 작성해 둔 파일이나 문서 혹은 웹 페이지 연결
  - 현재 문서 : 현재 작업 중인 프레젠테이션 슬라이드 연결
  - 새 문서 만들기 : 새 문서 제목을 지정하여 링크로 프레젠테이션 생성
  - 전자메일 주소 : 전자메일 발송 설정

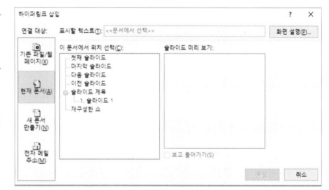

그림 자르기

- 삽입한 그림을 선택하고 [그림 도구]–[서식] 탭의 [크기] 그룹에서 '자르기'를 선택합니다.
- 테두리에 생긴 격자 위에 마우스를 올려놓고 원하는 부분까지 드래그합니다.
- **Shift** + 드래그하면 '가로/세로비율'을 유지하면서 자르기가 됩니다.
- '도형에 맞춰 자르기'를 하면 그림이 선택한 도형 모양으로 잘라집니다.

■ ■ 예제 : 출제유형₩3.목차슬라이드.pptx

목차 슬라이드

목차 슬라이드의 배점은 60점이며 도형을 삽입과 편집, 배치 텍스트에 하이퍼링크와 그림 삽입과 자르기 및 이동 등의 작성 능력을 평가합니다.

[슬라이드 2] ≪목차 디자인≫ (40점)

조건 (1) 출력형태와 같이 도형을 이용하여 목차를 작성한다(글꼴 : 굴림, 24pt).
　　　(2) 도형 : 선 없음

세부 조건

① 텍스트에 하이퍼링크 적용
　→ '슬라이드 4'

② 그림 삽입
　– 「내 PC₩문서₩ITQ₩Picture₩
　　그림5.jpg」
　– 자르기 기능 이용

출력형태

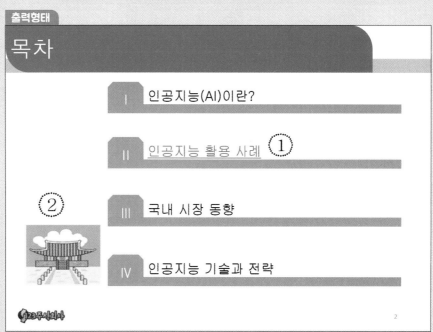

KEY POINT

- 그림 삽입과 자르기 및 정렬
  - 개체 틀에서 그림 삽입
  - [자르기] – [그림 도구 상황] 탭 – [서식] – [크기] – [자르기]
  - [그림 정렬] – [그림 도구 상황] 탭 – [서식] – [정렬] – [맨 뒤로 보내기]
- 도형 삽입과 편집
  - [홈] – [그리기] – [도형] 또는 [삽입] – [일러스트레이션] – [도형]
  - [그리기 도구] – [서식] – [정렬] – [그룹화] 또는 **Ctrl** + **G**
  - 도형 복사 – **Ctrl** + **Shift** +드래그 복사 – 내용 입력
- 하이퍼링크 – 텍스트 블록 설정 후 – 바로가기 메뉴 – [하이퍼링크] 삽입 또는 [삽입] – [링크] – [하이퍼링크]
- 재 저장하기(**Ctrl** + **S**)

01 ❶두 번째 슬라이드를 선택하고 ❷제목 개체 틀에 '목차'를 입력한 후 ❸'개체 틀'의 [그림] 아이콘을 클릭합니다.

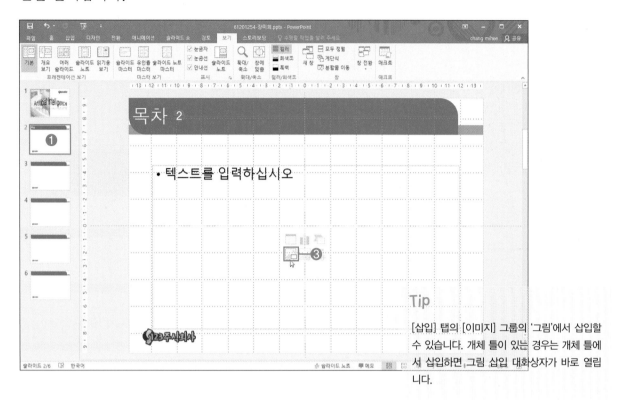

Tip

[삽입] 탭의 [이미지] 그룹의 '그림'에서 삽입할 수 있습니다. 개체 틀이 있는 경우는 개체 틀에서 삽입하면 그림 삽입 대화상자가 바로 열립니다.

02 [그림 삽입] 대화상자에서 ❶'내 PC₩문서₩ITQ₩Picture₩그림5.jpg'를 선택하고 더블클릭하여 삽입합니다.

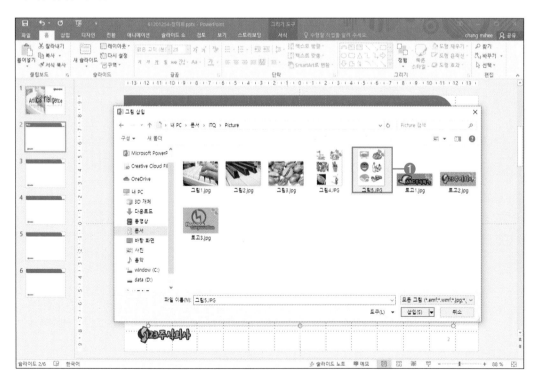

03 ❶[그림 도구]-[서식] 탭의 ❷[크기] 그룹에서 [자르기]를 클릭합니다. 그림 테두리의 '자르기 도구' 위에 마우스를 올려놓습니다.

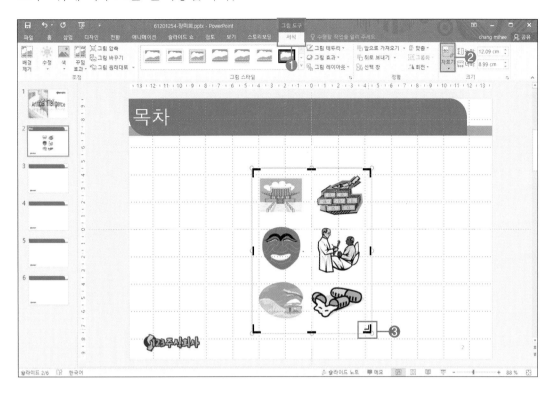

04 ❶오른쪽 하단에서 왼쪽 상단으로 대각선 방향으로 드래그하여 그림을 자릅니다.

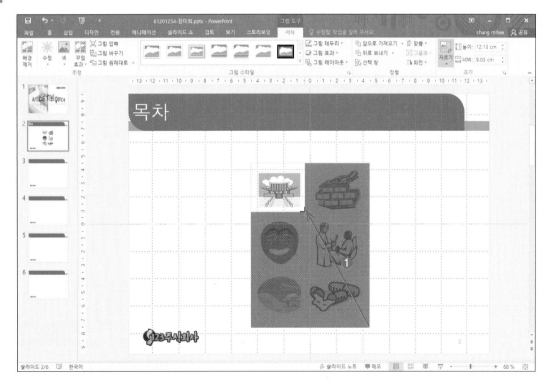

05 ❶왼쪽 상단에서 자르기를 이용하여 여백을 잘라낸 후 ❷비어있는 슬라이드 여백을 클릭하여 자르기를 해제합니다.

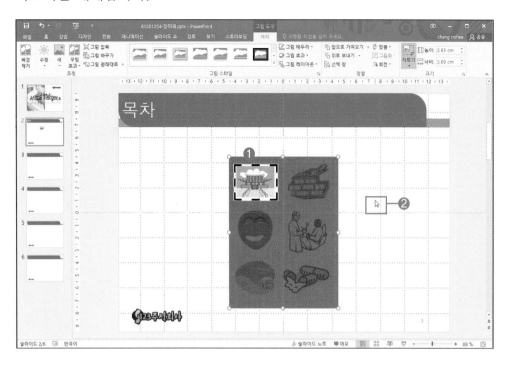

06 ≪출력형태≫에 맞춰 크기를 조절하고 배치합니다.

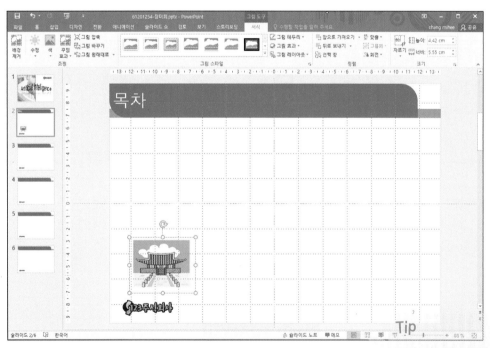

그림 자르기를 잘못했다면 다시 [자르기]를 선택하여 조절점으로 다시 자르기를 조절합니다.

그림을 자르기를 해도 완전히 삭제된 것이 아니므로 복원이 가능합니다.

01 도형의 삽입은 맨 아래에 있는 도형부터 삽입하면 정렬이나 배치가 쉽습니다. ❶[삽입] 탭의 [일러스트레이션] 그룹에서 ❷'도형'의 ❸'사각형'의 '사각형'을 선택합니다.

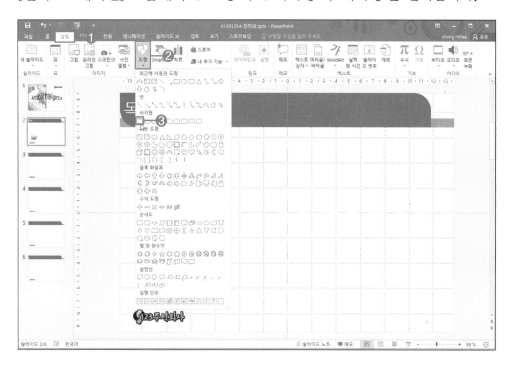

02 짧게 그리면 텍스트의 길이에 따라 다시 조절해야 합니다. ❶《출력형태》에 맞춰 길이와 너비를 조절하여 삽입합니다.

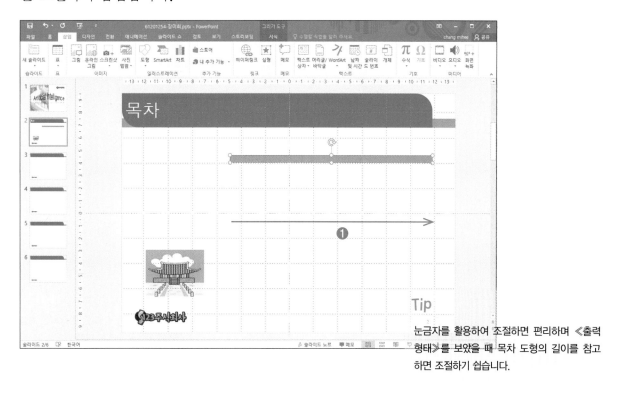

Tip
눈금자를 활용하여 조절하면 편리하며 《출력
형태》를 보았을 때 목차 도형의 길이를 참고
하면 조절하기 쉽습니다.

03 번호가 입력되어 있는 도형을 삽입하기 위해 ❶[삽입] 탭의 ❷[일러스트레이션] 그룹에서 '도형' 에서 ❸'사각형'의 '양쪽 모서리가 잘린 사각형'을 선택합니다.

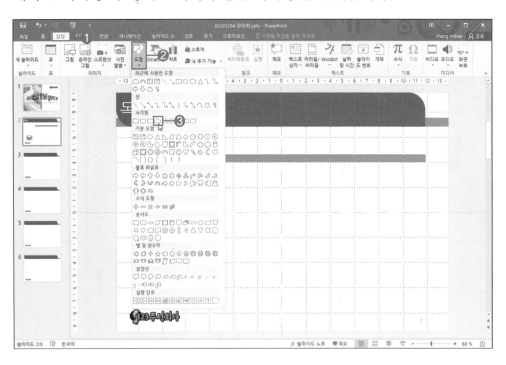

04 도형을 ❶≪출력형태≫와 같이 드래그하여 긴 도형 위에 배치합니다.

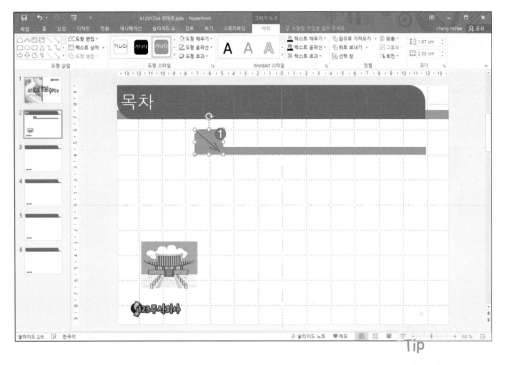

Tip

도형이 회전되어 있는 경우 회전 화살표를 이용해 회전할 수 있습니다.

05 도형을 선택한 상태에서 ❶'ㅈ'을 입력한 후 키보드의 [한자]를 누릅니다. ❷우측 하단의 '보기 변경'을 클릭합니다. ❸≪출력형태≫에 맞는 '로마자'를 더블클릭하여 삽입합니다.

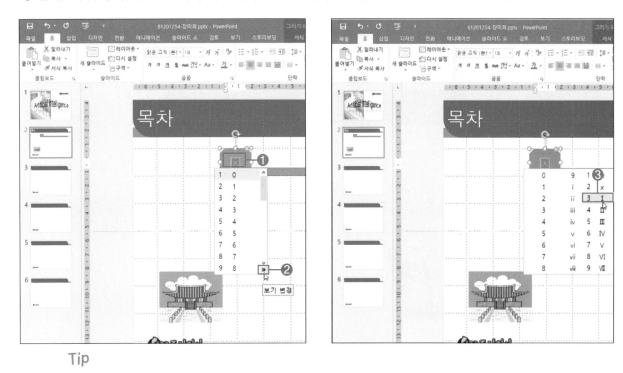

Tip

특수기호 등을 삽입할 때 자음+[한자]를 누릅니다. 글자 색이 흰색인지 검은색인지 확인합니다.

06 텍스트 상자를 삽입하기 위해 ❶[삽입] 탭의 ❷[일러스트레이션] 그룹에서 '도형'의 ❸'기본 도형'의 '텍스트 상자'를 선택합니다.

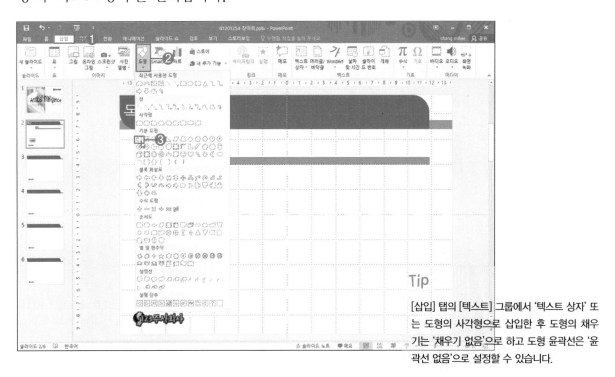

Tip

[삽입] 탭의 [텍스트] 그룹에서 '텍스트 상자' 또는 도형의 사각형으로 삽입한 후 도형의 채우기는 '채우기 없음'으로 하고 도형 윤곽선은 '윤곽선 없음'으로 설정할 수 있습니다.

07 선택한 텍스트 상자를 클릭만 한 후 텍스트를 입력합니다. 입력이 완료되면 텍스트 상자를 ≪출력형태≫에 맞게 배치합니다.

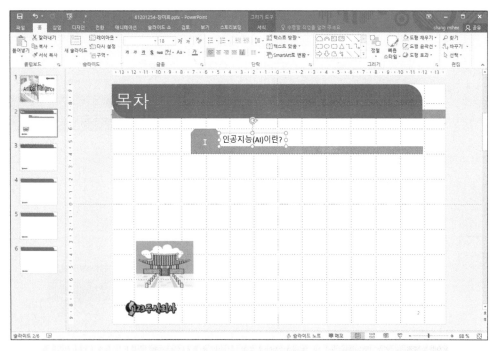

Tip

텍스트 상자를 드래그해서 삽입할 경우 텍스트 길이를 생각해서 긴 도형에 맞게 길게 그려줍니다.

08 ❶ Shift 를 누르고 클릭하여 모든 도형을 선택한 후 ❷[그리기 도구]-[서식] 탭의 ❸[정렬] 그룹에서 '그룹화'의 '그룹'을 클릭합니다. 단축키 Ctrl + G 또는 마우스 오른쪽 단추를 눌러 '그룹화-그룹'을 선택해도 됩니다.

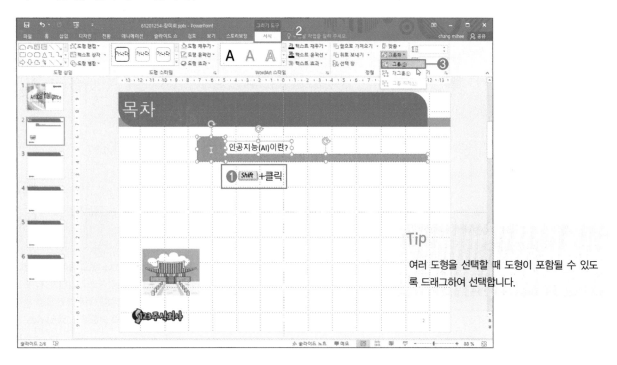

Tip

여러 도형을 선택할 때 도형이 포함될 수 있도록 드래그하여 선택합니다.

09 ❶그룹화된 도형이 선택된 상태에서 ❷[그리기 도구]–[서식] 탭의 ❸[도형 스타일] 그룹에서 [도형 윤곽선]을 클릭하여 ❹'윤곽선 없음'을 선택합니다.

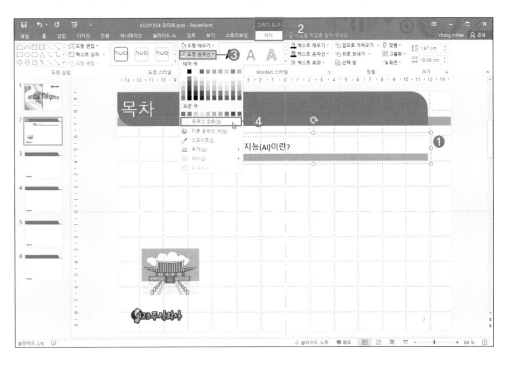

10 글꼴을 설정하기 위해 ❶그룹화된 도형이 선택된 상태에서 ❷[홈] 탭의 ❸[글꼴] 그룹에서 '글꼴 : 굴림', '글자 크기 : 24pt'를 설정합니다.

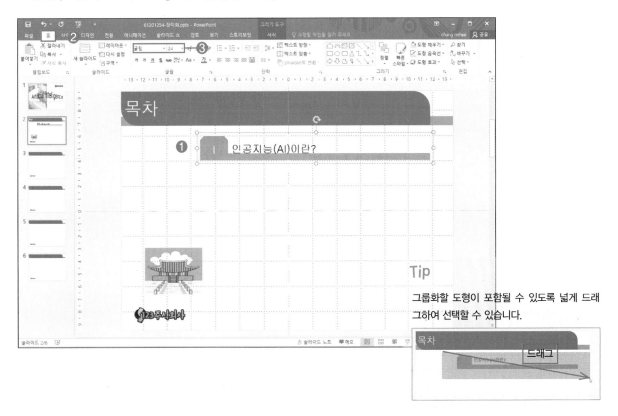

Tip

그룹화할 도형이 포함될 수 있도록 넓게 드래 그하여 선택할 수 있습니다.

11 그룹화된 도형들은 그룹화된 상태에서 수정이 가능합니다. 그룹화된 전체 도형을 선택한 상태에서 안쪽 텍스트 상자를 한 번 더 선택한 후 ≪출력형태≫에 맞게 위치를 조절합니다.

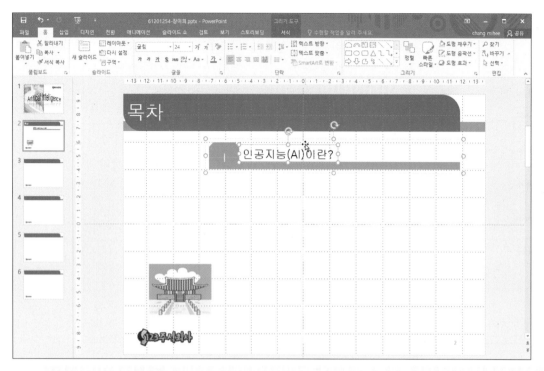

Tip

그룹화된 도형이 선택되면 조절점이 바깥쪽에 6개가 생성되며 그룹 안쪽 도형을 선택하면 안쪽 도형의 조절점이 추가로 생성이 됩니다. 그룹화된 전체 도형인지 안쪽 도형만 선택된 것인지 확인합니다.

12 그룹화된 전체 도형을 선택한 후 ❶ Ctrl + Shift + 드래그하여 수직 복사합니다. 3개를 복사하여 목록 4개를 만듭니다.

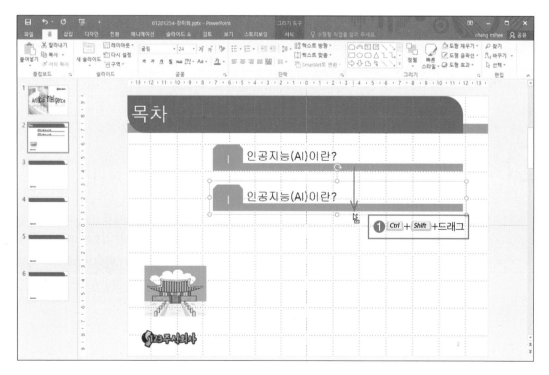

13 텍스트를 수정합니다. 텍스트 부분에 마우스를 올려 놓으면 마우스 포인터가 'Ⅰ' 모양으로 바뀝니다. 로마자를 블록 지정한 후 동일한 방법으로 Ⅱ를 삽입하여 수정합니다.

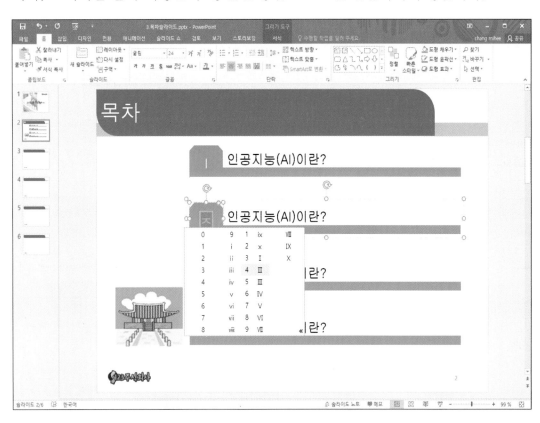

14 번호와 텍스트를 모두 수정하고 ≪출력형태≫에 맞춰 그림과 도형의 배치를 조절합니다.

01 텍스트에 하이퍼링크를 삽입하기 위해 ❶텍스트를 드래그하여 영역을 설정합니다. ❷[삽입] 탭의 ❸[링크] 그룹에서 '하이퍼링크'를 클릭합니다.

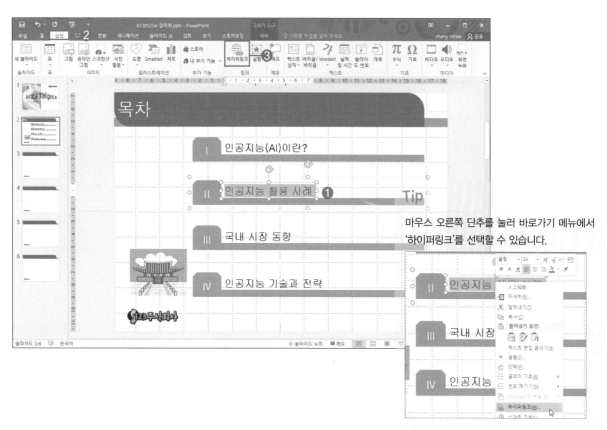

마우스 오른쪽 단추를 눌러 바로가기 메뉴에서 '하이퍼링크'를 선택할 수 있습니다.

02 [하이퍼링크 삽입] 대화상자에서 ❶[현재 문서]를 클릭한 후 ❷[이 문서에서 위치 선택]에서 '4. 슬라이드 4'를 선택하고 ❸[확인]을 클릭합니다.

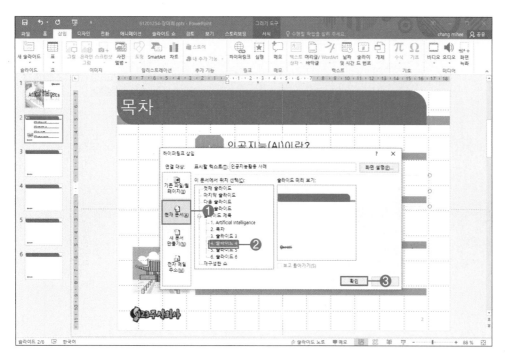

03 하이퍼링크가 설정되면 텍스트에 밑줄이 생기고 글자색이 변합니다.

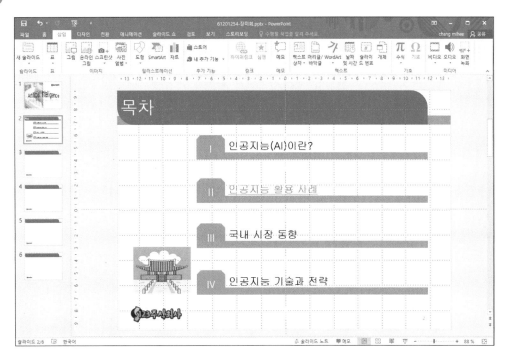

Level UP!

○ 하이퍼링크를 잘못 삽입한 경우

하이퍼링크 부분에 클릭한 후 마우스 오른쪽 단추를 누른 후 바로가기 메뉴에서 '편집', '열기', '제거'를 할 수 있습니다.

○ 하이퍼링크를 삽입할 때 마우스 오른쪽 단추의 '하이퍼링크'가 활성화되지 않는 경우

단어에 맞춤법 검사가 적용된 경우에는 하이퍼링크 바로가기 메뉴가 표시되지 않습니다. 《출력형태》와 같이 입력한 경우 [모두 건너뛰기]를 한 후 다시 마우스 오른쪽 단추를 누르면 '바로가기 메뉴'가 활성화됩니다.

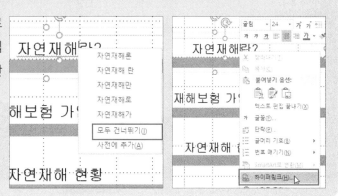

01 다음의 조건을 적용하여 슬라이드를 완성하시오.

■ ■ 예제 : 실력팡팡₩3.목차슬라이드₩목차1.pptx

[슬라이드 2] ≪목차 디자인≫   (60점)

조건 (1) 출력형태와 같이 도형을 이용하여 목차를 작성한다(글꼴 : 굴림, 24pt).
(2) 도형 : 선 없음

세부조건

① 텍스트에 하이퍼링크 적용
–〉'슬라이드 4'

② 그림 삽입
– 「내 PC₩문서₩ITQ₩Picture₩
그림4.jpg」
– 자르기 기능 이용

출력형태

02 다음의 조건을 적용하여 슬라이드를 완성하시오.

■ ■ 예제 : 실력팡팡₩3.목차슬라이드₩목차2.pptx

[슬라이드 2] ≪목차 디자인≫   (60점)

조건 (1) 출력형태와 같이 도형을 이용하여 목차를 작성한다(글꼴 : 굴림, 24pt).
(2) 도형 : 선 없음

세부조건

① 텍스트에 하이퍼링크 적용
–〉'슬라이드 6'

② 그림 삽입
– 「내 PC₩문서₩ITQ₩Picture₩
그림4.jpg」
– 자르기 기능 이용

출력형태

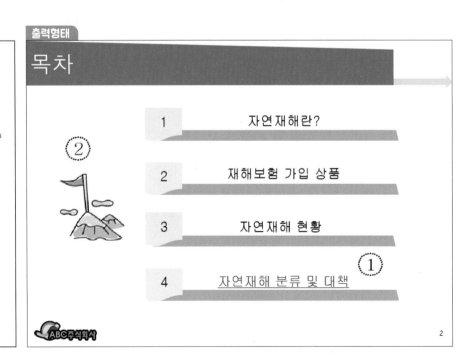

03 다음의 조건을 적용하여 슬라이드를 완성하시오.

■ ■ 예제 : 실력팡팡₩3.목차슬라이드₩목차3.pptx

[슬라이드 2] ≪목차 디자인≫ (60점)

조건
(1) 출력형태와 같이 도형을 이용하여 목차를 작성한다(글꼴 : 돋움, 24pt).
(2) 도형 : 선 없음

세부조건

① 텍스트에 하이퍼링크 적용
 →) '슬라이드 4'

② 그림 삽입
 – 「내 PC₩문서₩ITQ₩Picture₩
 그림4.jpg」
 – 자르기 기능 이용

출력형태

04 다음의 조건을 적용하여 슬라이드를 완성하시오.

■ ■ 예제 : 실력팡팡₩3.목차슬라이드₩목차4.pptx

[슬라이드 2] ≪목차 디자인≫ (60점)

조건
(1) 출력형태와 같이 도형을 이용하여 목차를 작성한다(글꼴 : 돋움, 24pt).
(2) 도형 : 선 없음

세부조건

① 텍스트에 하이퍼링크 적용
 →) '슬라이드 5'

② 그림 삽입
 – 「내 PC₩문서₩ITQ₩Picture₩
 그림5.jpg」
 – 자르기 기능 이용

출력형태

텍스트/동영상 슬라이드

텍스트/동영상 슬라이드를 작성하는 부분으로 주제에 맞는 자료의 요약과 관련된 동영상을 통해 프레젠테이션의 발표하고자 하는 내용을 명확하게 알리는 슬라이드입니다. 텍스트의 단락과 글머리 기호로 가독성을 높이고 동영상을 삽입하는 방법을 학습합니다.

글머리 기호

- 문단의 글 목록을 가독성 있는 문서로 만들기 위해 기호 및 숫자로 구분합니다.
- [홈] 탭에서 [단락] 그룹의 [글머리 기호]에서 설정합니다.
- 목록에 글머리 기호가 없는 경우 [사용자 지정] 단추를 클릭하여 '글꼴'에서 'Webdings, Wingdings, Wingdings2, Wingdings3'에서 글머리 기호를 입력합니다.

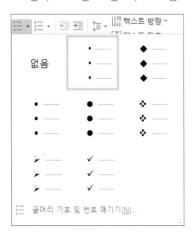
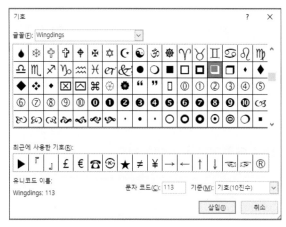

단락 줄 간격 조절하기

- 들여쓰기를 설정할 수 있습니다.
- 단락과 단락 사이의 앞/뒤 간격과 줄 간격을 조절할 수 있습니다.
- 임의로 줄 간격을 조절하려면 줄 간격을 '배수'로 설정한 후 입력합니다.

⬤ 문단 구분과 텍스트 블록 설정

- 단락과 단락의 구분은 Tab 으로 구분합니다.
- 단락 수준 내리기 Tab , 단락 수준을 다시 올리려면 Shift + Tab 을 누릅니다.
- 문단과 문단은 Enter 로 구분하며, 문단은 바뀌지 않고 강제 줄바꿈은 Shift + Enter 를 누릅니다.

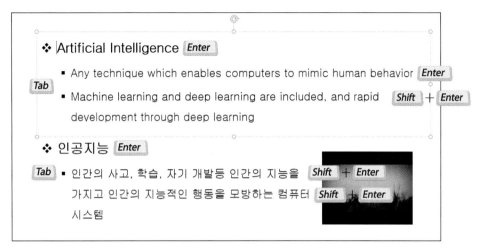

⬤ 텍스트 상자 자동 맞춤 중지

- 텍스트 상자에 텍스트를 입력하게 되면 상자 크기에 따라 텍스트 크기가 자동으로 변경됩니다.
- 텍스트 상자 크기에 관계없이 텍스트 크기를 고정할 수 있습니다.
- 텍스트 상자 크기보다 많은 텍스트를 입력하면 텍스트 크기가 자동으로 조절됩니다. 텍스트 상자 안에 클릭하면 왼쪽 하단에 '자동 고침 옵션 조절' 메뉴가 생깁니다. 옵션 단추를 클릭하여 '이 개체 틀에 텍스트 맞춤 중지'를 선택합니다.
- '자동 고침 옵션 조절' 단추가 생성되지 않는다면 텍스트 상자를 클릭한 후 '도형 서식' 메뉴에서 '텍스트 옵션'– 텍스트 상자의 '자동 맞춤 안 함'을 선택합니다.
- 텍스트 상자를 클릭한 후 마우스 오른쪽 단추를 눌러 바로가기 메뉴의 '도형 서식'을 클릭하여 선택할 수 있습니다.

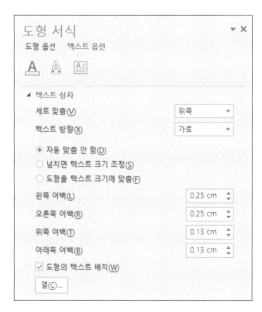

동영상 삽입

- 동영상을 삽입하면 프레젠테이션이 훨씬 더 생동감이 생기고 이해도가 높으며 청중들의 집중을 유도할 수 있습니다.
- [삽입] 탭의 [미디어] 그룹에서 [비디오]를 클릭하여 '내 PC의 비디오'를 클릭한 후 [동영상 삽입] 대화상자에서 동영상을 더블클릭하여 삽입할 수 있습니다.

- [비디오 도구]-[재생] 탭에서 미리보기, 책갈피, 비디오 트리밍, 페이드, 비디오 옵션 등을 설정할 수 있습니다.

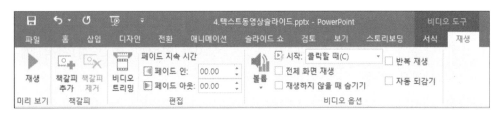

- 미리 보기 : 동영상을 현재 슬라이드 창에서 미리 재생
- 책갈피 : 동영상의 구간을 책갈피를 추가하면 필요시 원하는 구간으로 빠르게 이동 가능
- 편집 : 비디오 트리밍으로 재생 구간만 설정 / 페이드 인과 아웃으로 자연스럽게 시작하고 끝나도록 설정
- 비디오 옵션
  - 볼륨 : 슬라이드 쇼 진행 시 동영상 음량 조절
  - 시작 : 자동 실행 또는 클릭할 때
  - 전체 화면 재생 : 슬라이드 쇼 진행 시 전체 화면으로 재생
  - 재생하지 않을 때 숨기기 : 쇼 실행 시 재생하지 않을 때 동영상 숨김
  - 반복 재생 : 동영상 반복 재생
  - 자동 되감기 : 동영상을 재생한 후 첫 프레임으로 되감기

■ ■ 예제 : 출제유형₩4.텍스트동영상슬라이드.pptx

텍스트/동영상 슬라이드

파워포인트의 텍스트 슬라이드로 배점은 60점이며 텍스트의 단락 구성과 글머리 기호, 줄 간격 등을 지정하고 동영상을 삽입한 후 옵션을 지정하는 작성 능력을 평가합니다.

[슬라이드 3] ≪텍스트/동영상 슬라이드≫ (60점)

조건 (1) 텍스트 작성 : 글머리 기호 사용(❖, ▪)

❖문단(굴림, 24pt, 굵게, 줄간격 : 1.5줄), ▪ 문단(굴림, 20pt, 줄간격 : 1.5줄)

세부 조건

① 동영상 삽입 :
- 「내 PC₩문서₩ITQ₩Picture₩ 동영상.wmv」
- 자동실행, 반복재생 설정

출력형태

Ⅰ. 인공지능(AI)이란?

❖ Artificial Intelligence
- Any technique which enables computers to mimic human behavior
- Machine learning and deep learning are included, and rapid development through deep learning

❖ 인공지능
- 인간의 사고, 학습, 자기 개발등 인간의 지능을 가지고 인간의 지능적인 행동을 모방하는 컴퓨터 시스템

KEY POINT

- 텍스트 편집과 글머리 기호
  - [자동 고침 옵션 조절] : [이 개체 틀에 텍스트 맞춤 중지(S)]
  - [글꼴 변경] : [홈] 탭 – [글꼴] / [단락] – [줄 간격]
  - [글머리 기호 변경] : [홈] 탭 – [단락] – [글머리 기호]
- 단락 지정 : 한 수준 내리기 **Tab** , 한 수준 올리기 : **Shift** + **Tab**
- 텍스트 줄 바꿈 : **Enter** : 줄 바꿈 / **Shift** + **Enter** : 문단을 바꾸지 않고 행만 바꿈
- 동영상 삽입
  - [삽입] : [미디어] – [비디오] – [내 PC 비디오]
  - [동영상 도구] : [재생] – [비디오 옵션] – [자동 실행 / 반복 재생]
- 재 저장하기(**Ctrl** + **S**)

01 ❶세 번째 슬라이드를 선택하고 ❷제목 개체 틀에 'ㅈ'을 입력한 후 키보드의 [한자] 를 눌러 ❸특수 문자가 표시되면 '보기 옵션'을 클릭합니다.

> **Tip**
>
> 눈금선과 안내선이 필요 없으면 해제한 후 편집합니다.
>
> [보기] 탭의 [표시] 그룹에서 눈금선과 안내선 체크 해제

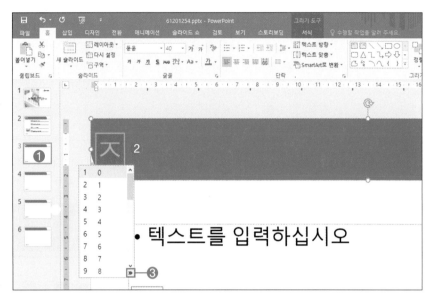

02 로마자 'Ⅰ'을 더블클릭하여 입력합니다.

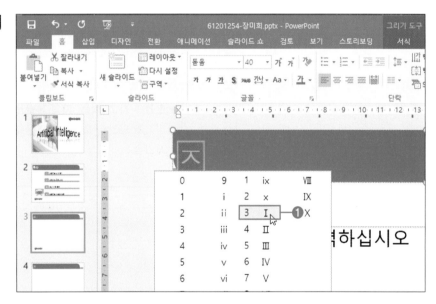

03 제목을 모두 입력합니다.

> **Tip**
>
> 로마자와 한글의 띄어쓰기는 하지 않아도 됩니다.

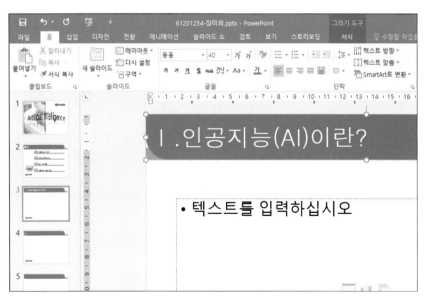

04 개체 틀에 내용을 입력합니다. 문단이 바뀌면 [Enter]를 눌러 입력하고, 한 문단에서 여러 줄을 입력하는 경우 문단을 강제 줄 바꿈하기 위해 [Shift] + [Enter]를 눌러 입력합니다.

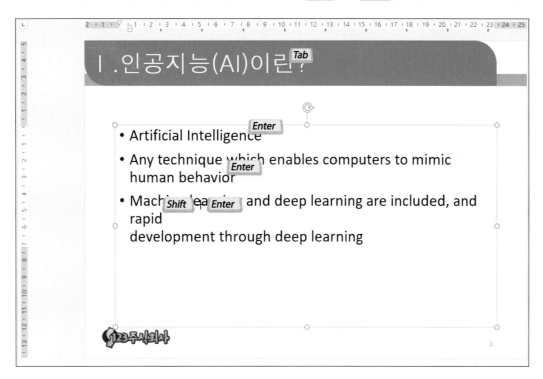

05 입력이 끝나면 글꼴을 설정합니다. 첫 번째 줄의 텍스트를 블록 설정한 후 ❶[홈] 탭의 ❷[글꼴] 그룹에서 ❸'글꼴 : 굴림', '글자 크기 : 24pt'를 설정한 후 ❹'굵게'를 설정합니다.

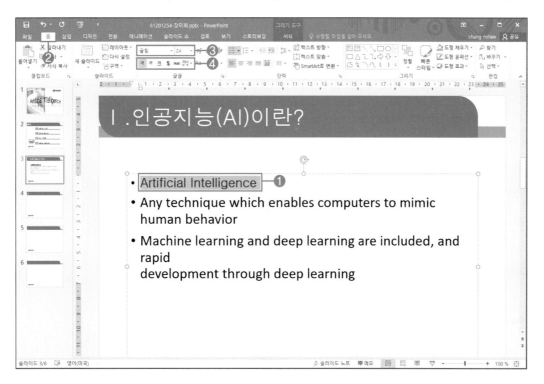

06 글머리 기호와 줄 간격을 변경합니다. [홈] 탭의 [단락] 그룹에서 ❶'글머리기호'의 목록 단추를
클릭한 후 ❷'별표 글머리 기호'를 선택합니다.

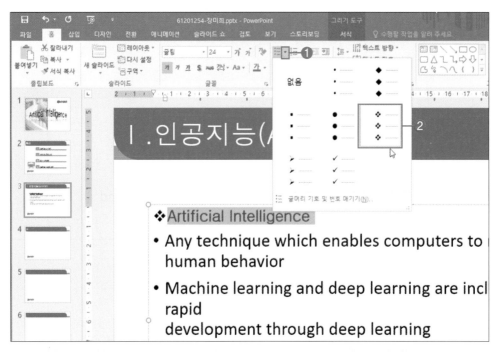

Tip

목록에 글머리 기호가 없는 경우 [사용자 지정] 단추를 클릭하여 '글꼴'에서
'Webdings, Wingdings, Wingdings2, Wingdings3'에서 글머리 기호를 입력합
니다.

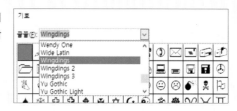

07 [홈] 탭의 ❶[단락] 그룹에서 ❷'줄 간격: 1.5'를 클릭합니다.

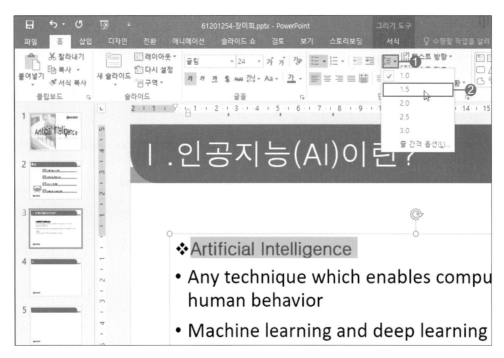

08 글머리 기호와 영문 사이를 '한 칸 띄어쓰기'를 하여 완성합니다.

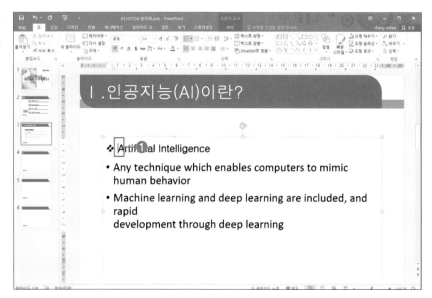

09 ❶두 번째 텍스트 단락을 블록 설정한 후 키보드의 Tab 을 눌러 단락을 한 수준 내립니다.

Tip

❶ 한 수준 올리기(Shift + Tab)
❷ 한 수준 내리기(Tab)

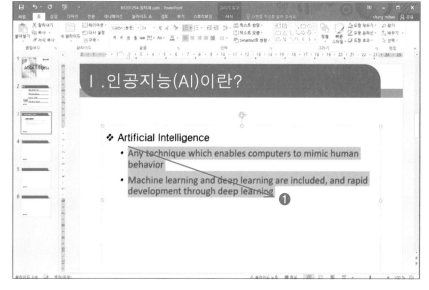

10 두 번째 단락이 블록 설정된 상태에서 ❶[홈] 탭의 [글꼴] 그룹에서 ❷'글꼴 : 굴림', '글자 크기 : 20pt'를 설정합니다.

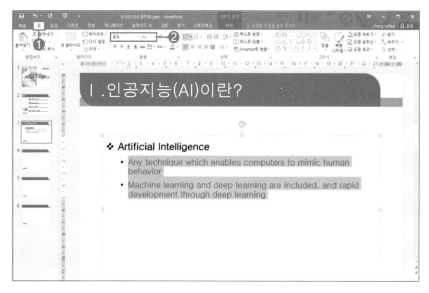

11 글머리 기호를 변경하기 위해 [홈] 탭의 [단락] 그룹에서 **①**'글머리기호'의 목록 단추를 클릭한 후 **②**'속이 찬 정사각형 글머리 기호'를 선택합니다.

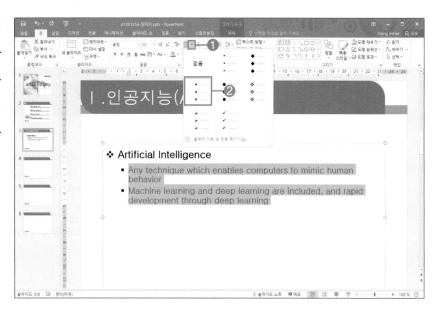

12 [홈] 탭의 **①**[단락] 그룹에서 **②**'줄 간격: 1.5'를 클릭합니다.

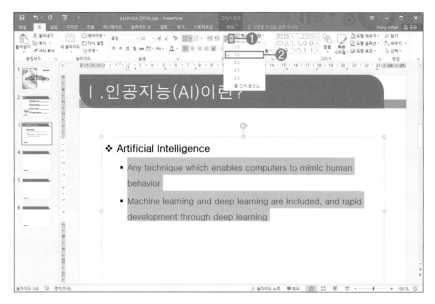

13 텍스트 개체 틀의 크기를 조절합니다. 텍스트 상자를 입력한 내용보다 작게 줄이면 글씨 크기가 작아집니다. 이런 경우 텍스트 상자 안에 클릭하여 커서를 상자 안쪽에 두고 **①**왼쪽 하단에 '자동 고침 옵션' 단추가 표시됩니다. **②**'이 개체 틀에 텍스트 맞춤 중지'를 선택합니다.

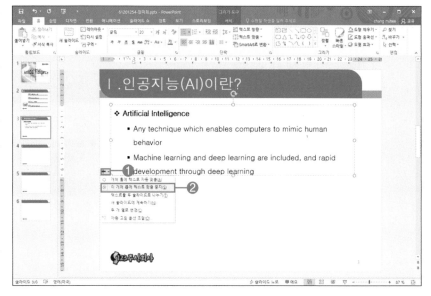

14 영문 텍스트 상자를 위쪽에 배치한 후 ❶ **Ctrl** + **Shift** +드래그하여 아래쪽으로 수직복사합니다.

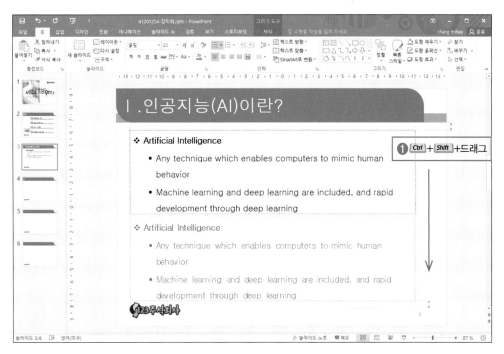

글머리 기호와 텍스트 사이는 《출력형태》에 따라 간격이 조절되어야 합니다. 띄어쓰기를 해도 되고 [보기] – [눈금자]를 체크하여 눈금자에서 설정할 수 있습니다.

조절할 문단을 영역 설정한 후 눈금자의 ( ) 역삼각형은 글머리 기호를 이동할 수 있으며, 삼각형은 텍스트를 이동하고 사각형은 글머리 기호와 텍스트를 동시에 이동할 수 있습니다.

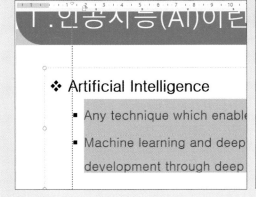

15 복사된 영문 텍스트 상자의 첫 번째 단락을 블록 설정한 후 '인공지능'을 입력합니다.

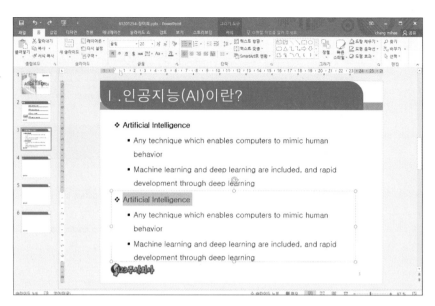

16 두 번째 단락을 블록 설정합니다.

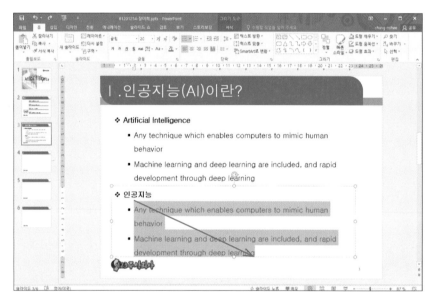

17 블록 설정이 된 상태에서 다음과 같이 입력을 완성합니다.

Tip

문단을 나누지 않고 이어서 입력하는 경우 텍스트 상자를 조절하여 문단의 끝을 맞춥니다.

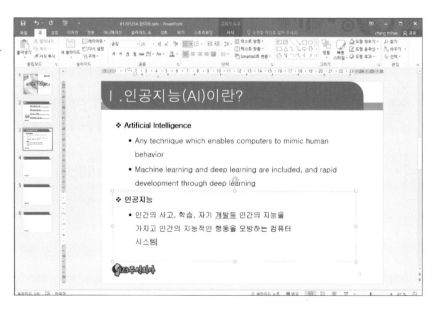

01 ❶[삽입] 탭의 [미디어] 그룹에서 ❷[비디오]의 ❸'내 PC의 비디오'를 클릭합니다. [동영상 삽입] 대화상자에서 ❹'내 PC₩문서₩ITQ₩Picture₩동영상.wmv' 파일을 더블클릭하여 삽입합니다.

02 ❶[비디오 도구]–[재생] 탭의 [비디오 옵션] 그룹에서 ❷'반복 재생'에 체크한 후 ❸'시작'의 목록 단추를 눌러 '자동 실행'을 선택합니다.

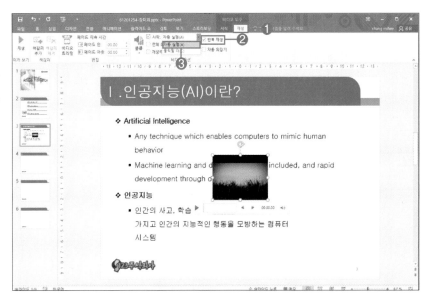

03 동영상을 드래그하여 ≪출력형태≫와 같이 크기를 조절하고 배치하여 완성합니다.

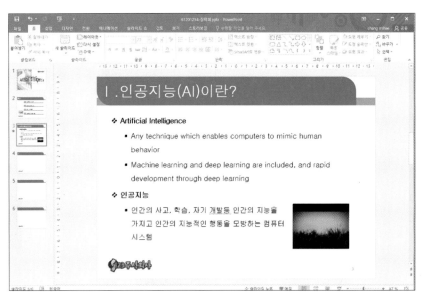

01 다음의 조건을 적용하여 슬라이드를 완성하시오.

■ ■ 예제 : 실력팡팡₩4.텍스트슬라이드₩텍스트1.pptx

[슬라이드 3] ≪텍스트/동영상 슬라이드≫ (60점)

조건 (1) 텍스트 작성 : 글머리 기호 사용(◆, ▪)
　　◆문단(굴림, 24pt, 굵게, 줄간격 : 1.5줄), 　　▪ 문단(굴림, 20pt, 줄간격 : 1.5줄)

세부조건

① 동영상 삽입 :
　– 「내 PC₩문서₩ITQ₩Picture₩
　　동영상.wmv」
　– 자동실행, 반복재생 설정

출력형태

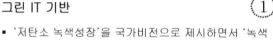

Ⅰ.Green IT

◆ Green by IT
- ▪ Green by IT Energy/IT convergence to maximize the efficient use of resources, facilitate the transition of a low-carbon society
- ▪ Real-time enviromental monitoring and early disaster response system as it will enhance your responsiveness to climate change

◆ 그린 IT 기반 　①
- ▪ '저탄소 녹색성장'을 국가비전으로 제시하면서 '녹색 뉴딜 정책'발표
- ▪ 환경문제 및 에너지 소비 효율화 등 녹색성장 기반

3

02 다음의 조건을 적용하여 슬라이드를 완성하시오.

■ ■ 예제 : 실력팡팡₩4.텍스트슬라이드₩텍스트2.pptx

[슬라이드 3] ≪텍스트/동영상 슬라이드≫ (60점)

조건 (1) 텍스트 작성 : 글머리 기호 사용(❖, ✓)
　　❖문단(굴림, 24pt, 굵게, 줄간격 : 1.5줄), 　　✓ 문단(굴림, 20pt, 줄간격 : 1.5줄)

세부조건

① 동영상 삽입 :
　– 「내 PC₩문서₩ITQ₩Picture₩
　　동영상.wmv」
　– 자동실행, 반복재생 설정

출력형태

1. 자연재해란?

❖ 자연재해
- ✓ 태풍, 홍수, 호우, 폭풍, 폭설등 기타 이에 준하는 자연현상으로 발생하는 피해
- ✓ 자연계의 특이한 현상 가운데 인간생활에 해를 끼치는 재난

❖ Natural disasters
- ✓ Due to the diversity of the causes and consequences of natural disasters due to natural phenomena say it can be divided into several

①

3

03 다음의 조건을 적용하여 슬라이드를 완성하시오.

■ ■ 예제 : 실력팡팡₩4.텍스트슬라이드₩텍스트3.pptx

[슬라이드 3] ≪텍스트/동영상 슬라이드≫   (60점)

조건 (1) 텍스트 작성 : 글머리 기호 사용(❏, ✓)
　　　　❏문단(돋움, 24pt, 굵게, 줄간격 : 1.5줄),　　✓문단(돋움, 20pt, 줄간격 : 1.5줄)

세부조건

① 동영상 삽입 :
－「내 PC₩문서₩ITQ₩Picture₩
　동영상.wmv」
－ 자동실행, 반복재생 설정

출력형태

Ⅰ.데이터 마이닝이란?

❏ 데이터 마이닝
　✓ 대용량의 데이터로부터 데이터 내에 존재하는
　　관계, 패턴, 규칙에서 지식을 추출하는 과정
　✓ 대용량 데이터에 대한 탐색적 분석

①

❏ Data Mining
　✓ Data mining is a process used by companies to turn raw data
　　into useful information
　✓ Depends on effective data collection, warehousing, and
　　computer processing

---

04 다음의 조건을 적용하여 슬라이드를 완성하시오.

■ ■ 예제 : 실력팡팡₩4.텍스트슬라이드₩텍스트4.pptx

[슬라이드 3] ≪텍스트/동영상 슬라이드≫   (60점)

조건 (1) 텍스트 작성 : 글머리 기호 사용(◆, •)
　　　　◆문단(돋움, 24pt, 굵게, 줄간격 : 1.5줄),　　•문단(돋움, 20pt, 줄간격 : 1.5줄)

세부조건

① 동영상 삽입 :
－「내 PC₩문서₩ITQ₩Picture₩
　동영상.wmv」
－ 자동실행, 반복재생 설정

출력형태

가.IoT 시스템이란?

◆ 사물인터넷
　• 사물과 사물 또는 사람과 사물이 네트워크로 서로 연결되어
　　사물 간 정보를 공유하는 것
　• 가전제품, 헬스케어, 스마트홈등에 다양하게 사용되는 등
　　실생활에 적용된 사례가 많아짐

①

◆ What is Internet of Things
　• IoT has evolved from the convergence
　　of wireless technologies, micro-
　　electromechanical systems (MEMS) and the
　　Internet.

3쪽

05 표 슬라이드

Section

표 슬라이드는 다양한 항목들을 한눈에 볼 수 있도록 비교하고 여러 데이터를 하나의 표로 요약 정리합니다. 도형의 그라데이션 효과, 표 작성과 표 편집 방법을 학습합니다.

표 구성 요소

• 하나의 표는 셀, 행, 열로 구성됩니다.

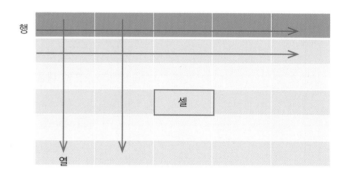

표 삽입하기

• [삽입] 탭의 [표] 그룹에서 [표]를 클릭하고 행/열을 드래그하여 삽입할 수 있으며, 표 삽입 기능을 행/열의 개수를 직접 입력하여 삽입할 수 있습니다.
• 표 그리기와 엑셀에서 표를 삽입할 수 있습니다.
• 개체 틀에서 [표 삽입]을 눌러 행/열의 개수를 직접 입력하여 삽입할 수 있습니다.

  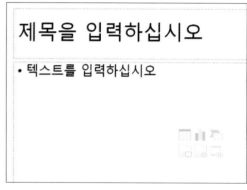

표 디자인 탭

• 표의 스타일과 테두리, 표에 들어가는 텍스트의 WordArt 스타일 등 표의 전반적인 디자인을 설정할 수 있습니다.

❶ 표 스타일 옵션 : 표의 머리글 행을 설정하거나 해제 또는 첫째 열과 마지막 열, 요약 행, 열과 짝수 행/열을 색상으로 구분

❷ 표 스타일 : 미리 정해져 있는 표 스타일을 빠르게 적용할 수 있으며, 셀의 색상, 테두리, 효과 등을 지정

❸ WordArt 스타일 : 표에 들어가는 텍스트의 WordArt 스타일 설정

❹ 테두리 그리기 : 테두리의 선 모양, 선 굵기, 펜 색 등올 설정

🫧 표 레이아웃 탭

❶ 표 : 마우스 커서가 있는 행, 열, 표 전체 선택 또는 표 안의 눈금선 표시 및 감추기

❷ 행 및 열 : 커서가 위치한 곳에서 행 또는 열의 삽입

❸ 병합 : 선택한 두 셀을 합치거나 선택한 하나의 셀을 두 개 이상으로 나누기

❹ 셀 크기 : 셀의 높이와 너비 조정하거나 행/열의 높이와 너비를 동일하게 지정

❺ 맞춤 : 셀 안의 텍스트를 왼쪽, 오른쪽, 가운데로 정렬 또는 위, 아래, 가운데로 정렬, 셀 여백을 지정

❻ 표 크기 : 표 전체의 높이와 너비 지정

❼ 정렬 : 선택한 개체 정렬과 맞춤, 그룹과 회전 지정

🫧 표 편집

- 표의 셀의 열 너비나 행 높이를 조절할 때는 표의 열과 열사이, 행과 행사이에 마우스를 올려놓고 드래그합니다.
- 표의 전체 크기를 조절할 때는 표 테두리의 조절점을 드래그하여 크기를 조절합니다.

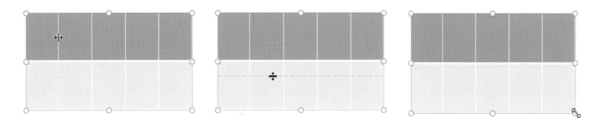

- 셀의 너비와 높이를 같게 조절하려면 표를 선택한 후 [레이아웃] 탭의 [셀 크기] 그룹에서 '행 높이를 같게' 또는 '열 너비를 같게'를 선택하면 표 너비와 높이에 맞게 조정합니다.
- 일부 열 너비와 행 높이를 같게 하려는 행이나 열을 블록 설정한 후 조정합니다.

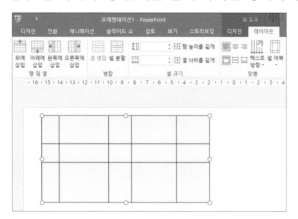 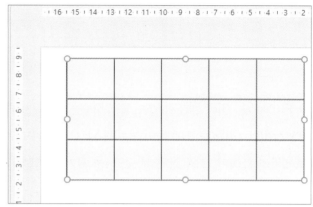

- 셀 합치기는 병합할 셀들을 블록 설정하고 [레이아웃] 탭의 [병합] 그룹에서 [셀 병합]을 클릭합니다.
- 셀 나누기는 나누고자 하는 셀에 클릭한 후 [레이아웃] 탭의 [병합] 그룹에서 [셀 분할]을 클릭한 후 '열/행'의 개수를 입력합니다.

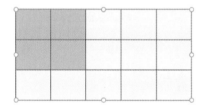 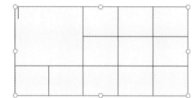 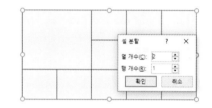

- 표의 테두리는 [디자인] 탭의 [표 스타일] 그룹에서 [테두리]를 클릭하여 테두리의 종류를 선택합니다.
- [디자인] 탭의 [테두리 그리기] 그룹에서 테두리의 색, 굵기, 펜색 등을 지정한 후 [테두리]를 선택하면 원하는 색이나 굵기가 지정이 됩니다.
- 표의 셀이나 전체에 색을 넣을려면 [디자인] 탭의 [표 스타일] 그룹에서 [음영]을 클릭하여 색을 지정됩니다.

 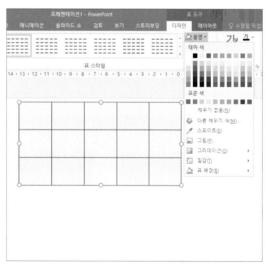

■ ■ 예제 : 출제유형₩5.표슬라이드.pptx

표 슬라이드

표 슬라이드는 배점이 80점이며 두 개의 도형의 조합, 도형의 그라데이션 효과 등을 설정하며, 표를 삽입하고 표 스타일의 작성 능력을 평가한다.

[슬라이드 4] ≪표 슬라이드≫　　　　　　　　　　　　　　　　　　　　　　　　　　(80점)

조건　(1) 도형과 표 작성 기능을 이용하여 슬라이드를 작성한다(글꼴 : 돋움, 18pt).

세부 조건

① 상단 도형 :
　2개 도형의 조합으로 작성

② 좌측 도형 :
　그라데이션 효과(선형 아래쪽)

③ 표 스타일 :
　테마 스타일 1 – 강조 1

출력형태

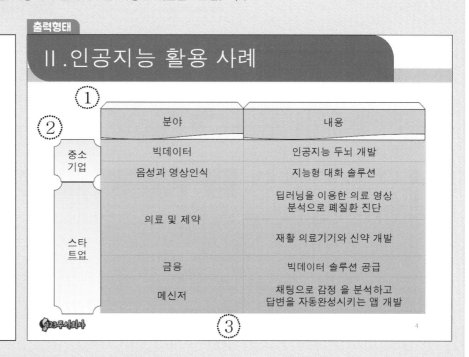

KEY POINT

- 표 작성 : [개체 틀] – [표] 또는 [삽입] – [표] – [표 삽입]
  - 표 스타일 : [표 도구] – [디자인] – [표 스타일]
  - 표 스타일 옵션 : [표 도구] – [디자인] – [표 스타일 옵션] – '체크 없애기'
  - 표 내용 정렬 : [표 도구] – [레이아웃] – [맞춤] – [가운데 맞춤, 중간 맞춤]
  - 글꼴 설정 : [홈] – [글꼴]
- 상단 도형 : 두 개의 도형 조합
  - 도형 삽입 : [홈] – [그리기] – [도형] 또는 [삽입] – [일러스트레이션] – [도형]
  - 도형 변형 : 도형의 모양 조절점 이용– 도형 글꼴 변경
- 좌측 도형 : [그리기 도구] – [서식] – [도형 서식] – [채우기] – [그라데이션 채우기] – [종류 지정]
  - 도형 글꼴 변경
- 도형 복사 : **Ctrl** + **Shift** +드래그
- 재 저장하기 – 파일 – 저장하기(**Ctrl** + **S**)

01 ❶네 번째 슬라이드를 선택하고 ❷제목 개체 틀에 'ㅈ'을 입력한 후 키보드의 [한자]를 눌러 ❸특수 문자가 표시되면 '보기 변경'을 클릭합니다.

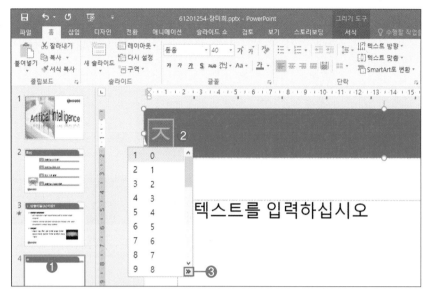

02 ❶'Ⅱ'를 더블클릭하여 삽입합니다.

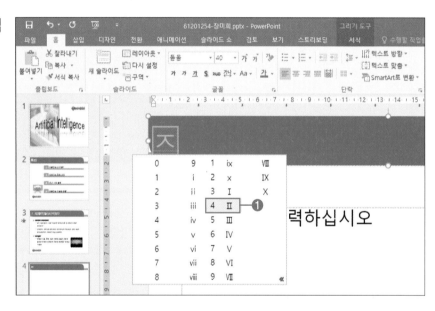

03 제목을 입력한 후 ❶개체 틀 안의 [표 삽입]을 클릭합니다. ❷[표 삽입] 대화상자에서 '열 개수: 2, 행 개수: 6'을 입력한 후 ❸[확인]을 클릭합니다.

04 ≪출력형태≫와 같이 내용을 입력합니다. ❶셀 병합을 할 셀을 블록 설정한 후 ❷[표 도구]-[레이아웃] 탭에서 ❸[병합] 그룹의 '셀 병합'을 클릭합니다.

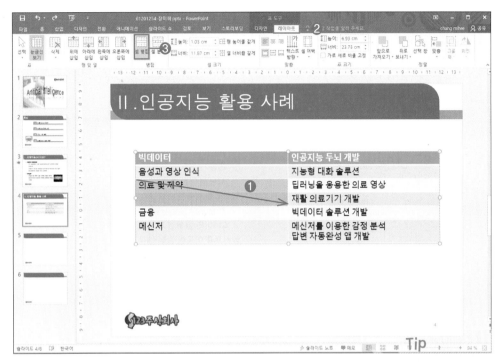

마우스 오른쪽 단추를 눌러 '셀 병합'을 클릭해도 됩니다.

05 표 안의 텍스트를 정렬하기 위해서 ❶표 테두리를 클릭하여 표 전체를 선택하거나 표 안을 드래그하여 블록 설정한 후 ❷[표 도구]-[레이아웃] 탭에서 ❸[맞춤] 그룹의 '가운데 맞춤'과 '세로 가운데 맞춤'을 클릭하여 표 내부의 텍스트를 정렬합니다.

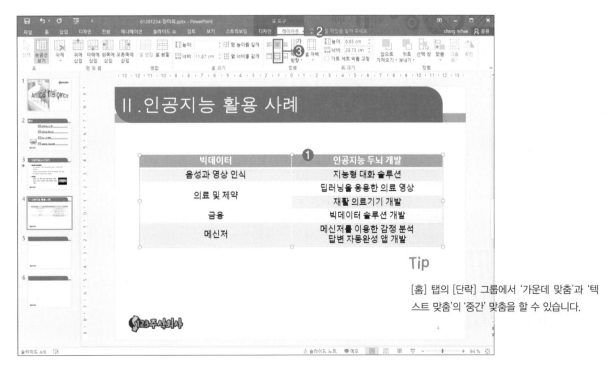

[홈] 탭의 [단락] 그룹에서 '가운데 맞춤'과 '텍스트 맞춤'의 '중간' 맞춤을 할 수 있습니다.

06 ❶표 전체를 선택하고 ❷[표 도구]-[디자인] 탭의 ❸[표 스타일 옵션] 그룹에서 '머리글 행', '줄 무늬 열'의 체크를 해제합니다.

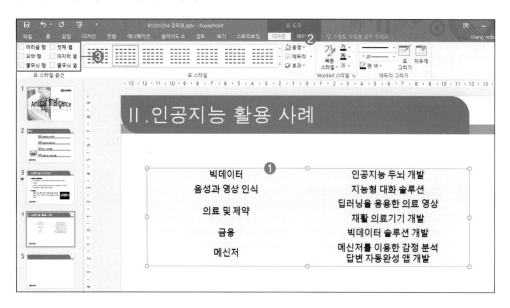

07 표 스타일을 변경하기 위해 ❶[표 도구]-[디자인] 탭의 ❷[표 스타일] 그룹에서 우측 하단의 '자 세히' 단추를 눌러 ❸'테마 스타일 1-강조 1'을 선택합니다. 표 스타일 위에 마우스를 올려놓고 표 스타일 이름을 확인 후 적용합니다.

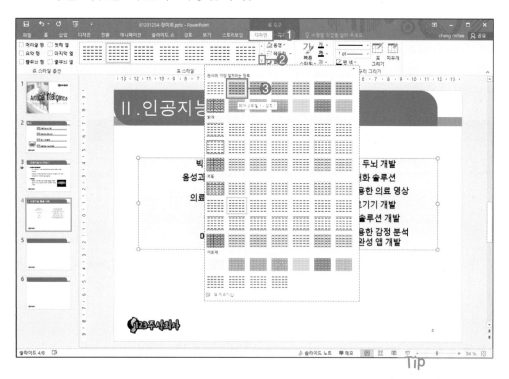

Tip

표 스타일에 마우스를 올려 놓으면 표 스타일
이름이 표시됩니다. 《조건》에 제시된 표 스타
일을 확인하세요.

08 ❶표의 바깥 테두리를 클릭 또는 표 안을 드래그하여 '표 전체'를 선택한 후 ❷[홈] 탭의 ❸[글꼴] 그룹에서 '글꼴 : 돋움, 크기 : 18pt'를 클릭합니다.

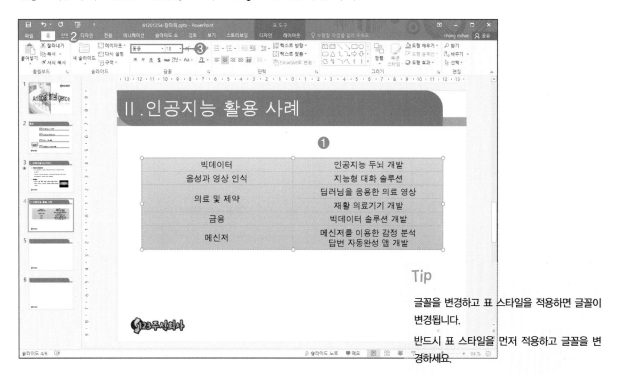

Tip
글꼴을 변경하고 표 스타일을 적용하면 글꼴이 변경됩니다.
반드시 표 스타일을 먼저 적용하고 글꼴을 변경하세요.

09 [보기] 탭의 [표시] 그룹에서 '눈금선'을 선택한 후 ❶표의 대각선의 조절점을 드래그하여 전체 너비를 조절합니다. 눈금자를 보고 상하좌우의 여백을 남겨둡니다. 표의 전체 크기를 조절하지 않으면 상단 도형과 좌측 도형을 그린 후 또 다시 조절해야 합니다. 처음부터 크기를 고정해 두면 도형 삽입이 수월합니다.

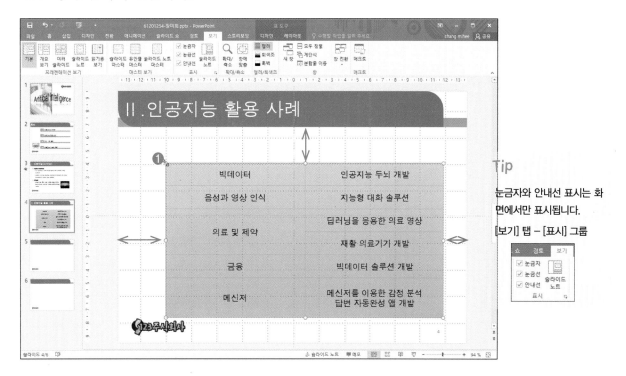

Tip
눈금자와 안내선 표시는 화면에서만 표시됩니다.
[보기] 탭 – [표시] 그룹

10 [보기] 탭의 [표시] 그룹에서 '눈금선'을 해제합니다. 전체 표의 크기를 조절했다면 **❶**열 너비를 조절합니다.

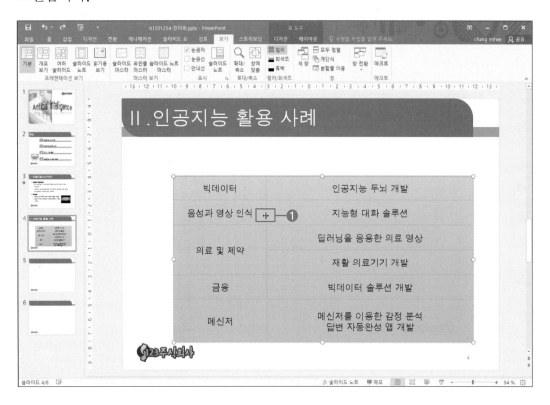

11 행 높이를 같은 높이로 조절하려면 **❶**표 전체를 선택한 후 **❷**[표 도구]-[레이아웃] 탭에서 [셀 크기] 그룹의 **❸**'행 높이를 같게'를 클릭합니다.

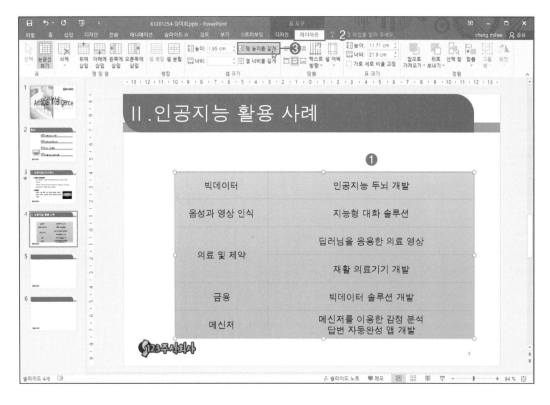

01 상단 도형을 작성할 때는 맨 뒤에 있는 도형부터 삽입합니다. ❶[삽입] 탭의 ❷[일러스트레이션] 그룹에서 [도형]을 클릭하여 ❸'사각형'의 '양쪽 모서리가 잘린 사각형'을 선택합니다.

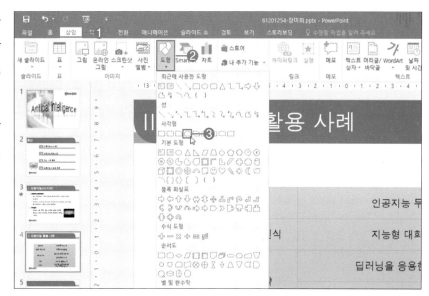

02 ❶표의 첫 번째 열의 너비에 맞게 드래그하여 도형을 삽입합니다.

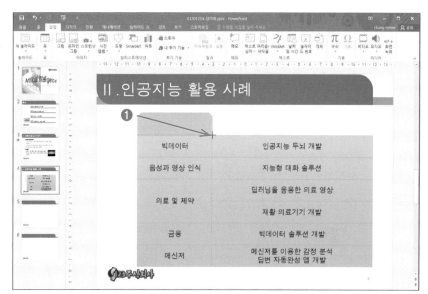

03 맨 위쪽 도형을 삽입하기 위해 ❶[삽입] 탭의 ❷[일러스트레이션] 그룹에서 [도형]을 클릭하여 ❸'순서도'의 '순서도:문서'를 선택합니다.

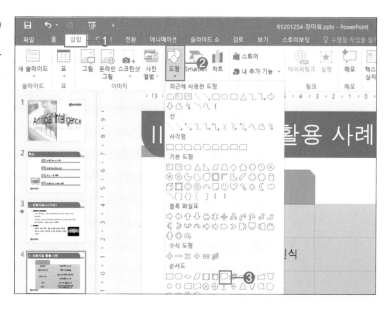

04 ≪출력형태≫에 맞게 맨 뒤에 있는 도형 위에 ❶드래그하여 삽입하고 ❷[그리기 도구]-[서식] 탭에서 ❸[도형 스타일]의 '도형 채우기'에서 임의의 색을 설정합니다.

> **Tip**
>
> 표 슬라이드에서는 도형의 채우기 색이나 테두리 선, 두께 등은 채점 대상이 아니므로 바꾸지 않아도 되며 글꼴 색 등을 고려하여 임의로 바꾸면 됩니다.

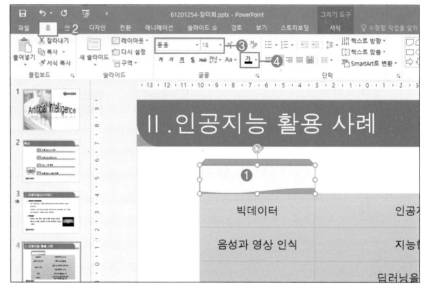

05 ❶맨 위의 도형을 선택하고 ❷[홈] 탭의 [글꼴] 그룹에서 ❸'글꼴 : 돋움'과 '글자 크기 : 18pt', ❹'글자 색 : 검정'을 설정합니다.

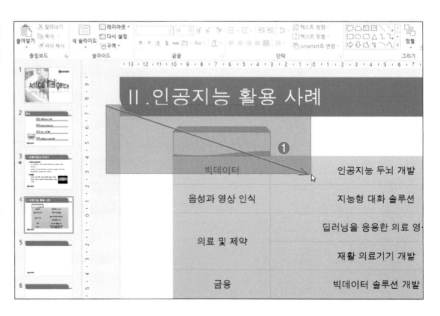

06 두 도형을 포함할 만큼 대각선으로 드래그하여 선택합니다.

> **Tip**
>
> Ctrl 또는 Shift 를 누르고 도형을 선택할 수 있습니다.

07 ❶도형을 `Ctrl`+`Shift`를 누르고 오른쪽으로 드래그를 하여 수평복사합니다. 두 번째 열 너비에 맞게 크기를 조절합니다.

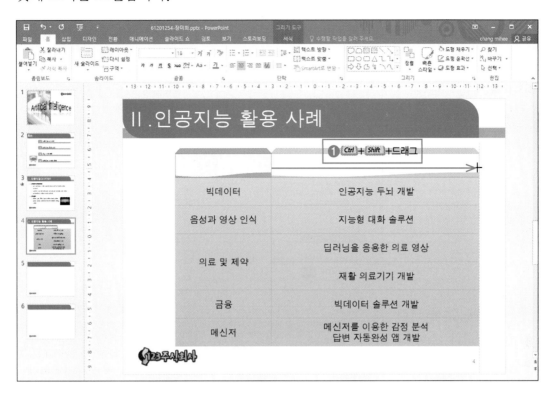

08 도형에 '분야'와 '내용'을 입력하여 상단 도형을 완성합니다.

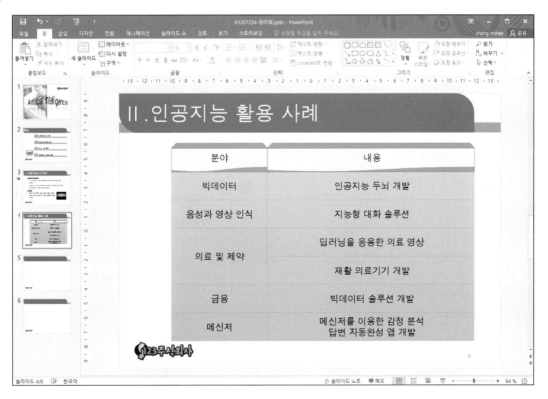

01 좌측 도형을 삽입하기 위해 ❶[삽입] 탭의 ❷[일러스트레이션] 그룹에서 [도형]을 클릭하여 ❸'기본 도형'의 '배지'를 선택합니다.

02 표의 행 내용에 맞게 드래그하여 배치합니다. 높이나 너비가 잘 맞지 않으면 [Alt]를 누르고 드래그하면 세밀하게 그려집니다.

Tip

[Ctrl]과 방향키를 사용하면 세밀하게 이동할 수 있으며, [Alt]를 누르고 도형을 그리면 세밀하게 그릴 수 있습니다.

03 좌측 도형의 그라데이션을 넣기 위해 ❶도형을 선택한 후 ❷[그리기 도구]-[서식] 탭의 ❸[도형 스타일]에서 [도형 채우기]를 클릭합니다. ❹[그라데이션]에서 '선형 아래쪽'을 선택합니다.

Tip

그라데이션에 마우스를 올려 놓으면 설명이 표시됩니다. 확인하고 선택합니다.

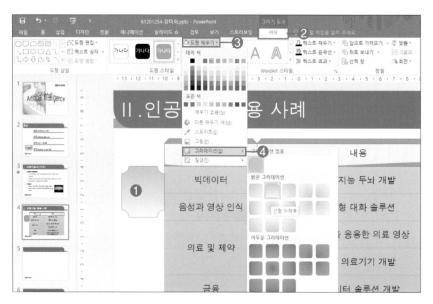

04 도형에 글꼴을 설정하기 위해 ❶도형을 선택하고 ❷ [홈] 탭의 [글꼴] 그룹에서 ❸'글꼴 : 돋움'과 '글자 크기 : 18pt', ❹'글자 색 : 검정'을 설정합니다.

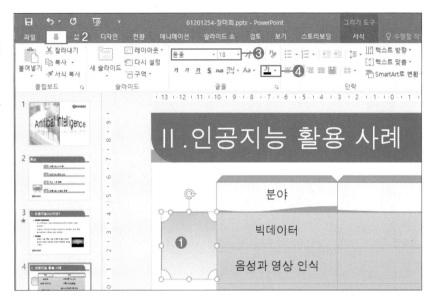

05 도형을 Ctrl + Shift 를 누르고 아래쪽으로 드래그를 하여 수직복사합니다. 두 번째 행 높이에 맞게 크기를 조절합니다.

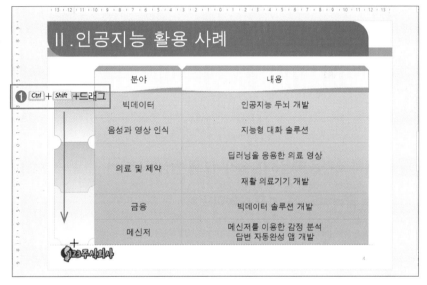

06 《출력형태》에 맞게 도형에 텍스트를 입력하여 완성합니다.

Tip
그라데이션은 제시된 그라데이션 형식만 맞으면 됩니다. 색 등은 기본값 그대로 사용해도 됩니다.

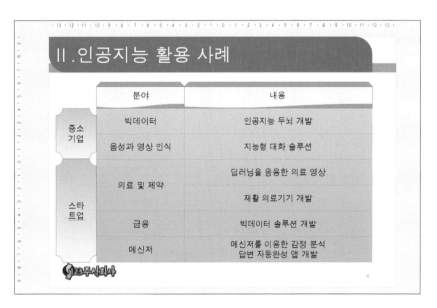

01 다음의 조건을 적용하여 슬라이드를 완성하시오.

■■ 예제 : 실력팡팡2₩5.표슬라이드₩표1.pptx

[차트 슬라이드 4] ≪표 슬라이드≫

(80점)

조건 (1) 도형과 표 작성 기능을 이용하여 슬라이드를 작성한다(글꼴 : 돋움, 18pt).

세부조건

① 상단 도형 :
2개 도형의 조합으로 작성

② 좌측 도형 :
그라데이션 효과(선형 아래쪽)

③ 표 스타일 :
테마 스타일 1 – 강조 3

출력형태

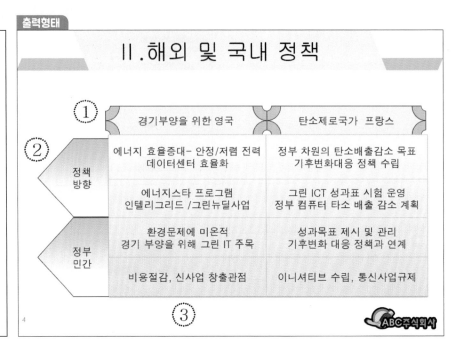

02 다음의 조건을 적용하여 슬라이드를 완성하시오.

■■ 예제 : 실력팡팡₩5.표슬라이드₩표2.pptx

[차트 슬라이드 4] ≪표 슬라이드≫

(80점)

조건 (1) 도형과 표 작성 기능을 이용하여 슬라이드를 작성한다(글꼴 : 돋움, 18pt).

세부조건

① 상단 도형 :
2개 도형의 조합으로 작성

② 좌측 도형 :
그라데이션 효과(선형 대각선 –
오른쪽 위에서 왼쪽 아래로)

③ 표 스타일 :
테마 스타일 1 – 강조 4

출력형태

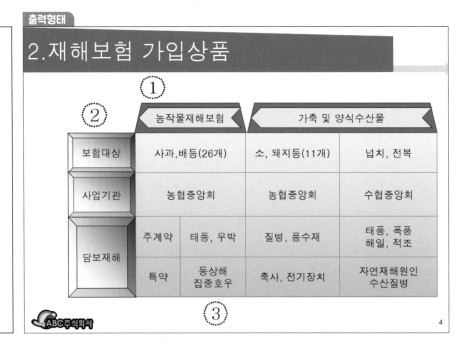

03 다음의 조건을 적용하여 슬라이드를 완성하시오.

■ ■ 예제 : 실력팡팡₩5.표슬라이드₩표3.pptx

[차트 슬라이드 4] ≪표 슬라이드≫ (80점)

조건 (1) 도형과 표 작성 기능을 이용하여 슬라이드를 작성한다(글꼴 : 굴림, 18pt).

세부조건

① 상단 도형 :
   2개 도형의 조합으로 작성

② 좌측 도형 :
   그라데이션 효과(선형 아래쪽)

③ 표 스타일 :
   테마 스타일 1 – 강조 4

출력형태

04 다음의 조건을 적용하여 슬라이드를 완성하시오.

■ ■ 예제 : 실력팡팡₩5.표슬라이드₩표4.pptx

[차트 슬라이드 4] ≪표 슬라이드≫ (80점)

조건 (1) 도형과 표 작성 기능을 이용하여 슬라이드를 작성한다(글꼴 : 굴림, 18pt).

세부조건

① 상단 도형 :
   2개 도형의 조합으로 작성

② 좌측 도형 :
   그라데이션 효과(선형 대각선 –
   오른쪽 아래에서 왼쪽 위로)

③ 표 스타일 :
   보통 스타일 4 – 강조 5

출력형태

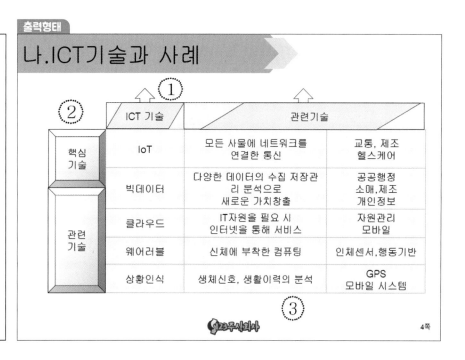

차트 슬라이드

차트 슬라이드를 작성하는 부분으로 객관적인 수치 데이터를 분석해 쉽게 이해할 수 있도록 그래프로 표현합니다.
차트를 삽입하고 차트를 편집하는 방법을 학습합니다.

차트 구성 요소

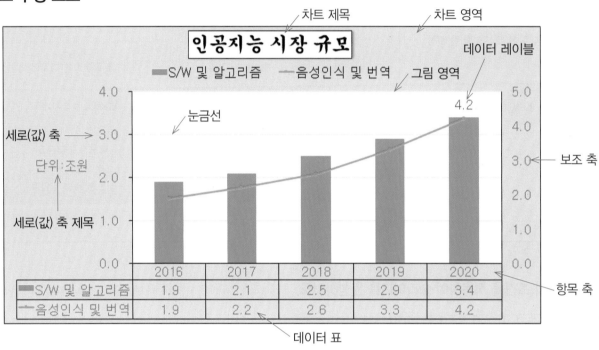

차트 삽입하기

- [삽입] 탭의 [일러스트레이션] 그룹에서 [차트]를 클릭하거나, 개체 틀의 [차트]를 클릭합니다.
- [차트 삽입] 대화상자에서 차트 종류를 선택합니다.

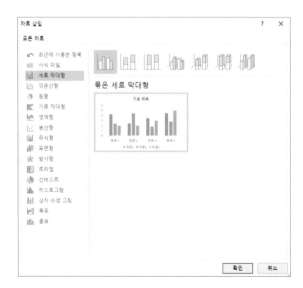

- 데이터를 입력할 수 있는 'Microsoft PowerPoint의 차트' 창에서 데이터를 입력합니다.
- 엑셀의 표시 형식을 지정해야 하는 경우에는 상단 메뉴에서 'Microsoft Excel에서 데이터 편집' 창에서 데이터를 입력합니다.
- 데이터 영역의 오른쪽 하단의 대각선 모서리를 드래그하여 데이터 범위의 크기를 조절합니다.
- 데이터를 삽입하거나 삭제할 때 행이나 열을 삽입하거나 삭제할 수 있습니다.
- 데이터 입력이 끝나면 오른쪽 상단의 '닫기'를 눌러 종료합니다.

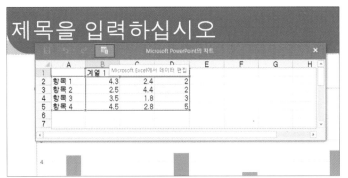 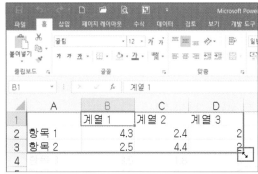

⊜ 차트 편집

- 차트를 선택하며 우측에 빠른 메뉴가 표시됩니다.
- 차트 요소는 제목, 범례, 눈금선, 축 제목 등 요소들을 추가하거나 제거 또는 변경합니다.

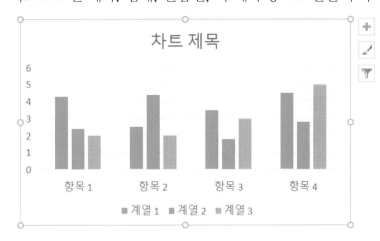 

⊜ 차트 편집

- 차트 스타일은 차트에 대한 스타일 및 색 구성표를 설정합니다.
- 차트에 표시할 데이터 요소 및 이름을 편집합니다.

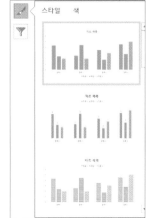 

차트 디자인 탭

❶ 차트 레이아웃 : 차트 요소 추가와 미리 지정되어 있는 차트의 레이아웃을 변경 또는 추가

❷ 차트 스타일 : 미리 지정되어 있는 차트의 색과 차트 스타일 지정

❸ 데이터 : 현재 차트의 행과 열을 바꾸고, 데이터의 범위를 변경하거나 편집하고 업데이트된 데이터를 적용

❹ 차트 종류 변경 : 현재 적용되어 있는 차트의 종류를 변경하거나 차트의 서식을 파일(*.crtx)로 저장

차트 서식 탭

❶ 현재 선택 영역 : 차트의 요소를 선택, 선택한 요소의 서식 지정, 가장 최근에 설정한 차트 스타일 서식으로 되돌림

❷ 도형 삽입 : 차트에 도형을 삽입하고 도형 모양 변경

❸ 도형 스타일 : 선택한 개체나 요소의 스타일 지정

❹ WordArt 스타일 : 차트에 입력되어 있는 텍스트 서식 지정

❺ 정렬 : 차트의 순서 조정, 다른 개체와 정렬 지정

❻ 크기 : 차트의 전체 크기 지정

차트 축 서식 수정

- 값 축 영역에서 마우스 오른쪽 단추의 [축 서식]을 선택
- [축 옵션]에서는 축 값의 '최소, 최대, 주 단위' 값과 표시 단위 값을 변경
- [눈금]에서 바깥쪽, 안쪽 눈금선 설정
- [표시 형식]에서는 값의 숫자, 통화, 회계, 사용자 지정 등을 이용해서 값에 다양한 형식을 변경

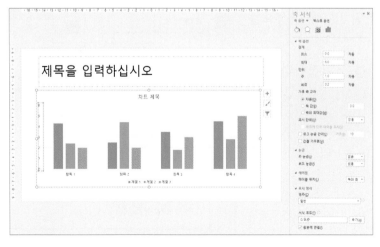

차트 슬라이드

차트 슬라이드는 배점이 100점이며, 차트를 삽입하고 차트 및 그림 영역, 레이블, 축 제목 등 차트 편집기능과
차트에 도형을 삽입하는 등의 차트 작성 능력을 평가합니다.

[슬라이드 5] ≪차트 슬라이드≫   (100점)

조건   (1) 차트 작성 기능을 이용하여 슬라이드를 작성한다.
(2) 차트 : 종류(묶은 세로 막대형), 글꼴(돋움, 16pt), 외곽선

세부 조건

❖ **차트설명**

• 차트제목 : 궁서, 24pt, 굵게,
채우기(흰색), 테두리,
그림자(오프셋 오른쪽)
• 차트영역 : 채우기(노랑)
그림영역 : 채우기(흰색)
• 데이터 서식 : '음성인식 및 번역'
계열을 표식이 있는 꺾은선형으로
변경 후 보조 축으로 지정
• 값 표시 : 2019년의 S/W 및 알고리
즘 계열만

① 도형 삽입
– 스타일 : 미세효과 – 파랑, 강조1
– 글꼴 : 굴림, 18pt

출력형태

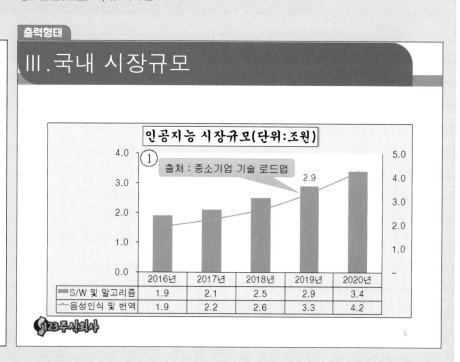

KEY POINT

• 차트 삽입
– [삽입] : [일러스트레이션] – [차트] 또는 개체 틀 – 차트 삽입
– [데이터 입력] – [행/열 전환]
– [빠른 레이아웃 설정]
• 차트 편집
– [차트 영역] / [차트 서식 편집]
– [차트 제목 편집] / [그림 영역] 설정
– [데이터 계열 서식 편집] / [축 서식] / 눈금선 편집
• 도형 삽입 : 도형 삽입 : 도형 스타일 , 텍스트 편집
• 재 저장하기(**Ctrl** + **S**)

01 ❶다섯 번째 슬라이드를 선택하고 ❷제목 개체 틀에 'ㅈ'을 입력한 후 키보드의 [한자]를 눌러 'Ⅲ'을 삽입한 후 제목을 입력합니다. ❸개체 틀의 [차트 삽입]을 클릭합니다.

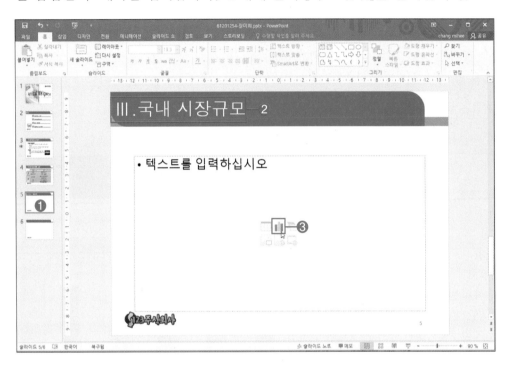

02 차트 작성 조건의 '묶은 세로 막대'와 데이터 서식 조건의 '표식이 있는 꺾은선형'을 한꺼번에 설정합니다. [차트 삽입] 대화상자에서 ❶모든 차트 영역의 '콤보'를 선택한 후 ❷'계열1'은 '묶은 세로 막대형'을 선택합니다.

Tip

차트를 묶은 세로 막대형과 데이터 표식이 있는 꺾은선형과 보조축으로 변경하는 과정을
'콤보'차트로 작성(단, 표식이 있는 꺾은 선형으로 변경될 계열 선택)

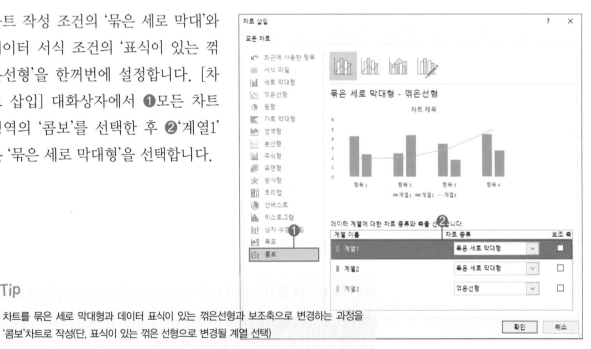

	2016	2017	2018	2019	2020
S/W 및 알고리즘	1.9	2.1	2.5	2.9	3.4
음성인식 및 번역	1.9	2.2	2.6	3.3	4.2

03 ❶'계열2'의 목록 단추를 누른 후 ❷꺾은선형에서 '표식이 있는 꺾은선형'을 선택합니다.

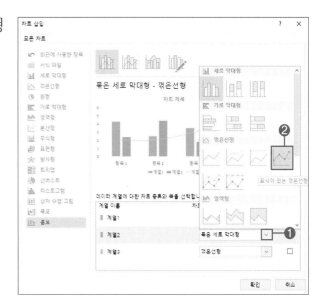

04 '계열2'는 '보조축'으로 변경하기 위해 ❶'보조축'에 체크한 후 ❷[확인]를 클릭합니다.

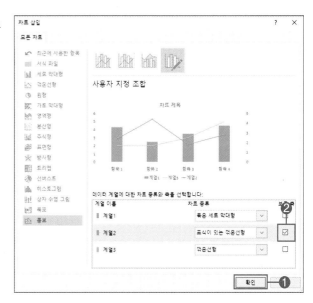

05 'Microsoft PowerPoint의 차트' 창이 열립니다. 연속데이터, 천단위, 백분율 등의 데이터를 입력할 때는 Excel에서 편집합니다. ❶'Microsoft Excel에서 데이터 편집'을 클릭합니다.

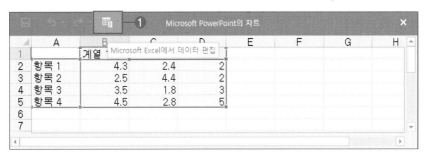

06 ❶항목1에 '2016년'을 입력하고 셀 오른쪽 하단에 마우스를 올려놓고 '+'모양일 때 아래쪽으로 드래그하여 자동 채우기를 합니다. 연속된 숫자가 표시됩니다. 확인하면서 드래그합니다.

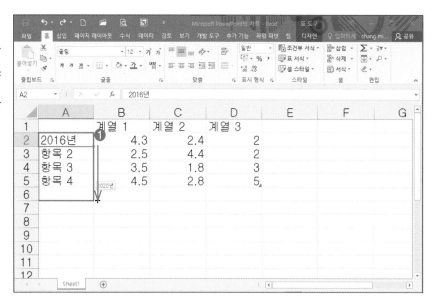

07 《출력형태》에 있는 ❶데이터를 행과 열을 바꾸어 그대로 입력합니다. 엑셀 시트에서 ❷데이터의 범위를 조절하기 위해 오른쪽 하단 대각선에 마우스를 올려놓습니다.

Tip

천단위 콤마를 표시해야 하는 경우 '쉼표스타일(,)'과 소수 자리수 늘림/줄임 등 [홈] 탭의 [표시 형식] 그룹에서 설정합니다.

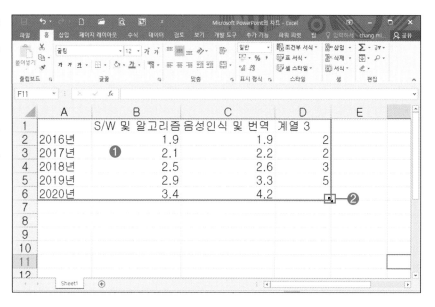

08 데이터 입력이 완료되면 데이터의 범위를 조절합니다. ❶오른쪽 하단의 조절점 위에 마우스를 올려놓고 '↖' 모양으로 변경되면 왼쪽으로 드래그하여 범위를 조절합니다. ❷엑셀을 닫기 위해 오른쪽 상단의 '닫기'를 클릭합니다.

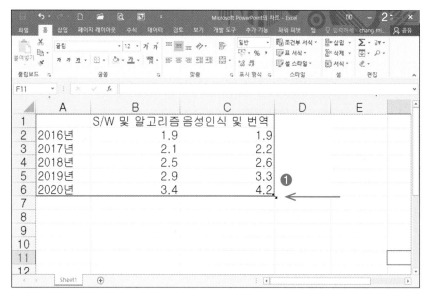

09 기본 차트를 완성합니다.

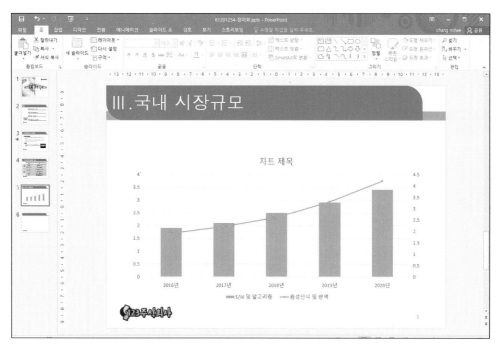

행/열 전환을 해야 하는 경우

엑셀 창에 입력 데이터를 《출력형태》와 같은 형태로 입력한 경우 차트가 행열이 바뀌어 표시됩니다. [차트 도구]–[디자인] 탭의 [데이터] 그룹에서 '데이터 선택'의 '행/열 전환'을 합니다. 엑셀 창이 열린 상태에서는 '행/열 전환'을 바로 클릭해도 됩니다.

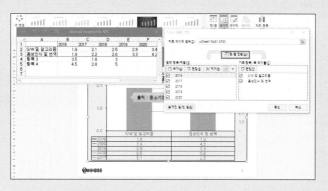

데이터 수정을 하려면?

[차트 도구]–[디자인] 탭의 [데이터] 그룹에서 '데이터 편집'의 'Excel에서 데이터 편집'을 클릭합니다.

01 차트의 제목과 데이터 표를 한꺼번에 적용하기 위해 ❶차트를 선택하고 ❷[차트 도구]−[디자인] 탭의 [차트 레이아웃] 그룹에서 ❸[빠른 레이아웃]을 클릭한 후 ❹'레이아웃5'를 선택합니다. 차트의 제목과 데이터 테이블이 표시됩니다.

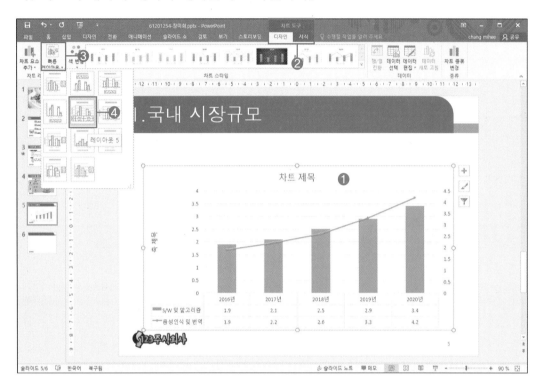

02 차트의 '세로 축 제목'은 사용하지 않으므로 '세로 축 제목'은 Delete 를 눌러 삭제합니다.

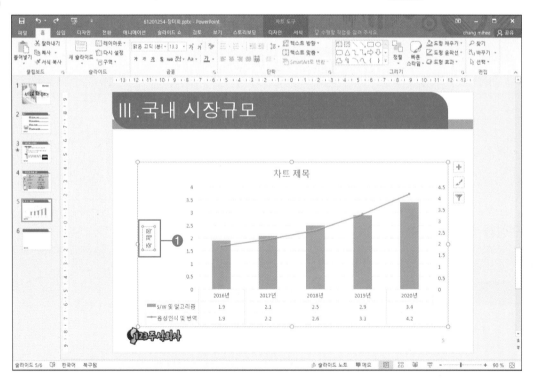

03 제시된 《조건》의 차트 영역에 해당하는 부분을 편집합니다. ❶차트 테두리를 클릭하여 차트 전체를 선택하고 ❷[홈] 탭의 ❸[글꼴] 그룹에서 '글꼴 : 돋움, 크기 : 16 pt', ❹글자 색은 '검정'을 설정합니다.

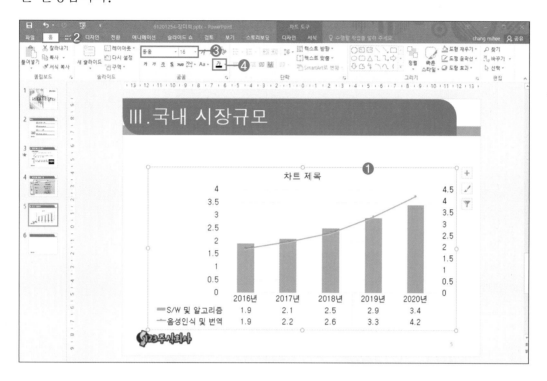

04 차트의 영역의 색을 설정하기 위해 ❶차트 전체를 선택하고 ❷[홈] 탭의 [그리기] 그룹에서 ❸[도형 채우기]을 클릭하여 ❹'노랑'을 선택합니다.

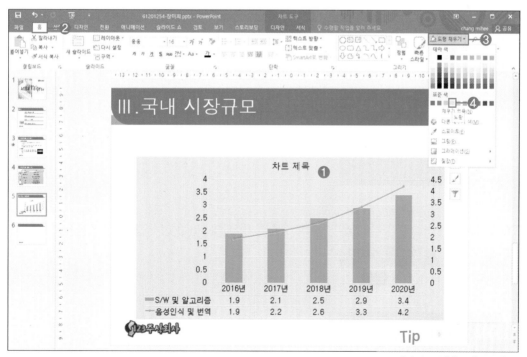

Tip

[차트 도구]-[서식] 탭의 [도형 스타일] 그룹에서 [도형 채우기]-[노랑]을 선택해도 됩니다.

05 차트의 외곽선을 설정하기 위해 ❶차트 전체를 선택하고 ❷[홈] 탭의 [그리기] 그룹에서 ❸[도형 윤곽선]을 클릭하여 ❹'검정'을 선택합니다.

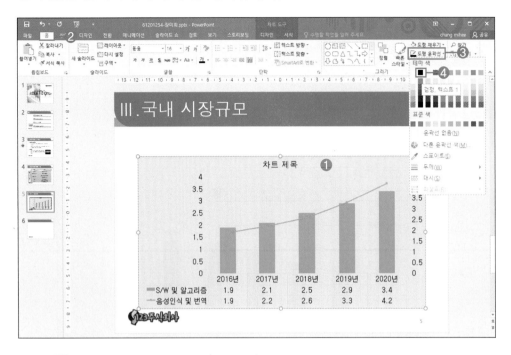

Tip

[차트 도구] – [서식] 탭의 – [도형 스타일] 그룹에서 [도형 윤곽선] – [검정]을 선택해도 됩니다.

글꼴, 채우기 색, 윤곽선 등은 마우스 오른쪽 단추를 눌러 바로가기 메뉴에서 설정할 수 있습니다.

Level UP!

○ 차트 차트 제목과 데이터 표를 삽입하는 또 다른 방법

차트 제목을 삽입하려면 [차트 도구] – [디자인] – [차트 요소 추가] – [차트 제목]에서 삽입할 수 있습니다.

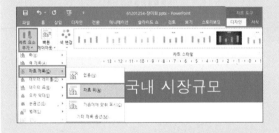

차트 데이터 표를 삽입하려면 [차트 도구] – [디자인] – [차트 요소 추가] – [데이터 표]에서 삽입할 수 있습니다.

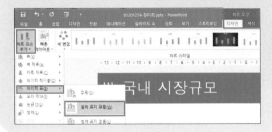

01 차트 제목을 클릭한 후 마우스 모양이 'I'일 때 드래그한 후 ❶'인공지능 시장규모(단위:조원)'을 입력한 후 제목 개체 틀 전체를 선택합니다. ❷[홈] 탭의 [글꼴] 그룹에서 ❸'글꼴 : 궁서, 글자 크기 : 24pt', ❹'굵게'를 선택합니다.

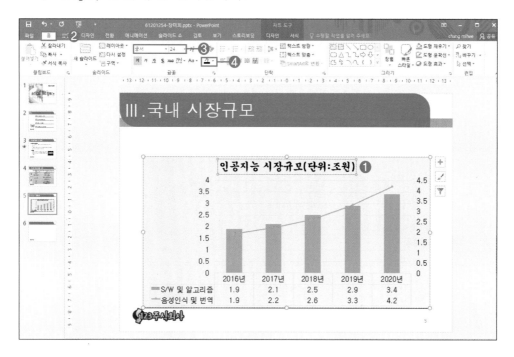

02 차트 제목의 채우기와 테두리를 설정합니다. ❶차트 제목 개체 틀을 선택한 후 ❷[홈] 탭의 [그리기] 그룹에서 ❸[도형 채우기]를 '흰색'과 [도형 윤곽선]을 ❹'검정'으로 선택합니다.

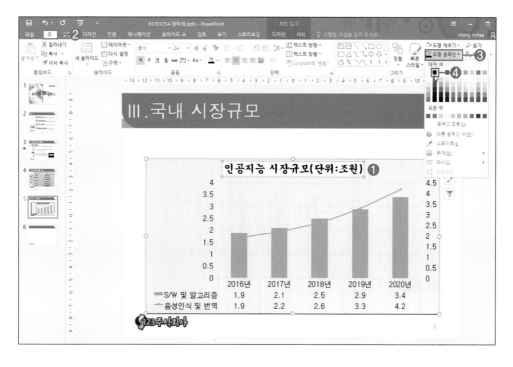

03 차트 제목에 그림자 효과를 적용하기 위해 ❶차트 제목이 선택된 상태에서 ❷[홈] 탭의 [그리기] 그룹에서 ❸[도형 효과]를 클릭하여 ❹[그림자]를 클릭한 후 ❺'오프셋 오른쪽'을 선택합니다.

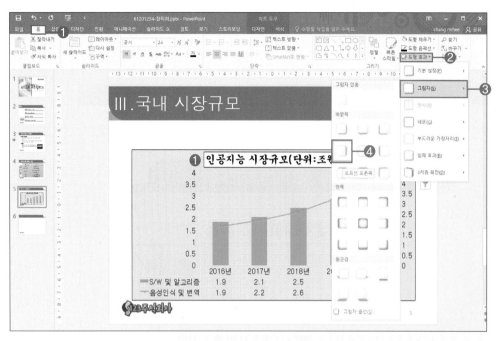

Tip

마우스를 '그림자 효과' 위에 올려 놓은 후 '설명'을 확인한 후 선택합니다.

04 차트 제목을 완성합니다.

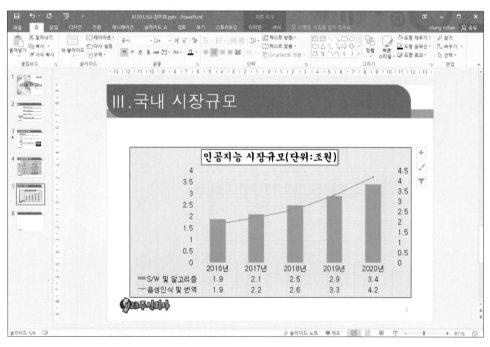

01 그림 영역의 '채우기 색'과 '세로 (값) 축 주 눈금선'을 편집합니다. 차트의 안쪽을 클릭하여 ❶그림 영역을 선택하고 ❷[홈] 탭의 [그리기] 그룹에서 [도형 채우기]의 '흰색'을 선택합니다.

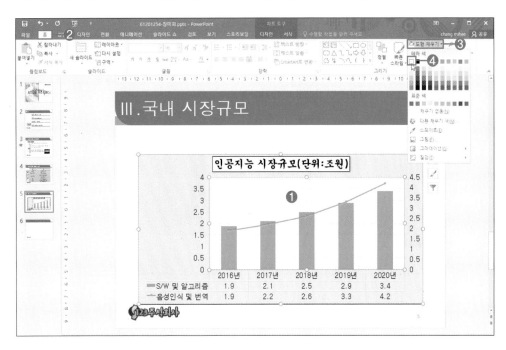

Tip

[차트 도구]의 [서식] 탭에서 [도형 스타일] 그룹의 [도형 채우기]와 [도형 윤곽선]에서 선택할 수 있습니다.

02 그림 영역의 '세로 (값) 축 주 눈금선'을 삭제하기 위해 차트의 안쪽 ❶눈금선 위에 마우스를 올려놓고 마우스 모양이 ⬕일 때 클릭합니다. 눈금선이 선택이 되면 [Delete]를 눌러 삭제합니다.

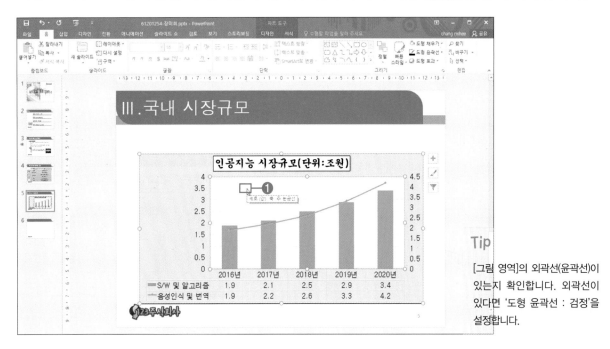

Tip

[그림 영역]의 외곽선(윤곽선)이 있는지 확인합니다. 외곽선이 있다면 '도형 윤곽선 : 검정'을 설정합니다.

03 그림 영역을 완성합니다.

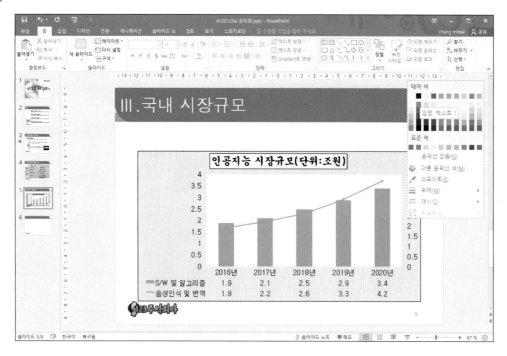

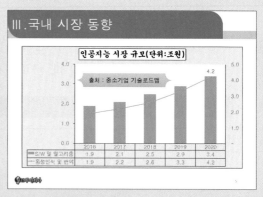

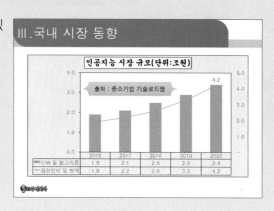

Level UP!

○ 그림 영역에 윤곽선이 있는 경우와 윤곽선이 없는 경우 처리 방법

❶ 그림 영역에 윤곽선이 없는 경우는 그림 영역의 상단이 테두리가 없습니다. [도형 채우기]만 하면 됩니다.

❷ 그림 영역에 윤곽선이 있는 경우는 그림 영역의 상단이 테두리가 있습니다. 이런 경우에는 [도형 윤곽선] – [검정]을 적용해야 합니다.

01 데이터 서식의 《세부 조건》에서 꺾은선과 보조 축으로 변경하는 부분은 차트를 만들 때 '콤보' 차트로 '묶은 세로막대'와 '표식이 있는 꺾은선'으로 작성했기 때문에 이 과정에서는 '데이터 레이블'만 표시하면 됩니다. ❶'S/W 및 알고리즘'의 묶은 세로막대 그래프를 클릭하면 전체가 선택됩니다.

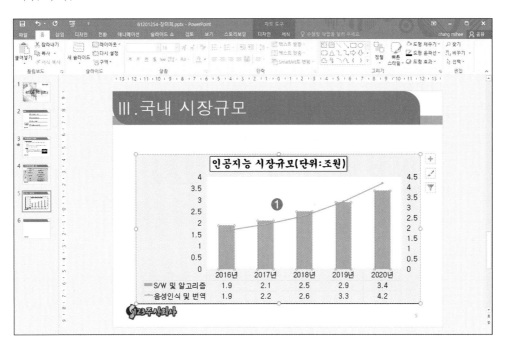

02 ❶'2019년'의 'S/W 및 알고리즘'의 막대 그래프를 한 번 더 클릭합니다. ❷[차트 도구]-[디자인] 탭의 ❸[차트 레이아웃] 그룹에서 [차트 요소 추가]를 클릭합니다. ❹[데이터 레이블]의 ❺ '바깥쪽 끝에'를 선택합니다.

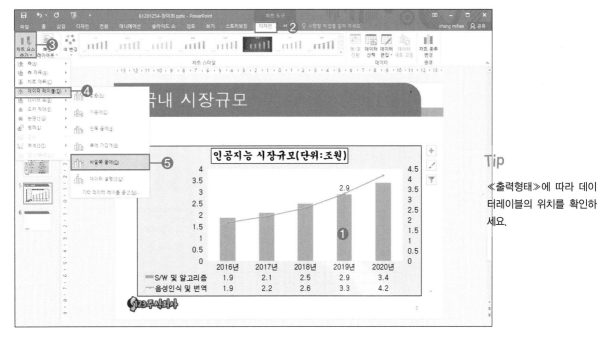

Tip

《출력형태》에 따라 데이터레이블의 위치를 확인하세요.

03 데이터 값 표시를 완성합니다.

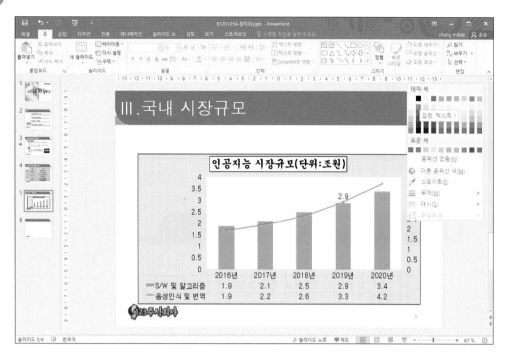

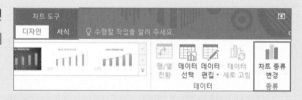

Level UP!

○ 묶은 세로 막대형으로 차트를 삽입한 후 차트 변경

❶ 처음 차트를 작성할 때 '묶은 세로 막대형'으로만 작성했다면
차트를 변경할 경우 [차트 도구]-[디자인] 탭의 [종류] 그룹에
서 [차트 종류 변경]을 클릭합니다.

❷ [차트 종류 변경] 대화상자가 표시되면 차트 종류를 '콤보'로
선택하고 꺾은선으로 변경할 계열을 차트 종류를 변경하고 '보
조 축'에 체크한 후 [확인]을 클릭합니다.

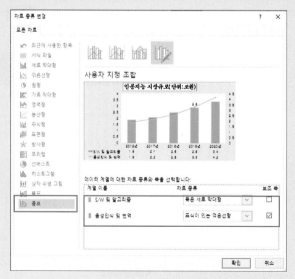

01 차트의 축 서식을 설정합니다. ❶왼쪽 '세로 (값) 축'을 더블클릭하여 오른쪽에 [축 서식] 대화상자를 표시합니다.

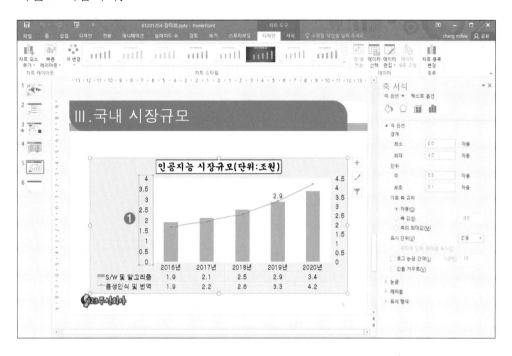

02 ❶세로 (값) 축이 선택된 상태에서 [축 서식] 대화상자의 ❷[축 옵션]을 클릭하고 ❸[축 옵션]에서 ❹'최소 : 0'과 '최대 : 4'를 입력하고, ❺'주 단위'의 값을 '1'을 입력합니다. ❻'눈금'의 '주 눈금'을 '바깥쪽'을 선택합니다. 숫자 서식의 표시 형식을 변경하기 위해 ❼[표시 형식]의 [범주]에서 '숫자'를 선택하고 소수 자릿 수 : 1'을 입력합니다.

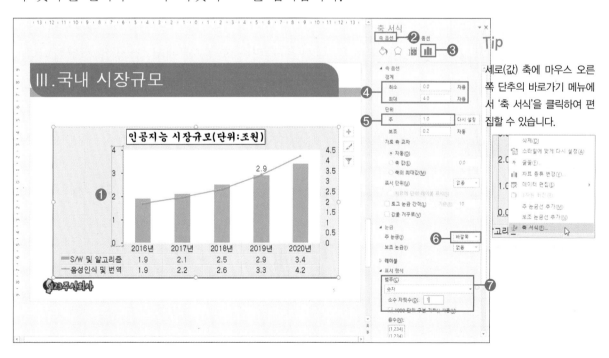

Tip

세로(값) 축에 마우스 오른쪽 단추의 바로가기 메뉴에서 '축 서식'을 클릭하여 편집할 수 있습니다.

03 ❶오른쪽 보조 축을 선택하고 ❷[축 서식] 대화상자의 ❸[축 옵션]에서 ❹'최소 : 0'과 '최대 : 5'를 입력하고, ❺'주 단위'의 값을 '1'을 입력합니다. ❻'눈금'의 '주 눈금을 '없음'을 선택합니다. ❼숫자 서식의 표시 형식을 변경하기 위해 [표시 형식]의 [범주]에서 '회계'를 선택하고 소수 자릿 수 : 1'을 입력한 후 '기호'는 '없음'으로 선택합니다.

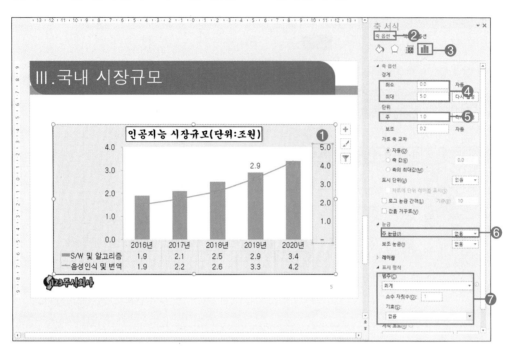

Tip

· 최소 값이 '0'인 경우 : 표시 형식을 '일반' 또는 '숫자'로 설정

· 최소 값이 '-'인 경우 : 표시 형식을 '회계'로 설정

04 '보조 축'은 눈금을 '없음'으로 선택되어 축 윤곽선이 표시되지 않습니다. ❶[축 서식]의 [축 옵션] 탭의 [채우기 및 선]에서 ❷'선'은 '실선'을 클릭한 후 ❸'색'에서 '검정'을 선택합니다.

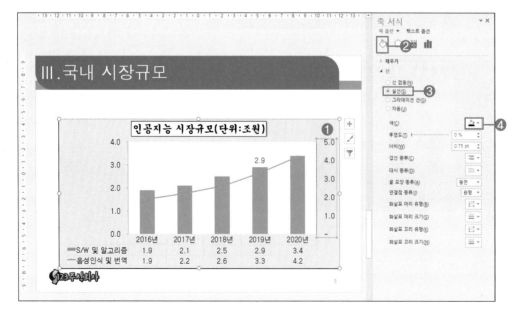

05 ❶왼쪽 세로 (값) 축 값을 선택한 후 ❷[축 서식]의 [축 옵션] 탭의 [채우기 및 선]에서 ❸'선'을 '실선'을 클릭한 후 ❹'색'에서 '검정'을 선택합니다.

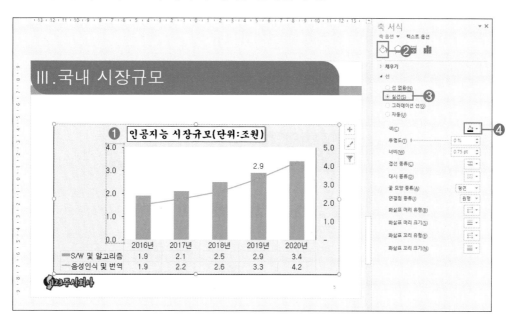

06 ❶데이터 표를 선택한 후 ❷[데이터 표 서식]의 [표 옵션] 탭의 [채우기 및 선]에서 ❸'테두리'를 '실선'을 클릭한 후 ❹'색'에서 '검정'을 선택합니다. ❺[닫기]를 클릭하여 옵션 창을 닫습니다.

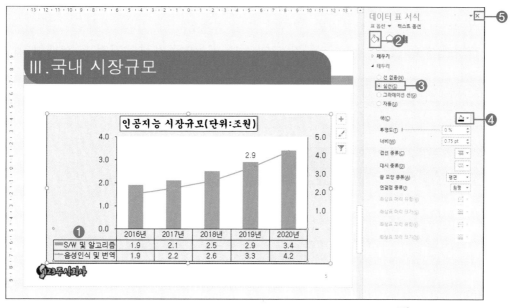

Tip

옵션 창이 열린 상태에서 개체를 클릭하면 개체를 편집할 수 있는 옵션 창이 표시됩니다.

01 차트에 도형을 삽입합니다. ❶[삽입] 탭의 [일러스트레이션] 그룹에서 ❷[도형]을 클릭하여 ❸ [설명선]의 '모서리가 둥근 사각형 설명선'을 선택합니다.

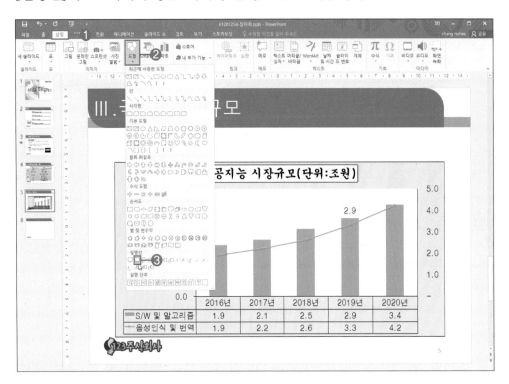

02 ❶차트 영역 안쪽에 드래그하여 삽입한 후 텍스트를 입력합니다. 도형 전체를 선택한 후 ❷[홈] 탭의 [글꼴] 그룹에서 ❸'글꼴 : 굴림', '글자 크기 : 18pt', ❹'글자색 : 검정'을 선택합니다.

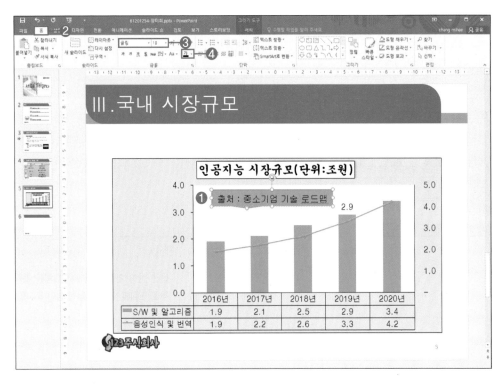

03 도형에 스타일을 적용하기 위해 도형을 선택한 상태에서 ❶[홈] 탭의 [그리기] 그룹에서 ❷'빠른 스타일'의 ❸'미세효과 – 파랑, 강조 1'을 선택합니다.

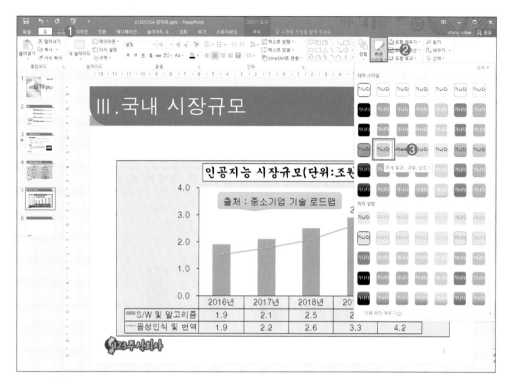

Tip

[그리기 도구]–[서식] 탭의 [도형 스타일]에서 선택할 수 있습니다.

04 도형의 노란 조절점을 드래그하여 ≪출력형태≫에 맞게 조절하고 완성합니다.

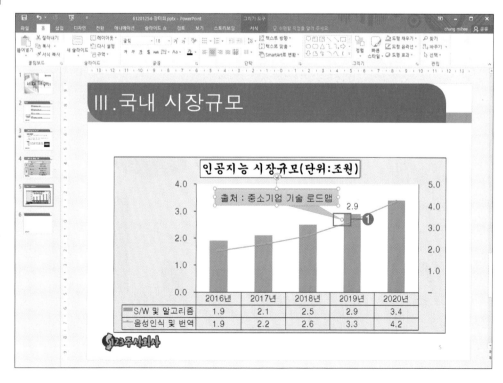

01 다음의 조건을 적용하여 슬라이드를 완성하시오.

■ ■ 예제 : 실력팡팡₩6.차트슬라이드₩차트1.pptx

≪차트 슬라이드≫

(100점)

조건 (1) 차트 작성 기능을 이용하여 슬라이드를 작성한다.
(2) 차트 : 종류(묶은 세로 막대형), 글꼴(돋움, 16pt), 외곽선

세부조건

❖ **차트설명**
• 차트제목 : 궁서, 24pt, 굵게,
  채우기(흰색), 테두리,
  그림자(오프셋 아래쪽)
• 차트 영역 : 채우기(노랑)
• 그림 영역 : 채우기(흰색)
• 데이터 서식 : 국가총배출량 계열을
  표식이 있는 꺾은선형으로 변경 후
  보조축으로 지정
• 값 표시 : 국가총배출량 계열만

① 도형 삽입
– 스타일 : 미세 효과 – 황록색, 강조3
– 글꼴 : 돋움, 18pt

출력형태

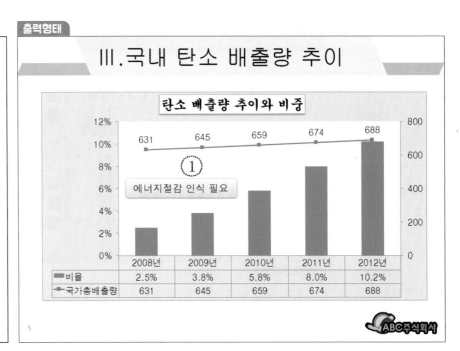

Ⅲ.국내 탄소 배출량 추이

탄소 배출량 추이와 비중

	2008년	2009년	2010년	2011년	2012년
비율	2.5%	3.8%	5.8%	8.0%	10.2%
국가총배출량	631	645	659	674	688

ABC주식회사

02 다음의 조건을 적용하여 슬라이드를 완성하시오.

■ ■ 예제 : 실력팡팡₩6.차트슬라이드₩차트2.pptx

≪차트 슬라이드≫

(100점)

조건 (1) 차트 작성 기능을 이용하여 슬라이드를 작성한다.
(2) 차트 : 종류(묶은 세로 막대형), 글꼴(굴림, 16pt), 외곽선

세부조건

❖ **차트설명**
• 차트제목 : 돋움, 24pt, 굵게,
  채우기(흰색), 테두리,
  그림자(오프셋 아래쪽)
• 차트 영역 : 채우기(노랑)
• 그림 영역 : 채우기(흰색)
• 데이터 서식 : 피해액 계열을 표식이
  있는 꺾은선형으로 변경 후 보조축
  으로 지정
• 값 표시 : 태풍호우의 피해액 계열만

① 도형 삽입
– 스타일 : 강한 효과 – 자주, 강조4
– 글꼴 : 돋움, 18pt

출력형태

3.자연재해 현황

유형별 피해 발생 현황(단위:천)

가장 심각

	강풍	대설	태풍	호우	태풍호우
발생횟수	55	153	218	652	830
피해액	7,994	278,107	443,385	634,436	1,077,822

ABC주식회사

03 다음의 조건을 적용하여 슬라이드를 완성하시오.

■■ 예제 : 실력팡팡₩6.차트슬라이드₩차트3.pptx

≪차트 슬라이드≫

(100점)

조건 (1) 차트 작성 기능을 이용하여 슬라이드를 작성한다.
(2) 차트 : 종류(묶은 세로 막대형), 글꼴(굴림, 16pt), 외곽선

세부조건

❖ **차트설명**

• 차트제목 : 궁서, 24pt, 굵게, 채우기(흰색), 테두리, 그림자(오프셋 대각선 오른쪽 위)

• 차트 영역 : 채우기(노랑)

• 그림 영역 : 채우기(흰색)

• 데이터 서식 : 소프트웨어 계열을 표식이 있는 꺾은선형으로 변경 후 보조축으로 지정

• 값 표시 : 2020년의 소프트웨어 계열만

① 도형 삽입

– 스타일 : 미세 효과 – 황금색, 강조4

– 글꼴 : 굴림, 16pt

출력형태

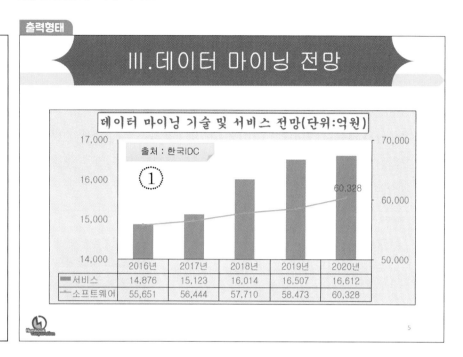

04 다음의 조건을 적용하여 슬라이드를 완성하시오.

■■ 예제 : 실력팡팡₩6.차트슬라이드₩차트4.pptx

≪차트 슬라이드≫

(100점)

조건 (1) 차트 작성 기능을 이용하여 슬라이드를 작성한다.
(2) 차트 : 종류(묶은 세로 막대형), 글꼴(돋움, 16pt), 외곽선

세부조건

❖ **차트설명**

• 차트제목 : 궁서, 24pt, 굵게, 채우기(흰색), 테두리, 그림자(오프셋 위쪽)

• 차트 영역 : 채우기(노랑)

• 그림 영역 : 채우기(흰색)

• 데이터 서식 : 국내 계열을 표식이 있는 꺾은선형으로 변경 후 보조축으로 지정

• 값 표시 : 2017년의 국내 계열만

• 질감 : 작은 물방울

① 도형 삽입

– 스타일 : 미세 효과 – 빨강, 강조2

– 글꼴 : 굴림, 18pt

출력형태

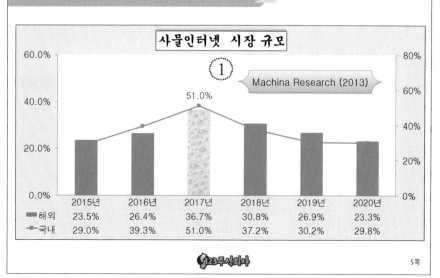

도형 슬라이드

도형 슬라이드를 작성하는 부분으로 도해를 빠르고 쉽게 삽입할 수 있도록 하는 SmartArt와 도형을 이용하여 개체를
편집 및 그룹화하고 애니메이션 효과 등을 삽입하는 방법을 학습합니다.

● SmartArt 삽입

- SmartArt는 도형을 패턴화해서 슬라이드에 도해를 쉽고 빠르게 삽입하기 위한 도구입니다.
- SmartArt를 삽입하려면 [삽입] 탭의 [일러스트레이션] 그룹에서 [SmartArt]를 클릭합니다.
- [SmartArt 그래픽 선택] 대화상자에서 선택 목록을 클릭하고 상황에 맞는 SmartArt를 선택하여 삽입합니다.

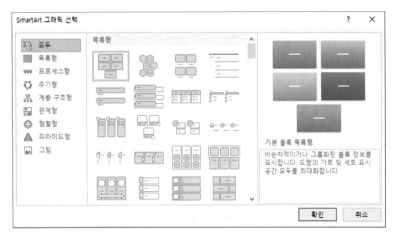

- 내용은 SmartArt의 텍스트 입력란에 직접 입력할 수 있으며 [텍스트 창]을 이용하여 입력할 수 있습니다.
- 텍스트 입력 창에서 줄바꿈은 Enter 를 누른 후 입력하고, 단락과 단락은 Tab 또는 Shift + Tab 으로 구분합니다. 자동으로 도형은 추가됩니다.
- 도형을 추가해서 입력하려면 [SmartArt 도구]-[디자인] 탭의 [그래픽 만들기] 그룹에서 [도형 추가]를 눌러 삽입할 수 있습니다.

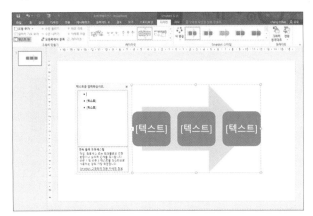

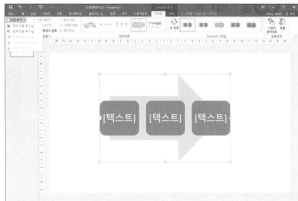

SmartArt 편집

① **②** **③** **④**

① 그래픽 만들기 : SmartArt에 도형 추가, 좌우 대칭, 수준 올리기/내리기, 글머리 기호 추가, 레이아웃 변경

② 레이아웃 : SmartArt의 레이아웃 변경

③ SmartArt 스타일 : SmartArt의 색 변경 또는 SmartArt의 미리 정해진 효과 적용

④ 원래대로 : SmartArt 적용에 모든 서식을 초기 상태로 변경

그룹화

- 하나 이상의 도형을 선택한 후 마우스 바로가기 메뉴의 [그룹]-[그룹]을 선택합니다.
- 그룹 해제는 그룹을 선택하고 마우스 바로가기 메뉴의 [그룹]-[그룹 해제]를 선택합니다.
- 그룹화하거나 그룹 해제는 [그리기 도구]-[서식] 탭에서 [정렬] 그룹의 [그룹]에서 선택합니다.
- 단축키는 그룹은 `Ctrl`+`G`, 그룹 해제는 `Ctrl`+`Shift`+`G` 입니다.

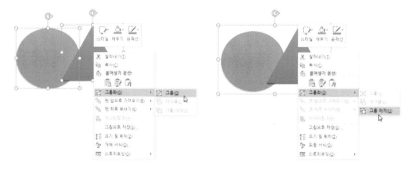

애니메이션 효과

- 슬라이드의 내용에서 강조하고 싶은 부분이나 이해를 돕는 부분에 효과를 주기 위해 사용합니다.
- [애니메이션] 탭의 [애니메이션] 그룹에서 '나타내기, 강조, 끝내기, 이동 경로' 효과를 적용합니다.

❶ 미리보기 : 편집 창에서 애니메이션을 재생합니다.

❷ 애니메이션 : 개체들의 애니메이션 목록에서 나타내기, 강조, 끝내기, 이동경로를 지정하고 애니메이션의 효과 옵션
　　　　　　을 설정합니다.

❸ 고급 애니메이션

- 애니메이션 추가 : 설정된 애니메이션에 추가로 애니메이션을 지정합니다.

- 애니메이션 창 : 애니메이션 옵션 창을 표시합니다.

- 트리거 : 특정 개체를 클릭하면 다른 개체를 실행하는 기능입니다.

- 애니메이션 복사 : 애니메이션을 복사하여 다른 개체에 지정합니다.

❹ 타이밍

- 시작 옵션 : 클릭할 때, 이전 효과와 함께, 이전 효과 다음에 등 애니메이션의 시작 옵션입니다.

- 재생 시간 : 애니메이션의 재생 속도를 설정합니다.

- 순서 바꾸기 : 실행 순서를 바꿉니다.

애니메이션 옵션

- 효과 : 방향, 소리, 애니메이션 후의 효과를 설정합니다.
- 타이밍 : 애니메이션의 시작 옵션과 재생 속도, 반복을 설정합니다.
- 텍스트 애니메이션 : 개체 단위 애니메이션의 효과를 설정합니다.

도형 슬라이드

도형 슬라이드는 배점이 100점이며, 스마트아트와 도형을 삽입하고 개체를 그룹화하여 애니메이션 효과를 삽입하는 프레젠테이션 종합능력을 평가합니다.

[슬라이드 6] ≪도형 슬라이드≫ (100점)

조건   (1) 슬라이드와 같이 도형 및 스마트아트를 배치한다(글꼴 : 굴림, 18pt).
      (2) 애니메이션 순서 : ① ⇒ ②

세부 조건

① 도형 및 스마트아트 편집
 – 스마트아트 디자인
  : 3차원 광택 처리, 3차원 벽돌
 – 그룹화 후 애니메이션 효과
  : 시계 방향 회전

② 도형 편집
 – 그룹화 후 애니메이션 효과
  : 실선무늬(세로)

출력형태

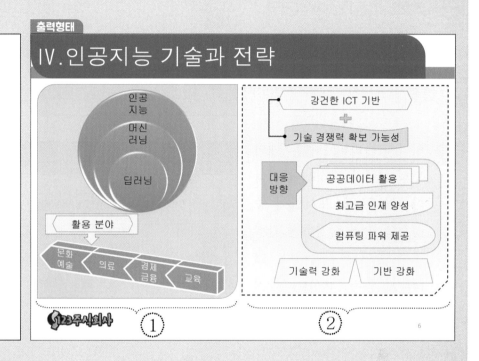

KEY POINT

- 도형 삽입
  - [삽입] : [일러스트레이션]–[도형]
  - [도형 편집] – [채우기] / [선 모양] / [정렬] – 좌우 대칭, 상하 대칭
- 스마트아트 디자인
  - [삽입] – [일러스트레이션] – [스마트아트] – [내용 입력]
  - [글꼴]
  - [스마트아트 디자인] – [스마트아트 스타일]
  - [그래픽 만들기] – [좌우 전환]
- 도형 그룹 : 도형 선택–마우스 오른쪽 버튼 – [그룹] – [그룹] / **Ctrl** + **G**
- 애니메이션
  - [애니메이션] – [애니메이션] – [나타내기] – [효과 옵션]
- 재 저장하기(**Ctrl** + **S**)

01 ❶여섯 번째 슬라이드를 선택하고 ❷제목 개체 틀에 'ㅈ'을 입력한 후 키보드의 [한자]를 눌러 'Ⅳ'를 삽입한 후 제목을 입력합니다. ❸개체 틀이 있다면 개체 틀은 [Delete]를 눌러 삭제합니다.

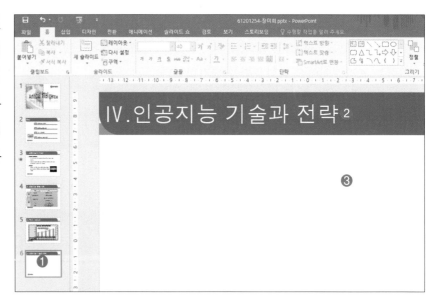

02 하나의 슬라이드에 두 개의 도형 그룹을 작성해야 합니다. 안내선을 표시하여 중심선에 맞춰 작성하면 간격 조절 등이 편리합니다. ❶[보기] 탭의 [표시] 그룹에서 ❷'안내선'을 체크합니다.

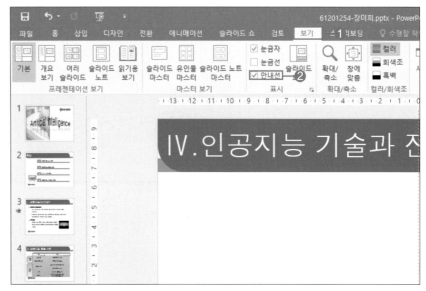

03 좌측 도형 그룹을 먼저 작성합니다. 바닥의 도형부터 작성합니다. ❶[삽입] 탭의 ❷[일러스트레이션] 그룹에서 [도형]을 클릭하여 ❸'사각형'의 '대각선 방향의 모서리가 둥근 사각형'을 선택합니다.

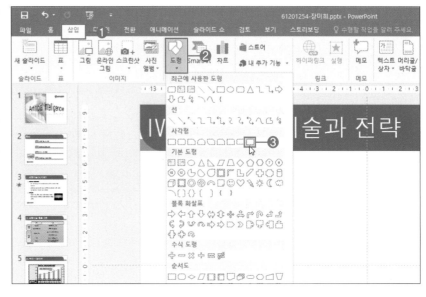

04 ❶도형을 안내선의 왼쪽에 드래그합니다. ❷노란 조절점을 왼쪽으로 드래그하여 《출력형태》에 맞게 조절합니다. 도형의 색을 임의로 변경합니다.

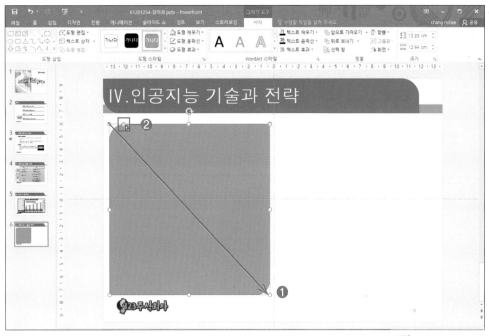

Tip

도형의 색과 테두리는 기본색 그대로 작성해도 됩니다. 《출력형태》에 따라 외곽선, 굵기, 그림자 등이 있는 경우 변경합니다.

05 스마트아트를 삽입하기 위해 ❶[삽입] 탭의 [일러스트레이션] 그룹에서 ❷'SmartArt'를 클릭합니다. ❸[SmartArt] 대화상자가 열리면 관계형에서 ❹'누적 벤형'을 선택한 후 ❺[확인]을 클릭합니다.

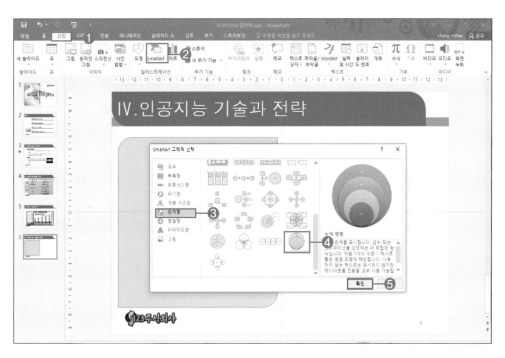

06 텍스트 창에 입력하기 위해 ❶텍스트 창 단추를 누릅니다. ❷'인공지능, 머신러닝, 딥러닝'을 입력하고 남은 텍스트 입력란은 [Delete] 눌러 삭제합니다. 하나의 문단에 두 줄을 입력할 때는 [Shift] + [Enter]를 눌러 입력하고 다음 도형으로 이동할 때는 아래 방향키로 이동합니다. 내용을 추가할 때는 [Enter]를 눌러 입력합니다. ❸입력이 완료되면 텍스트 창은 [닫기]를 누릅니다.

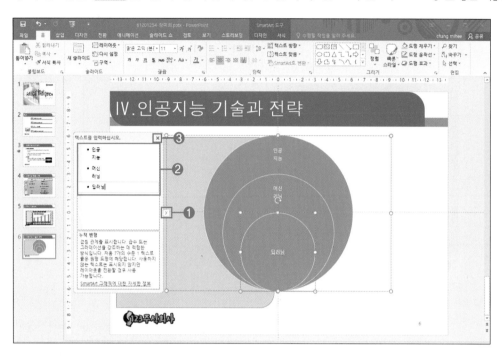

07 스마트아트 디자인을 적용하기 위해 ❶작성된 스마트아트를 선택한 후 ❷[SmartArt 도구]–[디자인] 탭에서 ❸[SmartArt 스타일] 그룹의 '자세히' 단추를 클릭합니다. ❹SmartArt 스타일 목록에서 '3차원'의 '광택 처리'를 선택합니다.

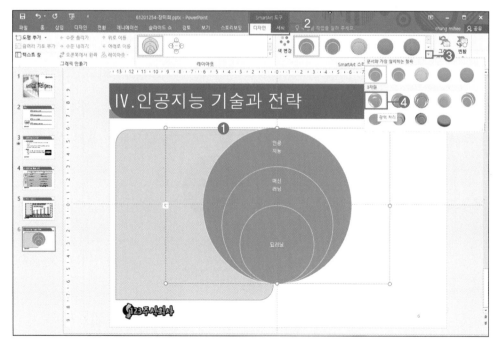

08 스마트아트에 글꼴을 적용하기 위해 ❶작성된 스마트아트를 선택한 후 ❷[홈] 탭의 ❸[글꼴] 그룹에서 '글꼴 : 굴림, 글자 크기 : 18pt'를 선택하고 ❹'글자 색 : 검정'을 선택합니다.

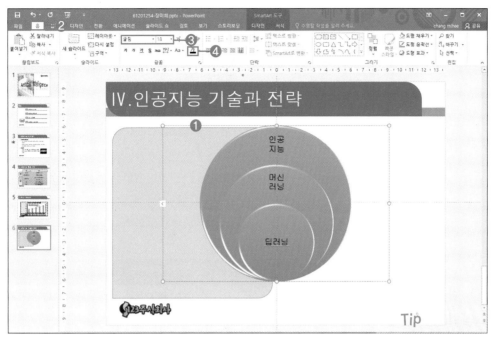

Tip

글꼴을 먼저 변경하게 되면 스타일에 의해 글꼴이 바뀌게 됩니다. 스마트아트 스타일을 설정한 후 글꼴을 변경합니다.

09 작성된 스마트아트는 도형 안의 텍스트가 두 줄로 넘겨지지 않도록 주의하면서 크기를 조절하고 《출력형태》에 맞춰 배치합니다. 스마트아트의 바깥 테두리 선은 바깥쪽으로 넘어가도 됩니다. 안쪽의 스마트아트가 안쪽에 배치되면 됩니다.

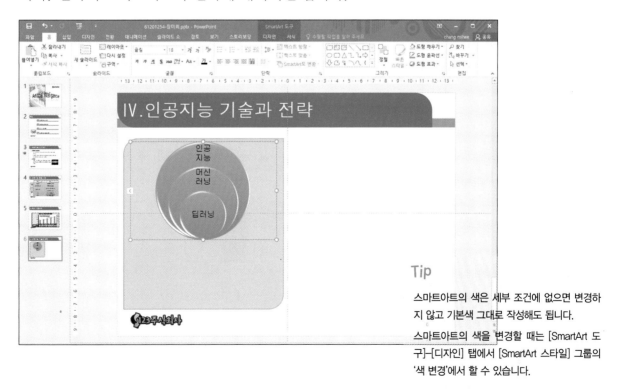

Tip

스마트아트의 색은 세부 조건에 없으면 변경하지 않고 기본색 그대로 작성해도 됩니다.
스마트아트의 색을 변경할 때는 [SmartArt 도구]-[디자인] 탭에서 [SmartArt 스타일] 그룹의 '색 변경'에서 할 수 있습니다.

10 도형을 삽입하기 위해 ❶ [삽입] 탭의 ❷[일러스트레이션] 그룹에서 [도형]을 클릭하여 ❸'블록 화살표'의 '아래쪽 화살표 설명선'을 선택합니다.

11 ❶도형을 그린 후 도형과 도형의 구분을 위해 도형의 채우기 색을 임의로 변경합니다.

Tip

도형의 색과 두께 등은 기본값으로 적용해도 됩니다. 제시된 경우나 《출력형태》에 따라 변경합니다.

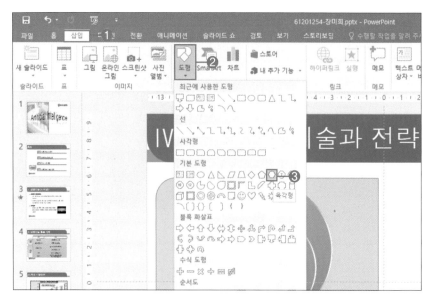

12 두 번째 도형을 삽입하기 위해 ❶[삽입] 탭의 ❷[일러스트레이션] 그룹에서 [도형]을 클릭하여 ❸'기본 도형'의 '육각형'을 선택합니다.

13 도형을 삽입하고 도형의 채우기 색을 임의로 변경합니다. 삽입된 도형에 ❶텍스트를 입력한 후 ❷[홈] 탭의 ❸[글꼴] 그룹에서 '글꼴 : 굴림, 글자 크기 : 18pt'를 설정하고 ❹'글자 색 : 검정'을 선택합니다.

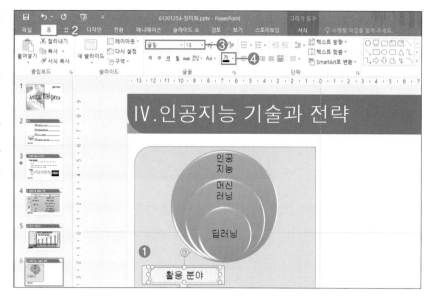

14 도형을 그릴 때마다 글꼴 설정을 해야하는 번거로움을 없애기 위해 ❶글꼴과 크기가 설정된 도형을 선택한 후 ❷마우스 오른쪽 단추를 눌러 바로가기 메뉴의 '기본 도형으로 설정'을 클릭합니다. 이후부터 그려지는 도형은 같은 서식으로 삽입이 되어 글꼴과 크기, 색 등은 변경하지 않아도 됩니다.

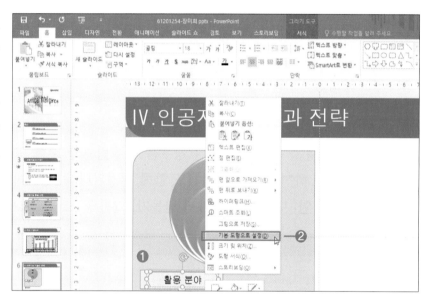

15 두 번째 스마트아트를 삽입하기 위해 ❶[삽입] 탭의 [일러스트레이션] 그룹에서 ❷'SmartArt'를 클릭합니다.

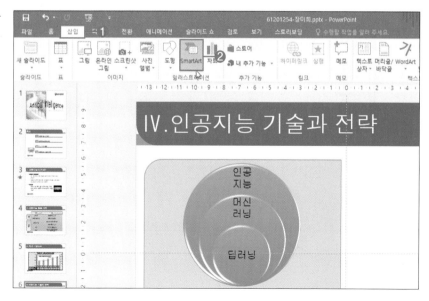

16 [SmartArt] 대화상자가 열리면 ❶'프로세스형'에서 ❷'닫힌 갈매기형 수장 프로세스형'을 선택한 후 ❸[확인]을 클릭합니다.

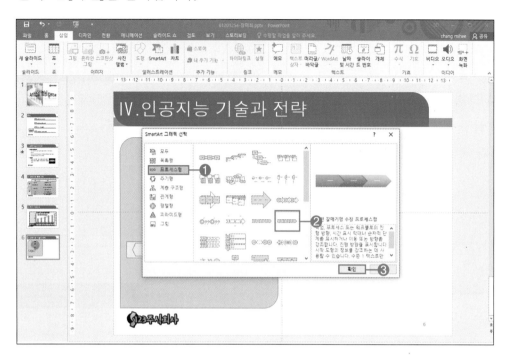

17 프로세스형은 좌우로 변환된 경우는 좌우변환한 후에 텍스트를 입력합니다. 입력한 후 좌우로 변환을 하면 텍스트의 순서도 함께 변경됩니다. ❶스마트아트를 선택한 후 ❷[SmartArt 도구]-[디자인] 탭에서 ❸[그래픽 만들기] 그룹의 '오른쪽에서 왼쪽'을 클릭합니다.

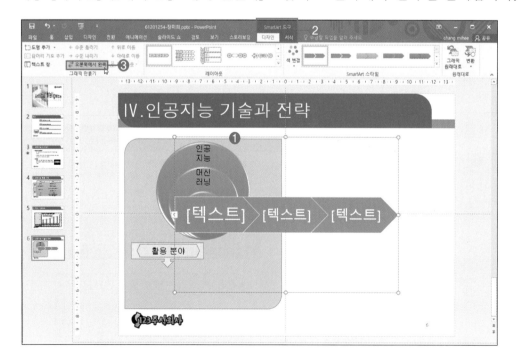

18 좌우로 변환된 스마트아트의 ❶'텍스트 창'을 클릭하여 활성화한 후 ❷《출력형태》의 오른쪽 텍스트부터 입력합니다. ❸입력이 완료되면 [닫기]를 누릅니다.

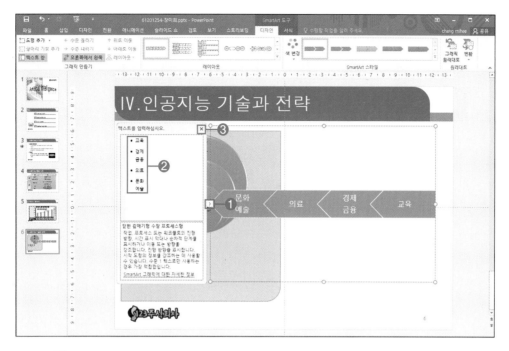

Tip

도형에 직접 입력할 때는 왼쪽부터 입력하지만 텍스트 창을 이용하는 경우에는 오른쪽 텍스트부터 입력합니다. 텍스트 창을 이용하면 텍스트 입력 여부에 따라 자동으로 도형이 추가됩니다.

19 스마트아트 디자인을 적용하기 위해 ❶작성된 스마트아트를 선택한 후 ❷[SmartArt 도구]–[디자인] 탭에서 ❸[SmartArt 스타일] 그룹의 '자세히' 단추를 클릭한 후 'SmartArt 스타일' 목록에서 '3차원'의 '벽돌'을 선택합니다.

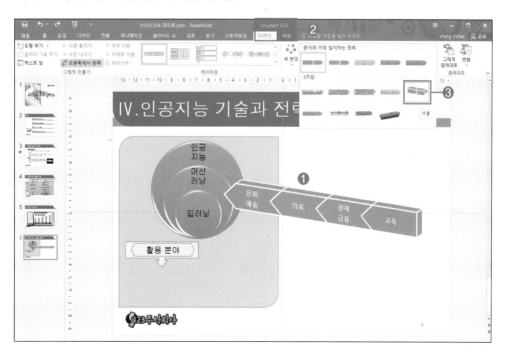

20 스마트아트에 글꼴을 적용하기 위해 ❶작성된 스마트아트를 선택한 후 ❷[홈] 탭의 ❸[글꼴] 그룹에서 '글꼴 : 굴림, 글자 크기 : 18pt'를 선택합니다. 글자 색은 흰색이므로 변경하지 않습니다.

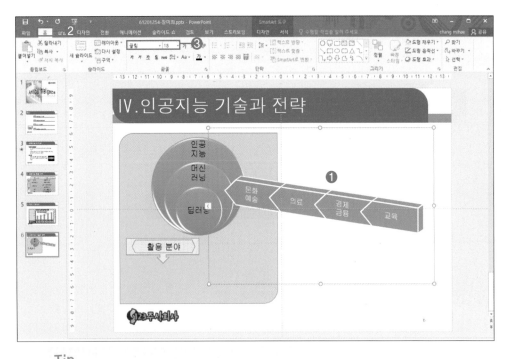

Tip

스마트아트와 도형의 글자 색은 《출력형태》에 따라 변경합니다.

21 작성된 스마트아트는 도형 안의 텍스트가 두 줄로 넘겨지지 않도록 주의하면서 크기를 조절하고 《출력 형태》와 같이 배치합니다.

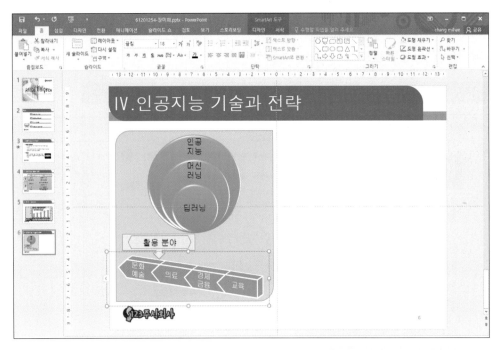

Tip

스마트아트의 도형 부분만 바닥 도형 안쪽에 배치되면 됩니다.

22 스마트아트와 도형들이 모두 선택될 수 있도록 넓게 드래그하여 선택합니다.

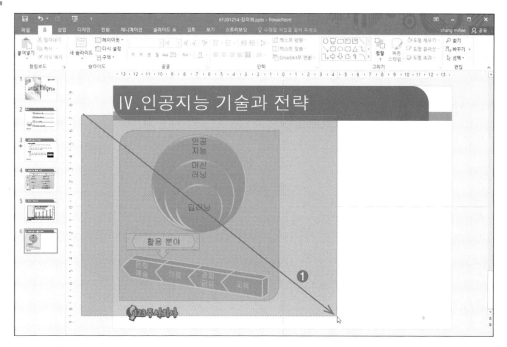

Tip

`Ctrl` 또는 `Shift` 를 누르고 도형과 스마트아트를 선택할 수 있습니다.

23 ❶도형과 스마트아트가 모두 포함되었는지 확인한 후 ❷[그리기 도구]-[서식] 탭에서 ❸[정렬] 그룹의 '그룹화'-'그룹'을 선택합니다. 단축키 `Ctrl` + `G` 를 사용할 수 있습니다.

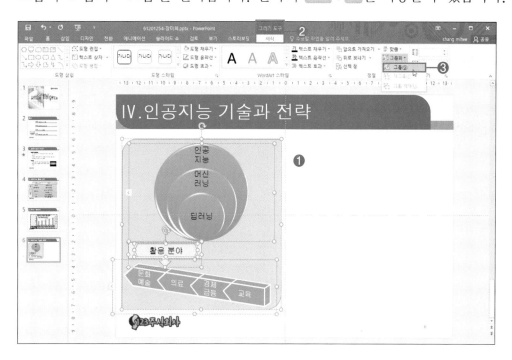

24 그룹이 되면 하나의 개체가 되고 조절점이 바깥쪽에 8개가 생깁니다.

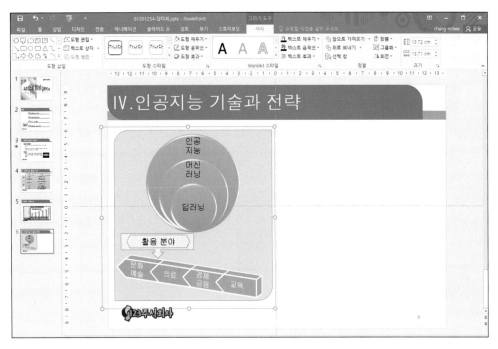

도형과 스마트아트 그룹화

도형과 스마트아트를 그룹화할 때 스마트아트가 포함이 되었는지 확인합니다. 도형 안에 배치되어 있어도 스마트아트의 테두리는 도형 바깥쪽까지 걸쳐 있는 경우가 있습니다. 마우스로 드래그하여 도형들을 선택하는 경우 스마트아트의 전체 크기를 확인한 후 도형을 선택합니다.

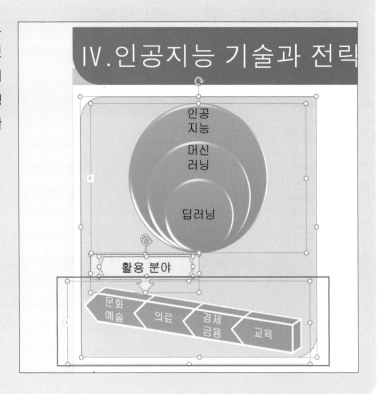

01 우측 도형 그룹을 작성합니다. 바닥의 도형부터 작성하기 위해 ❶[홈] 탭의 ❷[일러스트레이션] 그룹에서 [도형]을 클릭하여 ❸'사각형'의 '한쪽 모서리가 잘린 사각형'을 선택합니다.

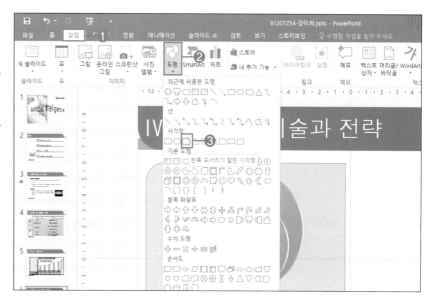

02 ❶도형을 안내선에 맞춰 오른쪽에 드래그합니다. ❷노란 조절점을 왼쪽으로 드래그하여 《출력형태》에 맞게 조절합니다.

Tip

왼쪽 텍스트가 입력된 도형을 '기본 도형으로 설정'을 했기 때문에 '기본 도형 설정'한 도형 스타일로 그려집니다.

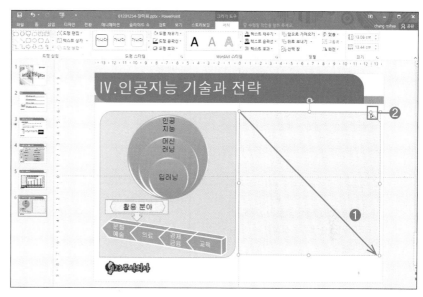

03 《출력형태》에 보이는 도형의 테두리의 굵기를 변경합니다. ❶우측 도형을 선택한 상태에서 ❷[그리기 도구]–[서식] 탭의 [도형 스타일] 그룹에서 ❸[도형 윤곽선]의 ❹'두께'를 클릭한 후 ❺'1½pt'를 선택합니다.

Tip

두께에 대한 제시가 없으므로 화면에 보이는 대로 임의로 선택하면 됩니다.

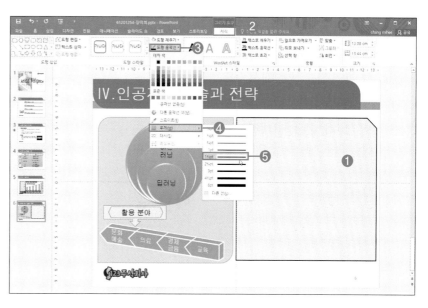

04 《출력형태》에 보이는 도형의 테두리 스타일을 변경합니다. 우측 도형을 선택한 상태에서 ❶[그리기 도구]-[서식] 탭의 [도형 스타일] 그룹에서 ❷[도형 윤곽선]의 ❸'대시'를 클릭한 후 ❹'파선'을 선택합니다.

Tip

마우스 오른쪽 버튼을 눌러 '빠른 메뉴'에서 '도형 채우기'와 '도형 윤곽선'을 설정할 수 있습니다.

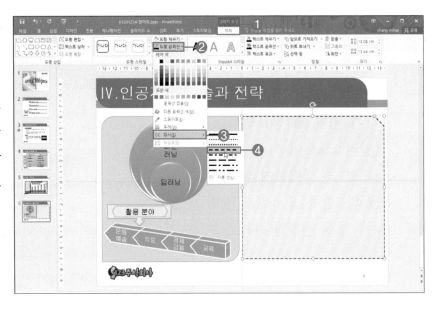

05 도형을 회전하기 위해 우측 도형을 선택한 상태에서 ❶[그리기 도구]-[서식] 탭의 [정렬] 그룹에서 ❷[회전]의 ❸'상하 대칭'을 클릭합니다.

Tip

[홈] 탭의 [정렬] 그룹의 [개체 위치] - [회전]에서 설정할 수 있습니다.

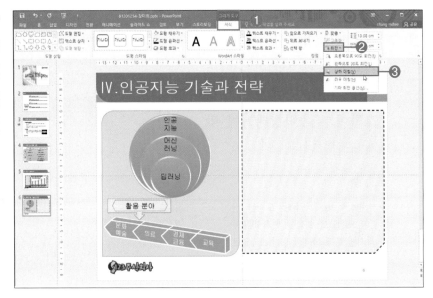

06 첫 번째 도형을 작성하기 위해 ❶[홈] 탭의 ❷[일러스트레이션] 그룹에서 [도형]을 클릭하여 ❸'기본 도형'의 '육각형'을 선택합니다.

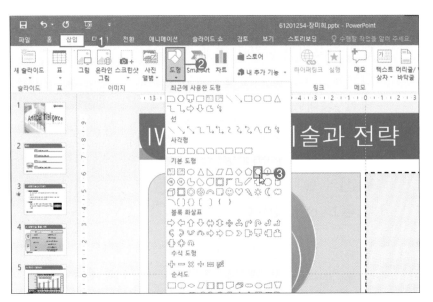

07 ❶도형을 드래그하여 작성한 후 텍스트를 입력합니다. '기본 도형 설정'에 의해 도형의 색과 테두리, 글꼴이 적용됩니다. 도형의 구분을 위해 도형 '채우기 색'만 변경하고 크기와 위치를 조절합니다.

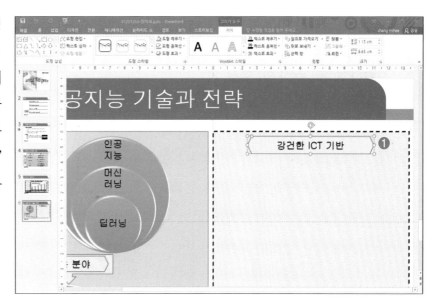

08 두 번째 도형을 작성하기 위해 ❶[삽입] 탭의 ❷[일러스트레이션] 그룹에서 [도형]을 클릭하여 ❸'별 및 현수막'의 '물결'을 선택합니다.

09 ❶도형을 드래그하여 작성한 후 텍스트를 입력합니다. '기본 도형 설정'에 의해 도형의 색과 테두리, 글꼴이 적용됩니다. 도형의 구분을 위해 도형 채우기 색만 변경하고 크기와 위치를 조절합니다.

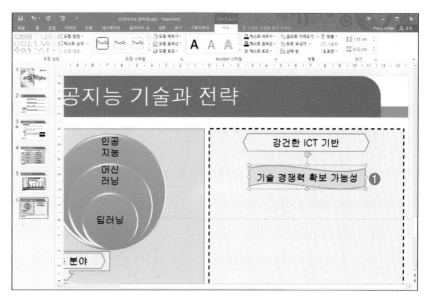

10 ❶[홈] 탭의 ❷[일러스트레이션] 그룹에서 [도형]을 클릭하여 ❸ '수식'의 '덧셈 기호'를 그린 후 《출력형태》에 맞춰 배치합니다.

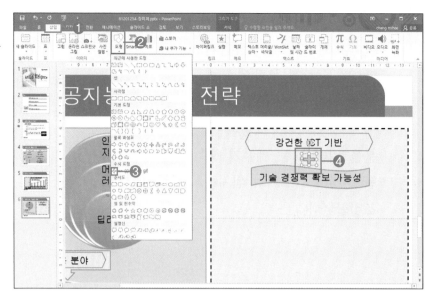

11 도형과 도형을 연결하는 연결선을 작성합니다. ❶[홈] 탭의 ❷[일러스트레이션] 그룹에서 [도형]을 클릭하여 ❸'선'의 '꺾인 연결선'을 선택합니다.

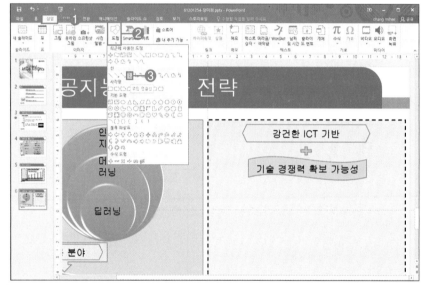

12 첫 번째 도형 위에 마우스를 올려 놓으면 조절점이 표시됩니다. ❶시작할 조절점 위에 클릭한 후 ❷두 번째 도형의 연결할 조절점까지 드래그합니다. ❸노란 조절점을 좌우로 드래그하여 크기를 조절합니다.

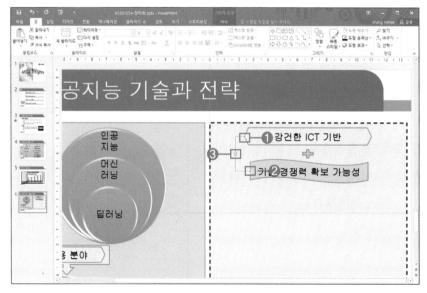

13 연결선을 선택한 상태에서 ❶[그리기 도구]-[서식] 탭의 [도형 스타일] 그룹에서 ❷[도형 윤곽선]의 ❸'두께'를 클릭한 후 ❹'1½pt'를 선택합니다.

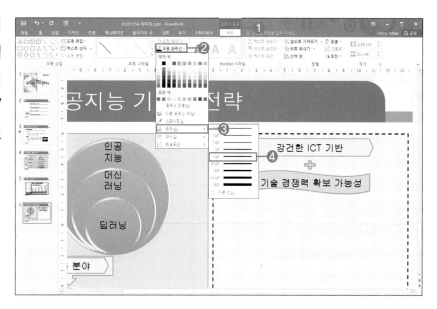

14 화살표를 변경하기 위해 ❶연결선을 선택한 상태에서 ❷[그리기 도구]-[서식] 탭의 [도형 스타일] 그룹에서 ❸[도형 윤곽선]의 ❹'화살표'를 클릭한 후 ❺'화살표 스타일11'을 선택합니다.

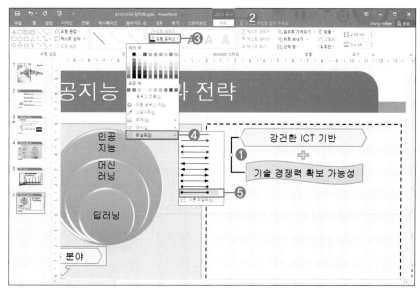

15 [삽입] 탭의 [일러스트레이션] 그룹에서 [도형]을 클릭하여 ❶'사각형'의 '모서리가 둥근 사각형'과 '순서도'의 '순서도 : 다중 문서'를 작성합니다.

Tip
입력된 텍스트 길이를 보고 길게 작성합니다.

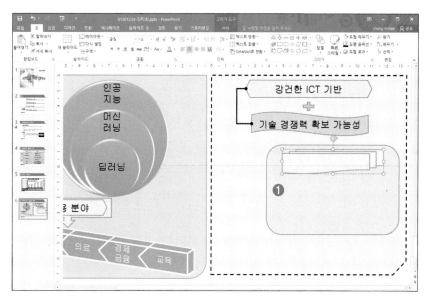

16 삽입된 '순서도 : 다중 문서' 도형을 Ctrl + Shift 를 누르고 아래로 수직 복사합니다.

Tip
도형을 새로 작성하는 것이 아닌 삽입된 도형을 복사하여 다른 도형으로 변경하면 크기, 위치, 효과 등 그대로 적용됩니다.

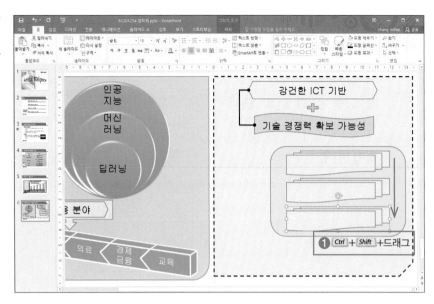

17 ❶복사된 도형을 선택한 상태에서 ❷[그리기 도구]-[서식] 탭의 [도형 삽입] 그룹에서 ❸[도형 편집]의 ❹[도형 모양 변경]을 클릭한 후 ❺'기본 도형'의 '눈물 방울'을 선택합니다.

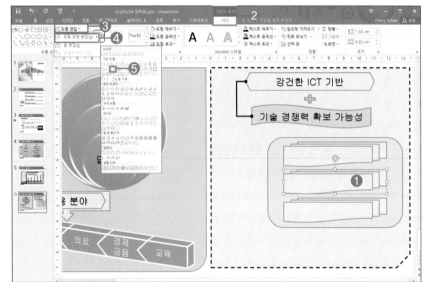

18 복사된 도형이 '눈물 방울' 도형으로 변경됩니다. ❶마지막 도형을 선택하고 ❷[그리기 도구]-[서식] 탭의 [도형 삽입] 그룹에서❸[도형 편집]의 ❹[도형 모양 변경]을 클릭한 후 ❺'순서도'의 '순서도 : 화면 표시'를 선택합니다.

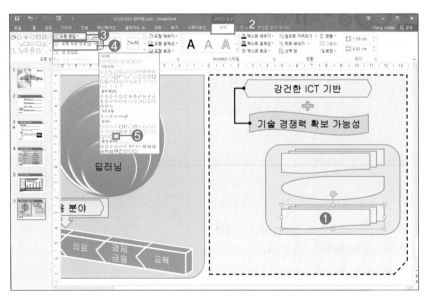

19 도형이 변경됩니다. 각 도형에 텍스트를 입력하고 도형의 너비를 조절합니다.

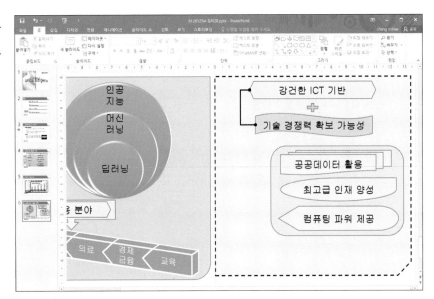

20 왼쪽 도형을 삽입하기 위해 ❶[삽입] 탭의 ❷[일러스트레이션] 그룹에서 [도형]을 클릭하여 ❸'블록 화살표'의 '오른쪽 화살표 설명선'을 선택한 후 ❹《출력 형태》에 맞게 작성합니다.

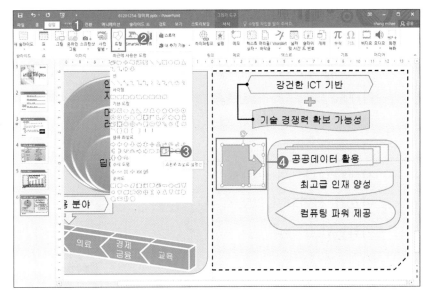

21 ❶도형의 사각형에 있는 조절점을 ❷우측으로 드래그합니다. ❸위쪽 삼각형에 있는 조절점을 ❹위로 드래그하여 도형을 변형합니다.

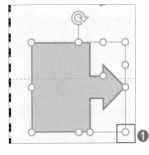 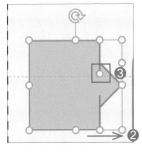 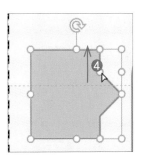

Tip

①사각형 위쪽의 조절점을 아래로 내리고 ②안쪽 조절점을 위로 드래그하면 ③모양은 비슷하나 뽀족하고 길어 집니다. 주의하세요.

22 ❶[삽입] 탭의 [일러스트레이션] 그룹의 [도형]에서 '기본 도형'의 '평행 사변형'을 삽입하고, `Ctrl`+`Shift`를 누르고 오른쪽으로 수평 복사한 후 텍스트를 입력하고 《출력형태》에 맞게 배치합니다.

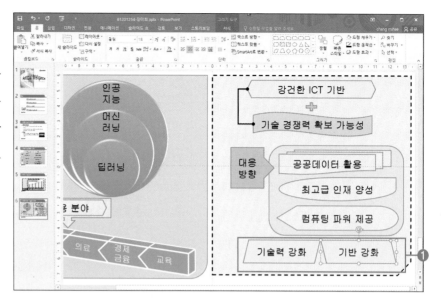

23 오른쪽 도형들이 모두 선택될 수 있도록 넓게 드래그하여 선택합니다. 위에서 아래로 드래그가 쉽지 않은 경우 오른쪽 하단에서 왼쪽 상단으로 드래그하여 모두 선택합니다. 단, 슬라이드 번호가 선택되지 않도록 주의합니다.

Tip

`Ctrl` 또는 `Shift`를 누르고 선택할 수 있습니다.

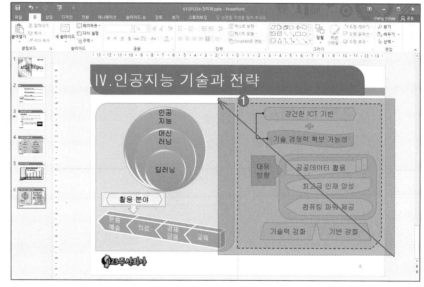

24 도형 모두 포함되었는지 확인한 후 ❶[그리기 도구]–[서식] 탭에서 ❷[정렬] 그룹의 '그룹화'–'그룹'을 선택합니다. 단축키 `Ctrl`+`G`를 사용할 수 있습니다.

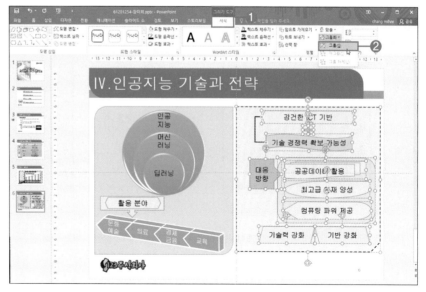

01 그룹화된 도형에 애니메이션을 설정합니다. ❶왼쪽의 그룹 도형을 선택한 후 ❷[애니메이션] 탭의 [애니메이션] 그룹에서 ❸'자세히' 단추를 클릭합니다.

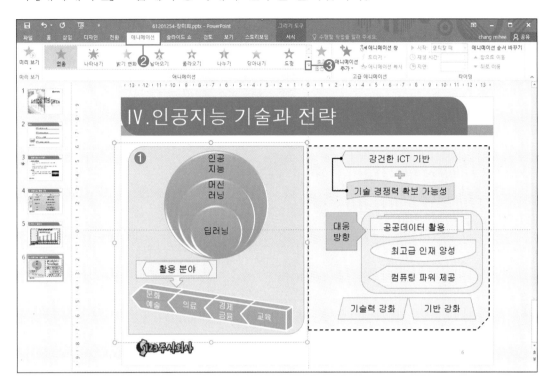

02 ❶[나타내기] 목록에서 ❷'시계 방향 회전'을 선택합니다.

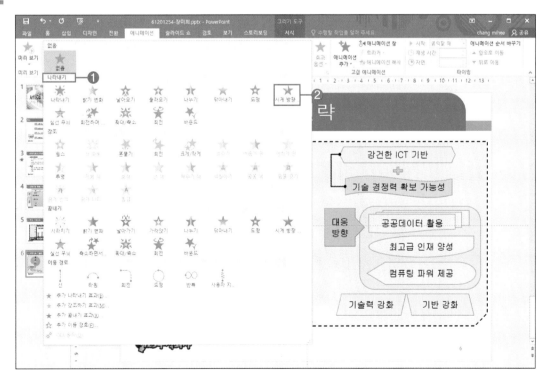

03 ❶오른쪽의 그룹 도형을 선택한 후 ❷[애니메이션] 탭의 [애니메이션] 그룹에서 ❸'자세히' 단추를 클릭합니다. ❶[나타내기]의 '실선 무늬'를 선택합니다.

Tip

[나타내기]에 없는 애니메이션을 하단의 [추가 나타내기 효과]에서 찾을수 있으며 [나타내기] 또는 [추가 나타내기 효과]에 없으면 [강조] 애니메이션에서 찾아보세요.

04 적용된 애니메이션의 효과 옵션을 변경하기 위해 ❶[애니메이션] 탭의 [애니메이션] 그룹에서 ❷[효과 옵션]을 클릭하고 ❸'세로'를 선택하여 완성합니다.

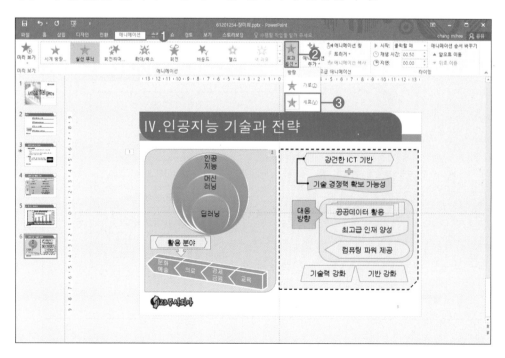

05 애니메이션을 재생해 봅니다. ❶[애니메이션] 탭의 ❷[고급 애니메이션] 그룹에서 '애니메이션 창'을 클릭합니다. ❸오른쪽 '애니메이션 창'에서 '모두 재생'을 클릭하여 애니메이션 순서가 맞는지 또는 그룹화에서 빠진 도형이 있는지 확인합니다.

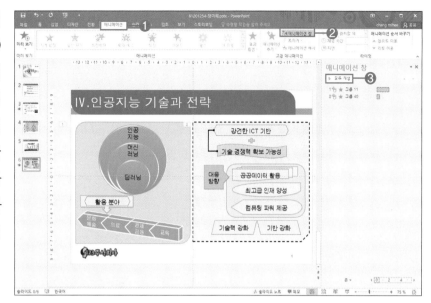

06 애니메이션은 순서에 따라 ❶번과 ❷번의 번호가 표시됩니다. 순서가 바뀌었다면 ❶애니메이션을 선택한 후 ❹'위로' 또는 '아래'단추를 눌러 순서를 변경합니다.

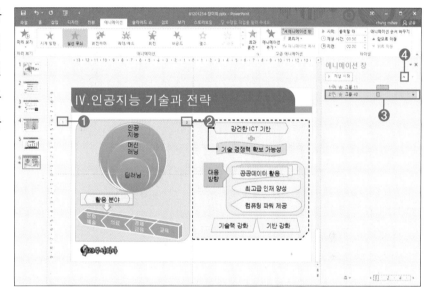

Tip

애니메이션을 삭제하려면 [애니메이션 창]에서 삭제할 애니메이션을 선택한 후 목록 단추를 클릭하여 '제거'를 선택합니다.

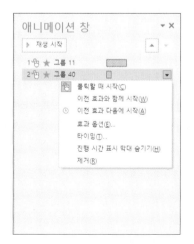

○ 서로 비슷한 도형

❶ '사각형'의 '한쪽 모서리가 잘린 사각형'과 '순서도'의 '카드'입니다. '한쪽 모서리가 잘린 사각형'은 노란 조절점이 있으며 왼쪽으로 드래그했을 때 '순서도의 카드'와 빗면이 다릅니다.

❷ '기본 도형의 원통형'과 '순서도의 자기 디스크'의 차이점은 노란색 조절점의 유무와 원형 부분의 색이 다릅니다. '순서도의 직접 엑세스 저장소'를 원통형처럼 회전하면 텍스트도 회전됩니다.

❸ 다음 도형의 차이점은 오목하고 볼록한 부분의 위치입니다.

❹ 다음 도형은 서로 비슷하나 회전을 했을 때 텍스트가 같이 회전됩니다. 사다리꼴을 회전했지만 텍스트는 정상이라면 사다리꼴이 아닌 순서도 도형이며 길게 크기를 조절했을 때 빗면 경사도가 다릅니다.

❺ '기본 도형의 구름'과 '설명선의 구름 모양 설명선'입니다. 구름 아래에 꼬리가 있는지 확인합니다.

○ 틀리기 쉬운 도형

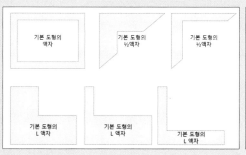

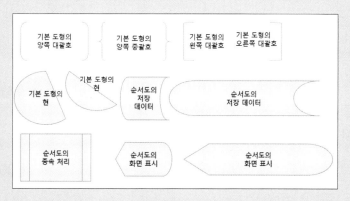

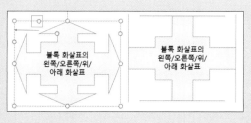

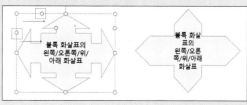

01 다음의 조건을 적용하여 슬라이드를 완성하시오.

■ ■ 예제 : 실력팡팡₩7.도형슬라이드₩도형1.pptx

≪도형 슬라이드≫ (100점)

조건　(1) 슬라이드와 같이 도형 및 스마트아트를 배치한다(글꼴 : 굴림, 18pt).
　　　　(2) 애니메이션 순서 : ① ⇒ ②

세부조건

① 도형 편집
　– 그룹화 후 애니메이션 효과
　　: 블라인드(세로)

② 도형 및 스마트아트 편집
　– 스마트아트 디자인
　　: 3차원 광택처리,
　　　3차원 만화
　– 그룹화 후 애니메이션 효과
　　: 날아오기(왼쪽에서)

출력형태

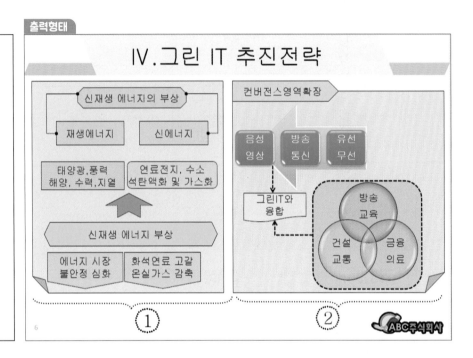

02 다음의 조건을 적용하여 슬라이드를 완성하시오.

■ ■ 예제 : 실력팡팡₩7.도형슬라이드₩도형2.pptx

≪도형 슬라이드≫ (100점)

조건　(1) 슬라이드와 같이 도형 및 스마트아트를 배치한다(글꼴 : 돋움, 18pt).
　　　　(2) 애니메이션 순서 : ① ⇒ ②

세부조건

① 도형 편집
　– 그룹화 후 애니메이션 효과
　　: 날아오기(왼쪽에서)

② 도형 및 스마트아트 편집
　– 스마트아트 디자인
　　: 3차원 경사,
　　　3차원 파우더
　– 그룹화 후 애니메이션 효과
　　: 회전

출력형태

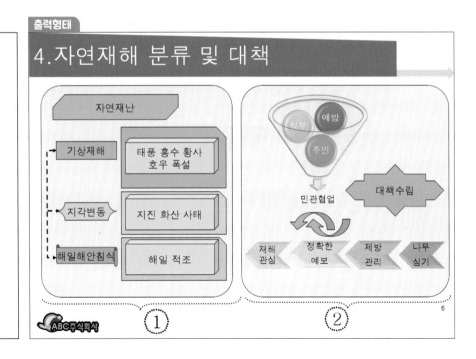

03 다음의 조건을 적용하여 슬라이드를 완성하시오.

■ ■ 예제 : 실력팡팡₩7.도형슬라이드₩도형3.pptx

≪도형 슬라이드≫

(100점)

조건 (1) 슬라이드와 같이 도형 및 스마트아트를 배치한다(글꼴 : 굴림, 18pt).

(2) 애니메이션 순서 : ① ⇒ ②

세부조건

① 도형 및 스마트아트 편집
 − 스마트아트 디자인
  : 3차원 광택처리,
   3차원 벽돌
 − 그룹화 후 애니메이션 효과
  : 닦아내기(위에서)

② 도형 편집
 − 그룹화 후 애니메이션 효과
  : 바운드

출력형태

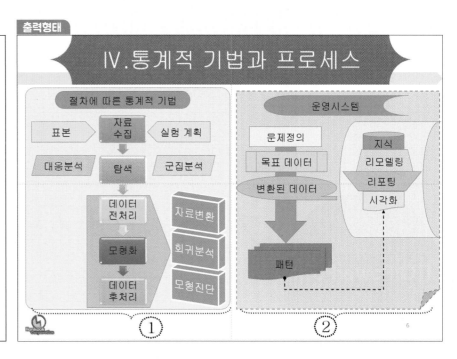

04 다음의 조건을 적용하여 슬라이드를 완성하시오.

■ ■ 예제 : 실력팡팡₩7.도형슬라이드₩도형4.pptx

≪도형 슬라이드≫

(100점)

조건 (1) 슬라이드와 같이 도형 및 스마트아트를 배치한다(글꼴 : 굴림, 18pt).

(2) 애니메이션 순서 : ① ⇒ ②

세부조건

① 도형 및 스마트아트 편집
 − 스마트아트 디자인
  : 3차원 조감도
   강한 효과
 − 그룹화 후 애니메이션 효과
  : 회전하며 밝기 변화

② 도형 편집
 − 그룹화 후 애니메이션 효과
  : 깜빡이기

출력형태

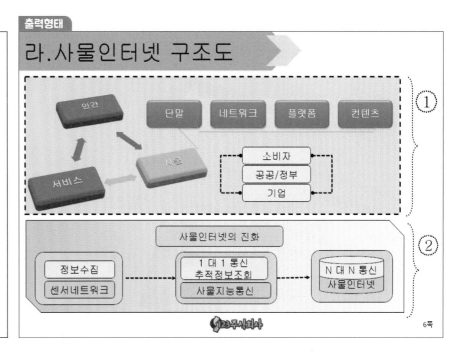

기출 · 예상 문제 15회

POWERPO

I .Green IT

by IT

...en by IT Energy/IT convergence to maximize the
...cient use of resources, facilitate the transition of a low-
...rbon society

...eal-time enviromental monitoring and early disaster response
...system as it will enhance your responsiveness to climate change

...린 IT 기반

- '저탄소 녹색성장'을 국가비전으로 제시하면서 '녹색
  뉴딜 정책'발표
- 환경문제 및 에너지 소비 효율화 등 녹색성장 기반

나.ICT기술과 사례

ICT 기술		관련기술	
핵심 기술	IoT	모든 사물에 네트워크를 연결한 통신	교통, 제조 헬스케어
	빅데이터	다양한 데이터의 수집 저장관리 분석으로 새로운 가치창출	공공행정 소매,제조 개인정보
관련 기술	클라우드	IT자원을 필요 시 인터넷을 통해 서비스	자원관리 모바일
	웨어러블	신체에 부착한 컴퓨팅	인체센서,행동기반
	상황인식	생체신호, 생활이력의 분석	GPS 모바일 시스템

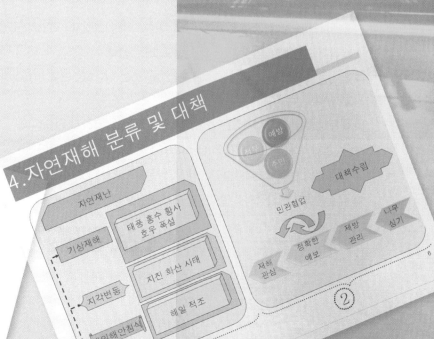

NT 2016

제1회 정보기술자격(ITQ) 시험

과 목	코 드	문제유형	시험시간	수험번호	성 명
한글파워포인트	1142	B	60분		

The Insight KPC
kpc 한국생산성본부

(1) 슬라이드 크기 및 순서 : 크기를 A4 용지로 설정하고 슬라이드 순서에 맞게 작성한다.

(2) 슬라이드 마스터 : 2~6슬라이드의 제목, 하단 로고, 슬라이드 번호는 슬라이드 마스터를 이용하여 작성한다.

　－ 제목 글꼴(돋움, 40pt, 흰색), 가운데 맞춤, 도형(선 없음)

　－ 하단 로고(「내 PC₩문서₩ITQ₩Picture₩로고2.jpg」, 배경(회색) 투명색으로 설정)

슬라이드 1　　표지 디자인　　　40점

(1) 표지 디자인 : 도형, 워드아트 및 그림을 이용하여 작성한다.

세부조건

① 도형 편집
　－ 도형에 그림 채우기 :
　　「내 PC₩문서₩ITQ₩Picture₩
　　그림2.jpg」, 투명도 30%
　－ 도형 효과 :
　　(부드러운 가장자리 10포인트)

② 워드아트 삽입
　－ 변환 : 갈매기형 수장
　－ 글꼴 : 돋움, 굵게
　－ 텍스트 반사 : 전체 반사,
　　8 pt 오프셋

③ 그림 삽입
　－「내 PC₩문서₩ITQ₩Picture₩
　　로고2.jpg」
　－ 배경(회색) 투명색으로 설정

슬라이드 2　　목차 슬라이드　　　60점

(1) 출력형태와 같이 도형을 이용하여 목차를 작성한다(글꼴 : 굴림, 24pt).

(2) 도형 : 선 없음

세부조건

① 텍스트에 하이퍼링크 적용
　–> '슬라이드 4'

② 그림 삽입
　－「내 PC₩문서₩ITQ₩Picture₩
　　그림5.jpg」
　－ 자르기 기능 이용

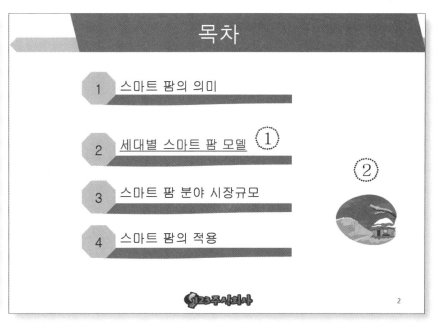

(1) 텍스트 작성 : 글머리 기호 사용(❖, ■)

❖ 문단(굴림, 24pt, 굵게, 줄간격 : 1.5줄), ■ 문단(굴림, 20pt, 줄간격 : 1.5줄)

세부조건

① 동영상 삽입 :
 – 「내 PC₩문서₩ITQ₩Picture₩동영상.wmv」
 – 자동실행, 반복재생 설정

1.스마트 팜의 의미

❖ What is Smart Farming?

- Smart Farming represents the application of modern Information and Communication Technologies (ICT) into agriculture, leading to what can be called a Third Green Revolution

❖ 스마트 팜 운영원리

- 온실 및 축사 내 온도, 습도, CO2수준 등 생육조건 설정
- 환경정보 모니터링(온도, 습도, 일사량, CO2, 생육환경 등 자동수집)
- 자동 원격 환경관리(냉/난방기 구동, 창문 개폐, CO2, 사료 공급 등)

3

(1) 도형과 표 작성 기능을 이용하여 슬라이드를 작성한다(글꼴 : 돋움, 18pt).

세부조건

① 상단 도형 :
 2개 도형의 조합으로 작성

② 좌측 도형 :
 그라데이션 효과(선형 아래쪽)

③ 표 스타일 :
 테마 스타일 1 – 강조 3

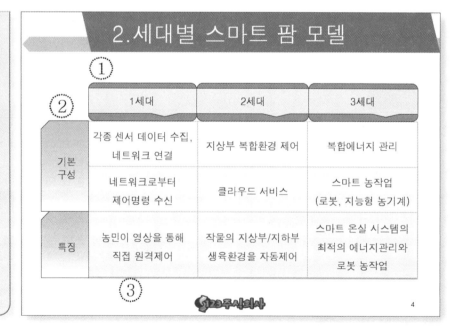

2.세대별 스마트 팜 모델

	1세대	2세대	3세대
기본 구성	각종 센서 데이터 수집, 네트워크 연결	지상부 복합환경 제어	복합에너지 관리
	네트워크로부터 제어명령 수신	클라우드 서비스	스마트 농작업 (로봇, 지능형 농기계)
특징	농민이 영상을 통해 직접 원격제어	작물의 지상부/지하부 생육환경을 자동제어	스마트 온실 시스템의 최적의 에너지관리와 로봇 농작업

4

(1) 차트 작성 기능을 이용하여 슬라이드를 작성한다.

(2) 차트 : 종류(묶은 세로 막대형), 글꼴(돋움, 16pt), 외곽선

세부조건

※ 차트설명

• 차트제목 : 궁서, 24pt, 굵게, 채우기(흰색), 테두리, 그림자(오프셋 왼쪽)

• 차트영역 : 채우기(노랑) 그림영역 : 채우기(흰색)

• 데이터 서식 : 국내시장(억 원) 계열을 표식이 있는 꺾은선형으로 변경 후 보조축으로 지정

• 값 표시 : 2020년의 국내시장(억 원) 계열만

① 도형 삽입

　– 스타일 : 색 채우기 – 파랑, 강조1

　– 글꼴 : 돋움, 18pt

---

(1) 슬라이드와 같이 도형 및 스마트아트를 배치한다(글꼴 : 굴림, 18pt).

(2) 애니메이션 순서 : ① ⇒ ②

세부조건

① 도형 및 스마트아트 편집

　– 스마트아트 디자인 : 3차원 경사, 3차원 만화

　– 그룹화 후 애니메이션 효과 : 흔들기

② 도형 편집

　– 그룹화 후 애니메이션 효과 : 실선 무늬(세로)

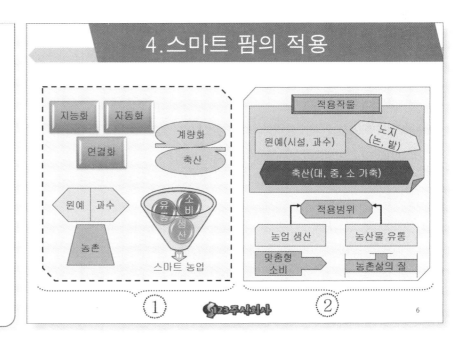

제2회 정보기술자격(ITQ) 시험

과 목	코 드	문제유형	시험시간	수험번호	성 명
한글파워포인트	1142	B	60분		

전체구성

(1) 슬라이드 크기 및 순서 : 크기를 A4 용지로 설정하고 슬라이드 순서에 맞게 작성한다.

(2) 슬라이드 마스터 : 2~6슬라이드의 제목, 하단 로고, 슬라이드 번호는 슬라이드 마스터를 이용하여 작성한다.
- 제목 글꼴(굴림, 40pt, 흰색), 가운데 맞춤, 도형(선 없음)
- 하단 로고(「내 PC₩문서₩ITQ₩Picture₩로고1.jpg」, 배경(회색) 투명색으로 설정)

슬라이드 1　　표지 디자인

(1) 표지 디자인 : 도형, 워드아트 및 그림을 이용하여 작성한다.

세부조건

① 도형 편집
- 도형에 그림 채우기 :
「내 PC₩문서₩ITQ₩Picture₩
그림2.jpg」, 투명도 50%
- 도형 효과 :
(부드러운 가장자리 5포인트)

② 워드아트 삽입
- 변환 : 휘어 내려가기
- 글꼴 : 돋움, 굵게
- 텍스트 반사 : 전체 반사,
8 pt 오프셋

③ 그림 삽입
- 「내 PC₩문서₩ITQ₩Picture₩
로고2.jpg」
- 배경(회색) 투명색으로 설정

슬라이드 2　　목차 슬라이드

(1) 출력형태와 같이 도형을 이용하여 목차를 작성한다(글꼴 : 굴림, 24pt).

(2) 도형 : 선 없음

세부조건

① 텍스트에 하이퍼링크 적용
→ '슬라이드 4'

② 그림 삽입
- 「내 PC₩문서₩ITQ₩Picture₩
그림5.jpg」
- 자르기 기능 이용

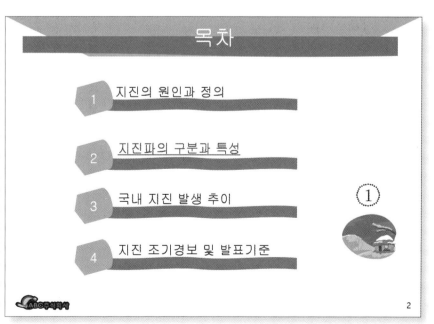

슬라이드 3　　**텍스트/동영상 슬라이드**　　60점

(1) 텍스트 작성 : 글머리 기호 사용(❖, ▪)

❖ 문단(굴림, 24pt, 굵게, 줄간격 : 1.5줄), ▪ 문단(굴림, 20pt, 줄간격 : 1.5줄)

세부조건

① 동영상 삽입 :
- 「내 PC₩문서₩ITQ₩Picture₩
  동영상.wmv」
- 자동실행, 반복재생 설정

1.지진의 원인과 정의

❖ The cause of an earthquake

　▪ The movement of plates in the lithosphere
　　directly causes earthquakes and provides other
　　forms of seismic energy

❖ 지진이란?

　▪ 땅속의 거대한 암반이 갈라지면서 그 충격으로 땅이 흔들리는 현상
　▪ 지구 내부 어딘가에서 급격한 지각변동이 생겨 그 충격으로 생긴 파동
　▪ 지진파가 지표면까지 전해져 지반을 진동

ABC중식회사　　3

슬라이드 4　　**표 슬라이드**　　80점

(1) 도형과 표 작성 기능을 이용하여 슬라이드를 작성한다(글꼴 : 돋움, 18pt).

세부조건

① 상단 도형 :
　2개 도형의 조합으로 작성

② 좌측 도형 :
　그라데이션 효과(선형 아래쪽)

③ 표 스타일 :
　테마 스타일 1 – 강조 3

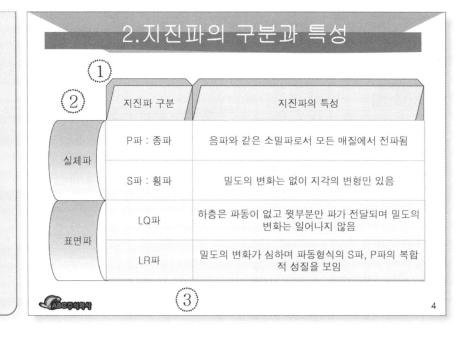

2.지진파의 구분과 특성

	지진파 구분	지진파의 특성
실체파	P파 : 종파	음파와 같은 소밀파로서 모든 매질에서 전파됨
	S파 : 횡파	밀도의 변화는 없이 지각의 변형만 있음
표면파	LQ파	하층은 파동이 없고 윗부분만 파가 전달되며 밀도의 변화는 일어나지 않음
	LR파	밀도의 변화가 심하며 파동형식의 S파, P파의 복합적 성질을 보임

ABC중식회사　　4

(1) 차트 작성 기능을 이용하여 슬라이드를 작성한다.

(2) 차트 : 종류(묶은 세로 막대형), 글꼴(돋움, 16pt), 외곽선

세부조건

※ 차트설명
- 차트제목 : 궁서, 24pt, 굵게,
  채우기(흰색), 테두리,
  그림자(오프셋 왼쪽)
- 차트영역 : 채우기(노랑)
  그림영역 : 채우기(흰색)
- 데이터 서식 : 유감횟수 계열을 표식이 있
  는 꺾은선형으로 변경 후 보조축으로 지정
- 값 표시 : 2018년의 유감횟수 계열만

① 도형 삽입
  - 스타일 :
    강한 효과 – 빨강, 강조2
  - 글꼴 : 돋움, 18pt

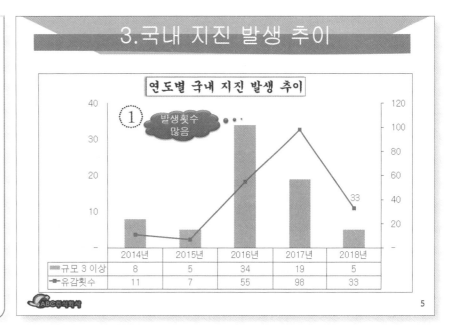

(1) 슬라이드와 같이 도형 및 스마트아트를 배치한다(글꼴 : 굴림, 18pt).

(2) 애니메이션 순서 : ① ⇒ ②

세부조건

① 도형 및 스마트아트 편집
  - 스마트아트 디자인
    : 3차원 경사, 3차원 만화
  - 그룹화 후 애니메이션 효과
    : 흔들기

② 도형 편집
  - 그룹화 후 애니메이션 효과
    : 실선 무늬(세로)

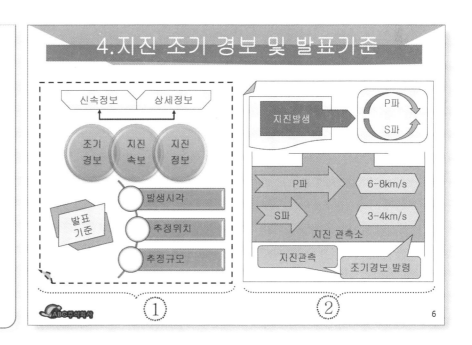

제3회 정보기술자격(ITQ) 시험

과 목	코 드	문제유형	시험시간	수험번호	성 명
한글파워포인트	1142	B	60분		

60점

(1) 슬라이드 크기 및 순서 : 크기를 A4 용지로 설정하고 슬라이드 순서에 맞게 작성한다.

(2) 슬라이드 마스터 : 2~6슬라이드의 제목, 하단 로고, 슬라이드 번호는 슬라이드 마스터를 이용하여 작성한다.

    – 제목 글꼴(굴림, 40pt, 검정), 가운데 맞춤, 도형(선 없음)

    – 하단 로고(「내 PC₩문서₩ITQ₩Picture₩로고1.jpg」, 배경(회색) 투명색으로 설정)

슬라이드 1　　**표지 디자인** **40점**

(1) 표지 디자인 : 도형, 워드아트 및 그림을 이용하여 작성한다.

세부조건

① 도형 편집
  – 도형에 그림 채우기 :
    「내 PC₩문서₩ITQ₩Picture₩
    그림3.jpg」, 투명도 50%
  – 도형 효과 :
    (부드러운 가장자리 5포인트)

② 워드아트 삽입
  – 변환 : 갈매기형 수장
  – 글꼴 : 돋움, 굵게
  – 텍스트 반사 : 전체 반사,
    8 pt 오프셋

③ 그림 삽입
  –「내 PC₩문서₩ITQ₩Picture₩
    로고2.jpg」
  – 배경(회색) 투명색으로 설정

슬라이드 2　　**목차 슬라이드** **60점**

(1) 출력형태와 같이 도형을 이용하여 목차를 작성한다(글꼴 : 굴림, 24pt).

(2) 도형 : 선 없음

세부조건

① 텍스트에 하이퍼링크 적용
  –〉'슬라이드 4'

② 그림 삽입
  –「내 PC₩문서₩ITQ₩Picture₩
    그림5.jpg」
  – 자르기 기능 이용

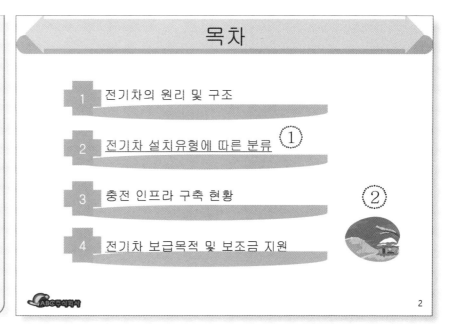

(1) 텍스트 작성 : 글머리 기호 사용(❖, ▪)

❖ 문단(굴림, 24pt, 굵게, 줄간격 : 1.5줄), ▪ 문단(굴림, 20pt, 줄간격 : 1.5줄)

세부조건

① 동영상 삽입 :
- 「내 PC₩문서₩ITQ₩Picture₩ 동영상.wmv」
- 자동실행, 반복재생 설정

1.전기차의 원리 및 구조

❖ **전기차 내부구조**

- ▪ 급속충전기는 충전까지 30분 정도 소요
- ▪ 배터리에서 공급되는 전기에너지만을 동력원으로 전기모터를 구동
- ▪ 제동 횟수가 많은 도심에서 에너지 효율성 극대화

❖ **Principles of Electric Cars**

- ▪ Electric cars are vehicles that produce drive by supplying electric energy from high voltage batteries to electric motors

①

ABC주식회사   3

---

(1) 도형과 표 작성 기능을 이용하여 슬라이드를 작성한다(글꼴 : 돋움, 18pt).

세부조건

① 상단 도형 :
2개 도형의 조합으로 작성

② 좌측 도형 :
그라데이션 효과(선형 아래쪽)

③ 표 스타일 :
테마 스타일 1 – 강조 3

2.전기차 설치유형에 따른 분류

①

②

	벽부형 충전기	스탠드형 충전기	이동형 충전기
용량	3~7kW	3~7kW	3kW(최고)
충전 시간	4~6시간	4~6시간	6~9시간
특징	U형볼라드, 차량스토퍼, 차선도색 충전기 위치가 외부에 설치되어 눈, 비에 노출될 경우만 케노피 설치		220V 콘센트에 RFID 태그를 부착하여 충전

ABC주식회사   ③   4

(1) 차트 작성 기능을 이용하여 슬라이드를 작성한다.

(2) 차트 : 종류(묶은 세로 막대형), 글꼴(돋움, 16pt), 외곽선

세부조건

※ 차트설명
- 차트제목 : 궁서, 24pt, 굵게,
  채우기(흰색), 테두리,
  그림자(오프셋 왼쪽)
- 차트영역 : 채우기(노랑)
  그림영역 : 채우기(흰색)
- 데이터 서식 : 2016년 계열을 표식이 있는
  꺾은선형으로 변경 후 보조축으로 지정
- 값 표시 : 전라권의 2016년 계열만

① 도형 삽입
　– 스타일 :
　　미세 효과 – 황록색, 강조3
　– 글꼴 : 돋움, 18pt

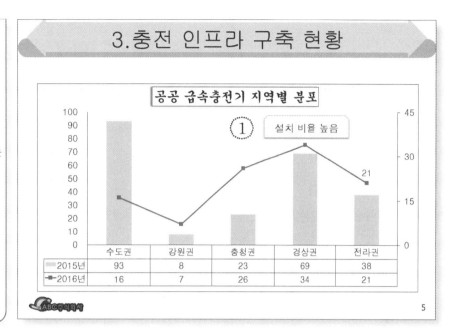

(1) 슬라이드와 같이 도형 및 스마트아트를 배치한다(글꼴 : 굴림, 18pt).

(2) 애니메이션 순서 : ① ⇒ ②

세부조건

① 도형 및 스마트아트 편집
　– 스마트아트 디자인
　　: 3차원 경사, 3차원 만화
　– 그룹화 후 애니메이션 효과
　　: 펄스

② 도형 편집
　– 그룹화 후 애니메이션 효과
　　: 실선 무늬(세로)

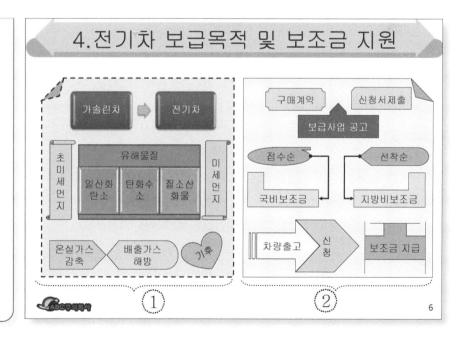

제4회 정보기술자격(ITQ) 시험

과 목	코 드	문제유형	시험시간	수험번호	성 명
한글파워포인트	1142	B	60분		

⑴ 슬라이드 크기 및 순서 : 크기를 A4 용지로 설정하고 슬라이드 순서에 맞게 작성한다.

⑵ 슬라이드 마스터 : 2~6슬라이드의 제목, 하단 로고, 슬라이드 번호는 슬라이드 마스터를 이용하여 작성한다.

　　– 제목 글꼴(궁서, 40pt, 흰색), 가운데 맞춤, 도형(선 없음)

　　– 하단 로고(「내 PC₩문서₩ITQ₩Picture₩로고1.jpg」, 배경(회색) 투명색으로 설정)

슬라이드 1　　표지 디자인 （40점）

(1) 표지 디자인 : 도형, 워드아트 및 그림을 이용하여 작성한다.

세부조건

① 도형 편집
　– 도형에 그림 채우기 :
　　「내 PC₩문서₩ITQ₩Picture₩
　　그림3.jpg」, 투명도 30%
　– 도형 효과 :
　　(부드러운 가장자리 5포인트)

② 워드아트 삽입
　– 변환 : 오른쪽 줄이기
　– 글꼴 : 돋움, 굵게
　– 텍스트 반사 : 1/2 반사, 터치

③ 그림 삽입
　– 「내 PC₩문서₩ITQ₩Picture₩
　　로고1.jpg」
　– 배경(회색) 투명색으로 설정

슬라이드 2　　목차 슬라이드 （60점）

(1) 출력형태와 같이 도형을 이용하여 목차를 작성한다(글꼴 : 굴림, 24pt).

(2) 도형 : 선 없음

세부조건

① 텍스트에 하이퍼링크 적용
　–〉'슬라이드 4'

② 그림 삽입
　– 「내 PC₩문서₩ITQ₩Picture₩
　　그림5.jpg」
　– 자르기 기능 이용

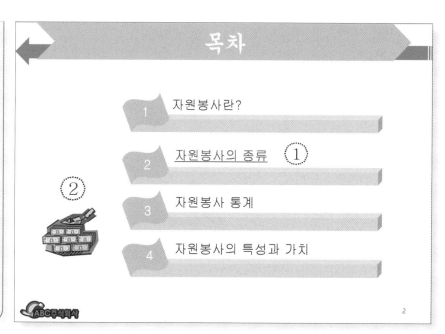

(1) 텍스트 작성 : 글머리 기호 사용(➤, ✓)

➤ 문단(굴림, 24pt, 굵게, 줄간격 : 1.5줄), ✓ 문단(굴림, 20pt, 줄간격 : 1.5줄)

세부조건

① 동영상 삽입 :
- 「내 PC₩문서₩ITQ₩Picture₩ 동영상.wmv」
- 자동실행, 반복재생 설정

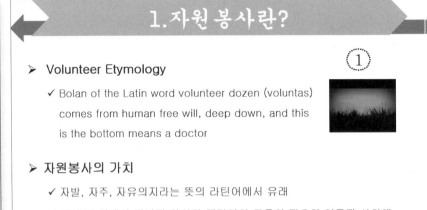

(1) 도형과 표 작성 기능을 이용하여 슬라이드를 작성한다(글꼴 : 돋움, 18pt).

세부조건

① 상단 도형 :
   2개 도형의 조합으로 작성

② 좌측 도형 :
   그라데이션 효과(선형 아래쪽)

③ 표 스타일 :
   테마 스타일 1 - 강조 3

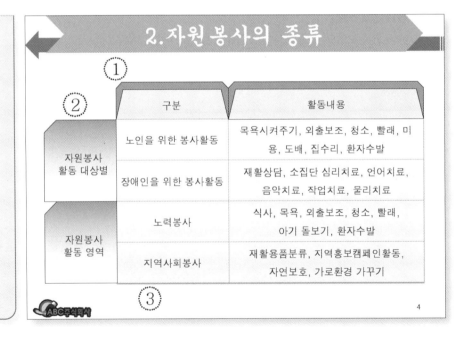

(1) 차트 작성 기능을 이용하여 슬라이드를 작성한다.

(2) 차트 : 종류(묶은 세로 막대형), 글꼴(돋움, 16pt), 외곽선

세부조건

※ 차트설명
- 차트제목 : 돋움, 24pt, 굵게,
  채우기(흰색), 테두리,
  그림자(오프셋 위쪽)
- 차트영역 : 채우기(노랑)
  그림영역 : 채우기(흰색)
- 데이터 서식 : 여 계열을 표식이 있는 꺾은
  선형으로 변경 후 보조축으로 지정
- 값 표시 : 광주의 여 계열만

① 도형 삽입
　－ 스타일 :
　　미세 효과 － 황록색, 강조3
　－ 글꼴 : 굴림, 18pt

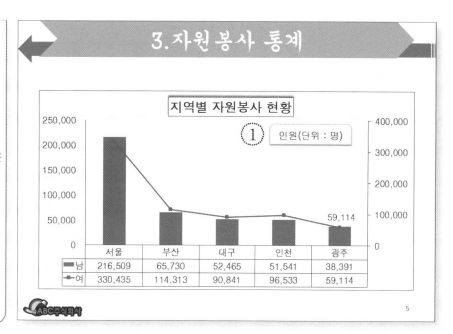

(1) 슬라이드와 같이 도형 및 스마트아트를 배치한다(글꼴 : 굴림, 18pt).

(2) 애니메이션 순서 : ① ⇒ ②

세부조건

① 도형 및 스마트아트 편집
　－ 스마트아트 디자인
　　: 3차원 광택 처리, 3차원 벽돌
　－ 그룹화 후 애니메이션 효과
　　: 바운드

② 도형 편집
　－ 그룹화 후 애니메이션 효과
　　: 닦아내기(왼쪽에서)

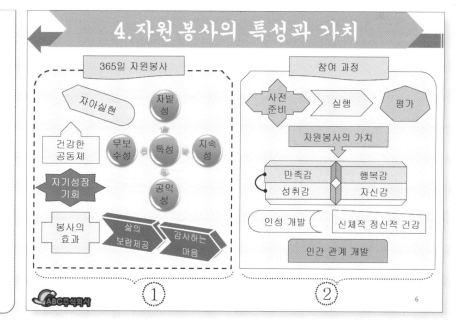

제5회 정보기술자격(ITQ) 시험

과 목	코 드	문제유형	시험시간	수험번호	성 명
한글파워포인트	1142	B	60분		

전체구성

(1) 슬라이드 크기 및 순서 : 크기를 A4 용지로 설정하고 슬라이드 순서에 맞게 작성한다.

(2) 슬라이드 마스터 : 2~6슬라이드의 제목, 하단 로고, 슬라이드 번호는 슬라이드 마스터를 이용하여 작성한다.

    – 제목 글꼴(궁서, 40pt, 검정), 가운데 맞춤, 도형(선 없음)

    – 하단 로고(「내 PC\문서\ITQ\Picture\로고1.jpg」, 배경(회색) 투명색으로 설정)

슬라이드 1   표지 디자인

    40점

(1) 표지 디자인 : 도형, 워드아트 및 그림을 이용하여 작성한다.

세부조건

① 도형 편집
- 도형에 그림 채우기 :
  「내 PC\문서\ITQ\Picture\
  그림1.jpg」, 투명도 50%
- 도형 효과 :
  (부드러운 가장자리 5포인트)

② 워드아트 삽입
- 변환 : 오른쪽 줄이기
- 글꼴 : 돋움, 굵게
- 텍스트 반사 : 1/2 반사, 터치

③ 그림 삽입
- 「내 PC\문서\ITQ\Picture\
  로고1.jpg」
- 배경(회색) 투명색으로 설정

슬라이드 2   목차 슬라이드

    60점

(1) 출력형태와 같이 도형을 이용하여 목차를 작성한다(글꼴 : 굴림, 24pt).

(2) 도형 : 선 없음

세부조건

① 텍스트에 하이퍼링크 적용
- -> '슬라이드 4'

② 그림 삽입
- 「내 PC\문서\ITQ\Picture\
  그림5.jpg」
- 자르기 기능 이용

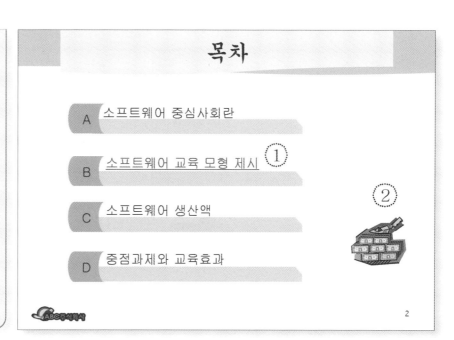

(1) 텍스트 작성 : 글머리 기호 사용(➤, ✓)

  ➤ 문단(굴림, 24pt, 굵게, 줄간격 : 1.5줄), ✓ 문단(굴림, 20pt, 줄간격 : 1.5줄)

세부조건

① 동영상 삽입 :
- 「내 PC₩문서₩ITQ₩Picture₩ 동영상.wmv」
- 자동실행, 반복재생 설정

A.소프트웨어 중심사회란

➤ Software-centric society

  ✓ They have the ability to solve a problem centered on software, but they are the ones who are interested in the problem and who are best suited to solving it

➤ 소프트웨어 중심사회

  ✓ SW를 중심으로 사회 모든 영역에서 혁신이 일상화되고 생산성이 향상되어 더욱 안전하고 투명하며 효율적인 사회

  ✓ 문제해결을 위해 인터넷을 통해 쉽게 정보를 찾아보고, 이를 통해 서로의 시각차이를 알 수 있게 됨

ABC문서작성   3

---

(1) 도형과 표 작성 기능을 이용하여 슬라이드를 작성한다(글꼴 : 돋움, 18pt).

세부조건

① 상단 도형 :
  2개 도형의 조합으로 작성

② 좌측 도형 :
  그라데이션 효과(선형 아래쪽)

③ 표 스타일 :
  테마 스타일 1 - 강조 3

B.소프트웨어 교육 모형 제시

	교육목표	교과내용
초등학교	SW 소양교육 SW 도구를 활용한 코딩 이해	놀이 중심활동 SW 도구 활용
중학교	SW 소양 교육 프로그램 제작 능력 함양	문제해결 프로젝트 학습 논리적 문제 해결력 학습
고등학교	창의적 산출물 제작 대학 진로 연계학습	프로그램 제작 심화 프로그래밍 언어 학습

ABC문서작성   4

100점

(1) 차트 작성 기능을 이용하여 슬라이드를 작성한다.

(2) 차트 : 종류(묶은 세로 막대형), 글꼴(돋움, 16pt), 외곽선

세부조건

※ 차트설명
- 차트제목 : 돋움, 24pt, 굵게, 채우기(흰색), 테두리, 그림자(오프셋 위쪽)
- 차트영역 : 채우기(노랑) 그림영역 : 채우기(흰색)
- 데이터 서식 : 응용SW 계열을 표식이 있는 꺾은선형으로 변경 후 보조축으로 지정
- 값 표시 : 2018년의 시스템SW 계열만

① 도형 삽입
- 스타일 : 미세 효과 – 파랑, 강조1
- 글꼴 : 굴림, 18pt

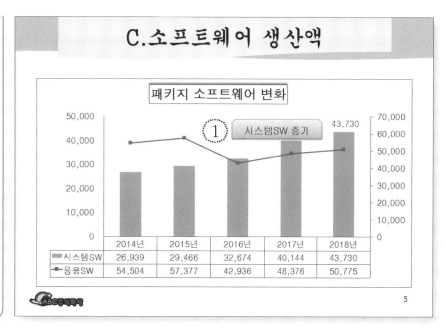

C.소프트웨어 생산액

	2014년	2015년	2016년	2017년	2018년
시스템SW	26,939	29,466	32,674	40,144	43,730
응용SW	54,504	57,377	42,936	48,376	50,775

100점

(1) 슬라이드와 같이 도형 및 스마트아트를 배치한다(글꼴 : 굴림, 18pt).

(2) 애니메이션 순서 : ① ⇒ ②

세부조건

① 도형 및 스마트아트 편집
- 스마트아트 디자인 : 3차원 광택 처리, 3차원 벽돌
- 그룹화 후 애니메이션 효과 : 바운드

② 도형 편집
- 그룹화 후 애니메이션 효과 : 회전

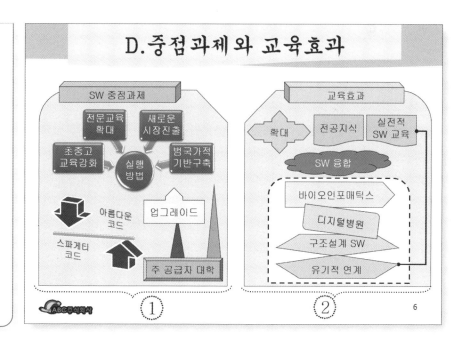

D.중점과제와 교육효과

제6회 정보기술자격(ITQ) 시험

과목	코드	문제유형	시험시간	수험번호	성 명
한글파워포인트	1142	B	60분		

전체구성

(1) 슬라이드 크기 및 순서 : 크기를 A4 용지로 설정하고 슬라이드 순서에 맞게 작성한다.

(2) 슬라이드 마스터 : 2~6슬라이드의 제목, 하단 로고, 슬라이드 번호는 슬라이드 마스터를 이용하여 작성한다.
- 제목 글꼴(돋움, 40pt, 흰색), 왼쪽 맞춤, 도형(선 없음)
- 하단 로고(「내 PC\문서\ITQ\Picture\로고1.jpg」, 배경(회색) 투명색으로 설정)

슬라이드 1   표지 디자인

40
점

(1) 표지 디자인 : 도형, 워드아트 및 그림을 이용하여 작성한다.

세부조건

① 도형 편집
- 도형에 그림 채우기 :
「내 PC\문서\ITQ\Picture\
그림1.jpg」, 투명도 50%
- 도형 효과 :
(부드러운 가장자리 5포인트)

② 워드아트 삽입
- 변환 : 오른쪽 줄이기
- 글꼴 : 돋움, 굵게
- 텍스트 반사 : 1/2 반사, 터치

③ 그림 삽입
- 「내 PC\문서\ITQ\Picture\
로고1.jpg」
- 배경(회색) 투명색으로 설정

슬라이드 2   목차 슬라이드

60
점

(1) 출력형태와 같이 도형을 이용하여 목차를 작성한다(글꼴 : 굴림, 24pt).

(2) 도형 : 선 없음

세부조건

① 텍스트에 하이퍼링크 적용
-> '슬라이드 4'

② 그림 삽입
- 「내 PC\문서\ITQ\Picture\
그림5.jpg」
- 자르기 기능 이용

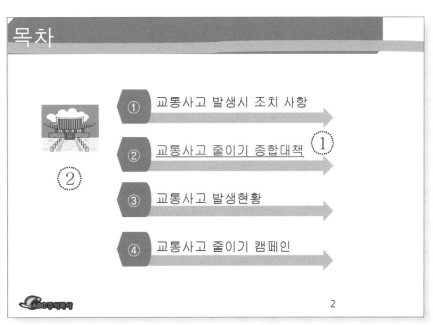

(1) 텍스트 작성 : 글머리 기호 사용(➤, ✓)

　➤ 문단(굴림, 24pt, 굵게, 줄간격 : 1.5줄), ✓ 문단(굴림, 20pt, 줄간격 : 1.5줄)

세부조건

① 동영상 삽입 :

－「내 PC\문서\ITQ\Picture\동영상.wmv」

－ 자동실행, 반복재생 설정

---

① 교통사고 발생시 조치 사항

➤ **Traffic accident**

✓ Accidents caused by traffic are subject to the special cases of the traffic accident handling act regardless of the place

➤ **피해자 구호조치**

✓ 교통사고가 발생한 경우에는 그 차의 운전자나 그 밖의 승무원은 즉시 정차하여 조치

✓ 사상자를 구호하는 등 필요한 조치 및 피해자에게 인적 사항 제공

ABC문식회사　　　　3

---

(1) 도형과 표 작성 기능을 이용하여 슬라이드를 작성한다(글꼴 : 돋움, 18pt).

세부조건

① 상단 도형 :

　2개 도형의 조합으로 작성

② 좌측 도형 :

　그라데이션 효과(선형 아래쪽)

③ 표 스타일 :

　테마 스타일 1 – 강조 3

---

② 교통사고 줄이기 종합대책

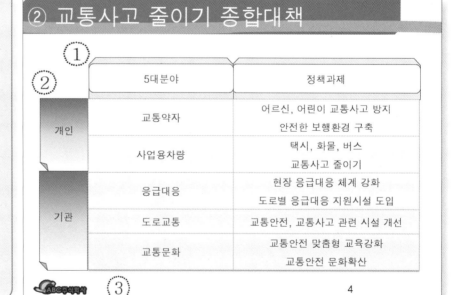

	5대분야	정책과제
개인	교통약자	어르신, 어린이 교통사고 방지 안전한 보행환경 구축
	사업용차량	택시, 화물, 버스 교통사고 줄이기
기관	응급대응	현장 응급대응 체계 강화 도로별 응급대응 지원시설 도입
	도로교통	교통안전, 교통사고 관련 시설 개선
	교통문화	교통안전 맞춤형 교육강화 교통안전 문화확산

ABC문식회사　　　　4

슬라이드 5　　차트 슬라이드

(1) 차트 작성 기능을 이용하여 슬라이드를 작성한다.

(2) 차트 : 종류(묶은 세로 막대형), 글꼴(돋움, 16pt), 외곽선

세부조건

※ 차트설명
- 차트제목 : 돋움, 24pt, 굵게,
  채우기(흰색), 테두리,
  그림자(오프셋 위쪽)
- 차트영역 : 채우기(노랑)
  그림영역 : 채우기(흰색)
- 데이터 서식 : 사망자수 계열을 표식이 있는 꺾은선형으로 변경 후 보조축으로 지정
- 값 표시 : 2018년의 사망자수 계열만

① 도형 삽입
　　- 스타일 :
　　　미세 효과 - 주황, 강조6
　　- 글꼴 : 굴림, 18pt

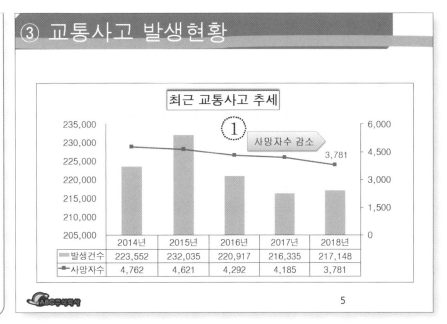

슬라이드 6　　도형 슬라이드

(1) 슬라이드와 같이 도형 및 스마트아트를 배치한다(글꼴 : 굴림, 18pt).

(2) 애니메이션 순서 : ① ⇒ ②

세부조건

① 도형 및 스마트아트 편집
　　- 스마트아트 디자인
　　　: 3차원 광택 처리, 3차원 벽돌
　　- 그룹화 후 애니메이션 효과
　　　: 시계 방향 회전(살 1개)

② 도형 편집
　　- 그룹화 후 애니메이션 효과
　　　: 닦아내기(왼쪽에서)

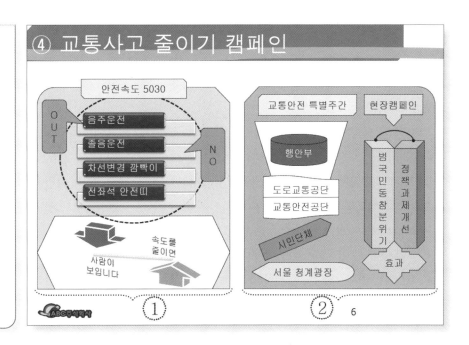

제7회 정보기술자격(ITQ) 시험

과 목	코 드	문제유형	시험시간	수험번호	성 명
한글파워포인트	1142	B	60분		

수험자 유의사항

- 수험자는 문제지를 받는 즉시 문제지와 **수험표상의 시험과목(프로그램)이 동일한지 반드시 확인**하여야 합니다.
- 파일명은 본인의 "수험번호–성명"으로 입력하여 답안폴더(내 PC₩문서₩ITQ)에 하나의 파일로 저장해야 하며, 답안문서 파일명이 "수험번호–성명"과 일치하지 않거나, 답안파일을 전송하지 않아 미제출로 처리될 경우 실격 처리합니다 (예:12345678–홍길동.pptx).
- 답안 작성을 마치면 파일을 저장하고, '답안 전송' 버튼을 선택하여 감독위원 PC로 답안을 전송하십시오. 수험생 정보와 저장한 파일명이 다를 경우 전송되지 않으므로 주의하시기 바랍니다.
- 답안 작성 중에도 **주기적으로 저장하고, '답안 전송'**하여야 문제 발생을 줄일 수 있습니다. 작업한 내용을 저장하지 않고 전송할 경우 이전에 저장된 내용이 전송되오니 이점 유의하시기 바랍니다.
- 답안문서는 지정된 경로 외의 다른 보조기억장치에 저장하는 경우, 지정된 시험 시간 외에 작성된 파일을 활용할 경우, 기타 통신수단(이메일, 메신저, 네트워크 등)을 이용하여 타인에게 전달 또는 외부 반출하는 경우는 부정 처리합니다.
- 시험 중 부주의 또는 고의로 시스템을 파손한 경우는 수험자가 변상해야 하며, 〈수험자 유의사항〉에 기재된 방법대로 이행하지 않아 생기는 불이익은 수험생 당사자의 책임임을 알려 드립니다.
- 문제의 조건은 MS오피스 2016 버전으로 설정되어 있으니 유의하시기 바랍니다.
- 시험을 완료한 수험자는 답안파일이 전송되었는지 확인한 후 감독위원의 지시에 따라 문제지를 제출하고 퇴실합니다.

답안 작성요령

- 온라인 답안 작성 절차

  수험자 등록 ⇒ 시험 시작 ⇒ 답안파일 저장 ⇒ 답안 전송 ⇒ 시험 종료
- 슬라이드의 크기는 A4 Paper로 설정하여 작성합니다.
- 슬라이드의 총 개수는 6개로 구성되어 있으며 슬라이드 1부터 순서대로 작업하고 반드시 문제와 세부 조건대로 합니다.
- 별도의 지시사항이 없는 경우 출력형태를 참조하여 글꼴색은 검정 또는 흰색으로 작성하고, 기타사항은 전체적인 균형을 고려하여 작성합니다.
- 슬라이드 도형 및 개체에 출력형태와 다른 스타일 (그림자 , 외곽선 등)을 적용했을 경우 감점처리 됩니다.
- 슬라이드 번호를 작성합니다(슬라이드 1에는 생략).
- 2~6번 슬라이드 제목 도형과 하단 로고는 슬라이드 마스터를 이용하여 출력형태와 동일하게 작성합니다(슬라이드 1에는 생략).
- 문제와 세부조건, 세부조건 번호 ◯(점선원)는 입력하지 않습니다.
- 각 개체의 위치는 오른쪽의 슬라이드와 동일하게 구성합니다.
- 그림 삽입 문제의 경우 반드시 「내 PC₩문서₩ITQ₩Picture」 폴더에서 정확한 파일을 선택하여 삽입하십시오.
- 각 슬라이드를 각각의 파일로 작업해서 저장할 경우 실격 처리됩니다.

The Insight KPC
kpc 한국생산성본부

전체구성

⑴ 슬라이드 크기 및 순서 : 크기를 A4 용지로 설정하고 슬라이드 순서에 맞게 작성한다.

⑵ 슬라이드 마스터 : 2~6슬라이드의 제목, 하단 로고, 슬라이드 번호는 슬라이드 마스터를 이용하여 작성한다.

　　– 제목 글꼴(돋움, 40pt, 흰색), 가운데 맞춤, 도형(선 없음)

　　– 하단 로고(「내 PC\문서\ITQ\Picture\로고1.jpg」, 배경(회색) 투명색으로 설정)

슬라이드 1　　표지 디자인

⑴ 표지 디자인 : 도형, 워드아트 및 그림을 이용하여 작성한다.

세부조건

① 도형 편집
– 도형에 그림 채우기 :
「내 PC\문서\ITQ\Picture\
그림3.jpg」, 투명도 50%
– 도형 효과 :
(부드러운 가장자리 5포인트)

② 워드아트 삽입
– 변환 : 갈매기형 수장
– 글꼴 : 돋움, 굵게
– 텍스트 반사 : 1/2 반사, 터치

③ 그림 삽입
– 「내 PC\문서\ITQ\Picture\
로고1.jpg」
– 배경(회색) 투명색으로 설정

슬라이드 2　　목차 슬라이드

⑴ 출력형태와 같이 도형을 이용하여 목차를 작성한다(글꼴 : 굴림, 24pt).

⑵ 도형 : 선 없음

세부조건

① 텍스트에 하이퍼링크 적용
–〉'슬라이드 5'

② 그림 삽입
– 「내 PC\문서\ITQ\Picture\
그림5.jpg」
– 자르기 기능 이용

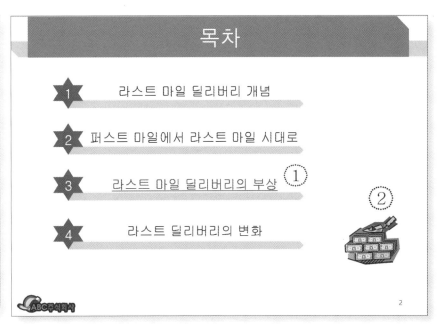

(1) 텍스트 작성 : 글머리 기호 사용(➤, ✓)

　➤ 문단(굴림, 24pt, 굵게, 줄간격 : 1.5줄), ✓ 문단(굴림, 20pt, 줄간격 : 1.5줄)

세부조건

① 동영상 삽입 :
- 「내 PC₩문서₩ITQ₩Picture₩
  동영상.wmv」
- 자동실행, 반복재생 설정

1.라스트 마일 딜리버리 개념

➤ Last Mile Delivery
- ✓ All elements used to convey goods to their destination
- ✓ In order to save logistics freight costs from courier companies, distributors have to order products and ship them to consumers.

➤ 라스트 마일 딜리버리
- ✓ 상품이 목적지까지 전달되기 위해 사용되는 모든 요소들로 택배업체에서 물류 운송비용을 절약하기 위한 기술적 방안으로 최근에는 유통업체가 제품을 주문 받아 소비자들에게 배송하는 것까지 포함

ABC주식회사　　　　3

(1) 도형과 표 작성 기능을 이용하여 슬라이드를 작성한다(글꼴 : 돋움, 18pt).

세부조건

① 상단 도형 :
　2개 도형의 조합으로 작성

② 좌측 도형 :
　그라데이션 효과(선형 아래쪽)

③ 표 스타일 :
　테마 스타일 1 – 강조 3

2.퍼스트 마일에서 라스트 마일 시대로

	물류환경 변화 가속도	네트워크 구조 변화
배경	변화되는 교통, 물류, 유통, 자본시장	소비자가 원하는 방식으로 제품을 공급
	전자상거래의 발달	서비스 요구 수준 높아짐
특징	고객 주문 물품이 최종 목적지까지 안전하고 정확하게 도착 할 수 있는 완성도 높은 시스템이 매우 중요시 됨	소비자가 원하는 방식으로 제품을 공급하기 위하여 배송 리드타임을 단축하고 서비스 품질을 높이는 것이 중요시 됨

ABC주식회사　　　　4

슬라이드 5 **차트 슬라이드** 100점

(1) 차트 작성 기능을 이용하여 슬라이드를 작성한다.

(2) 차트 : 종류(묶은 세로 막대형), 글꼴(돋움, 16pt), 외곽선

세부조건

※ 차트설명
• 차트제목 : 궁서, 24pt, 굵게,
 채우기(흰색), 테두리,
 그림자(오프셋 위쪽)
• 차트영역 : 채우기(노랑)
 그림영역 : 채우기(흰색)
• 데이터 서식 : 모바일 계열을 표식이 있는
 꺾은선형으로 변경 후 보조축으로 지정
• 값 표시 : 2017년의 모바일 계열만

① 도형 삽입
 – 스타일 :
  미세 효과 – 파랑, 강조1
 – 글꼴 : 굴림, 18pt

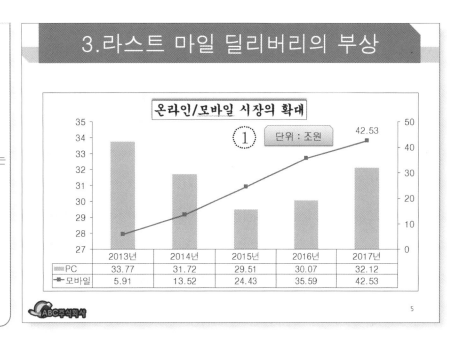

슬라이드 6 **도형 슬라이드** 100점

(1) 슬라이드와 같이 도형 및 스마트아트를 배치한다(글꼴 : 굴림, 18pt).

(2) 애니메이션 순서 : ① ⇒ ②

세부조건

① 도형 및 스마트아트 편집
 – 스마트아트 디자인
  : 3차원 광택 처리, 3차원 경사
 – 그룹화 후 애니메이션 효과
  : 밝기 변화

② 도형 편집
 – 그룹화 후 애니메이션 효과
  : 날아오기(오른쪽에서)

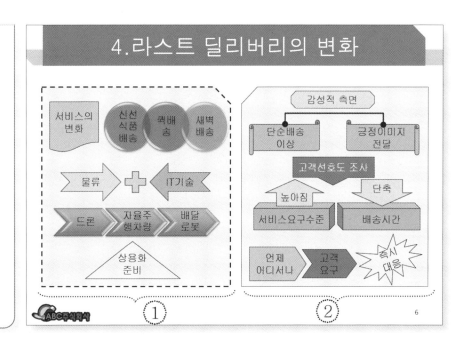

제8회 정보기술자격(ITQ) 시험

과 목	코 드	문제유형	시험시간	수험번호	성 명
한글파워포인트	1142	B	60분		

⑴ 슬라이드 크기 및 순서 : 크기를 A4 용지로 설정하고 슬라이드 순서에 맞게 작성한다.

⑵ 슬라이드 마스터 : 2~6슬라이드의 제목, 하단 로고, 슬라이드 번호는 슬라이드 마스터를 이용하여 작성한다.
- 제목 글꼴(돋움, 40pt, 흰색), 가운데 맞춤, 도형(선 없음)
- 하단 로고(「내 PC₩문서₩ITQ₩Picture₩로고1.jpg」, 배경(회색) 투명색으로 설정)

슬라이드 1   **표지 디자인** (40점)

⑴ 표지 디자인 : 도형, 워드아트 및 그림을 이용하여 작성한다.

세부조건

① 도형 편집
- 도형에 그림 채우기 :
  「내 PC₩문서₩ITQ₩Picture₩
  그림1.jpg」 투명도 50%
- 도형 효과 :
  (부드러운 가장자리 5포인트)

② 워드아트 삽입
- 변환 : 물결 1
- 글꼴 : 돋움, 굵게
- 텍스트 반사 : 1/2 반사, 터치

③ 그림 삽입
- 「내 PC₩문서₩ITQ₩Picture₩
  로고1.jpg」
- 배경(회색) 투명색으로 설정

슬라이드 2   **목차 슬라이드** (60점)

⑴ 출력형태와 같이 도형을 이용하여 목차를 작성한다(글꼴 : 굴림, 24pt).

⑵ 도형 : 선 없음

세부조건

① 텍스트에 하이퍼링크 적용
  →) '슬라이드 5'

② 그림 삽입
- 「내 PC₩문서₩ITQ₩Picture₩
  그림5.jpg」
- 자르기 기능 이용

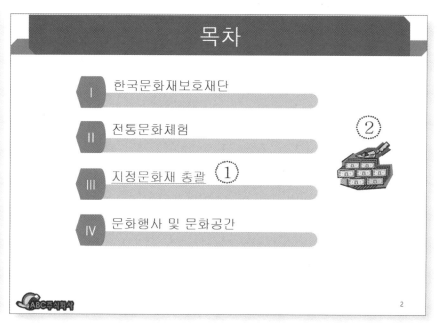

슬라이드 3　　**텍스트/동영상 슬라이드**　　⑥⓪점

(1) 텍스트 작성 : 글머리 기호 사용(➤, ✔)

　➤ 문단(굴림, 24pt, 굵게, 줄간격 : 1.5줄), ✔ 문단(굴림, 20pt, 줄간격 : 1.5줄)

세부조건

① 동영상 삽입 :
- 「내 PC\문서\ITQ\Picture\
동영상.wmv」
- 자동실행, 반복재생 설정

슬라이드 4　　**표 슬라이드**　　⑧⓪점

(1) 도형과 표 작성 기능을 이용하여 슬라이드를 작성한다(글꼴 : 돋움, 18pt).

세부조건

① 상단 도형 :
　2개 도형의 조합으로 작성

② 좌측 도형 :
　그라데이션 효과(선형 아래쪽)

③ 표 스타일 :
　테마 스타일 1 – 강조 3

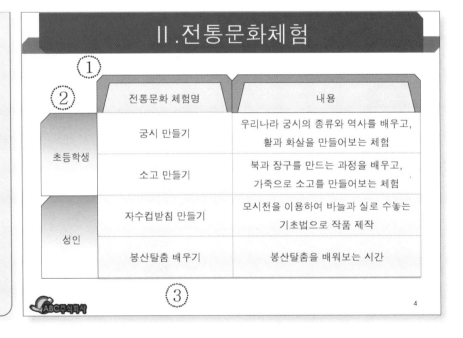

슬라이드 5　　**차트 슬라이드**　　(100점)

(1) 차트 작성 기능을 이용하여 슬라이드를 작성한다.

(2) 차트 : 종류(묶은 세로 막대형), 글꼴(돋움, 16pt), 외곽선

세부조건

※ 차트설명
• 차트제목 : 궁서, 24pt, 굵게,
　채우기(흰색), 테두리,
　그림자(오프셋 위쪽)
• 차트영역 : 채우기(노랑)
　그림영역 : 채우기(흰색)
• 데이터 서식 : 보물 계열을 표식이 있는 꺾
　은선형으로 변경 후 보조축으로 지정
• 값 표시 : 광주의 보물 계열만

① 도형 삽입
　– 스타일 :
　　보통 효과 – 황록색, 강조3
　– 글꼴 : 굴림, 18pt

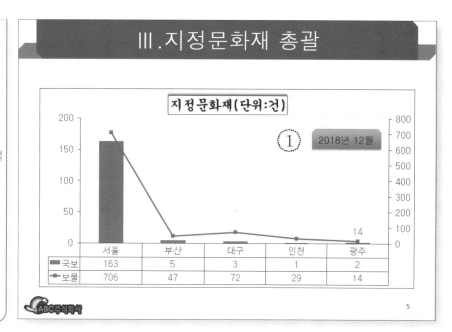

Ⅲ.지정문화재 총괄

지정문화재(단위:건)

	서울	부산	대구	인천	광주
국보	163	5	3	1	2
보물	706	47	72	29	14

슬라이드 6　　**도형 슬라이드**　　(100점)

(1) 슬라이드와 같이 도형 및 스마트아트를 배치한다(글꼴 : 굴림, 18pt).

(2) 애니메이션 순서 : ① ⇒ ②

세부조건

① 도형 및 스마트아트 편집
　– 스마트아트 디자인
　　: 3차원 광택 처리, 3차원 경사
　– 그룹화 후 애니메이션 효과
　　: 밝기 변화

② 도형 편집
　– 그룹화 후 애니메이션 효과
　　: 흔들기

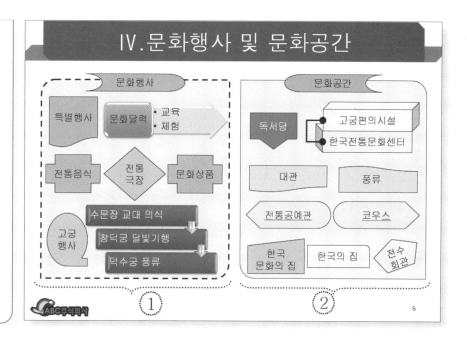

Ⅳ.문화행사 및 문화공간

제9회 정보기술자격(ITQ) 시험

과 목	코 드	문제유형	시험시간	수험번호	성 명
한글파워포인트	1142	B	60분		

수험자 유의사항

- 수험자는 문제지를 받는 즉시 문제지와 **수험표상의 시험과목(프로그램)이 동일한지 반드시 확인**하여야 합니다.
- 파일명은 본인의 "수험번호–성명"으로 입력하여 답안폴더(내 PC₩문서₩ITQ)에 하나의 파일로 저장해야 하며, 답안문서 파일명이 "수험번호–성명"과 일치하지 않거나, 답안파일을 전송하지 않아 미제출로 처리될 경우 실격 처리합니다 (예:12345678–홍길동.pptx).
- 답안 작성을 마치면 파일을 저장하고, '답안 전송' 버튼을 선택하여 감독위원 PC로 답안을 전송하십시오. 수험생 정보와 저장한 파일명이 다를 경우 전송되지 않으므로 주의하시기 바랍니다.
- 답안 작성 중에도 **주기적으로 저장하고, '답안 전송'**하여야 문제 발생을 줄일 수 있습니다. 작업한 내용을 저장하지 않고 전송할 경우 이전에 저장된 내용이 전송되오니 이점 유의하시기 바랍니다.
- 답안문서는 지정된 경로 외의 다른 보조기억장치에 저장하는 경우, 지정된 시험 시간 외에 작성된 파일을 활용할 경우, 기타 통신수단(이메일, 메신저, 네트워크 등)을 이용하여 타인에게 전달 또는 외부 반출하는 경우는 부정 처리합니다.
- 시험 중 부주의 또는 고의로 시스템을 파손한 경우는 수험자가 변상해야 하며, 〈수험자 유의사항〉에 기재된 방법대로 이행하지 않아 생기는 불이익은 수험생 당사자의 책임임을 알려 드립니다.
- 문제의 조건은 MS오피스 2016 버전으로 설정되어 있으니 유의하시기 바랍니다.
- 시험을 완료한 수험자는 답안파일이 전송되었는지 확인한 후 감독위원의 지시에 따라 문제지를 제출하고 퇴실합니다.

답안 작성요령

- 온라인 답안 작성 절차

  수험자 등록 ⇒ 시험 시작 ⇒ 답안파일 저장 ⇒ 답안 전송 ⇒ 시험 종료
- 슬라이드의 크기는 A4 Paper로 설정하여 작성합니다.
- 슬라이드의 총 개수는 6개로 구성되어 있으며 슬라이드 1부터 순서대로 작업하고 반드시 문제와 세부 조건대로 합니다.
- 별도의 지시사항이 없는 경우 출력형태를 참조하여 글꼴색은 검정 또는 흰색으로 작성하고, 기타사항은 전체적인 균형을 고려하여 작성합니다.
- 슬라이드 도형 및 개체에 출력형태와 다른 스타일 (그림자 , 외곽선 등)을 적용했을 경우 감점처리 됩니다.
- 슬라이드 번호를 작성합니다(슬라이드 1에는 생략).
- 2~6번 슬라이드 제목 도형과 하단 로고는 슬라이드 마스터를 이용하여 출력형태와 동일하게 작성합니다(슬라이드 1에는 생략).
- 문제와 세부조건, 세부조건 번호 ◯ (점선원)는 입력하지 않습니다.
- 각 개체의 위치는 오른쪽의 슬라이드와 동일하게 구성합니다.
- 그림 삽입 문제의 경우 반드시 「내 PC₩문서₩ITQ₩Picture」 폴더에서 정확한 파일을 선택하여 삽입하십시오.
- 각 슬라이드를 각각의 파일로 작업해서 저장할 경우 실격 처리됩니다.

⑴ 슬라이드 크기 및 순서 : 크기를 A4 용지로 설정하고 슬라이드 순서에 맞게 작성한다.

⑵ 슬라이드 마스터 : 2~6슬라이드의 제목, 하단 로고, 슬라이드 번호는 슬라이드 마스터를 이용하여 작성한다.

　　– 제목 글꼴(돋움, 40pt, 흰색), 왼쪽 맞춤, 도형(선 없음)

　　– 하단 로고(「내 PC₩문서₩ITQ₩Picture₩로고1.jpg」, 배경(회색) 투명색으로 설정)

슬라이드 1　표지 디자인 40점

⑴ 표지 디자인 : 도형, 워드아트 및 그림을 이용하여 작성한다.

세부조건

① 도형 편집
　– 도형에 그림 채우기 :
　　「내 PC₩문서₩ITQ₩Picture₩
　　그림2.jpg」, 투명도 50%
　– 도형 효과 :
　　(부드러운 가장자리 15포인트)

② 워드아트 삽입
　– 변환 : 역삼각형
　– 글꼴 : 돋움, 굵게
　– 텍스트 반사 : 1/2 반사, 터치

③ 그림 삽입
　– 「내 PC₩문서₩ITQ₩Picture₩
　　로고1.jpg」
　– 배경(회색) 투명색으로 설정

슬라이드 2　목차 슬라이드 60점

⑴ 출력형태와 같이 도형을 이용하여 목차를 작성한다(글꼴 : 굴림, 24pt).

⑵ 도형 : 선 없음

세부조건

① 텍스트에 하이퍼링크 적용
　–> '슬라이드 5'

② 그림 삽입
　– 「내 PC₩문서₩ITQ₩Picture₩
　　그림5.jpg」
　– 자르기 기능 이용

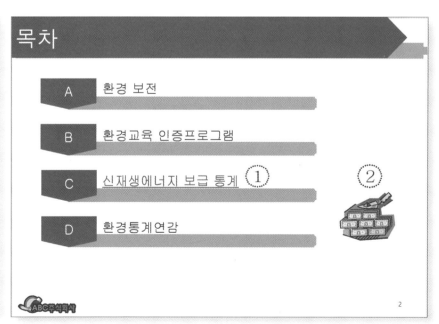

(1) 텍스트 작성 : 글머리 기호 사용(➤, ✓)

➤ 문단(굴림, 24pt, 굵게, 줄간격 : 1.5줄), ✓ 문단(굴림, 20pt, 줄간격 : 1.5줄)

세부조건

① 동영상 삽입 :

- 「내 PC₩문서₩ITQ₩Picture₩ 동영상.wmv」
- 자동실행, 반복재생 설정

A.환경 보전

➤ **Global Efforts**

✓ UNEP 8th special session of the governing council in korea/global ministerial meeting

✓ Environmental cooperation in northeast asia

✓ Tripartite Environment Ministers' Meeting (TEMM)

➤ **환경 보전의 의미**

✓ 인간이 안전하고 건강하며 미적, 문화적으로 쾌적한 생활을 영위할 수 있도록 환경 조건을 좋은 상태로 지키고 유지하며 대기, 수질 등의 환경 을 오염으로부터 보호하는 것

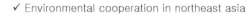

ABC주식회사

3

(1) 도형과 표 작성 기능을 이용하여 슬라이드를 작성한다(글꼴 : 돋움, 18pt).

세부조건

① 상단 도형 :

2개 도형의 조합으로 작성

② 좌측 도형 :

그라데이션 효과(선형 아래쪽)

③ 표 스타일 :

테마 스타일 1 - 강조 3

B.환경교육 인증프로그램

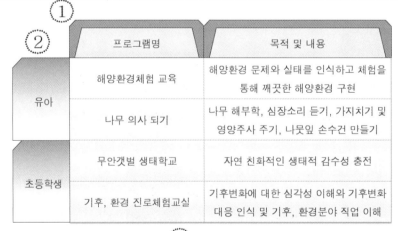

	프로그램명	목적 및 내용
유아	해양환경체험 교육	해양환경 문제와 실태를 인식하고 체험을 통해 깨끗한 해양환경 구현
	나무 의사 되기	나무 해부학, 심장소리 듣기, 가지치기 및 영양주사 주기, 나뭇잎 손수건 만들기
초등학생	무안갯벌 생태학교	자연 친화적인 생태적 감수성 충전
	기후, 환경 진로체험교실	기후변화에 대한 심각성 이해와 기후변화 대응 인식 및 기후, 환경분야 직업 이해

ABC주식회사

4

(1) 차트 작성 기능을 이용하여 슬라이드를 작성한다.

(2) 차트 : 종류(묶은 세로 막대형), 글꼴(돋움, 16pt), 외곽선

세부조건

※ 차트설명
• 차트제목 : 궁서, 24pt, 굵게, 채우기(흰색), 테두리, 그림자(오프셋 위쪽)
• 차트영역 : 채우기(노랑) 그림영역 : 채우기(흰색)
• 데이터 서식 : 발전량(GWh) 계열을 표식이 있는 꺾은선형으로 변경 후 보조축으로 지정
• 값 표시 : IGCC의 발전량(GWh) 계열만

① 도형 삽입
　– 스타일 :
　　보통 효과 – 바다색, 강조5
　– 글꼴 : 굴림, 18pt

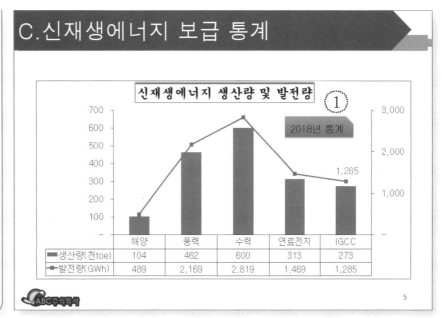

(1) 슬라이드와 같이 도형 및 스마트아트를 배치한다(글꼴 : 굴림, 18pt).

(2) 애니메이션 순서 : ① ⇒ ②

세부조건

① 도형 및 스마트아트 편집
　– 스마트아트 디자인
　　: 3차원 광택 처리, 3차원 경사
　– 그룹화 후 애니메이션 효과
　　: 밝기 변화

② 도형 편집
　– 그룹화 후 애니메이션 효과
　　: 날아오기(오른쪽에서)

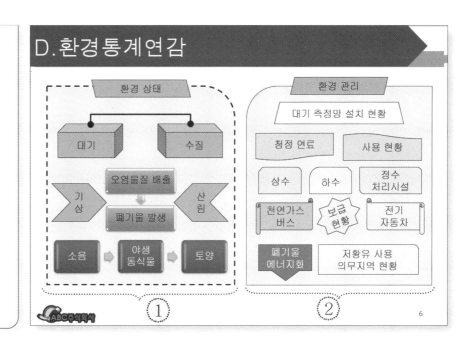

제10회 정보기술자격(ITQ) 시험

과 목	코 드	문제유형	시험시간	수험번호	성 명
한글파워포인트	1142	B	60분		

전체구성

(1) 슬라이드 크기 및 순서 : 크기를 A4 용지로 설정하고 슬라이드 순서에 맞게 작성한다.

(2) 슬라이드 마스터 : 2~6슬라이드의 제목, 하단 로고, 슬라이드 번호는 슬라이드 마스터를 이용하여 작성한다.
- 제목 글꼴(굴림, 40pt, 검정), 가운데 맞춤, 도형(선 없음)
- 하단 로고(「내 PC\문서\ITQ\Picture\로고2.jpg」, 배경(회색) 투명색으로 설정)

슬라이드 1   표지 디자인

(1) 표지 디자인 : 도형, 워드아트 및 그림을 이용하여 작성한다.

세부조건

① 도형 편집
- 도형에 그림 채우기 :
  「내 PC\문서\ITQ\Picture\
  그림1.jpg」, 투명도 50%
- 도형 효과 :
  (부드러운 가장자리 10포인트)

② 워드아트 삽입
- 변환 : 역삼각형
- 글꼴 : 굴림, 굵게
- 텍스트 반사 : 근접 반사,
  8pt 오프셋

③ 그림 삽입
- 「내 PC\문서\ITQ\Picture\
  로고2.jpg」
- 배경(회색) 투명색으로 설정

슬라이드 2   목차 슬라이드

(1) 출력형태와 같이 도형을 이용하여 목차를 작성한다(글꼴 : 돋움, 24pt).

(2) 도형 : 선 없음

세부조건

① 텍스트에 하이퍼링크 적용
→ '슬라이드 3'

② 그림 삽입
- 「내 PC\문서\ITQ\Picture\
  그림5.jpg」
- 자르기 기능 이용

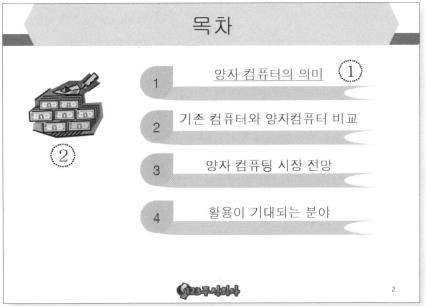

(1) 텍스트 작성 : 글머리 기호 사용(❖, ✓)

❖ 문단(굴림, 24pt, 굵게, 줄간격 : 1.5줄), ✓ 문단(굴림, 20pt, 줄간격 : 1.5줄)

세부조건

① 동영상 삽입 :
– 「내 PC₩문서₩ITQ₩Picture₩
동영상.wmv」
– 자동실행, 반복재생 설정

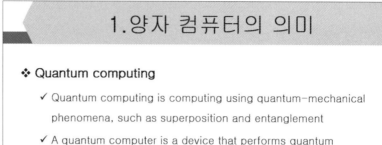

1.양자 컴퓨터의 의미

❖ Quantum computing
  ✓ Quantum computing is computing using quantum-mechanical phenomena, such as superposition and entanglement
  ✓ A quantum computer is a device that performs quantum computing

❖ 양자 컴퓨터
  ✓ 얽힘이나 중첩 같은 양자역학적인 현상을 이용하여 자료를 처리하는 컴퓨터로 1982년 리차드 파인만이 처음 제시했고, 데이비드 도이치가 구체적인 양자 컴퓨터의 개념을 정리함

3

---

(1) 도형과 표 작성 기능을 이용하여 슬라이드를 작성한다(글꼴 : 돋움, 18pt).

세부조건

① 상단 도형 :
2개 도형의 조합으로 작성

② 좌측 도형 :
그라데이션 효과(선형 아래쪽)

③ 표 스타일 :
테마 스타일 1 – 강조 1

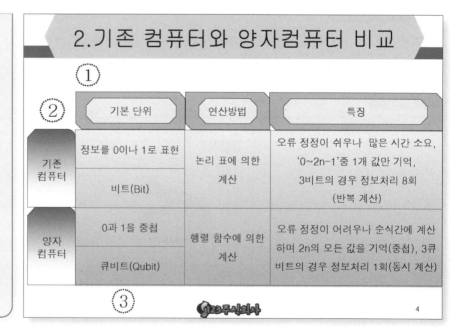

2.기존 컴퓨터와 양자컴퓨터 비교

	기본 단위	연산방법	특징
기존 컴퓨터	정보를 0이나 1로 표현	논리 표에 의한 계산	오류 정정이 쉬우나 많은 시간 소요, '0~2n-1'중 1개 값만 기억, 3비트의 경우 정보처리 8회 (반복 계산)
	비트(Bit)		
양자 컴퓨터	0과 1을 중첩	행렬 함수에 의한 계산	오류 정정이 어려우나 순식간에 계산하며 2n의 모든 값을 기억(중첩), 3큐비트의 경우 정보처리 1회(동시 계산)
	큐비트(Qubit)		

4

(1) 차트 작성 기능을 이용하여 슬라이드를 작성한다.

(2) 차트 : 종류(묶은 세로 막대형), 글꼴(돋움, 16pt), 외곽선

세부조건

※ 차트설명
- 차트제목 : 궁서, 24pt, 굵게, 채우기(흰색), 테두리, 그림자(오프셋 위쪽)
- 차트영역 : 채우기(노랑) 그림영역 : 채우기(흰색)
- 데이터 서식 : 국내시장 계열을 표식이 있는 꺾은선형으로 변경 후 보조축으로 지정
- 값 표시 : 2020년의 국내시장 계열만

① 도형 삽입
 - 스타일 : 강한 효과 – 바다색, 강조5
 - 글꼴 : 굴림, 18pt

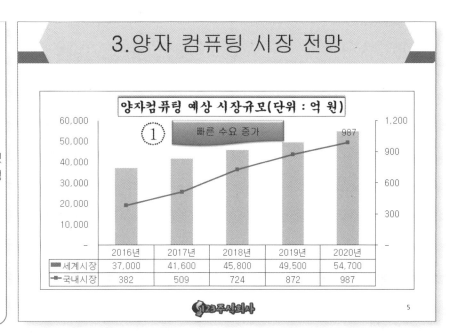

(1) 슬라이드와 같이 도형 및 스마트아트를 배치한다(글꼴 : 굴림, 18pt).

(2) 애니메이션 순서 : ① ⇒ ②

세부조건

① 도형 및 스마트아트 편집
 - 스마트아트 디자인
 : 3차원 경사, 3차원 만화
 - 그룹화 후 애니메이션 효과
 : 나누기(세로 바깥쪽으로)

② 도형 편집
 - 그룹화 후 애니메이션 효과
 : 시계 방향 회전

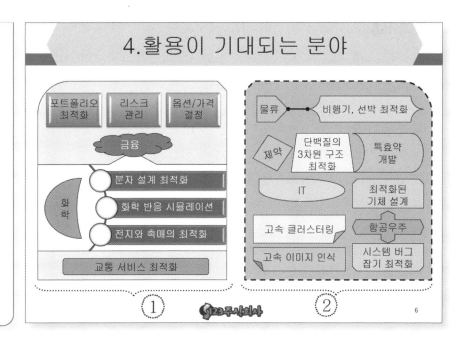

제11회 정보기술자격(ITQ) 시험

과 목	코 드	문제유형	시험시간	수험번호	성 명
한글파워포인트	1142	B	60분		

The Insight KPC
kpc 한국생산성본부

전체구성

(1) 슬라이드 크기 및 순서 : 크기를 A4 용지로 설정하고 슬라이드 순서에 맞게 작성한다.

(2) 슬라이드 마스터 : 2~6슬라이드의 제목, 하단 로고, 슬라이드 번호는 슬라이드 마스터를 이용하여 작성한다.
   - 제목 글꼴(굴림, 40pt, 흰색), 가운데 맞춤, 도형(선 없음)
   - 하단 로고(「내 PC\문서\ITQ\Picture\로고2.jpg」, 배경(회색) 투명색으로 설정)

슬라이드 1   표지 디자인

(1) 표지 디자인 : 도형, 워드아트 및 그림을 이용하여 작성한다.

세부조건

① 도형 편집
   - 도형에 그림 채우기 :
     「내 PC\문서\ITQ\Picture\
     그림2.jpg」, 투명도 30%
   - 도형 효과 :
     (부드러운 가장자리 5포인트)

② 워드아트 삽입
   - 변환 : 수축
   - 글꼴 : 궁서, 굵게
   - 텍스트 반사 : 근접 반사,
     8pt 오프셋

③ 그림 삽입
   - 「내 PC\문서\ITQ\Picture\
     로고2.jpg」
   - 배경(회색) 투명색으로 설정

슬라이드 2   목차 슬라이드

(1) 출력형태와 같이 도형을 이용하여 목차를 작성한다(글꼴 : 돋움, 24pt).

(2) 도형 : 선 없음

세부조건

① 텍스트에 하이퍼링크 적용
   -> '슬라이드 3'

② 그림 삽입
   - 「내 PC\문서\ITQ\Picture\
     그림5.jpg」
   - 자르기 기능 이용

(1) 텍스트 작성 : 글머리 기호 사용(❖, ✔)

❖ 문단(굴림, 24pt, 굵게, 줄간격 : 1.5줄), ✔ 문단(굴림, 20pt, 줄간격 : 1.5줄)

세부조건

① 동영상 삽입 :

－ 「내 PC₩문서₩ITQ₩Picture₩ 동영상.wmv」

－ 자동실행, 반복재생 설정

가. 인터넷 중독

❖ Internet Addiction Test

✔ The Internet Addiction Test is the first validated and reliable measure of addictive use of the Internet

✔ How do you know if you're already addicted or rapidly tumbling toward trouble

❖ 인터넷 중독

✔ 과다한 인터넷 이용으로 인해 가정, 학교, 사회에서 수행해야 할 일들에 지장이 생기거나 일상생활의 유지가 불가능한 상태로 습관적 행위로 굳어짐

3

---

(1) 도형과 표 작성 기능을 이용하여 슬라이드를 작성한다(글꼴 : 돋움, 18pt).

세부조건

① 상단 도형 :

2개 도형의 조합으로 작성

② 좌측 도형 :

그라데이션 효과(선형 아래쪽)

③ 표 스타일 :

테마 스타일 1 – 강조 1

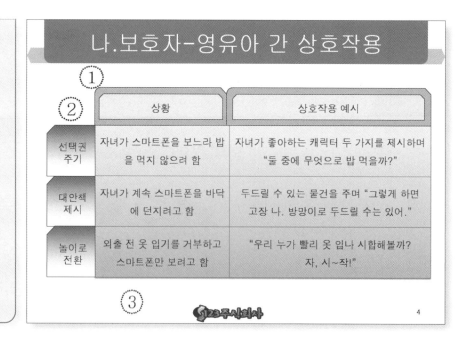

나. 보호자-영유아 간 상호작용

	상황	상호작용 예시
선택권 주기	자녀가 스마트폰을 보느라 밥을 먹지 않으려 함	자녀가 좋아하는 캐릭터 두 가지를 제시하며 "둘 중에 무엇으로 밥 먹을까?"
대안책 제시	자녀가 계속 스마트폰을 바닥에 던지려고 함	두드릴 수 있는 물건을 주며 "그렇게 하면 고장 나. 방망이로 두드릴 수는 있어."
놀이로 전환	외출 전 옷 입기를 거부하고 스마트폰만 보려고 함	"우리 누가 빨리 옷 입나 시합해볼까? 자, 시~작!"

4

(1) 차트 작성 기능을 이용하여 슬라이드를 작성한다.

(2) 차트 : 종류(묶은 세로 막대형), 글꼴(돋움, 16pt), 외곽선

세부조건

※ 차트설명
- 차트제목 : 궁서, 24pt, 굵게, 채우기(흰색), 테두리, 그림자(오프셋 위쪽)
- 차트영역 : 채우기(노랑) 그림영역 : 채우기(흰색)
- 데이터 서식 : 과의존 위험군 계열을 표식이 있는 꺾은선형으로 변경 후 보조축으로 지정
- 값 표시 : SNS의 과의존 위험군 계열만

① 도형 삽입
- 스타일 : 미세 효과 – 주황, 강조6
- 글꼴 : 굴림, 18pt

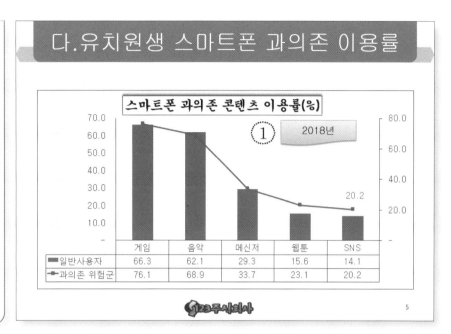

(1) 슬라이드와 같이 도형 및 스마트아트를 배치한다(글꼴 : 굴림, 18pt).

(2) 애니메이션 순서 : ① ⇒ ②

세부조건

① 도형 및 스마트아트 편집
- 스마트아트 디자인 : 3차원 경사, 3차원 만화
- 그룹화 후 애니메이션 효과 : 나누기(세로 바깥쪽으로)

② 도형 편집
- 그룹화 후 애니메이션 효과 : 시계 방향 회전

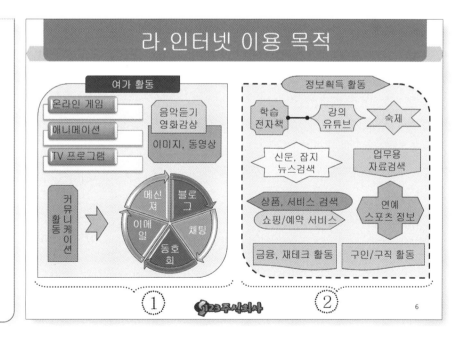

제12회 정보기술자격(ITQ) 시험

과 목	코 드	문제유형	시험시간	수험번호	성 명
한글파워포인트	1142	B	60분		

수험자 유의사항

- 수험자는 문제지를 받는 즉시 문제지와 **수험표상의 시험과목(프로그램)이 동일한지 반드시 확인**하여야 합니다.

- 파일명은 본인의 "수험번호–성명"으로 입력하여 답안폴더(내 PC₩문서₩ITQ)에 하나의 파일로 저장해야 하며, 답안문서 파일명이 "수험번호–성명"과 일치하지 않거나, 답안파일을 전송하지 않아 미제출로 처리될 경우 실격 처리합니다 (예:12345678–홍길동.pptx).

- 답안 작성을 마치면 파일을 저장하고, '답안 전송' 버튼을 선택하여 감독위원 PC로 답안을 전송하십시오. 수험생 정보와 저장한 파일명이 다를 경우 전송되지 않으므로 주의하시기 바랍니다.

- 답안 작성 중에도 **주기적으로 저장하고, '답안 전송'**하여야 문제 발생을 줄일 수 있습니다. 작업한 내용을 저장하지 않고 전송할 경우 이전에 저장된 내용이 전송되오니 이점 유의하시기 바랍니다.

- 답안문서는 지정된 경로 외의 다른 보조기억장치에 저장하는 경우, 지정된 시험 시간 외에 작성된 파일을 활용할 경우, 기타 통신수단(이메일, 메신저, 네트워크 등)을 이용하여 타인에게 전달 또는 외부 반출하는 경우는 부정 처리합니다.

- 시험 중 부주의 또는 고의로 시스템을 파손한 경우는 수험자가 변상해야 하며, 〈수험자 유의사항〉에 기재된 방법대로 이행하지 않아 생기는 불이익은 수험생 당사자의 책임임을 알려 드립니다.

- 문제의 조건은 MS오피스 2016 버전으로 설정되어 있으니 유의하시기 바랍니다.

- 시험을 완료한 수험자는 답안파일이 전송되었는지 확인한 후 감독위원의 지시에 따라 문제지를 제출하고 퇴실합니다.

답안 작성요령

- 온라인 답안 작성 절차

  수험자 등록 ⇒ 시험 시작 ⇒ 답안파일 저장 ⇒ 답안 전송 ⇒ 시험 종료

- 슬라이드의 크기는 A4 Paper로 설정하여 작성합니다.

- 슬라이드의 총 개수는 6개로 구성되어 있으며 슬라이드 1부터 순서대로 작업하고 반드시 문제와 세부 조건대로 합니다.

- 별도의 지시사항이 없는 경우 출력형태를 참조하여 글꼴색은 검정 또는 흰색으로 작성하고, 기타사항은 전체적인 균형을 고려하여 작성합니다.

- 슬라이드 도형 및 개체에 출력형태와 다른 스타일 (그림자 , 외곽선 등)을 적용했을 경우 감점처리 됩니다.

- 슬라이드 번호를 작성합니다(슬라이드 1에는 생략).

- 2~6번 슬라이드 제목 도형과 하단 로고는 슬라이드 마스터를 이용하여 출력형태와 동일하게 작성합니다(슬라이드 1에는 생략).

- 문제와 세부조건, 세부조건 번호 ◯ (점선원)는 입력하지 않습니다.

- 각 개체의 위치는 오른쪽의 슬라이드와 동일하게 구성합니다.

- 그림 삽입 문제의 경우 반드시 「내 PC₩문서₩ITQ₩Picture」 폴더에서 정확한 파일을 선택하여 삽입하십시오.

- 각 슬라이드를 각각의 파일로 작업해서 저장할 경우 실격 처리됩니다.

The Insight KPC
kpc 한국생산성본부

(1) 슬라이드 크기 및 순서 : 크기를 A4 용지로 설정하고 슬라이드 순서에 맞게 작성한다.

(2) 슬라이드 마스터 : 2~6슬라이드의 제목, 하단 로고, 슬라이드 번호는 슬라이드 마스터를 이용하여 작성한다.
  - 제목 글꼴(굴림, 40pt, 흰색), 가운데 맞춤, 도형(선 없음)
  - 하단 로고(「내 PC\문서\ITQ\Picture\로고2.jpg」, 배경(회색) 투명색으로 설정)

슬라이드 1   표지 디자인   **40점**

(1) 표지 디자인 : 도형, 워드아트 및 그림을 이용하여 작성한다.

세부조건

① 도형 편집
  - 도형에 그림 채우기 :
    「내 PC\문서\ITQ\Picture\
    그림1.jpg」, 투명도 50%
  - 도형 효과 :
    (부드러운 가장자리 5포인트)

② 워드아트 삽입
  - 변환 : 물결 1
  - 글꼴 : 돋움, 굵게
  - 텍스트 반사 : 근접 반사,
    8pt 오프셋

③ 그림 삽입
  - 「내 PC\문서\ITQ\Picture\
    로고2.jpg」
  - 배경(회색) 투명색으로 설정

슬라이드 2   목차 슬라이드   **60점**

(1) 출력형태와 같이 도형을 이용하여 목차를 작성한다(글꼴 : 돋움, 24pt).

(2) 도형 : 선 없음

세부조건

① 텍스트에 하이퍼링크 적용
  -> '슬라이드 3'

② 그림 삽입
  - 「내 PC\문서\ITQ\Picture\
    그림5.jpg」
  - 자르기 기능 이용

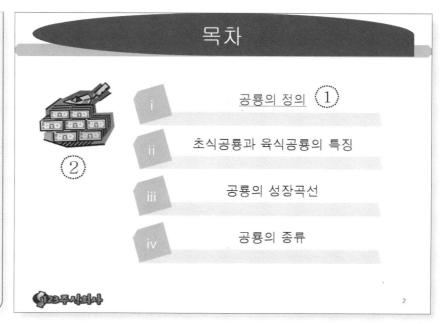

(1) 텍스트 작성 : 글머리 기호 사용(❖, ✔)

❖ 문단(굴림, 24pt, 굵게, 줄간격 : 1.5줄), ✔ 문단(굴림, 20pt, 줄간격 : 1.5줄)

세부조건

① 동영상 삽입 :

– 「내 PC\문서\ITQ\Picture\
동영상.wmv」

– 자동실행, 반복재생 설정

ⅰ.공룡의 정의

❖ **Characteristics of dinosaurs**

　✔ Dinosaurs strong yet light-weight bones and long tails that helped their balance allowed these huge creatures to move around gracefully in upright postures

❖ **공룡의 정의**

　✔ 중생대에 번성했던 육상 파충류의 한 집단으로 육지와 바다(어룡), 하늘(익룡)까지 진화를 거듭하면서 번성

　✔ 모든 대륙의 다양한 환경에서 화석으로 발견

123주식회사　　3

---

(1) 도형과 표 작성 기능을 이용하여 슬라이드를 작성한다(글꼴 : 돋움, 18pt).

세부조건

① 상단 도형 :

2개 도형의 조합으로 작성

② 좌측 도형 :

그라데이션 효과(선형 아래쪽)

③ 표 스타일 :

테마 스타일 1 – 강조 1

ⅱ.초식공룡과 육식공룡의 특징

	한글학명	특징
초식	람베오사우루스	콧구멍은 주둥이로부터 돌출되어 있고 손도끼 모양의 볏이 있음
초식	이구아노돈	앞다리의 길이는 뒷다리보다 짧으며 엄지발가락에 원추형의 스파이크가 있음
육식	데이노니쿠스	몸이 가볍고 민첩하며 큰 두뇌와 크고 민감한 눈을 갖음
육식	기가노토사우루스	2족 보행, 13~14m의 거대한 수각류

123주식회사　　4

(1) 차트 작성 기능을 이용하여 슬라이드를 작성한다.

(2) 차트 : 종류(묶은 세로 막대형), 글꼴(돋움, 16pt), 외곽선

세부조건

※ 차트설명
- 차트제목 : 궁서, 24pt, 굵게,
  채우기(흰색), 테두리,
  그림자(오프셋 위쪽)
- 차트영역 : 채우기(노랑)
  그림영역 : 채우기(흰색)
- 데이터 서식 : 다스플레토사우루스 계열을
  표식이 있는 꺾은선형으로 변경 후 보조
  축으로 지정
- 값 표시 : 25세의 다스플레토사우루스 계
  열만

① 도형 삽입
  – 스타일 :
    색 채우기 – 바다색, 강조5
  – 글꼴 : 굴림, 18pt

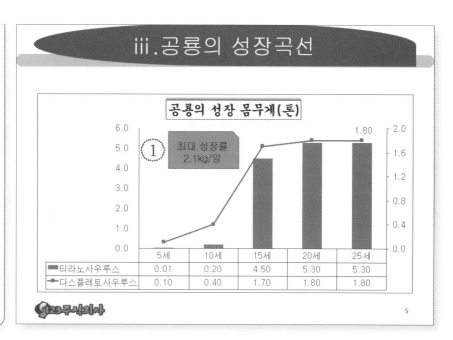

(1) 슬라이드와 같이 도형 및 스마트아트를 배치한다(글꼴 : 굴림, 18pt).

(2) 애니메이션 순서 : ① ⇒ ②

세부조건

① 도형 및 스마트아트 편집
  – 스마트아트 디자인
    : 3차원 경사, 3차원 만화
  – 그룹화 후 애니메이션 효과
    : 펄스

② 도형 편집
  – 그룹화 후 애니메이션 효과
    : 시계 방향 회전

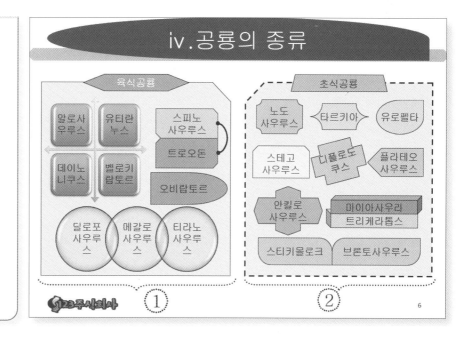

제13회 정보기술자격(ITQ) 시험

과 목	코 드	문제유형	시험시간	수험번호	성 명
한글파워포인트	1142	B	60분		

⑴ 슬라이드 크기 및 순서 : 크기를 A4 용지로 설정하고 슬라이드 순서에 맞게 작성한다.

⑵ 슬라이드 마스터 : 2~6슬라이드의 제목, 하단 로고, 슬라이드 번호는 슬라이드 마스터를 이용하여 작성한다.
- 제목 글꼴(돋움, 40pt, 흰색), 가운데 맞춤, 도형(선 없음)
- 하단 로고(「내 PC₩문서₩ITQ₩Picture₩로고2.jpg」, 배경(회색) 투명색으로 설정)

슬라이드 1　표지 디자인 (40점)

⑴ 표지 디자인 : 도형, 워드아트 및 그림을 이용하여 작성한다.

세부조건

① 도형 편집
- 도형에 그림 채우기 :
「내 PC₩문서₩ITQ₩Picture₩
그림2.jpg」, 투명도 50%
- 도형 효과 :
(부드러운 가장자리 10포인트)

② 워드아트 삽입
- 변환 : 물결 1
- 글꼴 : 궁서, 굵게
- 텍스트 반사 : 1/2 반사, 8pt 오프셋

③ 그림 삽입
- 「내 PC₩문서₩ITQ₩Picture₩
로고2.jpg」
- 배경(회색) 투명색으로 설정

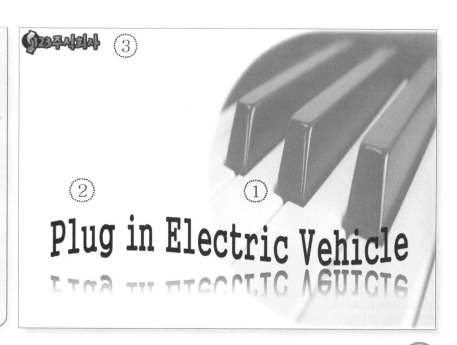

슬라이드 2　목차 슬라이드 (60점)

⑴ 출력형태와 같이 도형을 이용하여 목차를 작성한다(글꼴 : 돋움, 24pt).

⑵ 도형 : 선 없음

세부조건

① 텍스트에 하이퍼링크 적용
–〉'슬라이드 6'

② 그림 삽입
- 「내 PC₩문서₩ITQ₩Picture₩
그림4.jpg」
- 자르기 기능 이용

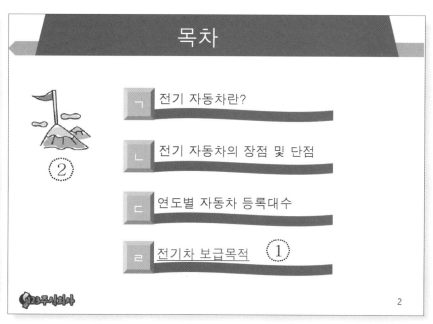

(1) 텍스트 작성 : 글머리 기호 사용(❖, ✓)

　　❖ 문단(굴림, 24pt, 굵게, 줄간격 : 1.5줄), ✓ 문단(굴림, 20pt, 줄간격 : 1.5줄)

세부조건

① 동영상 삽입 :

－「내 PC₩문서₩ITQ₩Picture₩
　동영상.wmv」

－ 자동실행, 반복재생 설정

ㄱ.전기 자동차란?

❖ Electric Vehicle

　✓ Refers to a car that uses an electric battery and
　　an electric motor without using oil fuel and engine

　✓ They can reach maximum acceleration in half the
　　time of a normal car

❖ 전기 자동차

　✓ 배기가스 배출이나 소음이 거의 없으며 무거운 중량 및 충전에 걸리는
　　시간이 오래 걸려 실용화되지 못하다가 환경오염과 자원부족 문제로
　　개발 경쟁이 치열해지고 있음

3

---

(1) 도형과 표 작성 기능을 이용하여 슬라이드를 작성한다(글꼴 : 돋움, 18pt).

세부조건

① 상단 도형 :

　2개 도형의 조합으로 작성

② 좌측 도형 :

　그라데이션 효과(선형 아래쪽)

③ 표 스타일 :

　테마 스타일 1 – 강조 1

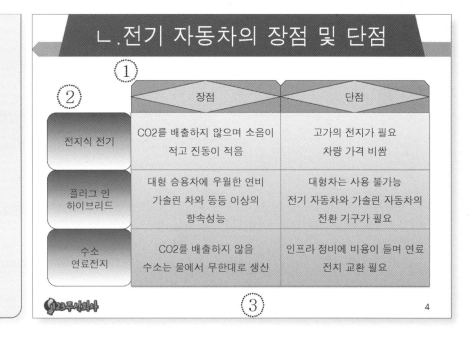

ㄴ.전기 자동차의 장점 및 단점

	장점	단점
전지식 전기	CO2를 배출하지 않으며 소음이 적고 진동이 적음	고가의 전지가 필요 차량 가격 비쌈
플러그 인 하이브리드	대형 승용차에 우월한 연비 가솔린 차와 동등 이상의 항속성능	대형차는 사용 불가능 전기 자동차와 가솔린 자동차의 전환 기구가 필요
수소 연료전지	CO2를 배출하지 않음 수소는 물에서 무한대로 생산	인프라 정비에 비용이 들며 연료 전지 교환 필요

4

(1) 차트 작성 기능을 이용하여 슬라이드를 작성한다.

(2) 차트 : 종류(묶은 세로 막대형), 글꼴(돋움, 16pt), 외곽선

세부조건

※ 차트설명

• 차트제목 : 궁서, 24pt, 굵게, 채우기(흰색), 테두리, 그림자(오프셋 오른쪽)

• 차트영역 : 채우기(노랑) 그림영역 : 채우기(흰색)

• 데이터 서식 : 대수(만대) 계열을 표식이 있는 꺾은선형으로 변경 후 보조축으로 지정

• 값 표시 : 2018년 대수(만대) 계열만

① 도형 삽입

– 스타일 : 미세 효과 – 바다색, 강조5

– 글꼴 : 돋움, 18pt

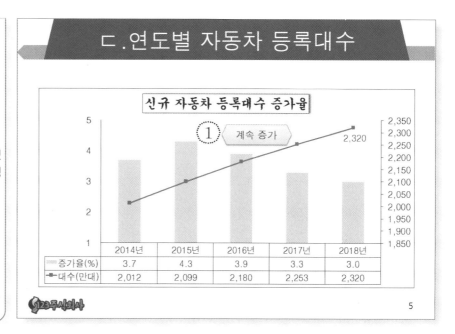

(1) 슬라이드와 같이 도형 및 스마트아트를 배치한다(글꼴 : 굴림, 18pt).

(2) 애니메이션 순서 : ① ⇒ ②

세부조건

① 도형 및 스마트아트 편집

– 스마트아트 디자인 : 3차원 만화, 3차원 경사

– 그룹화 후 애니메이션 효과 : 바운드

② 도형 편집

– 그룹화 후 애니메이션 효과 : 블라인드(세로)

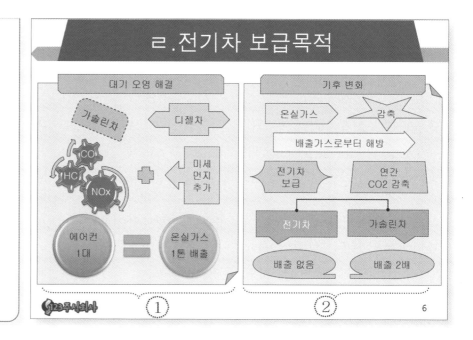

제14회 정보기술자격(ITQ) 시험

과 목	코 드	문제유형	시험시간	수험번호	성 명
한글파워포인트	1142	B	60분		

The Insight KPC
kpc 한국생산성본부

전체구성

(1) 슬라이드 크기 및 순서 : 크기를 A4 용지로 설정하고 슬라이드 순서에 맞게 작성한다.

(2) 슬라이드 마스터 : 2~6슬라이드의 제목, 하단 로고, 슬라이드 번호는 슬라이드 마스터를 이용하여 작성한다.
  - 제목 글꼴(맑은 고딕, 40pt, 흰색), 가운데 맞춤, 도형(선 없음)
  - 하단 로고(「내 PC₩문서₩ITQ₩Picture₩로고2.jpg」, 배경(회색) 투명색으로 설정)

슬라이드 1   표지 디자인

(1) 표지 디자인 : 도형, 워드아트 및 그림을 이용하여 작성한다.

세부조건

① 도형 편집
  - 도형에 그림 채우기 :
    「내 PC₩문서₩ITQ₩Picture₩
    그림2.jpg」, 투명도 50%
  - 도형 효과 :
    (부드러운 가장자리 5포인트)

② 워드아트 삽입
  - 변환 : 아래쪽 수축
  - 글꼴 : 궁서, 굵게
  - 텍스트 반사 : 1/2 반사, 8pt 오프셋

③ 그림 삽입
  - 「내 PC₩문서₩ITQ₩Picture₩
    로고2.jpg」
  - 배경(회색) 투명색으로 설정

슬라이드 2   목차 슬라이드

(1) 출력형태와 같이 도형을 이용하여 목차를 작성한다(글꼴 : 돋움, 24pt).

(2) 도형 : 선 없음

세부조건

① 텍스트에 하이퍼링크 적용
  → '슬라이드 6'

② 그림 삽입
  - 「내 PC₩문서₩ITQ₩Picture₩
    그림4.jpg」
  - 자르기 기능 이용

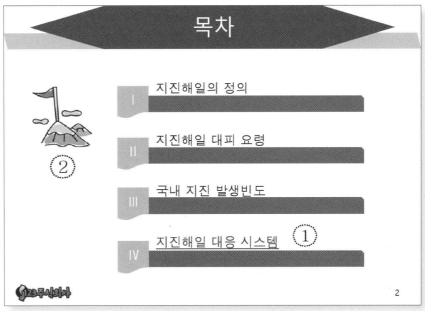

(1) 텍스트 작성 : 글머리 기호 사용(❖, ✔)

❖ 문단(굴림, 24pt, 굵게, 줄간격 : 1.5줄), ✔ 문단(굴림, 20pt, 줄간격 : 1.5줄)

세부조건

① 동영상 삽입 :
  - 「내 PC₩문서₩ITQ₩Picture₩ 동영상.wmv」
  - 자동실행, 반복재생 설정

(1) 도형과 표 작성 기능을 이용하여 슬라이드를 작성한다(글꼴 : 돋움, 18pt).

세부조건

① 상단 도형 :
  2개 도형의 조합으로 작성

② 좌측 도형 :
  그라데이션 효과(선형 아래쪽)

③ 표 스타일 :
  테마 스타일 1 – 강조 1

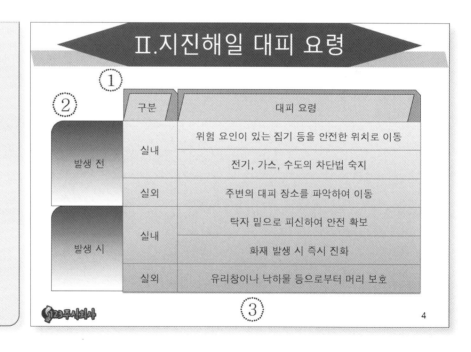

(1) 차트 작성 기능을 이용하여 슬라이드를 작성한다.

(2) 차트 : 종류(묶은 세로 막대형), 글꼴(돋움, 16pt), 외곽선

세부조건

※ 차트설명
- 차트제목 : 궁서, 24pt, 굵게, 채우기(흰색), 테두리, 그림자(오프셋 오른쪽)
- 차트영역 : 채우기(노랑) 그림영역 : 채우기(흰색)
- 데이터 서식 : 유감횟수 계열을 표식이 있는 꺾은선형으로 변경 후 보조축으로 지정
- 값 표시 : 2018년의 유감횟수 계열만

① 도형 삽입
  – 스타일 : 미세 효과 – 파랑, 강조1
  – 글꼴 : 돋움, 18pt

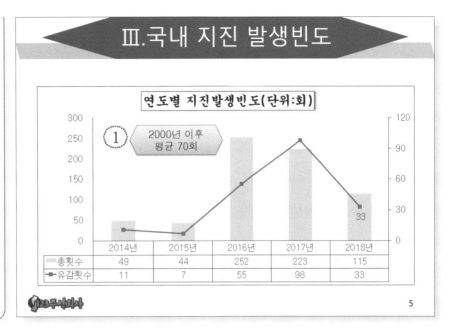

(1) 슬라이드와 같이 도형 및 스마트아트를 배치한다(글꼴 : 굴림, 18pt).

(2) 애니메이션 순서 : ① ⇒ ②

세부조건

① 도형 및 스마트아트 편집
  – 스마트아트 디자인
    : 3차원 만화, 3차원 경사
  – 그룹화 후 애니메이션 효과
    : 바운드

② 도형 편집
  – 그룹화 후 애니메이션 효과
    : 나누기(가로 안쪽으로)

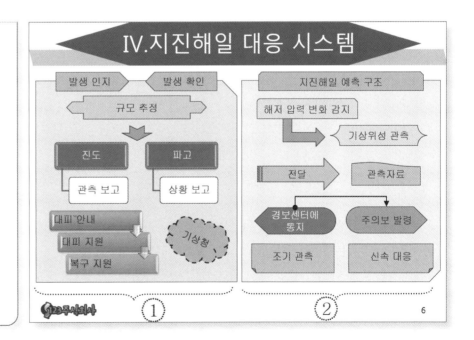

제15회 정보기술자격(ITQ) 시험

과 목	코 드	문제유형	시험시간	수험번호	성 명
한글파워포인트	1142	B	60분		

수험자 유의사항

- 수험자는 문제지를 받는 즉시 문제지와 **수험표상의 시험과목(프로그램)이 동일한지 반드시 확인**하여야 합니다.
- 파일명은 본인의 "수험번호–성명"으로 입력하여 답안폴더(내 PC₩문서₩ITQ)에 하나의 파일로 저장해야 하며, 답안문서 파일명이 "수험번호–성명"과 일치하지 않거나, 답안파일을 전송하지 않아 미제출로 처리될 경우 실격 처리합니다 (예:12345678–홍길동.pptx).
- 답안 작성을 마치면 파일을 저장하고, '답안 전송' 버튼을 선택하여 감독위원 PC로 답안을 전송하십시오. 수험생 정보와 저장한 파일명이 다를 경우 전송되지 않으므로 주의하시기 바랍니다.
- 답안 작성 중에도 **주기적으로 저장하고, '답안 전송'**하여야 문제 발생을 줄일 수 있습니다. 작업한 내용을 저장하지 않고 전송할 경우 이전에 저장된 내용이 전송되오니 이점 유의하시기 바랍니다.
- 답안문서는 지정된 경로 외의 다른 보조기억장치에 저장하는 경우, 지정된 시험 시간 외에 작성된 파일을 활용할 경우, 기타 통신수단(이메일, 메신저, 네트워크 등)을 이용하여 타인에게 전달 또는 외부 반출하는 경우는 부정 처리합니다.
- 시험 중 부주의 또는 고의로 시스템을 파손한 경우는 수험자가 변상해야 하며, 〈수험자 유의사항〉에 기재된 방법대로 이행하지 않아 생기는 불이익은 수험생 당사자의 책임임을 알려 드립니다.
- 문제의 조건은 MS오피스 2016 버전으로 설정되어 있으니 유의하시기 바랍니다.
- 시험을 완료한 수험자는 답안파일이 전송되었는지 확인한 후 감독위원의 지시에 따라 문제지를 제출하고 퇴실합니다.

답안 작성요령

- 온라인 답안 작성 절차

  수험자 등록 ⇒ 시험 시작 ⇒ 답안파일 저장 ⇒ 답안 전송 ⇒ 시험 종료
- 슬라이드의 크기는 A4 Paper로 설정하여 작성합니다.
- 슬라이드의 총 개수는 6개로 구성되어 있으며 슬라이드 1부터 순서대로 작업하고 반드시 문제와 세부 조건대로 합니다.
- 별도의 지시사항이 없는 경우 출력형태를 참조하여 글꼴색은 검정 또는 흰색으로 작성하고, 기타사항은 전체적인 균형을 고려하여 작성합니다.
- 슬라이드 도형 및 개체에 출력형태와 다른 스타일 (그림자 , 외곽선 등)을 적용했을 경우 감점처리 됩니다.
- 슬라이드 번호를 작성합니다(슬라이드 1에는 생략).
- 2~6번 슬라이드 제목 도형과 하단 로고는 슬라이드 마스터를 이용하여 출력형태와 동일하게 작성합니다(슬라이드 1에는 생략).
- 문제와 세부조건, 세부조건 번호 ◯ (점선원)는 입력하지 않습니다.
- 각 개체의 위치는 오른쪽의 슬라이드와 동일하게 구성합니다.
- 그림 삽입 문제의 경우 반드시 「내 PC₩문서₩ITQ₩Picture」 폴더에서 정확한 파일을 선택하여 삽입하십시오.
- 각 슬라이드를 각각의 파일로 작업해서 저장할 경우 실격 처리됩니다.

(1) 슬라이드 크기 및 순서 : 크기를 A4 용지로 설정하고 슬라이드 순서에 맞게 작성한다.

(2) 슬라이드 마스터 : 2~6슬라이드의 제목, 하단 로고, 슬라이드 번호는 슬라이드 마스터를 이용하여 작성한다.
- 제목 글꼴(맑은 고딕, 40pt, 검정), 가운데 맞춤, 도형(선 없음)
- 하단 로고(「내 PC\문서\ITQ\Picture\로고2.jpg」, 배경(회색) 투명색으로 설정)

슬라이드 1 　　표지 디자인　　　　　　　⁴⁰점

(1) 표지 디자인 : 도형, 워드아트 및 그림을 이용하여 작성한다.

세부조건

① 도형 편집
- 도형에 그림 채우기 :
「내 PC\문서\ITQ\Picture\
그림1.jpg」, 투명도 50%
- 도형 효과 :
(부드러운 가장자리 5포인트)

② 워드아트 삽입
- 변환 : 아래쪽 수축
- 글꼴 : 궁서, 굵게
- 텍스트 반사 : 1/2 반사, 8pt 오프셋

③ 그림 삽입
- 「내 PC\문서\ITQ\Picture\
로고2.jpg」
- 배경(회색) 투명색으로 설정

슬라이드 2 　　목차 슬라이드　　　　　　⁶⁰점

(1) 출력형태와 같이 도형을 이용하여 목차를 작성한다(글꼴 : 돋움, 24pt).

(2) 도형 : 선 없음

세부조건

① 텍스트에 하이퍼링크 적용
-> '슬라이드 6'

② 그림 삽입
- 「내 PC\문서\ITQ\Picture\
그림4.jpg」
- 자르기 기능 이용

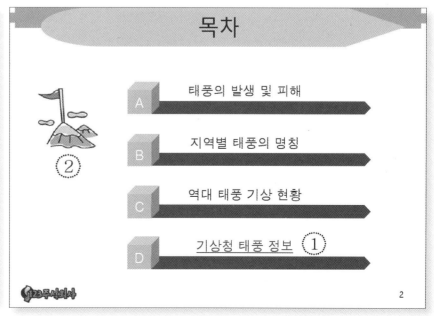

(1) 텍스트 작성 : 글머리 기호 사용(❖, ✓)

　　❖ 문단(굴림, 24pt, 굵게, 줄간격 : 1.5줄), ✓ 문단(굴림, 20pt, 줄간격 : 1.5줄)

세부조건

① 동영상 삽입 :
- 「내 PC₩문서₩ITQ₩Picture₩동영상.wmv」
- 자동실행, 반복재생 설정

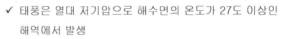

A.태풍의 발생 및 피해

❖ Tropical Cyclone

　✓ In meteorology, a tropical cyclone(typhoon or hurricane, depending on strength and location) is a type of low pressure system which generally forms in the tropics

❖ 태풍

　✓ 태풍은 열대 저기압으로 해수면의 온도가 27도 이상인 해역에서 발생

　✓ 태풍이 접근하면 폭풍과 호우로 수목이 꺾이거나, 산사태 및 하천이 범람하는 등의 피해가 있을 수 있다.

3

---

(1) 도형과 표 작성 기능을 이용하여 슬라이드를 작성한다(글꼴 : 돋움, 18pt).

세부조건

① 상단 도형 :
　2개 도형의 조합으로 작성

② 좌측 도형 :
　그라데이션 효과(선형 아래쪽)

③ 표 스타일 :
　테마 스타일 1 – 강조 1

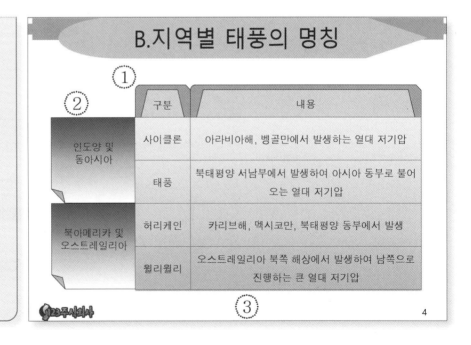

B.지역별 태풍의 명칭

구분		내용
인도양 및 동아시아	사이클론	아라비아해, 벵골만에서 발생하는 열대 저기압
	태풍	북태평양 서남부에서 발생하여 아시아 동부로 불어오는 열대 저기압
북아메리카 및 오스트레일리아	허리케인	카리브해, 멕시코만, 북태평양 동부에서 발생
	윌리윌리	오스트레일리아 북쪽 해상에서 발생하여 남쪽으로 진행하는 큰 열대 저기압

4